高等学校规划教材

信号与系统

（第2版）

主　编　令前华　范世贵
副主编　张伟岗　李颖华

西北工業大學出版社
西　安

【内容简介】 本书系统地介绍了信号与系统的基本概念和基本分析方法。全书内容共九章:信号与系统的基本概念、连续系统时域分析、连续信号频域分析、连续系统频域分析、连续系统 s 域分析、s 域系统函数与系统 s 域模拟、离散信号与系统时域分析、离散信号与系统 z 域分析和状态变量法。每章节后有思考题及习题,书后附录给出了部分习题参考答案。

本书概念清楚、条理清晰、重点突出,可作为高等院校电子、通信、计算机、自动化和人工智能等专业本科生教材,也可对内容适当精减后,作为高职、大专院校对应专业教材,既便于教师组织教学,又适于学生自学。本书也可供高等院校其他相关专业选用和工程技术人员参考。书中标有"*"号的内容不计在计划学时之内,为选学内容,供学有余力或有不同专业需求的学生自学,以拓宽知识面。

图书在版编目(CIP)数据

信号与系统/令前华,范世贵主编.—2版.—西安:西北工业大学出版社,2021.6

ISBN 978-7-5612-7498-9

Ⅰ.①信… Ⅱ.①令… ②范… Ⅲ.①信号系统 Ⅳ.①TN911.6

中国版本图书馆CIP数据核字(2021)第026395号

XINHAO YU XITONG

信号与系统

责任编辑: 李阿盟 刘 敏　　**策划编辑:** 李阿盟

责任校对: 孙 倩　　**装帧设计:** 李 飞

出版发行: 西北工业大学出版社

通信地址: 西安市友谊西路127号　　邮编:710072

电　　话: (029)88491757,88493844

网　　址: www.nwpup.com

印 刷 者: 兴平市博闻印务有限公司

开　　本: 787 mm×1 092 mm　1/16

印　　张: 25.875

字　　数: 679千字

版　　次: 2010年1月第1版　2021年6月第2版　2021年6月第1次印刷

定　　价: 88.00元

第 2 版前言

本书自 2010 年 1 月出版以来，一直得到国内同行和广大读者的广泛认可和欢迎，并多次重印。本次修订的第 2 版，在保持教材原有特色与风格的基础上，着重从“重视系统性”“突出应用性”“够用”“实用” 等方面进行修改与完善。主要修订内容如下：

1. 完善部分内容的讲解和描述，使之更易理解、阅读和教学。比如 1.2 节的单位阶跃信号、单位冲激信号的举例描述。

2. 调整部分章节结构，理顺知识点之间的逻辑关系，使之更加合理与协调，使知识点之间有机结合，融会贯通。比如将第 1 版的 4.7 节、4.8 节调整到第 2 版的 4.3 节，使得周期信号产生的响应频域求解方法与非周期信号产生的响应频域求解方法方便对比总结，更便于教学的条理化。

3. 除第 5 章、第 9 章之外，其余各章增加 MATLAB 仿真应用教学内容，便于提升课堂教学和网络化教学的效果。

4. 对部分内容增加插图，以便于学生深刻理解和教师教学，比如 1.2 节的单位阶跃信号与单位冲激信号的关系分析过程就采用图文并茂的形式讲述。

5. 本书配套了电子教学课件，方便任课教师备课和（网络）教学，教师可与编者联系免费索取（电子邮箱：lingqianhua1@163.com）。

此外，对第 1 版文字上存在的一些错误之处作了改正。建议修订后的第 2 版教材参考学时为 64 学时（理论）＋16 学时（实验）＝80 学时。各位任课老师可根据各校课程设置的具体情况、专业特点和教学要求的不同进行自由取舍，灵活讲授。

本书对于研究型和应用型本科及大专院校均适用，在筛选一些内容后，高职、专科院校对应专业亦可以使用，不会给教师的施教和学生的自学造成困难。

书中标有“*”号的内容不计在计划学时之内，为选学内容，供学有余力或有不同专业需求的学生自学，以拓宽知识面。西北工业大学出版社出版的《信号与系统重点·难点·考点辅导与精析》一书，是与本书配套的教学与学习的参考书，此参考书对本书中的习题做了解答，并附有全国重点大学研究生招生信号与系统课程考试题及其详解(共七套)。

本书第1～6,9章由令前华编写,第7,8章由张伟岗编写,各章内容中的MATLAB仿真及应用部分由李颖华编写,全书由令前华、范世贵统稿,张健提出宝贵意见。

在编写本书的过程中,笔者参阅了大量的国内外书籍、资料及试题库试题,其作者的编写理念与思想对笔者很有启发,在此一并表示诚挚感谢。

由于学识水平有限,书中难免有不足之处,敬请读者批评指正。

编　者

2020年10月

第 1 版前言

信号与系统课程是电子、通信、自动控制、信息处理等专业的一门重要技术基础课，主要研究信号分析与系统分析的基本理论、方法与应用，在教学计划中起着承前启后的作用。本课程以工程数学和电路分析为基础，同时又是后续的技术基础课和专业基础课的基础，是学生合理知识结构中的重要组成部分，在发展智力、培养能力和良好的非智力素质方面，均起着极为重要的作用。

在编写本书的过程中考虑了以下的原则和特点：

讲究教学法，遵循学生接受知识的规律，深入浅出，循序渐进。教材的宏观体系是，先连续、后离散，先信号、后系统，先时域、后变换域，先输入输出法、后状态变量法，并自始至终贯彻辩证思维的思想方法，突出应用和实用的原则，不搞烦琐哲学和形而上学。

坚持传授知识、发展智力与培养能力相统一的教学原则。在培养能力方面，着重培养学生的科学思维能力、创新思维能力、分析问题和解决问题的能力以及研究问题的方法论。注意培养学生良好的非智力素质，严谨的治学态度和科学作风，激励学生的学习精神。

注意与工程数学、电路基础、数字信号处理、通信原理、自动控制原理等课程的分工与协作，既体现了信号与系统课程自身的“相对独立性”，也体现了其“相对服务性”。

在讲述方式与内容结构上适合于学生自学，也适合于教师施教，努力做到主题突出，思路清晰，理论与实践结合，精选典型例题，以掌握基本理论、基本概念、基本方法和学会应用为目标。

在举例上以通信工程和自动控制工程为实际应用背景选材，重点内容是信号与系统的频域、s 域、z 域分析；加强了系统的系统函数与频率特性及其应用的分析；加强了系统的稳定性的分析与判定；对于离散信号与系统，加强了双边 z 变换与非因果系统的分析。

努力做到：物理描述与数学描述、信号分析与系统分析并重，输入输出法与状态变量法并重，时域分析法与变换域分析法并重，连续时间系统与离散时间系统并重，学理论、做习题与做实验并重。

适合于不同层次的学校使用。研究型和应用型本科院校均可使用，在筛选一些内容后，高职、大专院校也可使用，不会给教师的施教和学生的自学造成困难。

书中标有“*”号的内容不计在计划学时之内，为选学内容，供学有余力或有不同专业要求的学生自学，以拓宽知识面。

西北工业大学出版社出版的《信号与系统重点·难点·考点辅导与精析》一书，是与本书配套的教学与学习的参考书，此参考书对本书中的习题做了全部解答，并附有全国重点大学研究生招生信号与系统课程考试题及其详解（共七套）。

本书的编写与出版，得到了西北工业大学明德学院的支持和帮助。在编写本书的过程中参阅了大量的国内外书籍、资料及试题库试题，对其作者在此一并致以诚挚的谢意。

编　者

2009 年 10 月

目 录

第一章　信号与系统的基本概念

内容提要

本章讲述信号与系统的基本概念。信号的定义与分类，基本的连续信号及其时域特性，信号的时域变换，信号的时域运算，信号的时域分解。系统的定义与分类，线性时不变系统的性质，线性系统分析概论。

1.1　信号的定义与分类

一、信号的定义

广义地说，信号就是随时间和空间变化的某种物理量或物理现象。

若信号表现为电压、电流、电荷，则称为电信号，变化的其他物理量或物理现象都可以通过传感器变换为电信号。如，电冰箱的温度控制：温度传感器将冰箱内温度的变化转变为电信号，去控制压缩机运行工作或断开不工作。再如，测量物体的重力：压力传感器将物体的重力（压力）转换为电信号，在电子秤显示屏上显示。电信号是现代科学技术中应用最广泛的信号。本书内容只涉及电信号。

信息是人们针对某种信号形式所赋予它的内涵，有人们的主观约定（规定、协议等）的成分在里边。如，大家熟悉的交通管制的红灯、绿灯信号。人们约定：红灯信号表示禁止通行的信息，绿灯信号表示可以通行的信息。若最初人们将红灯、绿灯信号表达的信息作相反的规定亦是可以的。在通信工程中，通信就是从一方向另一方传送信息，但信息必须借助于一定形式的信号（光信号、电信号等）才能传送和进行各种处理。

信号与信息的关系，概括起来可这样描述：信号是信息的表现形式，信息是信号表述的具体内容。实际中的信号与信息是密不可分的，不代表某种信息的信号是无用的，信息不借助于信号形式也无法传递与交流。

信号通常是时间变量 t 的函数。信号随时间变量 t 变化的函数曲线称为信号的波形。

应当注意，信号与函数在概念的内涵与外延上是有区别的。信号一般是时间变量 t 的函数，但函数并不一定都是信号，信号是实际的物理量或物理现象，而函数则可能只是一种抽象的数学定义。

本书对信号与函数两个概念混用，不予区分。例如正弦信号也说成正弦函数，或者相反；凡提到函数，指的均是信号。

信号的特性可从两方面来描述，即时域特性与频域特性。信号的时域特性指的是信号的波形，出现时间的先后，持续时间的长短，随时间变化的快慢和大小，重复周期的长短等。信号时域特性的这些表现，反映了信号中所包含的信息内容。信号频域特性的内涵，我们将在第三章中阐述。信号的特性还有它的功率和能量。

信号、信息在人们生产、生活中的应用源远流长。自古代的烽火传送警报、击鼓鸣金，到19世纪莫尔斯(F. B. Morse)发明电报、贝尔(A. G. Bell)发明有线电话、波波夫(A. S. Popov)和马可尼(G. Marconi)发明无线电，信息的传递更快、更远，如今，信号与信息对社会发展、人类文明建设愈加不可或缺，手机电话、上网浏览、QQ和微信等几乎是人们天天重复的活动，北斗定位导航系统、物联网、人工智能和无人驾驶等高新技术的广泛应用无一不用到信号和信息的概念。

二、信号的分类

按不同的分类原则，信号可分为以下几种：

(1) 确定信号与随机信号。按信号随时间变化的规律来分，信号可分为确定信号与随机信号。

确定信号是指能够表示为确定的时间函数的信号。当给定某一时间值时，信号有确定的对应数值，其所含信息量的不同体现在其分布值随时间或空间的变化规律上。电路基础课程中研究的正弦信号、指数信号、各种周期信号等都是确定信号的例子。

随机信号不是时间 t 的确定函数，它在每一个确定时刻的分布值是不确定的，只能通过大量试验测出它在某些确定时刻上取某些值的可能性的分布(概率分布)。空中的噪声，电路元件中的热噪声电流等，都是随机信号的例子。

实际传输的信号几乎都是随机信号。因为若传输的是确定信号，则对接收者来说，就不可能由它得知任何新的信息，从而失去了传送信号的本意。但是，在一定条件下，随机信号也会表现出某种确定性，例如在一个较长的时间内随时间变化的规律比较确定，即可近似地看成是确定信号。

随机信号是统计无线电理论研究的对象。本书中只研究确定信号。

(2) 连续时间信号与离散时间信号。按自变量 t 取值的连续与否来分，信号有连续时间信号与离散时间信号之分，分别简称为连续信号与离散信号。

连续信号自变量 t 的取值是连续的，电路基础课程中所引入的信号都是连续信号。离散信号自变量 t 的取值不是连续而是离散的，其定义与内涵在本书第七、八两章中介绍。

(3) 周期信号与非周期信号。设信号 $f(t)$，$t \in \mathbf{R}$，若存在一个常数 T，使得

$$f(t-nT)=f(t), \quad n \in \mathbf{Z} \tag{1-1-1}$$

则称 $f(t)$ 是以 T 为周期的周期信号。由此定义看出，周期信号有以下三个特点：

1) 周期信号必须在时间上是无始无终的，即自变量时间 t 的定义域为 $t \in \mathbf{R}$。

2) 随时间变化的规律必须具有周期性，其周期为 T。

3) 在各周期内信号的波形完全一样。

不满足式(1-1-1)关系或上述特点的信号即为非周期信号。

(4) 正弦信号与非正弦信号。

(5) 功率信号与能量信号。

(6) 一维信号、二维信号与多维信号。电视图像是二维信号的例子。

本书主要讨论的时间信号是一维信号，用 $f(t)$ 表示，表示 $f(t)$ 的曲线，称为信号的波形。

三、有关信号的几个名词

以下用 $f(t)$ 表示信号。

1. 有时限信号与无时限信号

若在有限时间区间($t_1 < t < t_2$)内信号 $f(t) \neq 0$，而在此时间区间以外，信号 $f(t) = 0$，则此信号为有时限信号，简称时限信号，否则为无时限信号。

2. 有始信号与有终信号

设 t_1 为实常数。当 $t < t_1$ 时 $f(t) = 0$，当 $t > t_1$ 时 $f(t) \neq 0$，则 $f(t)$ 为有始信号，其起始时刻为 t_1。设 t_2 为实常数。当 $t > t_2$ 时 $f(t) = 0$，当 $t < t_2$ 时 $f(t) \neq 0$，则 $f(t)$ 为有终信号，其终止时刻为 t_2。

3. 因果信号与反因果信号

当 $t < 0$ 时 $f(t) = 0$，当 $t > 0$ 时 $f(t) \neq 0$，则 $f(t)$ 为因果信号，可用 $f(t)U(t)$ 表示。其中 $U(t)$ 为单位阶跃信号。因果信号为有始信号的特例。当 $t > 0$ 时 $f(t) = 0$，当 $t < 0$ 时 $f(t) \neq 0$，则 $f(t)$ 为反因果信号，可用 $f(t)U(-t)$ 表示。反因果信号为有终信号的特例。

现将信号的主要分类形式汇总于表 1－1－1 中，以便复习和记忆。

表 1－1－1　信号的主要分类形式

序　号	分　类	定　义
1	连续时间信号	自变量 t 的取值是连续的，即 $f(t), t \in \mathbf{R}$
	离散时间信号	自变量 k 的取值是离散的，即 $f(k), k \in \mathbf{Z}$
2	周期信号	具有周期性，周期为 T，无始无终　$f(t+nT) = f(t)$
	非周期信号	不具有周期性　$f(t+nt) \neq f(t)$
3	模拟信号	即连续时间信号
	数字信号	对连续时间信号先离散化，再对离散信号进行量化后的信号
4	非量化信号	未经过量化的信号
	量化信号	经过量化后的信号
5	因果信号	$t < 0$ 时，$f(t) = 0$；$t > 0$ 时，$f(t) \neq 0$ 的信号
	反因果信号	$t < 0$ 时，$f(t) \neq 0$；$t > 0$ 时，$f(t) = 0$ 的信号
	非因果信号	$t < 0$ 时，$f(t) \neq 0$ 的信号
6	功率信号	若信号的平均功率 $P = \frac{1}{T}\int_{-\frac{T}{2}}^{\frac{T}{2}} \mid f(t) \mid^2 \mathrm{d}t =$ 有限值，能量 $E = \int_{-\infty}^{+\infty} \mid f(t) \mid^2 \mathrm{d}t \to \infty$，则为功率信号

续 表

序　号	分　类	定　义
7	能量信号	若信号的平均功率 $P=\frac{1}{T}\int_{-\frac{T}{2}}^{\frac{T}{2}}\mid f(t)\mid^2 \mathrm{d}t=0$，能量 $E=\int_{-\infty}^{+\infty}\mid f(t)\mid^2 \mathrm{d}t=$ 有限值，则为能量信号
8	非功率非能量信号	若信号的平均功率 $P\neq$ 有限值，能量 $E\neq$ 有限值，则为非功率非能量信号

说明：

(1) 数字信号是离散信号，但离散信号不一定都是数字信号；离散信号经过量化后才是数字信号，而且数字信号的幅度不一定只取 1 和 0，可以取任意的整数值。

(2) 两个连续周期信号 $f_1(t)$ 和 $f_2(t)$ 的和信号 $f(t)$ 不一定是周期信号，只有当这两个周期信号的周期之比 $\frac{T_1}{T_2}=\frac{m}{n}$ 为有理数时，和信号 $f(t)$ 才是周期信号，其周期 T 等于 T_1,T_2 的最小公倍数，即 $T=nT_1=mT_2$。

(3) 两个离散周期信号 $f_1(k)$ 与 $f_2(k)$ 的和信号 $f(k)$ 一定是周期信号，其周期 N 等于 N_1,N_2 的最小公倍数，即 $N=nN_1=mN_2$。

(4) 直流信号和有界的周期信号均为功率信号；阶跃信号和有始周期信号也是功率信号；有界的非周期信号均为能量信号；无界的周期信号（例如 $\delta_{\mathrm{T}}(t)$ 信号）和无界的非周期信号（例如 $\delta(t)$ 信号）均为非功率非能量信号。一个信号只能是功率信号和能量信号两者中之一，不会两者都是，但可以两者都不是，这就是非功率非能量信号。

(5) 关于各种信号的严格定义与性质，随着课程的进行，将会一一介绍。

1.2　基本的连续信号及其时域特性

所谓基本信号，是指在工程实际与理论研究中经常用到的信号。这些信号的波形及其时间函数表达式都十分简洁，用这些信号还可以组成一些比较复杂波形的信号。本节中仅介绍基本的连续信号，离散信号在第七章中介绍。

一、直流信号

直流信号的函数定义式为

$$f(t)=A,\quad t\in\mathbf{R}$$

式中，A 为实常数，其波形如图 1-2-1 所示。若 $A=1$，则称为单位直流信号。直流信号也称常量信号。

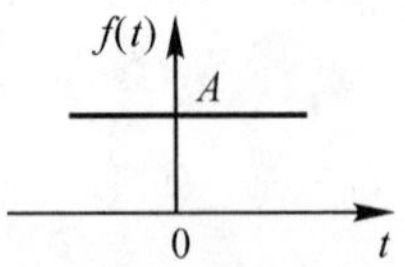

图　1-2-1

二、正弦信号

正弦信号的函数定义式为

$$f(t)=A\cos(\omega t+\psi),\quad t\in\mathbf{R}$$

式中，A，ω，ψ 分别称为正弦信号的振幅、角频率、初相角，均为实常数。

三、单位阶跃信号

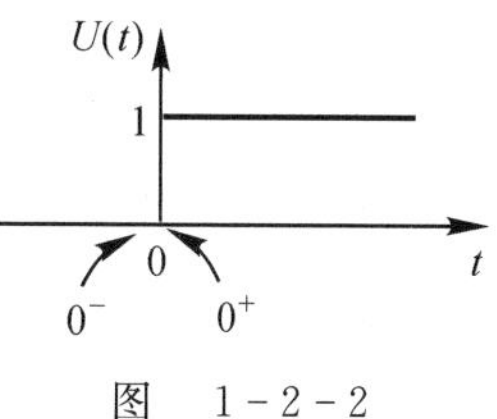

图　1-2-2

单位阶跃信号一般用 $U(t)$ 表示*，其函数定义式为

$$U(t)=\begin{cases}0, & t<0\\1, & t>0\end{cases}$$

其波形如图 1-2-2 所示。

可见，$U(t)$ 在 $t=0$ 时刻发生了阶跃，从 $U(0^-)=0$ 阶跃到 $U(0^+)=1$，阶跃的幅度为 1。

上述从数学上定义的 $U(t)$，可以认为是实际中一些常用信号的理想化模型。例如实际中的直流用电设备，当开关闭合时加上直流电源，就相当于加了阶跃电压源。开关闭合前设备输入端电压为 0，开关闭合后设备就加上了一个额定值的电压，当这恒定电压值为 1 V 时，就相当于对设备加上了单位阶跃电压源 $U(t)$。

单位阶跃信号 $U(t)$ 具有使任意非因果信号 $f(t)$ 变为因果信号的功能，即将 $f(t)$ 乘以 $U(t)$，所得 $f(t)U(t)$ 即成为因果信号，如图 1-2-3 所示。

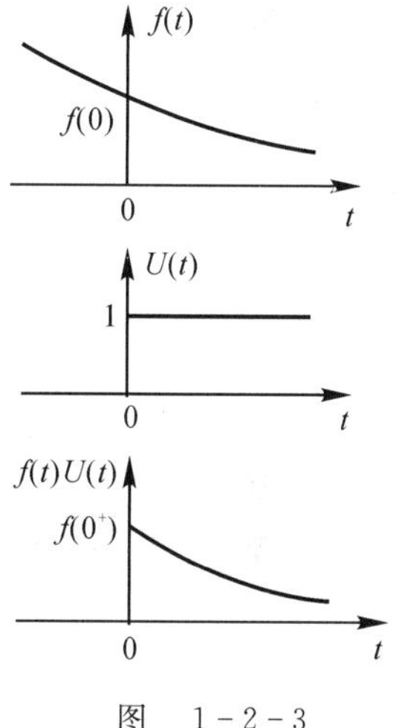

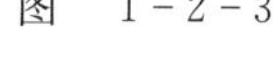
图　1-2-3

*例 1-2-1　试画出下列函数的波形。

(1) $f(t)=U(t^2+3t+2)$；

(2) $f(t)=U(\sin\pi t)$。

解　(1) $f(t)=U(t^2+3t+2)=$

$$\begin{cases}0, & t^2+3t+2<0\\1, & t^2+3t+2>0\end{cases}=\begin{cases}0, & -2<t<-1\\1, & t<-2,\ t>-1\end{cases}$$

$f(t)$ 的波形如图 1-2-4 所示。

(2)
$$f(t)=U(\sin\pi t)=\begin{cases}1, & \sin\pi t>0\\0, & \sin\pi t<0\end{cases}$$

$f(t)=U(\sin\pi t)$ 的波形如图 1-2-5 所示。可见，$f(t)$ 为周期信号，其周期 $T=2$。

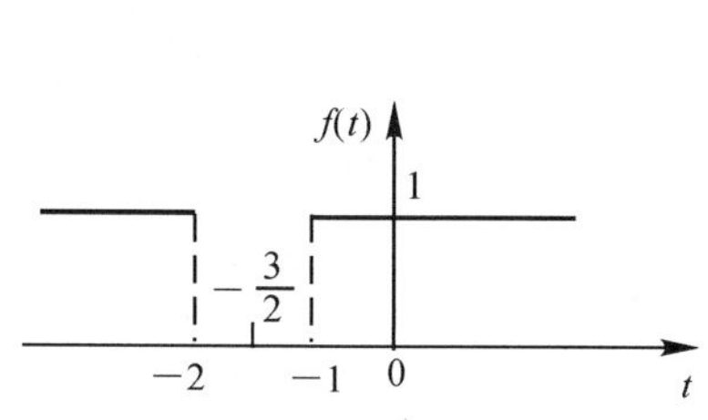

图　1-2-4

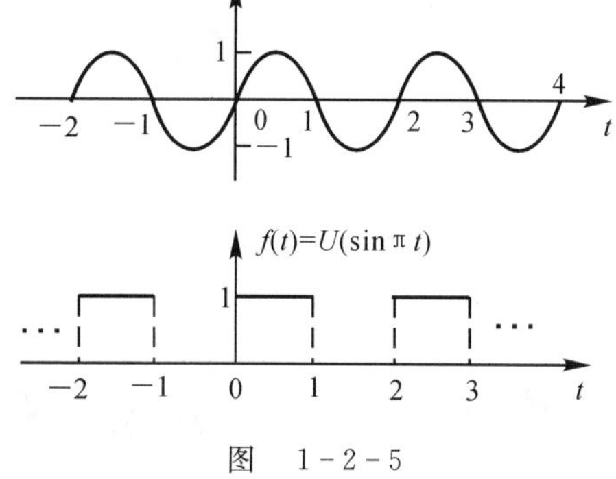

图　1-2-5

* 有的书上用 $\varepsilon(t)$ 表示单位阶跃信号。

推广：在线性时不变系统（Linear Time - Invariant systems，LTI）分析中，经常使用单位阶跃函数表示某些信号。例如，$t=0$ 时接入电压幅度为 A 的电压源，可以用 $AU(t)$ 表示，如图 1 - 2 - 6(a) 所示；$t=t_0$ 时接入电压幅度为 B 的电压源，可以用 $BU(t-t_0)$ 表示，如图 1-2-6(b) 所示。 如图 1 - 2 - 6(c) 所示的信号 $f(t)$，亦可用单位阶跃信号与单位延时阶跃信号的加权代数和表示为

$$f(t)=U(t)+2U(t-1)-4\,U(t-2)$$

可以分别画出 $U(t)$，$2U(t-1)$，$4U(t-2)$ 的波形，并逐段用代数和相加来验证上式的正确性，读者可自行练习验证。

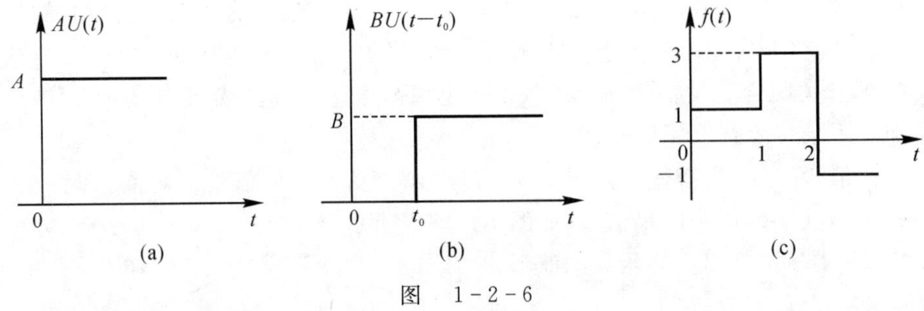

图 1-2-6

四、单位门信号

门宽为 τ、门高为 1 的单位门信号常用符号 $G_\tau(t)$ 表示，其函数定义式为

$$G_\tau(t)=\begin{cases}1, & -\dfrac{\tau}{2}<t<\dfrac{\tau}{2}\\ 0, & t>\dfrac{\tau}{2},\ t<-\dfrac{\tau}{2}\end{cases}$$

其波形如图 1 - 2 - 7(a) 所示(形状似门)。

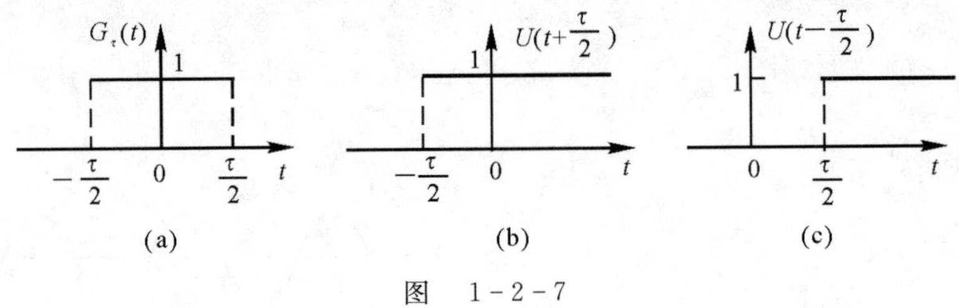

图 1-2-7

单位门信号可用两个分别在 $t=-\dfrac{\tau}{2}$ 和 $t=\dfrac{\tau}{2}$ 出现的单位阶跃信号之差表示，如图 1 - 2 - 7(b)(c) 所示。即

$$G_\tau(t)=U\left(t+\frac{\tau}{2}\right)-U\left(t-\frac{\tau}{2}\right)$$

五、单位冲激信号

1. 定义

单位冲激信号用 $\delta(t)$ 表示，其函数定义式为

$$\delta(t)=\begin{cases}\infty, & t=0\\ 0, & t\neq 0\end{cases}$$

且面积

$$\int_{-\infty}^{+\infty}\delta(t)\,\mathrm{d}t=\int_{0^-}^{0^+}\delta(t)\,\mathrm{d}t=1$$

其波形如图 1-2-8(a) 所示，即用一粗箭头表示，箭头旁标以(1)，表示 $\delta(t)$ 波形下的面积为 1，称为冲激函数的强度，简称冲激强度。

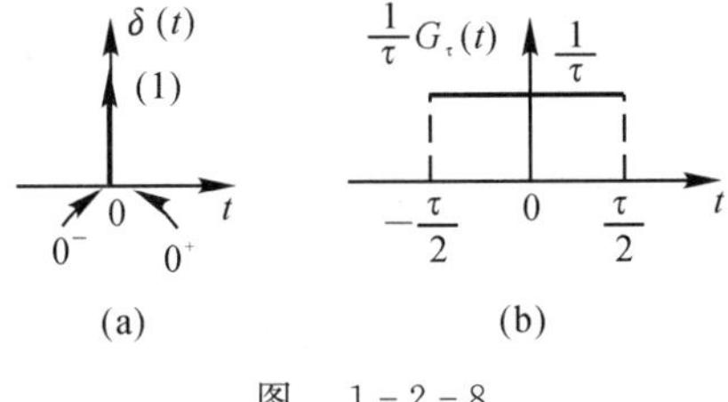

图　1-2-8

单位冲激信号可理解为门宽为 τ、门高为 $\frac{1}{\tau}$ 的门函数 $f(t)$[见图 1-2-8(b)] 在 $\tau\to 0$ 时的极限，即

$$\delta(t)=\lim_{\tau\to 0}\frac{1}{\tau}G_{\tau}(t)=\begin{cases}\infty, & t=0\\ 0, & t\neq 0\end{cases}$$

且

$$\int_{-\infty}^{+\infty}\delta(t)\,\mathrm{d}t=\int_{-\infty}^{+\infty}\lim_{\tau\to 0}\frac{1}{\tau}G_{\tau}(t)\,\mathrm{d}t=\lim_{\tau\to 0}\int_{-\infty}^{+\infty}\frac{1}{\tau}G_{\tau}(t)\,\mathrm{d}t=1$$

上述从数学上定义的单位冲激信号 $\delta(t)$，可以看作是所有在较短的时间内有很大能量现象发生的理想化模型。例如自然界中电闪雷击、地震、火山爆发，工业生产中的强电火花，生活中的“用锤子敲钉子”，等等，都可看作实际中的冲激信号。通俗来说，“冲激信号”有瞬间激励之意。在 LTI 分析中，经常使用单位冲激函数表示某些信号。

推广

(1) 设 t_0 为正实常数，则有

$$\delta(t-t_0)=\begin{cases}\infty, & t=t_0\\ 0, & t\neq t_0\end{cases}$$

且

$$\int_{-\infty}^{+\infty}\delta(t-t_0)\,\mathrm{d}t=\int_{t_0^-}^{t_0^+}\delta(t-t_0)\,\mathrm{d}t=1$$

其图形如图 1-2-9(a) 所示，即 $\delta(t)$ 在时间上延迟了 t_0。

(2) 若冲激信号波形下的面积为 A，则可写为

$$A\delta(t-t_0)=\begin{cases}\infty, & t=t_0\\ 0, & t\neq t_0\end{cases}$$

且
$$\int_{-\infty}^{+\infty} A\delta(t-t_0)\,\mathrm{d}t = A\int_{t_0^-}^{t_0^+}\delta(t-t_0)\,\mathrm{d}t = A$$
即冲激强度为 A，其波形如图 1-2-9(b) 所示，箭头旁标以 (A)。

(3) 若 $\delta(t)$ 在时间上超前了 t_0，则应写为 $\delta(t+t_0)$，其图形如图 1-2-9(c) 所示。

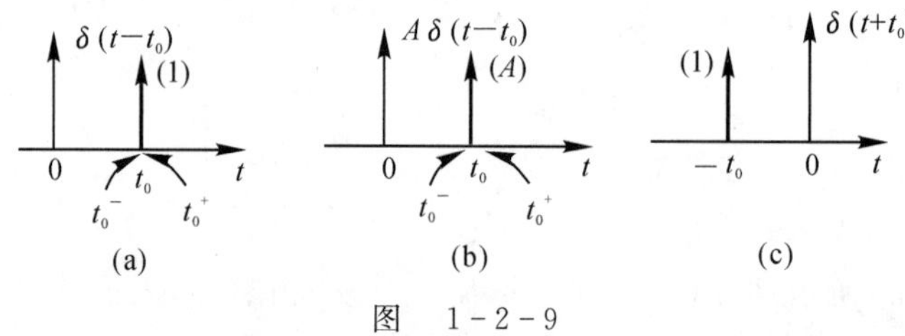

图 1-2-9

例 1-2-2 试画出 $f(t)=\delta(\sin\pi t)$ 的波形。

解
$$f(t)=\delta(\sin\pi t)=\begin{cases}\infty, & \sin\pi t=0\\ 0, & \sin\pi t\neq 0\end{cases}$$
其波形如图 1-2-10 所示。

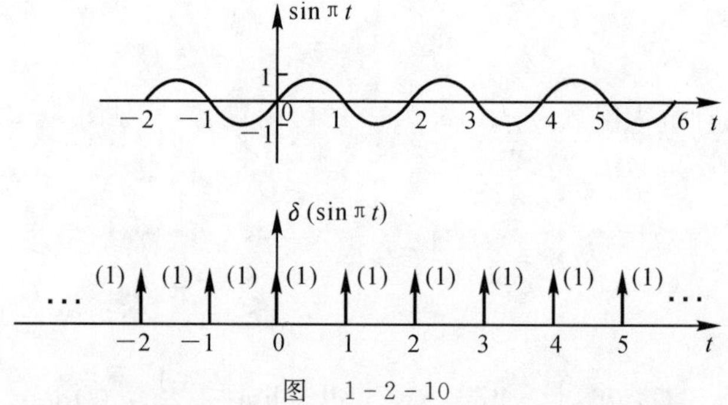

图 1-2-10

2. 性质

(1) 设 $f(t)$ 为任意有界函数，且在 $t=0$ 与 $t=t_0$ 时刻连续，其函数值分别为 $f(0)$ 和 $f(t_0)$，则有
$$f(t)\delta(t)=f(0)\delta(t)$$
$$f(t)\delta(t-t_0)=f(t_0)\delta(t-t_0)$$
即时间函数 $f(t)$ 与单位冲激函数相乘，就等于单位冲激函数出现时刻，$f(t)$ 的函数值 $f(t_0)$ 与单位冲激函数 $\delta(t-t_0)$ 相乘，亦即使冲激函数的强度变为 $f(t_0)$，如图 1-2-11 所示。

(2) 抽样性(筛选性)。
$$\int_{-\infty}^{+\infty} f(t)\delta(t)\,\mathrm{d}t=\int_{-\infty}^{+\infty} f(0)\delta(t)\,\mathrm{d}t=f(0)\int_{-\infty}^{+\infty}\delta(t)\,\mathrm{d}t=f(0)$$
$$\int_{-\infty}^{+\infty} f(t)\delta(t-t_0)\,\mathrm{d}t=\int_{-\infty}^{+\infty} f(t_0)\delta(t-t_0)\,\mathrm{d}t=f(t_0)\int_{-\infty}^{+\infty}\delta(t-t_0)\,\mathrm{d}t=f(t_0)$$
即任意有界时间函数 $f(t)$ 与 $\delta(t)$ 或 $\delta(t-t_0)$ 相乘后，在无穷区间($t\in\mathbf{R}$) 的积分值，等于单位冲激函数出现时刻 $f(t)$ 的函数值 $f(t_0)$，此即为冲激函数的抽样性，也称筛选性，$f(0)$ 或 $f(t_0)$ 即为 $f(t)$ 在抽样时刻的抽样值，$f(t)$ 为被抽样的函数。

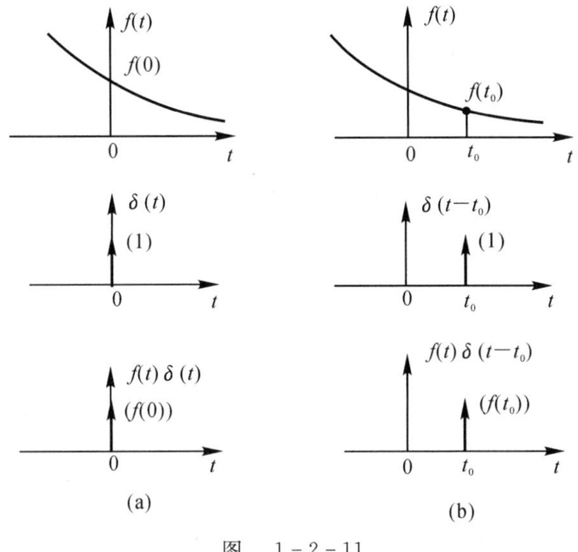

图　1-2-11

(3) $\delta(t)$ 为偶函数，即有

$$\delta(-t)=\delta(t)$$

证明　给上式等号两端同乘以 $f(t)$ 并进行积分，即

$$\int_{-\infty}^{+\infty}\delta(-t)f(t)\mathrm{d}t=\int_{\infty}^{-\infty}\delta(t')f(-t')\mathrm{d}(-t')=\int_{-\infty}^{+\infty}\delta(t')f(-t')\mathrm{d}t'=$$

$$\int_{-\infty}^{+\infty}\delta(t')f(0)\mathrm{d}t'=f(0)$$

又有

$$\int_{-\infty}^{+\infty}\delta(t)f(t)\mathrm{d}t=f(0)$$

故得

$$\delta(-t)=\delta(t)$$ （证毕）

推广　$\delta(t-t_0)=\delta[-(t-t_0)]=\delta(t_0-t)$

(4) $\delta(at)=\frac{1}{a}\delta(t)$，$a$ 为大于零的实常数。

证明　令 $t'=at$，则 $t=\frac{1}{a}t'$，$\mathrm{d}t=\frac{1}{a}\mathrm{d}t'$；当 $t\to-\infty$ 时，$t'\to-\infty$；当 $t\to\infty$ 时，$t'\to\infty$。故

$$\int_{-\infty}^{+\infty}\delta(at)\mathrm{d}t=\int_{-\infty}^{+\infty}\delta(t')\frac{1}{a}\mathrm{d}t'=\frac{1}{a}\int_{-\infty}^{+\infty}\delta(t')\mathrm{d}t'=\frac{1}{a}$$

又

$$\int_{-\infty}^{+\infty}\frac{1}{a}\delta(t)\mathrm{d}t=\frac{1}{a}\int_{-\infty}^{+\infty}\delta(t)\mathrm{d}t=\frac{1}{a}$$

故得

$$\delta(at)=\frac{1}{a}\delta(t)$$ （证毕）

推广

① $\delta(at-t_0)=\delta\left[a\left(t-\frac{t_0}{a}\right)\right]=\frac{1}{a}\delta\left(t-\frac{t_0}{a}\right)$

② $\int_{-\infty}^{+\infty}f(t)\delta(at)\mathrm{d}t=\int_{-\infty}^{+\infty}f(0)\ \frac{1}{a}\delta(t)\mathrm{d}t=\frac{1}{a}f(0)\int_{-\infty}^{+\infty}\delta(t)\mathrm{d}t=\frac{1}{a}f(0)$

③ $\int_{-\infty}^{+\infty}f(t)\delta(at-t_0)\mathrm{d}t=\int_{-\infty}^{+\infty}f(t)\delta\left[a\left(t-\frac{t_0}{a}\right)\right]\mathrm{d}t=\int_{-\infty}^{+\infty}f(t)\ \frac{1}{a}\delta\left(t-\frac{t_0}{a}\right)\mathrm{d}t=$

$$\frac{1}{a}\int_{-\infty}^{+\infty}f\left(\frac{t_0}{a}\right)\delta\left(t-\frac{t_0}{a}\right)\mathrm{d}t=\frac{1}{a}f\left(\frac{t_0}{a}\right)$$

3. $\delta(t)$ 与 $U(t)$ 的关系

$\delta(t)$ 与 $U(t)$ 互为微分与积分的关系，即

$$U(t)=\int_{-\infty}^{t}\delta(\tau)\mathrm{d}\tau,\quad \delta(t)=\frac{\mathrm{d}U(t)}{\mathrm{d}t}$$

现证明前一式：当 $t<0$ 时有 $\delta(t)=0$，故有

$$\int_{-\infty}^{t}\delta(\tau)\mathrm{d}\tau=\int_{-\infty}^{t}0\times\mathrm{d}\tau=0$$

当 $t>0$ 时有

$$\int_{-\infty}^{t}\delta(\tau)\mathrm{d}\tau=\int_{-\infty}^{0}0\times\mathrm{d}\tau+\int_{0^-}^{0^+}\delta(\tau)\mathrm{d}\tau+\int_{0^+}^{t}0\times\mathrm{d}\tau=0+1+0=1$$

故得

$$\int_{-\infty}^{t}\delta(\tau)\mathrm{d}\tau=\begin{cases}0, & t<0\\ 1, & t>0\end{cases}=U(t)$$ （证毕）

可用图 1-2-12(a)(b) 表示。

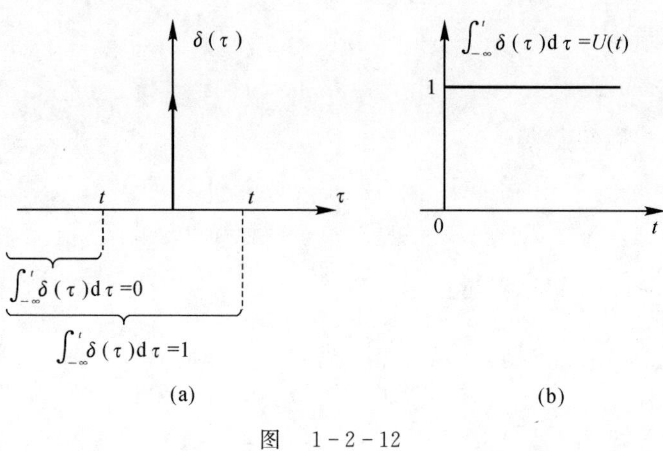

图 1-2-12

式 $\delta(t)=\frac{\mathrm{d}U(t)}{\mathrm{d}t}$ 的成立是不言而喻的，无须证明，可用图 1-2-12(b) 简明表示。

推广 $\quad U(t-t_0)=\int_{-\infty}^{t}\delta(\tau-t_0)\mathrm{d}\tau,\quad \delta(t-t_0)=\frac{\mathrm{d}U(t-t_0)}{\mathrm{d}t}$

例 1-2-3 求下列积分。

(1) $\int_{-\infty}^{+\infty}\delta(t)\mathrm{d}t$； (2) $\int_{-\infty}^{t}\delta(\tau)\mathrm{d}\tau$； (3) $\int_{-\infty}^{t-2}\delta(\tau)\mathrm{d}\tau$；

(4) $\int_{t}^{+\infty}\delta(\tau)\mathrm{d}\tau$；　　(5) $\int_{t-2}^{+\infty}\delta(\tau)\mathrm{d}\tau$。

解　(1) 原式 $=U(t)\Big|_{-\infty}^{+\infty}=U(\infty)-U(-\infty)=1-0=1$

(2) 原式 $=U(\tau)\Big|_{-\infty}^{t}=U(t)-U(-\infty)=U(t)-0=U(t)$

(3) 原式 $=U(\tau)\Big|_{-\infty}^{t-2}=U(t-2)-U(-\infty)=U(t-2)-0=U(t-2)$

(4) 原式 $=U(\tau)\Big|_{t}^{\infty}=U(\infty)-U(t)=1-U(t)=U(-t)+U(t)-U(t)=U(-t)$

(5) 原式 $=U[-(t-2)]=U(2-t)$

例 1-2-4　求下列积分。

(1) $\int_{-\infty}^{+\infty}(t^2+2t+3)\delta(1-2t)\mathrm{d}t$；　　(2) $\int_{-\infty}^{t}(\tau^2+2\tau+3)\delta(1-2\tau)\mathrm{d}\tau$；

(3) $\int_{-\infty}^{t-2}(\tau^2+2\tau+3)\delta(1-2\tau)\mathrm{d}\tau$；　　(4) $\int_{t}^{+\infty}(\tau^2+2\tau+3)\delta(1-2\tau)\mathrm{d}\tau$；

(5) $\int_{t-2}^{+\infty}(\tau^2+2\tau+3)\delta(1-2\tau)\mathrm{d}\tau$。

解　(1) 原式 $=\int_{-\infty}^{+\infty}(t^2+2t+3)\delta\left[-2\left(t-\frac{1}{2}\right)\right]\mathrm{d}t=\int_{-\infty}^{+\infty}(t^2+2t+3)\delta\left[2\left(t-\frac{1}{2}\right)\right]\mathrm{d}t=$

$$\int_{-\infty}^{+\infty}(t^2+2t+3)\times\frac{1}{2}\delta\left(t-\frac{1}{2}\right)\mathrm{d}t=$$

$$\int_{-\infty}^{+\infty}\left[\left(\frac{1}{2}\right)^2+2\times\frac{1}{2}+3\right]\times\frac{1}{2}\delta\left(t-\frac{1}{2}\right)\mathrm{d}t=$$

$$\frac{17}{8}\int_{-\infty}^{+\infty}\delta\left(t-\frac{1}{2}\right)\mathrm{d}t=\frac{17}{8}$$

(2) 原式 $=\frac{17}{8}\int_{-\infty}^{t}\delta\left(\tau-\frac{1}{2}\right)\mathrm{d}\tau=\frac{17}{8}\left[U\left(\tau-\frac{1}{2}\right)\right]_{-\infty}^{t}=\frac{17}{8}\left[U\left(t-\frac{1}{2}\right)-U\left(-\infty-\frac{1}{2}\right)\right]=$

$$\frac{17}{8}\left[U\left(t-\frac{1}{2}\right)-0\right]=\frac{17}{8}U\left(t-\frac{1}{2}\right)$$

其曲线如图 1-2-13(a) 所示。

(3) 原式 $=\frac{17}{8}U\left(t-2-\frac{1}{2}\right)=\frac{17}{8}U\left(t-\frac{5}{2}\right)$，其曲线如图 1-2-13(b) 所示，即将图 1-2-13(a) 所示的曲线向右平移了 2。

(4) 原式 $=\frac{17}{8}\left[U\left(\tau-\frac{1}{2}\right)\right]_{t}^{\infty}=\frac{17}{8}\left[1-U\left(t-\frac{1}{2}\right)\right]=$

$$\frac{17}{8}\left\{U\left[-\left(t-\frac{1}{2}\right)\right]+U\left(t-\frac{1}{2}\right)-U\left(t-\frac{1}{2}\right)\right\}=$$

$$\frac{17}{8}U\left[-\left(t-\frac{1}{2}\right)\right]=\frac{17}{8}U\left(-t+\frac{1}{2}\right)$$

其曲线如图 1-2-13(c) 所示。

(5) 原式 $=\frac{17}{8}U\left[-(t-2)+\frac{1}{2}\right]=\frac{17}{8}U\left(-t+\frac{5}{2}\right)$

其曲线如图 1-2-13(d) 所示。

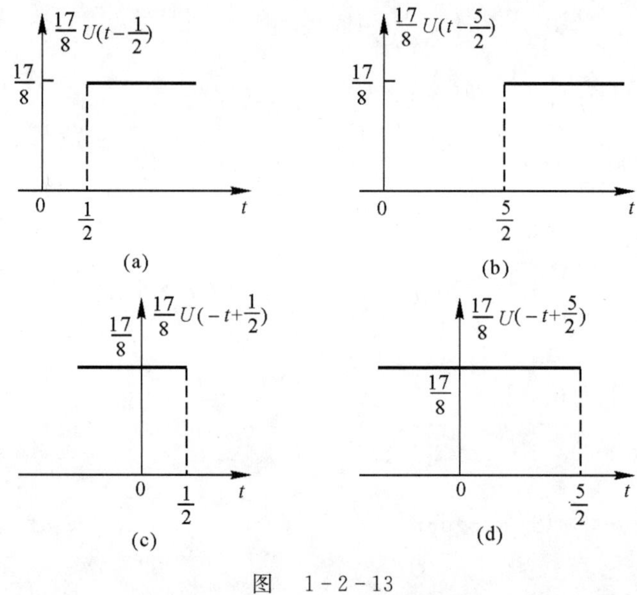

图　1-2-13

例 1-2-5　如图 1-2-14(a) 所示信号 $f(t)$，求其一阶导函数 $f'(t)$，并画出 $f'(t)$ 的波形。

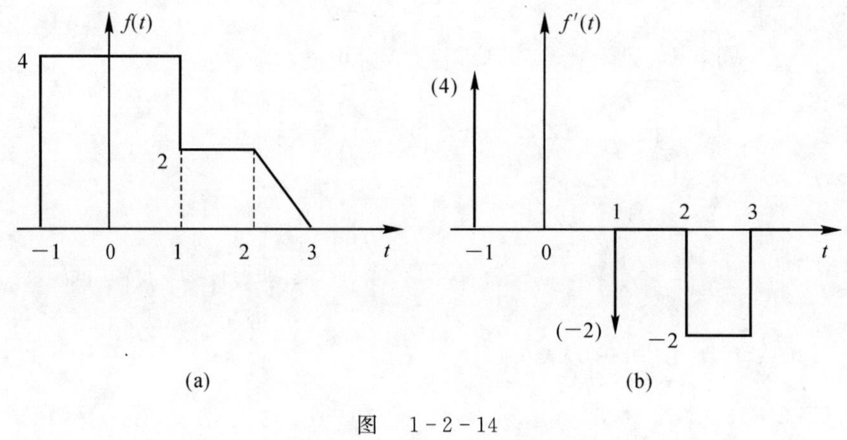

图　1-2-14

解　由 $f(t)$ 图形可知 $t=-1,1$ 是它的两个第一类间断点，$t=2,3$ 是它的两个拐点，则 $f(t)$ 的分段函数表示式为

$$f(t)=\begin{cases}0, & t<-1\\ 4, & -1\leqslant t<1\\ 2, & 1\leqslant t<2\\ -2t+6, & 2\leqslant t\leqslant 3\\ 0, & t\geqslant 3\end{cases}$$

考虑在函数拐点处其一阶导函数在该处为一类间断点，在函数第一类间断点处其一阶导函数出现冲激，所以对 $f(t)$ 求导，得

$$f'(t)=\begin{cases}0, & t<-1\\ 4\delta(t+1), & t=-1\\ 0, & -1<t<1\\ -2\delta(t-1), & t=1\\ 0, & 1<t<2\\ -2, & 2\leqslant t<3\\ 0, & t\geqslant 3\end{cases}$$

画 $f'(t)$ 波形，如图 1-2-14(b) 所示。

若信号 $f(t)$ 含有冲激信号，在对该信号作移动积分运算时还要注意：$f(t)$ 包含冲激之处正是移动积分函数 $\int_{-\infty}^{t} f(\tau)\mathrm{d}\tau$ 呈现第一类间断点之时刻。

这里还应指出，定义了单位冲激信号之后，今后在遇到对信号作微分运算时，在信号的第一类间断点处其导函数将出现冲激函数。其具体操作是：从时间轴负无穷向正方向“走”，若在 $t=t_1$ 处第一类间断点函数值向上跳，则导函数在 $t=t_1$ 处将出现正冲激，其冲激强度为向上跳的高度值。若在 $t=t_1$ 处第一类间断点函数值向下跳，则导函数在 $t=t_1$ 处将出现负冲激，其冲激强度为向下跳的高度值再加负号。

现将 $\delta(t)$ 信号的性质汇总于表 1-2-1 中，以便复习和查用。

表 1-2-1　$\boldsymbol{\delta(t)}$ 信号的性质

序　号	名　称	性质（函数表达）
1	定义	$\begin{cases}\delta(t)=\begin{cases}\infty, & t=0\\ 0, & t\neq 0\end{cases}\\ \int_{-\infty}^{+\infty}\delta(t)\mathrm{d}t=1\end{cases}$
2	波形	$\delta(t)$　(1)　0^-　0　0^+　t
3	与有界的 $f(t)$ 相乘	$f(t)\delta(t)=f(0)\delta(t)$ $f(t)\delta(t-t_0)=f(t_0)\delta(t-t_0)$
4	抽样性（积分性）	$\int_{-\infty}^{+\infty}f(t)\delta(t)\mathrm{d}t=f(0)$ $\int_{-\infty}^{+\infty}f(t)\delta(t-t_0)\mathrm{d}t=f(t_0)$
5	$\delta(t)$ 为偶函数	$\delta(t)=\delta(-t)$
6	$\delta(t)$ 与 $U(t)$ 的关系	$\delta(t)=\frac{\mathrm{d}}{\mathrm{d}t}U(t)$ $U(t)=\int_{-\infty}^{t}\delta(\tau)\mathrm{d}\tau$

续 表

序　号	名　称	性质(函数表达)
7	微分性 —— 单位冲激偶信号	$\delta'(t)=\frac{\mathrm{d}}{\mathrm{d}t}\delta(t)$
8	展缩性	$\delta(at)=\frac{1}{a}\delta(t),\quad a>0$
9	卷积性*	$f(t)*\delta(t)=f(t)$ $f(t)*\delta(t-T)=f(t-T)$ $f(t)*\delta(t+T)=f(t+T)$
10	无界性	为无界函数

* 注:卷积性见第二章 2.5 节。

六、单位冲激偶信号

1. 定义

$\delta(t)$ 函数的一阶导数 $\delta'(t)$ 称为单位冲激偶信号,即

$$\delta'(t)=\frac{\mathrm{d}}{\mathrm{d}t}\delta(t)$$

其波形如图 1-2-15 所示。

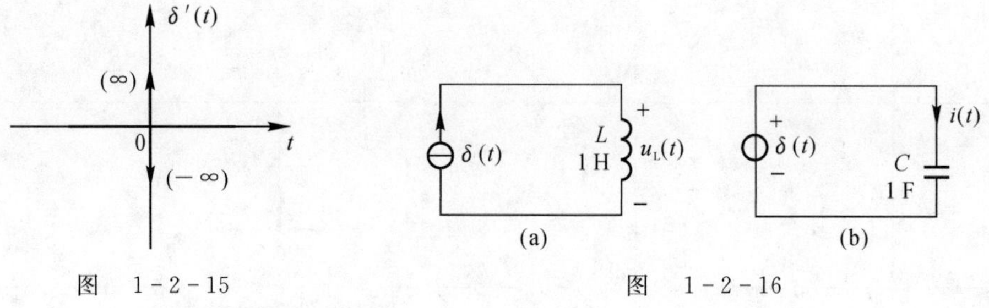

图　1-2-15　　　图　1-2-16

例如图 1-2-16(a) 电路中的电感电压

$$u_L(t)=L\frac{\mathrm{d}}{\mathrm{d}t}\delta(t)=\delta'(t)$$

图 1-2-16(b) 电路中的电容电流

$$i(t)=C\frac{\mathrm{d}}{\mathrm{d}t}\delta(t)=\delta'(t)$$

*2. 性质

(1)$\delta'(t)$ 为奇函数,即有

$$\delta'(t)=-\delta'(-t)$$

$$\delta'(t-t_0)=-\delta'[-(t-t_0)]=-\delta'(t_0-t)$$

(2) 若 $\delta'(t)$ 为奇函数,则有

$$\int_{-\infty}^{+\infty}\delta'(t)\mathrm{d}t=0$$

(3)
$$\int_{-\infty}^{t}\delta'(\tau)\mathrm{d}\tau=\delta(t)$$

(4)
$$f(t)\delta'(t)=f(0)\delta'(t)-f'(0)\delta(t)$$
$$f(t)\delta'(t-t_0)=f(t_0)\delta'(t-t_0)-f'(t_0)\delta(t-t_0)$$

证明　因有

$$[f(t)\delta(t-t_0)]'=f'(t)\delta(t-t_0)+f(t)\delta'(t-t_0)$$

即
$$[f(t_0)\delta(t-t_0)]'=f'(t_0)\delta(t-t_0)+f(t)\delta'(t-t_0)$$
$$f(t_0)\delta'(t-t_0)=f'(t_0)\delta(t-t_0)+f(t)\delta'(t-t_0)$$

故得
$$f(t)\delta'(t-t_0)=f(t_0)\delta'(t-t_0)-f'(t_0)\delta(t-t_0)$$

当 $t_0=0$ 时，得

$$f(t)\delta'(t)=f(0)\delta'(t)-f'(0)\delta(t)$$
（证毕）

(5)
$$\int_{-\infty}^{+\infty}f(t)\delta'(t)\mathrm{d}t=-f'(0)$$
$$\int_{-\infty}^{+\infty}f(t)\delta'(t-t_0)\mathrm{d}t=-f'(t_0)$$

证明　因有 $\int_{-\infty}^{+\infty}f(t)\delta'(t-t_0)\mathrm{d}t=\int_{-\infty}^{+\infty}[f(t_0)\delta'(t-t_0)-f'(t_0)\delta(t-t_0)]\mathrm{d}t=$

$$f(t_0)\int_{-\infty}^{+\infty}\delta'(t-t_0)\mathrm{d}t-f'(t_0)\int_{-\infty}^{+\infty}\delta(t-t_0)\mathrm{d}t=$$
$$f(t_0)\times 0-f'(t_0)\times 1=-f'(t_0)$$

当 $t_0=0$ 时，又得

$$\int_{-\infty}^{+\infty}f(t)\delta'(t)\mathrm{d}t=-f'(0)$$

***例 1-2-6**　已知 $f(t)=3t^2+2t+1$，求下列积分：

(1) $\int_{-\infty}^{+\infty}f(t)\delta'(t)\mathrm{d}t$；　(2) $\int_{-\infty}^{+\infty}f(t)\delta'(1-t)\mathrm{d}t$；

(3) $\int_{-\infty}^{t}\mathrm{e}^{-\tau}\delta'(\tau)\mathrm{d}\tau$；　(4) $\int_{t}^{\infty}(\tau+1)[\delta'(\tau)+2\delta(\tau)]\mathrm{d}\tau$。

解　(1) 原式 $=\int_{-\infty}^{+\infty}[f(0)\delta'(t)-f'(0)\delta(t)]\mathrm{d}t=\int_{-\infty}^{+\infty}f(0)\delta'(t)\mathrm{d}t-\int_{-\infty}^{+\infty}f'(0)\delta(t)\mathrm{d}t=$

$$0-f'(0)\int_{-\infty}^{+\infty}\delta(t)\mathrm{d}t=-f'(0)=-[3t^2+2t+1]'_{t=0}=$$
$$-(6t+2)_{t=0}=-2$$

(2) 原式 $=\int_{-\infty}^{+\infty}f(t)\delta'[-(t-1)]\mathrm{d}t=-\int_{-\infty}^{+\infty}f(t)\delta'(t-1)\mathrm{d}t=$

$$-[-f'(1)]=(3t^2+2t+1)'_{t=1}=(6t+2)_{t=1}=8$$

(3) 原式 $=\int_{-\infty}^{t}[\mathrm{e}^{-0}\delta'(\tau)-\mathrm{e}^{-0}\delta(\tau)]\mathrm{d}\tau=\int_{-\infty}^{t}\delta'(\tau)\mathrm{d}\tau+\int_{-\infty}^{t}\delta(\tau)\mathrm{d}\tau=\delta(t)+U(t)$

(4) 原式 $=\int_{t}^{+\infty}(\tau+1)\delta'(\tau)\mathrm{d}\tau+\int_{t}^{+\infty}2(\tau+1)\delta(\tau)\mathrm{d}\tau=$

$$\int_{t}^{+\infty}[1\delta'(\tau)-1\delta(\tau)]\mathrm{d}\tau+2\int_{t}^{+\infty}\delta(\tau)\mathrm{d}\tau=$$

$$[\delta(\tau)-U(\tau)]_t^{\infty}+2[U(\tau)]_t^{\infty}=[\delta(\tau)-U(\tau)+2U(\tau)]_t^{\infty}=$$
$$[\delta(\tau)+U(\tau)]_t^{\infty}=[\delta(\infty)+U(\infty)]-[\delta(t)+U(t)]=$$
$$0+1-\delta(t)-U(t)=1-\delta(t)-U(t)=U(t)+U(-t)-\delta(t)-U(t)=$$
$$-\delta(t)+U(-t)$$

现将 $\delta'(t)$ 信号的性质汇总于表 1-2-2 中，以便查用和复习。

表 1-2-2　$\delta'(t)$ 信号的性质

序　号	名　称	性质的数学描述
1	定义	$\delta'(t)=\frac{\mathrm{d}}{\mathrm{d}t}\delta(t)$
2	奇函数	$\delta'(t)=-\delta'(-t)$ $\delta'(t-t_0)=-\delta'[-(t-t_0)]$
3	与有界函数 $f(t)$ 相乘	$f(t)\delta'(t)=f(0)\delta'(t)-f'(0)\delta(t)$ $f(t)\delta'(t-t_0)=f(0)\delta'(t-t_0)-f'(t_0)\delta(t-t_0)$
4	尺度变换(展缩性)	$\delta'(at)=\frac{1}{a^2}\delta'(t),\quad a>0$
5	积分性	$\int_{-\infty}^{+\infty}\delta'(t)\mathrm{d}t=0,\quad \int_{-\infty}^{t}\delta'(\tau)\mathrm{d}\tau=\delta(t)$ $\int_{-\infty}^{+\infty}f(t)\delta'(t)\mathrm{d}t=-f'(0)$ $\int_{-\infty}^{+\infty}f(t)\delta'(t-t_0)\mathrm{d}t=-f'(t_0)$
6	卷积性*	$f(t)*\delta'(t)=f'(t)$ $f(t)*\delta'(t\pm T)=f'(t\pm T)$
7	无界性	为无界函数

* 卷积性见第二章 2.5 节。

七、符号信号

符号信号用 sgn(t) 表示，其函数定义式为

$$\operatorname{sgn}(t)=\begin{cases}1, & t>0\\ -1, & t<0\end{cases}$$

或写成

$$\operatorname{sgn}(t)=U(t)-U(-t)=2U(t)-1$$

其波形如图 1-2-17 所示。符号信号也称正负号信号。

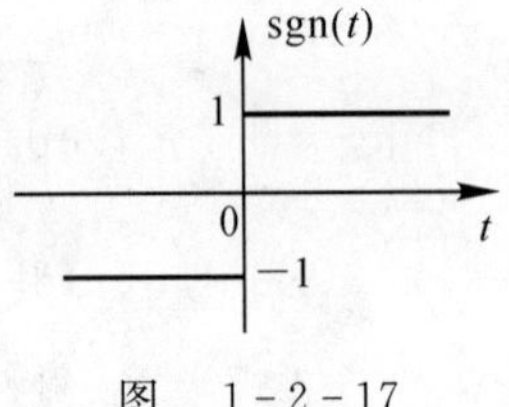

图　1-2-17

例 1-2-7　试画出函数 $f(t)=\mathrm{sgn}\left(\cos\frac{\pi}{2}t\right)$ 的波形。

解

$$f(t)=\mathrm{sgn}\left(\cos\frac{\pi}{2}t\right)=\begin{cases}1, & \cos\frac{\pi}{2}t>0\\ -1, & \cos\frac{\pi}{2}t<0\end{cases}$$

$\cos\frac{\pi}{2}t$ 与 $f(t)$ 的波形如图 1-2-18 所示。

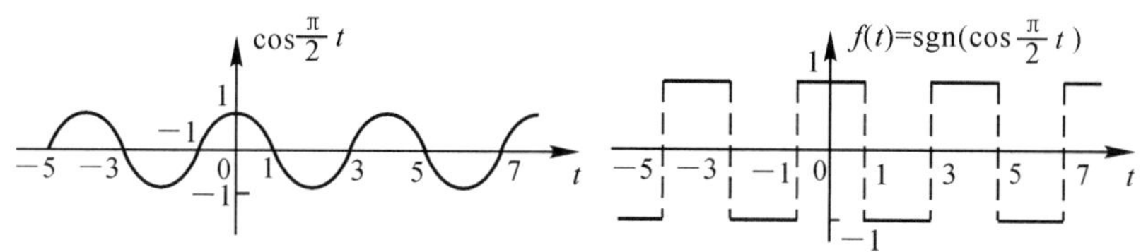

图　1-2-18

八、单位冲激序列 $\boldsymbol{\delta_T(t)}$

$$\delta_T(t)=\cdots+\delta(t+2T)+\delta(t+T)+\delta(t)+\delta(t-T)+\delta(t-2T)+\cdots=$$

$$\sum_{n=-\infty}^{\infty}\delta(t-nT),\quad n\in\mathbf{Z}$$

$\delta_T(t)$ 是无界周期信号,周期为 T,其波形如图 1-2-19 所示。

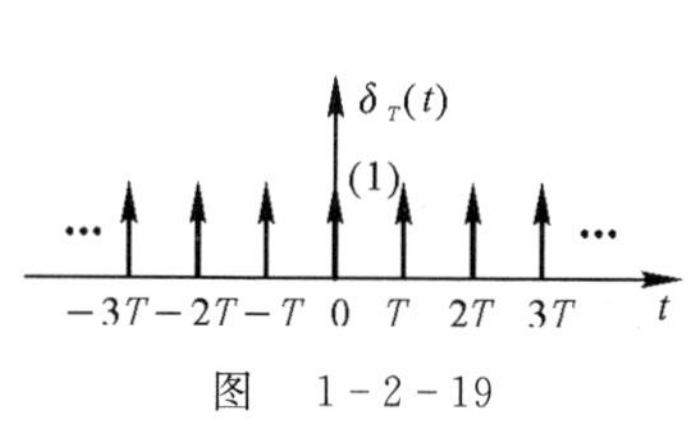

图　1-2-19

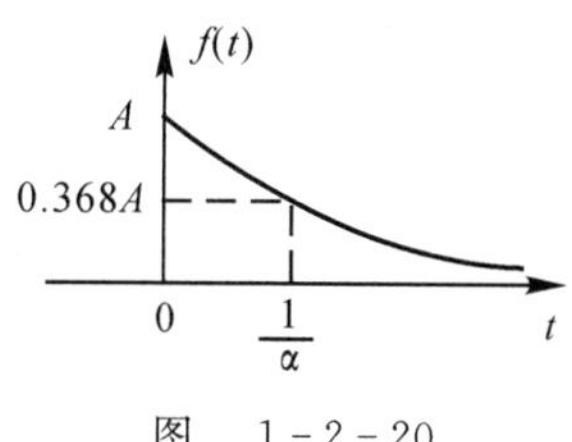

图　1-2-20

九、单边衰减指数信号

单边衰减指数信号的函数定义式为

$$f(t)=Ae^{-\alpha t}U(t)=\begin{cases}0, & t<0\\ Ae^{-\alpha t}, & t>0\end{cases}$$

其波形如图 1-2-20 所示。其中 α 为大于零的实常数。单边衰减指数信号有如下性质:

(1) $f(0^-)=0$, $f(0^+)=A$,即在 $t=0$ 时刻有跳变,跳变的幅度为 A。

(2) 当 $t=\frac{1}{\alpha}$ 时,$f\left(\frac{1}{\alpha}\right)=Ae^{-1}=0.368A$,即经过$\frac{1}{\alpha}$的时间,函数值从 $f(0^+)=A$ 衰减到 $0.368A$。α 称为衰减系数,单位为$\frac{1}{\mathrm{s}}$。

十、复指数信号

复指数信号的函数定义式为

$$f(t)=A\mathrm{e}^{st},\quad t\in\mathbf{R}$$

式中,A 为实常数;$s=\sigma+\mathrm{j}\omega$ 称为复数频率,简称复频率,其中 σ, ω 均为实常数,σ 的单位为 1/s, ω 的单位为 rad/s。

特例:

当 $s=0$ 时,$f(t)=A$,为直流信号;

当 $s=\sigma$ 时,$f(t)=A\mathrm{e}^{\sigma t}$,为实指数信号;

当 $s=\mathrm{j}\omega$ 时,$f(t)=A\mathrm{e}^{\mathrm{j}\omega t}=A\cos\omega t+\mathrm{j}A\sin\omega t$,为等幅正弦信号,角频率为 ω;

当 $s=\sigma+\mathrm{j}\omega$ 时,$f(t)=A\mathrm{e}^{(\sigma+\mathrm{j}\omega)t}=A\mathrm{e}^{\sigma t}\mathrm{e}^{\mathrm{j}\omega t}=A\mathrm{e}^{\sigma t}(\cos\omega t+\mathrm{j}\sin\omega t)$,为振幅按指数规律 $\mathrm{e}^{\sigma t}$ 变化的正弦信号,变化的角频率为 ω。

十一、抽样信号

抽样信号的函数定义式为

$$f(t)=\frac{\sin t}{t}=\mathrm{Sa}(t),\quad t\in\mathbf{R}$$

其波形如图 1-2-21 所示。抽样信号有如下性质:

(1) 为实变量 t 的偶函数,即有 $f(t)=f(-t)$;

(2) $\lim\limits_{t\to0}f(t)=f(0)=\lim\limits_{t\to0}\frac{\sin t}{t}=1$;

(3) 当 $t=k\pi(k=\pm1,\pm2,\cdots)$ 时,$f(t)=0$,即 $t=k\pi$ 为 $f(t)$ 出现零值点的时刻;

(4) $\int_{-\infty}^{+\infty}f(t)\mathrm{d}t=\int_{-\infty}^{+\infty}\frac{\sin t}{t}\mathrm{d}t=\pi$;

(5) $\lim\limits_{t\to\pm\infty}f(t)=0$。

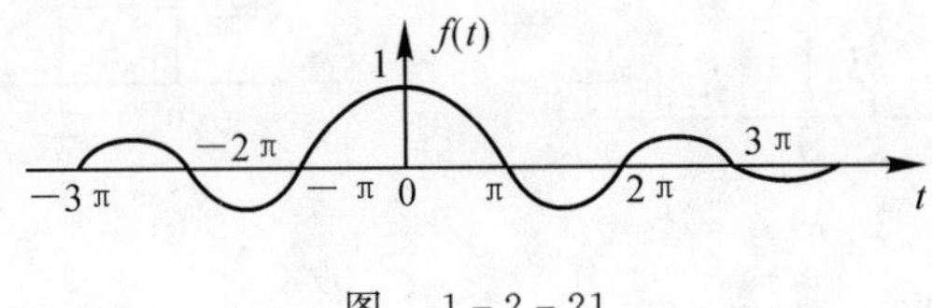

图 1-2-21

十二、钟形信号

钟形信号为 $f(t)=E\mathrm{e}^{-\left(\frac{t}{\tau}\right)^2}$,$t\in\mathbf{R}$,其波形如图 1-2-22 所示。

当 $t=\pm\tau$ 时,$f(\pm\tau)=\frac{E}{\mathrm{e}}$。

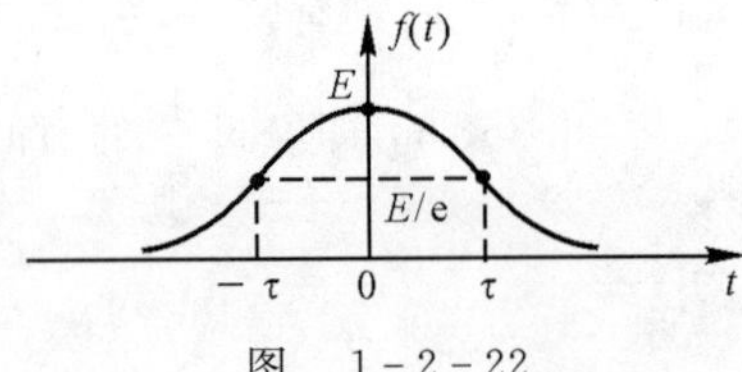

图 1-2-22

现将基本的连续信号汇总于表 1-2-3 中,以便复习和查用。

表 1-2-3　基本的连续时间信号

序　号	名　称	函数式	波　形
1	直流信号	$f(t)=A,\quad t\in\mathbf{R}$	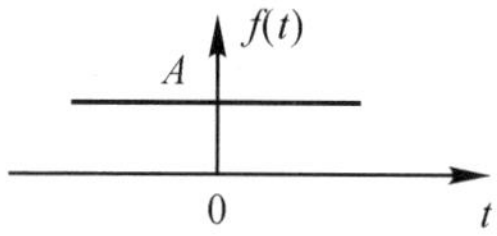
2	正弦信号	$f(t)=A\cos(\omega t+\psi),$ $t\in\mathbf{R}$ $\psi=0$	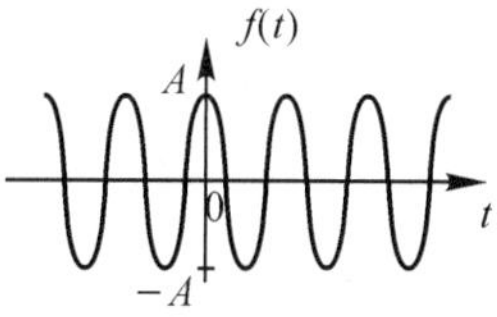
3	单位阶跃信号	$U(t)=\begin{cases}0, & t<0\\ 1, & t>0\end{cases}$	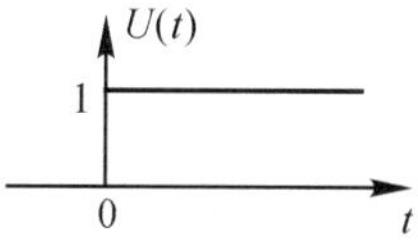
4	单位门信号	$G_\tau(t)=\begin{cases}1, & -\frac{\tau}{2}<t<\frac{\tau}{2}\\ 0, & 其余\end{cases}$	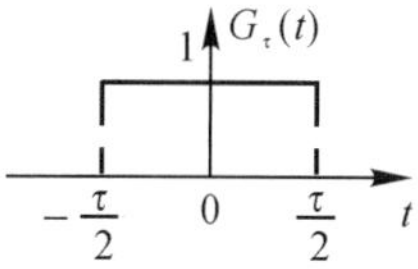
5	单位冲激信号	$\delta(t)=\begin{cases}\infty, & t=0\\ 0, & t\neq 0\end{cases}$ 且 $\int_{-\infty}^{+\infty}\delta(t)\mathrm{d}t=1$	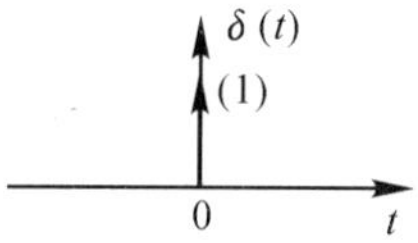
6	单位冲激偶信号	$\delta'(t)=\frac{\mathrm{d}}{\mathrm{d}t}\delta(t)$	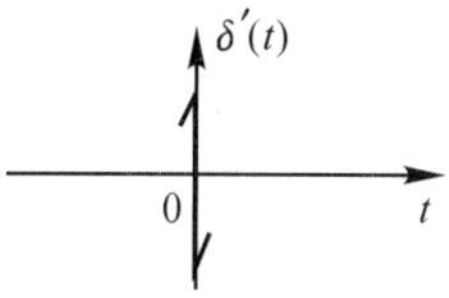
7	符号信号	$\mathrm{sgn}(t)=\begin{cases}-1, & t<0\\ 1, & t>0\end{cases}$	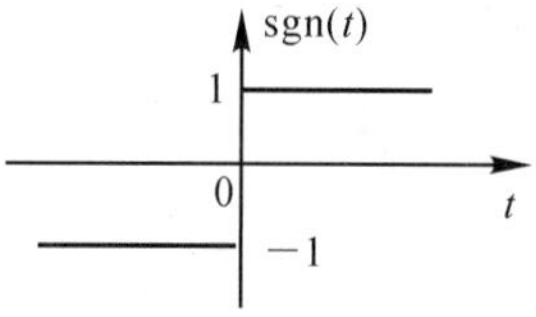
8	单位斜坡信号	$r(t)=rU(t)$	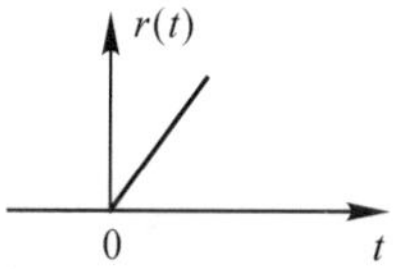
9	单边衰减指数信号	$f(t)=A\mathrm{e}^{-\alpha t}U(t)$ $\alpha>0$	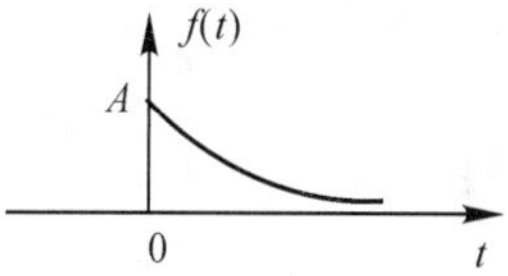

续表

序　号	名　称	函数式	波　形
10	抽样信号	$f(t)=\dfrac{\sin t}{t}=\mathrm{Sa}(t)$， $t\in\mathbf{R}$	
11	复指数信号	$f(t)=A\mathrm{e}^{st}$，　$t\in\mathbf{R}$ $s=\sigma+\mathrm{j}\omega$	
12	钟形信号	$f(t)=E\mathrm{e}^{-\left(\frac{t}{\tau}\right)^2}, t\in\mathbf{R}$	
13	单位冲激序列	$\delta_T(t)=\sum\limits_{n=-\infty}^{\infty}\delta(t-nT), n\in\mathbf{Z}$ 为无界周期信号	

1.3　信号的时域变换

信号在时域中的变换有折叠、时移、展缩、倒相等。

一、折叠

信号的时域折叠，就是将信号 $f(t)$ 的波形以纵轴为轴翻转 180°。

设信号 $f(t)$ 的波形如图 1-3-1(a) 所示。今将 $f(t)$ 以纵轴为轴折叠，即得折叠信号 $f(-t)$。折叠信号 $f(-t)$ 的波形如图 1-3-1(b) 所示。可见，若欲求得 $f(t)$ 的折叠信号 $f(-t)$，则必须将 $f(t)$ 中的 t 换为 $-t$，同时 $f(t)$ 定义域中的 t 也必须换为 $-t$。

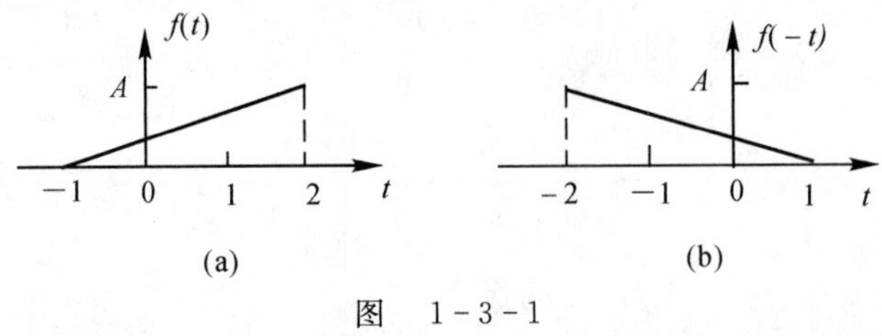

图　1-3-1

信号的折叠变换，就是将“未来”与“过去”互换，这显然是不能用硬件实现的，所以并无实际意义，但它具有理论意义。

二、时移

信号的时移，就是将信号 $f(t)$ 的波形沿时间轴 t 左、右平行移动，但波形的形状不变。

设信号 $f(t)$ 的波形如图 1－3－2(a) 所示。今将 $f(t)$ 沿 t 轴平移 t_0，即得时移信号 $f(t-t_0)$，t_0 为实常数。当 $t_0>0$ 时，为沿 t 轴的正方向移动(右移)；当 $t_0<0$ 时，为沿 t 轴的负方向移动(左移)。时移信号 $f(t-t_0)$ 的波形如图 1－3－2(b)(c) 所示。可见，欲求得 $f(t)$ 的时移信号 $f(t-t_0)$，则必须将 $f(t)$ 中的 t 换为 $t-t_0$，同时 $f(t)$ 定义域中的 t 也必须换为 $t-t_0$。

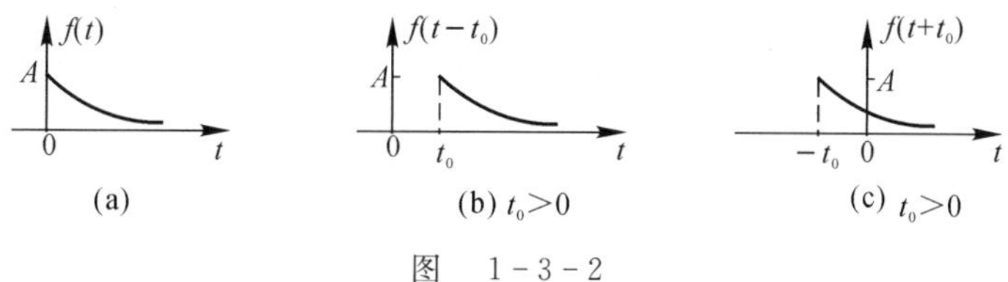

(a)　(b) $t_0>0$　(c) $t_0>0$

图　1－3－2

信号的时移变换用时移器(也称延时器) 实现，如图 1－3－3 所示。图中 $f(t)$ 是延时器的输入信号，$y(t)=f(t-t_0)$ 是延时器的输出信号。可见输出信号 $y(t)$ 较输入信号 $f(t)$ 延迟了时间 t_0。

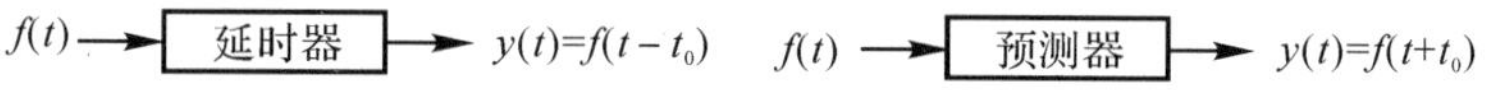

$f(t)$ → 延时器 → $y(t)=f(t-t_0)$　　$f(t)$ → 预测器 → $y(t)=f(t+t_0)$

(a)　(b)

图　1－3－3

(a) 延时器(延时 t_0)；(b) 预测器(超前 t_0)

需要指出的是：当 $t_0>0$ 时，延时器为因果系统 *，是可以用硬件实现的；当 $t_0<0$ 时，延时器是非因果系统，此时的延时器成为预测器。延时器与预测器都是信号处理中常见的系统。

三、展缩

信号的时域展缩，就是将信号 $f(t)$ 在时间 t 轴上展宽或压缩，但纵轴上的值不变。

设信号 $f(t)$ 的波形如图 1－3－4(a) 所示。今以变量 at 置换 $f(t)$ 中的 t，所得信号 $f(at)$ 即为信号 $f(t)$ 的展缩信号，其中 a 为正实常数。若 $0<a<1$，则表示将 $f(t)$ 的波形在时间 t 轴上展宽到 a 倍(纵轴上的值不变)，如图 1－3－4(b) 所示(图中取 $a=\frac{1}{2}$)；若 $a>1$，则表示将 $f(t)$ 的波形在时间 t 轴上压缩到 $\frac{1}{a}$(纵轴上的值不变)，如图 1－3－4(c) 所示(图中取 $a=2$)。

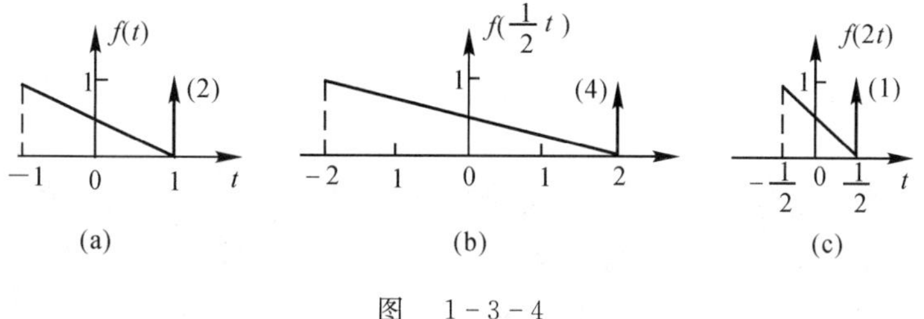

(a)　(b)　(c)

图　1－3－4

* 关于因果系统与非因果系统的定义，见 1.6 节。

需要注意的是，在用 at 置换 $f(t)$ 中的 t 时，必须同时将 $f(t)$ 定义域中的 t 也换为 at。

四、倒相

设信号 $f(t)$ 的波形如图 1-3-5(a) 所示。今将 $f(t)$ 的波形以横轴（时间 t 轴）为轴翻转 180°，即得倒相信号 $-f(t)$。倒相信号 $-f(t)$ 的波形如图 1-3-5(b) 所示。可见，信号进行倒相时，横轴（时间 t 轴）上的值不变，仅是纵轴上的值改变了正负号，正值变成了负值，负值变成了正值。倒相也称反相。

信号的倒相用倒相器实现，如图 1-3-6 所示。图中 $f(t)$ 为倒相器的输入信号，$y(t)=-f(t)$ 为倒相器的输出信号。

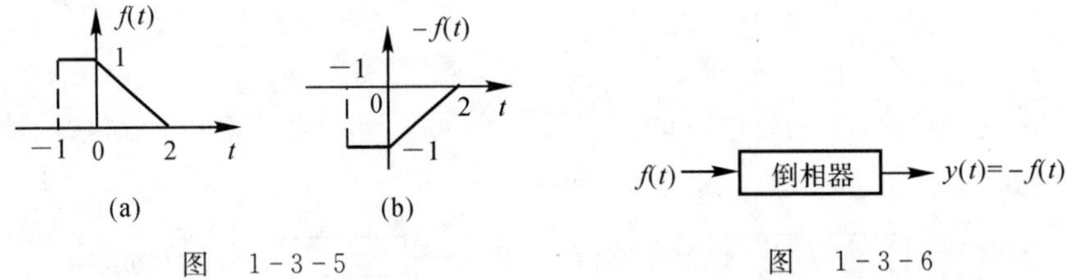

图 1-3-5　　　　图 1-3-6

例 1-3-1　已知信号 $f(1-2t)$ 的波形如图 1-3-7(a) 所示。试画出 $f(t)$ 的波形。

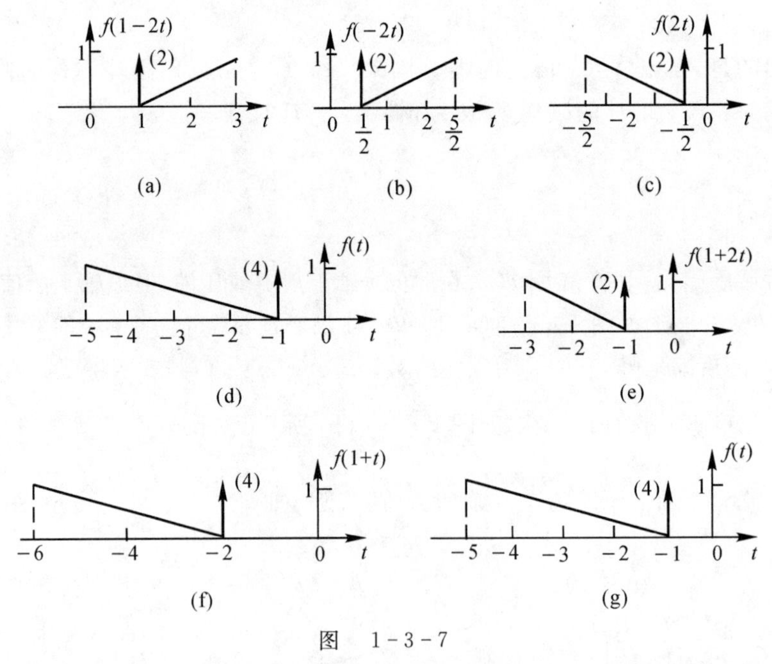

图 1-3-7

解　信号 $f(1-2t)$ 是将信号 $f(t)$ 经过折叠、时移、展缩三种变换后而得到的，但这三种变换的次序是可以任意的，故共有六种途径。下面用其中的两种途径求解。

方法一　时移⟶折叠⟶展缩

$$f(1-2t)=f\left[-2\left(t-\frac{1}{2}\right)\right]\xrightarrow{\text{左时移}\frac{1}{2}}f\left[-2\left(t+\frac{1}{2}-\frac{1}{2}\right)\right]=f(-2t)\xrightarrow{\text{折叠}}f(2t)$$

$\xrightarrow{\text{展宽 1 倍}} f\left(2\times\frac{1}{2}t\right)=f(t)$。其波形依次如图 1-3-7(b)(c)(d) 所示。

方法二　折叠⟶展缩⟶时移

$f(1-2t)\xrightarrow{\text{折叠}} f(1+2t)\xrightarrow{\text{展宽 1 倍}} f\left(1+2\times\frac{1}{2}t\right)=f(1+t)\xrightarrow{\text{右时移 1}} f[1+(t-1)]=$ $f(t)$。其波形依次如图 1-3-7(e)(f)(g) 所示。

可见两种途径所得结果完全相同。读者可用其余四种途径再求解之。

现将信号的时域变换汇总于表 1-3-1 中，以便查用和复习。

表 1-3-1　信号的时域变换

序　号	原信号 $f(t)$	变　换	变换后的信号
1	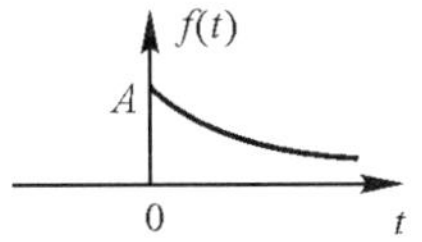 $f(t)$; A; 0; t	折叠	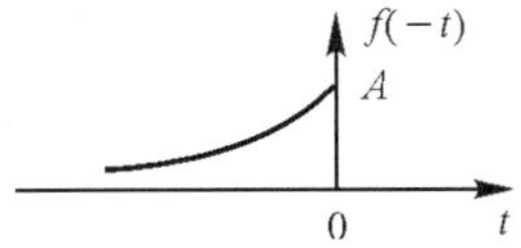 $f(-t)$; A; 0; t
2	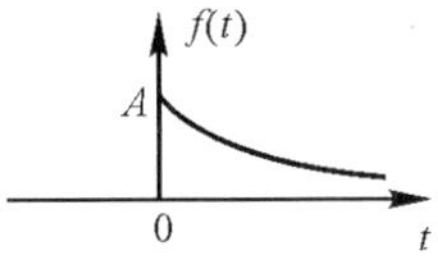 $f(t)$; A; 0; t	时移	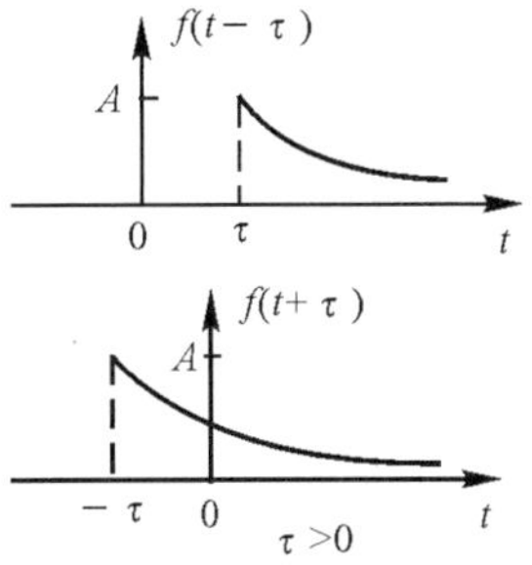 $f(t-\tau)$; A; 0; τ; t $f(t+\tau)$; A; $-\tau$; 0; t; $\tau>0$
3	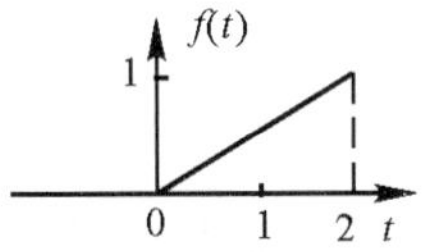 $f(t)$; 1; 0; 1; 2; t	倒相	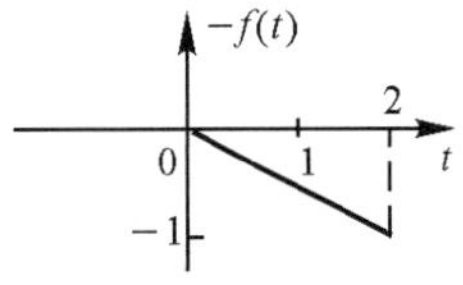 $-f(t)$; 2; 0; 1; t; -1
4	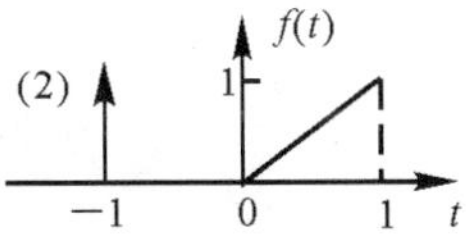 $f(t)$; (2); 1; -1; 0; 1; t	展缩 $0<a<1$ 展宽 $a>1$ 压缩	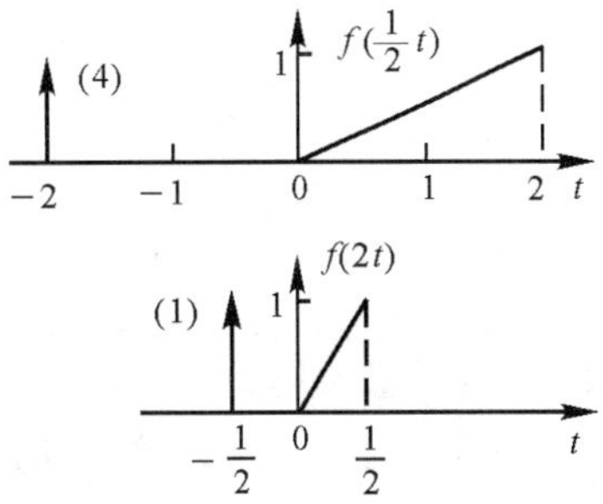 $f(\frac{1}{2}t)$; (4); 1; -2; -1; 0; 1; 2; t $f(2t)$; (1); 1; $-\frac{1}{2}$; 0; $\frac{1}{2}$; t

1.4 信号的时域运算

信号在时域中的运算有相加、相乘、数乘(幅度变化)、微分、积分等。

一、相加

将 n 个信号 $f_1(t), f_2(t), \cdots, f_n(t)$ 相加,即得相加信号 $y(t)$,即

$$y(t) = f_1(t) + f_2(t) + \cdots + f_n(t), \quad n \in \mathbf{Z}^+$$

信号的时域相加运算用加法器实现,如图 1-4-1 所示。

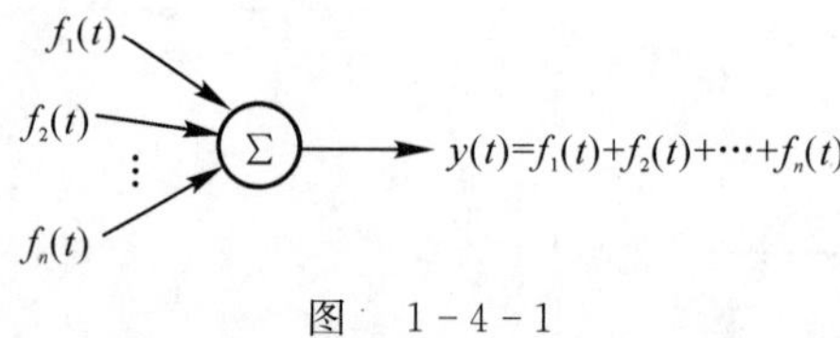

图 1-4-1

信号在时域中相加时,横轴(时间 t 轴)的值不变,仅是与时间 t 轴的值相对应的纵坐标值相加。

二、相乘

将两个信号 $f_1(t)$ 与 $f_2(t)$ 相乘,即得相乘信号 $y(t)$,即

$$y(t) = f_1(t) f_2(t)$$

信号的时域相乘运算用乘法器实现,如图 1-4-2 所示。

信号在时域中相乘时,横轴(时间 t 轴)的值不变,仅是与时间 t 轴的值相对应的纵坐标值相乘。

信号处理系统中的抽样器和调制器,都是实现信号相乘运算功能的系统。乘法器也称调制器。

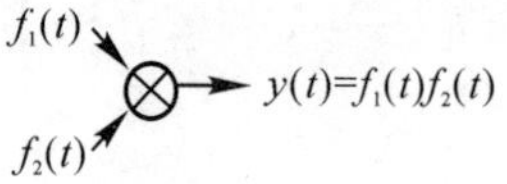

图 1-4-2

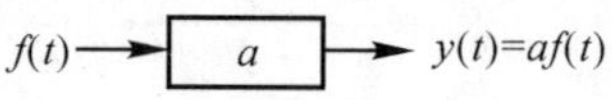

图 1-4-3

三、数乘

将信号 $f(t)$ 乘以实常数 a,称为对信号 $f(t)$ 进行数乘运算,即

$$y(t) = af(t)$$

信号的时域数乘运算用数乘器实现,如图 1-4-3 所示。数乘器也称比例器或标量乘法器。

信号的时域数乘运算,实质上就是在对应的横坐标值上将纵坐标的值扩大到 a 倍($a > 1$ 时为扩大;$0 < a < 1$ 时为缩小)。

四、微分

将信号 $f(t)$ 求一阶导数，称为对信号 $f(t)$ 进行微分运算，所得信号

$$y(t)=\frac{\mathrm{d}f(t)}{\mathrm{d}t}=f'(t)$$

称为信号 $f(t)$ 的微分信号。

信号的时域微分运算用微分器实现，如图 1-4-4 所示。

需要注意的是，当 $f(t)$ 中含有间断点时，则 $f'(t)$ 在间断点上将有冲激函数存在，其冲激强度为间断点处函数 $f(t)$ 跳变的幅度值。

五、积分

将信号 $f(t)$ 在区间 $(-\infty,t)$ 内求一次积分，称为对信号 $f(t)$ 进行积分运算，所得信号 $y(t)=\int_{-\infty}^{t}f(\tau)\mathrm{d}\tau$ 称为信号 $f(t)$ 的积分信号。

信号的时域积分运算用积分器实现，如图 1-4-5 所示。

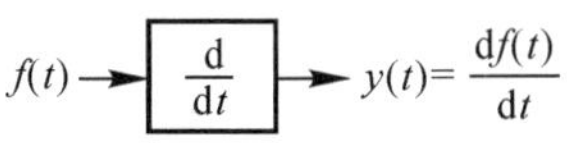

$f(t)\rightarrow\boxed{\frac{\mathrm{d}}{\mathrm{d}t}}\rightarrow y(t)=\frac{\mathrm{d}f(t)}{\mathrm{d}t}$

图　1-4-4

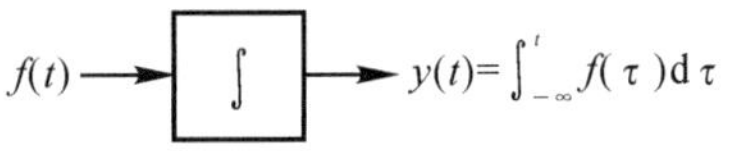

$f(t)\rightarrow\boxed{\int}\rightarrow y(t)=\int_{-\infty}^{t}f(\tau)\mathrm{d}\tau$

图　1-4-5

例 1-4-1　已知图 1-4-6(a) 所示半波正弦信号 $f(t)$。(1) 求 $f''(t)$，画出其波形；(2) 求 $\int_{-\infty}^{t}f(\tau)\mathrm{d}\tau$。

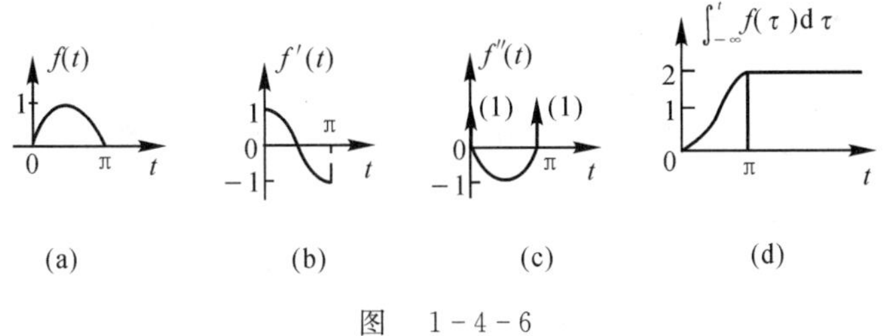

图　1-4-6

解　(1) 因

$$f(t)=\sin t[U(t)-U(t-\pi)]$$

故

$$f'(t)=\cos t[U(t)-U(t-\pi)]$$

$$f''(t)=\delta(t)-\sin t[U(t)-U(t-\pi)]+\delta(t-\pi)$$

$f'(t)$，$f''(t)$ 的波形如图 1-4-6(b)(c) 所示。

(2) 当 $t<0$ 时，$f(t)=0$，故

$$\int_{-\infty}^{t}f(\tau)\mathrm{d}\tau=\int_{-\infty}^{t}0\mathrm{d}\tau=0$$

当 $0\leqslant t<\pi$ 时，$f(t)=\sin t$，故

$$\int_{-\infty}^{t}f(\tau)\mathrm{d}\tau=\int_{-\infty}^{0}f(\tau)\mathrm{d}\tau+\int_{0}^{t}f(\tau)\mathrm{d}\tau=\int_{-\infty}^{0}0\mathrm{d}\tau+\int_{0}^{t}\sin\tau\mathrm{d}\tau=$$

$$0+[-\cos\tau]_{0}^{t}=1-\cos t$$

当 $t \geqslant \pi$ 时，$f(t)=0$，故

$$\int_{-\infty}^{t} f(\tau)\mathrm{d}\tau = \int_{-\infty}^{0} 0\mathrm{d}\tau + \int_{0}^{\pi} \sin\tau\mathrm{d}\tau + \int_{\pi}^{t} 0\mathrm{d}\tau = 0 + [-\cos\tau]\Big|_{0}^{\pi} + 0 = 2$$

故
$$\int_{-\infty}^{t} f(\tau)\mathrm{d}\tau = \begin{cases} 0, & t < 0 \\ 1-\cos t, & 0 \leqslant t < \pi \\ 2, & t \geqslant \pi \end{cases}$$

其波形如图 1-4-6(d) 所示。

例 1-4-2　画出信号 $f(t)=(t-1)U(t^2-1)$ 和 $f'(t)$ 的波形，并写出 $f'(t)$ 的函数式。

解　$(t-1)$ 和 $U(t^2-1)$ 的波形分别如图 1-4-7(a)(b) 所示；$f(t)=(t-1)U(t^2-1)$ 的波形如图 1-4-7(c) 所示；$f'(t)$ 的波形则如图 1-4-7(d) 所示。故由图 1-4-7(d) 可直接写出 $f'(t)$ 的函数式为

$$f'(t) = 2\delta(t+1) + U(t^2-1) = 2\delta(t+1) + U(t-1) + U(-t-1)$$

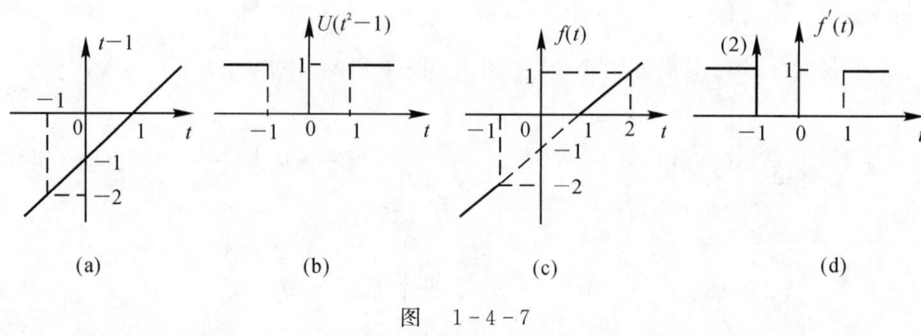

图　1-4-7

这里还需要给读者明确的是，两个周期信号相加或相减运算，其结果信号有可能成为非周期信号。

例 1-4-3　已知周期信号 $f_1(\tau)=\sin 2t$，$f_2(t)=\cos 5t$，设 $y(t)=f_1(t)+f_2(t)$，试判断 $y(t)$ 是否是周期信号，若是，求出基本周期 T。

解　和信号若仍是周而复始重复的信号，则它就是周期信号，它的重复周期称为和信号的基本周期，其基本周期的数值为相加各周期信号周期的最小公倍数。由已知的 $f_1(t)$，$f_2(t)$ 函数式可看出 $f_1(t)$ 的角频率 Ω_1、相应的周期 T_1 分别为

$$\Omega_1 = 2\ \text{rad/s}, \quad T_1 = \frac{2\pi}{\Omega_1} = \pi\ (\text{s})$$

$f_2(t)$ 的角频率 Ω_2、相应的周期 T_2 分别为

$$\Omega_2 = 5\ \text{rad/s}, \quad T_2 = \frac{2\pi}{\Omega_2} = 0.4\pi\ (\text{s})$$

T_1 与 T_2 的最小公倍数为 $2\pi(\text{s})$，即和信号 $y(t)$ 的基本周期 $T=2\pi(\text{s})$，所以 $y(t)$ 是周期信号。

例 1-4-4　已知 $f_1(t)=\sin 3t$，$f_2(t)=\cos \pi t$，设 $y(t)=f_1(t)-f_2(t)$，试判断 $y(t)$ 是否是周期信号。若不是，请说明理由。

解　差信号是否是周期信号的判断方法如同和信号一样，$f_1(t)$ 的角频率 Ω_1、周期 T_1 分别为

$$\Omega_1 = 3 \text{ rad/s}, \quad T_1 = \frac{2\pi}{\Omega_1} = \frac{2\pi}{3} \text{ (s)}$$

$f_2(t)$ 的角频率 Ω_2、周期 T_2 分别为

$$\Omega_2 = \pi(\text{rad/s}), \quad T_2 = \frac{2\pi}{\pi} = 2 \text{ rad/s}$$

因 T_1 是无理数，T_2 是有理数，所以 T_1 与 T_2 无最小公倍数，故判断 $y(t)$ 不是周期信号。

现将信号的时域运算汇总于表 1-4-1 中，以便复习和查用。

表 1-4-1　信号的时域运算

序　号	运算名称	系统的模型	运算式	功　能
1	相加	$f_1(t)$、$f_2(t)$ → Σ → $y(t)$	$y(t) = f_1(t) + f_2(t)$	实现加法运算功能
2	相乘	$f_1(t)$、$f_2(t)$ → × → $y(t)$	$y(t) = f_1(t)f_2(t)$	实现乘法运算功能
3	数乘	$f(t)$ → a → $y(t)$	$y = af(t)$	实现数乘运算功能
4	微分	$f(t)$ → $\frac{\mathrm{d}}{\mathrm{d}t}$ → $y(t)$	$y(t) = \frac{\mathrm{d}}{\mathrm{d}t}f(t)$	实现微分运算功能
5	积分	$f(t)$ → $\int$ → $y(t)$	$y(t) = \int_{-\infty}^{t} f(\tau)\mathrm{d}\tau$	实现积分运算功能

说明：

(1) 如果信号 $f(t)$ 有第 1 类间断点，则其导数 $f'(t)$ 在间断点处将出现冲激函数 $\delta(t)$，$\delta(t)$ 的强度由间断点处 $f(t)$ 的跳变值大小决定，向上跳变，$\delta(t)$ 取正；向下跳变，$\delta(t)$ 取负。

(2) 积分运算取决于两个因素：被积函数的表达式和积分的上、下限。

(3) 含参变量 t 的积分与定积分的运算结果是不同的。前者运算的结果是参变量 t 的函数，定积分运算的结果是确定的值。

(4) 求含参变量 t 的积分时，要掌握分段积分的运算方法。

(5) 两个连续周期信号 $f_1(t)$ 和 $f_2(t)$ 的和信号 $f(t)$ 不一定是周期信号，只有当这两个周期信号的周期之比 $T_1/T_2 = m/n$ 为有理数时，和信号 $f(t)$ 才是周期信号，其周期 T 等于 T_1，T_2 的最小公倍数，即 $T = nT_1 = mT_2$。

*1.5　信号的时域分解

为了对信号与系统进行分析，可将信号 $f(t)$ 在时域中进行各种分解。

一、任意信号 $f(t)$ 可分解为直流分量 $f_D(t)$ 与交流分量 $f_A(t)$ 之和

任意信号 $f(t)$ 可分解为直流分量 $f_D(t)$ 与交流分量 $f_A(t)$ 之和，即

$$f(t)=f_{\rm D}(t)+f_{\rm A}(t)$$

信号 $f(t)$ 的直流分量 $f_{\rm D}(t)$，就是信号的平均值。例如，若 $f(t)$ 为周期信号，其周期为 T，则其直流分量为

$$f_{\rm D}(t)=\frac{1}{T}\int_{-\frac{T}{2}}^{\frac{T}{2}}f(t)\,{\rm d}t$$

若 $f(t)$ 为非周期信号，可认为它的周期 $T\to\infty$，只需求上式中 $T\to\infty$ 的极限。

二、任意信号 $f(t)$ 可分解为偶分量 $f_{\rm e}(t)$ 与奇分量 $f_{\rm o}(t)$ 之和

任意信号 $f(t)$ 可分解为偶分量 $f_{\rm e}(t)$ 与奇分量 $f_{\rm o}(t)$ 之和，即

$$f(t)=f_{\rm e}(t)+f_{\rm o}(t)$$

式中

$$f_{\rm e}(t)=\frac{1}{2}[f(t)+f(-t)] \tag{1-5-1a}$$

$$f_{\rm o}(t)=\frac{1}{2}[f(t)-f(-t)] \tag{1-5-1b}$$

证明　因

$$\begin{aligned}f(t)=&\frac{1}{2}[f(t)+f(t)+f(-t)-f(-t)]=\\&\frac{1}{2}[f(t)+f(-t)]+\frac{1}{2}[f(t)-f(-t)]=\\&f_{\rm e}(t)+f_{\rm o}(t)\end{aligned}$$

（证毕）

例 1-5-1　已知图 1-5-1(a) 所示因果信号。试画出奇分量 $f_{\rm o}(t)$ 与偶分量 $f_{\rm e}(t)$ 的波形。

解　首先画出 $f(-t)$ 的波形，如图 1-5-1(b) 所示。然后再根据式(1-5-1)，用图解法进行波形合成，即可画出 $f_{\rm o}(t)$ 与 $f_{\rm e}(t)$ 的波形，分别如图 1-5-1(c)(d) 所示。从图 1-5-1 中看出，若 $f(t)$ 为因果信号，则其 $f_{\rm o}(t)$ 与 $f_{\rm e}(t)$ 之间满足如下关系：

$$f_{\rm e}(t)=f_{\rm o}(t),\qquad t>0$$

$$f_{\rm e}(t)=-f_{\rm o}(t),\qquad t<0$$

若用符号函数 ${\rm sgn}(t)$ 表示，则可写为

$$f_{\rm e}(t)=f_{\rm o}(t){\rm sgn}(t) \tag{1-5-2a}$$

$$f_{\rm o}(t)=f_{\rm e}(t){\rm sgn}(t) \tag{1-5-2b}$$

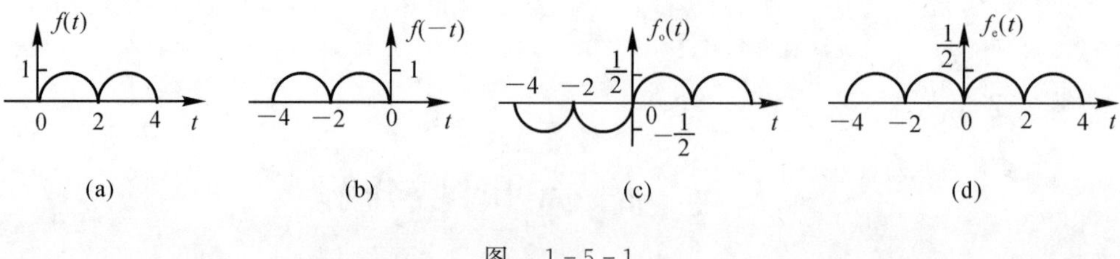

图　1-5-1

证明　给式(1-5-1a) 等号两端同乘以 ${\rm sgn}(t)$，得

$$f_{\rm e}(t){\rm sgn}(t)=\frac{1}{2}[f(t){\rm sgn}(t)+f(-t){\rm sgn}(t)]=\frac{1}{2}[f(t)-f(-t)]=f_{\rm o}(t)$$

此即式(1－5－2b)。

用同法可证式(1－5－2a)。

例 1－5－2　已知图1－5－2(a)所示反因果信号,试画出奇分量 $f_o(t)$ 与偶分量 $f_e(t)$ 的波形。

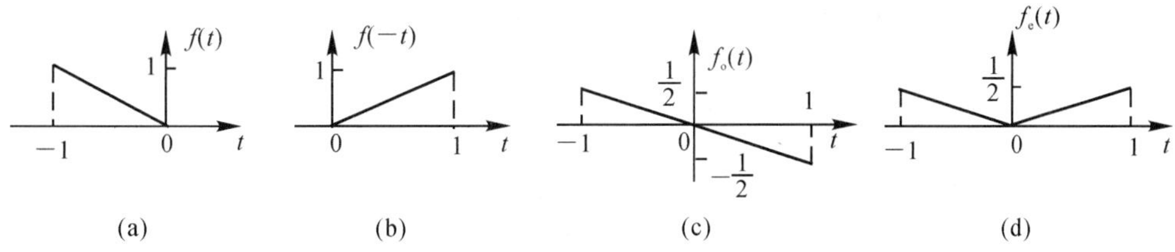

图　1－5－2

解　首先画出 $f(-t)$ 的波形,如图1－5－2(b)所示。然后再根据式(1－5－1)用图解法进行波形合成,即可画出 $f_o(t)$ 与 $f_e(t)$ 的波形,分别如图 1－5－2(c)(d) 所示。从图 1－5－2(c)(d) 中看出,若 $f(t)$ 为反因果信号,则其 $f_o(t)$ 与 $f_e(t)$ 之间满足如下关系:

$$f_e(t) = -f_o(t),\quad t > 0$$

$$f_e(t) = f_o(t),\quad t < 0$$

或写成

$$f_e(t) = -f_o(t)\mathrm{sgn}(t),\quad f_o(t) = -f_e(t)\mathrm{sgn}(t)$$

例 1－5－3　已知图1－5－3(a)所示信号。试画出奇分量 $f_o(t)$ 与偶分量 $f_e(t)$ 的波形。

解　首先画出 $f(-t)$ 的波形,如图1－5－3(b)所示。然后根据式(1－5－1),用图解法进行波形合成,即可画出 $f_o(t)$ 与 $f_e(t)$ 的波形,分别如图 1－5－3(c)(d) 所示。

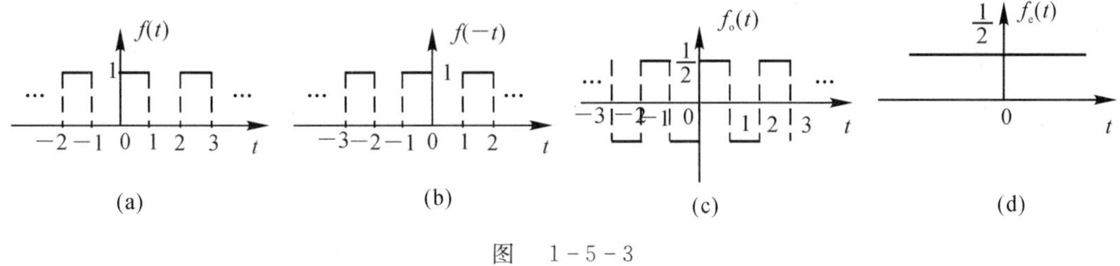

图　1－5－3

三、任意信号 $f(t)$ 可分解为在不同时刻出现的具有不同强度的无穷多个冲激函数的连续和

任意信号 $f(t)$ 可分解为无穷多个冲激函数的连续和,即

$$f(t) \approx \sum_{k=-\infty}^{\infty} f(k\Delta\tau)\delta(t-k\Delta\tau)\Delta\tau \tag{1-5-3a}$$

或

$$f(t) = \int_{-\infty}^{+\infty} f(\tau)\delta(t-\tau)\mathrm{d}\tau \tag{1-5-3b}$$

现对上两式予以推导。设任意信号 $f(t)$ 的波形如图1－5－4所示,把 $f(t)$ 分解为许多宽度为 $\Delta\tau$ 的矩形窄脉冲信号,如图1－5－4所示。然后再将每一个窄脉冲信号视为具有一定强度的冲激函数。例如第 k 个窄脉冲信号出现在 $t = k\Delta\tau$ 时刻,其强度(脉冲下的面积)为

$f(k\Delta\tau)\Delta\tau$，若视为冲激函数则为 $f(k\Delta\tau)\Delta\tau\delta(t-k\Delta\tau)$。这样，信号 $f(t)$ 即可近似地看作是由以下无穷多个在不同时刻出现的具有不同强度的冲激函数的叠加组成的。即

……

当 $t=-\Delta\tau$ 时，冲激函数为 $f(-\Delta\tau)\Delta\tau\delta(t+\Delta\tau)$；

当 $t=0$ 时，冲激函数为 $f(0)\Delta\tau\delta(t)$；

当 $t=\Delta\tau$ 时，冲激函数为 $f(\Delta\tau)\Delta\tau\delta(t-\Delta\tau)$；

当 $t=2\Delta\tau$ 时，冲激函数为 $f(2\Delta\tau)\Delta\tau\delta(t-2\Delta\tau)$；

……

当 $t=k\Delta\tau$ 时，冲激函数为 $f(k\Delta\tau)\Delta\tau\delta(t-k\Delta\tau)$；

……

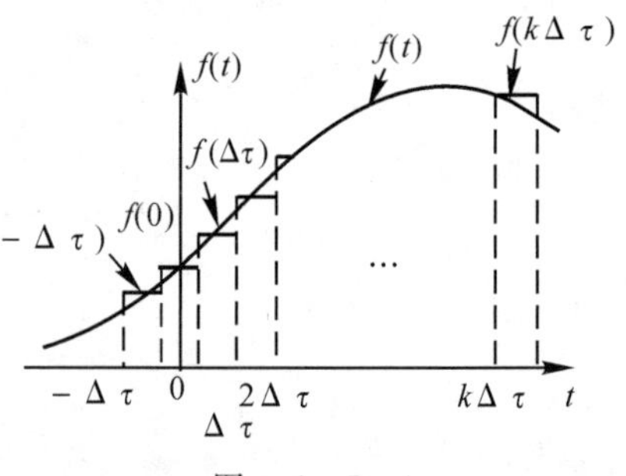

图 1-5-4

将以上的全部冲激函数求和，即可认为近似等于原信号 $f(t)$，即

$$f(t)\approx\sum_{k=-\infty}^{\infty}f(k\Delta\tau)\delta(t-k\Delta\tau)\Delta\tau$$

此即为式(1-5-3a)。

当 $\Delta\tau\to0$ 时，即有 $\Delta\tau\to\mathrm{d}\tau$，$k\Delta\tau\to\tau$，$f(k\Delta\tau)\to f(\tau)$，$\sum\limits_{k=-\infty}^{\infty}\to\int_{-\infty}^{+\infty}$，于是上式即可写为

$$f(t)=\lim_{\Delta\tau\to0}\sum_{k=-\infty}^{+\infty}f(k\Delta\tau)\delta(t-k\Delta\tau)\Delta\tau=\int_{-\infty}^{+\infty}f(\tau)\delta(t-\tau)\mathrm{d}\tau \qquad \text{(证毕)}$$

此即为式(1-5-3b)。

四、实部分量与虚部分量

若 $f(t)$ 为实变量 t 的复数信号，则可将 $f(t)$ 分解为实部分量与虚部分量之和。即

$$f(t)=f_{\mathrm{r}}(t)+\mathrm{j}f_{\mathrm{i}}(t)$$

$f(t)$ 的共轭复数为

$$\overset{*}{f}(t)=f_{\mathrm{r}}(t)-\mathrm{j}f_{\mathrm{i}}(t)$$

故有

$$f_{\mathrm{r}}(t)=\frac{1}{2}[f(t)+\overset{*}{f}(t)],\quad f_{\mathrm{i}}(t)=\frac{1}{2\mathrm{j}}[f(t)-\overset{*}{f}(t)]$$

又有

$$|f(t)|^2=f(t)\overset{*}{f}(t)=f_{\mathrm{r}}^2(t)+f_{\mathrm{i}}^2(t)$$

五、正交函数分量

如果用正交函数集来表示一个信号，那么，组成信号的各分量就是相互正交的。例如，用各次谐波的正弦与余弦信号叠加表示一个矩形脉冲，各正弦、余弦信号就是此矩形脉冲信号的正交函数分量。

把信号分解为正交函数分量的研究方法在信号与系统理论中占有重要地位，本书第三章介绍的傅里叶级数、傅里叶变换就是正交函数分解理论的重要应用之一。

现将信号的时域分解汇总于表 1-5-1 中，以便复习和查用。

表 1-5-1　信号的时域分解

序　号	文字语言描述	数学语言描述	计算公式
1	任意 $f(t)$ 可分解为直流分量 $f_D(t)$ 与交流分量 $f_A(t)$ 之和	$f(t)=f_D(t)+f_A(t)$	$f_D(t)=\frac{1}{T}\int_{-\frac{T}{2}}^{\frac{T}{2}}f(t)\mathrm{d}t$
2	任意 $f(t)$ 可分解为偶分量 $f_e(t)$ 与奇分量 $f_o(t)$ 之和	$f(t)=f_e(t)+f_o(t)$	$f_e(t)=\frac{1}{2}[f(t)+f(-t)]$ $f_o(t)=\frac{1}{2}[f(t)-f(-t)]$
3	任意实变量 t 的复数信号 $f(t)$ 可分解为实部分量 $f_r(t)$ 与虚部分量 $f_i(t)$ 之和	$f(t)=f_r(t)+\mathrm{j}f_i(t)$	$f_r(t)=\frac{1}{2}[f(t)+f^*(t)]$ $f_i(t)=\frac{1}{2\mathrm{j}}[f(t)-f^*(t)]$
4	任意 $f(t)$ 可分解为在不同时刻出现的、具有不同强度的无穷多个冲激函数的连续和	$f(t)=\int_{-\infty}^{+\infty}f(\tau)\delta(t-\tau)\mathrm{d}\tau$	$f(t)=f(t)*\delta(t)$
5	任意信号 $f(t)$ 可表示为完备的正交函数集	$f(t)=C_1g_1(t)+C_2g_2(t)+\cdots+C_rg_r(t)+\cdots+C_ng_n(t)$，$n\in\mathbf{N}^+$	

思考题

1. 什么是信号？什么是信息？举例说明生活中遇到的信号与信息，二者有何区别与联系？
2. 信号与函数有什么关系？
3. 举例说明如何理解因果信号。

1.6　系统的定义与分类

一、系统的定义

我们把能够对信号完成某种变换或运算功能的集合体称为系统，如图 1-6-1 所示。图中符号 $H[\ \ ]$ 称为算子，表示将输入信号 $f(t)$ 进行某种变换或运算后即得到输出信号 $y(t)$，即

$$y(t)=H[f(t)]$$

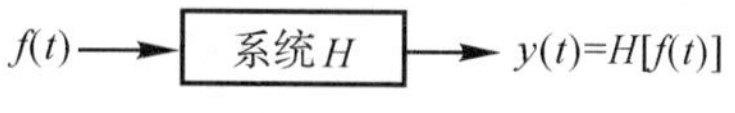

$f(t)$ → 系统 H → $y(t)=H[f(t)]$

图　1-6-1

例如，在前面各节中引入的延时器、预测器、倒相器、加法器、乘法器、数乘器、微分器、积分器等都是系统，因为它们都能够对信号实现一定的变换或运算功能。

任一个大系统(例如通信系统、控制系统、电力系统、计算机系统等)可分解为若干个互相联系、互相作用的子系统。各子系统之间通过信号联系，信号在系统内部及各子系统之间流动。

系统这个词在系统论与哲学意义上有着更为广泛的含义，一般是指由若干个相互作用和相互依赖的事物组合而成的具有某种特定功能的整体，本书只讨论电系统。

二、系统的分类

根据不同的分类原则，系统可分为以下几种。

1. 动态系统与静态系统

若系统在 t_0 时刻的响应 $y(t_0)$，不仅与 t_0 时刻作用于系统的激励有关，而且与时间区间 $t \in (-\infty, t_0)$ 内作用于系统的激励有关，这样的系统称为动态系统，也称具有记忆能力的系统（简称记忆系统）。凡含有记忆元件（如电感器、电容器、磁芯等）与记忆电路（如延时器）的系统均为动态系统。

若系统在 t_0 时刻的响应 $y(t_0)$ 只与 t_0 时刻作用于系统的激励有关，而与时间区间 $t \in (-\infty, t_0)$ 内作用于系统的激励无关，这样的系统称为静态系统或非动态系统，也称无记忆系统。只含有电阻元件的电路即为静态系统。

2. 线性系统与非线性系统

凡能同时满足齐次性与叠加性的系统称为线性系统。满足叠加性仅是线性系统的必要条件。

凡不能同时满足齐次性与叠加性的系统称为非线性系统。

若电路中的无源元件全部是线性元件，则这样的电路系统一定是线性系统，但不能说含有非线性元件的电路系统就一定是非线性系统。

3. 时不变系统与时变系统

设激励 $f(t)$ 产生的响应为 $y(t)$，今若激励 $f(t-t_0)$ 产生的响应为 $y(t-t_0)$，如图 1-6-2 所示，此性质即称为时不变性，也称非时变性或定常性、延迟性。它说明，当激励 $f(t)$ 延迟时间 t_0 时，其响应 $y(t)$ 也同样延迟时间 t_0，且波形不变。

凡能满足时不变性的系统称为时不变系统（也称非时变系统或定常系统），否则即为时变系统。

若系统中元件的参数不随时间变化，则这样的系统一定是时不变系统。

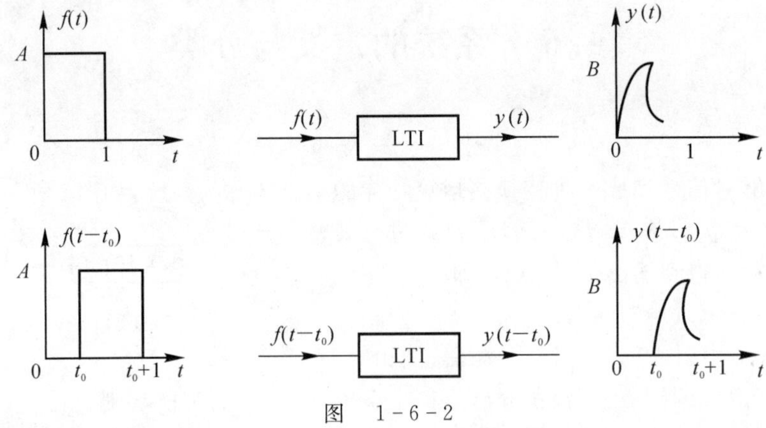

图 1-6-2

4. 因果系统与非因果系统

当 $t>0$ 时作用于系统的激励，在 $t<0$ 时不会在系统中产生响应，此性质称为因果性。它说明激励是产生响应的原因，响应是激励产生的结果。无原因即不会有结果。例如我们绝不会在昨天就听见了今天打钟的钟声。

凡具有因果性的系统称为因果系统，凡不具有因果性的系统称为非因果系统。

任何时间系统都具有因果性，因而都是因果系统。这是因为时间具有单方向性。时间是一去不复返的。非时间系统是否具有因果性，则要看它的自变量是否具有单方向性。一个较复杂的光学系统，即使其输入物是单侧的，其输出的像也可能是双侧的，它就不具有因果性。在用计算机对数据进行事后处理时，可以由输入-输出之间的相对延时实现某些非因果操作。

时间因果系统是可以用硬件实现的，故也称为可实现系统。时间非因果系统是不能用硬件实现的，故也称为不可实现系统。

时间非因果系统在客观世界中是不存在的，但研究它的数学模型却有助于对时间因果系统的分析，可以借助延时的处理方法来逼近时间非因果系统。因此，在系统分析中，对时间非因果系统的研究也有一定意义。

由于一般都是以 $t=0$ 时刻作为计算时间的起点，从而定义了从零时刻开始的信号称为因果信号，所以，在因果信号的激励下，因果系统的响应信号也必然是因果信号。

5. 连续时间系统与离散时间系统

若系统的输入信号与输出信号均为连续时间信号，则这样的系统称为连续时间系统，也称模拟系统，简称连续系统。由 R，L，C 等元件组成的电路都是连续时间系统的例子。

若系统的输入信号与输出信号均为离散时间信号，则这样的系统称为离散时间系统，简称离散系统。数字计算机是典型的离散时间系统的例子。

由连续时间系统与离散时间系统组合而成的系统称为混合系统。

6. 集总参数系统与分布参数系统

仅由集总参数元件组成的系统称为集总参数系统。含有分布参数元件的系统称为分布参数系统（如传输线、波导等）。

系统的分类还有其他许多方法，其中有些将在本书有关章节中引入。不同类型的系统有着各自的特点，有着特定的用途，但最简单、最基础的是线性时不变系统，因为这类系统在实际中应用的最多，同时，分析线性时不变系统的方法又是分析非线性系统、时变系统的重要基础，所以，本书仅限于研究在确定性信号激励下的集总参数、线性、时不变系统（以后简称线性系统），包括连续时间系统与离散时间系统。

现将主要和常用的系统分类形式汇总于表 1-6-1 中，以便复习和记忆。

表 1-6-1　系统的主要和常用的分类形式

序　号	分　类	定　义
1	连续系统	系统的激励信号和响应信号均为连续信号的系统，称为连续系统
	离散系统	系统的激励信号和响应信号均为离散信号的系统，称为离散系统
2	线性系统	同时满足齐次性和叠加性的系统，称为线性系统
	非线性系统	不能同时满足齐次性和叠加性的系统，称为非线性系统
3	时不变系统	满足时不变性的系统，称为时不变系统
	时变系统	不满足时不变性的系统，称为时变系统
4	因果系统	响应不产生于激励之前的系统，称为因果系统
	非因果系统	响应产生于激励之前的系统，称为非因果系统
5	稳定系统	系统的激励有界，响应也有界，则为稳定系统
	不稳定系统	系统的激励有界，响应无界，则为不稳定系统
6	可逆系统	不同的激励产生不同的响应的系统，称为可逆系统
	不可逆系统	不同的激励产生了相同的响应的系统，称为不可逆系统

说明：各不同系统之间不存在因果逻辑关系，例如可以有线性时不变因果稳定系统，也可以有线性时变因果不稳定系统，等等。

三、系统的描述方法

系统的描述方法很多。现将各种描述方法汇总于表 1－6－2 中，随着课程的进行，我们将对每一种描述方法及其应用逐一研究。

表 1－6－2　系统的描述方法

序　号	名　称	描述方法
1	输入输出方程法	$(a_n p^n + a_{n-1} p^{n-1} + \cdots + a_1 p + a_0) y(t) =$ $(b_m p^m + b_{m-1} p^{m-1} + \cdots + b_1 p + b_0) f(t)$
2	单位冲激响应法	$h(t)$
3	系统函数描述法	频域：$H(\mathrm{j}\omega)$
		复频域：$H(s)$
4	模拟图描述法	将加法器 Σ，数乘器 $\boxed{a}$，积分器 $\boxed{\int}$，延迟器 $\boxed{D}$ 按系统功能连接
5	信号流图描述法	信号流图描述是模拟图的简化表示
6	框图描述法	用框图代表系统
7	状态方程与输出方程描述法	$\dot{\boldsymbol{x}}(t) = \boldsymbol{A}\boldsymbol{x}(t) + \boldsymbol{B}\boldsymbol{f}(t)$ $\boldsymbol{y}(t) = \boldsymbol{C}\boldsymbol{x}(t) + \boldsymbol{D}\boldsymbol{f}(t)$

说明：系统的各种描述之间存在着内在关系，知道一种描述，可求得其余的各种描述，但其解答有时不是唯一的。

1.7　线性时不变系统的性质

线性时不变系统有一些重要的性质，其中有的在电路基础课中已有所介绍，有的在本书 1.6 节中已介绍了。在此再予以总结，以便给读者一个完整的概念。

一、齐次性

若激励 $f(t)$ 产生的响应为 $y(t)$，则激励 $Af(t)$ 产生的响应即为 $Ay(t)$，如图 1－7－1 所示。此性质即为齐次性。其中 A 为任意常数。

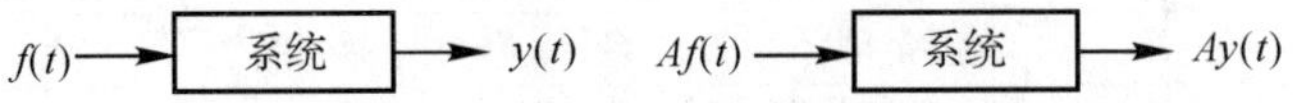

$f(t) \longrightarrow$ [系统] $\longrightarrow y(t)$　　$Af(t) \longrightarrow$ [系统] $\longrightarrow Ay(t)$

图　1－7－1

二、叠加性

若激励 $f_1(t)$ 与 $f_2(t)$ 产生的响应分别为 $y_1(t)$，$y_2(t)$，则激励 $f_1(t) + f_2(t)$ 产生的响应即为 $y_1(t) + y_2(t)$，如图 1－7－2 所示。此性质称为叠加性。

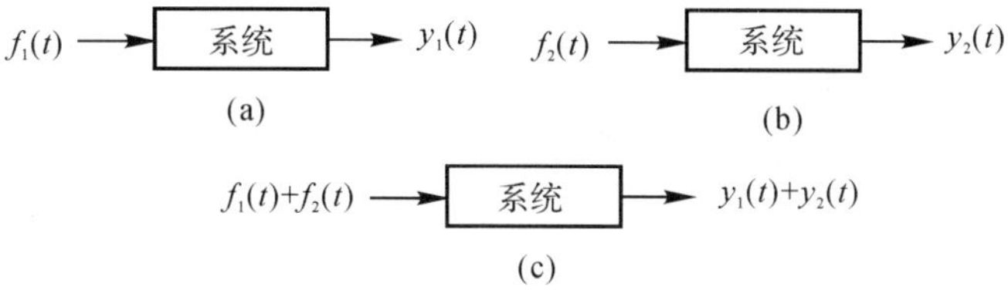

$f_1(t)$ → 系统 → $y_1(t)$
(a)

$f_2(t)$ → 系统 → $y_2(t)$
(b)

$f_1(t)+f_2(t)$ → 系统 → $y_1(t)+y_2(t)$
(c)

图 1-7-2

三、线性

若激励 $f_1(t)$ 与 $f_2(t)$ 产生的响应分别为 $y_1(t)$，$y_2(t)$，则激励 $A_1f_1(t)+A_2f_2(t)$ 产生的响应即为 $A_1y_1(t)+A_2y_2(t)$，如图 1-7-3 所示。此性质称为线性。

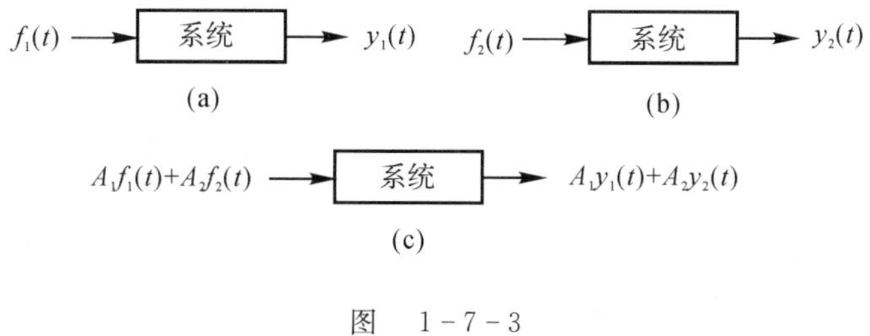

图 1-7-3

四、时不变性

若激励 $f(t)$ 产生的响应为 $y(t)$，则激励 $f(t-t_0)$ 产生的响应即为 $y(t-t_0)$，如图 1-7-4 所示。此性质称为时不变性，也称定常性或延迟性。它说明，当激励 $f(t)$ 延迟时间 t_0 时，其响应 $y(t)$ 也延迟时间 t_0，且波形不变。

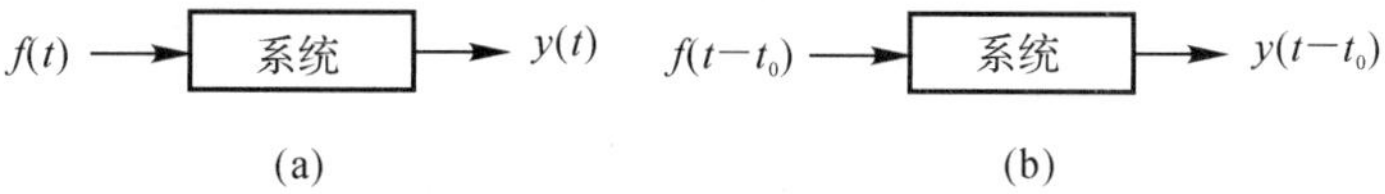

$f(t)$ → 系统 → $y(t)$
(a)

$f(t-t_0)$ → 系统 → $y(t-t_0)$
(b)

图 1-7-4

五、微分性

若激励 $f(t)$ 产生的响应为 $y(t)$，则激励 $\frac{df(t)}{dt}$ 产生的响应即为 $\frac{dy(t)}{dt}$，如图 1-7-5 所示。此性质称为微分性。

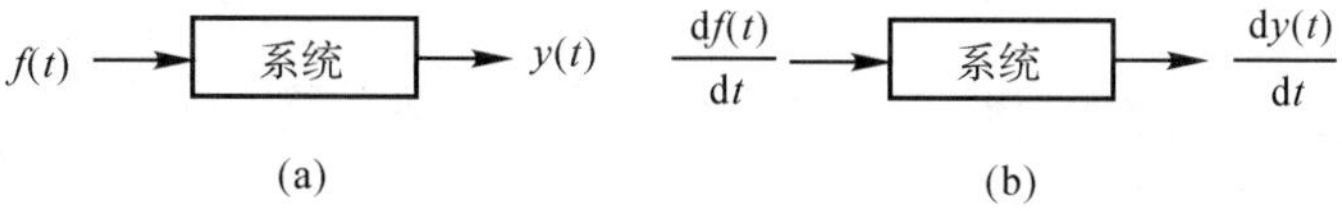

$f(t)$ → 系统 → $y(t)$
(a)

$\frac{df(t)}{dt}$ → 系统 → $\frac{dy(t)}{dt}$
(b)

图 1-7-5

六、积分性

若激励 $f(t)$ 产生的响应为 $y(t)$，则激励$\int_{-\infty}^{t} f(\tau)\mathrm{d}\tau$ 产生的响应即为$\int_{-\infty}^{t} y(\tau)\mathrm{d}\tau$，如图 1－7－6 所示。此性质称为积分性。

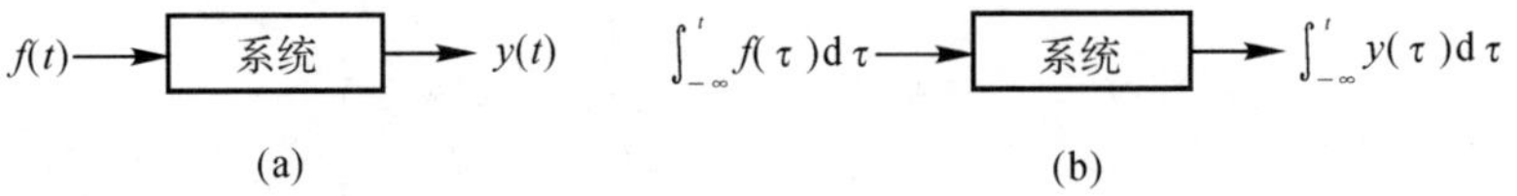

$f(t)$ → 系统 → $y(t)$

(a)

$\int_{-\infty}^{t} f(\tau)\mathrm{d}\tau$ → 系统 → $\int_{-\infty}^{t} y(\tau)\mathrm{d}\tau$

(b)

图 1－7－6

现将线性时不变系统的性质汇总于表 1－7－1 中，以便复习和查用。

表 1－7－1　线性时不变系统的性质

设 $f(t) \to y(t)$，$f_1(t) \to y_1(t)$，$f_2(t) \to y_2(t)$

序　号	名　称	数学描述
1	齐次性	$Af(t) \to Ay(t)$
2	叠加性	$f_1(t) + f_2(t) \to y_1(t) + y_2(t)$
3	线　性	$A_1 f_1(t) + A_2 f_2(t) \to A_1 y_1(t) + A_2 y_2(t)$
4	时不变性	$f(t - t_0) \to y(t - t_0)$
5	微分性	$\frac{\mathrm{d}f(t)}{\mathrm{d}t} \to \frac{\mathrm{d}}{\mathrm{d}t}y(t)$
6	积分性	$\int_{-\infty}^{t} f(\tau)\mathrm{d}\tau \to \int_{-\infty}^{t} y(\tau)\mathrm{d}\tau$

例 1－7－1　图 1－7－7(a) 所示线性时不变系统，已知激励 $f_1(t)$ 的波形如图 1－7－7(b) 所示，其响应 $y_1(t)$ 的波形如图 1－7－7(c) 所示。图 1－7－7(d) 所示系统中，若激励 $f_2(t)$ 的波形如图 1－7－7(e) 所示，求响应 $y_2(t)$ 的波形。

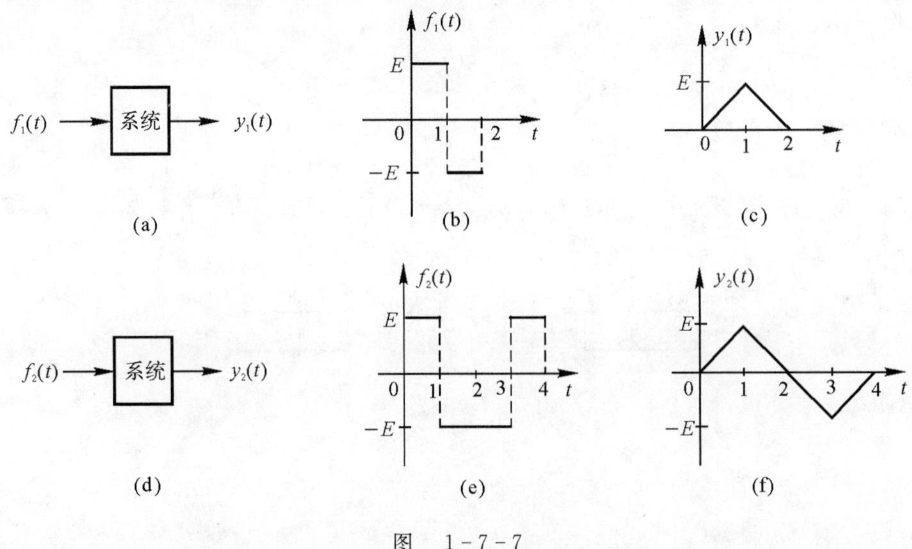

图 1－7－7

解 因 $f_2(t)=f_1(t)-f_1(t-2)$，故

$$y_2(t)=y_1(t)-y_1(t-2)$$

$y_2(t)$ 的波形如图 1－7－7(f) 所示。

1.8 线性系统分析概论

本书仅限于研究确定信号激励下的集总参数，以及线性、时不变系统，后者简称线性系统，包括连续时间系统与离散时间系统。

对系统的研究包含三个方面：系统分析、系统综合与系统诊断。给定系统的结构、元件特性，研究系统对激励信号所产生的响应，这称为系统分析，如图 1－8－1(a) 所示。当已知的是系统的响应，而要求出系统的结构与元件特性时，这称为系统综合，如图 1－8－1(b) 所示。当给定系统的结构与系统的响应，而要求出系统元件的特性变化时，这称为系统诊断，如图 1－8－1(c) 所示。系统分析、综合与诊断，三者密切相关，但又有各自的体系和研究方法。学习系统分析是学习系统综合与诊断的基础。本书仅限于对系统分析的研究。

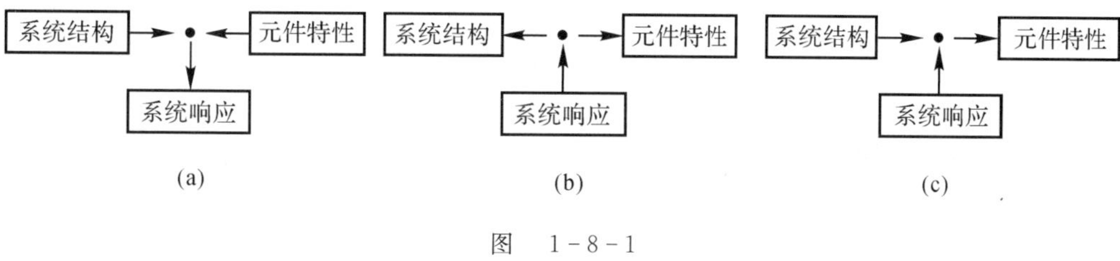

图 1－8－1

信号分析与系统分析密不可分。对信号进行传输与加工处理，必须借助于系统；离开了信号，系统将失去意义。分析系统，就是分析某一特定信号，分析信号与信号的相互作用。所以信号分析是系统分析的基础。由于在实际工程系统中，信号分析与系统分析也难于分得清楚，它们常常交织在一起。本书以后各章对问题的讨论中将顺其自然，对二者能分就分，不能分就并在一起讨论。

线性系统分析的方法可归结为以下两种：

(1) 输入输出法与状态变量法；

(2) 时域法与变域法(傅里叶变换法，拉普拉斯变换法，z 变换法)。

本书将按先输入输出法后状态变量法，先时域法后变域法，先连续时间系统后离散时间系统的顺序，研究线性时不变系统的基本分析方法，并结合电子系统与控制系统中的一般问题，较深入地介绍这些方法在信号传输与处理以及控制系统方面的基本应用。

本课程的基本任务是：

(1) 研究信号分析的方法，研究信号的时间特性与频率特性以及两者之间的关系；

(2) 研究线性时不变系统(包括连续时间系统与离散时间系统)在任意信号激励下响应的各种求解方法，从而认识系统的基本特性。

读者在学习本课程时应注意以下原则:物理描述与数学描述并重;信号分析与系统分析并重;输入输出法与状态变量法并重;时域分析法与变域分析法并重;连续时间系统与离散时间系统并重;学理论、做习题与做实验并重。

思考题

1. 什么是系统分析?举出实际生活、生产中属于系统分析的一个例子。

2. 什么是信号与系统的时域分析?什么是信号与系统的变换域分析?二者有何区别与联系?

*1.9 MATLAB 简介及常用命令

MATLAB 是 MATrix LABoratory 的缩写,意为“矩阵实验室”,是由美国 MathWorks 公司于 1984 年正式推出的一种科学计算软件。经过 30 多年的不断发展与完善,MATLAB 已成为当今世界上最优秀的数值计算软件,利用它能够轻松完成复杂的数值计算、数据分析、符号计算和数据可视化等任务,并且编程效率高、扩充能力强,语句简单、易学易用,因此被广泛应用于各个领域。

MATLAB 的基本操作命令可分为五类:管理命令和函数、管理变量和工作空间的命令、控制命令窗口的命令、对文件和环境操作的命令,以及退出 MATLAB 的命令。下面简要介绍一些常用的基本操作命令。

clf:清除当前图形窗口中的所有非隐藏图形对象。

clc:清除命令窗口中的内容。

clear:清除工作空间中的所有变量。

close:关闭当前图形窗口。

who:列出当前工作空间里的所有变量名。

whos:列出当前工作空间里的所有变量及大小、类型和所占的存储空间。

pack:将所有变量保存到磁盘,然后清除内存并从磁盘恢复变量,有利于提高内存的利用率。

save:将工作空间里的变量保存到磁盘文件。

load:将磁盘文件里的变量加载到工作空间。

quit/exit:退出 MATLAB 系统。

which:显示函数或文件的位置。

type:在命令窗口中显示文件的内容。

edit:打开 M 文件编辑窗。

cd:输出当前目录名。

help:在命令窗口中显示 MATLAB 函数或命令的帮助信息。

ver:显示 MATLAB 的版本。

MATLAB 为用户提供的这些命令,既可在命令窗口中按格式要求输入来实现相应的功能,也可在文本编辑窗口中形成 M 文件后执行。

*1.10　实例应用及仿真

一、连续时间信号的表示

MATLAB的信号处理工具箱(Signal Processing Toolbox)提供了许多函数用于产生常用的基本连续信号,如表1-10-1所示。关于这些函数的用法,可以通过help命令来获得。

表1-10-1　连续时间信号产生函数

函数	功能说明	函数	功能说明
sawtooth	产生锯齿波或三角波信号	pulstran	产生冲激串信号
square	产生方波信号	rectpuls	产生非周期的方波信号
sinc	产生抽样信号	tripuls	产生非周期的三角波信号
chirp	产生调频余弦信号	diric	产生dirichlet函数
gauspuls	产生高斯正弦脉冲信号	gmonopuls	产生高斯单脉冲信号
vco	电压控制振荡器		

例1-10-1　利用MATLAB产生连续抽样信号(即Sa函数):$\mathrm{Sa}(t)=\frac{\sin t}{t}$。

利用函数sinc(t)产生抽样信号,MATLAB源程序如下:

```
x=-10:1/500:10;
y=sinc(x/pi);
plot(x, y); title('抽样信号');
```

程序运行结果如图1-10-1所示。

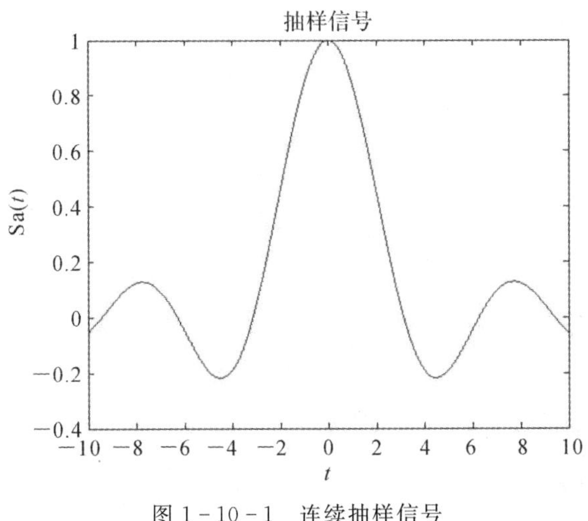

图1-10-1　连续抽样信号

例1-10-2　利用MATLAB产生常用的连续周期信号:正弦波、余弦波、锯齿波和方波。

已知采样频率为 3 000 Hz,信号频率为 50 Hz,信号时长为 0.1 s。

MATLAB 源程序如下:

```
fs=3000;
f=50;
t=0:1/fs:0.1;
x1=sin(2*pi*f*t);
x2=cos(2*pi*f*t);
x3=square(2*pi*f*t, 50);
x4=sawtooth(2*pi*f*t, 0.3);
subplot(221); plot(t, x1); axis([0, 0.1, -2, 2]); title('正弦波');
subplot(222); plot(t, x2); axis([0, 0.1, -2, 2]); title('余弦波');
subplot(223); plot(t, x3); axis([0, 0.1, -2, 2]); title('方波');
subplot(224); plot(t, x4); axis([0, 0.1, -2, 2]); title('锯齿波');
```

程序运行结果如图 1-10-2 所示。

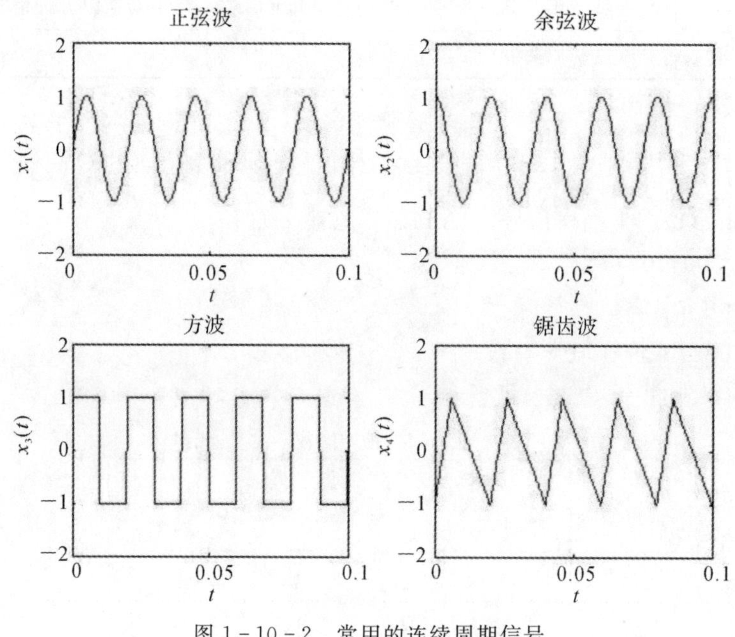

图 1-10-2　常用的连续周期信号

二、连续时间信号的基本运算包括相加、相减、相乘、平移、反折、尺度变换等

例 1-10-3　已知 $f_1(t)=\sin\omega_0 t, f_2(t)=\sin 3\omega_0 t, \omega_0=2\pi, t\in[-3,3]$,利用 MATLAB 计算 $f_1(t)+f_2(t)$和 $f_1(t)\times f_2(t)$,并绘制波形。

MATLAB 源程序如下:

```
t=linspace(-3, 3, 1000);
w0=2*pi;
f1=sin(w0*t);
```

```
f2=sin(3 * w0 * t);
y1=f1+f2;
y2=f1. * f2;
subplot(221); plot(t, f1); axis([-3, 3, -2, 2]); ylabel('f1');
subplot(222); plot(t, f2); axis([-3, 3, -2, 2]); ylabel('f2');
subplot(223); plot(t, y1); axis([-3, 3, -2, 2]); ylabel('y1');
subplot(224); plot(t, y2); axis([-3, 3, -2, 2]); ylabel('y2');
```

程序运行结果如图 1-10-3 所示。

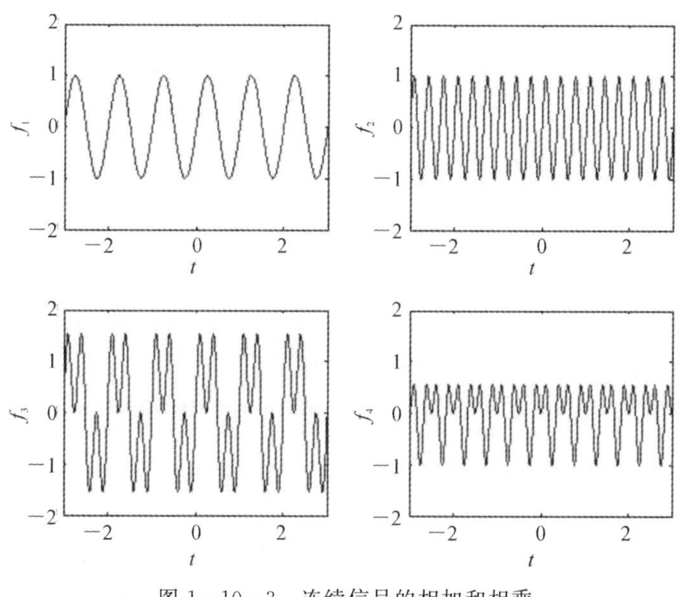

图 1-10-3　连续信号的相加和相乘

注意:由于 MATLAB 是通过计算机系统进行信号处理和系统分析的,故在 MATLAB 中,对连续时间信号是用等时间间隔的采样值来表示的。严格地说,这种表示方法不能准确地描述连续时间信号,只有当采样时间间隔足够小、取出的样值足够多时,这些离散的样值才能近似表示连续信号。因此,在 MATLAB 中,表示一个连续时间信号需要两个向量:一个是等间隔的数组成的向量,表示信号自变量的取值;另一个是由自变量向量根据函数关系求出的信号的值向量(如:列向量和行向量表示单通道信号,矩阵表示多通道信号)。

习　题　一

1-1　画出下列各信号的波形:

(1) $f_1(t)=(2-\mathrm{e}^{-t})U(t)$;　(2) $f_2(t)=\mathrm{e}^{-t}\cos 10\pi t\times[U(t-1)-U(t-2)]$。

1-2　设 $f(t)=0, t<3$。求下列各信号为 0 时 t 的取值。

(1) $f(1-t)+f(2-t)$;　(2) $f(1-t)f(2-t)$;　(3) $f\left(\frac{t}{3}\right)$。

1-3　写出图题 1-3 所示各信号的函数表达式。

1-4　画出下列各信号的波形：

(1) $f_1(t)=U(t^2-1)$；　　(2) $f_2(t)=(t-1)U(t^2-1)$；

(3) $f_3(t)=U(t^2-5t+6)$；　　(4) $f_4(t)=U(\sin\pi t)$。

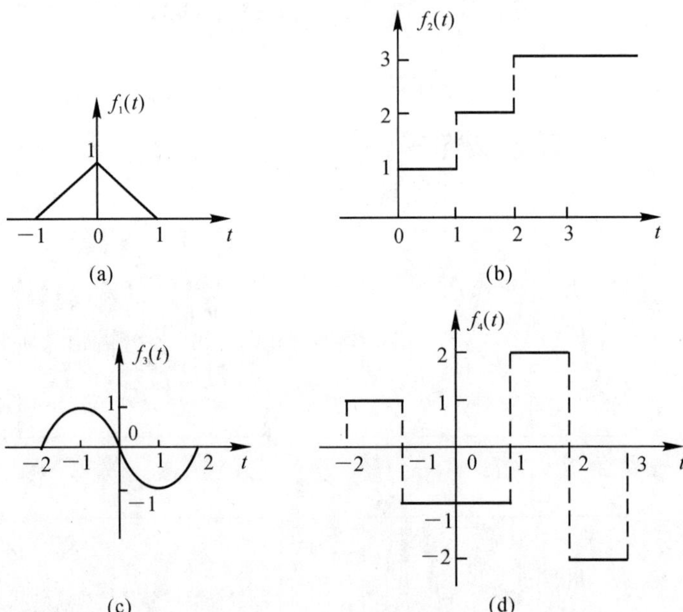

图题 1-3

1-5　判断下列各信号是否为周期信号，若是周期信号，求其周期 T。

(1) $f_1(t)=2\cos\left(2t-\frac{\pi}{4}\right)$；(2) $f_2(t)=\left[\sin\left(t-\frac{\pi}{6}\right)\right]^2$；(3) $f_3(t)=3\cos 2\pi t U(t)$。

1-6　化简下列各式：

(1) $\int_{-\infty}^{t}\delta(2\tau-1)\mathrm{d}\tau$；(2) $\frac{\mathrm{d}}{\mathrm{d}t}\left[\cos\left(t+\frac{\pi}{4}\right)\delta(t)\right]$；(3) $\int_{-\infty}^{+\infty}\frac{\mathrm{d}}{\mathrm{d}t}[\cos t\delta(t)]\sin t\mathrm{d}t$。

1-7　求下列积分：

(1) $\int_{0}^{+\infty}\cos[\omega(t-3)]\delta(t-2)\mathrm{d}t$；(2) $\int_{0}^{+\infty}\mathrm{e}^{\mathrm{j}\omega t}\delta(t+3)\mathrm{d}t$；(3) $\int_{0^-}^{+\infty}\mathrm{e}^{-2t}\delta(t_0-t)\mathrm{d}t$。

1-8　试求图题 1-8 中各信号一阶导数的波形，并写出其函数表达式，其中 $f_3(t)=\cos\frac{\pi}{2}t[U(t)-U(t-5)]$。

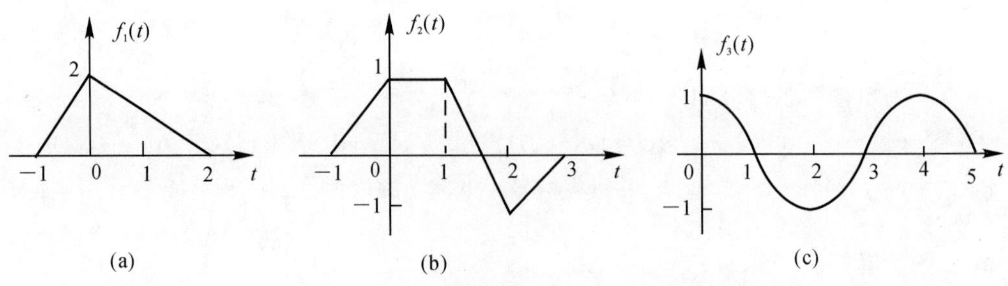

图题 1-8

1－9　已知信号 $f\left(-\frac{1}{2}t\right)$ 的波形如图题 1－9 所示，试画出 $y(t)=f(t+1)U(-t)$ 的波形。

图题 1－9　　　　图题 1－10

1－10　已知信号 $f(t)$ 的波形如图题 1－10 所示，试画出信号 $\int_{-\infty}^{t} f(2-\tau)\mathrm{d}\tau$ 与信号 $\frac{\mathrm{d}}{\mathrm{d}t}[f(6-2t)]$ 的波形。

1－11　求下列各积分，并画出其曲线。

(1) $y_1(t)=\int_{-\infty}^{+\infty}(t^2+1)\delta(t-1)\mathrm{d}t$；　(2) $y_2(t)=\int_{-\infty}^{t}(\tau^2+1)\delta(\tau-1)\mathrm{d}\tau$；

(3) $y_3(t)=\int_{t}^{+\infty}(\tau^2+1)\delta(\tau-1)\mathrm{d}\tau$；　(4) $y_4(t)=\int_{-\infty}^{t-2}(\tau^2+1)\delta(\tau-1)\mathrm{d}\tau$；

(5) $y_5(t)=\int_{t-2}^{+\infty}(\tau^2+1)\delta(\tau-1)\mathrm{d}\tau$。

1－12　求解并画出图题 1－12 所示信号 $f_1(t)$，$f_2(t)$ 的偶分量 $f_e(t)$ 与奇分量 $f_o(t)$。

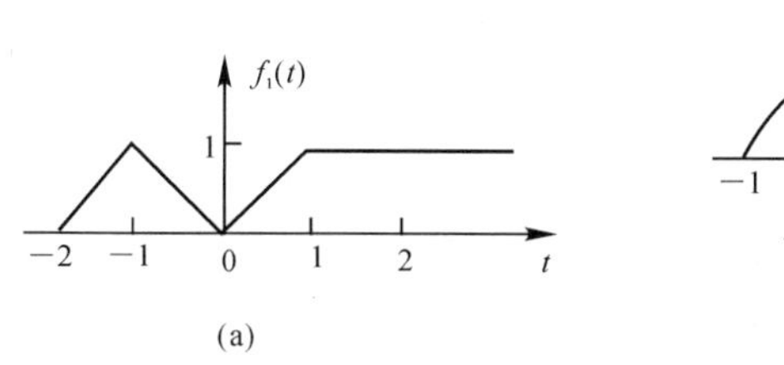

(a)

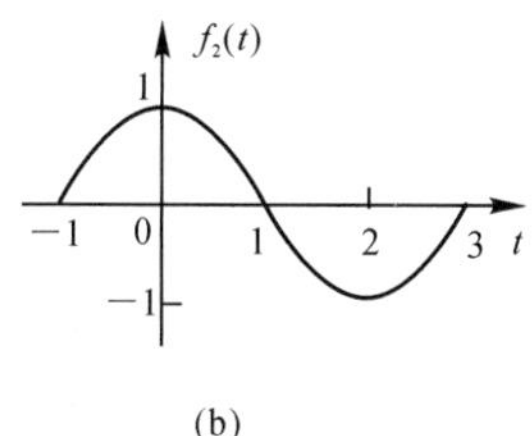

(b)

图题 1－12

1－13　已知信号 $f(t)$ 的偶分量 $f_e(t)$ 的波形如图题 1－13(a) 所示，信号 $f(t+1)\times U(-t-1)$ 的波形如图题 1－13(b) 所示。求 $f(t)$ 的奇分量 $f_o(t)$，并画出 $f_o(t)$ 的波形。

1－14　设连续信号 $f(t)$ 无间断点。试证明：若 $f(t)$ 为偶函数，则其一阶导数 $f'(t)$ 为奇函数；若 $f(t)$ 为奇函数，则其一阶导数 $f'(t)$ 为偶函数。

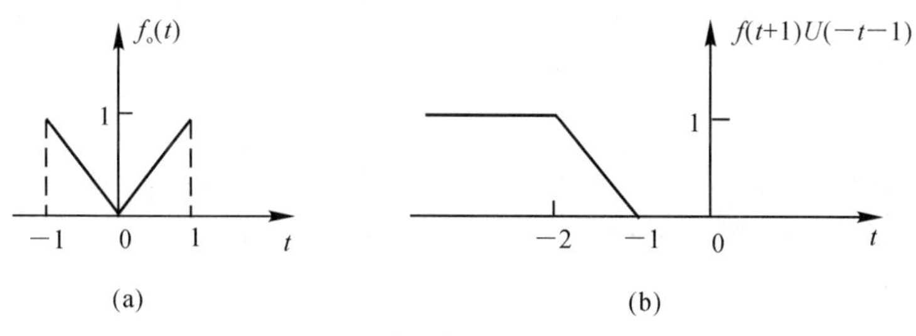

(a)　　　　(b)

图题 1－13

1－15　已知连续时不变系统对激励 $f_1(t)$ 的响应为 $y_1(t)$，求该系统对激励 $f_2(t)$ 的响应 $y_2(t)$。$f_1(t)$，$y_1(t)$，$f_2(t)$ 的波形如图题 1－15(a)(b)(c) 所示。

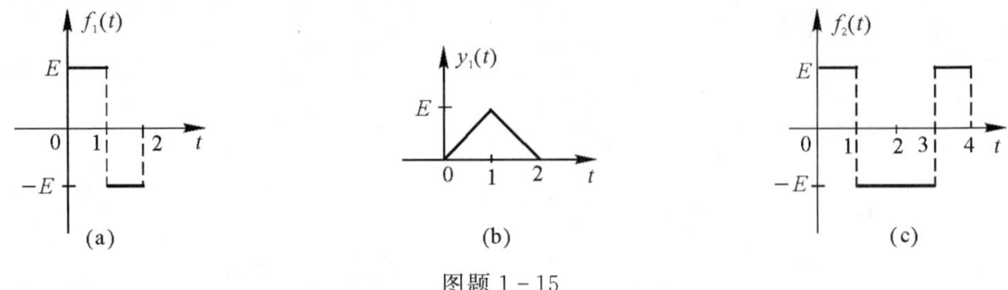

图题 1－15

1－16　图题 1－16(a) 所示为线性时不变系统，已知 $h_1(t)=\delta(t)-\delta(t-1)$，$h_2(t)=\delta(t-2)-\delta(t-3)$。(1) 求响应 $h(t)$；(2) 求当 $f(t)=U(t)$ 时的响应 $y(t)$(见图题 1－16(b))。

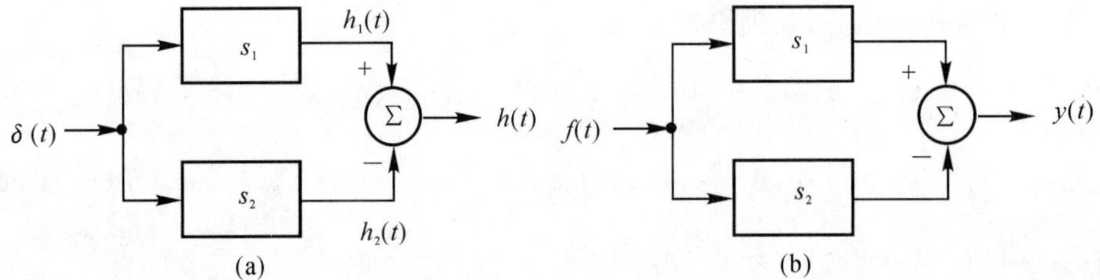

图题 1－16

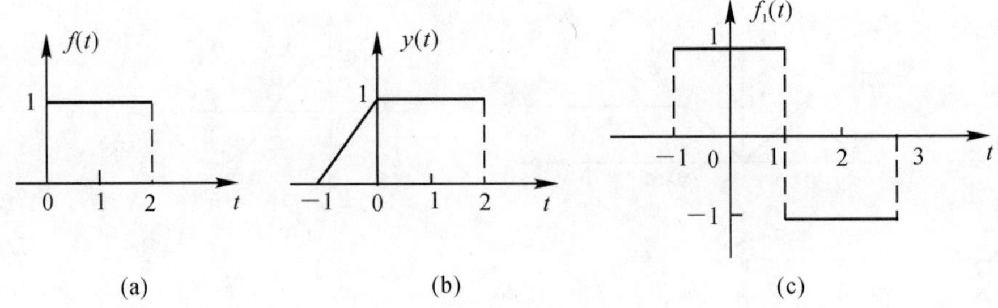

图题 1－17

1－17　已知系统激励 $f(t)$ 的波形如图题 1－17(a) 所示，所产生的响应 $y(t)$ 的波形如图题 1－17(b) 所示。试求激励 $f_1(t)$[波形见图题 1－17(c)] 所产生的响应 $y_1(t)$ 的波形。

1－18　已知线性时不变系统在信号 $\delta(t)$ 激励下的零状态响应为 $h(t)=U(t)-U(t-2)$。试求在信号 $U(t-1)$ 激励下的零状态响应 $y(t)$，并画出 $y(t)$ 的波形。

1－19　线性非时变系统具有非零的初始状态，已知激励为 $f(t)$ 时的全响应为 $y_1(t)=2e^{-t}U(t)$；在相同的初始状态下，当激励为 $2f(t)$ 时的全响应为 $y_2(t)=(e^{-t}+\cos\pi t)U(t)$。求在相同的初始状态下，当激励为 $4f(t)$ 时的全响应 $y_3(t)$。

1－20　已知 RL 一阶电路的阶跃激励全响应为 $i_L(t)=(8-2e^{-5t})U(t)$ (A)，若激励不变而将初始条件减小一半，求此时的全响应。

第二章　连续系统时域分析

内容提要

本章讲述连续时间系统的时域分析方法。系统的数学模型——微分方程的建立与传输算子 $H(p)$，系统微分方程的解——系统的全响应。系统的零输入响应及其求解，系统的单位冲激响应与单位阶跃响应，卷积积分，求系统零状态响应的卷积积分法，求系统全响应的零输入-零状态法，连续系统时域模拟与框图。可逆系统与不可逆系统。

不涉及任何数学变换，而直接在时间变量域内对系统进行分析，称为系统的时域分析。其方法有两种：时域经典法与时域卷积法。时域经典法就是直接求解系统微分方程的方法。这种方法的优点是直观，物理概念清楚；缺点是求解过程冗繁，应用上也有局限性。因此在 20 世纪 50 年代以前，人们普遍喜欢采用变换域分析方法(例如拉普拉斯变换法)，而较少采用时域经典法。20 世纪 50 年代以后，由于 $\delta(t)$ 函数及计算机的普遍应用，时域卷积法得到了迅速发展，且不断成熟和完善，已成为系统分析的重要方法之一。时域分析法是各种变换域分析法的基础。

在本章中，首先建立系统的数学模型——微分方程，介绍用经典法求系统的零输入响应，用时域卷积法求系统的零状态响应，再把零输入响应与零状态响应相加，即得系统全响应的求解方法。其思路与程序如图 2-0-1 所示。

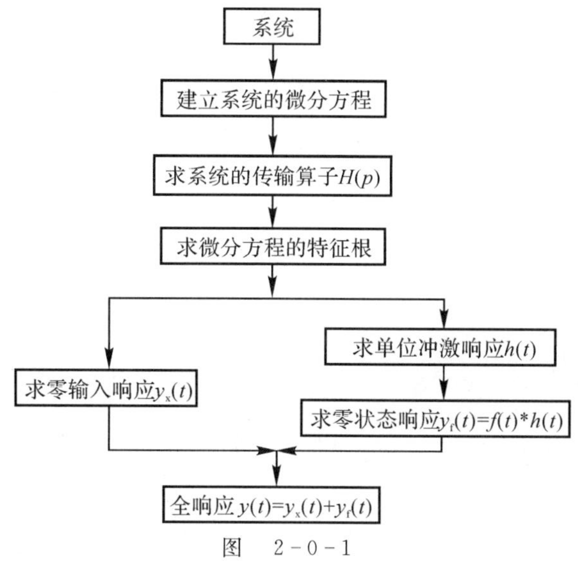

图　2-0-1

其次，将介绍：系统相当于一个微分方程；系统相当于一个传输算子 $H(p)$；系统相当于一个信号 —— 单位冲激响应信号 $h(t)$。对系统进行分析，就是研究激励信号 $f(t)$ 与单位冲激响应信号 $h(t)$ 之间的关系，这种关系就是卷积积分。

2.1 连续系统的数学模型 —— 微分方程与传输算子

一、系统的数学模型 —— 微分方程

由实际系统结构、元件特性、基本定律寻找系统输出与输入之间的数学运算关系式，称为对系统建模，其找到的数学运算关系式即方程式，称为系统的数学模型。研究系统，首先要建立系统的数学模型 —— 微分方程。建立电路系统微分方程的依据是电路的两种约束：拓扑约束(KCL,KVL)与元件约束(元件的时域伏安关系)。为了使读者容易理解和接受，我们采取从特殊到一般的方法来研究。

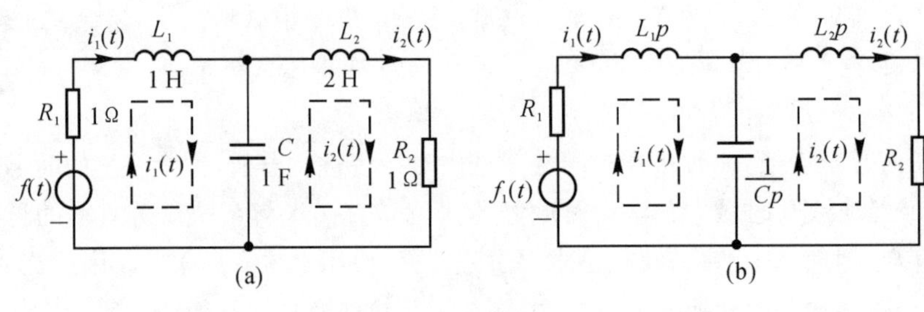

图 2-1-1

图 2-1-1(a) 所示为一含有三个独立动态元件的双网孔电路，其中 $f(t)$ 为激励，$i_1(t)$，$i_2(t)$ 为响应。对两个网孔回路可列出 KVL 方程为

$$\begin{cases} L_1\dfrac{di_1}{dt}+R_1i_1+\dfrac{1}{C}\displaystyle\int_{-\infty}^{t}i_1(\tau)d\tau-\dfrac{1}{C}\int_{-\infty}^{t}i_2(\tau)d\tau=f(t) \\ -\dfrac{1}{C}\displaystyle\int_{-\infty}^{t}i_1(\tau)d\tau+L_2\dfrac{di_2}{dt}+R_2i_2+\dfrac{1}{C}\int_{-\infty}^{t}i_2(\tau)d\tau=0 \end{cases}$$

上两式为含有两个待求变量 $i_1(t)$，$i_2(t)$ 的联立微分积分方程。为了得到只含有一个变量的微分方程，须引用微分算子 p，即

$$p=\frac{d}{dt},\quad p^2=\frac{d^2}{dt^2},\quad \cdots,\quad p^n=\frac{d^n}{dt^n}$$

$$\frac{1}{p}=p^{-1}=\int_{-\infty}^{t}(\quad)d\tau,\quad \cdots$$

在引入了微分算子 p 后，上述微分方程即可写为

$$\begin{cases} L_1pi_1(t)+R_1i_1(t)+\dfrac{1}{Cp}i_1(t)-\dfrac{1}{Cp}i_2(t)=f(t) \\ -\dfrac{1}{Cp}i_1(t)+L_2pi_2(t)+R_2i_2(t)+\dfrac{1}{Cp}i_2(t)=0 \end{cases}$$

即

$$\left.\begin{aligned}&\left(L_1p+R_1+\frac{1}{Cp}\right)i_1(t)-\frac{1}{Cp}i_2(t)=f(t)\\&-\frac{1}{Cp}i_1(t)+\left(L_2p+R_2+\frac{1}{Cp}\right)i_2(t)=0\end{aligned}\right\}\tag{2-1-1}$$

根据式(2－1－1)可画出算子形式的电路模型,如图2－1－1(b)所示。将图2－1－1(a)与(b)对照,可很容易地根据图2－1－1(a)画出图2－1－1(b),即将L改写成Lp,将C改写成$\frac{1}{Cp}$,其余一切均不变。在画出了算子电路模型后,即可很容易地根据图2－1－1(b)算子电路模型列写出式(2－1－1)。

给式(2－1－1)等号两端同时左乘以p,即得联立的微分方程,即

$$\begin{cases}\left(L_1p^2+R_1p+\frac{1}{C}\right)i_1(t)-\frac{1}{C}i_2(t)=pf(t)\\-\frac{1}{C}i_1(t)+\left(L_2p^2+R_2p+\frac{1}{C}\right)i_2(t)=0\end{cases}$$

将已知数据代入上式,得

$$\left.\begin{aligned}&(p^2+p+1)i_1(t)-i_2(t)=pf(t)\\&-i_1(t)+(2p^2+p+1)i_2(t)=0\end{aligned}\right\}\tag{2-1-2}$$

用行列式法从式(2－1－2)中可求得响应$i_1(t)$为

$$i_1(t)=\frac{\begin{vmatrix}pf(t)&-1\\0&2p^2+p+1\end{vmatrix}}{\begin{vmatrix}p^2+p+1&-1\\-1&2p^2+p+1\end{vmatrix}}=\frac{p(2p^2+p+1)}{p(2p^3+3p^2+4p+2)}f(t)=$$

$$\frac{2p^2+p+1}{2p^3+3p^2+4p+2}f(t)$$

注意,在上式的演算过程中,消去了分子与分母中的公因子p。这是因为所研究的电路是三阶的,因而电路的微分方程也应是三阶的。但应注意,并不是在任何情况下分子与分母中的公因子都可消去。有些情况可以消去,有些情况则不能消去,应视具体情况而定。故有

$$(2p^3+3p^2+4p+2)i_1(t)=(2p^2+p+1)f(t)$$

即
$$2\frac{d^3i_1(t)}{dt^3}+3\frac{d^2i_1(t)}{dt^2}+4\frac{di_1(t)}{dt}+2i_1(t)=2\frac{d^2f(t)}{dt^2}+\frac{df(t)}{dt}+f(t)$$

或
$$\frac{d^3i_1(t)}{dt^3}+\frac{3}{2}\frac{d^2i_1(t)}{dt^2}+2\frac{di_1(t)}{dt}+i_1(t)=\frac{d^2f(t)}{dt^2}+\frac{1}{2}\frac{df(t)}{dt}+\frac{1}{2}f(t)$$

上式即为待求变量为$i_1(t)$的三阶常系数线性非齐次常微分方程。方程等号左端为响应$i_1(t)$及其各阶导数的线性组合,等号右端为激励$f(t)$及其各阶导数的线性组合。

利用同样的方法可求得$i_2(t)$为

$$i_2(t)=\frac{1}{2p^3+3p^2+4p+2}f(t)$$

即
$$(2p^3+3p^2+4p+2)i_2(t)=f(t)$$

$$\left(p^3+\frac{3}{2}p^2+2p+1\right)i_2(t)=\frac{1}{2}f(t)$$

$$\frac{d^3i_2(t)}{dt^3}+\frac{3}{2}\frac{d^2i_2(t)}{dt^2}+2\frac{di_2(t)}{dt}+i_2(t)=\frac{1}{2}f(t)$$

上式即为描述响应 $i_2(t)$ 与激励 $f(t)$ 关系的微分方程。

$f(t)$ → 线性时不变(零状态或非零状态)系统 → $y(t)$

图 2-1-2

推广之,对于 n 阶系统,若设 $y(t)$ 为响应, $f(t)$ 为激励,如图 2-1-2 所示,则系统微分方程的一般形式为

$$\frac{\mathrm{d}^n y(t)}{\mathrm{d}t^n}+a_{n-1}\frac{\mathrm{d}^{n-1}y(t)}{\mathrm{d}t^{n-1}}+\cdots+a_1\frac{\mathrm{d}y(t)}{\mathrm{d}t}+a_0 y(t)=$$

$$b_m\frac{\mathrm{d}^m f(t)}{\mathrm{d}t^m}+b_{m-1}\frac{\mathrm{d}^{m-1}f(t)}{\mathrm{d}t^{m-1}}+\cdots+b_1\frac{\mathrm{d}f(t)}{\mathrm{d}t}+b_0 f(t) \tag{2-1-3}$$

用微分算子 p 表示则为

$$(p^n+a_{n-1}p^{n-1}+\cdots+a_1p+a_0)y(t)=(b_mp^m+b_{m-1}p^{m-1}+\cdots+b_1p+b_0)f(t)$$

或写成

$$D(p)y(t)=N(p)f(t) \tag{2-1-4}$$

又可写成

$$y(t)=\frac{N(p)}{D(p)}f(t)=H(p)f(t)$$

式中 $D(p)=p^n+a_{n-1}p^{n-1}+\cdots+a_1p+a_0$

称为系统或微分方程式(2-1-3)的特征多项式

$$N(p)=b_mp^m+b_{m-1}p^{m-1}+\cdots+b_1p+b_0$$

现将电路元件的算子电路模型汇总于表 2-1-1 中,以便复习和查用。

表 2-1-1　电路元件的算子电路模型

电路元件	电阻元件	电感元件	电容元件
时域电路模型	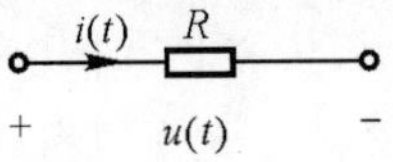 $i(t)$ → R; + $u(t)$ −	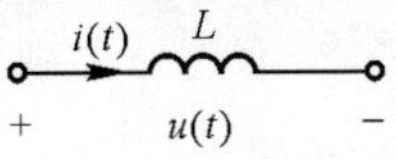 $i(t)$ → L; + $u(t)$ −	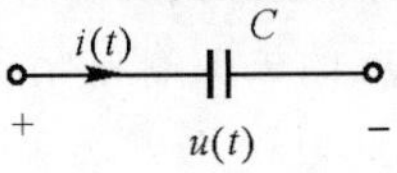 $i(t)$ → C; + $u(t)$ −
时域伏安关系	$u(t)=Ri(t)$	$u(t)=L\frac{\mathrm{d}}{\mathrm{d}t}i(t)$	$u(t)=\frac{1}{C}\int_{-\infty}^{t}i(\tau)\mathrm{d}\tau$
算子电路模型	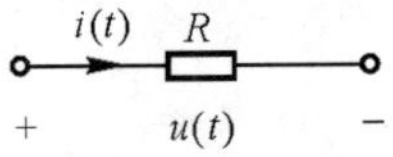 $i(t)$ → R; + $u(t)$ −	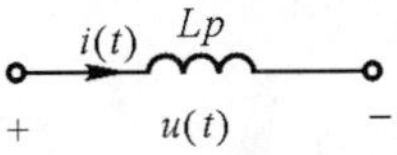 $i(t)$ → Lp; + $u(t)$ −	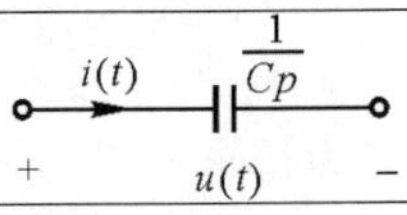 $i(t)$ → $\frac{1}{Cp}$; + $u(t)$ −
算子伏安关系	$u(t)=Ri(t)$	$u(t)=Lpi(t)$	$u(t)=\frac{1}{Cp}i(t)$

二、系统的传输算子 $H(p)$

式(2-1-4) 又可写成

$$y(t)=\frac{N(p)}{D(p)}f(t)=H(p)f(t)$$

$$H(p)=\frac{N(p)}{D(p)}=\frac{b_m p^m+b_{m-1}p^{m-1}+\cdots+b_1 p+b_0}{p^n+a_{n-1}p^{n-1}+\cdots+a_1 p+a_0} \tag{2-1-5}$$

$H(p)$ 称为响应 $y(t)$ 对激励 $f(t)$ 的传输算子或转移算子，它为 p 的两个实系数有理多项式之比，其分母即为微分方程的特征多项式 $D(p)$。 $H(p)$ 描述了系统本身的特性，与系统的激励无关，但与系统的响应有关。

这里指出一点：字母 p 在本质上是一个微分算子，但从数学形式的角度，以后可以人为地把它看成是一个变量（一般是复数）。这样，传输算子 $H(p)$ 就是变量 p 的两个实系数有理多项式之比。

三、系统的自然频率及其意义

令 $H(p)$ 的分母 $D(p)=p^n+a_{n-1}p^{n-1}+\cdots+a_1 p+a_0=0$，此方程称为系统的特征方程，其根称为系统的自然频率，也称系统的固有频率。系统的自然频率只取决于系统的结构和元件的数值，与系统的激励和响应均无关。

研究系统自然频率的意义：① 自然频率确定了系统的零输入响应随时间变化的规律；② 自然频率确定了系统的单位冲激响应随时间变化的规律；③ 从自然频率可以判断系统的稳定性；④ 自然频率确定了系统的自由响应随时间变化的规律；⑤ 从自然频率可以研究系统的频率特性。

例 2-1-1　图 2-1-3(a) 所示电路。求响应 $u_1(t)$，$u_2(t)$ 对激励 $i(t)$ 的传输算子及 $u_1(t)$，$u_2(t)$ 分别对 $i(t)$ 的微分方程。

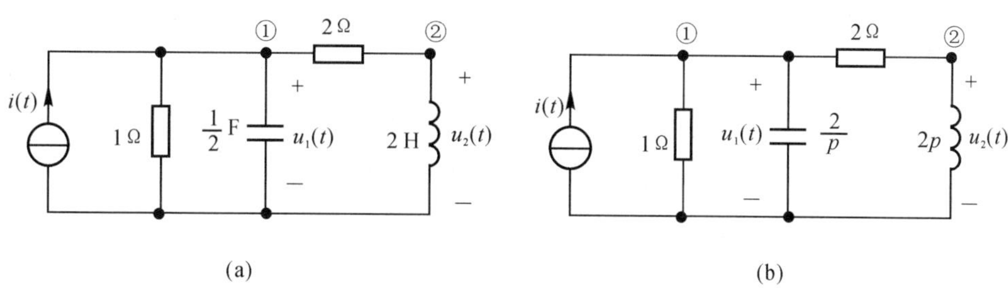

图　2-1-3

解　其算子形式的电路如图 2-1-3(b) 所示。对节点 ①，② 列算子形式的 KCL 方程为

$$\begin{cases}\left(1+\dfrac{1}{2}p+\dfrac{1}{2}\right)u_1(t)-\dfrac{1}{2}u_2(t)=i(t)\\ -\dfrac{1}{2}u_1(t)+\left(\dfrac{1}{2p}+\dfrac{1}{2}\right)u_2(t)=0\end{cases}$$

对上式各项同时左乘以 p，并整理得

$$\begin{cases}(p+3)u_1(t)-u_2(t)=2i(t)\\ -pu_1(t)+(p+1)u_2(t)=0\end{cases}$$

用行列式法联立求解得

$$u_1(t)=\frac{2(p+1)}{p^2+3p+3}i(t)=H_1(p)i(t),\quad u_2(t)=\frac{2p}{p^2+3p+3}i(t)=H_2(p)i(t)$$

故得 $u_1(t)$ 对 $i(t)$,$u_2(t)$ 对 $i(t)$ 的传输算子分别为

$$H_1(p)=\frac{u_1(t)}{i(t)}=\frac{2(p+1)}{p^2+3p+3},\quad H_2(p)=\frac{u_2(t)}{i(t)}=\frac{2p}{p^2+3p+3}$$

进而得 $u_1(t)$,$u_2(t)$ 分别对 $i(t)$ 的微分方程为

$$(p^2+3p+3)u_1(t)=(2p+2)i(t),\quad (p^2+3p+3)u_2(t)=2pi(t)$$

即

$$\frac{d^2u_1(t)}{dt^2}+3\frac{du_1(t)}{dt}+3u_1(t)=2\frac{di(t)}{dt}+2i(t)$$

$$\frac{d^2u_2(t)}{dt^2}+3\frac{du_2(t)}{dt}+3u_2(t)=2\frac{di(t)}{dt}$$

可见,对不同的响应 $u_1(t)$,$u_2(t)$,其特征多项式 $D(p)=p^2+3p+3$ 都是相同的,这就是系统特征多项式的不变性与相同性。

现将系统的微分方程与传输算子 $H(p)$ 汇总于表 2-1-2 中,以便复习和查用。

表 2-1-2　系统的微分方程与传输算子 $H(p)$

系统模型	$f(t)\longrightarrow$ [n 阶非零状态系统] $\longrightarrow y(t)$
系统微分方程	$(p^n+a_{n-1}p^{n-1}+\cdots+a_1p+a_0)y(t)=$ $(b_mp^m+b_{m-1}p^{m-1}+\cdots+b_1p+b_0)f(t)$
系统传输算子	$H(p)=\dfrac{y(t)}{f(t)}=\dfrac{b_mp^m+\cdots+b_1p+b_0}{p^n+\cdots+a_1p+a_0}=\dfrac{N(p)}{D(p)}$
系统的自然频率	$D(p)=p^n+\cdots+a_1p+a_0=0$ 的根,称为系统的自然频率
自然频率的意义	(1) 自然频率确定了系统零输入响应 $y_x(t)$ 随时间变化的规律; (2) 自然频率确定了系统单位冲激响应随时间变化的规律; (3) 从自然频率可以判断系统的稳定性; (4) 从自然频率可以研究系统的频率特性; (5) 自然频率确定了系统的自由响应随时间变化的规律
自然频率的性质	系统的自然频率只取决于系统的结构和元件的数值,与系统的激励和响应均无关

2.2　系统微分方程的解 —— 系统的全响应

一、线性系统微分方程线性的证明

线性系统必须同时满足齐次性与叠加性。因此,要证明线性系统的微分方程是否是线性的,就必须证明它是否同时满足齐次性与叠加性。

线性系统微分方程的一般形式是

$$D(p)y(t)=N(p)f(t)\tag{2-2-1}$$

设该方程对输入 $f_1(t)$ 的解是 $y_1(t)$,则有

$$D(p)y_1(t)=N(p)f_1(t)\tag{2-2-2}$$

设该方程对输入 $f_2(t)$ 的解是 $y_2(t)$,则有

$$D(p)y_2(t)=N(p)f_2(t)\tag{2-2-3}$$

给式(2-2-2)等号两端同乘以任意常数 A_1，给式(2-2-3)等号两端同乘以任意常数 A_2，则有

$$D(p)A_1 y_1(t) = N(p)A_1 f_1(t)$$

$$D(p)A_2 y_2(t) = N(p)A_2 f_2(t)$$

将此两式相加即有

$$D(p)[A_1 y_1(t) + A_2 y_2(t)] = N(p)[A_1 f_1(t) + A_2 f_2(t)]$$

这就是说，若 $f_1(t) \longrightarrow y_1(t)$，$f_2(t) \longrightarrow y_2(t)$，则 $A_1 f_1(t) + A_2 f_2(t) \longrightarrow A_1 y_1(t) + A_2 y_2(t)$，即式(2-2-1)所描述的系统是线性的。　(证毕)

二、系统微分方程的解 —— 系统的全响应

求系统微分方程的解，实际上就是求系统的全响应 $y(t)$。系统微分方程的解就是系统的全响应 $y(t)$。线性系统的全响应 $y(t)$，可分解为零输入响应 $y_x(t)$ 与零状态响应 $y_f(t)$ 的叠加，即 $y(t) = y_x(t) + y_f(t)$。下面证明此结论。

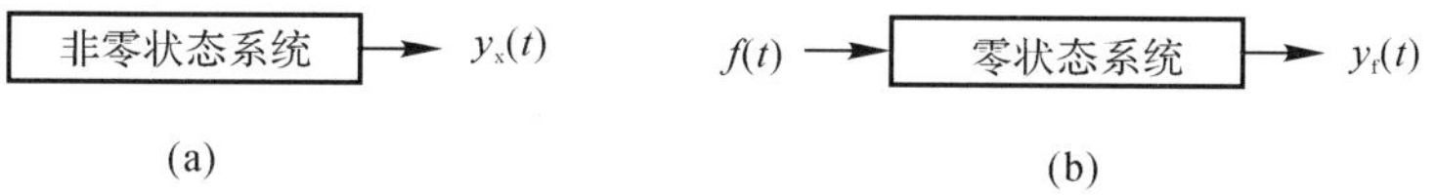

图　2-2-1

在图 2-2-1 中，若激励 $f(t)=0$，但系统的初始条件不等于零(初始储能不等于零)，此时系统的响应即为零输入响应 $y_x(t)$，如图 2-2-1(a) 所示。根据式(2-2-1)可写出此时系统的微分方程为

$$D(p)y_x(t) = 0 \tag{2-2-4}$$

由此可知：系统零输入响应满足齐次方程，即系统的零输入响应与自由响应(齐次解)满足的都是齐次方程，所以系统的零输入响应与系统的自由响应具有相同的函数形式。但是这里也应说明的是：二者只是函数形式相同，不是相等关系。

在图 2-2-1 中，若激励 $f(t) \neq 0$，但系统的初始条件等于零(初始储能等于零即为零状态系统)，此时系统的响应即为零状态响应 $y_f(t)$，如图 2-2-1(b) 所示。根据式(2-2-1)可写出此时系统的微分方程为

$$D(p)y_f(t) = N(p)f(t) \tag{2-2-5}$$

由此可知：零状态是指在加入输入信号之前系统无储能，$t \geqslant 0$ 时的系统响应只由 $t \geqslant 0$ 时所加的输入信号引起。对 $t \geqslant 0$ 来说，系统的方程为非齐次微分方程，因此，零状态响应满足非齐次微分方程。

将式(2-2-4)与式(2-2-5)相加得

$$D(p)[y_x(t) + y_f(t)] = N(p)f(t)$$

即

$$D(p)y(t) = N(p)f(t)$$

式中

$$y(t) = y_x(t) + y_f(t)$$

可见 $y(t)=y_x(t)+y_f(t)$ 确是系统微分方程式(2-2-1)的解。这个结论提供了求系统全响应 $y(t)$ 的途径和方法，即先分别求出零输入响应 $y_x(t)$ 与零状态响应 $y_f(t)$，然后再将 $y_x(t)$ 与 $y_f(t)$ 叠加，即得系统的全响应 $y(t)$，即 $y(t)=y_x(t)+y_f(t)$。这种方法称为求系统全响应的零输入-零状态法。

2.3 系统的零输入响应及其求解

一、系统的自然频率

传输算子 $H(p)=\dfrac{N(p)}{D(p)}$ 的分母多项式

$$D(p)=p^n+a_{n-1}p^{n-1}+\cdots+a_1p+a_0$$

称为系统(或微分方程)的特征多项式。令特征多项式

$$D(p)=p^n+a_{n-1}p^{n-1}+\cdots+a_1p+a_0=0$$

称为系统(或微分方程)的特征方程,其根称为系统(或微分方程)的特征根,也称为系统的自然频率或固有频率,也称为 $H(p)$ 的极点[因当 $D(p)=0$ 时,$H(p)\to\infty$]。系统的特征多项式 $D(p)$、特征方程 $D(p)=0$ 及特征根(自然频率),只与系统本身的结构和参数有关,而与激励和响应均无关。

由于传输算子 $H(p)$ 反映了系统本身的特性,所以系统的自然频率也是反映和描述系统本身特性的。研究系统自然频率的意义在于:

(1) 系统的自然频率确定了系统零输入响应 $y_x(t)$ 随时间而变化的规律。

(2) 系统的自然频率确定了系统单位冲激响应 $h(t)$ 随时间而变化的规律。

(3) 系统的自然频率是判断系统稳定性的根据。

(4) 从自然频率可以研究系统的频率特性。

(5) 自然频率确定了系统的自由响应随时间变化的规律。

二、系统零输入响应 $y_x(t)$ 的求解

当系统的外加激励 $f(t)=0$ 时,仅由系统初始条件(初始储能)产生的响应 $y_x(t)$ 称为系统的零输入响应。由式(2-2-4)看出,由于 $y_x(t)$ 在一般情况下不为零,故欲使式(2-2-4)成立,则必须有 $D(p)=0$。下面分两种情况来求 $y_x(t)$。

1. $D(p)=0$ 的根为 n 个单根

当 $D(p)=0$ 的根(特征根)为 n 个单根(不论实根、虚根、复数根)p_1, p_2, …, p_n 时,则 $y_x(t)$ 的通解表达式为

$$y_x(t)=A_1e^{p_1t}+A_2e^{p_2t}+\cdots+A_ne^{p_nt} \tag{2-3-1}$$

2. $D(p)=0$ 的根为 n 重根

当 $D(p)=0$ 的根(特征根)为 n 个重根(不论实根、虚根、复数根) $p_1=p_2=\cdots=p_n=p$ 时,$y_x(t)$ 的通解表达式为

$$y_x(t)=A_1e^{pt}+A_2te^{pt}+A_3t^2e^{pt}+\cdots+A_nt^{n-1}e^{pt} \tag{2-3-2}$$

式(2-3-1)和式(2-3-2)中的 A_1, A_2, A_3, …, A_n 为积分常数,应将 $y_x(t)$ 及其各阶导数的初始值 $y_x(0^+)$, $y_x'(0^+)$, $y_x''(0^+)$, …, $y_x^{(n-1)}(0^+)$ 代入式(2-3-1),式(2-3-2)而确定。

说明:在数学中初始条件只写"0"条件,而在信号与系统问题分析中有时给出"0^-"条件,有时给出"0^+"条件。"0^-"条件是指激励接入前瞬间($t=0^-$)$y(t)$ 及其各阶导数在该时刻的数值所构成的一组数据,这组数据只取决于系统原有的储能,与 $t\geqslant0$ 所加的输入无关;"0^+"条

件是指激励接入后瞬间($t=0^+$)$y(t)$及其各阶导数在该时刻的数值所构成的一组数据，这组数据由系统原有的储能及$t\geqslant 0$所加的输入共同决定。数学中经常给出的“0”条件就是这里所述的“0^+”条件。

三、求 $y_x(t)$ 的基本步骤

(1) 求系统的自然频率。

(2) 写出 $y_x(t)$ 的通解表达式，如式(2-3-1)或式(2-3-2)所示。

(3) 根据换路定律、电荷守恒定律、磁链守恒定律，从系统的初始条件(即初始状态)，求系统的初始值 $y_x(0^+)$，$y_x'(0^+)$，$y_x''(0^+)$，…，$y_x^{(n-1)}(0^+)$。

(4) 将已求得的初始值 $y_x(0^+)$，$y_x'(0^+)$，$y_x''(0^+)$，…，$y_x^{(n-1)}(0^+)$ 代入式(2-3-1)或式(2-3-2)，确定积分常数 A_1，A_2，…，A_n。

(5) 将确定出的积分常数 $A_1,A_2,\cdots,A_n$ 代入式(2-3-1)或式(2-3-2)，即得 $y_x(t)$。

(6) 画出 $y_x(t)$ 的波形。至此求解工作即告完毕。

例 2-3-1　求图 2-3-1(a)所示电路中关于电流 $i(t)$ 的零输入响应 $i(t)$。已知$i(0^-)=1$ A，$u_C(0^-)=-7$ V。

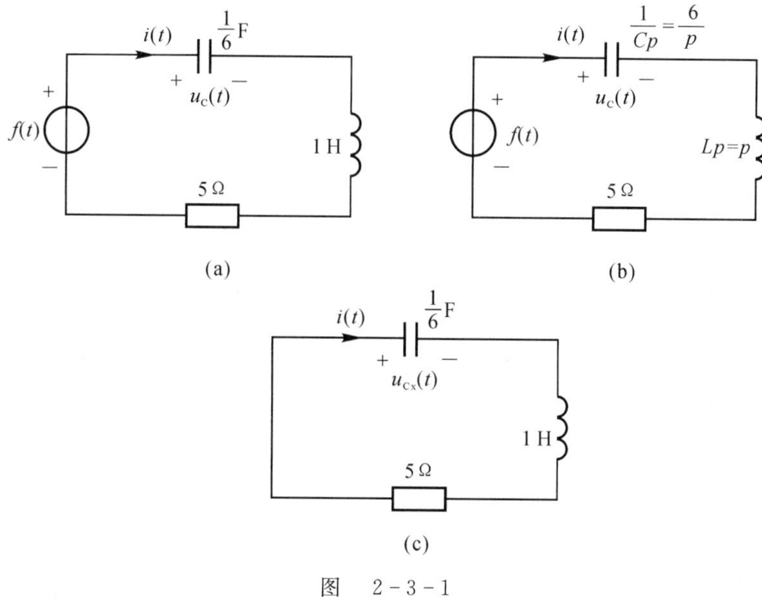

图　2-3-1

解　图 2-3-1(a)所示电路的算子电路模型如图 2-3-1(b)电路所示，根据此电路即可列写出电流 $i(t)$ 的微分方程为

$$\left(p+5+\frac{6}{p}\right)i(t)=f(t)$$

即

$$(p^2+5p+6)\,i(t)=pf(t)$$

$$i(t)=\frac{p}{p^2+5p+6}f(t)$$

故得系统的微分方程为

$$\begin{cases}(p^2+5p+6)i(t)=pf(t)\\ i(0^-)=i(0^+)=1\\ u_C(0^-)=u_C(0^+)=-7\end{cases}$$

系统的传输算子为

$$H(p)=\frac{i(t)}{f(t)}=\frac{p}{p^2+5p+6}$$

故
$$D(p)=p^2+5p+6=0$$

即
$$(p+2)(p+3)=0$$

故得电路的自然频率(即微分方程的特征根)为 $p_1=-2$，$p_2=-3$。故可写出零输入响应 $i(t)$ 的通解形式为

$$i(t)=A_1\mathrm{e}^{p_1 t}+A_2\mathrm{e}^{p_2 t}=A_1\mathrm{e}^{-2t}+A_2\mathrm{e}^{-3t}$$

故
$$i'(t)=-2A_1\mathrm{e}^{-2t}-3A_2\mathrm{e}^{-3t}$$

故
$$\begin{cases}i(0^+)=A_1+A_2 & ①\\ i'(0^+)=-2A_1-3A_2 & ②\end{cases}$$

根据换路定律有 $i(0^+)=i(0^-)=1$ A。

下面求 $i'(0^+)$：因在图 2-3-1(c) 中有

$$u_C(t)+L\frac{\mathrm{d}i(t)}{\mathrm{d}t}+Ri(t)=0$$

故
$$u_C(0^+)+Li'(0^+)+Ri(0^+)=0$$

故得

$$i'(0^+)=\frac{-u_C(0^+)-Ri(0^+)}{L}=\frac{-u_C(0^-)-5i(0^-)}{1}=\frac{-(-7)-5\times 1}{1}=2\ \text{A/s}$$

将已求得的 $i(0^+)=1$ A 和 $i'(0^+)=2$ A/s 代入式 ①,② 有

$$\begin{cases}A_1+A_2=1\\ -2A_1-3A_2=2\end{cases}$$

联立求解得 $A_1=5$，$A_2=-4$。代入 $i(t)$ 的通解式中，即得零输入响应为

$$i(t)=(5\mathrm{e}^{-2t}-4\mathrm{e}^{-3t})U(t)\ \text{A}$$

思考题

1. 你生活中发生的哪些现象属于零输入响应?
2. 连续系统的零输入响应通解形式为什么与微分方程的齐次解形式相同?

2.4 系统的单位冲激响应与单位阶跃响应及其求解

在系统时域分析中，求系统的零状态响应的重要方法是 2.5 节要讲的卷积积分法，而本节讨论的单位冲激响应与单位阶跃响应是这种方法必须用的基本概念。

一、单位冲激响应的定义

单位冲激激励 $\delta(t)$ 在零状态系统中产生的响应称为单位冲激响应，简称冲激响应，用 $h(t)$ 表示，如图 2-4-1 所示。此时系统的微分方程变为

$$h(t)=H(p)\delta(t)=\frac{N(p)}{D(p)}\delta(t)=\frac{b_m p^m+b_{m-1}p^{m-1}+\cdots+b_1 p+b_0}{p^n+a_{n-1}p^{n-1}+\cdots+a_1 p+a_0}\delta(t) \qquad (2-4-1)$$

$$h(t)=y_{\mathrm{f}}(t)\mid_{f(t)=\delta(t)}$$

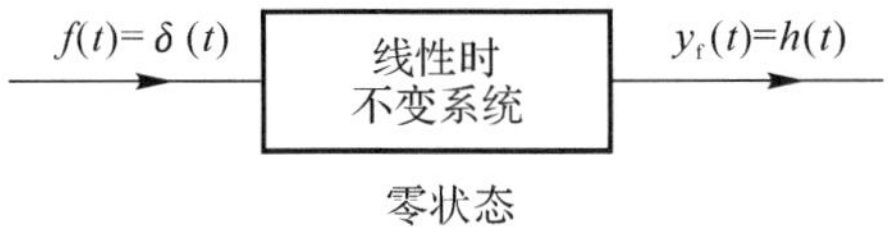

$f(t)=\delta(t)$ → 线性时不变系统 → $y_{\mathrm{f}}(t)=h(t)$

零状态

图　2-4-1

二、单位冲激响应 $h(t)$ 的求法

单位冲激响应 $h(t)$ 可通过将 $H(p)$ 展开成部分分式而求得。以下分三种情况研究之。

1. 当 $n>m$ 时

当 $n>m$ 时，$H(p)$ 为真分式。设 $D(p)=0$ 的根为 n 个单根（不论实根、虚根、复数根）p_1，p_2，…，p_n，则可将 $H(p)$ 展开成部分分式*，即

$$H(p)=\frac{b_m p^m+b_{m-1}p^{m-1}+\cdots+b_1 p+b_0}{p^n+a_{n-1}p^{n-1}+\cdots+a_1 p+a_0}=$$

$$\frac{b_m p^m+\cdots+b_1 p+b_0}{(p-p_1)(p-p_2)\cdots(p-p_n)}=\frac{K_1}{p-p_1}+\frac{K_2}{p-p_2}+\cdots+\frac{K_n}{p-p_n}$$

其中，K_1，K_2，…，K_n 为待定系数，是可以求得的（其求法见第五章 5.1 节中的六）。于是式（2-4-1）可写为

$$h(t)=\frac{K_1}{p-p_1}\delta(t)+\frac{K_2}{p-p_2}\delta(t)+\cdots+\frac{K_n}{p-p_n}\delta(t) \qquad (2-4-2)$$

为了求得 $h(t)$，先来研究式（2-4-2）中等号右端的第 n 项。令

$$h_n(t)=\frac{K_n}{p-p_n}\delta(t)$$

即

$$(p-p_n)h_n(t)=K_n\delta(t)$$

$$ph_n(t)-p_n h_n(t)=K_n\delta(t)$$

$$\frac{\mathrm{d}}{\mathrm{d}t}h_n(t)-p_n h_n(t)=K_n\delta(t)$$

给上式等号两端同时左乘以 $\mathrm{e}^{-p_n t}$，即

$$\mathrm{e}^{-p_n t}\frac{\mathrm{d}h_n(t)}{\mathrm{d}t}-p_n\mathrm{e}^{-p_n t}h_n(t)=K_n\mathrm{e}^{-p_n t}\delta(t)=K_n\delta(t)$$

$$\frac{\mathrm{d}}{\mathrm{d}t}[\mathrm{e}^{-p_n t}h_n(t)]=K_n\delta(t)$$

将上式等号两端同时在区间 $t\in(-\infty,t)$ 进行积分，即

$$\int_{-\infty}^{t}\frac{\mathrm{d}}{\mathrm{d}\tau}[\mathrm{e}^{-p_n\tau}h_n(\tau)]\mathrm{d}\tau=\int_{-\infty}^{t}K_n\delta(\tau)\mathrm{d}\tau=K_n U(t)$$

$$[\mathrm{e}^{-p_n\tau}h_n(\tau)]_{-\infty}^{t}=K_n U(t)$$

$$\mathrm{e}^{-p_n t}h_n(t)-\mathrm{e}^{-p_n(-\infty)}h_n(-\infty)=K_n U(t)$$

* 关于部分分式的有关知识，在中学和大学数学课中均已学过，或先参看本书第五章 5.1 节中的六。

因为必有 $h_n(-\infty)=0$,故得

$$h_n(t)=K_n e^{p_n t}U(t)$$

用同样方法可求得式(2-4-2)中等号右端的其余各项。故得

$$h(t)=K_1 e^{p_1 t}U(t)+K_2 e^{p_2 t}U(t)+\cdots+K_n e^{p_n t}U(t)=\sum_{i=1}^{n}K_i e^{p_i t}U(t),\quad i\in\mathbf{Z}^+ \tag{2-4-3}$$

可见单位冲激响应 $h(t)$ 的形式与系统零输入响应 $y_x(t)$ 的形式[式(2-3-1)]相同,但两者中系数的求法不同。式(2-3-1)中的系数 A_n 由系统零输入响应的初始值确定,而式(2-4-3)中的系数 K_i 则是部分分式中的待定系数。

若 $D(p)=0$ 的根(特征根)中含有 r 重根 p_i,则 $H(p)$ 的部分分式中将含有形如$\dfrac{K}{(p-p_i)^r}$的项,可以证明,与之对应的单位冲激响应的形式将为$\dfrac{K}{(r-1)!}t^{r-1}e^{p_i t}U(t)$。

表 2-4-1 给出了各种形式的 $H(p)$ 及其对应的 $h(t)$。

表 2-4-1 $H(p)$ 及其对应的 $h(t)$

$H(p)$	$h(t)$
K	$K\delta(t)$
p	$\delta'(t)$
$\dfrac{K}{p-p_n}$	$Ke^{p_n t}U(t)$
$\dfrac{K_1+jK_2}{p-(a+j\omega)}+\dfrac{K_1-jK_2}{p-(a-j\omega)}$	$2e^{a t}(K_1\cos\omega t-K_2\sin\omega t)U(t)$
$\dfrac{Ke^{j\theta}}{p-(\alpha+j\omega)}+\dfrac{Ke^{-j\theta}}{p-(\alpha-j\omega)}$	$2Ke^{\alpha t}\cos(\omega t+\theta)U(t)$
$\dfrac{K}{(p-p_i)^r}$, r 为正整数	$\dfrac{K}{(r-1)!}t^{r-1}e^{p_i t}U(t)$

例 2-4-1 已知 $h(t)=\dfrac{p+3}{p^2+3p+2}\delta(t)$。求 $h(t)$。

解
$$H(p)=\frac{p+3}{p^2+3p+2}=\frac{p+3}{(p+1)(p+2)}=\frac{K_1}{p+1}+\frac{K_2}{p+2}$$

式中 K_1,K_2 的求法如下:

$$K_1=\frac{p+3}{(p+1)(p+2)}(p+1)\Big|_{p=-1}=2$$

$$K_2=\frac{p+3}{(p+1)(p+2)}(p+2)\Big|_{p=-2}=-1$$

故
$$H(p)=\frac{2}{p+1}-\frac{1}{p+2}$$

故
$$h(t)=\left(\frac{2}{p+1}-\frac{1}{p+2}\right)\delta(t)=\frac{2}{p+1}\delta(t)-\frac{1}{p+2}\delta(t)=$$

$$2e^{-t}U(t)-e^{-2t}U(t)=(2e^{-t}-e^{-2t})U(t)$$

2. 当 $n=m$ 时

当 $n=m$ 时，应将 $H(p)$ 用除法化为一个常数项 b_m 与一个真分式$\dfrac{N_0(p)}{N(p)}$之和，即

$$H(p)=b_m+\frac{N_0(p)}{N(p)}=b_m+\frac{K_1}{p-p_1}+\frac{K_2}{p-p_2}+\cdots+\frac{K_n}{p-p_n}$$

故得单位冲激响应为

$$h(t)=b_m\delta(t)+\sum_{i=1}^{n}K_i e^{p_i t}U(t),\quad i\in\mathbf{Z}^+$$

可见，此种情况下，$h(t)$ 中将含有冲激函数 $\delta(t)$。

例 2-4-2　已知 $h(t)=\dfrac{p^2+4p+5}{p^2+3p+2}\delta(t)$，求 $h(t)$。

解

$$H(p)=\frac{p^2+4p+5}{p^2+3p+2}=1+\frac{p+3}{p^2+3p+2}=1+\frac{2}{p+1}-\frac{1}{p+2}$$

故

$$h(t)=\left(1+\frac{2}{p+1}-\frac{1}{p+2}\right)\delta(t)=$$

$$\delta(t)+\frac{2}{p+1}\delta(t)-\frac{1}{p+2}\delta(t)=\delta(t)+(2e^{-t}-e^{-2t})U(t)$$

3. 当 $n<m$ 时

当 $n<m$ 时，$h(t)$ 中除了包含指数项 $\sum\limits_{i=1}^{n}K_i e^{p_i t}U(t)$ 和冲激函数 $\delta(t)$ 外，还包含有直到 $\delta^{(m-n)}(t)$ 的冲激函数 $\delta(t)$ 的各阶导数。

例 2-4-3　已知 $h(t)=\dfrac{3p^3+5p^2-5p-5}{p^2+3p+2}\delta(t)$，求 $h(t)$。

解

$$H(p)=\frac{3p^3+5p^2-5p-5}{p^2+3p+2}=3p-4+\frac{p+3}{p^2+3p+2}=$$

$$3p-4+\frac{2}{p+1}-\frac{1}{p+2}$$

故

$$h(t)=\left(3p-4+\frac{2}{p+1}-\frac{1}{p+2}\right)\delta(t)=$$

$$3p\delta(t)-4\delta(t)+\frac{2}{p+1}\delta(t)-\frac{1}{p+2}\delta(t)=$$

$$3\delta'(t)-4\delta(t)+(2e^{-t}-e^{-2t})U(t)$$

例 2-4-4　电路如图 2-4-2(a) 所示。求关于 $i(t)$ 的单位冲激响应 $h(t)$。

解　图 2-4-2(a) 电路的算子电路模型如图 2-4-2(b) 所示。根据图 2-4-2(b) 所示电路可求得

$$i(t)=\frac{f(t)}{\dfrac{1\times\dfrac{1}{p}}{1+\dfrac{1}{p}}+\dfrac{1}{p}}=\frac{p^2+p}{2p+1}f(t)=\left[\frac{1}{2}p+\frac{1}{4}-\frac{1}{8}\times\frac{1}{p+\dfrac{1}{2}}\right]f(t)$$

故

$$h(t)=\left[\frac{1}{2}p+\frac{1}{4}-\frac{1}{8}\times\frac{1}{p+\frac{1}{2}}\right]\delta(t)=\frac{1}{2}\delta'(t)+\frac{1}{4}\delta(t)-\frac{1}{8}\mathrm{e}^{-\frac{1}{2}t}U(t)\ \mathrm{A}$$

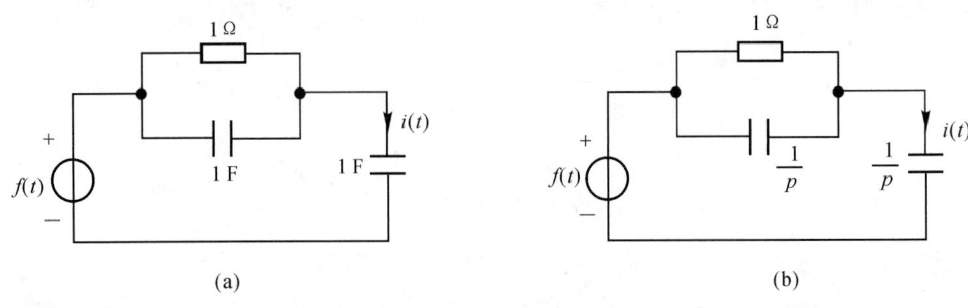

图 2-4-2

例 2-4-5 已知线性时不变零状态系统响应 $y(t)$ 与激励 $f(t)$ 的关系为 $y(t)=\int_{t-2}^{+\infty}\mathrm{e}^{t-\tau}f(\tau-1)\mathrm{d}\tau$。求系统的单位冲激响应 $h(t)$，并画出 $h(t)$ 的波形。

解 当 $f(t)=\delta(t)$ 时，$y(t)=h(t)$，故

$$\begin{aligned}h(t)&=\int_{t-2}^{+\infty}\mathrm{e}^{t-\tau}\delta(\tau-1)\mathrm{d}\tau=\int_{t-2}^{+\infty}\mathrm{e}^{t-1}\delta(\tau-1)\mathrm{d}\tau=\mathrm{e}^{t-1}\int_{t-2}^{+\infty}\delta(\tau-1)\mathrm{d}\tau=\\&\mathrm{e}^{t-1}[U(\tau-1)]_{t-2}^{+\infty}=\mathrm{e}^{t-1}[U(\infty-1)-U(t-2-1)]=\mathrm{e}^{t-1}[1-U(t-3)]=\\&\mathrm{e}^{t-1}\{U[-(t-3)]+U(t-3)-U(t-3)\}=\mathrm{e}^{t-1}U(-t+3)\end{aligned}$$

$h(t)$ 的波形如图 2-4-3 所示，可见为非因果系统。

三、单位阶跃响应

单位阶跃激励 $U(t)$ 在零状态系统中产生的响应称为单位阶跃响应，简称阶跃响应，用 $g(t)$ 表示，如图 2-4-4 所示。

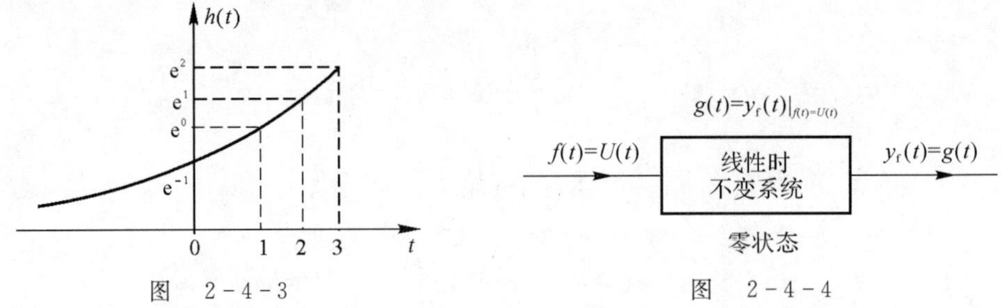

图 2-4-3　　　图 2-4-4

阶跃响应 $g(t)$ 的求解方法之一，是根据线性系统的积分性，可通过将 $h(t)$ 进行积分而求得。因 $U(t)=\int_{-\infty}^{t}\delta(\tau)\mathrm{d}\tau$，故阶跃响应为

$$g(t)=\int_{-\infty}^{t}h(\tau)\mathrm{d}\tau$$

例 2-4-6 已知系统的微分方程为 $y'''(t)+4y''(t)+5y'(t)+2y(t)=f''(t)+2f'(t)+f(t)$。求系统的单位冲激响应 $h(t)$ 和单位阶跃响应 $g(t)$。

解　$$H(p)=\frac{y(t)}{f(t)}=\frac{p^2+2p+1}{p^3+4p^2+5p+2}=\frac{(p+1)^2}{(p+2)(p+1)^2}=\frac{1}{p+2}$$

注意：求 $h(t)$ 时，$H(p)$ 中分子与分母中的公因子可以相约，但求零输入响应时则不可相约。

$$h(t)=\frac{1}{p+2}\delta(t)=\mathrm{e}^{-2t}U(t)$$

$$g(t)=\int_{-\infty}^{t}h(\tau)\mathrm{d}\tau=\int_{-\infty}^{t}\mathrm{e}^{-2\tau}U(\tau)\mathrm{d}\tau=\frac{1}{-2}\int_{0}^{t}\mathrm{e}^{-2\tau}\mathrm{d}(-2\tau)=-\frac{1}{2}[\mathrm{e}^{-2\tau}]_0^t=\frac{1}{2}(1-\mathrm{e}^{-2t})U(t)$$

2.5　卷积积分

一、定义

设有两个任意的时间函数，例如 $f(t)=U(t)$ 和 $h(t)=A\mathrm{e}^{-\alpha t}U(t)$（$\alpha$ 为大于零的实常数），其波形分别如图 2-5-1(a)(b) 所示。利用图解法进行如下五个步骤的运算，从而引出卷积积分的定义。

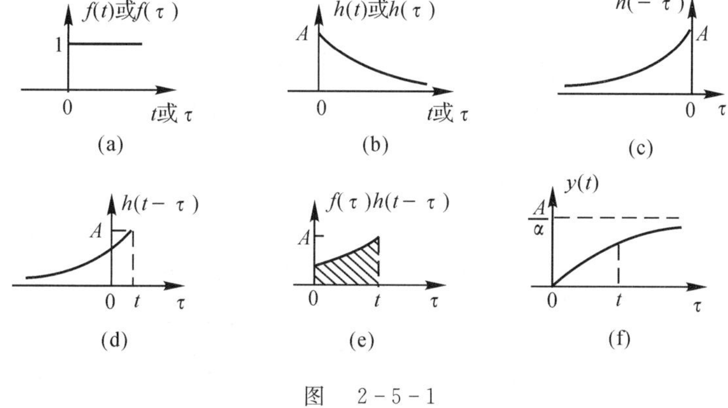

图　2-5-1

(1) 将函数 $f(t)$，$h(t)$ 中的自变量 t 改换为 τ，从而得到 $f(\tau)$，$h(\tau)$，这并不影响函数的波形，因为函数的性质和波形与自变量的字母符号无关，故其波形仍如图 2-5-1(a)(b) 所示。

(2) 将函数 $h(\tau)$ 以纵坐标轴为轴折叠，从而得到折叠信号 $h(-\tau)$，如图 2-5-1(c) 所示。

(3) 将折叠信号 $h(-\tau)$ 沿 τ 轴平移 t，t 为参变量，从而得到平移信号 $h[-(\tau-t)]=h(t-\tau)$，如图 2-5-1(d) 所示。当 $t>0$ 时为向右平移，当 $t<0$ 时为向左平移。

(4) 将 $f(\tau)$ 与 $h(t-\tau)$ 相乘，从而得到相乘信号 $f(\tau)h(t-\tau)$，其波形如图 2-5-1(e) 所示。

(5) 将函数 $f(\tau)h(t-\tau)$ 在区间 $(-\infty,\infty)$ 上积分得

$$y(t)=\int_{-\infty}^{+\infty}f(\tau)h(t-\tau)\mathrm{d}\tau$$

由于积分变量为 τ，其积分结果必为参变量 t 的函数，故用 $y(t)$ 表示。该积分就是相乘函数 $f(\tau)h(t-\tau)$ 曲线下的面积[见图 2-5-1(e) 中画斜线的部分]。上式所表述的内容即称为函数 $f(t)$ 与 $h(t)$ 的卷积积分，用符号“ * ”表示，即

$$y(t)=f(t)*h(t)=\int_{-\infty}^{+\infty} f(\tau)h(t-\tau)\mathrm{d}\tau \tag{2-5-1}$$

读作 $f(t)$ 与 $h(t)$ 的卷积积分，简称卷积。

观察图 2-5-1(e) 可见，当 $\tau<0^-$ 和 $\tau>t$ 时，被积函数 $f(\tau)h(t-\tau)=0$，这是因为 $f(t)=U(t)$，$h(t)=A\mathrm{e}^{-\alpha t}U(t)$ 均为因果函数的缘故。故式(2-5-1) 中的积分限可改写为$(0^-,\ t)$，即

$$y(t)=\int_{0^-}^{t} f(\tau)h(t-\tau)\mathrm{d}\tau \tag{2-5-2}$$

但要注意，卷积积分的严格定义式仍然是式(2-5-1)，即积分的上下限仍然是$(-\infty,+\infty)$。

若将 $f(t)=U(t)$，$h(t)=A\mathrm{e}^{-\alpha t}U(t)$ 代入式(2-5-2) 中，并积分即得

$$y(t)=\int_{0^-}^{t} U(\tau)A\mathrm{e}^{-\alpha(t-\tau)}U(t-\tau)\mathrm{d}\tau=\int_{0^-}^{t} 1A\mathrm{e}^{-\alpha t}\mathrm{e}^{\alpha\tau}\times 1\mathrm{d}\tau=$$

$$\frac{A}{\alpha}\mathrm{e}^{-\alpha t}\left[\mathrm{e}^{\alpha\tau}\right]_{0^-}^{t}=\frac{A}{\alpha}(1-\mathrm{e}^{-\alpha t})U(t)$$

$y(t)$ 的曲线如图 2-5-1(f) 所示，称为卷积积分曲线。

求卷积积分时，积分上下限的确定是关键，也是难点，读者应通过做题仔细揣摩。

* 二、卷积积分上下限的讨论

卷积积分的严格定义应如式(2-5-1) 所示，其积分的上下限应为区间$(-\infty,+\infty)$。但在具体计算时，积分的上下限可视函数 $f(t)$ 与 $h(t)$ 的特性而做些简化。

(1) 若 $f(t)$ 和 $h(t)$ 均为因果信号，则积分的上下限可写为$(0^-,\ t)$，即

$$y(t)=f(t)*h(t)=\int_{0^-}^{t} f(\tau)h(t-\tau)\mathrm{d}\tau$$

(2) 若 $f(t)$ 为因果信号，$h(t)$ 为无时限信号，则积分的上下限可写为$(0^-,+\infty)$，即

$$y(t)=f(t)*h(t)=\int_{0^-}^{+\infty} f(\tau)h(t-\tau)\mathrm{d}\tau$$

(3) 若 $f(t)$ 为无时限信号，$h(t)$ 为因果信号，则积分的上下限可写为$(-\infty,\ t)$，即

$$y(t)=f(t)*h(t)=\int_{-\infty}^{t} f(\tau)h(t-\tau)\mathrm{d}\tau$$

(4) 若 $f(t)$ 和 $h(t)$ 均为无时限信号，则积分的上下限应写为$(-\infty,+\infty)$，即

$$y(t)=f(t)*h(t)=\int_{-\infty}^{+\infty} f(\tau)h(t-\tau)\mathrm{d}\tau$$

三、运算规律

卷积积分的运算遵从数学中的一些运算规律。关于这些运算规律，留给读者自己证明(可参看工程数学书籍)。

(1) 交换律

$$f_1(t)*f_2(t)=f_2(t)*f_1(t)=\int_{-\infty}^{+\infty} f_1(\tau)f_2(t-\tau)\mathrm{d}\tau=\int_{-\infty}^{+\infty} f_2(\tau)f_1(t-\tau)\mathrm{d}\tau$$

(2) 分配律

$$f_1(t)*\left[f_2(t)+f_3(t)\right]=f_1(t)*f_2(t)+f_1(t)*f_3(t)$$

(3) 结合律

$$f_1(t)*[f_2(t)*f_3(t)]=[f_1(t)*f_2(t)]*f_3(t)=[f_1(t)*f_3(t)]*f_2(t)$$

四、主要性质

卷积积分有一些重要性质，深刻理解和掌握这些性质将给卷积的计算带来极大简便。关于这些性质，也留给读者自己证明(可参看工程数学书籍)。

1. 积分

$$\int_{-\infty}^{t}[f_1(\tau)*f_2(\tau)]\mathrm{d}\tau=f_1(t)*\int_{-\infty}^{t}f_2(\tau)\mathrm{d}\tau=f_2(t)*\int_{-\infty}^{t}f_1(\tau)\mathrm{d}\tau$$

2. 微分

$$\frac{\mathrm{d}}{\mathrm{d}t}[f_1(t)*f_2(t)]=f_1(t)*\frac{\mathrm{d}f_2(t)}{\mathrm{d}t}=f_2(t)*\frac{\mathrm{d}f_1(t)}{\mathrm{d}t}$$

3. $f_1(t)$ 的微分与 $f_2(t)$ 的积分的卷积

$$\frac{\mathrm{d}f_1(t)}{\mathrm{d}t}*\int_{-\infty}^{t}f_2(\tau)\mathrm{d}\tau=f_1(t)*f_2(t)$$

应用性质 2，3 的充要条件是必须有 $\lim\limits_{t\to-\infty}f_1(t)=f_1(-\infty)=0$。证明如下：

因有
$$\int_{-\infty}^{t}\frac{\mathrm{d}f_1(\tau)}{\mathrm{d}\tau}\mathrm{d}\tau=[f_1(\tau)]_{-\infty}^{t}=f_1(t)-f_1(-\infty)$$

可见，只有当 $f_1(-\infty)=0$ 时才会有 $\int_{-\infty}^{t}\frac{\mathrm{d}f_1(\tau)}{\mathrm{d}\tau}\mathrm{d}\tau=[f_1(\tau)]_{-\infty}^{t}=f_1(t)$。

对 $f_2(t)$ 要求的条件也是一样，即 $f_2(-\infty)=0$。

4. $f(t)$ 与 $\delta(t)$ 的卷积

$$f(t)*\delta(t)=f(t)$$

$$f(t)*\delta(t-T)=f(t-T)$$

$$f(t-T_1)*\delta(t-T_2)=f(t-T_1-T_2)$$

5. $f(t)$ 与 $U(t)$ 的卷积

$$f(t)*U(t)=\left[\int_{-\infty}^{t}f(\tau)\mathrm{d}\tau\right]*\delta(t)=\int_{-\infty}^{t}f(\tau)\mathrm{d}\tau$$

6. $f(t)$ 与 $\delta'(t)$ 的卷积

$$f(t)*\delta'(t)=f'(t)*\delta(t)=f'(t)$$

*7. 时移性

设 $f_1(t)*f_2(t)=y(t)$，则有

$$f_1(t-T_1)*f_2(t-T_2)=y(t-T_1-T_2)$$

证明　因有

$$f_1(t-T_1)=f_1(t)*\delta(t-T_1)$$

$$f_2(t-T_2)=f_2(t)*\delta(t-T_2)$$

故

$$\begin{aligned}f_1(t-T_1)*f_2(t-T_2)=&[f_1(t)*\delta(t-T_1)]*[f_2(t)*\delta(t-T_2)]=\\&[f_1(t)*f_2(t)]*[\delta(t-T_1)*\delta(t-T_2)]=\\&y(t)*\delta(t-T_1-T_2)=y(t-T_1-T_2)\end{aligned}$$
(证毕)

推论
$$f_1(t+T)*f_2(t-T)=f_1(t)*f_2(t)=y(t)$$

8.偶函数 * 偶函数=偶函数。例如 $\delta(t)*\delta(t)=\delta(t)$

奇函数 * 奇函数=偶函数。例如 $\delta'(t)*\delta'(t)=\delta''(t)*\delta(t)=\delta''(t)$，$\delta''(t)$ 为偶函数(奇函数的一阶导数为偶函数)。

奇函数 * 偶函数=奇函数。例如 $\delta'(t)*\delta(t)=\delta'(t)$。

9.设 $y(t)=f(t)*h(t)$，则

$$g(t)=f(at)*h(at)=\frac{1}{a}y(at),\quad a>0$$

例如设 $y(t)=f(t)*h(t)=e^{-t}U(t)$，则 $g(t)=f(2t)*h(2t)=\frac{1}{2}e^{-2t}U(2t)=\frac{1}{2}e^{-2t}U(t)$

最后需要指出，上面所研究的卷积积分，其前提是卷积积分必须存在，即必须有 $f_1(t)*f_2(t)<\infty$。若卷积积分不存在，即当 $f_1(t)*f_2(t)\to\infty$ 时，则卷积积分就没有意义了。

五、常用的卷积积分表

常用的卷积积分如表 2-5-1 所列。

表 2-5-1　卷积积分表

序　号	$f_1(t)$	$f_2(t)$	$f_1(t)*f_2(t)$
1	$f(t)$	$\delta'(t)$	$f'(t)$
2	$f(t)$	$\delta(t)$	$f(t)$
3	$f(t)$	$U(t)$	$\int_{-\infty}^{t}f(\tau)d\tau$
4	$U(t)$	$U(t)$	$tU(t)$
5	$tU(t)$	$U(t)$	$\frac{1}{2}t^2U(t)$
6	$e^{-\alpha t}U(t)$	$U(t)$	$\frac{1}{\alpha}(1-e^{-\alpha t})U(t)$
7	$e^{-\alpha_1 t}U(t)$	$e^{-\alpha_2 t}U(t)$	$\frac{1}{\alpha_2-\alpha_1}(e^{-\alpha_1 t}-e^{-\alpha_2 t})U(t)$，$\alpha_2\neq\alpha_1$
8	$e^{-\alpha t}U(t)$	$e^{-\alpha t}U(t)$	$te^{-\alpha t}U(t)$
9	$tU(t)$	$e^{-\alpha t}U(t)$	$\left(\frac{\alpha t-1}{\alpha^2}+\frac{1}{\alpha^2}e^{-\alpha t}\right)U(t)$
10	$te^{-\alpha t}U(t)$	$e^{-\alpha t}U(t)$	$\frac{1}{2}t^2e^{-\alpha t}U(t)$
11	$f(t)$	$tU(t)$	$\int_{-\infty}^{t}\left[\int_{-\infty}^{\tau}f(s)ds\right]d\tau$

现将卷积积分的运算规律与性质汇总于表 2-5-2 中，以便复习和查用。

表 2-5-2　卷积积分的运算规律与性质

定　义	$y(t)=f_1(t)*f_2(t)=\int_{-\infty}^{+\infty}f_1(\tau)f_2(t-\tau)\mathrm{d}\tau$
运算规律	(1) 交换律：$y(t)=f_1(t)*f_2(t)=f_2(t)*f_1(t)$ (2) 分配律：$f_1(t)*[f_2(t)+f_3(t)]=f_1(t)*f_2(t)+f_1(t)*f_3(t)$ (3) 结合律：$f_1(t)*[f_2(t)*f_3(t)]=[f_1(t)*f_2(t)]*f_3(t)=[f_1(t)*f_3(t)]*f_2(t)$
性　质	(1) 积分：$\int_{-\infty}^{t}[f_1(\tau)*f_2(\tau)]\mathrm{d}\tau=f_1(t)*\int_{-\infty}^{t}f_2(\tau)\mathrm{d}\tau=f_2(t)*\int_{-\infty}^{t}f_1(\tau)\mathrm{d}\tau$
	(2) 微分：$[f_1(t)*f_2(t)]'=f_1(t)*f'_2(t)=f_2(t)*f'_1(t)$
	(3) 微分积分：$f'_1(t)*\int_{-\infty}^{t}f_2(\tau)\mathrm{d}\tau=\int_{-\infty}^{t}f_1(\tau)\mathrm{d}\tau*f'_2(t)=f_1(t)*f_2(t)$
	(4) $f(t)*\delta(t)=f(t)$，　$f(t)*\delta(t-T)=f(t-T)$， $f(t-T_1)*\delta(t-T_2)=f(t-T_1-T_2)$
	(5) $f(t)*U(t)=\int_{-\infty}^{t}f(\tau)\mathrm{d}\tau$
	(6) $f(t)*\delta'(t)=f'(t)$
	(7) 时移性：若 $f_1(t)*f_2(t)=f(t)$，则 $f_1(t-T_1)*f_2(t-T_2)=f(t-T_1-T_2)$
	(8) 卷积的时限性 若 $y(t)=f_1(t)*f_2(t)$，且 $f_1(t)$ 时限为 $t_1\leqslant t\leqslant t_2$；$f_2(t)$ 时限为 $t_3\leqslant t\leqslant t_4$， 则 $y(t)$ 的时限为 $t_1+t_3\leqslant t\leqslant t_2+t_4$
	(9) 偶函数 * 偶函数 = 偶函数，奇函数 * 奇函数 = 偶函数， 奇函数 * 偶函数 = 奇函数
	(10) 设 $y(t)=f(t)*h(t)$，则 $g(t)=f(at)*h(at)=\frac{1}{a}y(at)$，　$a>0$
卷积积分的应用	求系统的零状态响应 $y_f(t)=f(t)*h(t)$

注意：应用性质(2)(3)的条件是，必须有 $\lim\limits_{t\to-\infty}f_1(t)=0$，$\lim\limits_{t\to-\infty}f_2(t)=0$

例 2-5-1　已知 $f_1(t)=U[-(t-1)]+2U(t-1)$，$f_2(t)=\mathrm{e}^{-t}U(t)$，其波形如图 2-5-2(a)(b) 所示。求 $y(t)=f_1(t)*f_2(t)$，并画出 $y(t)$ 的波形。

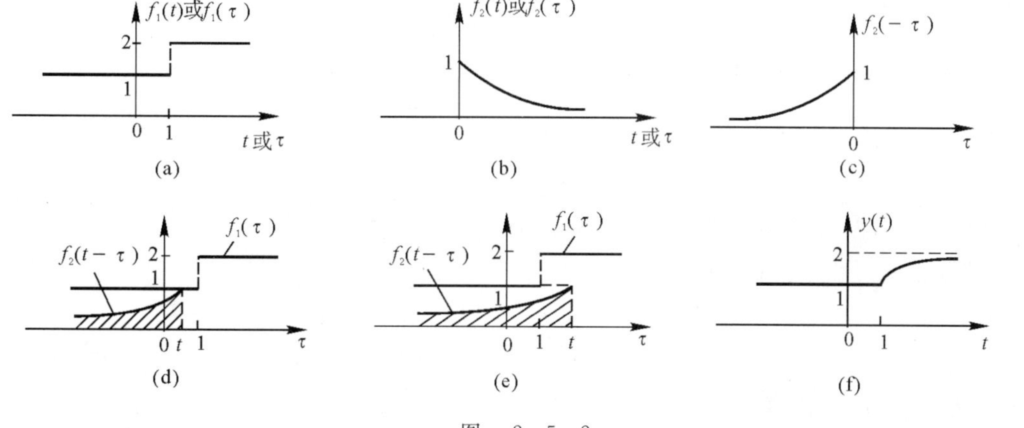

图　2-5-2

解 $$y(t)=f_1(t)*f_2(t)=\int_{-\infty}^{+\infty}f_1(\tau)f_2(t-\tau)\mathrm{d}\tau$$

(1) $f_2(-\tau)$ 的图形如图 2-5-2(c) 所示。

(2) 当 $t<1$ 时，$f_2(t-\tau)=\mathrm{e}^{-(t-\tau)}\cdot U(t-\tau)$ 的图形如图 2-5-2(d) 所示。

$$y(t)=\int_{-\infty}^{+\infty}f_1(\tau)f_2(t-\tau)\mathrm{d}\tau=\int_{-\infty}^{t}1\cdot\mathrm{e}^{-(t-\tau)}U(t-\tau)\mathrm{d}\tau=$$
$$\int_{-\infty}^{t}\mathrm{e}^{-(t-\tau)}\times 1\mathrm{d}\tau=\int_{-\infty}^{t}\mathrm{e}^{-t}\mathrm{e}^{\tau}\mathrm{d}\tau=$$
$$\mathrm{e}^{-t}[\mathrm{e}^{\tau}]_{-\infty}^{t}=\mathrm{e}^{0}-\mathrm{e}^{-\infty}=1-0=1$$

(3) 当 $t\geqslant 1$ 时，$f_2(t-\tau)=\mathrm{e}^{-(t-\tau)}U(t-\tau)$ 的图形如图 2-5-2(e) 所示。

$$y(t)=\int_{-\infty}^{+\infty}f_1(\tau)f_2(t-\tau)\mathrm{d}\tau=\int_{-\infty}^{1}f_1(\tau)f_2(t-\tau)\mathrm{d}\tau+\int_{1}^{t}f_1(\tau)f_2(t-\tau)\mathrm{d}\tau=$$
$$\int_{-\infty}^{1}1\times\mathrm{e}^{-(t-\tau)}U(t-\tau)\mathrm{d}\tau+\int_{1}^{t}2\times\mathrm{e}^{-(t-\tau)}U(t-\tau)\mathrm{d}\tau=$$
$$\mathrm{e}^{-t}[\mathrm{e}^{\tau}]_{-\infty}^{1}+2\mathrm{e}^{-t}[\mathrm{e}^{\tau}]_{1}^{t}=\mathrm{e}^{-t}[\mathrm{e}^{1}-\mathrm{e}^{-\infty}]+2\mathrm{e}^{-t}[\mathrm{e}^{t}-\mathrm{e}^{1}]=$$
$$\mathrm{e}^{-(t-1)}+2[1-\mathrm{e}^{-(t-1)}]=2-\mathrm{e}^{-(t-1)}$$

最后得
$$y(t)=\begin{cases}1, & t<1\\ 2-\mathrm{e}^{-(t-1)}, & t\geqslant 1\end{cases}$$

或
$$y(t)=U[-(t-1)]+[2-\mathrm{e}^{-(t-1)}]U(t-1)$$

$y(t)$ 的波形如图 2-5-2(f) 所示。

例 2-5-2 $f(t)$ 和 $h(t)$ 的波形如图 2-5-3(a)(b) 所示，求 $y(t)=f(t)*h(t)$，并画出 $y(t)$ 的波形。

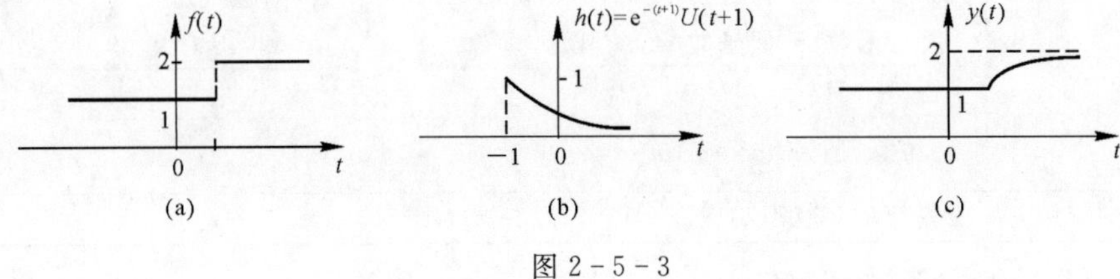

图 2-5-3

解 $$f(t)=1+U(t-1),\quad h(t)=\mathrm{e}^{-(t+1)}U(t+1)$$
$$y(t)=f(t)*h(t)=[1+U(t-1)]*[\mathrm{e}^{-(t+1)}U(t+1)]=$$
$$1*\mathrm{e}^{-(t+1)}U(t+1)+U(t-1)*\mathrm{e}^{-(t+1)}U(t+1)$$

比较简便的方法是利用卷积积分的时移性质求解。即

$$1*\mathrm{e}^{-t}U(t)=\int_{-\infty}^{+\infty}1\times\mathrm{e}^{-(t-\tau)}U(t-\tau)\mathrm{d}\tau=\int_{-\infty}^{t}\mathrm{e}^{-t}\mathrm{e}^{\tau}\times 1\mathrm{d}\tau=\mathrm{e}^{-t}\int_{-\infty}^{t}\mathrm{e}^{\tau}\mathrm{d}\tau=$$
$$\mathrm{e}^{-t}[\mathrm{e}^{\tau}]_{-\infty}^{t}=\mathrm{e}^{-t}[\mathrm{e}^{t}-\mathrm{e}^{-\infty}]=1-0=1$$
$$U(t)*\mathrm{e}^{-t}U(t)=(1-\mathrm{e}^{-t})U(t)$$

根据卷积积分的时移性质有

$$1*\mathrm{e}^{-(t+1)}U(t+1)=1$$
$$U(t-1)*\mathrm{e}^{-(t+1)}U(t+1)=(1-\mathrm{e}^{-t})U(t)$$

故
$$y(t)=1+(1-\mathrm{e}^{-t})U(t)$$

$y(t)$ 的波形如图 2-5-3(c) 所示。

例 2-5-3　已知 $f_1(t)=2e^{-5t}U(t)$，$f_2(t)=4e^{-2t}U(t)$。求 $y(t)=f_1(t)*f_2(t)$。

解　查表 2-5-1 中的序号 7 得

$$y(t)=2e^{-5t}U(t)*4e^{-2t}U(t)=8\frac{1}{2-5}(e^{-5t}-e^{-2t})U(t)=\frac{8}{3}(e^{-2t}-e^{-5t})U(t)$$

例 2-5-4　求图 2-5-4(a)(b) 所示两函数的卷积积分 $y(t)=f(t)*\delta_T(t)$，并画出 $y(t)$ 的波形。

解　$\delta_T(t)$ 称为单位冲激序列，其函数表示式为

$$\delta_T(t)=\sum_{n=-\infty}^{\infty}\delta(t-nT),\quad n\in\mathbf{Z}$$

其中 T 为周期。

$$y(t)=f(t)*\delta_T(t)=f(t)*\sum_{n=-\infty}^{\infty}\delta(t-nT)=\sum_{n=-\infty}^{\infty}f(t)*\delta(t-nT)=\sum_{n=-\infty}^{\infty}f(t-nT)$$

若 $\tau<T$，则 $y(t)$ 的波形如图 2-5-4(c) 所示，可见 $y(t)$ 的波形是 $f(t)$ 波形的周期性延拓，延拓的周期为 T。若 $\tau=T$，则 $y(t)$ 的波形如图 2-5-4(d) 所示。若 $\tau>T$，则 $y(t)$ 的波形如何？请读者画出。

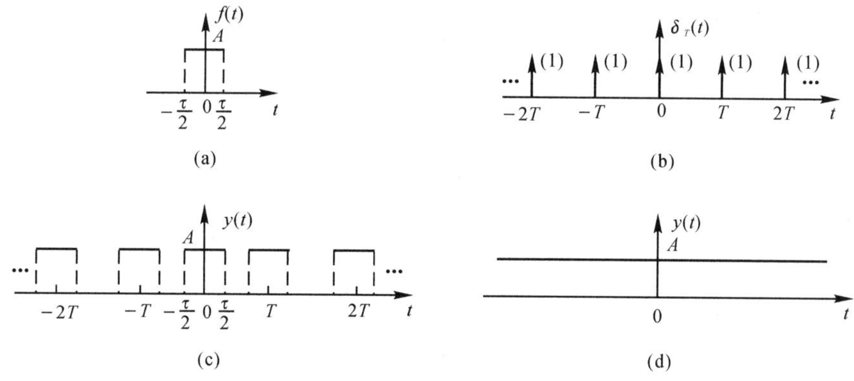

图　2-5-4

(c) 当 $\tau<T$ 时；(d) 当 $\tau=T$ 时

例 2-5-5　求图 2-5-5(a)(b) 所示两函数的卷积积分 $y(t)=f_1(t)*f_2(t)$。

解　根据卷积的微分积分性质有

$$y(t)=f_1(t)*f_2(t)=f_1'(t)*\int_{-\infty}^{t}f_2(s)\mathrm{d}s=\left[\delta\left(t+\frac{\tau}{2}\right)-\delta\left(t-\frac{\tau}{2}\right)\right]*\int_{-\infty}^{t}f_2(s)\mathrm{d}s=$$

$$\delta\left(t+\frac{\tau}{2}\right)*\int_{-\infty}^{t}f_2(s)\mathrm{d}s-\delta\left(t-\frac{\tau}{2}\right)*\int_{-\infty}^{t}f_2(s)\mathrm{d}s$$

在上式中

$$f_1'(t)=\delta\left(t+\frac{\tau}{2}\right)-\delta\left(t-\frac{\tau}{2}\right)$$

$$\int_{-\infty}^{t} f_2(\tau)\mathrm{d}\tau=\begin{cases}0, & t<-\dfrac{\tau}{2}\\ t+\dfrac{\tau}{2}, & -\dfrac{\tau}{2}<t<\dfrac{\tau}{2}\\ \tau, & t>\dfrac{\tau}{2}\end{cases}$$

$f_1'(t)$ 和 $\int_{-\infty}^{t} f_2(\tau)\mathrm{d}\tau$ 的波形分别如图 2-5-5(c)(d) 所示。于是可得 $\delta\left(t+\dfrac{\tau}{2}\right)*\int_{-\infty}^{t} f_2(\tau)\mathrm{d}\tau$ 和 $\delta\left(t-\dfrac{\tau}{2}\right)*\int_{-\infty}^{t} f_2(\tau)\mathrm{d}\tau$ 的曲线分别如图 2-5-5(e)(f) 所示。进而可得 $y(t)=f_1(t)*f_2(t)$ 的波形如图 2-5-5(g) 所示。可见，$y(t)$ 的波形为“三角形”，底边的宽度为 2τ，幅度为 τ。

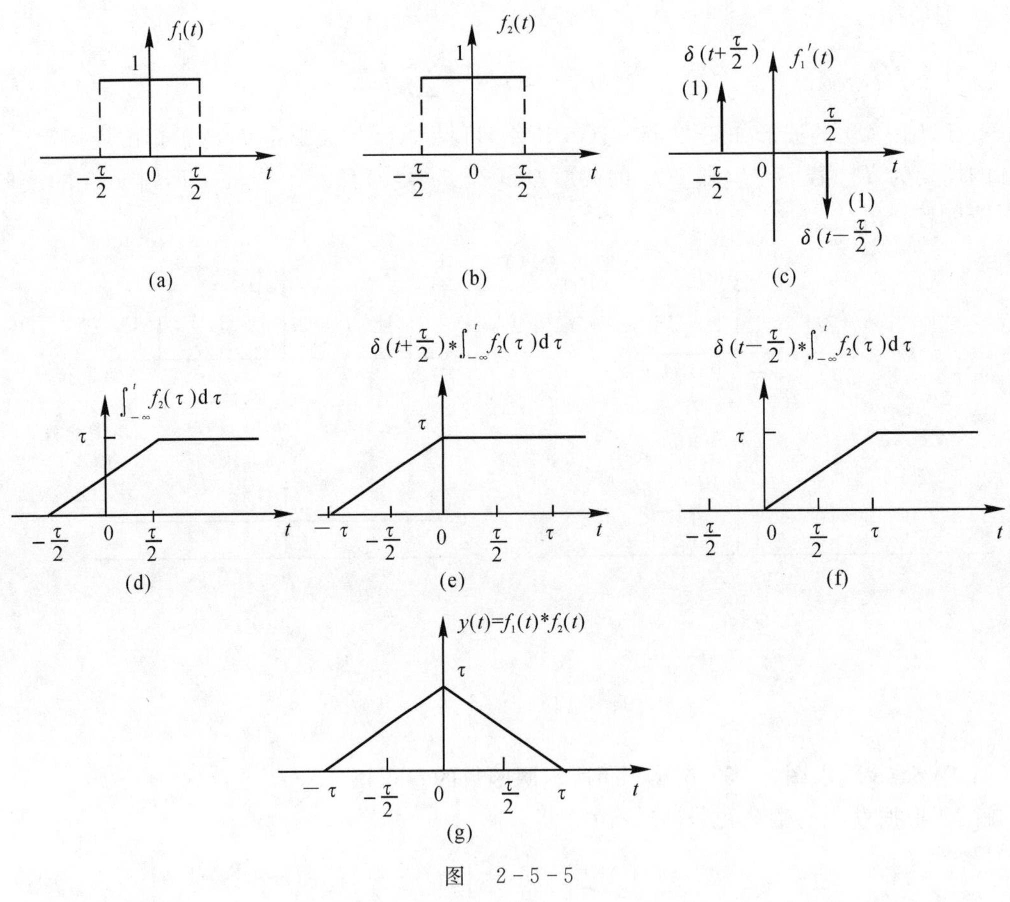

图 2-5-5

推广　设 $f_1(t)=G_a(t)$，$f_2(t)=G_b(t)$，$b>a$，其图形如图 2-5-6(a)(b) 所示。设 $y(t)=f_1(t)*f_2(t)$，则可求得 $y(t)$ 的图形如图 2-5-6(c) 所示，图中的 a 为图 2-5-6(a) 图形的面积。可得结论：两个宽度不相同的矩形信号相卷积，其卷积积分的波形为梯形信号，梯形的下底宽度为两信号宽度的和，上底宽度为两信号宽度的差，梯形的高为宽度小的矩形信号的面积乘以宽度大的矩形信号的高度，而两个宽度相等的矩形信号相卷积，其卷积积分的波形为三角形信号，可以理解为梯形信号的特例。

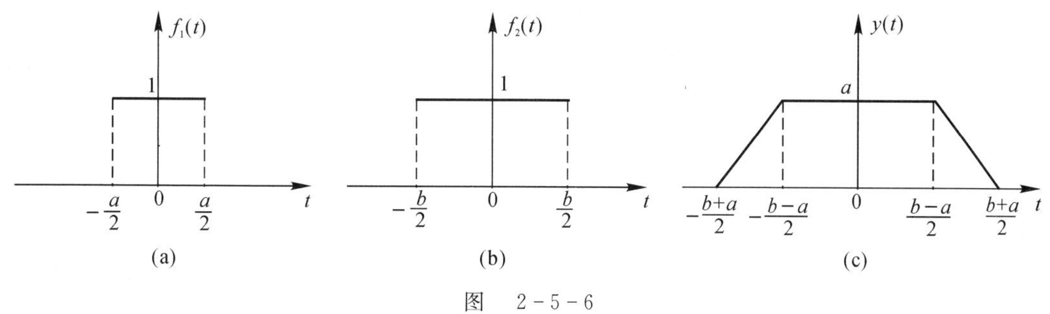

图　2-5-6

思考题

1. 写出 $f_1(t)$ 与 $f_2(t)$ 两个连续函数卷积积分的定义式，对照定义式说明卷积积分运算过程有哪5个步骤？

2. 有同学说："单位冲激响应 $h(t)$ 与单位阶跃响应 $g(t)$ 都是特定的零状态响应，二者均可用卷积积分法求零状态响应的方法求解。"你同意他的观点吗？

2.6　求系统零状态响应的卷积积分法

线性非时变系统对任意激励 $f(t)$ 的零状态响应 $y_f(t)$，可用 $f(t)$ 与其单位冲激响应 $h(t)$ 的卷积积分求解，即

$$y_f(t)=f(t)*h(t)=\int_{-\infty}^{+\infty}f(\tau)h(t-\tau)\mathrm{d}\tau \tag{2-6-1}$$

式(2-6-1)的证明过程如图2-6-1所示。

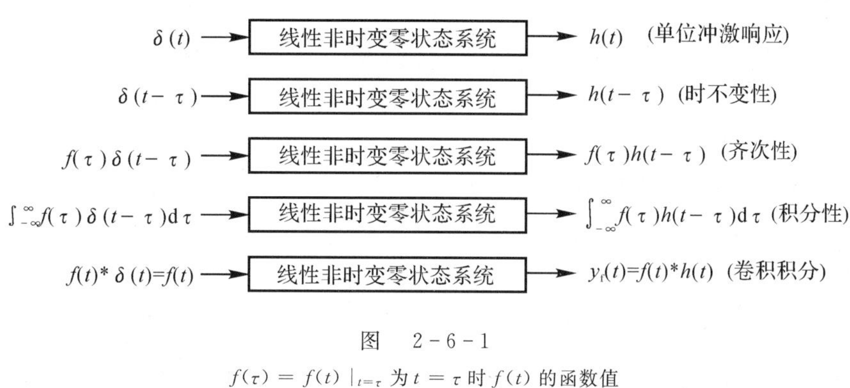

图　2-6-1

$f(\tau)=f(t)|_{t=\tau}$ 为 $t=\tau$ 时 $f(t)$ 的函数值

用卷积积分法求线性非时变系统零状态响应 $y_f(t)$ 的步骤如下：

(1) 求系统的单位冲激响应 $h(t)$。

(2) 按式(2-6-1)求系统的零状态响应 $y_f(t)$。

例2-6-1　如图2-6-2(a)所示电路，激励 $f(t)=U(t)-U(t-6\pi)$，其波形如图2-6-2(b)所示。求零状态响应 $u_C(t)$，并画出波形。

解　该电路的微分方程为

$$\frac{\mathrm{d}^2 u_C(t)}{\mathrm{d}t^2}+u_C(t)=f(t)$$

即
$$(p^2+1)u_C(t)=f(t)$$

其转移算子为
$$H(p)=\frac{u_C(t)}{f(t)}=\frac{1}{p^2+1}$$

单位冲激响应为
$$h(t)=\sin tU(t)$$

故零状态响应为

$$u_C(t)=f(t)*h(t)=f'(t)*\int_{-\infty}^{t}\sin\tau U(\tau)\mathrm{d}\tau=$$

$$[\delta(t)-\delta(t-6\pi)]*\int_{0}^{t}\sin\tau\mathrm{d}\tau=[\delta(t)-\delta(t-6\pi)]*[-\cos\tau]_0^t=$$

$$[\delta(t)-\delta(t-6\pi)]*[1-\cos t]U(t)=$$

$$[1-\cos t]U(t)-[1-\cos(t-6\pi)]U(t-6\pi)$$

$u_C(t)$ 的波形如图 2-6-2(c) 所示。

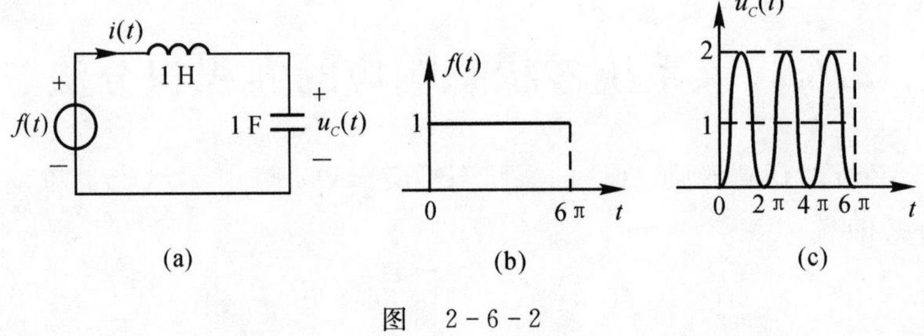

图 2-6-2

例 2-6-2 已知线性时不变系统的单位阶跃响应 $g(t)=U(t)-U(t-2)$。(1) 求系统的单位冲激响应 $h(t)$；(2) 若激励 $f(t)=\int_{t-5}^{t-1}\delta(\tau-1)\mathrm{d}\tau$，求系统的零状态响应 $y(t)$，并画出 $y(t)$ 的波形。

解 (1)
$$h(t)=g'(t)=\delta(t)-\delta(t-2)$$

$h(t)$ 的波形如图 2-6-3(a) 所示。

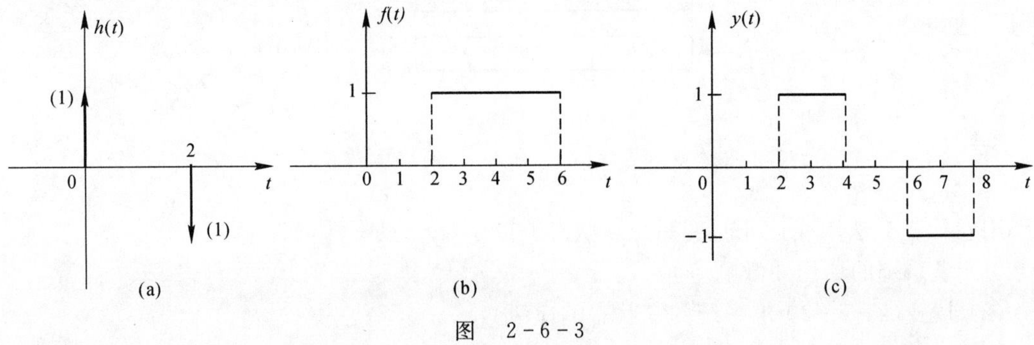

图 2-6-3

(2)
$$f(t)=[U(\tau-1)]_{t-5}^{t-1}=U(t-2)-U(t-6)$$

$f(t)$ 的波形如图 2-6-3(b) 所示。

$$y(t)=f(t)*h(t)=f(t)*[\delta(t)-\delta(t-2)]=f(t)*\delta(t)-f(t)*\delta(t-2)=$$
$$f(t)-f(t-2)=U(t-2)-U(t-6)-[U(t-4)-U(t-8)]=$$
$$U(t-2)-U(t-6)-U(t-4)+U(t-8)=$$
$$[U(t-2)-U(t-4)]-[U(t-6)-U(t-8)]$$

$y(t)$ 的波形如图 2-6-3(c) 所示。

2.7　求系统全响应的零状态-零输入法

根据响应产生的原因，可将系统的全响应分解为零状态响应与零输入响应的叠加。因此要求系统的全响应，可先分别求出零状态响应与零输入响应，再把两者叠加，即得全响应。这种求全响应的方法称为零状态-零输入法，其思路与程序如图 2-7-1 所示。

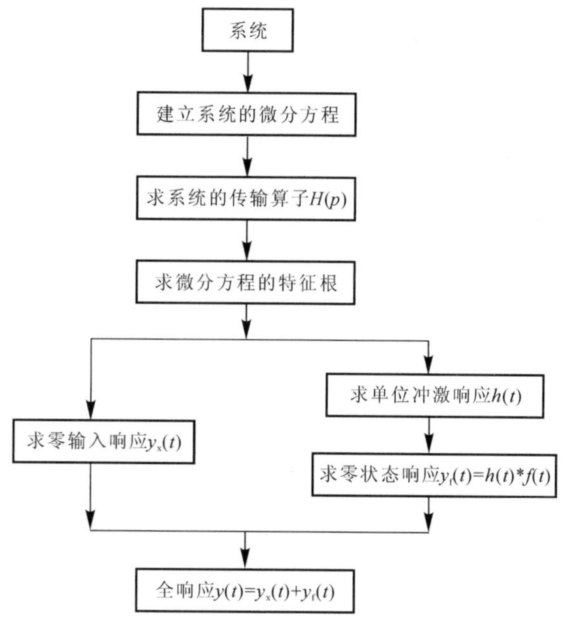

图 2-7-1　求系统全响应的零状态-零输入法

例 2-7-1　已知系统 $y'(t)+2y(t)=f(t)$ 的全响应为 $y(t)=(2e^{-t}+3e^{-2t})U(t)$。求系统的零输入响应 $y_x(t)$、零状态响应 $y_f(t)$、单位冲激响应 $h(t)$ 和激励 $f(t)$。

解　$H(p)=\dfrac{y(t)}{f(t)}=\dfrac{1}{p+2}$，故系统的自然频率为 -2，故零输入响应的通解形式为

$$y_x(t)=A_1e^{-2t}U(t)$$

又可求得系统的单位冲激响应为

$$h(t)=\frac{1}{p+2}\delta(t)=e^{-2t}U(t)$$

设系统的激励为 $f(t)=A_2e^{-t}U(t)$，故零状态响应为

$$y_f(t)=f(t)*h(t)=A_2e^{-t}U(t)*e^{-2t}U(t)=$$
$$A_2e^{-t}U(t)-A_2e^{-2t}U(t)\qquad \text{（查表 2-5-1 的序号 7）}$$

又因有
$$y(t)=y_x(t)+y_f(t)$$
即
$$2e^{-t}U(t)+3e^{-2t}U(t)=A_1e^{-2t}U(t)+A_2e^{-t}U(t)-A_2e^{-2t}U(t)=A_2e^{-t}U(t)+(A_1-A_2)e^{-2t}U(t)$$
故有
$$\begin{cases}A_2=2\\A_1-A_2=3\end{cases}$$
解得
$$A_1=5,\quad A_2=2$$
故得
$$y_x(t)=5e^{-2t}U(t),\quad y_f(t)=(2e^{-t}-2e^{-2t})U(t),\quad f(t)=2e^{-t}U(t)$$

例 2-7-2 已知系统的微分方程为
$$y''(t)-ay'(t)-by(t)=f''(t)+cf(t)$$
当激励 $f(t)=U(t)$ 时的全响应为
$$y(t)=(1-e^{-t}+3e^{-3t})U(t)$$
(1) 求 a,b,c 的值;(2) 求零输入响应 $y_x(t)$、零状态响应 $y_f(t)$ 和单位冲激响应 $h(t)$。

解 (1)
$$H(p)=\frac{y(t)}{f(t)}=\frac{p^2+c}{p^2-ap-b}$$
由题知系统的自然频率为 -1 和 -3,故有
$$p^2-ap-b=(p+1)(p+3)=p^2+4p+3$$
故得
$$a=-4,\quad b=-3$$
系统的微分方程为
$$y''(t)+4y'(t)+3y(t)=f''(t)+cf(t)$$
当激励 $f(t)=U(t)$ 时,微分方程的强迫解为 1,代入上式有
$$0+4\times 0+3\times 1=0+c\times 1$$
解得
$$c=3$$
(2)
$$H(p)=\frac{p^2+3}{p^2+4p+3}=1+\frac{-4p}{(p+1)(p+3)}=1+\frac{2}{p+1}+\frac{-6}{p+3}$$
故得单位冲激响应为
$$h(t)=\delta(t)+(2e^{-t}-6e^{-3t})U(t)$$
零状态响应为
$$y_f(t)=f(t)*h(t)=U(t)*[\delta(t)+(2e^{-t}-6e^{-3t})U(t)]=(1-2e^{-t}+2e^{-3t})U(t)$$
又得零输入响应为
$$y_x(t)=y(t)-y_f(t)=(e^{-t}+e^{-3t})U(t)$$

例 2-7-3 已知系统对激励 $f_1(t)=U(t)$ 的全响应为 $y_1(t)=2e^{-t}U(t)$,对激励 $f_2(t)=\delta(t)$ 的全响应为 $y_2(t)=\delta(t)$。(1) 求系统的零输入响应 $y_x(t)$ 和单位冲激响应 $h(t)$;(2) 保持系统的初始状态不变,求激励 $f_3(t)=e^{-t}U(t)$ 的全响应 $y_3(t)$。

解 设系统的零输入响应为 $y_x(t)$,单位冲激响应为 $h(t)$,对激励 $f_1(t)=U(t)$ 的零状态响应为 $y_{f_1}(t)$,对激励 $f_2(t)=\delta(t)$ 的零状态响应为 $y_{f_2}(t)$,则因有 $\delta(t)=\frac{d}{dt}U(t)$,故有 $y_{f_2}(t)=y'_{f_1}(t)$。即
$$y_x(t)+y_{f_1}(t)=2e^{-t}U(t) \qquad ①$$
$$y_x(t)+y_{f_2}(t)=\delta(t)$$

即
$$y_x(t)+y'_{f_1}(t)=\delta(t) \qquad ②$$

式 ② − 式 ①，得

$$y'_{f_1}(t)-y_{f_1}(t)=\delta(t)-2e^{-t}U(t)$$

$$(p-1)y_{f_1}(t)=\delta(t)-\frac{2}{p+1}\delta(t)$$

得
$$y_{f_1}(t)=\frac{1}{p-1}\delta(t)-\frac{2}{(p-1)(p+1)}\delta(t)=\frac{1}{p-1}\delta(t)-\left[\frac{1}{p-1}+\frac{-1}{p+1}\right]\delta(t)=$$
$$\frac{1}{p-1}\delta(t)+\frac{-1}{p-1}\delta(t)+\frac{1}{p+1}\delta(t)=e^{-t}U(t)$$

代入式 ① 得
$$y_x(t)=e^{-t}U(t)$$

又得
$$h(t)=y_{f_2}(t)=y'_{f_1}(t)=\delta(t)-e^{-t}U(t)$$

(2)
$$y_{f_3}(t)=f_3(t)*h(t)=e^{-t}U(t)*[\delta(t)-e^{-t}U(t)]=$$
$$e^{-t}U(t)*\delta(t)-e^{-t}U(t)*e^{-t}U(t)=e^{-t}U(t)-te^{-t}U(t)$$

故
$$y_3(t)=y_x(t)+y_{f_3}(t)=2e^{-t}U(t)-te^{-t}U(t)$$

例 2-7-4　线性时不变因果系统，已知 $f(t)=2e^{-3t}U(t)$ 的零状态响应为 $y(t)$，激励 $f'(t)$ 的零状态响应 $y'(t)=-3y(t)+e^{-2t}U(t)$。求系统的单位冲激响应 $h(t)$。

解
$$y(t)=f(t)*h(t)$$
$$y'(t)=-3y(t)+e^{-2t}U(t)$$

即
$$[f(t)*h(t)]'=-3f(t)*h(t)+e^{-2t}U(t)$$
$$f'(t)*h(t)=-3f(t)*h(t)+e^{-2t}U(t)$$
$$[2\delta(t)-6e^{-3t}U(t)]*h(t)=-6e^{-3t}U(t)*h(t)+e^{-2t}U(t)$$
$$2\delta(t)*h(t)-6e^{-3t}U(t)*h(t)=-6e^{-3t}U(t)*h(t)+e^{-2t}U(t)$$

得
$$h(t)=\frac{1}{2}e^{-2t}U(t)$$

现将系统各种响应的求解汇总于表 2-7-1 中，以便复习和查用。

表 2-7-1　系统的响应与求解

名　称	定　义	求解方法
零输入响应 $y_x(t)$	仅由系统初始条件（初始储能）产生的响应 $y_x(t)$，称为零输入响应	(1) $D(p)=0$ 的根为 n 个单根， $y_x(t)=A_1e^{p_1t}+A_2e^{p_2t}+\cdots+A_ne^{p_nt}$ (2) $D(p)=0$ 的根为 n 个重根 p， $y_x(t)=A_1e^{pt}+A_2te^{pt}+\cdots+A_nt^{n-1}e^{pt}$
单位冲激响应 $h(t)$	单位冲激激励 $\delta(t)$ 在零状态系统中产生的响应 $h(t)$，称为单位冲激响应	$h(t)=H(p)\delta(t)=$ $\dfrac{b_mp^m+\cdots+b_1p+b_0}{p^n+\cdots+a_1p+a_0}\delta(t)$
单位阶跃响应 $g(t)$	单位阶跃激励在零状态系统中产生的响应 $g(t)$，称为单位阶跃响应	$g(t)=\int_{0-}^{t}h(\tau)d\tau$
零状态响应 $y_f(t)$	仅由外激励在零状态系统中产生的响应 $y_f(t)$，称为零状态响应	$y_f(t)=f(t)*h(t)$
全响应 $y(t)$	由外激励与内激励共同产生的响应 $y(t)$，称为全响应	$y(t)=y_x(t)+y_f(t)$

2.8 连续系统的时域模拟与框图

在系统分析时,有时为了分析、研究问题形象具体,又常将系统的数学模型表述的运算关系用定义的理想运算器组合连接成图表征,这就是系统模拟。由连续系统的数学模型(微分方程或传输算子)可以看出其数学运算有微分运算、加法运算、数乘运算和延迟运算。不过,在实际中因为积分器比微分器的抗干扰性能好,所以常用积分器来完成所需的微分运算。

一、四种运算器

系统时域模拟应用的运算器有以下四种:

(1) 加法器,用来对输入信号 $f_1(t)$,$f_2(t)$ 完成加法运算的功能,其表示符号如图 2-8-1(a) 所示。

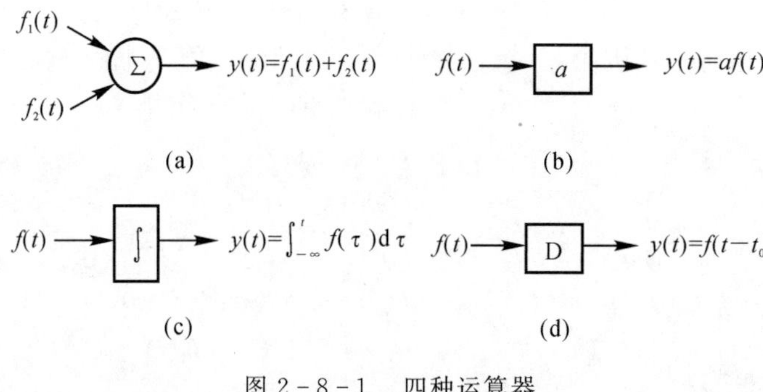

图 2-8-1 四种运算器

(2) 数乘器,用来对输入信号 $f(t)$ 完成数乘运算的功能,其表示符号如图 2-8-1(b) 所示。数乘器也称标量乘法器或倍乘器。

(3) 积分器,用来对输入信号 $f(t)$ 完成积分运算的功能,其表示符号如图 2-8-1(c) 所示。

(4) 延迟器,用来对输入信号 $f(t)$ 在时间上完成延迟的功能,其表示符号如图 2-8-1(d) 所示,其中的 t_0 为所延迟的时间。

二、系统模拟的定义与系统的时域模拟

在实验室中用四种运算器来模拟给定系统的数学模型 —— 微分方程或传输算子 $H(p)$,称为线性系统的模拟,简称系统模拟。从系统模拟的定义看出,所谓系统模拟,仅指数学意义上的模拟,模拟的不是实际存在的系统,而是实际系统的数学模型 —— 微分方程或传输算子 $H(p)$。这就是说,不管是任何实际的系统,只要它们的数学模型相同,则它们的模拟系统就都一样,则可以在实验室里用同一个模拟系统对系统的特性和性能进行研究。例如当系统的参数或输入信号改变时,系统的响应如何变化,系统的工作是否稳定,系统的性能指标是否满足要求,系统的频率响应如何变化,等等。所有这些都可用实验仪器进行直接观察,或在计算机的输出装置上直接显示出来。模拟系统的输出信号就是系统微分方程的解,称为模拟解。这不仅比直接求解系统的微分方程来得简便,而且便于确定系统的最佳参数和最佳工作状态。这就是系统模拟的重要实用意义和理论价值。

由上述的四种运算器连接而成的图称为系统的时域模拟图，简称模拟图。在描述系统的特性方面，模拟图与微分方程或传输算子 $H(p)$ 是等价的。

例 2-8-1　已知系统的时域模拟图如图 2-8-2 所示。试求联系响应 $y(t)$ 与激励 $f(t)$ 的微分方程与传输算子 $H(p)=\dfrac{y(t)}{f(t)}$。

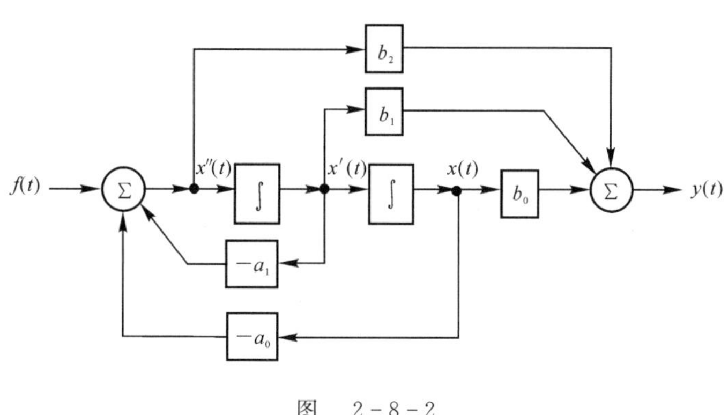

图　2-8-2

解　该系统有两个加法器，两个积分器，五个数乘器。引入中间变量 $x(t)$，$x'(t)$，$x''(t)$，故有

$$x''(t)=f(t)-a_1x'(t)-a_0x(t)$$

即

$$x''(t)+a_1x'(t)+a_0x(t)=f(t)$$

即

$$(p^2+a_1p+a_0)x(t)=f(t)$$

故得

$$x(t)=\frac{1}{p^2+a_1p+a_0}f(t)$$

又

$$y(t)=b_2x''(t)+b_1x'(t)+b_0x(t)=b_2p^2x(t)+b_1px(t)+b_0x(t)=$$

$$(b_2p^2+b_1p+b_0)x(t)=\frac{b_2p^2+b_1p+b_0}{p^2+a_1p+a_0}f(t)$$

此式即为该系统的微分方程。可见为二阶系统，因为该系统中有两个积分器，所以传输算子为

$$H(p)=\frac{y(t)}{f(t)}=\frac{b_2p^2+b_1p+b_0}{p^2+a_1p+a_0}$$

反之，若已知系统的传输算子 $H(p)$ 如上式所示，则可画出与之相对应的一种时域模拟图，如图 2-8-2 所示。

例 2-8-2　已知系统的传输算子

$$H(p)=\frac{y(t)}{f(t)}=\frac{3p^2+4}{p^3+2p^2+4p+7}$$

试画出该系统的一种时域模拟图。

解　对例 2-8-1 进行反向思维，即可画出该 $H(p)$ 所描述的系统的一种时域模拟图，如图 2-8-3 所示。

例 2-8-3　图 2-8-4 所示系统，已知激励 $f(t)=\delta_T(t)=\sum\limits_{k=-\infty}^{\infty}\delta(t-kT)$，$k\in\mathbf{Z}$，其波形如图 2-8-4(b) 所示。求系统的零状态响应 $y(t)$。

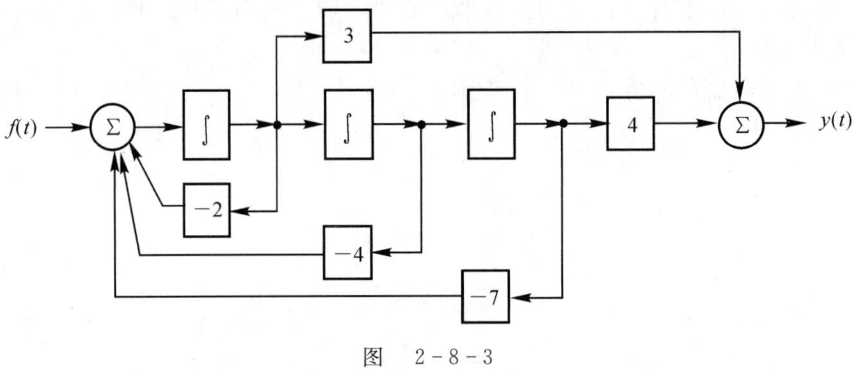

图 2-8-3

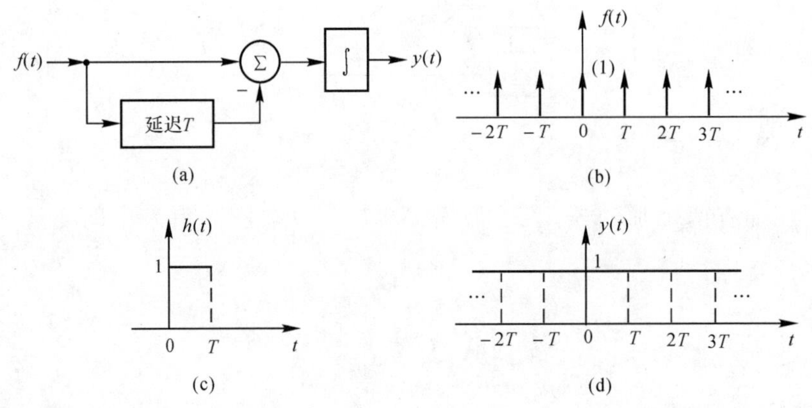

图 2-8-4

解 系统的单位冲激响应为

$$h(t)=\int_{-\infty}^{t}[\delta(\tau)-\delta(\tau-T)]\mathrm{d}\tau=U(t)-U(t-T)$$

$h(t)$ 的波形如图 2-8-4(c) 所示。故系统的零状态响应为

$$y(t)=h(t)*f(t)=h(t)*\sum_{k=-\infty}^{\infty}\delta(t-kT)=\sum_{k=-\infty}^{\infty}h(t)*\delta(t-kT)=\sum_{k=-\infty}^{\infty}h(t-kT)=1$$

$y(t)$ 的波形如图 2-8-4(d) 所示。

三、系统的框图

一个系统是由许多部件或单元组成的，将这些部件或单元各用能完成相应运算功能的方框表示，然后将这些方框按系统的功能要求及信号流动的方向连接起来而构成的图，称为系统的框图表示，简称系统的框图。如图 2-8-5 所示为一个子系统的框图，它完成了对激励信号 $f(t)$ 与单位冲激响应 $h(t)$ 的卷积积分运算功能。

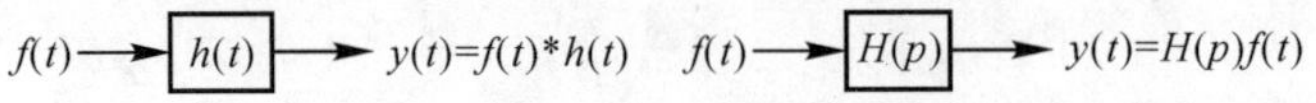

$f(t)\rightarrow$ [$h(t)$] $\rightarrow y(t)=f(t)*h(t)$　　$f(t)\rightarrow$ [$H(p)$] $\rightarrow y(t)=H(p)f(t)$

图 2-8-5　系统的框图

系统框图表示的好处是，可以使我们一目了然地看出一个大系统是由哪些小系统（子系统）组成的，各子系统之间是什么样的关系，以及信号是如何在系统内部流动的。

注意：系统的框图与模拟图不是一个概念，两者含义不同。

现将连续系统的时域模拟图与框图汇总于表 2－8－1 中，以便复习和查用。

表 2－8－1　连续系统的时域模拟图与框图

	加法器	数乘器	积分器
三种运算器	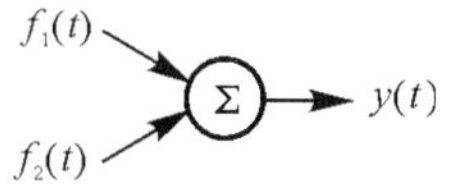 $f_1(t)$, $f_2(t)$ → Σ → $y(t)$ $y(t)=f_1(t)+f_2(t)$	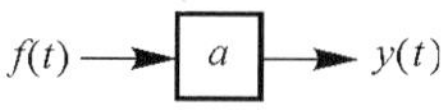 $f(t)$ → a → $y(t)$ $y(t)=af(t)$	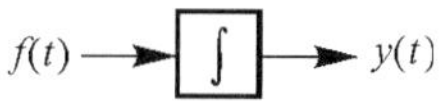 $f(t)$ → ∫ → $y(t)$ $y(t)=\int_{-\infty}^{t} f(\tau)\mathrm{d}\tau$
系统模拟的定义	用三种运算器模拟系统的微分方程或传输算子 $H(p)$，称为系统模拟		
系统模拟的意义	可以利用模拟系统在实验室中对系统进行研究，从而得到最优结果		
常用的模拟图	直接形式模拟图，并联形式模拟图，级联形式模拟图，混联形式模拟图		
系统的框图	用一个方框代表一个子系统，按系统的功能，各子系统的关系及信号流动的方向连接而构成的图，称为系统的框图		

注意：(1) 模拟图与框图是不同的概念，不可混淆。

(2) 关于系统模拟更深入的研究见第六章。

2.9　可逆系统与不可逆系统

一、函数与反函数

在数学中学习过函数及其反函数的概念，有的函数存在反函数，有的函数不存在反函数。要使一个函数 $y=f(x)$ 存在反函数，则该函数 $y=f(x)$ 必须满足一定的条件，这个条件就是，在定义域内，若自变量 x 的取值不同，其函数值 y 也必须不同，亦即 $y=f(x)$ 必须一一映射，这样，函数 $y=f(x)$ 才有反函数。

二、可逆系统的定义

与反函数的概念类似，若系统对不同的激励产生的响应不同，则此系统即为可逆系统，否则为不可逆系统。如图 2－9－1 所示，若 $f_1(t)\neq f_2(t)$，同时有 $y_1(t)\neq y_2(t)$，则此系统即为可逆系统。若 $f_1(t)\neq f_2(t)$，但却有 $y_1(t)=y_2(t)$，则此系统即为不可逆系统。

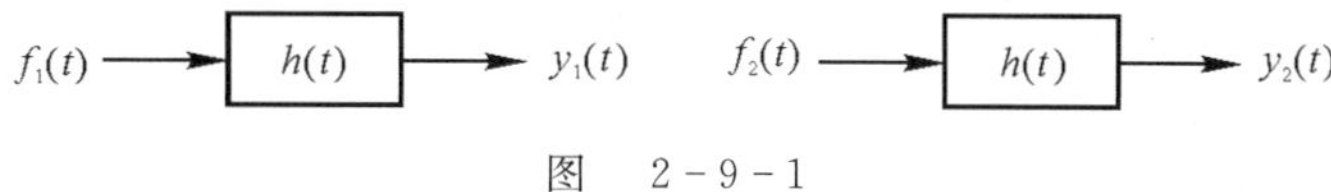

图　2－9－1

三、性质

互为可逆的两个系统，其单位冲激响应 $h_1(t)$ 和 $h_2(t)$ 一定满足 $h_1(t)*h_2(t)=\delta(t)$。倒过来表述也成立，即若满足 $h_1(t)*h_2(t)=\delta(t)$，则这两个系统即互为可逆的系统。可用此结论来判断系统的可逆性。

四、应用

设 $h_1(t)$ 和 $h_2(t)$ 互为可逆系统，将此两系统级联，如图 2－9－2 所示，则可得到响应$y(t)=f(t)$。

即
$$x(t)=f(t)*h_1(t)$$
$$y(t)=x(t)*h_2(t)=f(t)*h_1(t)*h_2(t)=f(t)*\delta(t)=f(t)$$

这说明一个系统 $h_1(t)$ 与它的可逆系统 $h_2(t)$ 级联后，可以恢复原信号 $f(t)$，即能使 $y(t)=f(t)$。倒过来表述更为重要，即欲使 $y(t)=f(t)$，可将两个互为可逆的系统级联而达到。

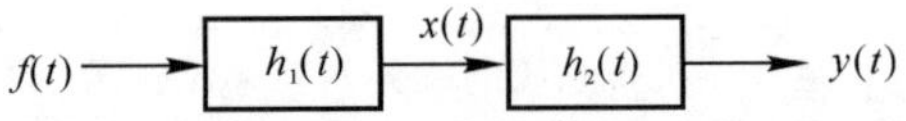

$$f(t)\longrightarrow\boxed{h_1(t)}\xrightarrow{x(t)}\boxed{h_2(t)}\longrightarrow y(t)$$

图　2－9－2

***例 2－9－1**　判断下列各系统是否为可逆系统，若为可逆系统，求出其可逆系统；若不是可逆系统，指出使该系统产生相同响应的两个激励信号。

(1) $y(t)=f(t-5)$；　(2) $y(t)=\dfrac{\mathrm{d}}{\mathrm{d}t}f(t)$；　(3) $y(t)=\int_{-\infty}^{t}f(\tau)\mathrm{d}\tau$；

(4) $y(t)=f(2t)$；　(5) $y(t)=f\left(\dfrac{1}{4}t\right)$。

解　(1) 作变量代换，令 $t'=t-5$，则 $t=t'+5$，代入原式有
$$y(t'+5)=f(t')$$
将 f 换成 y，y 换成 f，即
$$y(t')=f(t'+5)$$
再将 t' 改写为 t，即得到一个新的系统为
$$y(t)=f(t+5)$$
又原系统的单位冲激响应为 $h_1(t)=\delta(t-5)$，其新系统的单位冲激响应为 $h_2(t)=\delta(t+5)$，故有
$$h_1(t)*h_2(t)=\delta(t-5)*\delta(t+5)=\delta(t)$$
此结果说明原系统 $y(t)=f(t-5)$ 为可逆系统，其逆系统为 $y(t)=f(t+5)$。于是可得结论：时域延迟系统为可逆系统，其可逆系统为时域超前系统。

(2) 令 $f_1(t)=C_1$，其响应为 $y_1(t)=0$；令 $f_2(t)=C_2(C_2\neq C_1)$，其响应为 $y_2(t)=0$。可见，不同的激励 $f_1(t)$，$f_2(t)$ 产生了相同的响应 $y_1(t)=y_2(t)=0$，故该系统为不可逆系统，不存在逆系统。故得到结论：微分系统为不可逆系统。

(3) 对原方程等号两边同时求导，即
$$\frac{\mathrm{d}y(t)}{\mathrm{d}t}=f(t)$$
将 f 和 y 互相置换，即得到一个新的系统为
$$y(t)=\frac{\mathrm{d}f(t)}{\mathrm{d}t}$$
又原系统的单位冲激响应为 $h_1(t)=\int_{-\infty}^{t}\delta(\tau)\mathrm{d}\tau$，其新系统的单位冲激响应为 $h_2(t)=\dfrac{\mathrm{d}}{\mathrm{d}t}\delta(t)=$

$\delta'(t)$，故有

$$h_1(t) * h_2(t) = \int_{-\infty}^{t} \delta(\tau)\mathrm{d}\tau * \delta'(t) = U(t) * \delta'(t) = \delta(t) * \delta(t) = \delta(t)$$

此结果说明原系统 $y(t) = \int_{-\infty}^{t} f(\tau)\mathrm{d}\tau$ 为可逆系统，其逆系统为 $y(t) = \frac{\mathrm{d}}{\mathrm{d}t} f(t)$。于是可得结论：积分系统为可逆系统，其逆系统为微分系统。

(4) 令 $t' = 2t$，则 $t = \frac{1}{2}t'$，代入原式有

$$y\left(\frac{1}{2}t'\right) = f(t')$$

将 f 和 y 互换，即

$$y(t') = f\left(\frac{1}{2}t'\right)$$

再将 t' 改写为 t，即得到一个新的系统为

$$y(t) = f\left(\frac{1}{2}t\right)$$

又原系统的单位冲激响应为 $h_1(t) = \delta(2t) = \frac{1}{2}\delta(t)$，其新系统的单位冲激响应为 $h_2(t) = \delta\left(\frac{1}{2}t\right) = 2\delta(t)$，故有

$$h_1(t) * h_2(t) = \frac{1}{2}\delta(t) * 2\delta(t) = \delta(t)$$

此结果说明原系统 $y(t) = f(2t)$ 为可逆系统，其逆系统为 $y(t) = f\left(\frac{1}{2}t\right)$。于是可得结论：时域压缩系统为可逆系统，其逆系统为时域展宽系统。

(5) 令 $t' = \frac{1}{4}t$，则 $t = 4t'$，代入原式有

$$y(4t') = f(t')$$

将 f 和 y 互换，即

$$y(t') = f(4t')$$

再将 t' 改写为 t，即得到一个新的系统为

$$y(t) = f(4t)$$

又原系统的单位冲激响应为 $h_1(t) = \delta\left(\frac{1}{4}t\right) = 4\delta(t)$，其新系统的单位冲激响应为 $h_2(t) = \delta(4t) = \frac{1}{4}\delta(t)$，故有

$$h_1(t) * h_2(t) = 4\delta(t) * \frac{1}{4}\delta(t) = \delta(t)$$

此结果说明原系统 $y(t) = f\left(\frac{1}{4}t\right)$ 为可逆系统，其逆系统为 $y(t) = f(4t)$。于是可得结论：时域展宽系统为可逆系统，其逆系统为时域压缩系统。

*2.10 实例应用及仿真

一、连续时间信号的卷积积分

MATLAB的信号处理工具箱(Signal Processing Toolbox)提供了一个计算两个离散序列卷积和的函数conv,故只要采样时间间隔足够小,就可用离散卷积和函数近似计算连续卷积积分,具体调用格式如下:

```
c=conv(a, b)        %计算离散序列a和b的卷积和
```

例 2-10-1 已知线性时不变系统的微分方程为

$$y''(t)+3y'(t)+2y(t)=f'(t)+3f(t)$$

试用MATLAB求该系统的单位冲激响应、单位阶跃响应,并画图;当激励信号为 $f(t)=u(t)-u(t-4)$ 时,求系统的零状态响应并画图。

MATLAB源程序如下:

```
t=0:0.01:5;
b=[1, 3];
a=[1, 3, 2];
sys=tf(b, a);
y1=impulse(sys, t);           %求系统的单位冲激响应
y2=step(sys, t);              %求系统的单位阶跃响应
f=(t>=0)-(t>=4);              %描述激励信号f(t)=u(t)-u(t-4)
y3=lsim(sys, f, t);           %求系统的零状态响应
subplot(311), plot(t, y1), title('单位冲激响应'), xlabel('t'), ylabel('y1');
subplot(312), plot(t, y2), title('单位阶跃响应'), xlabel('t'), ylabel('y2');
subplot(313), plot(t, y3), title('零状态响应'), xlabel('t'), ylabel('y3');
```

程序运行结果如图 2-10-1 所示。

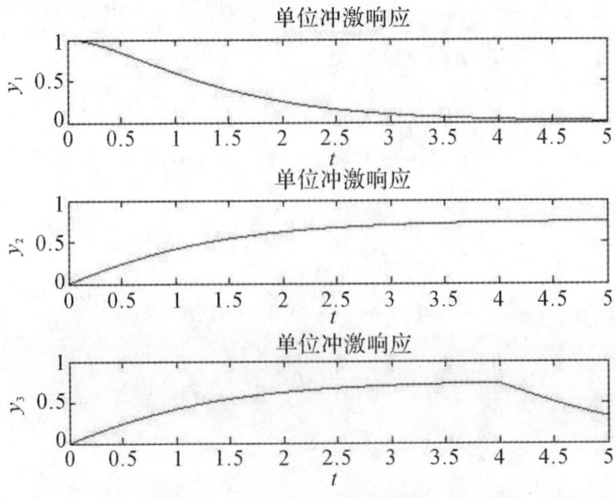

图 2-10-1 连续系统的单位冲激响应、单位阶跃响应和零状态响应

习　题　二

2－1　图题 2－1 所示电路，求响应 $u_2(t)$ 对激励 $f(t)$ 的转移算子 $H(p)$ 及微分方程。

2－2　图题 2－2 所示电路，求响应 $i(t)$ 对激励 $f(t)$ 的转移算子 $H(p)$ 及微分方程。

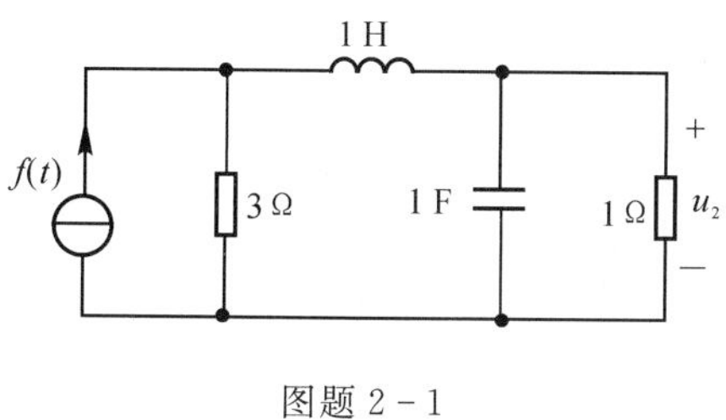

图题 2－1

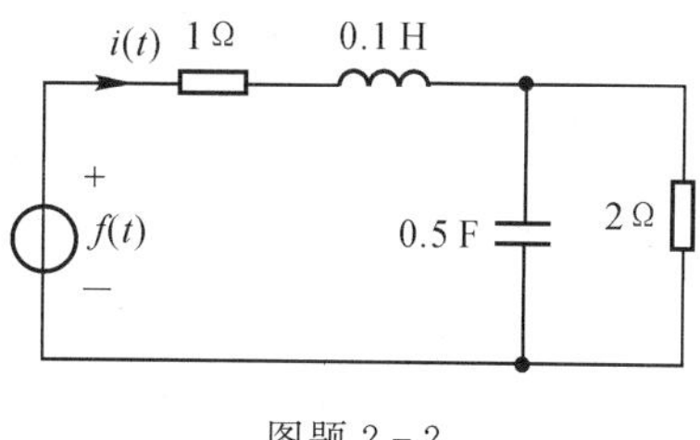

图题 2－2

2－3　图题 2－3 所示电路，已知 $u_C(0^-)=1$ V，$i(0^-)=2$ A。求 $t>0$ 时的零输入响应 $i(t)$ 和 $u_C(t)$。

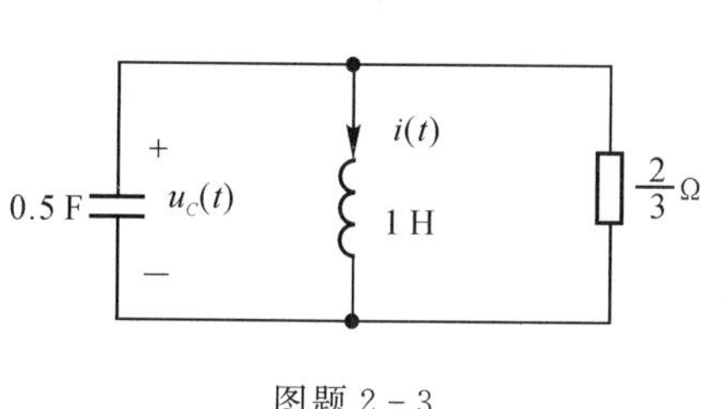

图题 2－3

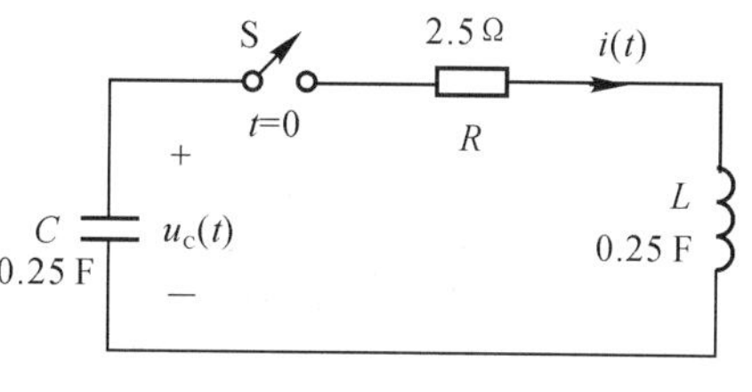

图题 2－4

2－4　图题 2－4 所示电路，$t<0$ 时 S 打开，已知 $u_C(0^-)=6$ V，$i(0^-)=0$。(1) 今于 $t=0$ 时刻闭合 S，求 $t>0$ 时的零输入响应 $u_C(t)$ 和 $i(t)$；(2) 为使电路在临界阻尼状态下放电，并保持 L 和 C 的值不变，求 R 的值。

2－5　图题 2－5 所示电路，(1) 求激励 $f(t)=\delta(t)$ A 时的单位冲激响应 $u_C(t)$ 和 $i(t)$；(2) 求激励 $f(t)=U(t)$ A 时对应于 $i(t)$ 的单位阶跃响应 $g(t)$。

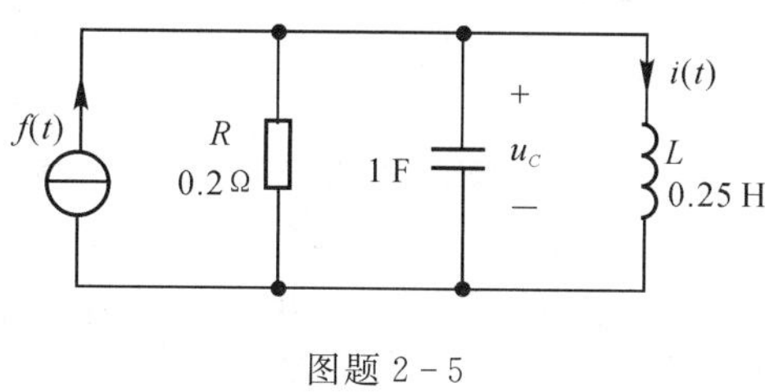

图题 2－5

2－6　已知线性时不变系统的单位阶跃响应为 $g(t)=U(t)-U(t-2)$。(1) 求系统的单位冲激响应 $h(t)$；(2) 当激励 $f(t)=\int_{t-5}^{t-1}\delta(\tau-1)\mathrm{d}\tau$ 时，求系统的零状态响应 $y(t)$，并画出 $y(t)$ 的波形。

2－7　求下列卷积积分：

(1) $t[U(t)-U(t-2)]*\delta(1-t)$； (2) $[(1-3t)\delta'(t)]*\mathrm{e}^{-3t}U(t)$。

2-8 已知信号 $f_1(t)$ 和 $f_2(t)$ 的波形如图题 2-8(a)(b) 所示。求 $y(t)=f_1(t)*f_2(t)$，并画出 $y(t)$ 的波形。

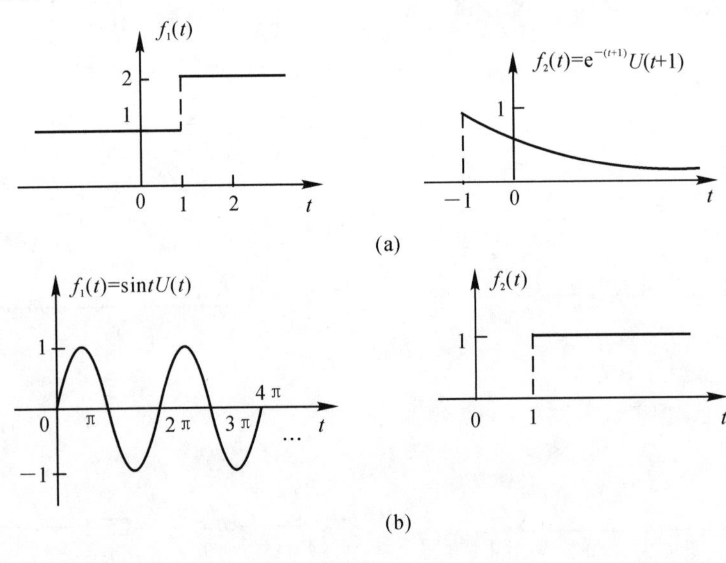

图题 2-8

2-9 已知线性时不变系统激励 $f(t)$ 与零状态响应 $y(t)$ 的关系为 $y(t)=\int_{-\infty}^{t}\mathrm{e}^{-(t-\tau)}f(\tau-2)\mathrm{d}\tau$。(1) 求系统的单位冲激响应 $h(t)$；(2) 求 $f(t)=U(t+1)-U(t-2)$ 时系统的零状态响应 $y(t)$；(3) 在图题 2-9 中，$f(t)=U(t+1)-U(t-2)$，$h_1(t)=\delta(t-1)$，$h(t)=\mathrm{e}^{-(t-2)}U(t-2)$，求此系统的零状态响应 $y(t)$。

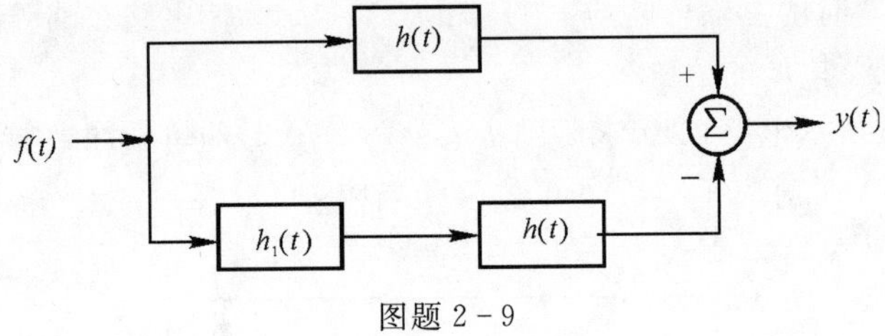

图题 2-9

2-10 已知信号 $f_1(t)$ 与 $f_2(t)$ 的波形如图题 2-10(a)(b) 所示，试求 $y(t)=f_1(t)*f_2(t)$，并画出 $y(t)$ 的波形。

2-11 已知线性时不变系统激励 $f(t)$ 与零状态响应 $y(t)$ 的关系为 $y'(t)+5y(t)=\int_{-\infty}^{+\infty}f(\tau)x(t-\tau)\mathrm{d}\tau-f(t)$，其中 $x(t)=\mathrm{e}^{-t}U(t)+3\delta(t)$。求系统的单位冲激响应 $h(t)$。

2-12 已知系统的单位冲激响应 $h(t)=\mathrm{e}^{-t}U(t)$，激励 $f(t)=U(t)$。

(1) 求系统的零状态响应 $y(t)$。

(2) 如图题 2-12 所示系统，$h_1(t)=\frac{1}{2}[h(t)+h(-t)]$，$h_2(t)=\frac{1}{2}[h(t)-h(-t)]$，求零状态响应 $y_1(t)$ 和 $y_2(t)$。

(3) 说明图题 2-12(a)(b) 哪个是因果系统，哪个是非因果系统。

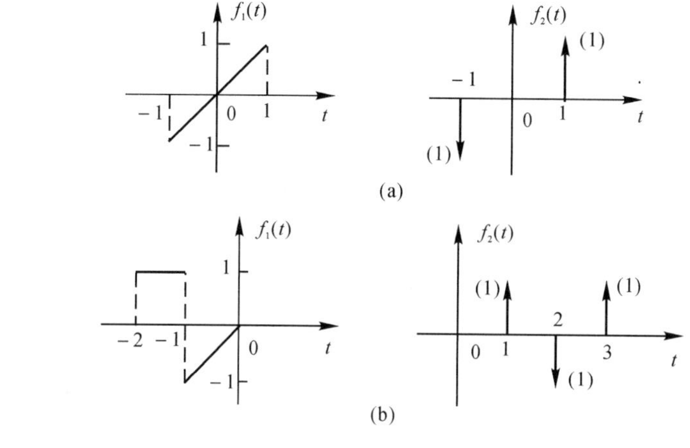

图题 2-10

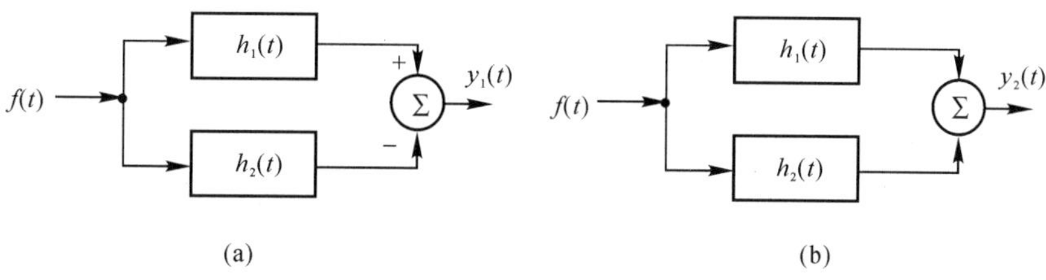

图题 2-12

2-13　已知激励 $f(t)=\mathrm{e}^{-5t}U(t)$ 产生的响应为 $y(t)=\sin\omega\, tU(t)$，试求该系统的单位冲激响应 $h(t)$。

2-14　已知系统的微分方程为 $y''(t)+3y'(t)+2y(t)=f(t)$。

(1) 求系统的单位冲激响应 $h(t)$；

(2) 若激励 $f(t)=\mathrm{e}^{-t}U(t)$，求系统的零状态响应 $y(t)$。

2-15　图题 2-15 所示系统，其中 $h_1(t)=U(t)$(积分器)，$h_2(t)=\delta(t-1)$(单位延时器)，$h_3(t)=-\delta(t)$(倒相器)，激励 $f(t)=\mathrm{e}^{-t}U(t)$。

(1) 求系统的单位冲激响应 $h(t)$；(2) 求系统的零状态响应 $y(t)$。

2-16　已知系统的微分方程为

$$\frac{\mathrm{d}}{\mathrm{d}t}y(t)+2y(t)=\frac{\mathrm{d}^2}{\mathrm{d}t^2}f(t)+3\frac{\mathrm{d}}{\mathrm{d}t}f(t)+3f(t)$$

求系统的单位冲激响应 $h(t)$ 和单位阶跃响应 $g(t)$。

2-17　图题 2-17 所示系统，$h_1(t)=h_2(t)=U(t)$，激励 $f(t)=U(t)-U(t-6\pi)$。求系统的单位冲激响应 $h(t)$ 和零状态响应 $y(t)$，并画出它们的波形。

2-18　图题 2-18(a) 所示系统，已知 $h_A(t)=\frac{1}{2}\mathrm{e}^{-4t}U(t)$，子系统 B 和 C 的单位阶跃响应分别为 $g_B(t)=(1-\mathrm{e}^{-t})U(t)$，$g_C(t)=2\mathrm{e}^{-3t}U(t)$。(1) 求整个系统的单位阶跃响应 $g(t)$；(2) 激励 $f(t)$ 的波形如图题 2-18(b) 所示，求大系统的零状态响应 $y(t)$。

2-19　已知系统的单位阶跃响应为 $g(t)=(1-\mathrm{e}^{-2t})U(t)$，初始状态不为零。

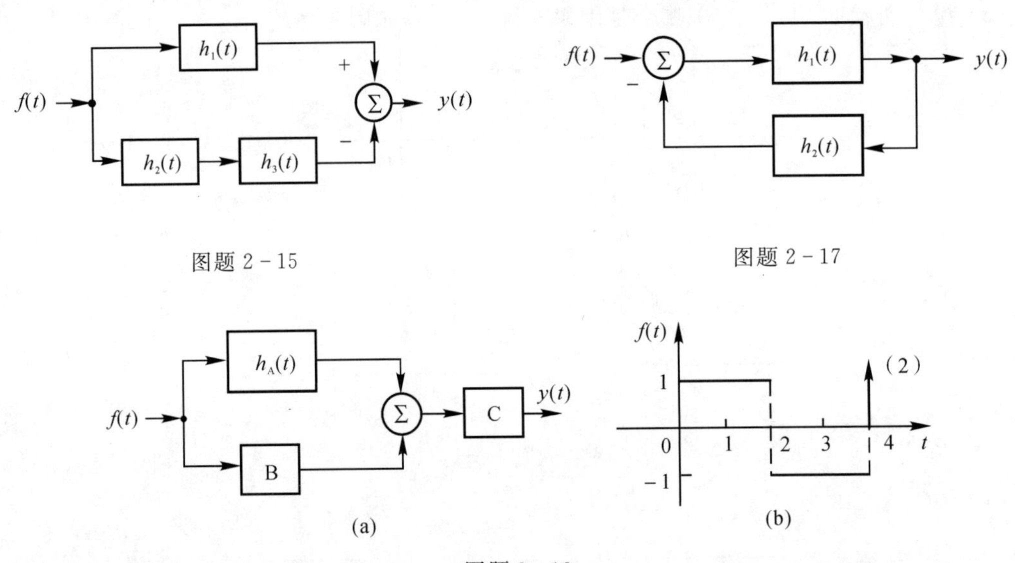

图题 2-15

图题 2-17

图题 2-18

(1) 若激励 $f(t)=\mathrm{e}^{-t}U(t)$,全响应 $y(t)=2\mathrm{e}^{-t}U(t)$,求零输入响应 $y_x(t)$;

(2) 若系统中无突变情况,求初始状态 $y_x(0^-)=4$,激励 $f(t)=\delta'(t)$ 时的全响应 $y(t)$。

2-20　已知线性时不变系统激励 $f(t)$ 与零状态响应 $y(t)$ 的关系为 $y(t)=\int_{t-2}^{+\infty}\mathrm{e}^{t-\tau}f(\tau-1)\mathrm{d}\tau$。求系统的单位冲激响应 $h(t)$,画出 $h(t)$ 的曲线。

2-21　已知系统的微分方程为 $y'''(t)+8y''(t)+19y'(t)+12y(t)=4f'(t)+10f(t)$。(1) 画出该系统的一种时域模拟图;(2) 求系统的单位冲激响应 $h(t)$。

第三章　连续信号频域分析

内容提要

本章讲述信号的频谱,在频域内对信号的特性进行分析。首先将非正弦周期信号分解成一系列不同频率的正弦信号之和,即傅里叶级数,对周期信号频谱进行分析,然后将非周期信号分解为不同频率的虚指数信号的连续和(积分),即傅里叶变换,对非周期信号频谱进行分析,总结傅里叶变换的性质及应用,常用信号的傅里叶变换,周期信号的傅里叶变换。分析功率信号与功率谱,能量信号与能量谱。

3.1　非正弦周期函数展开成傅里叶级数

一、非正弦周期函数的定义

周期函数的一般定义是:设时间函数为 $f(t)$,$t \in \mathbf{R}$,若满足 $f(t-nT)=f(t)$, $n \in \mathbf{Z}$,则称 $f(t)$ 为周期函数,其中 T 为常数,称为 $f(t)$ 变化的周期,单位为 s;$f=\dfrac{1}{T}$,称为 $f(t)$ 变化的频率,单位为 Hz;$\omega_1=2\pi f=\dfrac{2\pi}{T}$,为 $f(t)$ 变化的角频率,单位为 rad/s。若周期函数 $f(t)$ 不是正弦函数,则 $f(t)$ 称为非正弦周期函数。图 3-1-1 所示矩形脉冲序列信号 $f(t)$,即为非正弦周期函数的举例之一,其中 E 为 $f(t)$ 的幅度,τ 为脉冲的宽度。

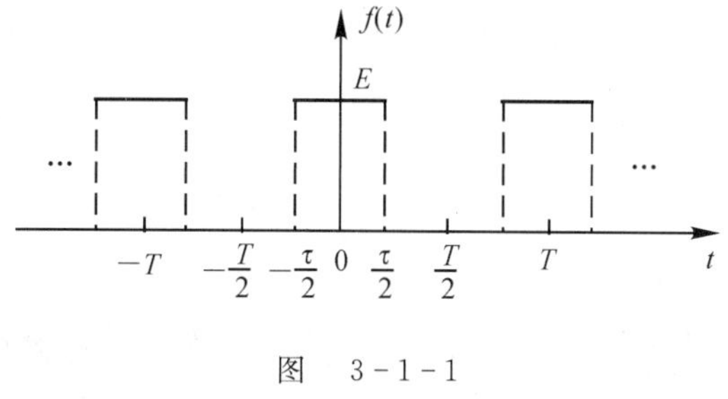

图　3-1-1

二、傅里叶级数的三角函数形式

设 $f(t)$ 为一非正弦周期函数,其周期为 T,频率和角频率分别为 f,ω_1。由于工程实际中的非正弦周期函数一般都满足狄里赫利条件,所以可将它展开成傅里叶级数,即

$$f(t)=\frac{A_0}{2}+A_1\cos(\omega_1 t+\psi_1)+A_2\cos(2\omega_1 t+\psi_2)+ A_3\cos(3\omega_1 t+\psi_3)+\cdots+A_n\cos(n\omega_1 t+\psi_n)+\cdots= \frac{A_0}{2}+\sum_{n=1}^{+\infty}A_n\cos(n\omega_1 t+\psi_n),\quad n\in \mathbf{Z}^+ \tag{3-1-1}$$

其中，$\frac{A_0}{2}$ 称为直流分量或恒定分量；其余所有的项是具有不同振幅、不同初相角而角频率成整数倍关系的一些正弦量。$A_1\cos(\omega_1 t+\psi_1)$ 项称为一次谐波或基波，A_1，ψ_1 分别为其振幅和初相角；$A_2\cos(2\omega_1 t+\psi_2)$ 项的角频率为基波角频率 ω_1 的 2 倍，称为二次谐波，A_2，ψ_2 分别为其振幅和初相角；其余的项分别称为三次谐波、四次谐波等。基波、三次谐波、五次谐波 …… 统称为奇次谐波；二次谐波、四次谐波 …… 统称为偶次谐波。除恒定分量和基波外，其余各项统称为高次谐波。式(3-1-1) 说明，一个非正弦周期函数可以表示成一个直流分量与一系列不同频率的正弦量的叠加。

式(3-1-1) 又可改写为如下形式：

$$f(t)=\frac{a_0}{2}+\sum_{n=1}^{+\infty}A_n[\cos\psi_n\cos n\omega_1 t-\sin\psi_n\sin n\omega_1 t]=\frac{a_0}{2}+\sum_{n=1}^{+\infty}a_n\cos n\omega_1 t+\sum_{n=1}^{+\infty}b_n\sin n\omega_1 t \tag{3-1-2}$$

式中
$$a_0=A_0,\quad a_n=A_n\cos\psi_n,\quad b_n=-A_n\sin\psi_n$$

a_0，a_n，b_n 的求法为

$$\left.\begin{aligned} a_0&=\frac{2}{T}\int_{-\frac{T}{2}}^{+\frac{T}{2}}f(t)\,\mathrm{d}t\\ a_n&=\frac{2}{T}\int_{-\frac{T}{2}}^{+\frac{T}{2}}f(t)\cos n\omega_1 t\,\mathrm{d}t\\ b_n&=\frac{2}{T}\int_{-\frac{T}{2}}^{+\frac{T}{2}}f(t)\sin n\omega_1 t\,\mathrm{d}t \end{aligned}\right\} \tag{3-1-3}$$

故进而又可求得

$$A_n=\sqrt{a_n^2+b_n^2},\quad \psi_n=\arctan\frac{-b_n}{a_n}=-\arctan\frac{b_n}{a_n}$$

在 A_0，A_n，ψ_n 求得后，代入式(3-1-1)，即求得了非正弦周期函数 $f(t)$ 的傅里叶级数展开式。

把非正弦周期函数 $f(t)$ 展开成傅里叶级数也称为谐波分析。在工程实际中所遇到的非正弦周期函数有 10 余种，它们的傅里叶级数展开式前人都已做出，可从各种数学书籍中直接查用。

从式(3-1-3) 中看出，将 n 换成$(-n)$ 后即可证明有

$$a_{-n}=a_n,\quad b_{-n}=-b_n,\quad A_{-n}=A_n,\quad \psi_{-n}=-\psi_n$$

即 a_n 和 A_n 是离散变量 n 的偶函数，b_n 和 ψ_n 是离散变量 n 的奇函数。

三、傅里叶级数的复指数形式

将式(3-1-2) 改写为

$$f(t)=\frac{a_0}{2}+\sum_{n=1}^{+\infty}\left[a_n\frac{\mathrm{e}^{\mathrm{j}n\omega_1 t}+\mathrm{e}^{-\mathrm{j}n\omega_1 t}}{2}+b_n\frac{\mathrm{e}^{\mathrm{j}n\omega_1 t}-\mathrm{e}^{-\mathrm{j}n\omega_1 t}}{2\mathrm{j}}\right]=$$

$$\frac{a_0}{2}+\frac{1}{2}\sum_{n=1}^{+\infty}[(a_n-\mathrm{j}b_n)\mathrm{e}^{\mathrm{j}n\omega_1 t}+(a_n+\mathrm{j}b_n)\mathrm{e}^{-\mathrm{j}n\omega_1 t}] \qquad (3-1-4)$$

令

$$\dot{A}_n=a_n-\mathrm{j}b_n \qquad (3-1-5)$$

则又有

$$\dot{A}_{-n}=a_{-n}-\mathrm{j}b_{-n}=a_n+\mathrm{j}b_n=\dot{A}_n$$

可见 $\dot{A}_{-n}$ 与 $\dot{A}_n$ 互为共轭复数，代入式(3-1-4)有

$$f(t)=\frac{\dot{A}_0}{2}+\frac{1}{2}\sum_{n=1}^{+\infty}\dot{A}_n\mathrm{e}^{\mathrm{j}n\omega_1 t}+\frac{1}{2}\sum_{n=1}^{+\infty}\dot{A}_{-n}\mathrm{e}^{-\mathrm{j}n\omega_1 t}=$$

$$\frac{1}{2}\sum_{n=-\infty}^{-1}\dot{A}_n\mathrm{e}^{\mathrm{j}n\omega_1 t}+\frac{1}{2}\dot{A}_0\mathrm{e}^{\mathrm{j}0\omega_1 t}+\frac{1}{2}\sum_{n=1}^{+\infty}\dot{A}_n\mathrm{e}^{\mathrm{j}n\omega_1 t}=\frac{1}{2}\sum_{n=-\infty}^{+\infty}\dot{A}_n\mathrm{e}^{\mathrm{j}n\omega_1 t}=$$

$$\cdots+\frac{1}{2}\dot{A}_{-2}\mathrm{e}^{-\mathrm{j}2\omega_1 t}+\frac{1}{2}\dot{A}_{-1}\mathrm{e}^{-\mathrm{j}\omega_1 t}+\frac{1}{2}\dot{A}_0\mathrm{e}^{\mathrm{j}0\omega_1 t}+\frac{1}{2}\dot{A}_1\mathrm{e}^{\mathrm{j}\omega_1 t}+\frac{1}{2}\dot{A}_2\mathrm{e}^{\mathrm{j}2\omega_1 t}+\cdots \qquad (3-1-6)$$

式(3-1-6)即为傅里叶级数的复指数形式。

下面对 $\dot{A}_n$ 和式(3-1-6)的物理意义予以说明：

由式(3-1-5)得 $\dot{A}_n$ 的模和辐角分别为

$$|\dot{A}_n|=A_n=\sqrt{a_n^2+b_n^2},\quad \psi_n=\arctan\frac{-b_n}{a_n}=-\arctan\frac{b_n}{a_n}$$

可见 $\dot{A}_n$ 的模与辐角即分别为傅里叶级数第 n 次谐波的振幅 A_n 与初相角 ψ_n，物理意义十分明确，故称 $\dot{A}_n$ 为第 n 次谐波的复数振幅。

$\dot{A}_n$ 的求法如下：

将式(3-1-3)代入式(3-1-5)有

$$\dot{A}_n=\frac{2}{T}\int_{-\frac{T}{2}}^{+\frac{T}{2}}f(t)\cos n\omega_1 t\mathrm{d}t-\mathrm{j}\frac{2}{T}\int_{-\frac{T}{2}}^{+\frac{T}{2}}f(t)\sin n\omega_1 t\mathrm{d}t=$$

$$\frac{2}{T}\int_{-\frac{T}{2}}^{\frac{T}{2}}f(t)(\cos n\omega_1 t-\mathrm{j}\sin n\omega_1 t)\mathrm{d}t=\frac{2}{T}\int_{-\frac{T}{2}}^{+\frac{T}{2}}f(t)\mathrm{e}^{-\mathrm{j}n\omega_1 t}\mathrm{d}t \qquad (3-1-7)$$

式(3-1-7)即为从已知的 $f(t)$ 求 $\dot{A}_n$ 的公式。这样就得到了一对相互的变换式(3-1-7)与式(3-1-6)，通常用下列符号表示，即

$$f(t)\longleftrightarrow\dot{A}_n$$

即根据式(3-1-7)可由已知的 $f(t)$ 求得 $\dot{A}_n$，再将所求得的 $\dot{A}_n$ 代入式(3-1-6)，即将 $f(t)$ 展开成了复指数形式的傅里叶级数。

在式(3-1-6)中，由于离散变量 n 是从 $-\infty$ 取值，从而出现了负频率($-n\omega_1$)。但实际工程中负频率是无意义的，负频率的出现只具有数学意义，负频率($-n\omega_1$)一定是与正频率($n\omega_1$)成对存在的，它们的和构成了一个频率为 $n\omega_1$ 的正弦波分量。即

$$\frac{1}{2}\dot{A}_{-n}\mathrm{e}^{-\mathrm{j}n\omega_1 t}+\frac{1}{2}\dot{A}_n\mathrm{e}^{\mathrm{j}n\omega_1 t}=\frac{1}{2}[A_n\mathrm{e}^{-\mathrm{j}\psi_n}\mathrm{e}^{-\mathrm{j}n\omega_1 t}+A_n\mathrm{e}^{\mathrm{j}\psi_n}\mathrm{e}^{\mathrm{j}n\omega_1 t}]=$$

$$A_n\left[\frac{\mathrm{e}^{\mathrm{j}(n\omega_1 t+\psi_n)}+\mathrm{e}^{-\mathrm{j}(n\omega_1 t+\psi_n)}}{2}\right]=A_n\cos(n\omega_1 t+\psi_n)$$

引入傅里叶级数复指数形式的好处有两点：① 复数振幅 A_n 同时描述了第 n 次谐波的振幅 A_n 和初相角 ψ_n；② 为进一步研究信号的频谱提供了途径和方便。

现将周期函数 $f(t)$ 展开成傅里叶级数汇总于表 3-1-1 中，以便复习和查用。

表 3-1-1　周期函数 $f(t)$ 展开成傅里叶级数

名　称	傅里叶级数展开式	求　法
周期函数 $f(t)$ 的定义	若满足 $f(t)=f(t-nT)$，$n\in\mathbf{Z}$ 则 $f(t)$ 称为周期函数	T 为周期 $f=\frac{1}{T}$ 为频率 $\omega_1=\frac{2\pi}{T}=2\pi f$ 为角频率
三角函数形式一	$f(t)=\frac{a_0}{2}+\sum_{n=1}^{\infty}a_n\cos n\omega_1 t+\sum_{n=1}^{\infty}b_n\sin n\omega_1 t$， $n\in\mathbf{Z}^+$	$\omega_1=\frac{2\pi}{T}$ $a_0=\frac{2}{T}\int_{-\frac{T}{2}}^{\frac{T}{2}}f(t)\mathrm{d}t$ $a_n=\frac{2}{T}\int_{-\frac{T}{2}}^{\frac{T}{2}}f(t)\cos n\omega_1 t\mathrm{d}t$ $b_n=\frac{2}{T}\int_{-\frac{T}{2}}^{\frac{T}{2}}f(t)\sin n\omega_1 t\mathrm{d}t$
三角函数形式二	$f(t)=\frac{A_0}{2}+\sum_{n=1}^{\infty}A_n\cos(n\omega_1 t+\psi_n)$， $n\in\mathbf{Z}^+$	$A_0=a_0$ $A_n=\sqrt{a_n^2+b_n^2}$ $\psi_n=-\arctan\frac{b_n}{a_n}$
复指数形式	$f(t)=\frac{1}{2}\sum_{n=-\infty}^{\infty}\dot{A}_n\mathrm{e}^{\mathrm{j}n\omega_1 t}$，　$n\in\mathbf{Z}$	$\dot{A}_n=\frac{2}{T}\int_{-\frac{T}{2}}^{\frac{T}{2}}f(t)\mathrm{e}^{-\mathrm{j}n\omega_1 t}\mathrm{d}t=a_n-\mathrm{j}b_n$

说明：读者应会从展开的傅里叶级数形式中对照实际中的周期信号分析、综合，赋予恰当的物理意义，达到学以致用之目的。

* 四、傅里叶系数与周期函数 $f(t)$ 波形对称性的关系

1. 纵轴对称（偶函数）

若 $f(t)$ 的波形关于纵轴对称，如图 3-1-2(a) 所示，即 $f(t)$ 为偶函数，$f(t)=f(-t)$，则式(3-1-3) 中的

$$a_n=\frac{2}{T}\int_{-\frac{T}{2}}^{\frac{T}{2}}f(t)\cos n\omega_1 t\mathrm{d}t=\frac{4}{T}\int_{0}^{\frac{T}{2}}f(t)\cos n\omega_1 t\mathrm{d}t,\quad b_n=0$$

这表明 $f(t)$ 的傅里叶级数中只含有直流项和余弦项，而不含正弦项。

2. 坐标原点对称（奇函数）

若 $f(t)$ 的波形关于坐标原点对称，如图 3-1-2(b) 所示，即 $f(t)$ 为奇函数，$f(t)=-f(-t)$，则式(3-1-3) 中的

$$a_n=0,\quad b_n=\frac{2}{T}\int_{-\frac{T}{2}}^{\frac{T}{2}}f(t)\sin n\omega_1 t\mathrm{d}t=\frac{4}{T}\int_{0}^{\frac{T}{2}}f(t)\sin n\omega_1 t\mathrm{d}t$$

这表明 $f(t)$ 的傅里叶级数中只含正弦项，而无直流分量和余弦项。

3. 半周期重叠(偶谐函数)

若 $f(t)$ 的波形为半波纵轴对称函数,如图 3-1-2(c) 所示,即有 $f(t)=f\left(t\pm\frac{T}{2}\right)$,则式(3-1-3) 中的 $a_1=a_3=\cdots=b_1=b_3=\cdots=0$,这表明 $f(t)$ 的傅里叶级数中只含有偶次谐波分量,“偶谐函数”之名即由此而来。且

$$a_n=\frac{4}{T}\int_0^{\frac{T}{2}}f(t)\cos n\omega_1 t\mathrm{d}t,\quad n=\text{偶数}$$

$$b_n=\frac{4}{T}\int_0^{\frac{T}{2}}f(t)\sin n\omega_1 t\mathrm{d}t,\quad n=\text{偶数}$$

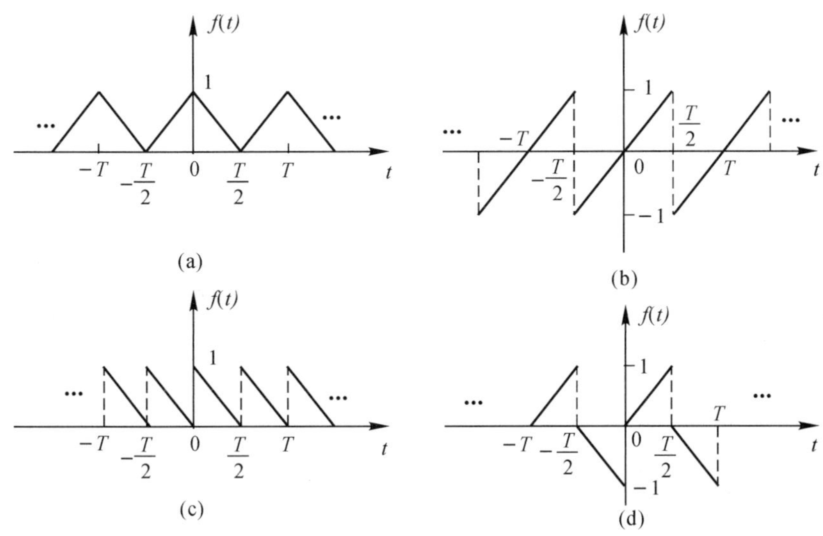

图　3-1-2

4. 半周期镜像对称(奇谐函数)

若 $f(t)$ 的波形为半波镜像对称函数,如图 3-1-2(d) 所示,即有 $f(t)=-f\left(t\pm\frac{T}{2}\right)$,则式(3-1-3) 中的 $a_0=a_2=a_4=\cdots=b_2=b_4=\cdots=0$,这表明 $f(t)$ 的傅里叶级数中只含有奇次谐波分量,“奇谐函数”之名即由此而来。且

$$a_n=\frac{4}{T}\int_0^{\frac{T}{2}}f(t)\cos n\omega_1 t\mathrm{d}t,\quad n=\text{奇数}$$

$$b_n=\frac{4}{T}\int_0^{\frac{T}{2}}f(t)\sin n\omega_1 t\mathrm{d}t,\quad n=\text{奇数}$$

现将傅里叶系数与周期函数 $f(t)$ 波形对称性的关系汇总于表 3-1-2 中,以便复习和查用。

表 3-1-2　傅里叶系数与周期函数 $f(t)$ 波形对称性的关系

对称性	傅里叶级数中所含分量	系数 a_n	系数 b_n
纵轴对称(偶函数) $f(t)=f(-t)$	只有余弦项	$\frac{4}{T}\int_0^{\frac{T}{2}}f(t)\cos n\omega_1 t\mathrm{d}t$	0

续 表

<table>
<tr><th>对称性</th><th>傅里叶级数中所含分量</th><th>系数 a_n</th><th>系数 b_n</th></tr>
<tr><td>坐标原点对称(奇函数)
$f(t)=-f(-t)$</td><td>只有正弦项</td><td>0</td><td>$\frac{4}{T}\int_0^{\frac{T}{2}} f(t)\sin n\omega_1 t\mathrm{d}t$</td></tr>
<tr><td>半周期重叠(偶谐函数)
$f(t)=f\left(t\pm\frac{T}{2}\right)$</td><td>只有偶次谐波</td><td rowspan="2">$\frac{4}{T}\int_0^{\frac{T}{2}} f(t)\cos n\omega_1 t\mathrm{d}t$</td><td rowspan="2">$\frac{4}{T}\int_0^{\frac{T}{2}} f(t)\sin n\omega_1 t\mathrm{d}t$</td></tr>
<tr><td>半周期镜像对称(奇谐函数)
$f(t)=-f\left(t\pm\frac{T}{2}\right)$</td><td>只有奇次谐波</td></tr>
</table>

例 3-1-1 已知信号 $f(t)$ 的波形如图 3-1-3 所示,求 $f(t)$ 的傅里叶级数。

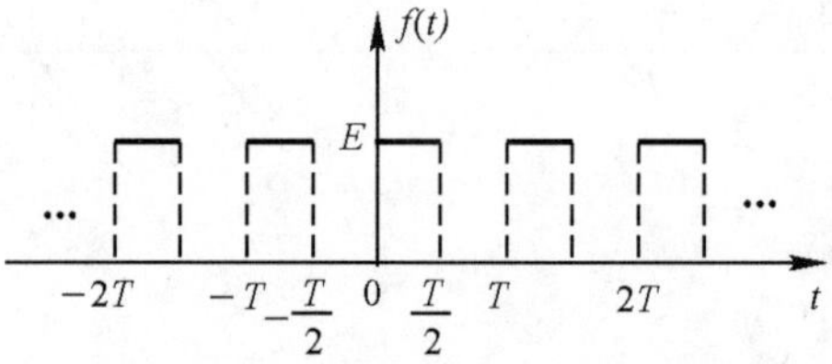

图 3-1-3

解
$$a_0=\frac{2}{T}\int_{-\frac{T}{2}}^{\frac{T}{2}} f(t)\mathrm{d}t=\frac{2}{T}\int_0^T f(t)\mathrm{d}t=\frac{2}{T}\int_0^{\frac{T}{2}} E\mathrm{d}t=E=A_0$$

$$\frac{A_0}{2}=\frac{E}{2}$$

$$a_n=\frac{2}{T}\int_{-\frac{T}{2}}^{\frac{T}{2}} f(t)\cos n\omega_1 t\mathrm{d}t=\frac{2}{T}\int_0^T f(t)\cos n\omega_1 t\mathrm{d}t=\frac{2}{T}\int_0^{\frac{T}{2}} E\cos n\omega_1 t\mathrm{d}t=$$

$$\frac{2E}{T}\cdot\frac{\sin n\omega_1 t}{n\omega_1}\Bigg|_0^{\frac{T}{2}}=\frac{2E}{T}\cdot\frac{\sin n\omega_1\frac{T}{2}}{n\omega_1}-0=\frac{2E}{T}\cdot\frac{\sin n\pi}{n\omega_1}=0$$

$$b_n=\frac{2}{T}\int_{-\frac{T}{2}}^{\frac{T}{2}} f(t)\sin n\omega_1 t\mathrm{d}t=\frac{2}{T}\int_0^T f(t)\sin n\omega_1 t\mathrm{d}t=\frac{2}{T}\int_0^{\frac{T}{2}} E\sin n\omega_1 t\mathrm{d}t=$$

$$\frac{2E}{T}\cdot\frac{-\cos n\omega_1 t}{n\omega_1}\Bigg|_0^{\frac{T}{2}}=\frac{E}{n\pi}(1-\cos n\pi)=\begin{cases}\frac{2E}{n\pi}, & n=1,3,5,\cdots\\ 0, & n=2,4,6,\cdots\end{cases}$$

故 $f(t)=\frac{a_0}{2}+\sum\limits_{n=1}^{\infty}a_n\cos n\omega_1 t+\sum\limits_{n=1}^{\infty}b_n\sin n\omega_1 t=\frac{E}{2}+\frac{2E}{\pi}\sin\omega_1 t+\frac{2E}{3\pi}\sin 3\omega_1 t+\frac{2E}{5\pi}\sin 5\omega_1 t+$
$\frac{2E}{7\pi}\sin 7\omega_1 t+\cdots=\frac{E}{2}+\frac{2E}{\pi}\cos\left(\omega_1 t-\frac{\pi}{2}\right)+\frac{2E}{3\pi}\cos\left(3\omega_1 t-\frac{\pi}{2}\right)+$
$\frac{2E}{5\pi}\cos\left(5\omega_1 t-\frac{\pi}{2}\right)+\frac{2E}{7\pi}\cos\left(7\omega_1 t-\frac{\pi}{2}\right)+\cdots$

另一种形式:
$$A_0=a_0=E,\quad \frac{A_0}{2}=\frac{E}{2}$$

$$A_n=\sqrt{a_n^2+b_n^2}=\sqrt{0^2+\left(\frac{2E}{n\pi}\right)^2}=\frac{2E}{n\pi},\quad n=1,3,5,\cdots$$

$$\psi_n=-\arctan\frac{b_n}{a_n}=-\arctan\frac{b_n}{0}=-\frac{\pi}{2}$$

故
$$f(t)=\frac{A_0}{2}+\sum_{n=1}^{\infty}A_n\cos(n\omega_1 t+\psi_n)=\frac{E}{2}+\sum_{n=1}^{\infty}\frac{2E}{n\pi}\cos\left(n\omega_1 t-\frac{\pi}{2}\right)=$$
$$\frac{E}{2}+\frac{2E}{\pi}\cos\left(\omega_1 t-\frac{\pi}{2}\right)+\frac{2E}{3\pi}\cos\left(3\omega_1 t-\frac{\pi}{2}\right)+\frac{2E}{5\pi}\cos\left(5\omega_1 t-\frac{\pi}{2}\right)+$$
$$\frac{2E}{7\pi}\cos\left(7\omega_1 t-\frac{\pi}{2}\right)+\cdots$$

例 3-1-2　下列各命题，正确的是(　　)。

(1)$f(t)$ 为周期偶函数，则其傅里叶级数中只有偶次谐波

(2)$f(t)$ 为周期偶函数，则其傅里叶级数中只有余弦偶次谐波分量

(3)$f(t)$ 为周期奇函数，则其傅里叶级数中只有奇次谐波

(4)$f(t)$ 为周期奇函数，则其傅里叶级数中只有正弦分量

解　只有(4)正确。

例 3-1-3　利用信号 $f(t)$ 的波形对称性，定性判断图 3-1-4 所示各周期信号的傅里叶级数中所含有的谐波分量。

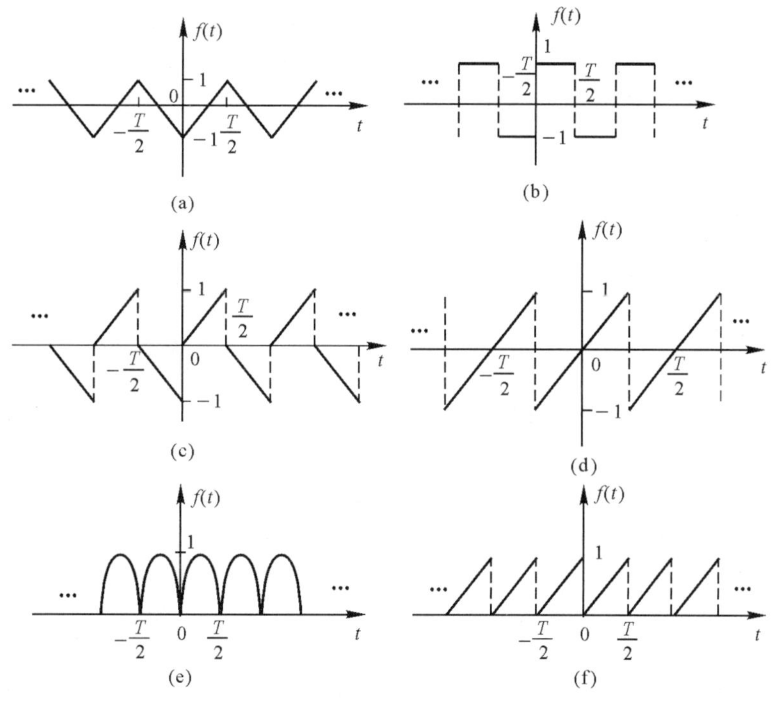

图　3-1-4

解　图(a)：因 $f(t)$ 是偶函数，又是奇谐函数，故 $f(t)$ 中只含有奇次谐波的余弦分量。

图(b)：因 $f(t)$ 是奇函数，又是奇谐函数，故 $f(t)$ 中只含有奇次谐波的正弦分量。

图(c)：因 $f(t)$ 是奇谐函数，故 $f(t)$ 中只含有奇次谐波分量。

图(d)：因 $f(t)$ 是奇函数，故 $f(t)$ 中只含有正弦分量。

图(e)：因 $f(t)$ 是偶函数，又是偶谐函数，故 $f(t)$ 中只含有直流分量和偶次谐波余弦分量。

图(f):$f(t)$ 中只含有直流分量和偶次谐波的正弦分量。

3.2 非正弦周期信号的频谱

我们已经知道一个非正弦周期函数可以展开成傅里叶级数。今将傅里叶级数中每一个正弦分量的振幅和初相角，按着频率的大小有次序、有规律地画出来而构成的图形，称为信号的频谱图，简称频谱。研究信号的频谱，对于认识信号的特性有重要意义，也是电路与系统设计的重要依据之一。

一、频谱的概念

为了说明什么是信号的频谱，我们先从一个实例出发。设已知非正弦周期信号 $f(t)$ 已展开成傅里叶级数为

$$f(t)=1+3\cos(\pi t+10^\circ)+2\cos(2\pi t+20^\circ)+0.4\cos(3\pi t-45^\circ)+0.3\cos(4\pi t-15^\circ)+0.8\cos(6\pi t+30^\circ)$$

于是可画出 $f(t)$ 的各频率分量的振幅 A_n 和初相角 ψ_n 随角频率 $\omega=n\omega_1$ 的变化关系曲线(此处 $\omega_1=\pi(\text{rad/s})$,分别如图 3-2-1(a)(b) 所示，图中每一根直线段称为谱线，每相邻两个谱线之间的间隔 $\Delta\omega=\omega_1=\pi$。图(a) 称为 $f(t)$ 的振幅(或幅度) 频谱，图(b) 称为 $f(t)$ 的相位频谱。

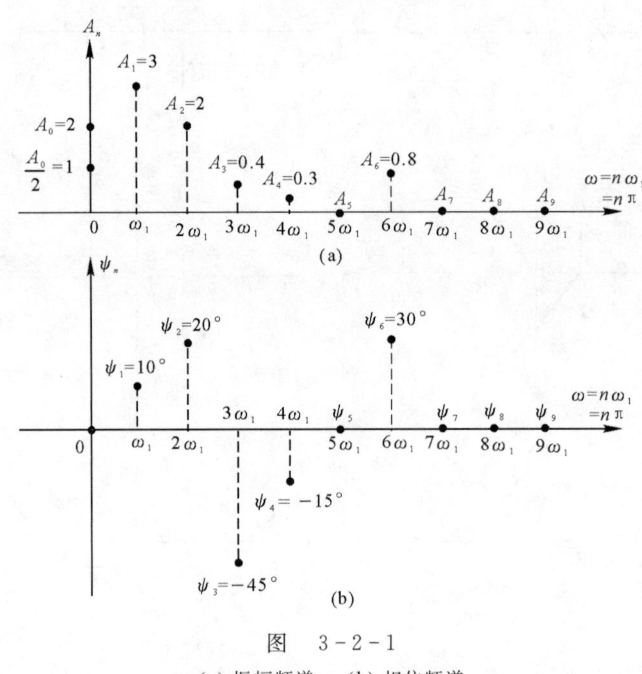

图 3-2-1

(a) 振幅频谱；(b) 相位频谱

定义：

$A_n-n\omega_1$——谐波振幅按着频率的大小有次序、有规律地画出来而构成的图形称为振幅频谱图，简称幅度谱。

$\psi_n-n\omega_1$——谐波相位按着频率的大小有次序、有规律地画出来而构成的图形称为相位频谱图，简称相位谱。

因为这样所画出的振幅频谱图、相位频谱图均在 $n\omega_1 \geqslant 0$ 正频率轴一边有谱线，所以称为单边频谱。

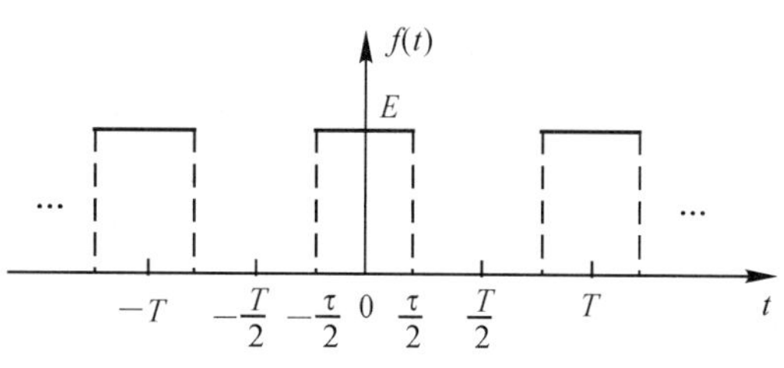

图 3-2-2　周期矩形脉冲信号

二、周期矩形脉冲信号的频谱分析

下面以图 3-2-2 所示周期矩形脉冲信号为例，来研究非正弦周期信号频谱分析的方法与结论。

1. 求 $\dot{A}_n$

$f(t)$ 在一个周期内 $\left(-\dfrac{T}{2},+\dfrac{T}{2}\right)$ 的表达式为

$$f(t)=\begin{cases}0, & -\dfrac{T}{2}<t<-\dfrac{\tau}{2}\\ E, & -\dfrac{\tau}{2}<t<+\dfrac{\tau}{2}\\ 0, & \dfrac{\tau}{2}<t<\dfrac{T}{2}\end{cases}$$

$$\dot{A}_n=\frac{2}{T}\int_{-\frac{T}{2}}^{+\frac{T}{2}}f(t)\mathrm{e}^{-\mathrm{j}n\omega_1 t}\mathrm{d}t=\frac{2}{T}\int_{-\frac{\tau}{2}}^{+\frac{\tau}{2}}E\mathrm{e}^{-\mathrm{j}n\omega_1 t}\mathrm{d}t=\frac{2E}{-\mathrm{j}n\omega_1 T}\int_{-\frac{\tau}{2}}^{+\frac{\tau}{2}}\mathrm{e}^{-\mathrm{j}n\omega_1 t}\mathrm{d}(-\mathrm{j}n\omega_1 t)=$$

$$\frac{2E}{-\mathrm{j}n\omega_1 T}\left[\mathrm{e}^{-\mathrm{j}n\omega_1 t}\right]_{-\frac{\tau}{2}}^{+\frac{\tau}{2}}=\frac{2E\tau}{-\mathrm{j}n\omega_1\tau T}\left[\mathrm{e}^{-\mathrm{j}n\omega_1\frac{\tau}{2}}-\mathrm{e}^{\mathrm{j}n\omega_1\frac{\tau}{2}}\right]=\frac{2E\tau}{\mathrm{j}n\omega_1\tau T}\left[\mathrm{e}^{\mathrm{j}n\omega_1\frac{\tau}{2}}-\mathrm{e}^{-\mathrm{j}n\omega_1\frac{\tau}{2}}\right]=$$

$$\frac{2E\tau}{T\,\dfrac{n\omega_1\tau}{2}}\,\frac{\mathrm{e}^{\mathrm{j}n\omega_1\frac{\tau}{2}}-\mathrm{e}^{-\mathrm{j}n\omega_1\frac{\tau}{2}}}{2\mathrm{j}}=\frac{2E\tau}{T}\,\frac{\sin\dfrac{n\omega_1\tau}{2}}{\dfrac{n\omega_1\tau}{2}} \tag{3-2-1}$$

此式说明 $\dot{A}_n$ 是离散变量 $n\omega_1$ 的函数。

将 $\omega_1=\dfrac{2\pi}{T}$ 代入式(3-2-1)又得

$$\dot{A}_n=\frac{2E\tau}{T}\,\frac{\sin\dfrac{n\pi\tau}{T}}{\dfrac{n\pi\tau}{T}} \tag{3-2-2}$$

2. 画频谱图

为了具体地画出频谱图，取 $T=2\tau,E=1$，代入式(3-2-2)得

$$\dot{A}_n=A_n\mathrm{e}^{\mathrm{j}\psi_n}=\frac{\sin\dfrac{n\pi}{2}}{\dfrac{n\pi}{2}} \tag{3-2-3}$$

(1) 求直流分量 $\dfrac{A_0}{2}$。

令 $n=0$ 得 $A_0=\lim\limits_{n\to 0}\dfrac{\sin\dfrac{n\pi}{2}}{\dfrac{n\pi}{2}}=1$，故 $\dfrac{A_0}{2}=\dfrac{1}{2}$。

(2) 取 $n=\pm1,\pm2\cdots$ 代入式(3-2-3),可求得各次谐波的复数振幅值,其结果列于表 3-2-1,其复数振幅频谱、振幅频谱、相位频谱分别画出,如图 3-2-3(a)(b)(c) 所示。图中垂直于横轴(频率轴 $\omega=n\omega_1$)的直线称为谱线,谱线的高度分别代表振幅值或初相角的值;连接各谱线的端点所构成的曲线(图中的虚线)称为包络线,它实际上并不存在,只是用来说明各频率分量振幅变化的趋势。

$A_n-n\omega_1$—— 它表明了 n 次谐波的幅度与频率之间的关系,其中 $n=0,\pm1,\pm2,\cdots$,以此所画出的振幅频谱图在频率轴的正、负两边都有谱线,故称为双边幅度频谱,且谱线关于纵轴偶对称,是频率的偶函数。

$\psi_n-n\omega_1$—— 它表明了 n 次谐波的相位与频率之间的关系,其中 $n=0,\pm1,\pm2,\cdots$,以此所画出的相位频谱图在频率轴的正、负两边都有谱线,故称为双边相位频谱,且谱线关于坐标原点奇对称,是频率的奇函数。

表 3-2-1　周期矩形脉冲信号各次谐波的频谱

n	复数振幅 $\dot{A}_n$		振幅值 A_n	初相角值 ψ_n
1	$\dot{A}_1$	$\frac{2}{\pi}e^{j0°}$	$\frac{2}{\pi}$	0°
−1	$\dot{A}_{-1}$	$\frac{2}{\pi}e^{j0°}$	$\frac{2}{\pi}$	0°
2	$\dot{A}_2$	$0e^{j0°}$	0	0°
−2	$\dot{A}_{-2}$	$0e^{j0°}$	0	0°
3	$\dot{A}_3$	$\frac{2}{3\pi}e^{\pm j180°}$	$\frac{2}{3\pi}$	180°
−3	$\dot{A}_{-3}$	$\frac{2}{3\pi}e^{\pm j180°}$	$\frac{2}{3\pi}$	−180°
4	$\dot{A}_4$	$0e^{j0°}$	0	0°
−4	$\dot{A}_{-4}$	$0e^{j0°}$	0	0°
5	$\dot{A}_5$	$\frac{2}{5\pi}e^{j0°}$	$\frac{2}{5\pi}$	0°
−5	$\dot{A}_{-5}$	$\frac{2}{5\pi}e^{j0°}$	$\frac{2}{5\pi}$	0°
6	$\dot{A}_6$	$0e^{j0°}$	0	0°
−6	$\dot{A}_{-6}$	$0e^{j0°}$	0	0°
7	$\dot{A}_7$	$\frac{2}{7\pi}e^{\pm j180°}$	$\frac{2}{7\pi}$	180°
−7	$\dot{A}_{-7}$	$\frac{2}{7\pi}e^{\pm j180°}$	$\frac{2}{7\pi}$	−180°

3. 周期信号频谱的特点

由图 3-2-3 可见,周期信号的频谱有如下特点:

(1) 离散性,周期信号的频谱是离散的而不是连续的,它仅有 $n\omega_1$ 的各次谐波分量,其相邻两谱线间的间隔为 ω_1。

(2) 谐波性，即谱线在频率轴($\omega = n\omega_1$轴)上的位置刻度一定是 ω_1 的整数倍，且任意相邻两根谱线之间的间隔均为 $\Delta\omega = \omega_1$。周期信号的周期 T、脉冲宽度 τ 对频谱的影响：若 τ 一定，T 增加时，各次谐波分量振幅减小，谱线间隔 $\omega_1 = 2\pi/\tau$ 减小(即谱线变得稠密)；若 T 一定，τ 减小时，各次谐波的振幅亦减小[参看式(3-2-2)]，而包络零点间距($2\pi/\tau$)增大，谱线间隔 ω_1 不变，一个包络"包"内谱线条数增多。

(3) 收敛性，一般周期信号的频谱具有收敛性，各谱线的高度(即各次谐波的振幅)尽管不一定随谐波次数的增加作单调的减小，中间可能有某些参差起伏，但它们的总趋势(看包络线)仍是随谐波次数增高而逐渐减小的。当谐波次数趋于无限大时，该谐波的谱线高度趋于无限小。

须明确的是：虽然上述周期信号的 3 个特点是对周期矩形脉冲信号频谱分析归纳后总结出的，但这些特点具有周期信号频谱的共性，是普遍适用的。

提问：若取 $T = 4\tau$，$T = 8\tau$，则频谱图的形状又各是什么样子？

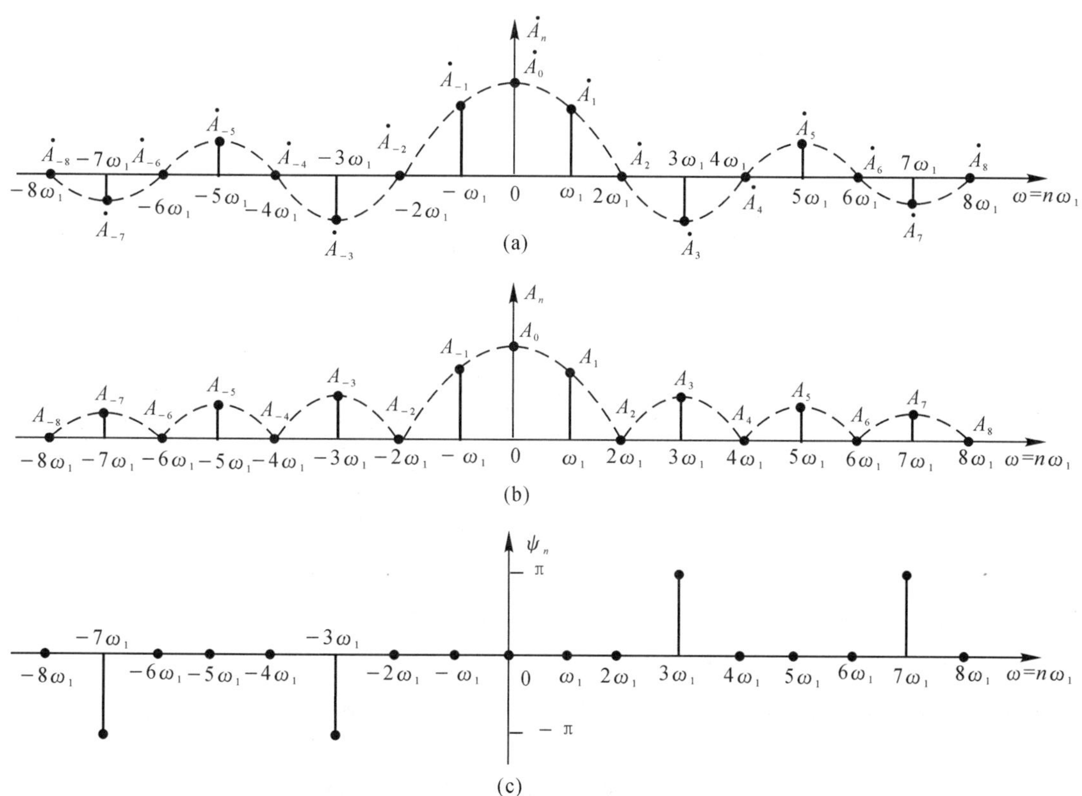

图 3-2-3　周期矩形脉冲信号的频谱图

(a) 复数振幅频谱；(b) 振幅频谱；(c) 相位频谱

4. 零分量频率

使振幅 $\dot{A}_n = 0$ 的频率称为零分量频率，图 3-2-3(a)(b) 中的 $2\omega_1$，$4\omega_1$，$6\omega_1$，… 均为零分量频率。由式(3-2-1) 看出，欲使 $\dot{A}_n = 0$，则必须使

$$\frac{n\omega_1\tau}{2}=k\pi,\qquad k=\pm1,\pm2,\cdots$$

故得求零分量频率的一般表示式为

$$\omega=n\omega_1=\frac{2k\pi}{\tau}$$

当 $k=\pm1$ 时，得第一个零分量频率为

$$\omega=\pm\frac{2\pi}{\tau}$$

当 $k=\pm2$ 时，得第二个零分量频率为

$$\omega=\pm\frac{4\pi}{\tau}$$

当 $k=\pm3$ 时，得第三个零分量频率为

$$\omega=\pm\frac{6\pi}{\tau}$$

……

需要指出，并不是每一种具体信号都有零分量频率，有的信号有，有的信号则无。

5. 信号的占有频带(频谱宽度)

从理论上说，周期信号的谐波分量有无穷多，但因谐波的振幅具有衰减性，所以信号中起主要作用的是低频率的谐波分量。我们定义信号的占有频带(也称频谱宽度)为

$$\Delta\omega=\text{第一个零分量频率}-0=\frac{2\pi}{\tau}$$

或用频率表示为

$$\Delta f=\frac{\Delta\omega}{2\pi}=\frac{1}{\tau}$$

可见 $\Delta\omega$ 和 Δf 均是与 τ 成反比，τ 越小，Δf 越宽；当 $\tau\to0$ 时，则 $\Delta f\to\infty$。这是一个很重要的结论。

需要指出，信号占有频带的定义方法不是唯一的，也可视具体信号和工程要求的精确度而采用别的方法定义。

6. 信号与系统(电路)的配合

若实际系统(电路)是用来传输信号的，则为了使信号在传输过程中的失真尽可能地小，必须要求系统(电路)的通频带等于或略大于信号的占有频带，这种关系简称为信号与系统(电路)的配合。可见信号的占有频带是系统(电路)设计的依据之一。

现将矩形周期信号的频谱分析汇总于表 3-2-2 中，以便复习和查用。

表 3-2-2　矩形周期信号 $f(t)$ 的频谱

波　形	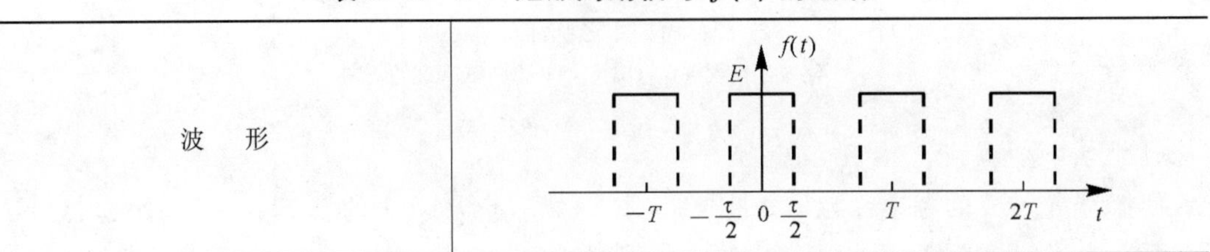

续 表

$f(t)$ 的表示式	$f(t)=f_0(t)*\sum_{n=-\infty}^{\infty}\delta(t-nT)=\sum_{n=-\infty}^{\infty}f_0(t-nT),\ n\in\mathbf{Z}$ 式中　$f_0(t)=EG_\tau(t)$
复数振幅 $\dot{A}_n$	$\dot{A}_n=\dfrac{2E\tau}{T}\dfrac{\sin\frac{n\omega_1\tau}{2}}{\frac{n\omega_1\tau}{2}},\quad \omega_1=\dfrac{2\pi}{T}$ 或 $\dot{A}_n=\dfrac{2E\tau}{T}\dfrac{\sin\frac{n\pi\tau}{T}}{\frac{n\pi\tau}{T}}$
振幅(幅度)频谱	振幅 A_n 随离散变量 $n\omega_1$ 的变化关系　$A_n=\dfrac{2E\tau}{T}\left\|\dfrac{\sin\frac{n\pi\tau}{T}}{\frac{n\pi\tau}{T}}\right\|$
相位频谱	初相角 ψ_n 随离散变量 $n\omega_1$ 的变化关系
频谱的性质	离散性,谐波性,收敛性
零分量频率	$\omega=\dfrac{2k\pi}{\tau},\quad k=\pm1,\pm2,\cdots$
频谱宽度(信号的占有频带)	$\Delta\omega=\dfrac{2\pi}{\tau},\quad \Delta f=\dfrac{1}{\tau}$

注意:① 不是每一种信号都有零分量频率。② 频谱宽度的定义方法不是唯一的,应视工程实际要求而定。③ 有的周期信号的频谱并不具有收敛性,例如 $\delta_T(t)$ 信号。

例 3-2-1　已知图 3-2-4(a) 所示单位冲激序列信号 $f(t)=\delta_T(t)=\sum_{k=-\infty}^{+\infty}\delta(t-kT)$, $k\in\mathbf{Z}$,求其傅里叶级数及其频谱 $\dot{A}_n$。

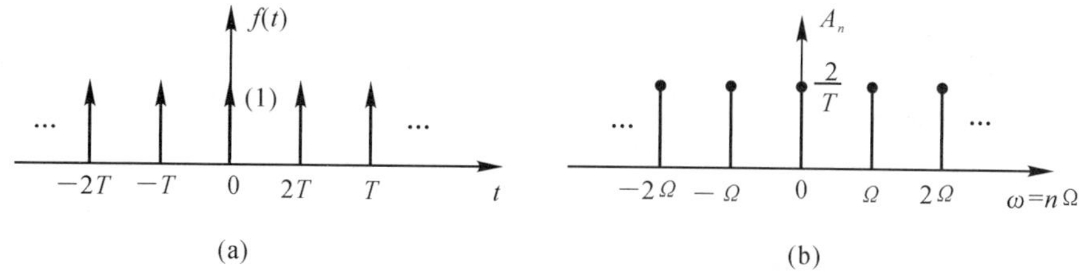

图 3-2-4　单位冲激序列信号及其频谱

解　$$\dot{A}_n=\frac{2}{T}\int_{-\frac{T}{2}}^{+\frac{T}{2}}f(t)e^{-jn\Omega t}dt=\frac{2}{T}\int_{-\frac{T}{2}}^{+\frac{T}{2}}\delta(t)e^{-jn\Omega t}dt=\frac{2}{T}\int_{-\frac{T}{2}}^{+\frac{T}{2}}\delta(t)dt=\frac{2}{T}\times1=\frac{2}{T}$$

故 $$f(t)=\frac{1}{2}\sum_{n=-\infty}^{+\infty}\dot{A}_n e^{jn\Omega t}=\frac{1}{2}\sum_{n=-\infty}^{+\infty}\frac{2}{T}e^{jn\Omega t}=\cdots+\frac{1}{2}\times\frac{2}{T}e^{-j2\Omega t}+\frac{1}{2}\times\frac{2}{T}e^{-j\Omega t}+\frac{1}{2}\times\frac{2}{T}e^{j0\Omega t}+$$
$$\frac{1}{2}\times\frac{2}{T}e^{j\Omega t}+\frac{1}{2}\times\frac{2}{T}e^{j2\Omega t}+\cdots=\cdots+\frac{1}{T}+\frac{2}{T}\cos\Omega t+\frac{2}{T}\cos2\Omega t+\frac{2}{T}\cos3\Omega t+\cdots$$

其频谱如图 3-2-4(b) 所示。其中 $\Omega=\dfrac{2\pi}{T}$。可以看出,此频谱中没有零分量频率。

思考题

1. 有同学说:“一般周期信号的频谱具有收敛性,但也有特殊的周期信号不遵从这一规律。如果单位冲激序列信号的频谱 A_n 就是常数,即它的各次谐波的振幅是相同的。”他的观点对吗?

2. 有同学认为:傅里叶系数公式中不一定非要从 $-T/2 \sim T/2$ 积分,亦可从 $0 \sim T$ 积分。当信号是时间的偶函数时从 $-T/2 \sim T/2$ 积分方便,当信号是时间的奇函数时从 $0 \sim T$ 积分方便。你会借鉴他的小经验吗?

3.3 非周期信号的频谱

一、非周期信号的定义及其频谱的特点

当图 3-1-1 所示周期信号的周期 $T \to \infty$ 时,周期信号 $f(t)$ 就转化成了非周期信号,如图 3-3-1 所示。可见,非周期信号可理解为 $T \to \infty$ 的周期信号。非周期信号的频谱有如下特点:

(1) 各次谐波的振幅值均趋近于无穷小,即由式(3-1-7)有

$$\dot{A}_n = \lim_{T\to\infty} \frac{2}{T}\int_{-\frac{T}{2}}^{+\frac{T}{2}} f(t)\mathrm{e}^{-\mathrm{j}n\omega_1 t}\mathrm{d}t = 0$$

但要注意,虽然各次谐波的振幅值均趋近于无穷小了,但它们各自趋近于无穷小的速度却是彼此不同的。

(2) 当 $T \to \infty$ 时有 $\omega_1 = \frac{2\pi}{T} \to 0$,即离散频谱中任意两根谱线之间的间隔 $\Delta\omega = \omega_1$ 就转化成了微分量 $\mathrm{d}\omega$,即 $\Delta\omega = \omega_1 \to \mathrm{d}\omega$,离散变量 $n\omega_1$ 就转化成了连续变量 ω,即 $n\omega_1 \to \omega$,亦即离散频谱转化成了连续频谱。

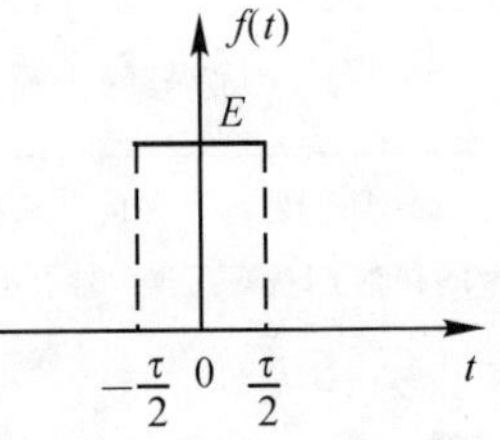

图 3-3-1　非周期信号举例

由于非周期信号具有以上两个特点,因此就不能再用复数振幅频谱 $\dot{A}_n$ 来描述非周期信号的频谱特性了,而必须用频谱密度函数(简称频谱函数)来描述了。

二、傅里叶变换

1. 正变换

将式(3-1-7)加以改写,即

$$\frac{\dot{A}_n}{\frac{2}{T}} = \int_{-\frac{T}{2}}^{+\frac{T}{2}} f(t)\mathrm{e}^{-\mathrm{j}n\omega_1 t}\mathrm{d}t$$

对上式等号两端同时求 $T \to \infty$ 的极限,即

$$\lim_{T\to\infty}\frac{\dot{A}_n}{\frac{2}{T}} = \lim_{T\to\infty}\int_{-\frac{T}{2}}^{+\frac{T}{2}} f(t)\mathrm{e}^{-\mathrm{j}n\omega_1 t}\mathrm{d}t = \int_{-\infty}^{+\infty} f(t)\mathrm{e}^{-\mathrm{j}\omega t}\mathrm{d}t = F(\mathrm{j}\omega)$$

其中式

$$F(\mathrm{j}\omega) = \int_{-\infty}^{+\infty} f(t)\mathrm{e}^{-\mathrm{j}\omega t}\mathrm{d}t \tag{3-3-1}$$

称为 $f(t)$ 的傅里叶正变换,简称傅里叶变换,它通过积分变换式 $\int_{-\infty}^{+\infty} f(t)\mathrm{e}^{-\mathrm{j}\omega t}\mathrm{d}t$,将时间函数 $f(t)$ 变换成了频率函数 $F(\mathrm{j}\omega)$,用来从已知的 $f(t)$ 求与之对应的 $F(\mathrm{j}\omega)$,通常用符号

$\mathscr{F}[f(t)]=F(\mathrm{j}\omega)$ 表示。$F(\mathrm{j}\omega)$ 称为 $f(t)$ 的频谱密度函数,简称频谱函数。其物理意义是:它描述了非周期信号中每个谐波的振幅与频率 f 的比值随角频率变量 ω 的变化关系。

$F(\mathrm{j}\omega)$ 一般是角频率变量 ω 的复数函数,故可写成指数形式,即

$$F(\mathrm{j}\omega)=|F(\mathrm{j}\omega)|\mathrm{e}^{\mathrm{j}\varphi(\omega)}$$

其中 $|F(\mathrm{j}\omega)|$ 称为 $f(t)$ 的幅度频谱,$\varphi(\omega)$ 称为 $f(t)$ 的相位频谱。

2. 反变换

将式(3-1-6)加以改写,即

$$f(t)=\frac{1}{2}\sum_{n=-\infty}^{+\infty}\frac{\dot{A}_n}{\frac{2}{T}}\mathrm{e}^{\mathrm{j}n\omega_1 t}\frac{2}{T}=\frac{1}{2}\sum_{n=-\infty}^{+\infty}\frac{\dot{A}_n}{\frac{2}{T}}\mathrm{e}^{\mathrm{j}n\omega_1 t}\frac{2}{\frac{2\pi}{\omega_1}}=\frac{1}{2\pi}\sum_{n=-\infty}^{+\infty}\frac{\dot{A}_n}{\frac{2}{T}}\mathrm{e}^{\mathrm{j}n\omega_1 t}\omega_1$$

考虑到当 $T\to\infty$ 时,周期信号就转化成了非周期信号,且有 $\lim\limits_{T\to\infty}\frac{\dot{A}_n}{\frac{2}{T}}=F(\mathrm{j}\omega)$,$\omega_1\to\mathrm{d}\omega$,$n\omega_1\to\omega$,$\sum\limits_{n=-\infty}^{+\infty}\to\int_{-\infty}^{+\infty}$。代入上式有

$$f(t)=\frac{1}{2\pi}\int_{-\infty}^{+\infty}F(\mathrm{j}\omega)\mathrm{e}^{\mathrm{j}\omega t}\mathrm{d}\omega \tag{3-3-2}$$

式(3-3-2)称为 $F(\mathrm{j}\omega)$ 的傅里叶反变换,它将频率函数 $F(\mathrm{j}\omega)$ 变换成了时间函数 $f(t)$,用来从已知的 $F(\mathrm{j}\omega)$ 求与之对应的 $f(t)$,通常用符号 $\mathscr{F}^{-1}[F(\mathrm{j}\omega)]=f(t)$ 表示。

式(3-3-1)与式(3-3-2)统称为傅里叶变换,它们构成了一对傅里叶变换对,通常用下列符号表示,即

$$f(t)\longleftrightarrow F(\mathrm{j}\omega)$$

应当指出,上述引出傅里叶变换的过程着重于物理概念的描述,经严密的数学推导可证明,$f(t)$ 存在傅里叶变换的充分条件是:满足绝对可积,即

$$\int_{-\infty}^{\infty}|f(t)|\mathrm{d}t<\infty$$

对充分条件应理解为:满足绝对可积条件的信号一定存在傅里叶变换,但不能说不满足绝对可积条件的信号就不存在傅里叶变换。事实上一些常用的信号,如单位阶跃信号、直流信号等,它们并不满足绝对可积条件,但都存在傅里叶变换。关于信号存在傅里叶变换的必要条件,至今还没有找到。

三、非周期信号频谱分析举例

以图 3-3-1 所示单个矩形脉冲信号为例,来研究非周期信号频谱分析的方法与结论。

1. 求 $F(\mathrm{j}\omega)$

$f(t)$ 的表示式为

$$f(t)=\begin{cases}0, & t<-\frac{\tau}{2}\\ E, & -\frac{\tau}{2}<t<\frac{\tau}{2}\\ 0, & t>\frac{\tau}{2}\end{cases}$$

代入式(3-3-1)得

$$F(\mathrm{j}\omega)=|F(\mathrm{j}\omega)|\mathrm{e}^{\mathrm{j}\varphi(\omega)}=\int_{-\infty}^{+\infty}f(t)\mathrm{e}^{-\mathrm{j}\omega t}\mathrm{d}t=\int_{-\frac{\tau}{2}}^{+\frac{\tau}{2}}E\mathrm{e}^{-\mathrm{j}\omega t}\mathrm{d}t=E\tau\frac{\sin\frac{\omega\tau}{2}}{\frac{\omega\tau}{2}} \tag{3-3-3}$$

由于单个矩形脉冲信号(门信号)的频谱函数为实函数,通常将幅度频谱、相位频谱“合二为一”画频谱图,如图 3-3-2 所示,也可将幅度频谱、相位频谱分别来画。当 $F(\mathrm{j}\omega)$ 为正值时,其相位为 0;当 $F(\mathrm{j}\omega)$ 为负值时,其相位为 π(或 $-\pi$)。同时,也要注意相位谱关于原点的奇对称性:若 $\omega=\omega_1$ 时 $F(\mathrm{j}\omega_1)$ 的相位为 π,那么 $\omega=-\omega_1$ 时 $F(-\mathrm{j}\omega_1)$ 的相位为 $-\pi$,或反之。与画周期信号频谱图时类似,若 $F(\mathrm{j}\omega)$ 是 ω 的一般复函数,只能将幅度频谱、相位频谱分别画出。

2. 画频谱图

根据式(3-3-3)即可画出 $F(\mathrm{j}\omega)$ 随 ω 变化的曲线,如图 3-3-2 所示。图中

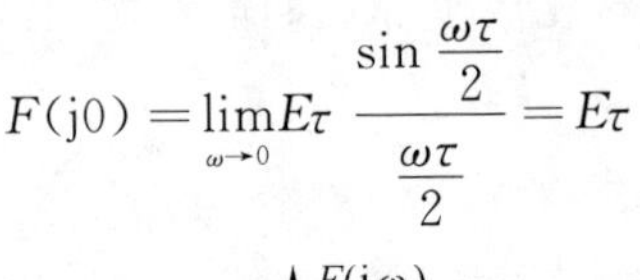

$$F(\mathrm{j}0)=\lim_{\omega\to 0}E\tau\frac{\sin\frac{\omega\tau}{2}}{\frac{\omega\tau}{2}}=E\tau$$

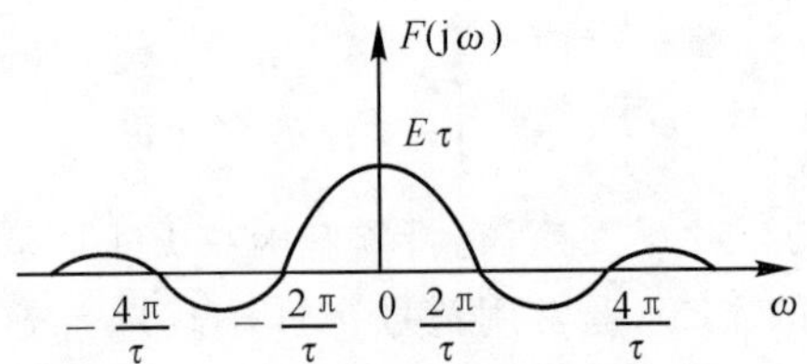

图 3-3-2　矩形脉冲信号的 $F(\mathrm{j}\omega)$ 的图形

3. 求零分量频率

从式(3-3-3)看出,当 $\frac{\omega\tau}{2}=k\pi$,$k=\pm1,\pm2,\pm3,\cdots$ 时,即有 $F(\mathrm{j}\omega)=0$,故得求零分量频率的一般表示式为

$$\omega=\frac{2k\pi}{\tau}$$

当 $k=\pm1$ 时,即得第一个零分量频率为

$$\omega=\pm\frac{2\pi}{\tau}$$

当 $k=\pm2,\pm3,\cdots$ 时,即得相应的第二个、第三个……零分量频率为 $\pm\frac{4\pi}{\tau},\pm\frac{6\pi}{\tau},\cdots$。

4. 信号的占有频带(频谱宽度)

其定义与周期信号的相同,即

$$\Delta\omega=\text{第一个零分量频率}-0=\frac{2\pi}{\tau}$$

或

$$\Delta f=\frac{\Delta\omega}{2\pi}=\frac{1}{\tau}$$

5. 信号与系统的配合

其含义与 3.2 节中所述全同。

现将单个矩形脉冲信号 $f(t)$ 的频谱 $F(\mathrm{j}\omega)$ 汇总于表 3-3-1 中,以便复习和查用。

表 3-3-1　单个矩形脉冲信号的频谱 $F(j\omega)$

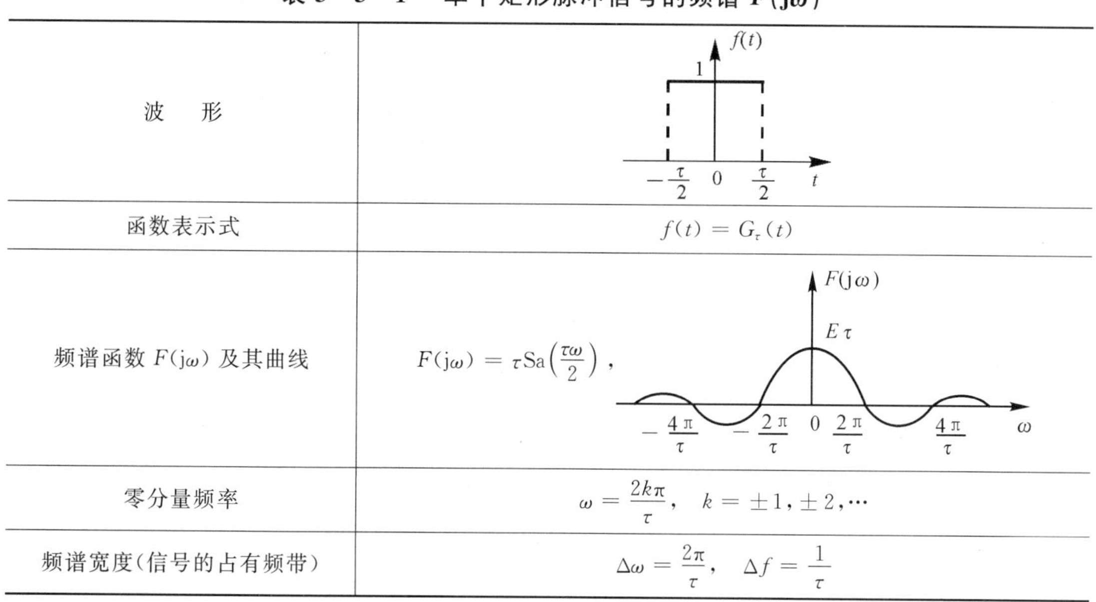

波　形	
函数表示式	$f(t)=G_\tau(t)$
频谱函数 $F(j\omega)$ 及其曲线	$F(j\omega)=\tau\mathrm{Sa}\left(\frac{\tau\omega}{2}\right)$，
零分量频率	$\omega=\frac{2k\pi}{\tau},\quad k=\pm1,\pm2,\cdots$
频谱宽度(信号的占有频带)	$\Delta\omega=\frac{2\pi}{\tau},\quad \Delta f=\frac{1}{\tau}$

四、几种典型信号的傅里叶变换

1. 单边衰减指数信号的频谱

单边衰减指数信号 $f_1(t)$ 的函数表达式为

$$f_1(t)=E\mathrm{e}^{-\alpha t}U(t)=\begin{cases}E\mathrm{e}^{-\alpha t}, & t>0\\ 0, & t<0\end{cases}$$

其中 α 为大于零的实常数，其波形如图 3-3-3(a) 所示，故

$$F_1(j\omega)=|F_1(j\omega)|\mathrm{e}^{j\varphi(\omega)}=\int_{-\infty}^{+\infty}f_1(t)\mathrm{e}^{-j\omega t}\mathrm{d}t=\int_0^{+\infty}E\mathrm{e}^{-\alpha t}\mathrm{e}^{-j\omega t}\mathrm{d}t=$$

$$E\int_0^{+\infty}\mathrm{e}^{-(\alpha+j\omega)t}\mathrm{d}t=\frac{E}{-(\alpha+j\omega)}\int_0^{+\infty}\mathrm{e}^{-(\alpha+j\omega)t}\mathrm{d}[-(\alpha+j\omega)t]=$$

$$\frac{E}{-(\alpha+j\omega)}\left[\mathrm{e}^{-(\alpha+j\omega)t}\right]_0^{+\infty}=\frac{E}{\alpha+j\omega}=\frac{E}{\sqrt{\alpha^2+\omega^2}}\mathrm{e}^{-j\arctan\frac{\omega}{\alpha}}$$

故得幅度频谱和相位频谱分别为

$$|F_1(j\omega)|=\frac{E}{\sqrt{\alpha^2+\omega^2}},\quad \varphi(\omega)=-\arctan\frac{\omega}{\alpha}$$

当 $\omega=0$ 时，$|F_1(j\omega)|=\frac{E}{\alpha},\varphi(\omega)=0$；当 $\omega=\pm\alpha$ 时，$|F_1(j\omega)|=\frac{E}{\sqrt{2}\alpha},\varphi(\omega)=\mp\frac{\pi}{4}$；当 $\omega\to\pm\infty$ 时，$|F_1(j\omega)|\to0,\varphi(\omega)\to\mp\frac{\pi}{2}$。于是可画出幅度频谱曲线与相位频谱曲线，分别如图 3-3-3(b)(c) 所示。可见，幅度频谱 $|F_1(j\omega)|$ 为实变量 ω 的偶函数，相位频谱 $\varphi(\omega)$ 为实变量 ω 的奇函数。同时看出，该信号没有零分量频率。

2. 单位冲激函数 $f(t)=\delta(t)$ 的频谱

单位冲激信号 $f(t)=\delta(t)$ 的波形如图 3-3-4(a) 所示。故

$$F(\mathrm{j}\omega)=|F(\mathrm{j}\omega)|\mathrm{e}^{\mathrm{j}\varphi(\omega)}=\int_{-\infty}^{+\infty}\delta(t)\mathrm{e}^{-\mathrm{j}\omega t}\mathrm{d}t=\int_{-\infty}^{+\infty}\delta(t)\mathrm{e}^{-\mathrm{j}\omega 0}\mathrm{d}t=\int_{-\infty}^{+\infty}\delta(t)\times 1\times \mathrm{d}t=1$$

故得
$$|F_1(\mathrm{j}\omega)|=1,\quad \varphi(\omega)=0$$

其对应的幅度频谱曲线和相位频谱曲线，分别如图 3-3-4(b)(c) 所示。

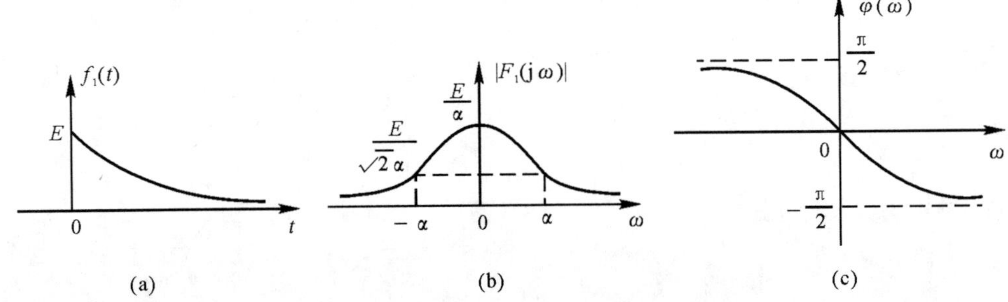

图 3-3-3　单边衰减指数信号的频谱曲线

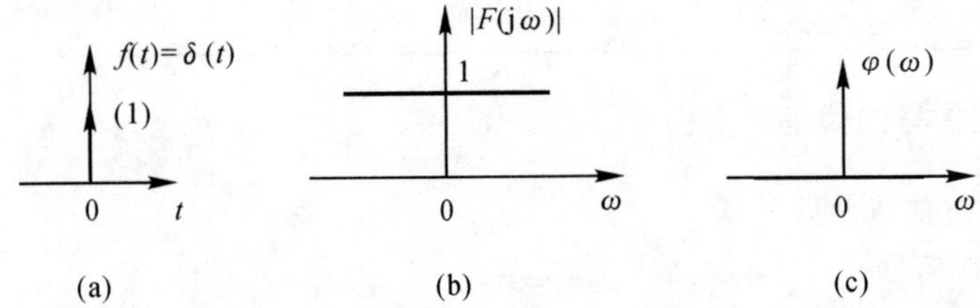

图 3-3-4　单位冲激信号的频谱曲线

3. 钟形信号的频谱

信号 $f(t)=E\mathrm{e}^{-\left(\frac{t}{\tau}\right)^2}$，$t\in\mathbf{R}$ 称为钟形信号，其波形如图 3-3-5(a) 所示。求其傅里叶变换 $F(\mathrm{j}\omega)$。

$$F(\mathrm{j}\omega)=\int_{-\infty}^{+\infty}f(t)\mathrm{e}^{-\mathrm{j}\omega t}\mathrm{d}t=\int_{-\infty}^{+\infty}E\mathrm{e}^{-\left(\frac{t}{\tau}\right)^2}[\cos\omega t-\mathrm{j}\sin\omega t]\mathrm{d}t=$$

$$E\int_{-\infty}^{+\infty}\mathrm{e}^{-\left(\frac{t}{\tau}\right)^2}\cos\omega t\,\mathrm{d}t-\mathrm{j}E\int_{-\infty}^{+\infty}\mathrm{e}^{-\left(\frac{t}{\tau}\right)^2}\sin\omega t\,\mathrm{d}t=$$

$$2E\int_{0}^{+\infty}\mathrm{e}^{-\left(\frac{t}{\tau}\right)^2}\cos\omega t\,\mathrm{d}t+0=\sqrt{\pi}E\tau\mathrm{e}^{-\left(\frac{\omega\tau}{2}\right)^2},\quad \omega\in\mathbf{R}$$

$F(\mathrm{j}\omega)$ 的图形如图 3-3-5(b) 所示。可见 $F(\mathrm{j}\omega)$ 的图形也是钟形，即 $f(t)$ 与 $F(\mathrm{j}\omega)$ 的形状均为钟形，这就是钟形信号频谱的特点。

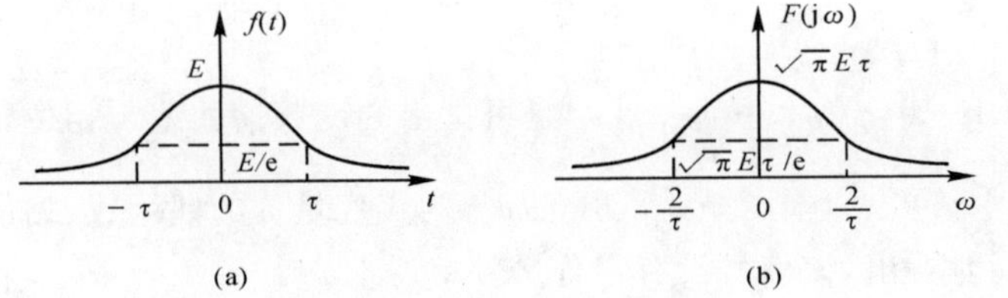

图　3-3-5

现将傅里叶变换(FT)与非周期信号 $f(t)$ 的频谱函数 $F(\mathrm{j}\omega)$ 汇总于表 3-3-2 中，以便复习和查用。

表 3-3-2　傅里叶变换(FT)与非周期信号 $f(t)$ 的频谱函数 $F(\mathrm{j}\omega)$

<table>
<tr><td>正变换</td><td>从已知的 $f(t)$ 求 $F(\mathrm{j}\omega)$
$F(\mathrm{j}\omega)=\int_{-\infty}^{+\infty} f(t)\mathrm{e}^{-\mathrm{j}\omega t}\mathrm{d}t$</td></tr>
<tr><td>反变换</td><td>从已知的 $F(\mathrm{j}\omega)$ 求 $f(t)$
$f(t)=\frac{1}{2\pi}\int_{-\infty}^{+\infty} F(\mathrm{j}\omega)\mathrm{e}^{\mathrm{j}\omega t}\mathrm{d}\omega$</td></tr>
<tr><td rowspan="4">$f(t)$ 的频谱
$F(\mathrm{j}\omega)=\mid F(\mathrm{j}\omega)\mid \mathrm{e}^{\mathrm{j}\varphi(\omega)}=R(\omega)+\mathrm{j}X(\omega)$</td><td>模频谱 $\mid F(\mathrm{j}\omega)\mid$ 为 ω 的偶函数</td></tr>
<tr><td>相(位)频谱 $\varphi(\omega)$ 为 ω 的奇函数</td></tr>
<tr><td>实部 $R(\omega)$ 为 ω 的偶函数</td></tr>
<tr><td>虚部 $X(\omega)$ 为 ω 的奇函数</td></tr>
<tr><td>信号的频谱宽度</td><td>就是信号频谱的占有频带，应视工程精度要求确定</td></tr>
</table>

3.4　傅里叶变换的性质

一、傅里叶变换的性质

傅里叶变换有一些重要性质，这些性质揭示了信号 $f(t)$ 的时域特性与频域特性之间的内在关系，利用这些性质可以简便地求解 $f(t)$ 与 $F(\mathrm{j}\omega)$ 之间的正、反傅里叶变换。关于这些性质的严格证明本书略去(有的性质在下面的例题中予以证明)。现将其性质列于表 3-4-1 中，供查用。

表 3-4-1　傅里叶变换的性质

<table>
<tr><td>序　号</td><td>性质名称</td><td>$f(t)$</td><td>$F(\mathrm{j}\omega)$</td></tr>
<tr><td>1</td><td>唯一性</td><td>$f(t)$</td><td>$F(\mathrm{j}\omega)$</td></tr>
<tr><td>2</td><td>齐次性</td><td>$Af(t)$</td><td>$AF(\mathrm{j}\omega)$</td></tr>
<tr><td>3</td><td>叠加性</td><td>$f_1(t)+f_2(t)$</td><td>$F_1(\mathrm{j}\omega)+F_2(\mathrm{j}\omega)$</td></tr>
<tr><td>4</td><td>线　性</td><td>$A_1f_1(t)+A_2f_2(t)$</td><td>$A_1F_1(\mathrm{j}\omega)+A_2F_2(\mathrm{j}\omega)$</td></tr>
<tr><td>5</td><td>折叠性</td><td>$f(-t)$</td><td>$F(-\mathrm{j}\omega)$</td></tr>
<tr><td rowspan="2">6</td><td rowspan="2">互易对称性</td><td>$F(\mathrm{j}t)$(一般函数)</td><td>$2\pi f(-\omega)$</td></tr>
<tr><td>$F(t)$(实偶函数)</td><td>$2\pi f(\omega)$</td></tr>
<tr><td>7</td><td>频移性</td><td>$f(t)\mathrm{e}^{\mathrm{j}\omega_0 t}$
$f(t)\mathrm{e}^{-\mathrm{j}\omega_0 t}$</td><td>$F[\mathrm{j}(\omega-\omega_0)]$
$F[\mathrm{j}(\omega+\omega_0)]$</td></tr>
<tr><td>8</td><td>其轭对称性</td><td>$\overset{*}{f}(t)$
$\overset{*}{f}(-t)$</td><td>$\overset{*}{F}(-\mathrm{j}\omega)$
$\overset{*}{F}(\mathrm{j}\omega)$</td></tr>
</table>

续表

序　号	性质名称	$f(t)$	$F(j\omega)$
9	奇偶虚实性	$f(t)$ 为实、偶函数	$F(j\omega)$ 为实、偶函数
		$f(t)$ 为实、奇函数	$F(j\omega)$ 为虚、奇函数
10	尺度展缩	$f(at)$（a 为大于零的实数）	$\frac{1}{a}F\left(j\frac{\omega}{a}\right)$
11	时域延迟	$f(t-t_0)$（t_0 为实数）	$F(j\omega)e^{-j\omega t_0}$
		$f(at-t_0)$（t_0 为实数）	$\frac{1}{a}F\left(j\frac{\omega}{a}\right)e^{-j\frac{\omega}{a}t_0}$
12	调制性	$f(t)\cos\omega_0 t$	$\frac{1}{2}F[j(\omega+\omega_0)]+\frac{1}{2}F[j(\omega-\omega_0)]$
		$f(t)\sin\omega_0 t$	$j\frac{1}{2}F[j(\omega+\omega_0)]-j\frac{1}{2}F[j(\omega-\omega_0)]$
13	时域微分*	$\frac{df(t)}{dt}$	$j\omega F(j\omega)$
		$\frac{d^K f(t)}{dt^K}$	$(j\omega)^K F(j\omega)$
		$\frac{d}{dt}f(at-t_0)$	$j\omega\left[\frac{1}{a}F\left(j\frac{\omega}{a}\right)e^{-j\omega\frac{t_0}{a}}\right]$
14	时域积分	$\int_{-\infty}^{t} f(\tau)d\tau$	$\left[\pi\delta(\omega)+\frac{1}{j\omega}\right]F(j\omega)$
15	频域微分	$(-jt)f(t)$	$\frac{dF(j\omega)}{d\omega}$
		$(-jt)^K f(t)$	$\frac{d^K F(j\omega)}{d\omega^K}$
		$(-jt)f(at-t_0)$	$\frac{d}{d\omega}\left[\frac{1}{a}F\left(j\frac{\omega}{a}\right)e^{-j\omega\frac{t_0}{a}}\right]$
16	时域卷积	$f_1(t)*f_2(t)$	$F_1(j\omega)F_2(j\omega)$
17	频域卷积	$f_1(t)\cdot f_2(t)$	$\frac{1}{2\pi}F_1(j\omega)*F_2(j\omega)$
18	时域抽样	$\sum_{n=-\infty}^{+\infty} f(t)\delta(t-nT_s)$	$\frac{1}{T_s}\sum_{n=-\infty}^{+\infty} F\left[j\left(\omega-\frac{2\pi}{T_s}n\right)\right]$
19	频域抽样	$\frac{1}{\Omega_s}\sum_{n=-\infty}^{+\infty} f\left(t-n\frac{2\pi}{\Omega_s}\right)$	$\sum_{n=-\infty}^{+\infty} F(j\omega)\delta(\omega-n\Omega_s)$
20	信号能量	$W=\int_{-\infty}^{+\infty}\|f(t)\|^2 dt=\frac{1}{2\pi}\int_{-\infty}^{+\infty}\|F(j\omega)\|^2 d\omega$	
21	$F(0)=\int_{-\infty}^{+\infty} f(t)dt$，　条件，$\lim_{t\to\pm\infty} f(t)=0$ $f(0)=\frac{1}{2\pi}\int_{-\infty}^{+\infty} F(j\omega)d\omega$，　条件，$\lim_{\omega\to\pm\infty} F(j\omega)=0$		

* 注：时域微分性质要求信号 $f(t)$ 满足$\int_{-\infty}^{+\infty} f(t)dt<\infty$，否则不能用。

例 3-4-1　试证明傅里叶变换的尺度展缩性(表 3-4-1 中的序号 10)，即若 $f(t) \longleftrightarrow F(\mathrm{j}\omega)$，求证 $f(at) \longleftrightarrow \dfrac{1}{a}F\left(\mathrm{j}\,\dfrac{\omega}{a}\right)$，$a$ 为大于零的实常数。

证　令 $t'=at$，则有 $t=\dfrac{1}{a}t'$，$\mathrm{d}t=\dfrac{1}{a}\mathrm{d}t'$，且当 $t=\pm\infty$ 时，有 $t'=\pm\infty$，故有

$$\mathscr{F}[f(at)]=\int_{-\infty}^{+\infty}f(at)\mathrm{e}^{-\mathrm{j}\omega t}\mathrm{d}t=\int_{-\infty}^{+\infty}f(t')\mathrm{e}^{-\mathrm{j}\omega\frac{1}{a}t'}\,\frac{1}{a}\mathrm{d}t'=$$

$$\frac{1}{a}\int_{-\infty}^{+\infty}f(t')\mathrm{e}^{-\mathrm{j}\frac{\omega}{a}t'}\mathrm{d}t'=\frac{1}{a}F\left(\mathrm{j}\,\frac{\omega}{a}\right)$$

(证毕)

此性质说明，信号在时域中压缩，等效于在频域中展宽；信号在时域中展宽，等效于在频域中压缩。这是一个十分重要的结论。

例 3-4-2　已知 $f(t) \longleftrightarrow F(\mathrm{j}\omega)$，求信号 $f(2t-5)$ 的傅里叶变换 $F_1(\mathrm{j}\omega)$。

解　因

$$f(2t) \longleftrightarrow \frac{1}{2}F\left(\mathrm{j}\,\frac{\omega}{2}\right)$$

又

$$f(2t-5)=f\left[2\left(t-\frac{5}{2}\right)\right]$$

故根据傅里叶变换的延时性(表 3-4-1 中的序号 11)有

$$F_1(\mathrm{j}\omega)=\frac{1}{2}F\left(\mathrm{j}\,\frac{\omega}{2}\right)\mathrm{e}^{-\mathrm{j}\frac{5}{2}\omega}$$

例 3-4-3　试证明傅里叶变换的奇偶性与虚实性(表 3-4-1 中的序号 9)。

证　因有

$$F(\mathrm{j}\omega)=\int_{-\infty}^{+\infty}f(t)\mathrm{e}^{-\mathrm{j}\omega t}\mathrm{d}t=\int_{-\infty}^{+\infty}f(t)[\cos\omega t-\mathrm{j}\sin\omega t]\mathrm{d}t=$$

$$\int_{-\infty}^{+\infty}f(t)\cos\omega t\,\mathrm{d}t-\mathrm{j}\int_{-\infty}^{+\infty}f(t)\sin\omega t\,\mathrm{d}t$$

讨论：若 $f(t)$ 是实变量 t 的偶函数，则有 $\int_{-\infty}^{+\infty}f(t)\sin\omega t\,\mathrm{d}t=0$，故有

$$F(\mathrm{j}\omega)=\int_{-\infty}^{+\infty}f(t)\cos\omega t\,\mathrm{d}t$$

亦即 $F(\mathrm{j}\omega)$ 是实变量 ω 的实函数，且是偶函数。

若 $f(t)$ 是实变量 t 的奇函数，则有 $\int_{-\infty}^{+\infty}f(t)\cos\omega t\,\mathrm{d}t=0$，故有

$$F(\mathrm{j}\omega)=-\mathrm{j}\int_{-\infty}^{+\infty}f(t)\sin\omega t\,\mathrm{d}t$$

亦即 $F(\mathrm{j}\omega)$ 是实变量 ω 的虚函数，且是奇函数。

以上的结论就是傅里叶变换的奇偶性与虚实性。　(证毕)

例 3-4-4　试证明傅里叶变换的互易对称性(表 3-4-1 中的序号 6)，即若 $f(t) \longleftrightarrow F(\mathrm{j}\omega)$，求证 $F(\mathrm{j}t) \longleftrightarrow 2\pi f(-\omega)$。

证　因有

$$f(t)=\frac{1}{2\pi}\int_{-\infty}^{+\infty}F(\mathrm{j}\omega)\mathrm{e}^{\mathrm{j}\omega t}\mathrm{d}\omega$$

故有

$$f(-t)=\frac{1}{2\pi}\int_{-\infty}^{+\infty}F(\mathrm{j}\omega)\mathrm{e}^{-\mathrm{j}\omega t}\mathrm{d}\omega$$

在上式中用 τ 置换 ω，则有

$$f(-t)=\frac{1}{2\pi}\int_{-\infty}^{+\infty}F(\mathrm{j}\tau)\mathrm{e}^{-\mathrm{j}\tau t}\mathrm{d}\tau$$

再将上式中的 t 换成 ω，则有

$$f(-\omega)=\frac{1}{2\pi}\int_{-\infty}^{+\infty}F(\mathrm{j}\tau)\mathrm{e}^{-\mathrm{j}\tau\omega}\mathrm{d}\tau$$

再把上式中的 τ 换成 t，则有

$$f(-\omega)=\frac{1}{2\pi}\int_{-\infty}^{+\infty}F(\mathrm{j}t)\mathrm{e}^{-\mathrm{j}\omega t}\mathrm{d}t$$

即
$$2\pi f(-\omega)=\int_{-\infty}^{+\infty}F(\mathrm{j}t)\mathrm{e}^{-\mathrm{j}\omega t}\mathrm{d}t$$

故得
$$F(\mathrm{j}t)\longleftrightarrow 2\pi f(-\omega)$$
（证毕）

特例：若有 $f(t)=f(-t)$，则有 $f(\omega)=f(-\omega)$；且根据傅里叶变换的奇偶性（表 3-4-1 中的序号 9）有 $F(\mathrm{j}\omega)=F(\omega)$，即有 $F(\mathrm{j}t)=F(t)$。故有

$$F(t)\longleftrightarrow 2\pi f(\omega)$$

例 3-4-5 设 $f(t)\longleftrightarrow F(\mathrm{j}\omega)$，试证明：

(1) $F(0)=\int_{-\infty}^{+\infty}f(t)\mathrm{d}t$；　　(2) $f(0)=\frac{1}{2\pi}\int_{-\infty}^{+\infty}F(\mathrm{j}\omega)\mathrm{d}\omega$。

证 (1) 因有
$$F(\mathrm{j}\omega)=\int_{-\infty}^{+\infty}f(t)\mathrm{e}^{-\mathrm{j}\omega t}\mathrm{d}t$$

故当 $\omega=0$ 时有

$$F(0)=\int_{-\infty}^{+\infty}f(t)\mathrm{e}^{-\mathrm{j}0t}\mathrm{d}t=\int_{-\infty}^{+\infty}f(t)\mathrm{d}t$$

(2) 因有
$$f(t)=\frac{1}{2\pi}\int_{-\infty}^{+\infty}F(\mathrm{j}\omega)\mathrm{e}^{\mathrm{j}\omega t}\mathrm{d}\omega$$

故当 $t=0$ 时有

$$f(0)=\frac{1}{2\pi}\int_{-\infty}^{+\infty}F(\mathrm{j}\omega)\mathrm{e}^{\mathrm{j}\omega\times 0}\mathrm{d}\omega=\frac{1}{2\pi}\int_{-\infty}^{+\infty}F(\mathrm{j}\omega)\mathrm{d}\omega$$

注意：以上结果成立的条件是应满足

$$\lim_{t\to\pm\infty}f(t)=0,\quad \lim_{\omega\to\pm\infty}F(\mathrm{j}\omega)=0$$

否则不成立。

例 3-4-6 试证明傅里叶变换的时域积分性（表 3-4-1 中的序号 14）。

证 设 $f(t)\longleftrightarrow F(\mathrm{j}\omega)$，$\int_{-\infty}^{t}f(\tau)\mathrm{d}\tau\longleftrightarrow F_1(\mathrm{j}\omega)$，则有

$$\int_{-\infty}^{t}f(\tau)\mathrm{d}\tau=\left[\int_{-\infty}^{t}f(\tau)\mathrm{d}\tau\right]*\delta(t)=f(t)*\int_{-\infty}^{t}\delta(\tau)\mathrm{d}t=f(t)*U(t)$$

根据傅里叶变换的时域卷积性（表 3-4-1 中的序号 16）有

$$F_1(\mathrm{j}\omega)=F(\mathrm{j}\omega)\left[\pi\delta(\omega)+\frac{1}{\mathrm{j}\omega}\right]=\pi F(\mathrm{j}\omega)\delta(\omega)+\frac{F(\mathrm{j}\omega)}{\mathrm{j}\omega}=\left[\pi\delta(\omega)+\frac{1}{\mathrm{j}\omega}\right]F(\mathrm{j}\omega)$$

或
$$F_1(\mathrm{j}\omega)=\pi F(0)\delta(\omega)+\frac{F(\mathrm{j}\omega)}{\mathrm{j}\omega}$$
（证毕）

若 $f(t)$ 为奇函数，则有
$$F(0)=\int_{-\infty}^{+\infty}f(t)\mathrm{d}t=0$$

故此时
$$F_1(\mathrm{j}\omega)=\frac{1}{\mathrm{j}\omega}F(\mathrm{j}\omega)$$

二、应用傅里叶变换的性质求傅里叶正、反变换

例 3-4-7　求图 3-4-1(a) 所示信号 $f_2(t)=E\mathrm{e}^{\alpha t}U(-t)$ 的傅里叶变换 $F_2(\mathrm{j}\omega)$。α 为大于零的实常数。

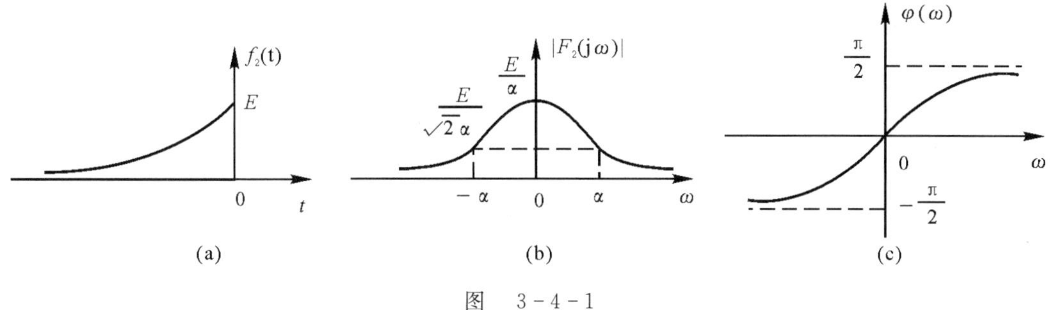

图　3-4-1

解　引入辅助信号 $f_1(t)=E\mathrm{e}^{-\alpha t}U(t)$，可见有 $f_2(t)=f_1(-t)$。$f_1(t)$ 的傅里叶变换 $F_1(\mathrm{j}\omega)$ 在 3.3 节中已求得为

$$F_1(\mathrm{j}\omega)=\frac{E}{\alpha+\mathrm{j}\omega}$$

故根据傅里叶变换的折叠性(表 3-4-1 中的序号 5)，得 $f_2(t)$ 的傅里叶变换为

$$F_2(\mathrm{j}\omega)=F_1(-\mathrm{j}\omega)=\frac{E}{\alpha-\mathrm{j}\omega}$$

即
$$|F_2(\mathrm{j}\omega)|\,\mathrm{e}^{\mathrm{j}\varphi(\omega)}=\frac{E}{\sqrt{\alpha^2+\omega^2}}\mathrm{e}^{\mathrm{j}\arctan\frac{\omega}{\alpha}}$$

故得
$$|F_2(\mathrm{j}\omega)|=\frac{E}{\sqrt{\alpha^2+\omega^2}},\quad \varphi(\omega)=\arctan\frac{\omega}{\alpha}$$

其频谱曲线分别如图 3-4-1(b)(c) 所示。

例 3-4-8　求双边指数信号

$$f_0(t)=E\mathrm{e}^{\alpha t}U(-t)+E\mathrm{e}^{-\alpha t}U(t)=E\mathrm{e}^{-\alpha|t|}=\begin{cases}E\mathrm{e}^{\alpha t}, & t\in(-\infty,0]\\ E\mathrm{e}^{-\alpha t}, & t\in[0,\infty)\end{cases}$$

α 为大于零的实常数。$f_0(t)$ 的波形如图 3-4-2(a) 所示。

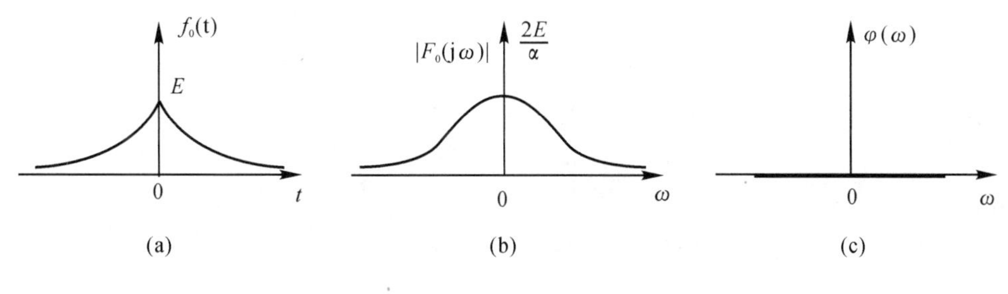

图　3-4-2

解 对式 $f_0(t)=Ee^{\alpha t}U(-t)+Ee^{-\alpha t}U(t)$ 的两端同时求傅里叶变换,并根据傅里叶变换的叠加性,有

故
$$F_0(\mathrm{j}\omega)=\frac{E}{\alpha-\mathrm{j}\omega}+\frac{E}{\alpha+\mathrm{j}\omega}=\frac{2\alpha E}{\alpha^2+\omega^2}$$

即
$$|F_0(\mathrm{j}\omega)|e^{\mathrm{j}\varphi(\omega)}=\left|\frac{2\alpha E}{\alpha^2+\omega^2}\right|e^{\mathrm{j}0^\circ}$$

故得
$$|F_0(\mathrm{j}\omega)|=\left|\frac{2\alpha E}{\alpha^2+\omega^2}\right|=\frac{2\alpha E}{\alpha^2+\omega^2}$$
$$\varphi(\omega)=0^\circ$$

其幅度谱和相位谱曲线分别如图 3-4-2(b)(c) 所示。

例 3-4-9 求直流信号 $f(t)=E,t\in\mathbf{R}$ 的傅里叶变换 $F(\mathrm{j}\omega)$。$f(t)=E$ 的波形如图 3-4-3(a) 所示。

解 引入辅助信号
$$f_0(t)=Ee^{\alpha t}U(-t)+Ee^{-\alpha t}U(t)$$
α 为大于零的实常数,$f_0(t)$ 的波形如图 3-4-3(b) 所示。显然有
$$f(t)=\lim_{\alpha\to 0}f_0(t)$$

故
$$F(\mathrm{j}\omega)=\lim_{\alpha\to 0}F_0(\mathrm{j}\omega)=\lim_{\alpha\to 0}\frac{2\alpha E}{\alpha^2+\omega^2}=\begin{cases}0, & \omega\neq 0\\ \infty, & \omega=0\end{cases}$$

即
$$F(\mathrm{j}\omega)=\begin{cases}0, & \omega\neq 0\\ \infty, & \omega=0\end{cases}$$

可见 $F(\mathrm{j}\omega)$ 为自变量为 ω 的冲激函数,其冲激强度为

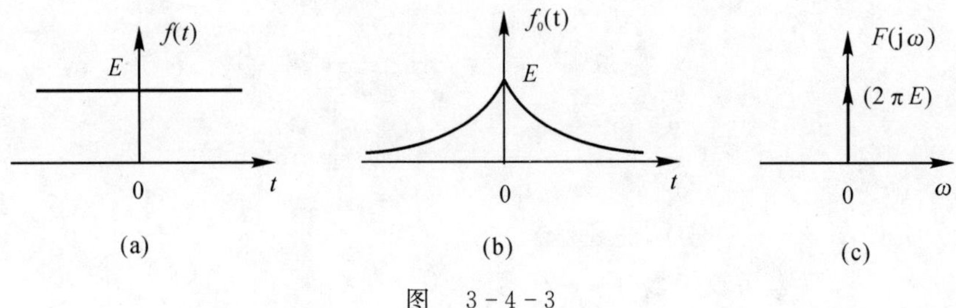

图 3-4-3

$$\int_{-\infty}^{+\infty}F(\mathrm{j}\omega)\mathrm{d}\omega=\int_{-\infty}^{+\infty}\lim_{\alpha\to 0}\frac{2\alpha E}{\alpha^2+\omega^2}\mathrm{d}\omega=\lim_{\alpha\to 0}\int_{-\infty}^{+\infty}\frac{2E}{1+\left(\frac{\omega}{\alpha}\right)^2}\mathrm{d}\left(\frac{\omega}{\alpha}\right)=$$
$$E\left[2\arctan\frac{\omega}{\alpha}\right]_{-\infty}^{+\infty}=2\pi E \qquad \text{(查积分表)}$$

故得直流信号 $f(t)=E,t\in\mathbf{R}$ 的傅里叶变换为
$$F(\mathrm{j}\omega)=2\pi E\delta(\omega)$$
其频谱如图 3-4-3(c) 所示。

当 $E=1$ 时,单位直流信号 $f(t)=1$ 的傅里叶变换为
$$F(\mathrm{j}\omega)=2\pi\delta(\omega)$$

例 3-4-10 求图 3-4-4(a) 所示信号 $f_0(t)$ 的傅里叶变换 $F_0(\mathrm{j}\omega)$,$f_0(t)$ 的函数式为

$$f_0(t)=e^{-\alpha t}U(t)-e^{\alpha t}U(-t)$$

α 为大于零的实常数。

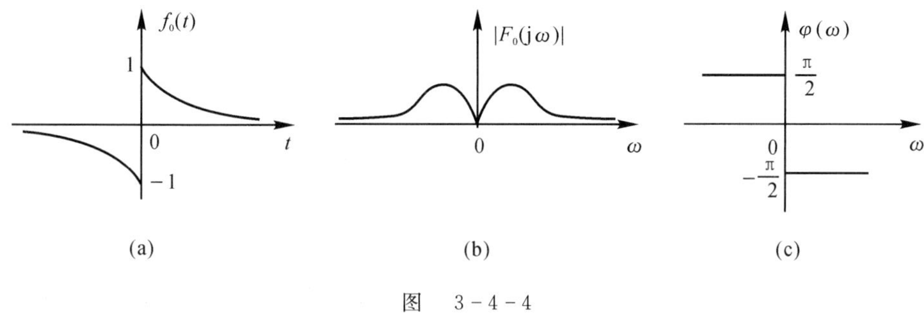

图　3-4-4

解　对式 $f_0(t)=e^{-\alpha t}U(t)-e^{\alpha t}U(-t)$ 的等号两端同时求傅里叶变换,并根据傅里叶变换的叠加性,有

$$F_0(j\omega)=\frac{1}{\alpha+j\omega}-\frac{1}{\alpha-j\omega}=-j\frac{2\omega}{\alpha^2+\omega^2}$$

即
$$F_0(j\omega)=|F_0(j\omega)|e^{j\varphi(\omega)}=\left|\frac{2\omega}{\alpha^2+\omega^2}\right|e^{-j\frac{\pi}{2}}$$

故得
$$|F_0(j\omega)|=\left|\frac{2\omega}{\alpha^2+\omega^2}\right|,\quad \varphi(\omega)=\begin{cases}-\dfrac{\pi}{2}, & \omega>0\\ \dfrac{\pi}{2}, & \omega<0\end{cases}$$

其幅度频谱和相位频谱曲线,分别如图 3-4-4(b)(c) 所示。

例 3-4-11　求符号函数 $f(t)=\text{sgn}(t)=U(t)-U(-t)$ 的傅里叶变换 $F(j\omega)$,$f(t)=\text{sgn}(t)$ 的波形如图 3-4-5(a) 所示。

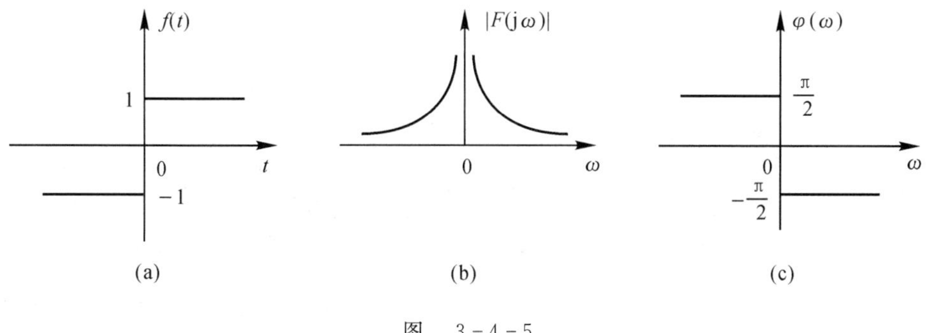

图　3-4-5

解　引入辅助信号 $f_0(t)=e^{-\alpha t}U(t)-e^{\alpha t}U(-t)$。显然有

$$f(t)=\lim_{\alpha\to 0}f_0(t)$$

得
$$F(j\omega)=\lim_{\alpha\to 0}F_0(j\omega)=\lim_{\alpha\to 0}\left(-j\frac{2\omega}{\alpha^2+\omega^2}\right)=-j\frac{2}{\omega}=\frac{2}{j\omega}$$

即 $$|F(\mathrm{j}\omega)|=\left|\frac{2}{\omega}\right|,\quad \varphi(\omega)=\begin{cases}-\dfrac{\pi}{2}, & \omega>0\\ \dfrac{\pi}{2}, & \omega<0\end{cases}$$

其幅度频谱和相位频谱曲线分别如图 3-4-5(b)(c) 所示。

例 3-4-12 求单位阶跃信号 $f(t)=U(t)$ 的傅里叶变换 $F(\mathrm{j}\omega)$。$f(t)=U(t)$ 的波形如图 3-4-6(a) 所示。

解 引入两个辅助信号

$$f_1(t)=\frac{1}{2}\mathrm{sgn}(t),\quad f_2(t)=\frac{1}{2}$$

显然有 $$f(t)=f_1(t)+f_2(t)$$

故根据傅里叶变换的叠加性(表 3-4-1 中的序号 3),得

$$F(\mathrm{j}\omega)=F_1(\mathrm{j}\omega)+F_2(\mathrm{j}\omega)=\frac{1}{2}\left(\frac{2}{\mathrm{j}\omega}\right)+\frac{1}{2}\times 2\pi\delta(\omega)=\pi\delta(\omega)+\frac{1}{\mathrm{j}\omega}$$

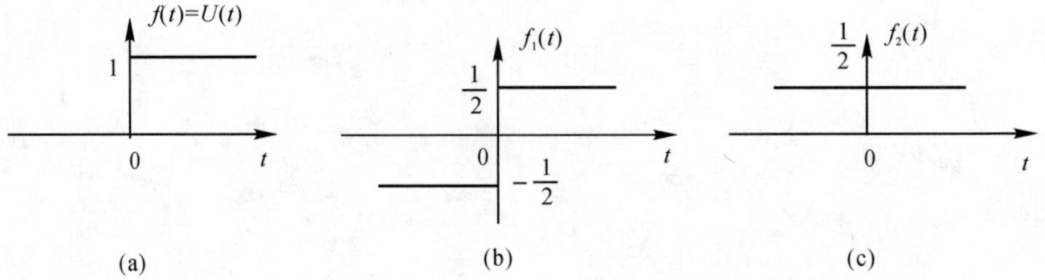

图 3-4-6

例 3-4-13 求信号:(1) $f(t)=\dfrac{1}{t}$; (2) $f(t)=\dfrac{1}{t^2}$; (3) $f(t)=\dfrac{1}{\pi t}$ 的 $F(\mathrm{j}\omega)$。

解 (1) $f(t)=\dfrac{1}{t}$:由傅里叶变换的互易对称性(表 3-4-1 中的序号 6) 有

$$\mathrm{sgn}(t)\longleftrightarrow\frac{2}{\mathrm{j}\omega}$$

故有 $$2\pi\,\mathrm{sgn}(-\omega)\longleftrightarrow\frac{2}{\mathrm{j}t}$$

故 $$\frac{1}{t}\longleftrightarrow \mathrm{j}\pi\,\mathrm{sgn}(-\omega)=-\mathrm{j}\pi\,\mathrm{sgn}(\omega)$$

故得 $$F(\mathrm{j}\omega)=\mathscr{F}\left[\frac{1}{t}\right]=-\mathrm{j}\pi\,\mathrm{sgn}(\omega)$$

即 $$|F(\mathrm{j}\omega)|=\pi,\quad \varphi(\omega)=\begin{cases}-\dfrac{\pi}{2}, & \omega>0\\ \dfrac{\pi}{2}, & \omega<0\end{cases}$$

注意:上面利用了 $\mathrm{sgn}(\omega)$ 是奇函数的性质。$F(\mathrm{j}\omega)$ 的图形如图 3-4-7 所示。

(2) 因有 $\dfrac{1}{t^2}=-\dfrac{\mathrm{d}}{\mathrm{d}t}\left[\dfrac{1}{t}\right]$,故根据傅里叶变换的微分性(表 3-4-1 中的序号 13) 有

$$F(\mathrm{j}\omega)=\mathscr{F}\left[\frac{1}{t^2}\right]=-\mathrm{j}\omega[-\mathrm{j}\pi\,\mathrm{sgn}(\omega)]=-\pi\omega\,\mathrm{sgn}(\omega)=\begin{cases}-\pi\omega, & \omega>0\\ \pi\omega, & \omega<0\end{cases}$$

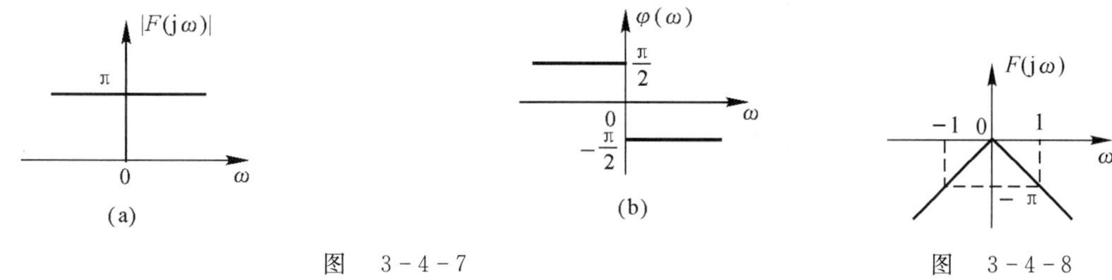

图　3-4-7　　　　图　3-4-8

$F(\mathrm{j}\omega)$ 的图形如图 3-4-8 所示。

(3)
$$f(t)=\frac{1}{\pi}\times\frac{1}{t}$$

故
$$F(\mathrm{j}\omega)=\frac{1}{\pi}[-\mathrm{j}\pi\mathrm{sgn}(\omega)]=-\mathrm{j}\mathrm{sgn}(\omega)$$

故
$$|F(\mathrm{j}\omega)|=1$$

$$\varphi(\omega)=\begin{cases}-\dfrac{\pi}{2}, & \omega>0\\ \dfrac{\pi}{2}, & \omega<0\end{cases}$$

其频谱如图 3-4-9(a)(b) 所示。

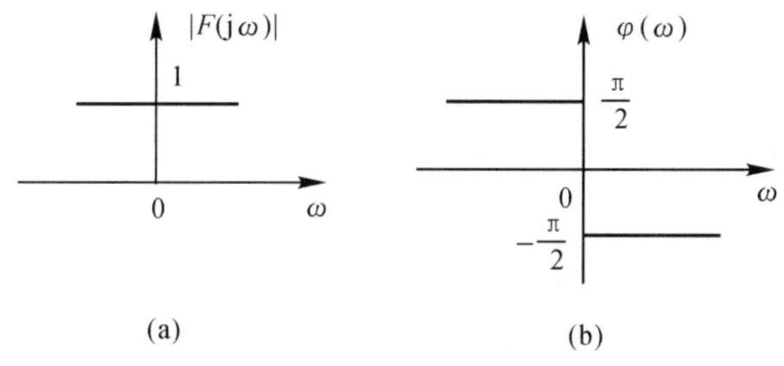

图 3-4-9　信号 $f(t)=\dfrac{1}{\pi t}$ 的频谱

例 3-4-14　已知 $F(\mathrm{j}\omega)$ 的图形如图 3-4-10(a)(b) 所示，求其反变换 $f(t)$。

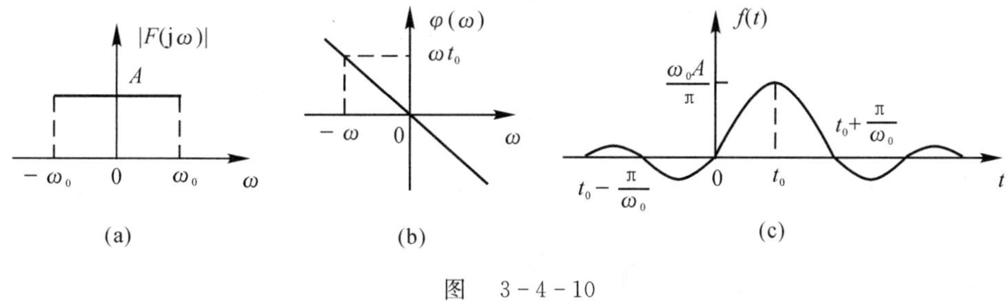

图　3-4-10

解　利用傅里叶变换的互易对称性(表 3-4-1 中的序号 6) 求解。因有

$$F(\mathrm{j}\omega)=AG_{2\omega_0}(\omega)\mathrm{e}^{-\mathrm{j}t_0\omega}$$

又因有
$$G_\tau(t) \longleftrightarrow \tau \frac{\sin\frac{\omega\tau}{2}}{\frac{\omega\tau}{2}}$$

取 $\tau=2\omega_0$，有
$$G_{2\omega_0}(t) \longleftrightarrow 2\omega_0 \frac{\sin\omega_0\omega}{\omega_0\omega}$$

故根据傅里叶变换的互易对称性（表 3-4-1 中的序号 6）有
$$2\pi G_{2\omega_0}(\omega) \longleftrightarrow 2\omega_0 \frac{\sin\omega_0 t}{\omega_0 t}$$

即
$$\frac{\omega_0}{\pi}\frac{\sin\omega_0 t}{\omega_0 t} \longleftrightarrow G_{2\omega_0}(\omega)$$

又根据傅里叶变换的齐次性（表 3-4-1 中的序号 2）有
$$\frac{A\omega_0}{\pi}\frac{\sin\omega_0 t}{\omega_0 t} \longleftrightarrow AG_{2\omega_0}(\omega)$$

又根据傅里叶变换的延迟性（表 3-4-1 中的序号 11）有
$$\frac{A\omega_0}{\pi}\frac{\sin\omega_0(t-t_0)}{\omega_0(t-t_0)} \longleftrightarrow AG_{2\omega_0}(\omega)\mathrm{e}^{-\mathrm{j}t_0\omega}$$

故得
$$f(t)=\frac{A\omega_0}{\pi}\frac{\sin\omega_0(t-t_0)}{\omega_0(t-t_0)}=\frac{A\omega_0}{\pi}\mathrm{Sa}[\omega_0(t-t_0)],\quad t\in\mathbf{R}$$

$f(t)$ 的波形如图 3-4-10(c) 所示。

例 3-4-15 求积分 $\int_{-\infty}^{+\infty}\mathrm{Sa}\left(\frac{\omega\tau}{2}\right)\mathrm{d}\omega$。

解 因有
$$G_\tau(t) \longleftrightarrow \tau\mathrm{Sa}\left(\frac{\omega\tau}{2}\right)$$

故
$$\frac{1}{\tau}G_\tau(t) \longleftrightarrow \mathrm{Sa}\left(\frac{\omega\tau}{2}\right)$$

从傅里叶反变换的定义式有
$$\frac{1}{\tau}G_\tau(t)=\frac{1}{2\pi}\int_{-\infty}^{+\infty}\mathrm{Sa}\left(\frac{\omega\tau}{2}\right)\mathrm{e}^{\mathrm{j}\omega t}\mathrm{d}\omega$$

取 $t=0$，有
$$\frac{1}{\tau}G_\tau(0)=\frac{1}{2\pi}\int_{-\infty}^{+\infty}\mathrm{Sa}\left(\frac{\omega\tau}{2}\right)\mathrm{d}\omega$$

故得
$$\int_{-\infty}^{+\infty}\mathrm{Sa}\left(\frac{\omega\tau}{2}\right)\mathrm{d}\omega=\frac{1}{\tau}G_\tau(0)\cdot 2\pi=\frac{2\pi}{\tau}\times 1=\frac{2\pi}{\tau}$$

例 3-4-16 求积分 $\int_{-\infty}^{+\infty}\frac{1}{\alpha^2+\omega^2}\mathrm{d}\omega$。

解 因有
$$f(t)=\mathrm{e}^{-\alpha|t|} \longleftrightarrow F(\mathrm{j}\omega)=\frac{2\alpha}{\alpha^2+\omega^2}$$

又因
$$f(t)=\mathrm{e}^{-\alpha|t|}=\frac{1}{2\pi}\int_{-\infty}^{+\infty}F(\mathrm{j}\omega)\mathrm{e}^{\mathrm{j}\omega t}\mathrm{d}\omega$$

故
$$f(0)=\mathrm{e}^{-\alpha|0|}=1=\frac{1}{2\pi}\int_{-\infty}^{+\infty}\frac{2\alpha}{\alpha^2+\omega^2}\mathrm{d}\omega=\frac{\alpha}{\pi}\int_{-\infty}^{+\infty}\frac{1}{\alpha^2+\omega^2}\mathrm{d}\omega$$

故得
$$\int_{-\infty}^{+\infty}\frac{1}{\alpha^2+\omega^2}\mathrm{d}\omega=\frac{\pi}{\alpha}$$

例 3-4-17 求下列频谱函数的原函数 $f(t)$：

(1) $F(\mathrm{j}\omega)=\mathrm{e}^{\alpha\omega}U(-\omega)$；　　　　(2) $F(\mathrm{j}\omega)=\mathrm{Sa}(2\omega)\cos\omega$。

解　(1) 因有 $\mathrm{e}^{-\alpha t}U(t)\longleftrightarrow\dfrac{1}{\mathrm{j}\omega+\alpha}$，故有

$$\frac{1}{\mathrm{j}t+\alpha}\longleftrightarrow 2\pi\mathrm{e}^{-\alpha(-\omega)}U(-\omega)=2\pi\mathrm{e}^{\alpha\omega}U(-\omega)$$

得
$$f(t)=\frac{1}{2\pi}\times\frac{1}{\mathrm{j}t+\alpha}$$

(2)
$$\mathrm{Sa}(2\omega)\cos\omega=\frac{1}{2}\mathrm{Sa}(2\omega)(\mathrm{e}^{\mathrm{j}\omega}+\mathrm{e}^{-\mathrm{j}\omega})$$

因有
$$G_\tau(t)\longleftrightarrow\tau\mathrm{Sa}\left(\frac{\tau}{2}\omega\right)$$

故
$$G_4(t)\longleftrightarrow 4\mathrm{Sa}(2\omega)$$
$$G_4(t-1)\longleftrightarrow 4\mathrm{Sa}(2\omega)\mathrm{e}^{-\mathrm{j}\omega}$$
$$G_4(t+1)\longleftrightarrow 4\mathrm{Sa}(2\omega)\mathrm{e}^{\mathrm{j}\omega}$$
$$G_4(t+1)+G_4(t-1)\longleftrightarrow 4\mathrm{Sa}(2\omega)(\mathrm{e}^{\mathrm{j}\omega}+\mathrm{e}^{-\mathrm{j}\omega})=4\times 2\mathrm{Sa}(2\omega)\frac{\mathrm{e}^{\mathrm{j}\omega}+\mathrm{e}^{-\mathrm{j}\omega}}{2}=8\mathrm{Sa}(2\omega)\cos\omega$$

故得
$$f(t)=\frac{1}{8}[G_4(t+1)+G_4(t-1)]$$

$f(t)$ 的波形如图 3-4-11 所示。

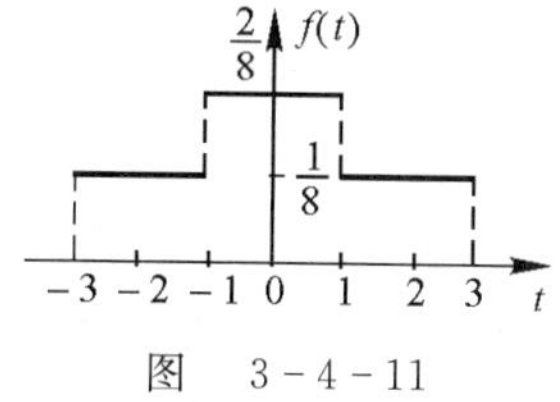

图　3-4-11

例 3-4-18　求图 3-4-12(a) 所示三角形信号 $y(t)$ 的傅里叶变换 $Y(\mathrm{j}\omega)$。

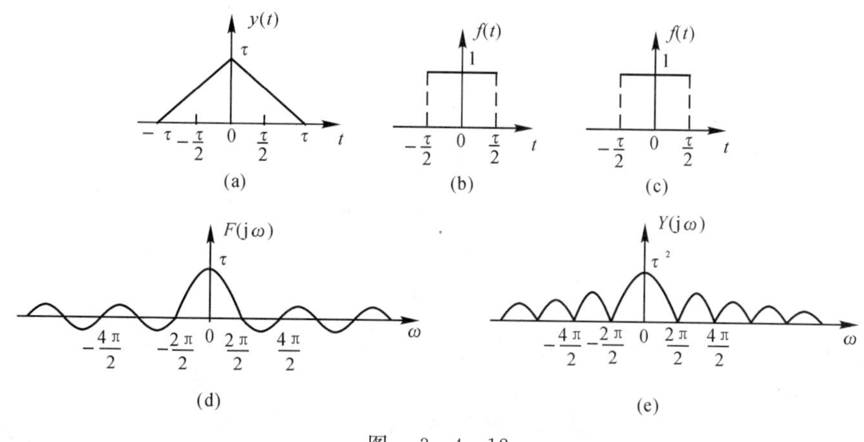

图　3-4-12

解　为了简便求解，引入辅助信号 $f(t)$，如图 3-4-12(b)(c) 所示。因有

$$y(t)=f(t)*f(t)$$

故根据傅里叶变换的时域卷积性(表 3-4-1 中的序号 16),有

$$Y(\mathrm{j}\omega)=F(\mathrm{j}\omega)F(\mathrm{j}\omega)=[F(\mathrm{j}\omega)]^2$$

又已知有 $F(\mathrm{j}\omega)=\tau\mathrm{Sa}\left(\frac{\omega\tau}{2}\right)$,代入上式得

$$Y(\mathrm{j}\omega)=\tau^2\left[\mathrm{Sa}\left(\frac{\omega\tau}{2}\right)\right]^2$$

$F(\mathrm{j}\omega)$ 与 $Y(\mathrm{j}\omega)$ 的图形如图 3-4-12(d)(e) 所示。

例 3-4-19 已知信号 $f(t)$ 的波形如图 3-4-13(a) 所示,设 $F(\mathrm{j}\omega)=R(\omega)+\mathrm{j}X(\omega)=|F(\mathrm{j}\omega)|\mathrm{e}^{\mathrm{j}\varphi(\omega)}$。(1) 求 $\varphi(\omega)$;(2) 求 $F(0)$ 和积分 $\int_{-\infty}^{+\infty}F(\mathrm{j}\omega)\mathrm{d}\omega$ 的值;(3) 画出 $y(t)=\mathscr{F}^{-1}[R(\omega)]$ 的波形。

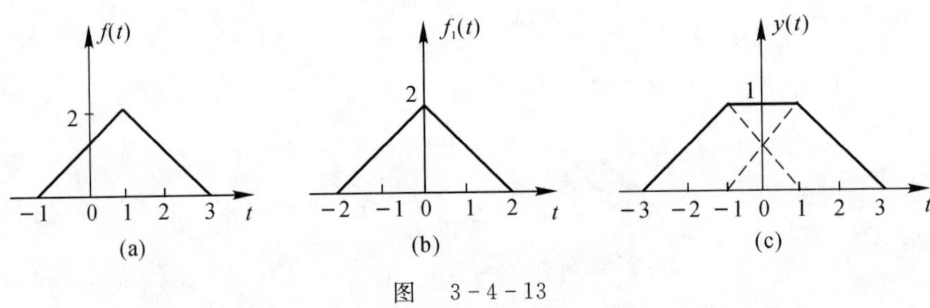

图 3-4-13

解 (1) 引入信号 $f_1(t)$ 如图 3-4-13(b) 所示。

$$f(t)=f_1(t-1)$$

$$F(\mathrm{j}\omega)=F_1(\mathrm{j}\omega)\mathrm{e}^{-\mathrm{j}\omega}=|F_1(\mathrm{j}\omega)|\mathrm{e}^{\mathrm{j}\varphi_1(\omega)}\mathrm{e}^{-\mathrm{j}\omega}=|F_1(\mathrm{j}\omega)|\mathrm{e}^{\mathrm{j}[\varphi_1(\omega)-\omega]}$$

得

$$|F(\mathrm{j}\omega)|=|F_1(\mathrm{j}\omega)|$$

$$\varphi(\omega)=\varphi_1(\omega)-\omega$$

由于 $f_1(t)$ 为 t 的实、偶函数,故 $F_1(\mathrm{j}\omega)$ 为 ω 的实、偶函数,即有 $F_1(\mathrm{j}\omega)=R(\omega)$,得 $\varphi_1(\omega)=0$。故得

$$\varphi(\omega)=-\omega$$

(2)

$$F(0)=\int_{-\infty}^{+\infty}f(t)\mathrm{d}t=\frac{1}{2}(2\times 4)=4$$

$$\int_{-\infty}^{+\infty}F(\mathrm{j}\omega)\mathrm{d}\omega=2\pi f(0)=2\pi\times 1=2\pi$$

(3)

$$f(t)\longleftrightarrow R(\omega)+\mathrm{j}X(\omega)$$

$$f(-t)\longleftrightarrow R(-\omega)+\mathrm{j}X(-\omega)=R(\omega)-\mathrm{j}X(\omega)$$

上两式相加有

$$f(t)+f(-t)\longleftrightarrow 2R(\omega)$$

即

$$R(\omega)\longleftrightarrow\frac{1}{2}[f(t)+f(-t)]$$

故得

$$y(t)=\mathscr{F}^{-1}[R(\omega)]=\frac{1}{2}[f(t)+f(-t)]$$

$y(t)$ 的波形如图 3-4-13(c) 所示。

例 3-4-20 求 $f(t)=tU(t)$ 的傅里叶变换 $F(\mathrm{j}\omega)$。

解 因有

$$U(t)\longleftrightarrow\pi\delta(\omega)+\frac{1}{\mathrm{j}\omega}$$

故根据傅里叶变换的频域微分性(表 3-4-1 中的序号 15)有

$$-\mathrm{j}tU(t) \longleftrightarrow \frac{\mathrm{d}}{\mathrm{d}t}\left[\pi\delta(\omega)+\frac{1}{\mathrm{j}\omega}\right]=\pi\delta'(\omega)-\frac{1}{\mathrm{j}\omega^2}$$

故得

$$tU(t) \longleftrightarrow F(\mathrm{j}\omega)=\mathrm{j}\pi\delta'(\omega)-\frac{1}{\omega^2}$$

三、常用非周期信号傅里叶变换表

根据傅里叶变换的定义式和性质,可求出各种信号的傅里叶变换。现将常用非周期信号 $f(t)$ 的傅里叶变换 $F(\mathrm{j}\omega)$ 列于表 3-4-2 中。

表 3-4-2　常用非周期信号 $f(t)$ 的傅里叶变换

序　号	$f(t)$	$F(\mathrm{j}\omega)$
1	$\delta(t)$	1
2	单位直流信号 1	$2\pi\delta(\omega)$
3	$U(t)$	$\pi\delta(\omega)+\frac{1}{\mathrm{j}\omega}$
4	$\mathrm{sgn}(t)$	$\frac{2}{\mathrm{j}\omega}$
5	$\mathrm{e}^{-at}U(t)$,a 为大于零的实数	$\frac{1}{\mathrm{j}\omega+a}$
6	$t\mathrm{e}^{-at}U(t)$,a 为大于零的实数	$\frac{1}{(\mathrm{j}\omega+a)^2}$
7	$G_\tau(t)$	$\tau\mathrm{Sa}\left(\frac{\tau}{2}\omega\right)$
8	$\mathrm{Sa}(\omega_0 t)=\frac{\sin\omega_0 t}{\omega_0 t}$	$\frac{\pi}{\omega_0}G_{2\omega_0}(\omega)$
9	$\sin\omega_0 tU(t)$	$\frac{\pi}{2\mathrm{j}}[\delta(\omega-\omega_0)-\delta(\omega+\omega_0)]+\frac{\omega_0}{\omega_0^2-\omega^2}$
10	$\cos\omega_0 tU(t)$	$\frac{\pi}{2}[\delta(\omega+\omega_0)-\delta(\omega-\omega_0)]+\frac{\mathrm{j}\omega}{\omega_0^2-\omega^2}$
11	$\mathrm{e}^{\mathrm{j}\omega_0 t}$	$2\pi\delta(\omega-\omega_0)$
12	$tU(t)$	$\mathrm{j}\pi\delta'(\omega)-\frac{1}{\omega^2}$
13	$G_\tau(t)\cos\omega_0 t$	$\left[\mathrm{Sa}\frac{(\omega+\omega_0)\tau}{2}+\mathrm{Sa}\frac{(\omega-\omega_0)\tau}{2}\right]\frac{\tau}{2}$
14	$\mathrm{e}^{-at}\sin\omega_0 tU(t)$,　$a>0$	$\frac{\omega_0}{(\mathrm{j}\omega+a)^2+\omega_0^2}$
15	$\mathrm{e}^{-at}\cos\omega_0 tU(t)$,　$a>0$	$\frac{\mathrm{j}\omega+a}{(\mathrm{j}\omega+a)^2+\omega_0^2}$
16	双边指数信号 $\mathrm{e}^{-a\|t\|}$,　$a>0$	$\frac{2a}{\omega^2+a^2}$
17	钟形脉冲 $\mathrm{e}^{-\left(\frac{t}{\tau}\right)^2}$	$\tau\sqrt{\pi}\,\mathrm{e}^{-\left(\frac{\omega\tau}{2}\right)^2}$
18	$\frac{1}{t}$	$-\mathrm{j}\pi\mathrm{sgn}(\omega)$
19	$\|t\|$	$-\frac{2}{\omega^2}$

思考题

1. 总结常用信号的傅里叶变换对，回答问题：若 $f(t)$ 在时域是实、偶函数，其 $F(\mathrm{j}\omega)$ 在频域里是什么性质的函数？若 $f(t)$ 在时域是实、奇函数，其 $F(\mathrm{j}\omega)$ 在频域里是什么性质的函数？若 $f(t)$ 在时域是非奇非偶实函数，其 $F(\mathrm{j}\omega)$ 又是什么性质的函数？

2. 有同学讲"求复杂信号的傅里叶变换，若直接套用傅里叶变换公式求解过程很麻烦甚至求不出，此时，若在时域能将复杂信号分解为简单常用信号代数和的形式，则就可应用常用信号的傅里叶变换对并结合应用傅里叶变换的线性、时移性质很快捷地求出复杂信号的傅里叶变换"。你认同他归纳总结出的这条小经验吗？

3.5 周期信号的傅里叶变换

常用的周期信号有复指数信号、余弦信号、正弦信号、单位冲激序列信号。

一、复指数信号 $f(t)=\mathrm{e}^{\pm\mathrm{j}\omega_0 t}$

复指数信号 $f(t)=\mathrm{e}^{\mathrm{j}\omega_0 t}, t\in\mathbf{R}$ 不是时间变量 t 的实函数，而是 t 的复数函数，其周期 $T=\dfrac{2\pi}{\omega_0}$。下面根据傅里叶变换的互易对称性和频移性求它的频谱函数 $F(\mathrm{j}\omega)$。根据互易对称性（表 3－4－1 中的序号 6）有

$$1\longleftrightarrow 2\pi\delta(\omega)$$

又根据傅里叶变换的频移性（表 3－4－1 中的序号 7）有

$$1\mathrm{e}^{\mathrm{j}\omega_0 t}\longleftrightarrow 2\pi\delta(\omega-\omega_0)$$

即
$$f(t)=1\mathrm{e}^{\mathrm{j}\omega_0 t}\longleftrightarrow 2\pi\delta(\omega-\omega_0)$$

故得
$$F(\mathrm{j}\omega)=2\pi\delta(\omega-\omega_0)$$

其频谱如图 3－5－1(a) 所示。

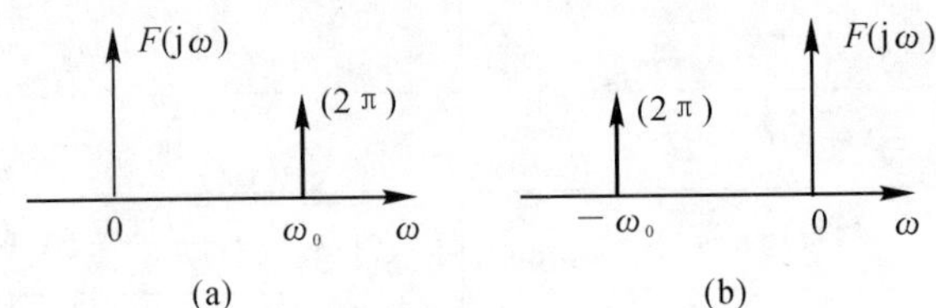

图 3－5－1　复指数信号 $f(t)=\mathrm{e}^{\pm\mathrm{j}\omega_0 t}$ 的频谱

复指数信号 $f(t)=\mathrm{e}^{-\mathrm{j}\omega_0 t}, t\in\mathbf{R}$。与上面同理有

$$1\longleftrightarrow 2\pi\delta(\omega)$$

故
$$1\mathrm{e}^{-\mathrm{j}\omega_0 t}\longleftrightarrow 2\pi\delta(\omega+\omega_0)$$

即
$$f(t)=1\mathrm{e}^{-\mathrm{j}\omega_0 t}\longleftrightarrow 2\pi\delta(\omega+\omega_0)$$

故得
$$F(\mathrm{j}\omega)=2\pi\delta(\omega+\omega_0)$$

其频谱如图 3－5－1(b) 所示。

可见复指数信号 $f(t)=1\mathrm{e}^{\pm \mathrm{j}\omega_0 t}$ 的频谱是强度为 2π 的冲激函数，分别位于 ω_0 和 $-\omega_0$ 处。

二、余弦信号 $f(t)=\cos\omega_0 t,\ t\in \mathbf{R}, T=\dfrac{2\pi}{\omega_0}$

因有 $f(t)=\dfrac{1}{2}(\mathrm{e}^{\mathrm{j}\omega_0 t}+\mathrm{e}^{-\mathrm{j}\omega_0 t})=\dfrac{1}{2}\mathrm{e}^{\mathrm{j}\omega_0 t}+\dfrac{1}{2}\mathrm{e}^{-\mathrm{j}\omega_0 t}$。对上式等号两端同时求傅里叶变换，并根据上面所得到的结论有

$$F(\mathrm{j}\omega)=\frac{1}{2}\times 2\pi\delta(\omega-\omega_0)+\frac{1}{2}\times 2\pi\delta(\omega+\omega_0)=\pi\delta(\omega-\omega_0)+\pi\delta(\omega+\omega_0)$$

其频谱曲线如图 3-5-2 所示，可见余弦信号的频谱为在 ω_0 和 $-\omega_0$ 处出现的两个冲激函数，冲激强度均为 π。

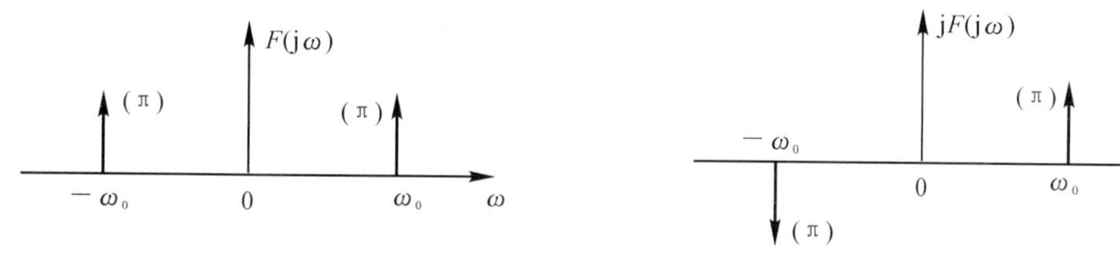

图 3-5-2　余弦信号的频谱　　图 3-5-3　正弦信号的频谱

三、正弦信号 $f(t)=\sin\omega_0 t,\ t\in \mathbf{R}, T=\dfrac{2\pi}{\omega_0}$

因有
$$f(t)=\sin\omega_0 t=\frac{1}{2\mathrm{j}}(\mathrm{e}^{\mathrm{j}\omega_0 t}-\mathrm{e}^{-\mathrm{j}\omega_0 t})=\frac{1}{2\mathrm{j}}\mathrm{e}^{\mathrm{j}\omega_0 t}-\frac{1}{2\mathrm{j}}\mathrm{e}^{-\mathrm{j}\omega_0 t}$$

故得

$$F(\mathrm{j}\omega)=\frac{1}{2\mathrm{j}}\times 2\pi\delta(\omega-\omega_0)-\frac{1}{2\mathrm{j}}\times 2\pi\delta(\omega+\omega_0)=\mathrm{j}\pi[\delta(\omega+\omega_0)-\delta(\omega-\omega_0)]$$

即
$$\mathrm{j}F(\mathrm{j}\omega)=\pi\delta(\omega-\omega_0)-\pi\delta(\omega+\omega_0)$$
$\mathrm{j}F(\mathrm{j}\omega)$ 的图形如图 3-5-3 所示。

四、非正弦周期信号

设 $f(t)$ 为非正弦周期信号，其周期为 T，变化角频率为 $\Omega=\dfrac{2\pi}{T}$，则可将 $f(t)$ 展开成指数形式的傅里叶级数为

$$f(t)=\frac{1}{2}\sum_{n=-\infty}^{+\infty}\dot{A}_n\mathrm{e}^{\mathrm{j}n\Omega t},\quad n\in\mathbf{Z}$$

故得 $f(t)$ 的傅里叶变换为

$$\begin{aligned}F(\mathrm{j}\omega)=&\frac{1}{2}\sum_{n=-\infty}^{+\infty}\dot{A}_n\times 2\pi\delta(\omega-n\Omega)=\sum_{n=-\infty}^{+\infty}\pi\dot{A}_n\delta(\omega-n\Omega)=\\&\cdots+\pi\dot{A}_{-2}\delta(\omega+2\Omega)+\pi\dot{A}_{-1}\delta(\omega+\Omega)+\\&\pi\dot{A}_0\delta(\omega)+\pi\dot{A}_1\delta(\omega-\Omega)+\pi\dot{A}_2\delta(\omega-2\Omega)+\cdots\end{aligned}\tag{3-5-1}$$

可见 $F(\mathrm{j}\omega)$ 是由无穷多个自变量为 ω，周期为 Ω，位于 $n\Omega$ 处，强度为 $\pi\dot{A}_n$ 的冲激函数组成的，其频谱如图 3-5-4 所示。上式中的 $\dot{A}_n$ 按下式求解，即

$$\dot{A}_n = \frac{2}{T}\int_{-\frac{T}{2}}^{+\frac{T}{2}} f(t)\mathrm{e}^{-\mathrm{j}n\Omega t}\,\mathrm{d}t$$

五、单位冲激序列信号

单位冲激序列信号 $f(t)=\delta_T(t)=\sum\limits_{K=-\infty}^{+\infty}\delta(t-KT), t\in\mathbf{R}, K\in\mathbf{Z}$,周期为 $T, \Omega=\frac{2\pi}{T}$。

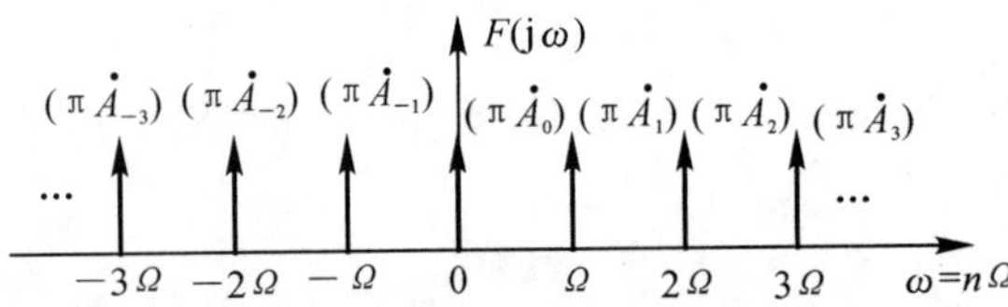

图 3-5-4 非正弦周期信号的频谱

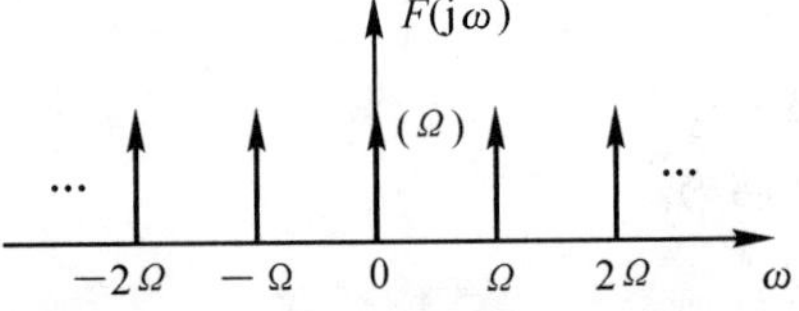

图 3-5-5 单位冲激序列信号的频谱

在例 3-2-1 中已求得单位冲激序列信号的复数振幅 $\dot{A}_n=\frac{2}{T}$,代入式(3-5-1),即得单位冲激序列信号的频谱为

$$F(\mathrm{j}\omega)=\sum_{n=-\infty}^{+\infty}\pi\dot{A}_n\delta(\omega-n\Omega)=\sum_{n=-\infty}^{+\infty}\pi\frac{2}{T}\delta(\omega-n\Omega)=\Omega\sum_{n=-\infty}^{+\infty}\delta(\omega-n\Omega),\quad n\in\mathbf{Z}$$

式中,$\Omega=\frac{2\pi}{T}$。其频谱如图 3-5-5 所示。可见其也为一个冲激序列,周期为 Ω,每个冲激的强度均为 Ω。

*六、从非周期信号的频谱求周期信号的复数振幅 $\dot{A}_n$

图 3-5-6(a) 所示为非周期信号 $f_0(t)$,设其频谱为 $F_0(\mathrm{j}\omega)$;图 3-5-6(b) 所示为周期为 T 的周期信号 $f(t)$,设 $T\geqslant\tau$,其复数振幅为 $\dot{A}_n$。下面研究 $\dot{A}_n$ 与 $F_0(\mathrm{j}\omega)$ 的关系式。

因 $f(t)$ 可以表示成

$$f(t)=\sum_{n=-\infty}^{+\infty}f_0(t-nT)=\sum_{n=-\infty}^{+\infty}f_0(t)*\delta(t-nT),\quad n\in\mathbf{Z}$$

进而又可写成

$$f(t)=f_0(t)*\sum_{n=-\infty}^{+\infty}\delta(t-nT)$$

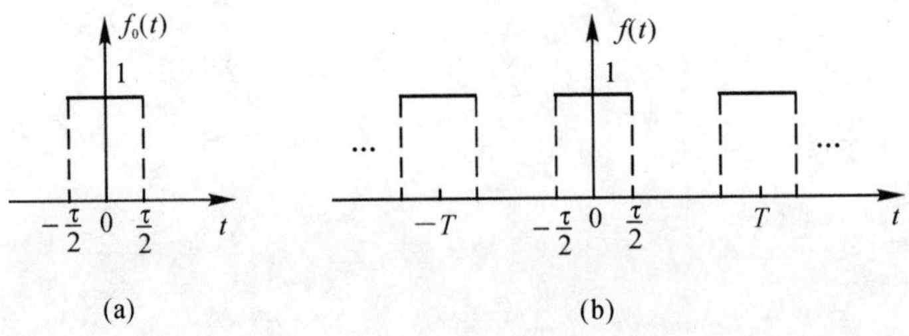

图 3-5-6 非周期信号与周期信号

于是根据傅里叶变换的时域卷积性(表 3-4-1 中的序号 16)有

$$F(\mathrm{j}\omega)=F_0(\mathrm{j}\omega)\Omega\sum_{n=-\infty}^{+\infty}\delta(\omega-n\Omega)=\frac{2\pi}{T}\sum_{n=-\infty}^{+\infty}F_0(\mathrm{j}\omega)\delta(\omega-n\Omega),\quad \Omega=\frac{2\pi}{T}$$

对上式进行傅里叶反变换有

$$f(t)=\frac{1}{2\pi}\int_{-\infty}^{+\infty}F(\mathrm{j}\omega)\mathrm{e}^{\mathrm{j}\omega t}\mathrm{d}\omega=\frac{1}{2\pi}\int_{-\infty}^{+\infty}\frac{2\pi}{T}\sum_{n=-\infty}^{+\infty}F_0(\mathrm{j}\omega)\delta(\omega-n\Omega)\mathrm{e}^{\mathrm{j}\omega t}\mathrm{d}\omega=$$

$$\sum_{n=-\infty}^{+\infty}\frac{1}{T}F_0(\mathrm{j}n\Omega)\mathrm{e}^{\mathrm{j}n\Omega t}\int_{-\infty}^{+\infty}\delta(\omega-n\Omega)\mathrm{d}\omega=$$

$$\frac{1}{2}\sum_{n=-\infty}^{+\infty}\frac{2}{T}F_0(\mathrm{j}n\Omega)\mathrm{e}^{\mathrm{j}n\Omega t}\times 1=\frac{1}{2}\sum_{n=-\infty}^{+\infty}\frac{2}{T}F_0(\mathrm{j}n\Omega)\mathrm{e}^{\mathrm{j}n\Omega t}$$

又知

$$f(t)=\frac{1}{2}\sum_{n=-\infty}^{+\infty}\dot{A}_n\mathrm{e}^{\mathrm{j}n\Omega t}$$

将上两式加以比较可得

$$\dot{A}_n=\frac{2}{T}F_0(\mathrm{j}n\Omega)=\frac{2}{T}F_0(\mathrm{j}\omega)\Big|_{\omega=n\Omega}$$

可见只要知道了 $F_0(\mathrm{j}\omega)$，令 $\omega=n\Omega$，代入此式即可求得 $\dot{A}_n$。这就给我们提供了求 $\dot{A}_n$ 的简便方法。

例如，已求得 $f_0(t)$ 的 $F_0(\mathrm{j}\omega)=\tau\dfrac{\sin\frac{\omega\tau}{2}}{\frac{\omega\tau}{2}}$（见式 3－3－3），故周期信号 $f(t)$ 的复数振幅为

$$\dot{A}_n=\frac{2}{T}F_0(\mathrm{j}\omega)\Big|_{\omega=n\Omega}=\frac{2}{T}\tau\frac{\sin\frac{\omega\tau}{2}}{\frac{\omega\tau}{2}}\Bigg|_{\omega=n\Omega}=\frac{2\tau}{T}\frac{\sin\frac{n\Omega\tau}{2}}{\frac{n\Omega\tau}{2}}\quad（此处\ E=1）$$

此结果与式(3－2－1)全同。

现将周期信号 $f(t)$ 的傅里叶变换汇总于表 3－5－1 中，供复习和查用。

表 3－5－1　周期信号 $f(t)$ 的傅里叶变换

序　号	$f(t),\quad t\in\mathbf{R}$	$F(\mathrm{j}\omega)$
1	$\mathrm{e}^{\mathrm{j}\omega_0 t}$ $\mathrm{e}^{-\mathrm{j}\omega_0 t}$	$2\pi\delta(\omega-\omega_0)$ $2\pi\delta(\omega+\omega_0)$
2	$\cos\omega_0 t$	$\pi[\delta(\omega+\omega_0)+\delta(\omega-\omega_0)]$
3	$\sin\omega_0 t$	$\mathrm{j}\pi[\delta(\omega+\omega_0)-\delta(\omega-\omega_0)]$
4	$\delta_T(t)=\sum_{n=-\infty}^{+\infty}\delta(t-nT)$	$\Omega\sum_{n=-\infty}^{+\infty}\delta(\omega-n\Omega),\ \Omega=\frac{2\pi}{T}$
5	一般周期信号 $f(t)=\frac{1}{2}\sum_{n=-\infty}^{+\infty}\dot{A}_n\mathrm{e}^{\mathrm{j}n\Omega t}$ 其中 $\dot{A}_n=\frac{2}{T}\int_{-\frac{T}{2}}^{+\frac{T}{2}}f(t)\mathrm{e}^{-\mathrm{j}n\Omega t}\mathrm{d}t$ 或 $\dot{A}_n=\frac{2}{T}F_0(\mathrm{j}\omega)\Big\vert_{\omega=n\Omega}$	$\sum_{n=-\infty}^{+\infty}\pi\dot{A}_n\delta(\omega-n\Omega),\ \Omega=\frac{2\pi}{T}$

注意：表中 $F_0(\mathrm{j}\omega)$ 为单个非周期信号的傅里叶变换。

例 3-5-1 试证明傅里叶变换的调制性(表 3-4-1 中的序号 12)。即若有

$$f(t) \longleftrightarrow F(\mathrm{j}\omega)$$

则有

$$f(t)\cos\omega_0 t \longleftrightarrow \frac{1}{2}F[\mathrm{j}(\omega+\omega_0)]+\frac{1}{2}F[\mathrm{j}(\omega-\omega_0)]$$

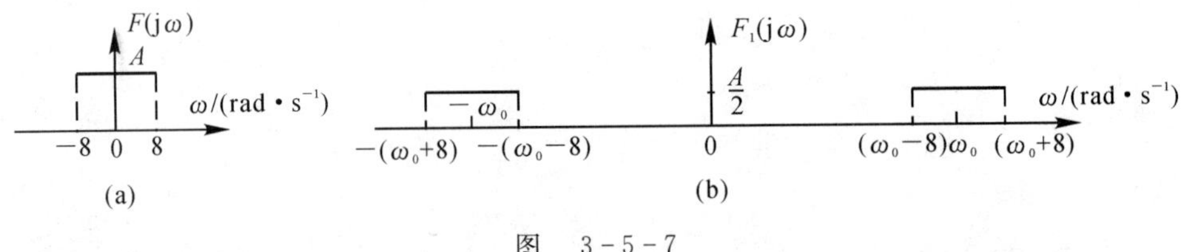

图 3-5-7

证 设 $F(\mathrm{j}\omega)$ 的图形如图 3-5-7(a) 所示。根据傅里叶变换的频域卷积性(表 3-4-1 中的序号 17) 有

$$f(t)\cos\omega_0 t \longleftrightarrow \frac{1}{2\pi}F(\mathrm{j}\omega)*[\pi\delta(\omega+\omega_0)+\pi\delta(\omega-\omega_0)]=$$

$$\frac{1}{2}F[\mathrm{j}(\omega+\omega_0)]+\frac{1}{2}F[\mathrm{j}(\omega-\omega_0)]$$

故得 $f(t)\cos\omega_0 t$ 的傅里叶变换为

$$F_1(\mathrm{j}\omega)=\frac{1}{2}F[\mathrm{j}(\omega+\omega_0)]+\frac{1}{2}F[\mathrm{j}(\omega-\omega_0)]$$

$F_1(\mathrm{j}\omega)$ 的图形如图 3-5-7(b) 所示。 (证毕)

例 3-5-2 求 $f(t)=\mathrm{Sa}(2\pi t)\cos 1\,000t, t\in\mathbf{R}$ 的 $F(\mathrm{j}\omega)$。

解 查表 3-4-2 中的序号 8 和表 3-5-1 中的序号 2 有

$$\mathrm{Sa}(2\pi t) \longleftrightarrow \frac{1}{2}G_{4\pi}(\omega)$$

$$\cos 1\,000t \longleftrightarrow \pi\delta(\omega+1\,000)+\pi\delta(\omega-1\,000)$$

再根据傅里叶变换的频域卷积性(表 3-4-1 中的序号 17),有

$$F(\mathrm{j}\omega)=\frac{1}{2\pi}\times\frac{1}{2}G_{4\pi}(\omega)*[\pi\delta(\omega+1\,000)+\pi\delta(\omega-1\,000)]=$$

$$\frac{1}{4}G_{4\pi}(\omega+1\,000)+\frac{1}{4}G_{4\pi}(\omega-1\,000)$$

$F(\mathrm{j}\omega)$ 的图形如图 3-5-8 所示。

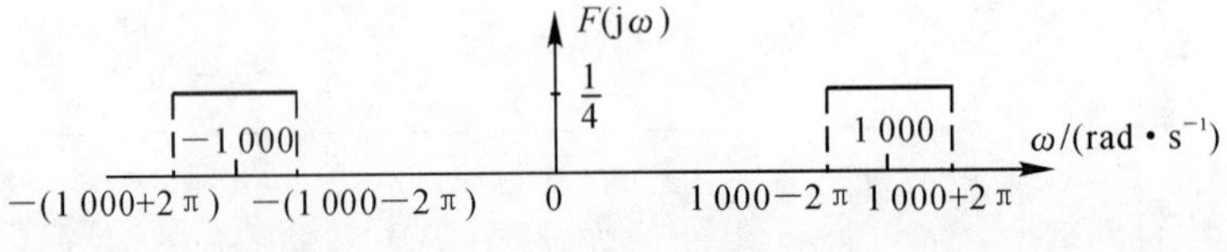

图 3-5-8

例 3-5-3 已知 $F(\mathrm{j}\omega)$ 的图形如图 3-5-9 所示,求 $f(t)$。

解　$F(\mathrm{j}\omega)=\frac{1}{4}G_2(\omega+500)+\frac{1}{4}G_2(\omega-500)=$

$$\frac{1}{4}G_2(\omega)*[\delta(\omega+500)+\delta(\omega-500)]=$$

$$\frac{1}{4}\times\frac{1}{\pi}G_2(\omega)*[\pi\delta(\omega+500)+\pi\delta(\omega-500)]=$$

$$\frac{1}{2}\times\frac{1}{2\pi}G_2(\omega)*[\pi\delta(\omega+500)+\pi\delta(\omega-500)]$$

查表 3-4-2 中的序号 8 得　$G_2(\omega)\longleftrightarrow\frac{1}{\pi}\mathrm{Sa}(t)$

查表 3-5-1 中的序号 2 得　$\pi\delta(\omega+500)+\pi\delta(\omega-500)\longleftrightarrow\cos 500t$

再根据傅里叶变换的频域卷积性(表 3-4-1 中的序号 17)得

$$f(t)=\frac{1}{2}\times\frac{1}{\pi}\mathrm{Sa}(t)\cos 500t,\quad t\in\mathbf{R}$$

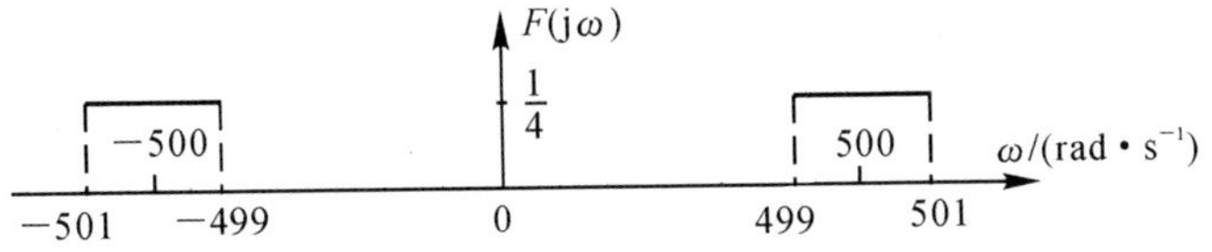

图　3-5-9

例 3-5-4　已知 $F(\mathrm{j}\omega)=\delta(\omega-100)$,求 $f(t)$。

解　因有

$$\mathrm{e}^{\mathrm{j}100t}\longleftrightarrow 2\pi\delta(\omega-100)$$

故

$$\frac{1}{2\pi}\mathrm{e}^{100t}\longleftrightarrow\delta(\omega-100)$$

故得

$$f(t)=\frac{1}{2\pi}\mathrm{e}^{\mathrm{j}100t},\quad t\in\mathbf{R}$$

例 3-5-5　求下列积分:

(1) $\int_{-\infty}^{+\infty}\cos\omega t\,\mathrm{d}t$;　(2) $\int_{-\infty}^{+\infty}\mathrm{e}^{\mathrm{j}\omega t}\,\mathrm{d}\omega$;　(3) $\int_{-\infty}^{+\infty}\mathrm{e}^{\mathrm{j}\omega(t-2)}\,\mathrm{d}\omega$;　(4) $\int_{-\infty}^{+\infty}\frac{\sin\omega t}{\omega}\,\mathrm{d}\omega$。

解　(1) $\int_{-\infty}^{+\infty}\cos\omega t\,\mathrm{d}t=\int_{-\infty}^{+\infty}\cos\omega t\,\mathrm{d}t-\mathrm{j}\int_{-\infty}^{+\infty}\sin\omega t\,\mathrm{d}t=\int_{-\infty}^{+\infty}[\cos\omega t-\mathrm{j}\sin\omega t]\mathrm{d}t=$

$$\int_{-\infty}^{+\infty}1\times\mathrm{e}^{-\mathrm{j}\omega t}\,\mathrm{d}t=\mathscr{F}[1]=2\pi\delta(\omega)$$

(注:因有 $1\longleftrightarrow 2\pi\delta(\omega)$)

(2) 因有 $\delta(t)\longleftrightarrow 1$,又有

$$\delta(t)=\frac{1}{2\pi}\int_{-\infty}^{+\infty}1\times\mathrm{e}^{\mathrm{j}\omega t}\,\mathrm{d}\omega$$

故

$$\int_{-\infty}^{+\infty}\mathrm{e}^{\mathrm{j}\omega t}\,\mathrm{d}\omega=2\pi\delta(t)$$

(3)

$$\int_{-\infty}^{+\infty}\mathrm{e}^{\mathrm{j}\omega(t-2)}\,\mathrm{d}\omega=2\pi\delta(t-2)$$

(4) 因有

$$\mathrm{sgn}(t)\longleftrightarrow\frac{2}{\mathrm{j}\omega}$$

故 $$\mathrm{sgn}(t)=\frac{1}{2\pi}\int_{-\infty}^{+\infty}\frac{2}{\mathrm{j}\omega}\mathrm{e}^{\mathrm{j}\omega t}\mathrm{d}\omega=\frac{1}{\pi}\int_{-\infty}^{+\infty}\frac{1}{\mathrm{j}\omega}[\cos\omega t+\mathrm{j}\sin\omega t]\mathrm{d}\omega=$$

$$\frac{1}{\pi}\int_{-\infty}^{+\infty}\frac{1}{\mathrm{j}\omega}\cos\omega t\,\mathrm{d}\omega+\frac{1}{\pi}\int_{-\infty}^{+\infty}\frac{\sin\omega t}{\omega}\mathrm{d}\omega$$

上式等号右端第一项的被积函数为奇函数，其积分为零，故得

$$\int_{-\infty}^{+\infty}\frac{\sin\omega t}{\omega}\mathrm{d}\omega=\pi\,\mathrm{sgn}(t)$$

例 3-5-6 已知 $F(\mathrm{j}\omega)$ 的图形如图 3-5-10(a) 所示。求其原函数 $f(t)$。

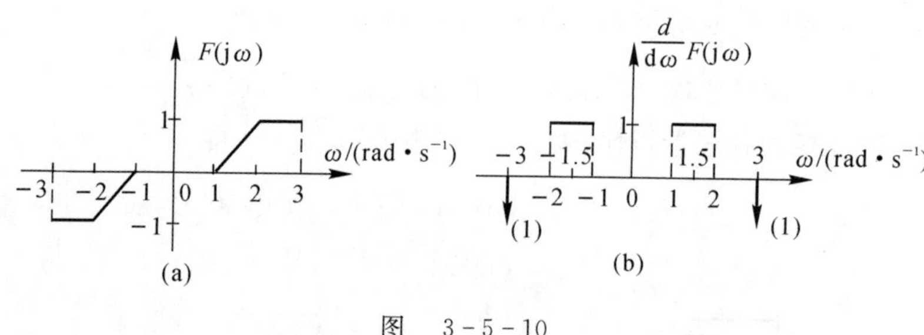

图 3-5-10

解 $\frac{\mathrm{d}}{\mathrm{d}\omega}F(\mathrm{j}\omega)$ 的图形如图 3-5-10(b) 所示。

$$\frac{\mathrm{d}}{\mathrm{d}\omega}F(\mathrm{j}\omega)=-[\delta(\omega+3)+\delta(\omega-3)]+G_1(\omega+1.5)+G_2(\omega-1.5)=$$

$$-\frac{1}{\pi}\times\pi[\delta(\omega+3)+\delta(\omega-3)]+G_1(\omega)*[\delta(\omega+1.5)+\delta(\omega-1.5)]=$$

$$-\frac{1}{\pi}\times\pi[\delta(\omega+3)+\delta(\omega-3)]+2\times\frac{1}{2\pi}G_1(\omega)*\pi[\delta(\omega+1.5)+\delta(\omega-1.5)]$$

因有 $G_1(\omega)\longleftrightarrow\frac{1}{2\pi}\mathrm{Sa}\left(\frac{1}{2}t\right)$，对上式等号两端同时求傅里叶反变换，并根据傅里叶变换的频域微分性(表 3-4-1 中的序号 15) 有

$$-\mathrm{j}tf(t)=-\frac{1}{\pi}\cos3t+\frac{1}{\pi}\mathrm{Sa}\left(\frac{1}{2}t\right)\cos1.5t$$

故得 $$f(t)=\frac{1}{\mathrm{j}\pi t}\cos3t-\frac{1}{\mathrm{j}\pi t}\mathrm{Sa}\left(\frac{1}{2}t\right)\cos1.5t,\quad t\in\mathbf{R}$$

*3.6 傅里叶正变换与反变换之间的对称性

傅里叶的正变换与反变换之间具有惟妙惟肖的对称关系，深刻理解和掌握这些对称关系，不仅是一种“科学美”的享受，特别是许多通信、信号处理系统都需要借助这些性质的运用来解释其构成原理。

设 $f(t)$ 为自变量 t 的实函数，且设 $f(t)\longleftrightarrow F(\mathrm{j}\omega)$。现将傅里叶正变换与反变换之间的对称性总结于表 3-6-1 中，以便复习和查用。

表 3-6-1　傅里叶正变换与反变换之间的对称性

序　号	对称性名称	正变换	反变换
1	正变换与反变换	$f(t)\rightarrow F(\mathrm{j}\omega)=\int_{-\infty}^{+\infty}f(t)\mathrm{e}^{-\mathrm{j}\omega t}\mathrm{d}t$	$F(\mathrm{j}\omega)\rightarrow f(t)=\frac{1}{2\pi}\int_{-\infty}^{+\infty}F(\mathrm{j}\omega)\mathrm{e}^{\mathrm{j}\omega t}\mathrm{d}\omega$
2	互易对称	$f(t)\rightarrow F(\mathrm{j}\omega)$	$F(\mathrm{j}t)\rightarrow 2\pi f(-\omega)$
3	展宽与压缩	$f(at)\rightarrow \frac{1}{a}F\left(\mathrm{j}\frac{\omega}{a}\right)$， $a>0$	$F(\mathrm{j}a\omega)\rightarrow \frac{1}{a}f\left(\frac{t}{a}\right)$， $a>0$
4	时移与频移	$f(t-t_0)\rightarrow F(\mathrm{j}\omega)\mathrm{e}^{-\mathrm{j}\omega t_0}$， $t_0>0$	$F[\mathrm{j}(\omega-\omega_0)]\rightarrow f(t)\mathrm{e}^{\mathrm{j}\omega_0 t}$， $\omega_0>0$
5	时域微分与频域微分	$f'(t)\rightarrow \mathrm{j}\omega F(\mathrm{j}\omega)$	$F'(\mathrm{j}\omega)\rightarrow -\mathrm{j}tf(t)$
6	时域卷积与频域卷积	$f_1(t)*f_2(t)\rightarrow F_1(\mathrm{j}\omega)F_2(\mathrm{j}\omega)$	$F_1(\mathrm{j}\omega)*F_2(\mathrm{j}\omega)\rightarrow 2\pi f_1(t)f_2(t)$
7	时域冲激序列与频域冲激序列	$f(t)=\sum_{n=-\infty}^{\infty}\delta(t-nT_s)\rightarrow$ $F(\mathrm{j}\omega)=\frac{2\pi}{T_s}\sum_{n=-\infty}^{\infty}\delta\left(\omega-n\frac{2\pi}{T_s}\right)$	$F(\mathrm{j}\omega)=\sum_{n=-\infty}^{\infty}\delta(\omega-n\Omega)\rightarrow$ $f(t)=\frac{1}{\Omega}\sum_{n=-\infty}^{\infty}\delta\left(t-n\frac{2\pi}{\Omega}\right)$
8	时域抽样与频域抽样	$f_s(t)=f(t)\sum_{n=-\infty}^{\infty}\delta(t-nT_s)\rightarrow$ $F_s(\mathrm{j}\omega)=\frac{1}{T_s}\sum_{n=-\infty}^{\infty}F\left[\mathrm{j}\left(\omega-n\frac{2\pi}{T_s}\right)\right]$	$F_s(\mathrm{j}\omega)=F(\mathrm{j}\omega)\sum_{n=-\infty}^{\infty}\delta(\omega-n\Omega)\rightarrow$ $f_s(t)=\frac{1}{\Omega}\sum_{n=-\infty}^{\infty}f\left(t-n\frac{2\pi}{\Omega}\right)$
9	周期性与离散性	时域周期(T)→ 频域离散$\left(\omega=\frac{2\pi}{T}\right)$	频域周期(Ω)→ 时域离散$\left(T=\frac{2\pi}{\Omega}\right)$
10	时宽与带宽	时域有限→频域无限	频域有限→时域无限
11	奇与偶，虚与实 $F(\mathrm{j}\omega)=R(\omega)+\mathrm{j}X(\omega)$	$f(t)$ 为 t 的一般实函数	$R(\omega)=R(-\omega)$，$X(\omega)=-X(-\omega)$
		$f(t)$ 为 t 的实、偶函数	$F(\mathrm{j}\omega)=R(\omega)$，为 ω 的实、偶函数
		$f(t)$ 为 t 的实、奇函数	$F(\mathrm{j}\omega)=\mathrm{j}X(\omega)$，为 ω 的虚、奇函数
12	能量	$W=\int_{-\infty}^{+\infty}\mid f(t)\mid^2\mathrm{d}t$	$W=\frac{1}{2\pi}\int_{-\infty}^{+\infty}\mid F(\mathrm{j}\omega)\mid^2\mathrm{d}\omega$
13	共轭对称	$\overset{*}{f}(t)$ $\overset{*}{f}(-t)$	$\overset{*}{F}(-\mathrm{j}\omega)$ $\overset{*}{F}(\mathrm{j}\omega)$

*3.7 功率信号与功率谱，能量信号与能量谱

一、信号 $f(t)$ 的功率和能量

对于我们所研究的电信号 $f(t)$，不管它是电流信号还是电压信号，将 $f(t)$ 施加于 1 Ω 电阻 R 上，其上所消耗的功率定义为信号 $f(t)$ 的功率，其上所消耗的能量定义为信号 $f(t)$ 的能量。如图 3-7-1(a) 所示，信号 $f(t)$ 的瞬时功率为

$$p(t)=\frac{1}{R}\mid f(t)\mid^2 \quad 或 \quad p(t)=R\mid f(t)\mid^2$$

当取 $R=1\ \Omega$ 时，则有瞬时功率

$$p(t)=\mid f(t)\mid^2$$

上式中对 $f(t)$ 取模主要考虑 $f(t)$ 有可能是复信号的情况。

信号 $f(t)$ 的能量定义在 $(-\infty,\infty)$ 区间，即

$$E=\int_{-\infty}^{+\infty}p(t)\mathrm{d}t=\int_{-\infty}^{+\infty}\mid f(t)\mid^2\mathrm{d}t \tag{3-7-1}$$

则信号 $f(t)$ 在区间 $-\alpha<t<\alpha$ 的能量表示为

$$E=\int_{-\alpha}^{\alpha}\mid f(t)\mid^2\mathrm{d}t$$

在该区间的平均功率为

$$P=\frac{1}{2\alpha}\int_{-\alpha}^{\alpha}\mid f(t)\mid^2\mathrm{d}t \tag{3-7-2}$$

信号在 $(-\infty,\infty)$ 区间的平均功率 P 可写为

$$P=\lim_{a\to\infty}\frac{1}{2a}\int_{-a}^{a}\mid f(t)\mid^2\mathrm{d}t \tag{3-7-3}$$

$R=1\ \Omega$ 的平均功率 P 称为归一化功率，简称信号的功率。

若信号 $f(t)$ 的能量有界(即 $0<E<\infty$，这时 $P=0$)，则称其为能量有限信号，简称为能量信号。若信号 $f(t)$ 的平均功率有界(即 $0<P<\infty$，这时 $E\to\infty$)，则称其为功率有限信号，简称为功率信号。

类似地，对于离散信号也有能量信号与功率信号之分。它们的定义分别为

$$E=\sum_{k=-\infty}^{\infty}\mid f(k)\mid^2<\infty \tag{3-7-4}$$

$$P=\lim_{a\to\infty}\frac{1}{2a}\sum_{k=-a}^{a}\mid f(k)\mid^2<\infty \tag{3-7-5}$$

注：若 $f(t)$ 或 $f(k)$ 为实信号，则有 $\mid f(t)\mid^2=[f(t)]^2$ 或 $\mid f(k)\mid^2=[f(k)]^2$。

这里明确：

(1) 凡是时限(时间有限)、有界的信号，由式(3-7-1)或式(3-7-4)可知，它们的能量 E 有界(即 $0<E<\infty$)，属于能量信号；对于时间无限、信号随时间延续而衰减的非周期信号，它们也属于能量信号。

(2) 对于任何的有界周期信号，由式(3-7-2)或式(3-7-5)可知，它们的功率 P 有界(即

$0 < P < \infty$)，都属于功率信号。比如：直流信号，有界的周期信号，阶跃信号，有始周期信号均为功率信号。

(3) 不能有这样的错觉：非能量信号即是功率信号，非功率信号即是能量信号。理论上某些信号可能既不是能量信号，又不是功率信号。

二、功率信号与功率谱

1. 功率信号平均功率 P 的计算公式

(1) 在时域中计算 P 的公式为式(3-7-2)。

(2) 频域计算公式。对于周期信号 $f(t)$ 展开成傅里叶级数为

$$f(t)=\frac{A_0}{2}+\sum_{n=1}^{\infty}A_n\cos(n\omega_1 t+\psi_n),\quad \omega_1=\frac{2\pi}{T},\quad n\in\mathbf{Z}^+$$

代入式(3-7-2)，即得在频域内求平均功率 P 的计算公式为

$$P=\left(\frac{A_0}{2}\right)^2+\sum_{n=1}^{\infty}\left(\frac{A_n}{\sqrt{2}}\right)^2=P_0+P_1+P_2+\cdots+P_n,\quad n\in\mathbf{Z}^+ \qquad (3-7-6)$$

即周期信号 $f(t)$ 的平均功率 P 等于频域中直流分量的功率 P_0 与各次谐波分量的功率的代数和。式(3-7-6)即为在频域中求平均功率的公式。

2. 功率谱

将各次谐波的平均功率 P_n 随 $\omega=n\omega_1, n\in\mathbf{Z}^+$ 的分布关系画成图形，称为功率信号的功率频谱，简称功率谱，如图 3-7-1(b) 所示。功率谱可使我们一目了然地看出各次谐波平均功率的大小。

3. 常见的功率信号

直流信号、有界的周期信号、阶跃信号、有界有始的周期信号均为功率信号。

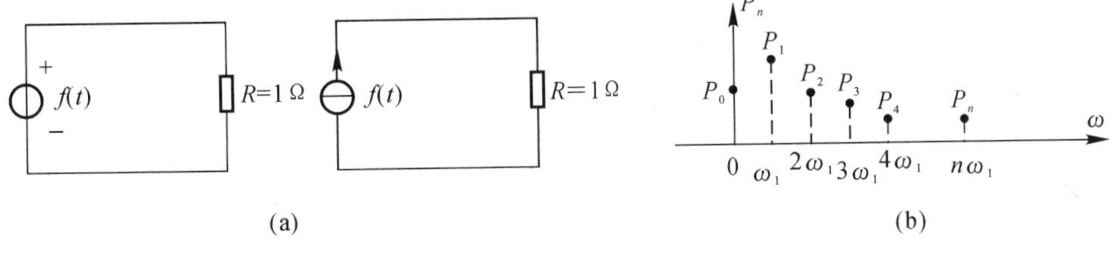

图　3-7-1

三、能量信号与能量谱

1. 能量信号 $f(t)$ 能量的计算公式

(1) 在时域中的计算公式为式(3-7-1)。

(2) 频域计算公式

$$E=\int_{-\infty}^{+\infty}|f(t)|^2\mathrm{d}t=\int_{-\infty}^{+\infty}f(t)f(t)\mathrm{d}t=\int_{-\infty}^{+\infty}\left[\frac{1}{2\pi}\int_{-\infty}^{+\infty}F(\mathrm{j}\omega)\mathrm{e}^{\mathrm{j}\omega t}\mathrm{d}\omega\right]f(t)\mathrm{d}t=$$

$$\frac{1}{2\pi}\int_{-\infty}^{+\infty}F(\mathrm{j}\omega)\mathrm{d}\omega\int_{-\infty}^{+\infty}f(t)\mathrm{e}^{\mathrm{j}\omega t}\mathrm{d}t=\frac{1}{2\pi}\int_{-\infty}^{+\infty}F(\mathrm{j}\omega)\mathrm{d}\omega\int_{-\infty}^{+\infty}f(t)\mathrm{e}^{-\mathrm{j}(-\omega)t}\mathrm{d}t=$$

$$\frac{1}{2\pi}\int_{-\infty}^{+\infty}F(\mathrm{j}\omega)\mathrm{d}\omega\cdot F(-\mathrm{j}\omega)=\frac{1}{2\pi}\int_{-\infty}^{+\infty}F(\mathrm{j}\omega)\overset{*}{F}(\mathrm{j}\omega)\mathrm{d}\omega=$$

$$\frac{1}{2\pi}\int_{-\infty}^{+\infty}|F(\mathrm{j}\omega)|^2\mathrm{d}\omega=\int_{-\infty}^{+\infty}G(\omega)\mathrm{d}\omega$$

式中
$$G(\omega)=\frac{1}{2\pi}|F(\mathrm{j}\omega)|^2$$

2. 能量谱

$G(\omega)=\frac{1}{2\pi}|F(\mathrm{j}\omega)|^2$ 称为能量信号 $f(t)$ 的能量频谱，简称能量谱。它描述了能量信号的能量 E 随频率 ω 分布的关系。$G(\omega)$ 的单位为 $\mathrm{J/(rad\cdot s^{-1})}$。

注意：有的书上把能量谱定义为 $G(\omega)=|F(\mathrm{j}\omega)|^2$。

3. 有界且收敛的非周期信号为能量信号

四、非功率非能量信号

若信号 $f(t)$ 的平均功率 $P\neq$ 有限值，能量 E 为 ∞，则 $f(t)$ 为非功率非能量信号。无界的非周期信号[如 $\delta(t)$]，发散的非周期信号，无界的周期信号[如 $\delta_T(t)$]，均为非功率非能量信号。

注意：一个信号只能是功率信号与能量信号两者中之一，不会两者都是，但可以两者都不是。现将功率信号与能量信号及其频谱汇总于表 3-7-1 中，以便复习和查用。

表 3-7-1　功率信号与能量信号及其频谱

功率信号	定义	信号 $f(t)$ 在区间 $t\in(-\infty,\infty)$ 内的能量为 ∞，但在一个周期 $\left(-\frac{T}{2},\frac{T}{2}\right)$ 内的平均功率 P 为有限值，则 $f(t)$ 为功率信号
	平均功率 P 的计算公式	时域公式：$P=\frac{1}{T}\int_{-\frac{T}{2}}^{\frac{T}{2}}|f(t)|^2\mathrm{d}t$ 频域公式：$P=\left(\frac{A_0}{2}\right)^2+\sum_{n=1}^{\infty}\left(\frac{A_n}{\sqrt{2}}\right)^2$
	功率谱	将各次谐波的平均功率 P_n 随 $\omega=n\omega_1\left(\omega_1=\frac{2\pi}{T}\right)$ 的分布关系画成图形，即为周期信号的功率(频)谱
	常见的功率信号	直流信号，有界的周期信号，阶跃信号，有始周期信号均为功率信号
能量信号	定义	信号 $f(t)$ 在区间 $t\in(-\infty,\infty)$ 内的能量为有限值，而在区间 $t\in(-\infty,\infty)$ 内的平均功率 $P=0$，则 $f(t)$ 为能量信号
	能量 E 的计算公式	时域公式：$E=\int_{-\infty}^{+\infty}|f(t)|^2\mathrm{d}t$ 频域公式：$E=\frac{1}{2\pi}\int_{-\infty}^{+\infty}|F(\mathrm{j}\omega)|^2\mathrm{d}\omega=\frac{1}{\pi}\int_{0}^{+\infty}|F(\mathrm{j}\omega)|^2\mathrm{d}\omega$
	能量谱	令 $G(\omega)=\frac{1}{2\pi}|F(\mathrm{j}\omega)|^2$，$G(\omega)$ 称为信号 $f(t)$ 的能量(频)谱
	常见的能量信号	有界且收敛的非周期信号为能量信号
非功率非能量信号		若信号 $f(t)$ 的平均功率 $P\neq$ 有限值，能量 $E\to\infty$，则 $f(t)$ 为非功率非能量信号。无界的周期信号[如 $\delta_T(t)$]，无界的非周期信号[如 $\delta(t)$]，发散的非周期信号，均为非功率非能量信号

例 3－7－1　判断下列各信号是功率信号还是能量信号。

(1) $f(t)=5\cos(2t-\psi)$（有界的周期信号）；

(2) $f(t)=8\mathrm{e}^{-4t}U(t)$（有界且收敛的非周期信号）；

(3) $f(t)=5\mathrm{e}^{-2t}, t\in\mathbf{R}$（无界但收敛的非周期信号）；

(4) $f(t)=5\cos(2\pi t)+10\sin(3\pi t)$（有界的周期信号）；

(5) $f(t)=10tU(t)$（发散的非周期信号）；

(6) $f(t)=10$（直流信号）；

(7) $f(t)=\delta(t)$（无界但收敛的非周期信号）；

(8) $f(t)=\sum_{n=-\infty}^{\infty}\delta(t-nT)$（无界的周期信号）；

(9) $f(t)=5\cos 10\pi tU(t)$（有始周期信号）。

解　(1) 周期
$$T=\frac{2\pi}{2}=\pi(\mathrm{s})$$

$$P=\frac{1}{T}\int_{0}^{T}[5\cos(2t-\psi)]^2\mathrm{d}t=\frac{1}{\pi}\int_{0}^{\pi}[5\cos(2t-\psi)]^2\mathrm{d}t=\left(\frac{5}{\sqrt{2}}\right)^2=12.5\ \mathrm{W}$$

$$E=\int_{-\infty}^{+\infty}[f(t)]^2\mathrm{d}t=\int_{-\infty}^{+\infty}[5\cos(2t-\psi)]^2\mathrm{d}t\to\infty$$

故 $f(t)$ 是功率信号。

(2)
$$E=\int_{-\infty}^{+\infty}[f(t)]^2\mathrm{d}t=\int_{-\infty}^{+\infty}[8\mathrm{e}^{-4t}U(t)]^2\mathrm{d}t=\int_{0}^{+\infty}[8\mathrm{e}^{-4t}]^2\mathrm{d}t=8\ \mathrm{J}$$

$$P=\lim_{T\to\infty}\frac{1}{T}\int_{-\frac{T}{2}}^{\frac{T}{2}}[8\mathrm{e}^{-4t}U(t)]^2\mathrm{d}t=0$$

故 $f(t)$ 为能量信号。

(3)
$$E=\int_{-\infty}^{+\infty}[f(t)]^2\mathrm{d}t=\int_{-\infty}^{+\infty}[5\mathrm{e}^{-2t}]^2\mathrm{d}t\to\infty$$

$$P=\lim_{T\to\infty}\frac{1}{T}\int_{-\frac{T}{2}}^{\frac{T}{2}}[5\mathrm{e}^{-2t}]^2\mathrm{d}t\to\infty$$

故 $f(t)$ 既不是功率信号，也不是能量信号。

(4)
$$P=\left(\frac{5}{\sqrt{2}}\right)^2+\left(\frac{10}{\sqrt{2}}\right)^2=62.5\ \mathrm{W}$$

$$E\to\infty$$

故 $f(t)$ 为功率信号。

(5)
$$E=\int_{-\infty}^{+\infty}[10tU(t)]^2\mathrm{d}t\to\infty$$

$$P=\lim_{T\to\infty}\frac{1}{T}\int_{-\frac{T}{2}}^{\frac{T}{2}}[10tU(t)]^2\mathrm{d}t\to\infty$$

故 $f(t)$ 既不是功率信号，也不是能量信号。

(6)
$$P=10^2=100\ \mathrm{W}$$

$$E\to\infty$$

故 $f(t)$ 为功率信号。

(7) 因 $f(t)=\delta(t)$ 是无界但收敛的非周期信号，故它既不是功率信号，也不是能量信号。这个结论从频域也可得到证明。因有 $F(\mathrm{j}\omega)=\mathscr{F}[\delta(t)]=1$，故

$$E=\frac{1}{2\pi}\int_{-\infty}^{+\infty}|F(\mathrm{j}\omega)1^2\mathrm{d}\omega=\frac{1}{2\pi}\int_{-\infty}^{+\infty}1^2\mathrm{d}\omega=\frac{1}{2\pi}[\omega]_{-\infty}^{\infty}=\frac{1}{2\pi}[\infty+\infty]=\frac{1}{2\pi}\times 2\infty=\infty$$

(8) 非功率、非能量信号。

(9) $T=\frac{2\pi}{10\pi}=\frac{1}{5}$，$P=\frac{1}{T}\int_{-\frac{T}{2}}^{\frac{T}{2}}|f(t)|^2\mathrm{d}t=5\int_{-\frac{1}{10}}^{\frac{1}{10}}25\cos^2(10\pi t)\mathrm{d}t=\frac{125}{2}\int_0^{\frac{1}{10}}[1+\cos(20\pi t)]\mathrm{d}t$ $=6.25$ W，故为功率信号。

例 3-7-2 已知信号 $f(t)=10\mathrm{e}^{-t}U(t)$。求 $f(t)$ 的能量 E。

解 (1) 用时域公式计算

$$E=\int_{-\infty}^{+\infty}[f(t)]^2\mathrm{d}t=\int_{-\infty}^{+\infty}[10\mathrm{e}^{-t}U(t)]^2\mathrm{d}t=100\int_0^{+\infty}\mathrm{e}^{-2t}\mathrm{d}t=\frac{100}{-2}[\mathrm{e}^{-2t}]_0^{+\infty}=50\ \mathrm{J}$$

(2) 用频域公式计算

$$F(\mathrm{j}\omega)=\frac{10}{\mathrm{j}\omega+1}=\frac{10}{\sqrt{1+\omega^2}}\mathrm{e}^{-\mathrm{j}\arctan\omega},\quad |F(\mathrm{j}\omega)|=\frac{10}{\sqrt{1+\omega^2}}$$

故

$$E=\frac{1}{2\pi}\int_{-\infty}^{+\infty}|F(\mathrm{j}\omega)|^2\mathrm{d}\omega=\frac{1}{2\pi}\int_{-\infty}^{+\infty}\frac{100}{1+\omega^2}\mathrm{d}\omega=$$

$$\frac{50}{\pi}[\arctan\omega]_{-\infty}^{+\infty}=\frac{50}{\pi}\left[\frac{\pi}{2}-\left(-\frac{\pi}{2}\right)\right]=50\ \mathrm{J}$$

例 3-7-3 求积分 $\int_{-\infty}^{+\infty}\frac{1}{(\alpha^2+\omega^2)^2}\mathrm{d}\omega$。

解 因有

$$f(t)=\mathrm{e}^{-\alpha|t|}\longleftrightarrow\frac{2\alpha}{\alpha^2+\omega^2}$$

$$\int_{-\infty}^{+\infty}[f(t)]^2\mathrm{d}t=\frac{1}{2\pi}\int_{-\infty}^{+\infty}|F(\mathrm{j}\omega)|^2\mathrm{d}\omega$$

即

$$\int_{-\infty}^{+\infty}\mathrm{e}^{-2\alpha|t|}\mathrm{d}t=\frac{1}{2\pi}\int_{-\infty}^{+\infty}\left[\frac{2\alpha}{\alpha^2+\omega^2}\right]^2\mathrm{d}\omega=\frac{1}{2\pi}\int_{-\infty}^{+\infty}\frac{4\alpha^2}{(\alpha^2+\omega^2)^2}\mathrm{d}\omega=\frac{2\alpha^2}{\pi}\int_{-\infty}^{+\infty}\frac{1}{(\alpha^2+\omega^2)^2}\mathrm{d}\omega$$

故

$$\int_{-\infty}^{+\infty}\frac{1}{(\alpha^2+\omega^2)^2}\mathrm{d}\omega=\frac{\pi}{2\alpha^2}\int_{-\infty}^{+\infty}\mathrm{e}^{-2\alpha|t|}\mathrm{d}t=\frac{\pi}{2\alpha^2}\left[\int_{-\infty}^{0}\mathrm{e}^{2\alpha t}\mathrm{d}t+\int_0^{+\infty}\mathrm{e}^{-2\alpha t}\mathrm{d}t\right]=\frac{\pi}{2\alpha^2}\left[\frac{1}{2\alpha}+\frac{1}{2\alpha}\right]=\frac{\pi}{2\alpha^3}$$

*3.8 实例应用及仿真

一、连续周期信号的频谱分析

连续周期信号经傅里叶级数分解可表示为一系列正弦信号或复指数信号之和。若以频率(或角频率)为横坐标、各谐波的振幅或复指数函数的振幅为纵坐标，画出幅度-频率关系图，又称为幅度频谱或幅度谱。同理，可画出各谐波初相角与频率的关系图，称为相位频谱或相位谱。

例 3-8-1 已知连续周期矩形信号的脉冲宽度为 2、幅值为 0.5、周期为 4，用 MATLAB 计算其傅里叶级数，并绘出幅度谱和相位谱。

MATLAB 源程序如下：

```
T=4;
```

```
width=2;
A=0.5;
t1=-T/2:0.001:T/2;
ft1=0.5*[abs(t1)<width/2];
t2=[t1-2*T t1-T t1 t1+T t1+2*T];
ft=repmat(ft1, 1, 5);                    %产生5个周期的周期矩形信号
subplot(3, 1, 1); plot(t2, ft);          %画周期矩形信号的时域波形
axis([-8, 8, 0, 0.8]);
xlabel('t'); ylabel('时域波形');
grid on;
w0=2*pi/T;        %基波频率
N=20;
K=0:N;
for k=0:N      %计算傅里叶级数的系数
    factor=['exp(-j*t*',num2str(w0),'*',num2str(k),')'];
    f_t=[num2str(A),'*rectpuls(t,2)'];
    Fn(k+1)=quad([f_t,'.*',factor],-T/2,T/2)/T;
end
subplot(3, 1, 2); stem(K*w0, abs(Fn));       %画幅度谱
xlabel('nw0'); ylabel('幅度谱');
grid on;
ph=angle(Fn);
subplot(3, 1, 3); stem(K*w0, ph);      %画相位谱
xlabel('nw0'); ylabel('相位谱');
grid on;
```

程序运行结果如图 3-8-1 所示。

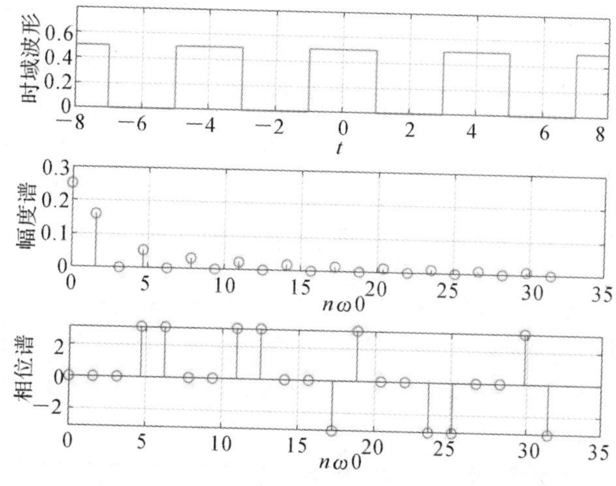

图 3-8-1　连续周期矩形信号的频谱分析

从图 3-8-1 中可以看出，连续周期信号的幅度谱具有离散性、谐波性和收敛性。

习 题 三

3-1 已知周期信号 $f(t)=\frac{1}{2}\cos\left(\frac{\pi}{4}t-\frac{2\pi}{3}\right)+\frac{1}{4}\sin\left(\frac{\pi}{3}t-\frac{\pi}{6}\right)$。求该信号的周期 T，基波角频率 ω，画出其单边频谱图。

3-2 求图题 3-2 所示周期锯齿波 $f(t)$ 的傅里叶级数。

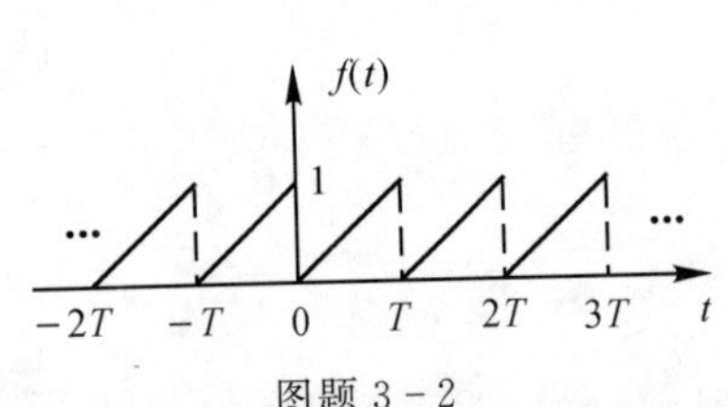

图题 3-2

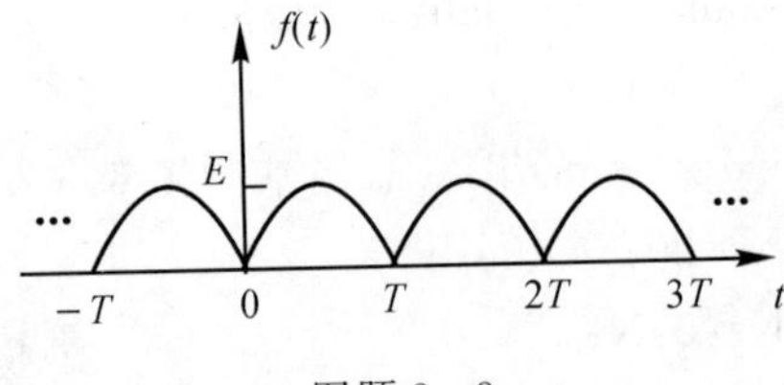

图题 3-3

3-3 求图题 3-3 所示信号 $f(t)$ 的傅里叶级数，$T=1$ s。

3-4 (1) 周期信号的频谱一定是(　　)。

(A) 离散谱　　(B) 连续谱　　(C) 有限连续谱　　(D) 无限离散谱

(2) $f(t)$ 是周期为 T 的函数，则 $f(t)-f\left(t+\frac{5}{2}T\right)$ 的傅里叶级数中(　　)。

(A) 只可能有正弦分量　　(B) 只可能有余弦分量

(C) 只可能有奇次谐波分量　　(D) 只可能有偶次谐波分量

(3) 图题 3-4 所示周期矩形脉冲信号 $f(t)$ 的频谱图在 0 ~ 150 kHz 的频率范围内共有______根谱线。

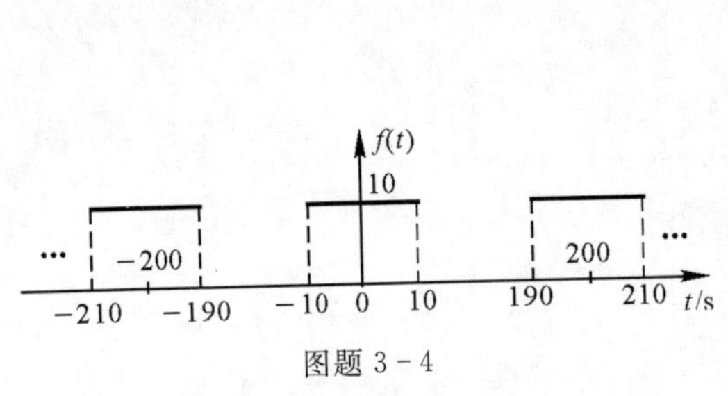

图题 3-4

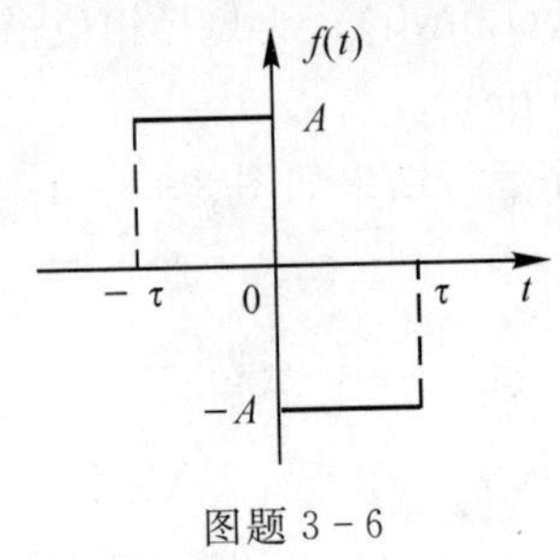

图题 3-6

3-5 设 $f(t)$ 为复数函数，可表示为 $f(t)=f_r(t)+jf_i(t)$，且设 $f(t)\longleftrightarrow F(j\omega)$。证明：

$$\mathscr{F}[f_r(t)]=\frac{1}{2}[F(j\omega)+\overset{*}{F}(-j\omega)]$$

$$\mathscr{F}[f_i(t)]=\frac{1}{2j}[F(j\omega)-\overset{*}{F}(-j\omega)]$$

式中

$$\overset{*}{F}(-j\omega)=\mathscr{F}[\overset{*}{f}(t)]$$

3-6 求图题 3-6 所示信号 $f(t)$ 的 $F(j\omega)$。

3-7 求图题 3-7 所示各信号 $f(t)$ 的频谱函数 $F(j\omega)$。

3-8　(1) 设 $f(t) \longleftrightarrow F(\mathrm{j}\omega)$。试证 $F(0)=\int_{-\infty}^{+\infty} f(t)\mathrm{d}t$；$f(0)=\frac{1}{2\pi}\int_{-\infty}^{+\infty} F(\mathrm{j}\omega)\mathrm{d}\omega$。

(2) 设 $y(t)=f_1(t)*f_2(t)$,试证明 $y(t)$ 的面积等于 $f_1(t)$ 的面积与 $f_2(t)$ 的面积的乘积。

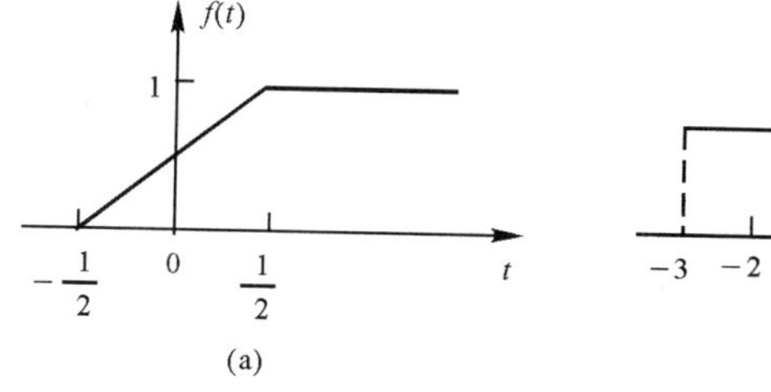

图题 3-7

3-9　求下列积分：

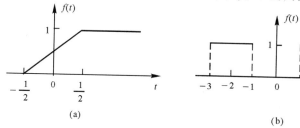

(1) $\frac{1}{\pi}\int_{-\infty}^{+\infty}\frac{\sin\omega}{\omega}\mathrm{d}\omega$；　(2) $\int_{-\infty}^{+\infty}\mathrm{e}^{\mathrm{j}\omega(t-4)}\mathrm{d}\omega$；　(3) $\frac{1}{\pi}\int_{-\infty}^{+\infty}\frac{\sin\omega t}{\omega}\mathrm{d}\omega$。

3-10　已知 $f(t) \longleftrightarrow F(\mathrm{j}\omega)$,求下列信号的傅里叶变换：

(1) $tf(2t)$；　(2) $(t-2)f(t)$；　(3) $(t-2)f(-2t)$；

(4) $t\frac{\mathrm{d}f(t)}{\mathrm{d}t}$；　(5) $f(1-t)$；　(6) $(1-t)f(1-t)$；

(7) $f(2t-5)$；　(8) $tU(t)$。

3-11　求图题 3-11 所示各信号 $f(t)$ 的 $F(\mathrm{j}\omega)$。

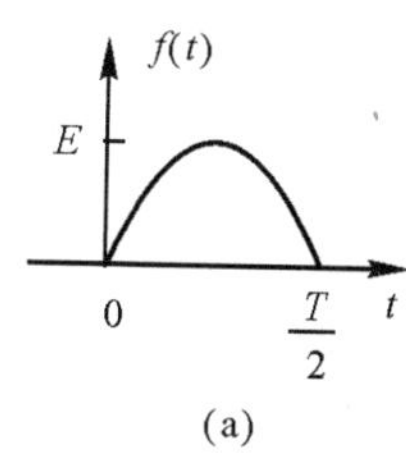

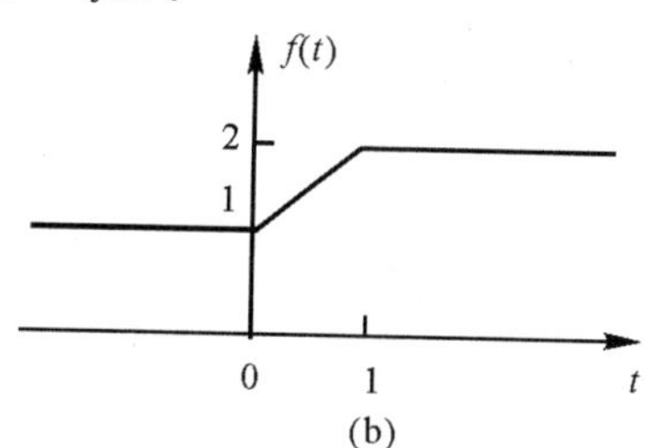

图题 3-11

3-12　求下列各时间函数的傅里叶变换：

(1) $\frac{1}{\pi t}$；　(2) $-\frac{1}{\pi t^2}$；　(3) t^n。

3-13　求下列各 $F(\mathrm{j}\omega)$ 的原函数 $f(t)$。

(1) $F(\mathrm{j}\omega)=2\cos 3\omega$；　(2) $F(\mathrm{j}\omega)=[U(\omega)-U(\omega-2)]\mathrm{e}^{-\mathrm{j}\omega}$；

(3) $F(\mathrm{j}\omega)=2U(1-\omega)$；　(4) $F(\mathrm{j}\omega)=\frac{\sin(3\omega+6)}{\omega+2}$。

3-14　已知图题3-14(a)所示信号 $f(t)$ 的频谱函数 $F(\mathrm{j}\omega)=a(\omega)-\mathrm{j}b(\omega)$，$a(\omega)$ 和 $b(\omega)$ 均为 ω 的实函数。试求 $x(t)=[f_0(t+1)+f_0(t-1)]\cos\omega_0 t$ 的频谱函数 $X(\mathrm{j}\omega)$。$f_0(t)=f(t)+f(-t)$，其波形如图题 3-14(b) 所示。

3-15　已知 $F(\mathrm{j}\omega)$ 的模谱与相谱分别为

$$|F(\mathrm{j}\omega)|=2[U(\omega+3)-U(\omega-3)]$$

$$\varphi(\omega)=-\frac{3}{2}\omega+\pi$$

求 $F(\mathrm{j}\omega)$ 的原函数 $f(t)$ 及 $f(t)=0$ 时的 t 值。

3-16　求下列频谱函数所对应的时间函数 $f(t)$：

(1) ω^2；　(2) $\dfrac{1}{\omega^2}$；　(3) $\delta(\omega-2)$；

(4) $2\cos\omega$；　(5) $\mathrm{e}^{a\omega}U(-\omega)$；　(6) $6\pi\delta(\omega)+\dfrac{5}{(\mathrm{j}\omega-2)(\mathrm{j}\omega+3)}$。

3-17　$F(\mathrm{j}\omega)$ 的图形如图题 3-17 所示，求反变换 $f(t)$。

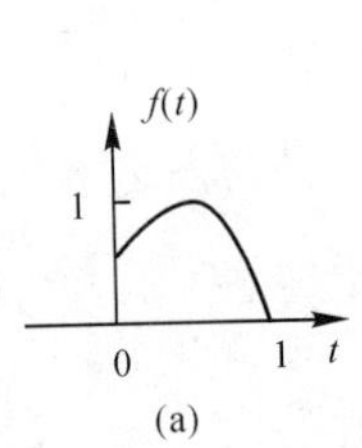

(a)

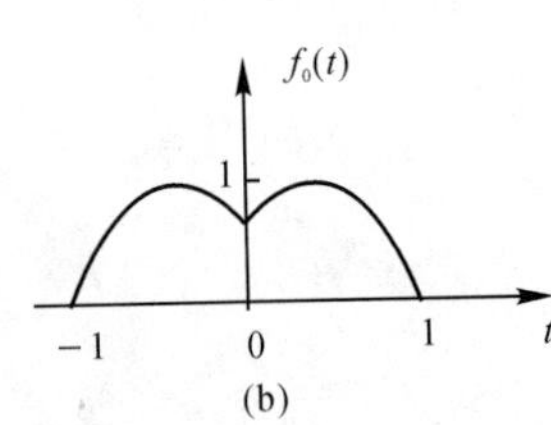

(b)

图题 3-14

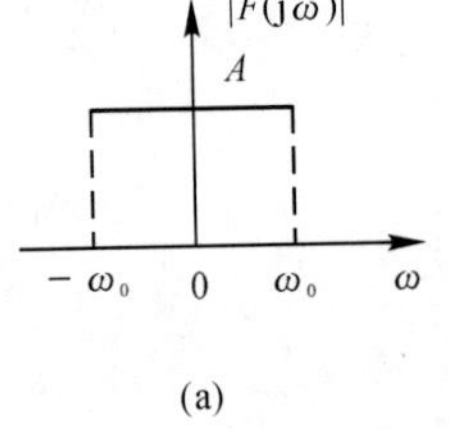

(a)

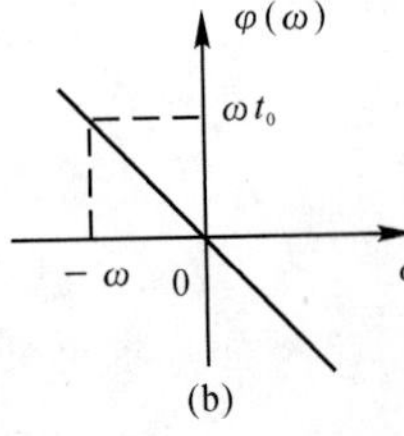

(b)

图题 3-17

3-18　(1) 设 $y(t)=f(t)*h(t)$，试证明 $g(t)=f(at)*h(at)=\dfrac{1}{a}y(at),a>0$；(2) 设 $y(t)=f(t)*h(t)=\mathrm{e}^{-t}U(t)$，求 $g(t)=f(2t)*h(2t)$ 等于什么？

3-19　已知信号 $f(t)$ 的 $F(\mathrm{j}\omega)=\delta(\omega)+\begin{cases}1, & 2<|\omega|<4\\ 0, & 其他\end{cases}$，求$[f(t)]^2$ 的傅里叶变换 $Y(\mathrm{j}\omega)$。

3-20　应用信号的能量公式 $E=\int_{-\infty}^{+\infty}[f(t)]^2\mathrm{d}t=\dfrac{1}{2\pi}\int_{-\infty}^{+\infty}|F(\mathrm{j}\omega)|^2\mathrm{d}\omega$，求下列各积分：

(1) $f(t)=\int_{-\infty}^{+\infty}\mathrm{Sa}^2(at)\mathrm{d}t$；(2) $f(t)=\int_{-\infty}^{+\infty}\mathrm{Sa}^4(at)\mathrm{d}t$；(3) $f(t)=\int_{-\infty}^{+\infty}\dfrac{1}{(a^2+t^2)^2}\mathrm{d}t$。

3-21　求信号 $f(t)=\dfrac{2\sin 2t}{t}\cos 10^3 t$ 和信号 $f(t)=\dfrac{2\sin 5t}{\pi t}\cos 997t$ 的能量 E。

3-22　(1) 已知信号 $f(t)$ 如图题 3-22(a) 所示，设其傅里叶变换为 $F(\mathrm{j}\omega)$。求 $F(0)$ 的值；求积分$\int_{-\infty}^{+\infty}F(\mathrm{j}\omega)\mathrm{d}\omega$ 的值；求 $f(t)$ 的能量 E。

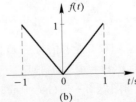

(2) 已知信号 $f(t)$ 如图题 3-22(b) 所示，设其傅里叶变换为 $F(\mathrm{j}\omega)$。求 $F(0)$ 的值；求积分$\int_{-\infty}^{+\infty}F(\mathrm{j}\omega)\mathrm{d}\omega$ 的值。

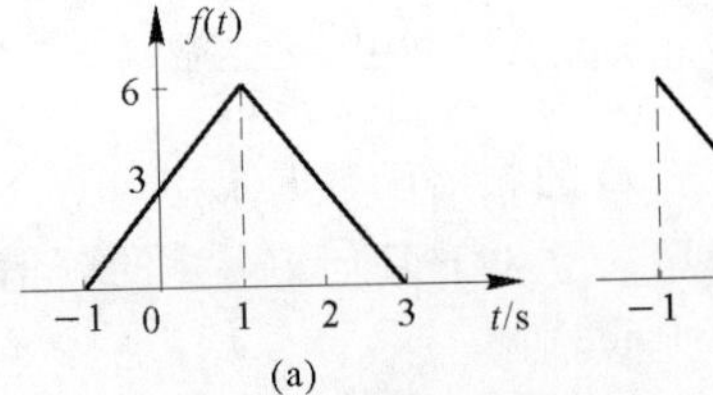

图题 3-22

第四章 连续系统频域分析

内容提要

本章主要讨论非周期信号和周期信号激励下的线性时不变系统的频域分析方法，即如何用傅里叶变换的方法求解各种不同的系统（信号传输系统、信号处理系统、滤波系统、调制系统、解调系统、抽样系统等），在各种不同激励信号作用下的零状态响应以及信号在传输过程中不产生失真（幅度失真与相位失真）的条件。具体内容如下：频域系统函数及其求法，非周期信号激励下系统零状态响应的求解，周期信号激励下的稳态响应及求解，系统无失真传输及其条件，理想低通滤波器及其响应特性，理想全通、高通、带通、带阻滤波器的单位冲激响应，调制与解调系统。抽样信号与抽样定理。

4.1 频域系统函数

一、定义

图 4-1-1(a) 所示为零状态系统的时域模型，$f(t)$ 为激励，$h(t)$ 为系统的单位冲激响应，$y_f(t)$ 为零状态响应。我们已经知道有

$$y_f(t) = f(t) * h(t)$$

对此式等号两端同时求傅里叶变换，并根据傅里叶变换的时域卷积性质（表 3-4-1 中的序号 16），得

$$Y_f(j\omega) = F(j\omega)H(j\omega) \tag{4-1-1}$$

其中，$Y_f(j\omega) = \mathscr{F}[y_f(t)]$，$F(j\omega) = \mathscr{F}[f(t)]$，$H(j\omega) = \mathscr{F}[h(t)]$，故有

$$H(j\omega) = \frac{Y_f(j\omega)}{F(j\omega)} \tag{4-1-2}$$

$H(j\omega)$ 称为频域系统函数。可见 $H(j\omega)$ 就是系统零状态响应 $y_f(t)$ 的傅里叶变换 $Y_f(j\omega)$ 与激励 $f(t)$ 的傅里叶变换 $F(j\omega)$ 之比。这是 $H(j\omega)$ 的基本定义式。

$H(j\omega)$ 一般为实变量 ω 的复数函数，故可写为模 $|H(j\omega)|$ 与辐角 $\varphi(\omega)$ 的形式，即

$$H(j\omega) = |H(j\omega)| e^{j\varphi(\omega)}$$

$|H(j\omega)|$ 和 $\varphi(\omega)$ 分别称为系统的模频特性与相频特性，统称为系统的频率特性，也称为系统的频率响应，简称频响。

利用频率特性 $H(j\omega)$ 可分析滤波器的性能和设计滤波器电路。

注意：系统的频率特性 $H(\mathrm{j}\omega)$ 与信号 $f(t)$ 的频谱函数 $F(\mathrm{j}\omega)$ 是两个不同的概念，不可混淆。前者是描述系统特性的，后者是描述信号特性的。

还应强调的是，只有当系统的单位冲激响应 $h(t)$ 的傅里叶变换存在时，系统的频响函数 $H(\mathrm{j}\omega)$ 才存在，否则系统不存在频响函数。系统的频响函数只取决于系统自身的结构、元件参数及频率，它从频域角度表征系统的通频带、带内增益、截止频率等特性。只有在输入信号的傅里叶变换存在、系统频响函数存在的条件下，方可对系统使用频域的方法分析。

二、物理意义

$H(\mathrm{j}\omega)$ 的物理意义如下：

(1) $H(\mathrm{j}\omega)$ 是系统单位冲激响应 $h(t)$ 的傅里叶变换，即

$$H(\mathrm{j}\omega)=\mathscr{F}[h(t)]=\int_{-\infty}^{+\infty}h(t)\mathrm{e}^{-\mathrm{j}\omega t}\,\mathrm{d}t$$

可见 $H(\mathrm{j}\omega)$ 与 $h(t)$ 构成了一对傅里叶变换对，即

$$h(t)\longleftrightarrow H(\mathrm{j}\omega)$$

$H(\mathrm{j}\omega)$ 和 $h(t)$ 一样，都是描述系统本身特性的。所以，对系统特性的研究，本质上就归结为对系统函数 $H(\mathrm{j}\omega)$ 的研究。因此，$H(\mathrm{j}\omega)$ 在系统分析中占有十分重要的地位。

(2) 设激励 $f(t)=\mathrm{e}^{\mathrm{j}\omega t}, t\in\mathbf{R}$（$\mathrm{e}^{\mathrm{j}\omega t}$ 称为频域单元信号），则系统的零状态响应为

$$y_{\mathrm{f}}(t)=h(t)*\mathrm{e}^{\mathrm{j}\omega t}=\int_{-\infty}^{+\infty}h(\tau)\mathrm{e}^{\mathrm{j}\omega(t-\tau)}\,\mathrm{d}\tau=$$

$$\mathrm{e}^{\mathrm{j}\omega t}\int_{-\infty}^{+\infty}h(\tau)\mathrm{e}^{-\mathrm{j}\omega\tau}\,\mathrm{d}\tau=H(\mathrm{j}\omega)\mathrm{e}^{\mathrm{j}\omega t},\quad t\in\mathbf{R} \qquad (4-1-3)$$

式中，$H(\mathrm{j}\omega)=\int_{-\infty}^{+\infty}h(\tau)\mathrm{e}^{-\mathrm{j}\omega\tau}\,\mathrm{d}\tau$ 为 $h(t)$ 的傅里叶变换。可见，系统的零状态响应（也是稳态响应和强迫响应）$y_{\mathrm{f}}(t)$ 是等于激励 $\mathrm{e}^{\mathrm{j}\omega t}$ 乘以加权函数 $H(\mathrm{j}\omega)$，此加权函数即为频域系统函数 $H(\mathrm{j}\omega)$。

根据式(4-1-1)又可画出零状态系统的频域模型，如图 4-1-1(b) 所示。反过来，根据此图即可直接写出式(4-1-1)。

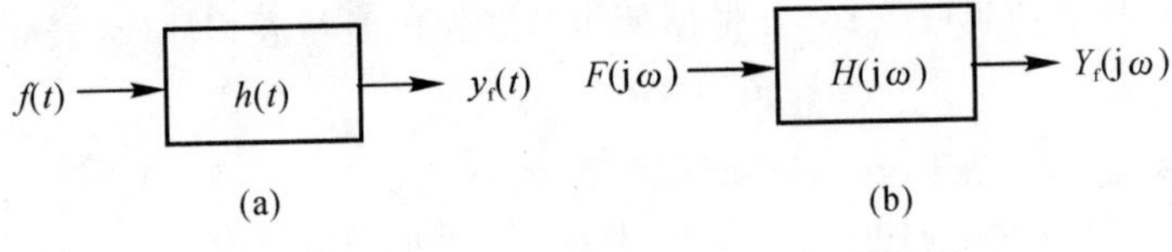

图 4-1-1　零状态系统的时域及频域模型

三、$H(\mathrm{j}\omega)$ 的求法

(1) 从系统的传输算子 $H(p)$ 求，即

$$H(\mathrm{j}\omega)=H(p)\big|_{p=\mathrm{j}\omega}$$

$H(p)$ 的求法在第二章中已经讲述过了。

(2) 从系统的单位冲激响应 $h(t)$ 求，即

$$H(\mathrm{j}\omega)=\mathscr{F}[h(t)]=\int_{-\infty}^{+\infty}h(t)\mathrm{e}^{-\mathrm{j}\omega t}\,\mathrm{d}t$$

(3) 根据正弦稳态分析的方法(即相量法),从频域电路模型(即电路的相量模型),按 $H(j\omega)$ 的基本定义式(4-1-2)求(见例 4-1-1)。

(4) 用实验的方法求(在实验室和实验课中进行)。

四、频率特性

现将频域系统函数(即系统的频率特性 $H(j\omega)=|H(j\omega)|e^{j\varphi(\omega)}$)汇总于表 4-1-1 中,以便复习和查用。

表 4-1-1　频域系统函数(系统频率特性)$H(j\omega)$

系统的零状态时域模型	$f(t)\longrightarrow\boxed{h(t)}\longrightarrow y_f(t)$ $y_f(t)=h(t)*f(t)$
$H(j\omega)$ 的定义	$H(j\omega)=\dfrac{\text{零状态响应 } y_f(t) \text{ 的傅里叶变换 } Y_f(j\omega)}{\text{激励 } f(t) \text{ 的傅里叶变换 } F(j\omega)}=\dfrac{Y_f(j\omega)}{F(j\omega)}$
系统频域模型	$F(j\omega)\longrightarrow\boxed{H(j\omega)}\longrightarrow Y_f(j\omega)$ $Y_f(j\omega)=H(j\omega)F(j\omega)$
物理意义	系统单位冲激响应 $h(t)$ 的傅里叶变换即为 $H(j\omega)=\mathscr{F}[h(t)]$
求法	(1) $H(j\omega)=\mathscr{F}[h(t)]$ (2) $H(j\omega)=H(p)\mid_{p=j\omega}$ (3) 从相量电路模型按定义式求 $H(j\omega)$ (4) 对系统微分方程求傅里叶变换,按定义式求 $H(j\omega)$ (5) $H(j\omega)=H(s)\mid_{s=j\omega}$ (6) 用实验方法求
频率特性 $H(j\omega)$	模频特性 $\mid H(j\omega)\mid$ 为 ω 的偶函数
	相频特性 $\varphi(\omega)$ 为 ω 的奇函数

注:$H(s)$ 的意义见第六章。

例 4-1-1　求图 4-1-2(a) 所示电路的频域系统函数 $H(j\omega)=\dfrac{Y_f(j\omega)}{F(j\omega)}$。

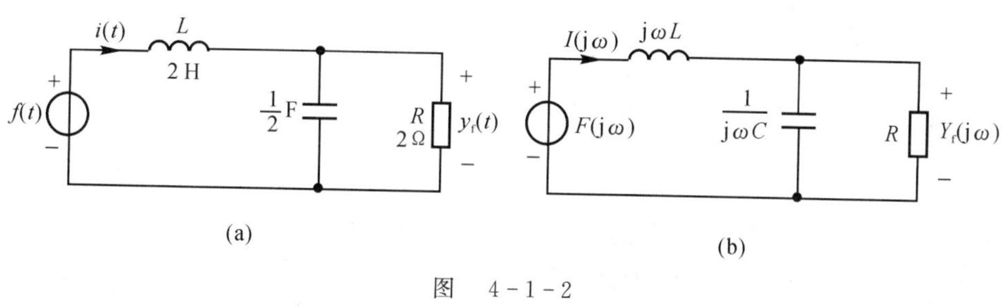

图　4-1-2

解　其频域电路模型如图 4-1-2(b) 所示,故得

$$H(\mathrm{j}\omega)=\frac{Y_{\mathrm{f}}(\mathrm{j}\omega)}{F(\mathrm{j}\omega)}=\frac{1}{\mathrm{j}\omega L+\dfrac{R\dfrac{1}{\mathrm{j}\omega C}}{R+\dfrac{1}{\mathrm{j}\omega C}}}\frac{R\dfrac{1}{\mathrm{j}\omega C}}{R+\dfrac{1}{\mathrm{j}\omega C}}=\frac{1}{(\mathrm{j}\omega)^2LC+\mathrm{j}\omega\dfrac{L}{R}+1}$$

代入数据得

$$H(\mathrm{j}\omega)=\frac{1}{(\mathrm{j}\omega)^2+\mathrm{j}\omega+1}=\frac{1}{1-\omega^2+\mathrm{j}\omega}$$

即
$$|H(\mathrm{j}\omega)|\mathrm{e}^{\mathrm{j}\varphi(\omega)}=\frac{1}{\sqrt{(1-\omega^2)^2+\omega^2}}\mathrm{e}^{-\mathrm{j}\arctan\frac{\omega}{1-\omega^2}}$$

故得模频特性与相频特性分别为

$$|H(\mathrm{j}\omega)|=\frac{1}{\sqrt{(1-\omega^2)^2+\omega^2}},\quad \varphi(\omega)=-\arctan\frac{\omega}{1-\omega^2}$$

可见 $|H(\mathrm{j}\omega)|$ 与 $\varphi(\omega)$ 都是角频率 ω 的函数，而且 $|H(\mathrm{j}\omega)|$ 是 ω 的偶函数，$\varphi(\omega)$ 是 ω 的奇函数。

例 4-1-2 已知系统的单位冲激响应 $h(t)=5[U(t)-U(t-2)]$，求 $H(\mathrm{j}\omega)$。

解
$$H(\mathrm{j}\omega)=\mathscr{F}[h(t)]=5\left\{\left[\pi\delta(\omega)+\frac{1}{\mathrm{j}\omega}\right]-\left[\pi\delta(\omega)+\frac{1}{\mathrm{j}\omega}\right]\mathrm{e}^{-\mathrm{j}2\omega}\right\}=$$
$$5\left[\pi\delta(\omega)+\frac{1}{\mathrm{j}\omega}-\pi\delta(\omega)-\frac{1}{\mathrm{j}\omega}\mathrm{e}^{-\mathrm{j}2\omega}\right]=\frac{5}{\mathrm{j}\omega}(1-\mathrm{e}^{-\mathrm{j}2\omega})$$

例 4-1-3 已知系统的微分方程为 $y''(t)+3y'(t)+2y(t)=f'(t)+3f(t)$。求 $H(\mathrm{j}\omega)=\dfrac{Y(\mathrm{j}\omega)}{F(\mathrm{j}\omega)}$。

解 系统的传输算子为 $H(p)=\dfrac{y(t)}{f(t)}=\dfrac{p+3}{p^2+3p+2}$，故得

$$H(\mathrm{j}\omega)=H(p)\big|_{p=\mathrm{j}\omega}=\frac{\mathrm{j}\omega+3}{(\mathrm{j}\omega)^2+3\mathrm{j}\omega+2}=\frac{3+\mathrm{j}\omega}{2-\omega^2+\mathrm{j}3\omega}$$

4.2 非周期信号激励下系统的零状态响应及其求解

一、零状态响应 $y_{\mathrm{f}}(t)$ 的求解

用傅里叶变换法求系统零状态响应 $y_{\mathrm{f}}(t)$ 的步骤如下：

(1) 求系统激励信号 $f(t)$ 的傅里叶变换 $F(\mathrm{j}\omega)$，即

$$F(\mathrm{j}\omega)=\mathscr{F}[f(t)]=\int_{-\infty}^{+\infty}f(t)\mathrm{e}^{-\mathrm{j}\omega t}\mathrm{d}t$$

(2) 求系统的频域系统函数 $H(\mathrm{j}\omega)$。

(3) 求系统零状态响应的傅里叶变换 $Y_{\mathrm{f}}(\mathrm{j}\omega)$，即

$$Y_{\mathrm{f}}(\mathrm{j}\omega)=H(\mathrm{j}\omega)F(\mathrm{j}\omega)$$

(4) 对 $Y_{\mathrm{f}}(\mathrm{j}\omega)$ 进行傅里叶反变换，即得系统的零状态响应 $y_{\mathrm{f}}(t)$，即

$$y_{\mathrm{f}}(t)=\mathscr{F}^{-1}[Y_{\mathrm{f}}(\mathrm{j}\omega)]=\frac{1}{2\pi}\int_{-\infty}^{+\infty}Y_{\mathrm{f}}(\mathrm{j}\omega)\mathrm{e}^{\mathrm{j}\omega t}\mathrm{d}\omega=\frac{1}{2\pi}\int_{-\infty}^{+\infty}H(\mathrm{j}\omega)F(\mathrm{j}\omega)\mathrm{e}^{\mathrm{j}\omega t}\mathrm{d}\omega$$

(5) 画出 $y_f(t)$ 的波形。

二、系统零输入响应 $y_x(t)$ 的求解

傅里叶变换法只能用来求解系统的零状态响应 $y_f(t)$，而不能用来求解系统的零输入响应 $y_x(t)$。$y_x(t)$ 的求解仍采用第二章所介绍的时域经典法。

三、系统的全响应 $y(t)=y_x(t)+y_f(t)$

现将非周期信号激励下系统零状态响应的求解汇总于表 4-2-1 中，以便复习和查用。

表 4-2-1　非周期信号激励下系统零状态响应的求解

求解步骤	(1) 求频域系统函数 $H(\mathrm{j}\omega)$； (2) 求激励 $f(t)$ 的 $F(\mathrm{j}\omega)=\mathscr{F}[f(t)]$； (3) 求零状态响应的 $Y_f(\mathrm{j}\omega)=H(\mathrm{j}\omega)F(\mathrm{j}\omega)$； (4) 求 $y_f(t)=\mathscr{F}^{-1}[Y_f(\mathrm{j}\omega)]=\mathscr{F}^{-1}[H(\mathrm{j}\omega)F(\mathrm{j}\omega)]$； (5) 画出 $y_f(t)$ 的波形

注：系统零输入响应的求解仍采用第二章的时域经典法。

例 4-2-1　已知系统的微分方程为

$$y''(t)+5y'(t)+6y(t)=f'(t)$$

激励 $f(t)=\mathrm{e}^{-t}U(t)$。求系统的零状态响应 $y(t)$。

解　(1) 系统的传输算子为

$$H(p)=\frac{p}{p^2+5p+6}=\frac{p}{(p+2)(p+3)}$$

频域系统函数为

$$H(\mathrm{j}\omega)=H(p)\Big|_{p=\mathrm{j}\omega}=\frac{\mathrm{j}\omega}{(\mathrm{j}\omega)^2+5\mathrm{j}\omega+6}=\frac{\mathrm{j}\omega}{(\mathrm{j}\omega+2)(\mathrm{j}\omega+3)}$$

$$F(\mathrm{j}\omega)=\mathscr{F}[f(t)]=\mathscr{F}[\mathrm{e}^{-t}U(t)]=\frac{1}{\mathrm{j}\omega+1}$$

$$Y(\mathrm{j}\omega)=H(\mathrm{j}\omega)F(\mathrm{j}\omega)=\frac{\mathrm{j}\omega}{(\mathrm{j}\omega+2)(\mathrm{j}\omega+3)}\,\frac{1}{\mathrm{j}\omega+1}=$$

$$\frac{K_1}{\mathrm{j}\omega+2}+\frac{K_2}{\mathrm{j}\omega+3}+\frac{K_3}{\mathrm{j}\omega+1}=\frac{2}{\mathrm{j}\omega+2}+\frac{-\frac{3}{2}}{\mathrm{j}\omega+3}+\frac{-\frac{1}{2}}{\mathrm{j}\omega+1}$$

查表 3-4-2 中的序号 5，得零状态响应为

$$y(t)=\left(2\mathrm{e}^{-2t}-\frac{3}{2}\mathrm{e}^{-3t}-\frac{1}{2}\mathrm{e}^{-t}\right)U(t)$$

例 4-2-2　在图 4-2-1(a) 所示电路中，已知 $u_C(0^-)=10\ \mathrm{V}$，$f(t)=U(t)\ \mathrm{V}$。求关于 $u_C(t)$ 的单位冲激响应 $h(t)$，零输入响应 $u_{Cx}(t)$，零状态响应 $u_{Cf}(t)$，全响应 $u_C(t)$。

解　(1) 求 $H(\mathrm{j}\omega)$ 和 $h(t)$。根据图 4-2-1(b) 可求得

$$H(\mathrm{j}\omega)=\frac{U_{Cf}(\mathrm{j}\omega)}{F(\mathrm{j}\omega)}=\frac{\frac{1}{\mathrm{j}\omega C}}{R+\frac{1}{\mathrm{j}\omega C}}=\frac{1}{\mathrm{j}RC\omega+1}=\frac{\frac{1}{RC}}{\mathrm{j}\omega+\frac{1}{RC}}=\frac{\alpha}{\mathrm{j}\omega+\alpha}$$

式中 $\alpha=\frac{1}{RC}=\frac{1}{\tau}$，$\alpha$ 称为衰减系数；$\tau=RC$ 为时间常数，故查表 3-4-2 中的序号 5，得

$$h(t)=\mathscr{F}^{-1}[H(\mathrm{j}\omega)]=\alpha\mathrm{e}^{-\alpha t}U(t)\ \mathrm{V}$$

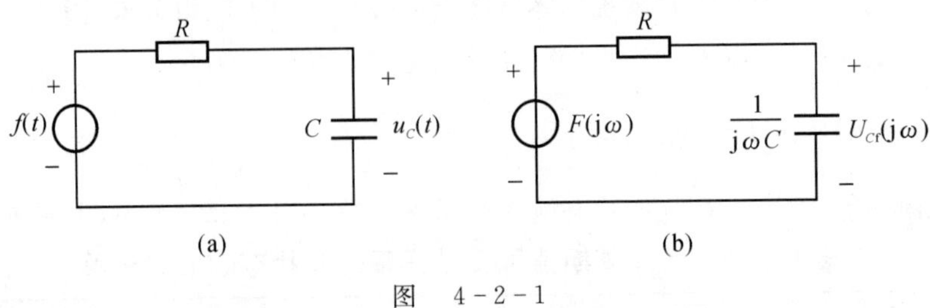

图 4-2-1

(2) 求 $u_{Cx}(t)$。电路的特征方程为 $\mathrm{j}\omega+\alpha=0$，求得特征根为 $\mathrm{j}\omega=-\alpha$，故得零输入响应的通解式为

$$u_{Cx}(t)=A\mathrm{e}^{-\alpha t}$$

故

$$u_{Cx}(0^+)=u_{Cx}(0^-)=u_C(0^-)=10=A$$

即 $A=10$，故得

$$u_{Cx}(t)=10\mathrm{e}^{-\alpha t}U(t)\ \mathrm{V}$$

(3) 求零状态响应 $u_{Cf}(t)$。

$$F(\mathrm{j}\omega)=\mathscr{F}[U(t)]=\pi\delta(\omega)+\frac{1}{\mathrm{j}\omega}$$

故

$$U_{Cf}(\mathrm{j}\omega)=F(\mathrm{j}\omega)H(\mathrm{j}\omega)=\left[\pi\delta(\omega)+\frac{1}{\mathrm{j}\omega}\right]\frac{\alpha}{\mathrm{j}\omega+\alpha}=$$

$$\pi\delta(\omega)\frac{\alpha}{\mathrm{j}\omega+\alpha}+\frac{\alpha}{\mathrm{j}\omega(\mathrm{j}\omega+\alpha)}=$$

$$\pi\delta(\omega)+\frac{1}{\mathrm{j}\omega}-\frac{1}{\mathrm{j}\omega+\alpha}=\left[\pi\delta(\omega)+\frac{1}{\mathrm{j}\omega}\right]-\frac{1}{\mathrm{j}\omega+\alpha}$$

查表 3-4-2 中的序号 3 和 5 得

$$u_{Cf}(t)=\mathscr{F}^{-1}[U_{Cf}(\mathrm{j}\omega)]=U(t)-\mathrm{e}^{-\alpha t}U(t)=(1-\mathrm{e}^{-\alpha t})U(t)\ \mathrm{V}$$

(4) 求全响应 $u_C(t)$。

$$u_C(t)=u_{Cx}(t)+u_{Cf}(t)=\underbrace{10\mathrm{e}^{-\alpha t}U(t)}_{\text{零输入响应}}+\underbrace{(1-\mathrm{e}^{-\alpha t})U(t)}_{\text{零状态响应}}=$$

$$\underbrace{\underbrace{9\mathrm{e}^{-\alpha t}U(t)}_{\substack{\text{自由响应}\\\text{(瞬态响应)}}}+\underbrace{U(t)}_{\substack{\text{强迫响应}\\\text{(稳态响应)}}}}_{\text{全响应}}\ \mathrm{V}$$

由上面结果可知：系统的自由响应(微分方程的齐次解)包含了全部零输入响应与一部分零状态响应。系统的零输入响应与系统的自由响应具有相同的函数形式，二者只是函数形式相同，不是相等关系。零状态响应的另外一部分对应微分方程的特解，其函数形式受限于系统外加激励源的函数形式，属于系统的强迫响应，也可理解为是系统在激励源的“强迫”下所作出的响应。

4.3　周期信号激励下系统的稳态响应及其求解

周期信号是在 $-\infty$ 到 $+\infty$ 的时间区间内定义的，因此，当周期信号作用于系统时，可以认为信号是在 $t=-\infty$ 时刻接入的，一般认为系统在 $t=-\infty$ 时无储能（静态系统），$t>-\infty$ 时系统的响应仅由输入信号作用产生，确切地说，这里所求的系统响应属于系统的零状态响应。若考虑系统是渐近稳定的，对任何观察时刻 t_0（t_0 为实常数），均认为在历经从 $t=-\infty$ 到 t_0 如此长的时间后，系统的暂态响应早已趋于零，系统输出就只有稳态响应。通常，我们所遇到的周期输入信号都是满足狄里赫利条件的，因此，可以把它展开为傅里叶级数。这样，周期输入信号就可看作由一系列谐波分量所组成，根据叠加定理，周期输入信号在系统中产生的响应，等于各谐波分量单独作用于系统时所产生的响应之和，所以，可以先求解各谐波正弦分量单独作用于系统时的稳态响应，然后叠加得到周期信号激励下系统的稳态响应。

4.3.1　系统的正弦稳态响应及其求解

一、定义

如图 4-3-1(a) 所示系统，设系统具有稳定性（因为只有具有稳定性的系统才会有稳态响应），其单位冲激响应为 $h(t)$，激励为正弦信号 $f(t)=F_m\cos(\Omega t+\varphi)$，$t\in\mathbf{R}$。这样即可定义：在正弦信号激励下，系统达到稳定工作状态时的响应，称为正弦稳态响应，用 $y(t)$ 表示。

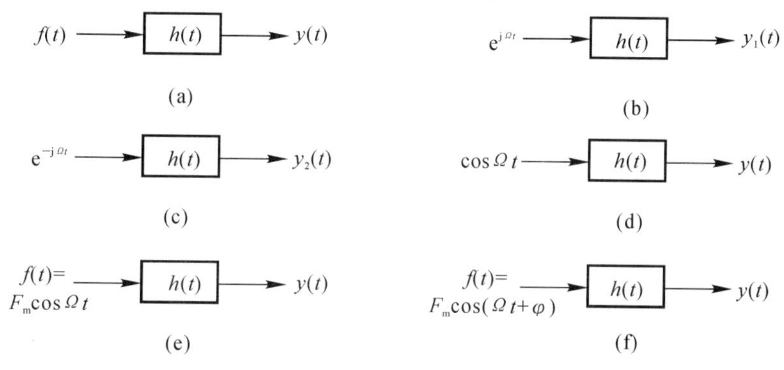

图 4-3-1　系统的正弦稳态响应

二、求法

设激励为 $e^{j\Omega t}$，$t\in\mathbf{R}$，如图 4-3-1(b) 所示，则系统的零状态响应为

$$y_1(t)=H(j\Omega)e^{j\Omega t}=|H(j\Omega)|e^{j\varphi(\Omega)}e^{j\Omega t}=|H(j\Omega)|e^{j[\Omega t+\varphi(\Omega)]},\quad t\in\mathbf{R}$$

再设激励为 $e^{-j\Omega t}$，$t\in\mathbf{R}$，如图 4-3-1(c) 所示，则系统的零状态响应为

$$y_2(t)=H(-j\Omega)e^{-j\Omega t}=|H(-j\Omega)|e^{j\varphi(-\Omega)}e^{-j\Omega t}=|H(j\Omega)|e^{-j\varphi(\Omega)}e^{-j\Omega t}=|H(j\Omega)|e^{-j[\Omega t+\varphi(\Omega)]}$$

当激励为 $\cos\Omega t=\dfrac{1}{2}(e^{j\Omega t}+e^{-j\Omega t})$ 时，$t\in\mathbf{R}$，如图 4-3-1(d) 所示，根据线性系统的齐次性和叠加性，则系统的零状态响应为

$$y(t)=\frac{1}{2}\{|H(j\Omega)|e^{j[\Omega t+\varphi(\Omega)]}+|H(j\Omega)|e^{-j[\Omega t+\varphi(\Omega)]}\}=|H(j\Omega)|\cos[\Omega t+\varphi(\Omega)],\quad t\in\mathbf{R}$$

当激励为 $f(t)=F_{\mathrm{m}}\cos\Omega t, t\in\mathbf{R}$ 时，如图 4-3-1(e) 所示，则系统的零状态响应为

$$y(t)=F_{\mathrm{m}}\mid H(\mathrm{j}\Omega)\mid\cos[\Omega t+\varphi(\Omega)]$$

可见 $y(t)$ 仍为与 $f(t)$ 具有同一频率 Ω 的正弦响应，但幅度变为 $F_{\mathrm{m}}\mid H(\mathrm{j}\Omega)\mid$，相位角则增加了 $\varphi(\Omega)$。

推广：若 $f(t)=F_{\mathrm{m}}\cos(\Omega t+\psi),\ t\in\mathbf{R}$，如图 4-3-1(f) 所示，则

$$y(t)=F_{\mathrm{m}}\mid H(\mathrm{j}\Omega)\mid\cos[\Omega t+\psi+\varphi(\Omega)],\quad t\in\mathbf{R}$$

现将系统的正弦稳态响应及其求解汇总于表 4-3-1 中，以便复习和查用。

表 4-3-1　系统的正弦稳态响应及其求解

定　义	在正弦信号 $f(t)=F_{\mathrm{m}}\cos(\Omega t+\psi)$ 激励下，系统达到稳定工作状态时的响应，称为正弦稳态响应，用 $y(t)$ 表示
系统模型	$f(t)\longrightarrow\boxed{H(\mathrm{j}\omega)}\longrightarrow y(t)$ $f(t)=F_{\mathrm{m}}\cos(\Omega t+\psi),\quad t\in\mathbf{R}$
求　法	(1) 求 $H(\mathrm{j}\omega)=\mid H(\mathrm{j}\omega)\mid \mathrm{e}^{\mathrm{j}\varphi(\omega)}$； (2) 求 $\mid H(\mathrm{j}\Omega)\mid=\mid H(\mathrm{j}\omega)\mid_{\omega=\Omega},\quad \varphi(\Omega)=\varphi(\omega)\Big|_{\omega=\Omega}$； (3) $y(t)=F_{\mathrm{m}}\mid H(\mathrm{j}\Omega)\mid\cos[\Omega t+\psi+\varphi(\Omega)],\quad t\in\mathbf{R}$

例 4-3-1　已知系统的微分方程为

$$y''(t)+3y'(t)+2y(t)=f(t)$$

激励 $f(t)=100\cos(t+60^\circ),\ t\in\mathbf{R}$。求系统的正弦稳态响应 $y(t)$。

解　系统的传输算子为

$$H(p)=\frac{1}{p^2+3p+2}$$

故

$$H(\mathrm{j}\omega)=H(p)\mid_{p=\mathrm{j}\omega}=\frac{1}{(\mathrm{j}\omega)^2+3\mathrm{j}\omega+2}$$

即

$$H(\mathrm{j}\omega)\mid\mathrm{e}^{\mathrm{j}\varphi(\omega)}=\frac{1}{(2-\omega^2)+\mathrm{j}3\omega},\quad \mid H(\mathrm{j}\omega)\mid=\frac{1}{\sqrt{(2-\omega^2)^2+9\omega^2}},\quad \varphi(\omega)=-\arctan\frac{3\omega}{2-\omega^2}$$

将 $\omega=1$ rad/s 代入上两式，有

$$\mid H(\mathrm{j}1)\mid=\frac{1}{\sqrt{(2-1)^2+9\times1}}=\frac{1}{\sqrt{10}}=\frac{\sqrt{10}}{10}$$

$$\varphi(1)=-\arctan\frac{3\times1}{2-1}=-\arctan3=-71.57^\circ$$

故得系统的正弦稳态响应为

$$y(t)=100\times\frac{\sqrt{10}}{10}\cos(t+60^\circ-71.57^\circ)=10\sqrt{10}\cos(t-11.57^\circ),\quad t\in\mathbf{R}$$

例 4-3-2　图 4-3-2(a) 所示电路，$f(t)=10\sqrt{2}\cos t$ V，$t\in\mathbf{R}$，求正弦稳态响应 $y(t)$。

解　方法一：频域系统函数法。频域电路模型如图 4-3-2(b) 所示。

$$H(\mathrm{j}\omega)=\frac{Y(\mathrm{j}\omega)}{F(\mathrm{j}\omega)}=\frac{\mathrm{j}\omega}{1+\mathrm{j}\omega}=\frac{\omega\ \angle 90^\circ}{\sqrt{1+\omega^2}\ \angle\arctan\omega}$$

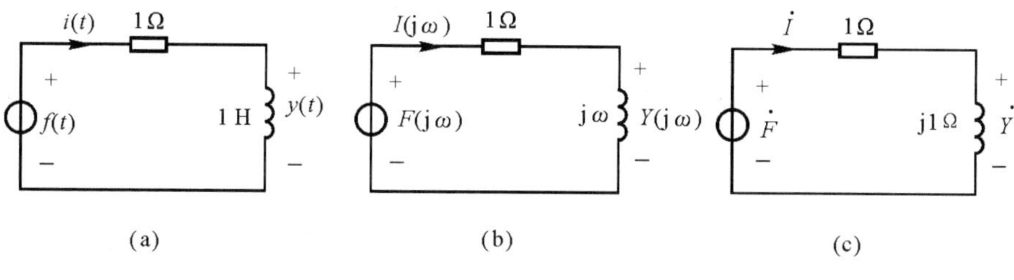

图　4-3-2

即
$$|H(j\omega)|\underline{/\varphi(\omega)}=\frac{\omega}{\sqrt{1+\omega^2}}\underline{/90^\circ-\arctan\omega}$$

$$|H(j\omega)|=\frac{\omega}{\sqrt{1+\omega^2}},\quad \varphi(\omega)=90^\circ-\arctan\omega$$

将 $\omega=1$ rad/s 代入上两式，有

$$|H(j1)|=\frac{1}{\sqrt{1+1}}=\frac{1}{\sqrt{2}},\quad \varphi(1)=90^\circ-\arctan 1=45^\circ$$

故得正弦稳态响应为

$$y(t)=10\sqrt{2}\times\frac{1}{\sqrt{2}}\cos(t+45^\circ)=10\cos(t+45^\circ)\ \text{V},\quad t\in\mathbf{R}$$

方法二：傅里叶变换法。

$$F(j\omega)=10\sqrt{2}\pi[\delta(\omega+1)+\delta(\omega-1)]$$

$$Y(j\omega)=H(j\omega)F(j\omega)=\frac{j\omega}{1+j\omega}\times10\sqrt{2}\pi[\delta(\omega+1)+\delta(\omega-1)]=$$

$$10\sqrt{2}\pi\left[\frac{-j}{1-j}\delta(\omega+1)+\frac{j1}{1+j1}\delta(\omega-1)\right]=$$

$$10\sqrt{2}\pi\left[\frac{1}{\sqrt{2}}e^{-j45^\circ}\delta(\omega+1)+\frac{1}{\sqrt{2}}e^{j45^\circ}\delta(\omega-1)\right]=$$

$$10[e^{-j45^\circ}\pi\delta(\omega+1)+e^{j45^\circ}\pi\delta(\omega-1)]$$

因有
$$e^{-jt}\longleftrightarrow 2\pi\delta(\omega+1),\quad e^{jt}\longleftrightarrow 2\pi\delta(\omega-1)$$

故有
$$\frac{1}{2}e^{-jt}\longleftrightarrow\pi\delta(\omega+1),\quad \frac{1}{2}e^{jt}\longleftrightarrow\pi\delta(\omega-1)$$

故得
$$y(t)=10\left[e^{-j45^\circ}\frac{1}{2}e^{-jt}+e^{j45^\circ}\frac{1}{2}e^{jt}\right]=10\,\frac{e^{j(t+45^\circ)}+e^{-j(t+45^\circ)}}{2}=$$

$$10\cos(t+45^\circ)\ \text{V},\quad t\in\mathbf{R}$$

方法三：相量法。相量电路模型如图 4-3-2(c) 所示。$\dot{F}=10\underline{/0^\circ}$ V，$Z=1+j1=\sqrt{2}\underline{/45^\circ}$ Ω。故

$$\dot{I}=\frac{\dot{F}}{Z}=\frac{10\underline{/0^\circ}}{\sqrt{2}\underline{/45^\circ}}=\frac{10}{\sqrt{2}}\underline{/-45^\circ}\ \text{A},\quad \dot{Y}=j1\dot{I}=1\underline{/90^\circ}\times\frac{10}{\sqrt{2}}\underline{/-45^\circ}=\frac{10}{\sqrt{2}}\underline{/45^\circ}\ \text{V}$$

故得正弦稳态响应为

$$y(t)=\frac{10}{\sqrt{2}}\sqrt{2}\cos(t+45^\circ)=10\cos(t+45^\circ)\ \text{V},\quad t\in\mathbf{R}$$

从以上计算结果可见，三种方法计算结果全同（这是必然的），但傅里叶变换法显然要麻烦些。这说明，对于简单电路（或系统），采用傅里叶变换法求解并非上策。任何一种分析计算方法，都有它特定的优点，也有它特定的局限性，应从具体问题出发，择其简便者用之。这就是不同的锁要用不同的钥匙开，或者用不同的钥匙开不同的锁。

4.3.2 非正弦周期信号激励下系统的稳态响应

一、定义

要使系统产生稳态响应，系统必须具有稳定性，这是系统产生稳态响应的条件。在非正弦周期信号 $f(t)$ 激励下，系统达到稳定工作状态时的响应，称为非正弦周期信号激励下系统的稳态响应。

二、求法

通过下面的实例来研究非正弦周期信号激励下系统稳态响应的求解方法。

例 4-3-3 图 4-3-3(a) 所示系统，已知激励为非正弦周期信号 $f(t)=2+4\cos5t+4\cos10t,\ t\in\mathbf{R}$，系统函数 $H(\mathrm{j}\omega)$ 的图形如图 4-3-3(b)(c) 所示。求系统的稳态响应 $y(t)$。

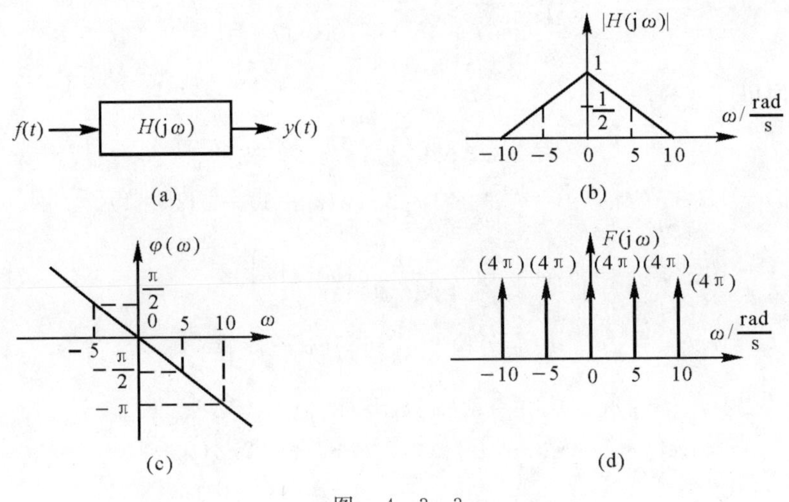

图 4-3-3

解 方法一：用叠加定理求解。

(1) 直流分量 2 单独作用时，此时 $\omega=0$，故 $|H(\mathrm{j}0)|=1,\ \varphi(0)=0$。故

$$y_0=F_{\mathrm{m}}\,|H(\mathrm{j}0)|\cos(0t+0^\circ)=2\times1=2$$

(2) 当 $4\cos5t$ 单独作用时，此时 $\omega=5$，故 $|H(\mathrm{j}5)|=0.5,\ \varphi(5)=-\dfrac{\pi}{2}=-90^\circ$。故

$$y_1(t)=4\times0.5\cos(5t-90^\circ)=2\cos(5t-90^\circ)$$

(3) 当 $4\cos10t$ 单独作用时，此时 $\omega=10$，故 $|H(\mathrm{j}10)|=0,\ \varphi(10)=-\pi=-180^\circ$。故

$$y_2(t)=4\times0\times\cos(10t-180^\circ)=0$$

故系统的稳态响应为

$$y=y_0(t)+y_1(t)+y_2(t)=2+2\cos(5t-90^\circ),\quad t\in\mathbf{R}$$

可见，响应 $y(t)$ 中已没有了激励中的二次谐波，响应 $y(t)$ 产生了失真。

方法二：用傅里叶变换法求解。$f(t)$ 的傅里叶变换为

$$F(\mathrm{j}\omega)=2\times2\pi\delta(\omega)+4\pi[\delta(\omega+5)+\delta(\omega-5)]+4\pi[\delta(\omega+10)+\delta(\omega-10)]=$$

$$4\pi\sum_{n=-2}^{2}\delta(\omega-n5)$$

其中 $\Omega=5$ rad/s。$F(\mathrm{j}\omega)$ 的图形如图 4-3-3(d) 所示。故

$$Y(\mathrm{j}\omega)=H(\mathrm{j}\omega)F(\mathrm{j}\omega)=H(\mathrm{j}\omega)\times4\pi\sum_{n=-2}^{2}\delta(\omega-n5)=$$

$$4\pi\sum_{n=-2}^{2}H(\mathrm{j}\omega)\delta(\omega-n5)=4\pi\sum_{n=-2}^{2}H(\mathrm{j}n5)\delta(\omega-n5)=$$

$$4\pi H(-\mathrm{j}2\times5)\delta(\omega+2\times5)+4\pi H(-\mathrm{j}5)\delta(\omega+5)+4\pi H(\mathrm{j}0)\delta(\omega-0)+$$

$$4\pi H(\mathrm{j}1\times5)\delta(\omega-5)+4\pi H(\mathrm{j}2\times5)\delta(\omega-2\times5)=$$

$$0+4\pi\times0.5\mathrm{e}^{\mathrm{j}\frac{\pi}{2}}\delta(\omega+5)+4\pi\times1\mathrm{e}^{\mathrm{j}0^{\circ}}\delta(\omega)+4\pi\times0.5\mathrm{e}^{-\mathrm{j}\frac{\pi}{2}}\delta(\omega-5)+0=$$

$$\mathrm{e}^{\mathrm{j}\frac{\pi}{2}}2\pi\delta(\omega+5)+2\times2\pi\delta(\omega)+\mathrm{e}^{-\mathrm{j}\frac{\pi}{2}}2\pi\delta(\omega-5)$$

因有

$$\mathrm{e}^{-\mathrm{j}5t}\longleftrightarrow2\pi\delta(\omega+5)$$

$$\mathrm{e}^{\mathrm{j}5t}\longleftrightarrow2\pi\delta(\omega-5)$$

$$1\longleftrightarrow2\pi\delta(\omega)$$

代入上式得

$$y(t)=\mathrm{e}^{\mathrm{j}\frac{\pi}{2}}\mathrm{e}^{-\mathrm{j}5t}+2\times1+\mathrm{e}^{-\mathrm{j}\frac{\pi}{2}}\mathrm{e}^{\mathrm{j}5t}=2+2\,\frac{\mathrm{e}^{\mathrm{j}\left(5t-\frac{\pi}{2}\right)}+\mathrm{e}^{-\mathrm{j}\left(5t-\frac{\pi}{2}\right)}}{2}=$$

$$2+2\cos\left(5t-\frac{\pi}{2}\right),\quad t\in\mathbf{R}$$

可见两种方法求解结果相同，但方法一要简单些。

现将非正弦周期信号激励下系统的稳态响应及求解汇总于表 4-3-2 中，以便复习和查用。

表 4-3-2　非正弦周期信号激励下系统的稳态响应及求解

定　义	在非正弦周期信号 $f(t)=\frac{A_0}{2}+\sum_{n=1}^{\infty}A_n\cos(n\Omega t+\psi_n)$ 激励下，系统达到稳定状态时的响应
系统模型	$f(t)\longrightarrow\boxed{H(\mathrm{j}\omega)}\longrightarrow y(t)$ $f(t)=\frac{A_0}{2}+\sum_{n=1}^{\infty}A_n\cos(n\Omega t+\psi_n),\quad\Omega=\frac{2\pi}{T}$
稳态响应的求法	傅里叶级数法：$y(t)=\frac{A_0}{2}H(\mathrm{j}0)+\sum_{n=1}^{\infty}A_n\mid H(\mathrm{j}n\Omega)\mid\cos[n\Omega t+\psi_n+\varphi(n\Omega)]$ 傅里叶变换法

例 4-3-4　已知系统的模频特性 $\mid H(\mathrm{j}\omega)\mid$ 和相频特性 $\varphi(\omega)$ 如图 4-3-4(a)(b) 所示，激励 $f(t)$ 为周期信号，其波形如图 4-3-4(c) 所示。求系统的稳态响应 $y(t)$。

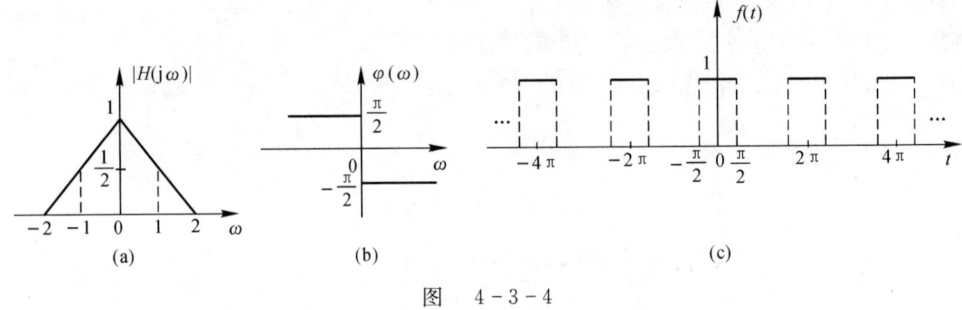

图 4-3-4

解 $f(t)$ 的周期 $T=2\pi$ s，基波角频率 $\Omega=\frac{2\pi}{T}=\frac{2\pi}{2\pi}=1$ rad/s。

$$\dot{A}_n=\frac{2}{T}\int_{-\frac{T}{2}}^{\frac{T}{2}}f(t)\mathrm{e}^{-\mathrm{j}n\Omega t}\,\mathrm{d}t=\frac{2}{2\pi}\int_{-\frac{\pi}{2}}^{\frac{\pi}{2}}1\mathrm{e}^{-\mathrm{j}nt}\,\mathrm{d}t=\frac{\sin\frac{n\pi}{2}}{\frac{n\pi}{2}},\quad n\in\mathbf{Z}$$

故
$$f(t)=\frac{1}{2}\sum_{n=-\infty}^{\infty}\dot{A}_n\mathrm{e}^{\mathrm{j}n\Omega t}=\frac{1}{2}\sum_{n=-\infty}^{\infty}\frac{\sin\frac{n\pi}{2}}{\frac{n\pi}{2}}\mathrm{e}^{\mathrm{j}nt}=$$

$$\cdots+\frac{1}{2}\frac{\sin\left(-\frac{\pi}{2}\right)}{-\frac{\pi}{2}}\mathrm{e}^{-\mathrm{j}t}+\frac{1}{2}\times1+\frac{1}{2}\frac{\sin\frac{\pi}{2}}{\frac{\pi}{2}}\mathrm{e}^{\mathrm{j}t}+\cdots=$$

$$\cdots+\frac{1}{\pi}\mathrm{e}^{-\mathrm{j}t}+\frac{1}{2}+\frac{1}{\pi}\mathrm{e}^{\mathrm{j}t}+\cdots=$$

$$\frac{1}{2}+\frac{2}{\pi}\frac{\mathrm{e}^{-\mathrm{j}t}+\mathrm{e}^{\mathrm{j}t}}{2}+\cdots=\frac{1}{2}+\frac{2}{\pi}\cos t+\cdots$$

考虑到系统是低通滤波器，$f(t)$ 中只有直流分量和一次谐波可以通过，其余的各次谐波均被滤除了。

$$|H(\mathrm{j}0)|=1,\quad \varphi(0)=0$$

$$|H(\mathrm{j}1)|=\frac{1}{2},\quad \varphi(1)=-\frac{\pi}{2}$$

故得系统的稳态响应

$$y(t)=\frac{1}{2}\times1+\frac{2}{\pi}\times\frac{1}{2}\cos\left(t-\frac{\pi}{2}\right)=\frac{1}{2}+\frac{1}{\pi}\cos\left(t-\frac{\pi}{2}\right),\quad t\in\mathbf{R}$$

例 4-3-5 图 4-3-5(a) 所示高通滤波器，其系统函数 $H(\mathrm{j}\omega)$ 的模频特性 $|H(\mathrm{j}\omega)|$ 和相频特性 $\varphi(\omega)$ 分别如图 4-3-5(b)(c) 所示，截止频率 $\omega_c=1.5\pi$ rad/s。(1) 求系统的单位冲激响应 $h(t)$；(2) 若 $f(t)=5+10\cos\left(\pi t-\frac{\pi}{3}\right)+10\cos\left(2\pi t+\frac{\pi}{6}\right)+8\cos\left(4\pi t-\frac{\pi}{4}\right)$，求系统的稳态响应 $y(t)$。

解 (1)
$$H(\mathrm{j}\omega)=[1-G_{3\pi}(\omega)]\mathrm{e}^{-\mathrm{j}3\omega}$$

$$h(t)=\delta(t-3)-1.5\mathrm{Sa}[1.5\pi(t-3)]$$

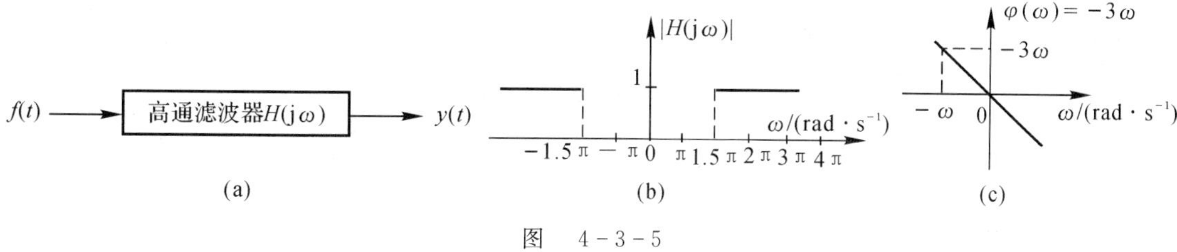

(a)　(b)　(c)

图　4-3-5

(2) $f(t)$ 中的直流分量和一次谐波均被滤除，只有 2 次和 4 次谐波可以通过。

当 $\omega=2\pi$ 时，$|H(\mathrm{j}2\pi)|=1$，$\varphi(2\pi)=-3\times2\pi=-6\pi$

得
$$y_2(t)=1\times10\cos\left(2\pi t+\frac{\pi}{6}-6\pi\right)=10\cos\left(2\pi t+\frac{\pi}{6}\right)$$

当 $\omega=4\pi$ 时，$|H(\mathrm{j}4\pi)|=1$，$\varphi(4\pi)=-3\times4\pi=-12\pi$

得
$$y_4(t)=1\times8\cos\left(4\pi t-\frac{\pi}{4}-12\pi\right)=8\cos\left(4\pi t-\frac{\pi}{4}\right)$$

故得
$$y(t)=0+0+y_2(t)+y_4(t)=10\cos\left(2\pi t+\frac{\pi}{6}\right)+8\cos\left(4\pi t-\frac{\pi}{4}\right)$$

例 4-3-6　已知系统单位冲激响应 $h(t)$ 的波形如图 4-3-6(a) 所示。(1) 求系统的模频特性 $|H(\mathrm{j}\omega)|$ 和相频特性 $\varphi(\omega)$，说明系统是否会产生失真；(2) 若激励 $f(t)=2\cos\left(0.5\pi t+\frac{\pi}{4}\right)+\cos\pi t+\frac{1}{2}\cos\left(2\pi t-\frac{\pi}{4}\right)$，$t\in\mathbf{R}$，求系统的稳态响应 $y(t)$。

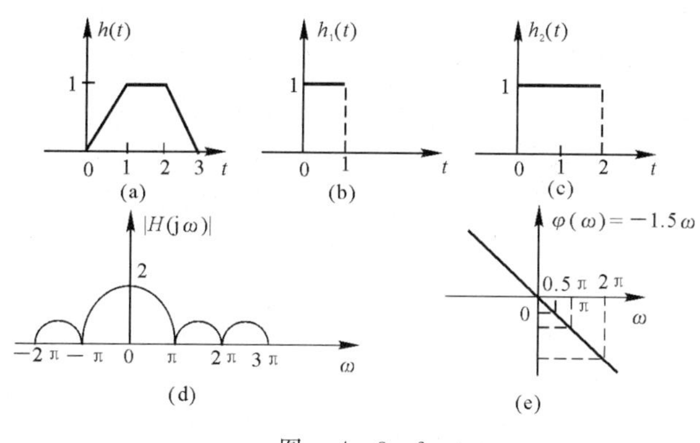

(a)　(b)　(c)　(d)　(e)

图　4-3-6

解　若直接从 $h(t)$ 求 $H(\mathrm{j}\omega)$，则十分麻烦和困难，所以应另辟蹊径而“智取”。引入 $h_1(t)=G_1\left(t-\frac{1}{2}\right)$ 和 $h_2(t)=G_2(t-1)$，$h_1(t)$ 和 $h_2(t)$ 的波形如图 4-3-6(b)(c) 所示。

$H_1(\mathrm{j}\omega)=\mathrm{Sa}\left(\frac{\omega}{2}\right)\mathrm{e}^{-\mathrm{j}\frac{1}{2}\omega}$，$H_2(\mathrm{j}\omega)=2\mathrm{Sa}(\omega)\mathrm{e}^{-\mathrm{j}\omega}$。

$h(t)=h_1(t)*h_2(t)$，故

$$H(\mathrm{j}\omega)=H_1(\mathrm{j}\omega)H_2(\mathrm{j}\omega)=2\mathrm{Sa}\left(\frac{\omega}{2}\right)\mathrm{e}^{-\mathrm{j}\frac{1}{2}\omega}\cdot\mathrm{Sa}(\omega)\mathrm{e}^{-\mathrm{j}\omega}=2\mathrm{Sa}\left(\frac{\omega}{2}\right)\mathrm{Sa}(\omega)\mathrm{e}^{-\mathrm{j}1.5\omega}$$

$$|H(\mathrm{j}\omega)|=\left|2\mathrm{Sa}\left(\frac{\omega}{2}\right)\mathrm{Sa}(\omega)\right|,\quad\varphi(\omega)=-1.5\omega$$

$|H(\mathrm{j}\omega)|$ 和 $\varphi(\omega)$ 的曲线如图 4-3-6(d)(e) 所示[注意:$\varphi(\omega)$ 曲线没有考虑模频绝对值中的正、负变化]。可见系统为一低通滤波器,且由于 $|H(\mathrm{j}\omega)| \neq$ 常数,故系统要产生失真。

当 $\omega=0.5\pi$ 时,

$$H(\mathrm{j}0.5\pi)=2\mathrm{Sa}\left(\frac{\pi}{4}\right)\mathrm{Sa}\left(\frac{\pi}{2}\right)\mathrm{e}^{-\mathrm{j}1.5\times 0.5\pi}=\frac{8\sqrt{2}}{\pi^2}\mathrm{e}^{-\mathrm{j}\frac{3}{4}\pi}$$

当 $\omega=\pi$ 和 2π 时,有 $H(\mathrm{j}\pi)=0, H(\mathrm{j}2\pi)=0$。故得

$$y(t)=2\times\frac{8\sqrt{2}}{\pi^2}\cos\left(0.5\pi t+\frac{\pi}{4}-\frac{3\pi}{4}\right)+0+0=\frac{16\sqrt{2}}{\pi^2}\cos\left(0.5\pi t-\frac{\pi}{2}\right), \quad t\in\mathbf{R}$$

由于 $y(t)$ 中缺少了激励中的二次和四次谐波分量(被滤除了),故 $y(t)$ 产生了失真。

4.4 无失真传输系统及其条件

一、定义

无失真传输就是系统在传输信号的过程中不产生任何失真。无失真或失真尽可能地小,是电子系统极其重要的质量指标。例如高保真的音响设备,就要求喇叭能高保真地重现磁带或唱盘上所录制的音乐;示波器应尽可能无失真地显示输入信号等。

二、无失真传输的条件

1. 时域条件

图 4-4-1(b) 所示为信号传输系统,$f(t)$ 为被传输的信号,设其波形如图 4-4-1(a) 所示;$y(t)$ 为输出信号。很显然,要使信号无失真地传输,只需要求 $y(t)$ 与 $f(t)$ 的波形相似即可,而不必要求 $y(t)$ 与 $f(t)$ 在大小上相等;$y(t)$ 在时间上也可以延迟某一时间 t_0 出现,用数学式子表示为

$$y(t)=Kf(t-t_0) \tag{4-4-1}$$

式中,K 为比例常数。式(4-4-1) 为系统无失真传输信号时在时域中应满足的条件。

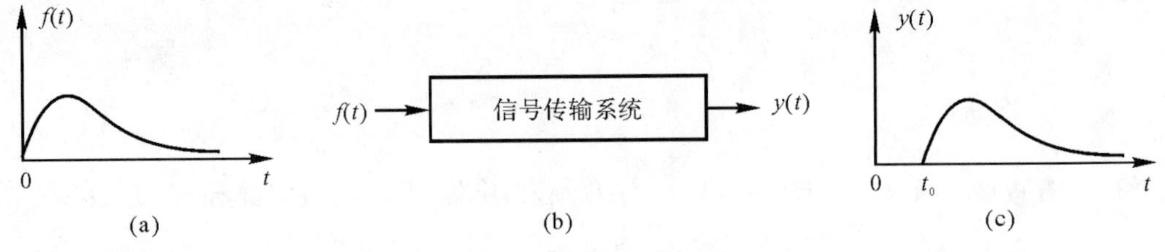

图 4-4-1　时域无失真传输的条件

2. 频域条件

对式(4-4-1) 等号两端同时求傅里叶变换,并根据傅里叶变换的延迟性(表 3-4-1 中的序号 11) 有

$$Y(\mathrm{j}\omega)=KF(\mathrm{j}\omega)\mathrm{e}^{-\mathrm{j}\omega t_0}$$

故得无失真传输系统的系统函数为

$$H(\mathrm{j}\omega)=\frac{Y(\mathrm{j}\omega)}{F(\mathrm{j}\omega)}=K\mathrm{e}^{-\mathrm{j}\omega t_0} \tag{4-4-2}$$

即

$$|H(\mathrm{j}\omega)|\,\mathrm{e}^{\mathrm{j}\varphi(\omega)}=K\mathrm{e}^{-\mathrm{j}\omega t_0}$$

故有

$$\left.\begin{array}{l}|H(\mathrm{j}\omega)|=K\\ \varphi(\omega)=-\omega t_0\end{array}\right\} \tag{4-4-3}$$

其模频与相频特性曲线分别如图 4-4-2(a)(b) 所示。

由式(4-4-3) 可见,无失真传输系统在频域中应满足两个条件:① 系统函数的模频特性$|H(\mathrm{j}\omega)|$在整个频率范围内(即 $\omega\in\mathbf{R}$) 均为常数 K,即系统的通频带为无穷大;② 系统的相频特性 $\varphi(\omega)$ 在整个频率范围内(即 $\omega\in\mathbf{R}$) 是与 ω 成正比,即 $\varphi(\omega)=-\omega t_0$,即相位频率特性是通过坐标原点的直线。

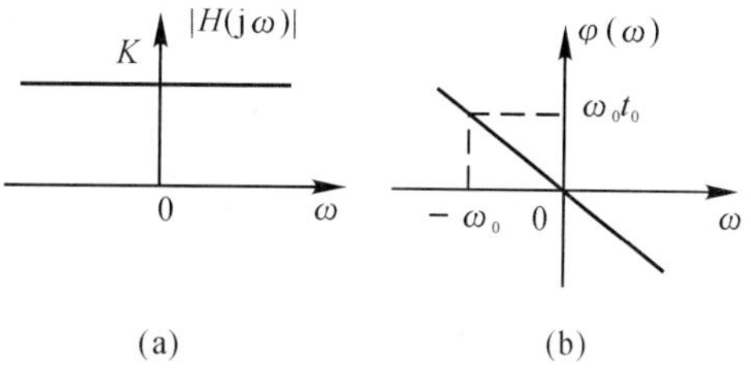

图 4-4-2　频域无失真传输的条件

3. 用单位冲激响应 $h(t)$ 表示系统的无失真传输条件

对式(4-4-2) 求傅里叶反变换,得系统的单位冲激响应为

$$h(t)=K\delta(t-t_0) \tag{4-4-4}$$

式(4-4-4) 表明,无失真传输系统,其单位冲激响应 $h(t)$ 仍为冲激函数,只是在时间上延迟了 t_0 才出现,在强度上变为原来的 K 倍,如图 4-4-3 所示。

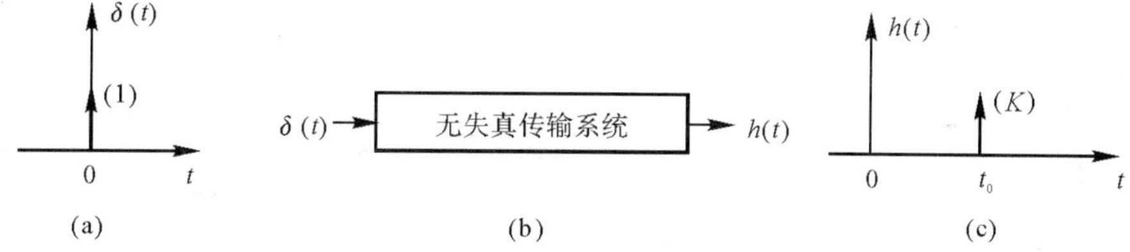

图 4-4-3　用 $h(t)$ 表示的系统无失真传输的条件

满足无失真传输条件的系统称为无失真传输系统,也称理想全通滤波器。无失真传输系统只是一种理想的系统模型,在实际中是不可能实现的,因为我们不可能把一个实际系统(或电路) 的通频带做成无穷宽,也无此必要。在设计一个信号传输系统时,应根据质量指标要求,尽可能地减小失真,使失真不超过系统的质量指标要求即可。

三、群延时概念

系统的相位频率特性 $\varphi(\omega)=-\omega t_0$ 的一阶导数为

$$\frac{\mathrm{d}}{\mathrm{d}\omega}\varphi(\omega)=\frac{\mathrm{d}}{\mathrm{d}\omega}(-\omega t_0)=-t_0$$

其中,t_0 为信号通过系统的延迟时间。定义一阶导数 $\frac{\mathrm{d}}{\mathrm{d}\omega}\varphi(\omega)$ 的绝对值为群延迟时间,简称群延时,即

$$\tau=\left|\frac{\mathrm{d}}{\mathrm{d}\omega}\varphi(\omega)\right|=|-t_0|=t_0$$

可见，当 $\tau = t_0$ 为常数时，信号通过系统即不产生相位失真。

*四、线性失真与非线性性失真

如果信号通过系统时，其输出信号波形失去了原输入信号波形的样子，就称为失真。失真有两种类型，一种是线性失真，另一种是非线性失真。

1. 线性失真

信号在线性系统中传输时所产生的失真，称为线性失真。产生线性失真的原因是，系统的频率特性 $H(\mathrm{j}\omega)$ 不满足式(4-4-3)。当 $|H(\mathrm{j}\omega)| \neq K$ 时产生的失真，称为振幅失真或幅度失真；当 $\varphi(\omega) \neq -\omega t_0$ 时产生的失真，称为相位失真。幅度失真与相位失真，统称为线性失真。

线性失真的标志性特征：系统输出信号 $y(t)$ 中所包含的频率分量只能少于或等于输入信号 $f(t)$ 中的频率分量。如，一般的小信号电压放大器、滤波器、选频器等电路所产生的失真都属于这种失真。

2. 非线性失真

信号在非线性系统中传输时产生的失真，称为非线性失真。产生非线性失真的原因是，系统中含有非线性元件。非线性失真的标志性特征是：产生新的频率分量，即输出信号 $y(t)$ 中包含的频率分量多于输入信号中所包含的频率分量。如，实际中的限幅、整流、调制、解调等电路中所产生的失真都属于这种失真。

在实际应用中，对信号传输希望失真越小越好，理想情况是无失真传输。而在对信号进行“加工”处理以便得到人们期望的信号过程中，必须有这种非线性失真，否则，产生不出输入信号中所没有的而又是人们所需要的新频率信号。本书只涉及线性电路与系统，所以这里不再深究非线性失真问题。

现将无失真传输系统及其条件汇总于表 4-4-1 中，以便复习和查用。

表 4-4-1　无失真传输系统及其条件

定　义	若系统在传输信号时不产生失真，则称为无失真传输系统
应满足的条件	时域条件：$y(t) = Kf(t-t_0)$ 或 $h(t) = K\delta(t-t_0)$
	频域条件：$Y(\mathrm{j}\omega) = KF(\mathrm{j}\omega)\mathrm{e}^{-\mathrm{j}\omega t_0}$ $H(\mathrm{j}\omega) = \dfrac{Y(\mathrm{j}\omega)}{F(\mathrm{j}\omega)} = K\mathrm{e}^{-\mathrm{j}\omega t_0}$　$\begin{cases} \lvert H(\mathrm{j}\omega) \rvert = K \\ \varphi(\omega) = -\omega t_0 \end{cases}$ 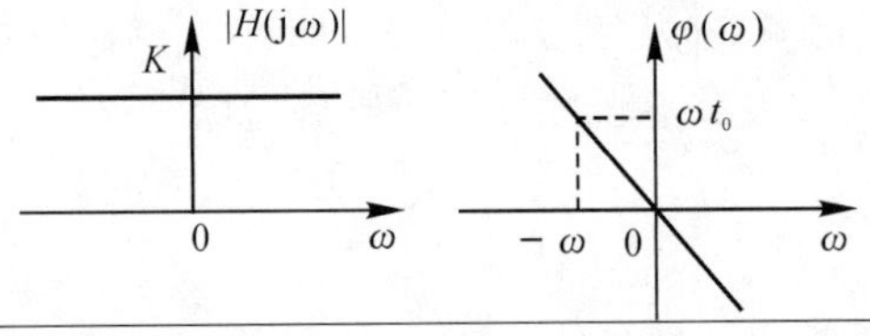
群延时	相位频率特性 $\varphi(\omega)$ 一阶导数的绝对值称为群延时，即 $t_0 = \left\lvert \dfrac{\mathrm{d}\varphi(\omega)}{\mathrm{d}\omega} \right\rvert$
线性失真	信号在线性系统中传输时所产生的失真，称为线性失真。若线性系统不满足无失真传输的条件(幅度条件和相位条件)，就要产生线性失真

例 4-4-1　图 4-4-4(a) 所示电路，欲使响应 $y(t)$ 不产生失真，求 R_1 和 R_2 的值。

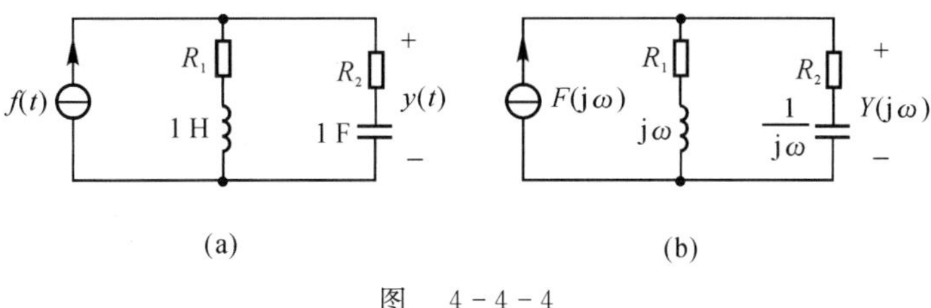

图　4-4-4

解　其频域电路模型如图 4-4-4(b) 所示。故有

$$Y(\mathrm{j}\omega)=\frac{(R_1+\mathrm{j}\omega)\left(R_2+\frac{1}{\mathrm{j}\omega}\right)}{(R_1+\mathrm{j}\omega)+R_2+\frac{1}{\mathrm{j}\omega}}F(\mathrm{j}\omega)$$

故得系统函数为

$$H(\mathrm{j}\omega)=\frac{Y(\mathrm{j}\omega)}{F(\mathrm{j}\omega)}=\frac{(R_1R_2+1)+\mathrm{j}\left(\omega R_2-\frac{R_1}{\omega}\right)}{(R_1+R_2)+\mathrm{j}\left(\omega-\frac{1}{\omega}\right)}=\frac{(R_1R_2+1)\omega+\mathrm{j}(\omega^2R_2-R_1)}{(R_1+R_2)\omega+\mathrm{j}(\omega^2-1)}$$

故

$$|H(\mathrm{j}\omega)|=\sqrt{\frac{(R_1R_2+1)^2\omega^2+(\omega^2R_2-R_1)^2}{(R_1+R_2)^2\omega^2+(\omega^2-1)^2}}\qquad ①$$

$$\varphi(\omega)=\arctan\frac{\omega^2R_2-R_1}{(R_1R_2+1)\omega}-\arctan\frac{\omega^2-1}{(R_1+R_2)\omega}$$

为使系统无失真传输，必须满足 $|H(\mathrm{j}\omega)|=K,\varphi(\omega)=-\omega t_0$。令 $t_0=0$，即 $\varphi(\omega)=0$，有

$$\frac{R_2\omega^2-R_1}{(R_1R_2+1)\omega}=\frac{\omega^2-1}{(R_1+R_2)\omega}$$

即

$$(R_2\omega^2-R_1)(R_1+R_2)\omega=(\omega^2-1)(R_1R_2+1)\omega$$

$$R_2(R_1+R_2)\omega^3-R_1(R_1+R_2)\omega=(R_1R_2+1)\omega^3-(R_1R_2+1)\omega$$

故有

$$\begin{cases}R_2R_1+R_2^2=R_1R_2+1\\R_1^2+R_1R_2=R_1R_2+1\end{cases}$$

解得

$$R_1=R_2=1\ \Omega$$

再将 $R_1=R_2=1\ \Omega$ 代入式 ①，得

$$|H(\mathrm{j}\omega)|=1$$

故当 $R_1=R_2=1\ \Omega$ 时，系统即为无失真传输，既无幅度失真，也无相位失真。

例 4-4-2　已知图 4-4-5(a) 所示系统的激励 $f(t)=U(t-t_0)+\delta(t)$，其响应为 $y(t)=2U(t-t_0-10)+2\delta(t-10)$。(1) 试判断此系统是否为无失真传输系统；(2) 求系统的单位冲激响应 $h(t)$；(3) 求响应 $y(t)$ 与激励 $f(t)$ 的关系式。

解　(1)

$$F(\mathrm{j}\omega)=\left[\pi\delta(\omega)+\frac{1}{\mathrm{j}\omega}\right]\mathrm{e}^{-\mathrm{j}\omega t_0}+1$$

$$Y(\mathrm{j}\omega)=2\left[\pi\delta(\omega)+\frac{1}{\mathrm{j}\omega}\right]\mathrm{e}^{-\mathrm{j}\omega(t_0+10)}+2\times1\mathrm{e}^{-\mathrm{j}\omega\times10}=$$

$$\left\{\left[\pi\delta(\omega)+\frac{1}{j\omega}\right]e^{-j\omega t_0}+1\right\}\times 2e^{-j10\omega}$$

故得系统函数为

$$H(j\omega)=\frac{Y(j\omega)}{F(j\omega)}=\frac{\left\{\left[\pi\delta(\omega)+\frac{1}{j\omega}\right]e^{-j\omega t_0}+1\right\}\times 2e^{-j10\omega}}{\left[\pi\delta(\omega)+\frac{1}{j\omega}\right]e^{-j\omega t_0}+1}=2e^{-j10\omega} \qquad ①$$

故得模频特性 $|H(j\omega)|$ 和相频特性 $\varphi(\omega)$ 分别为

$$|H(j\omega)|=2,\quad \varphi(\omega)=-10\omega$$

它们的曲线分别如图 4-4-5(b)(c) 所示。可见为无失真传输系统。

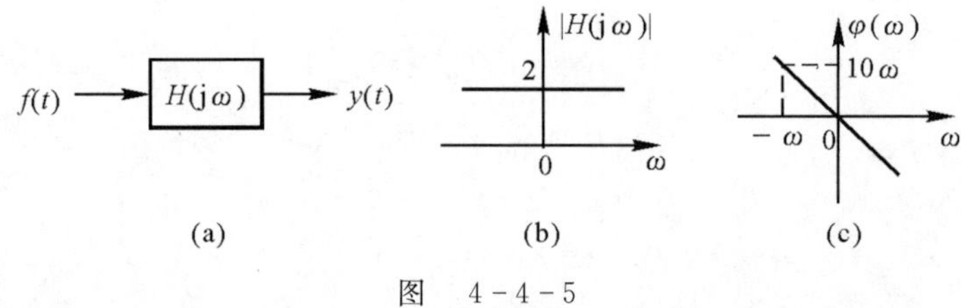

图 4-4-5

(2) 对式 ① 等号两端同时求反变换，得

$$h(t)=2\delta(t-10)$$

(3) 由式 ①，得

$$Y(j\omega)=F(j\omega)H(j\omega)=2F(j\omega)e^{-j10\omega}$$

故得

$$y(t)=2f(t-10)$$

4.5 理想低通滤波器及其响应特性

一、定义

若系统的系统函数 $H(j\omega)$ 满足式

$$H(j\omega)=|H(j\omega)|e^{j\varphi(\omega)}=KG_{2\omega_c}(\omega)e^{-j\omega t_0} \qquad (4-5-1)$$

则此系统称为理想低通滤波器。式中，t_0 为大于零的实常数，表示输入信号通过滤波器后所延迟的时间；ω_c 称为滤波器的截止频率，也称为理想低通滤波器的通频带。

式(4-5-1) 也可写成如下的形式，即

$$H(j\omega)=|H(j\omega)|e^{j\varphi(\omega)}=KG_{2\omega_c}(\omega)e^{-j\omega t_0} \qquad (4-5-2)$$

即

$$\begin{cases}|H(j\omega)|=KG_{2\omega_c}(\omega)\\ \varphi(\omega)=-\omega t_0\end{cases}$$

其模频特性与相频特性曲线分别如图 4-5-1(a)(b) 所示。

低通滤波器能使低频率(频率 $\omega<\omega_c$) 的信号通过，而使高频率(频率 $\omega>\omega_c$) 的信号不能通过，即把高频信号滤除了。

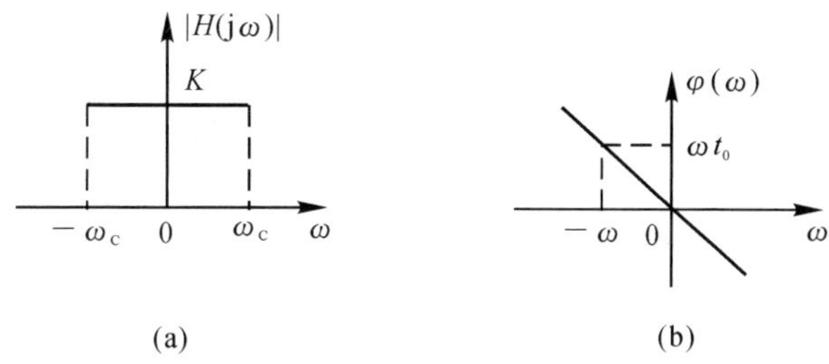

图 4－5－1　理想低通滤波器的频率特性

二、理想低通滤波器的单位冲激响应 $h(t)$

图 4－5－2(a) 所示为理想低通滤波器的单位冲激响应示意图。下面来求 $h(t)$。查表 3－4－2 中的序号 8 得

$$KG_{2\omega_c}(\omega) \longleftrightarrow \frac{K\omega_c}{\pi}\mathrm{Sa}(\omega_c t)$$

再根据傅里叶变换的延迟性得

$$KG_{2\omega_c}(\omega)\mathrm{e}^{-\mathrm{j}\omega t_0} \longleftrightarrow \frac{K\omega_c}{\pi}\mathrm{Sa}[\omega_c(t-t_0)]=h(t)$$

故得

$$h(t)=\frac{K\omega_c}{\pi}\mathrm{Sa}[\omega_c(t-t_0)]$$

其波形如图 4－5－2(b) 所示。可见，理想低通滤波器的单位冲激响应 $h(t)$ 是延迟了 t_0 的抽样信号。

从图 4－5－2(b) 可以看出：

(1) 单位冲激响应 $h(t)$ 产生了失真。这是因为激励信号 $\delta(t)$ 的占有频带为无穷大，而理想低通滤波器的通频带为有限值 ω_c，激励信号 $\delta(t)$ 中的频率分量不能全部通过滤波器，从而产生了失真。

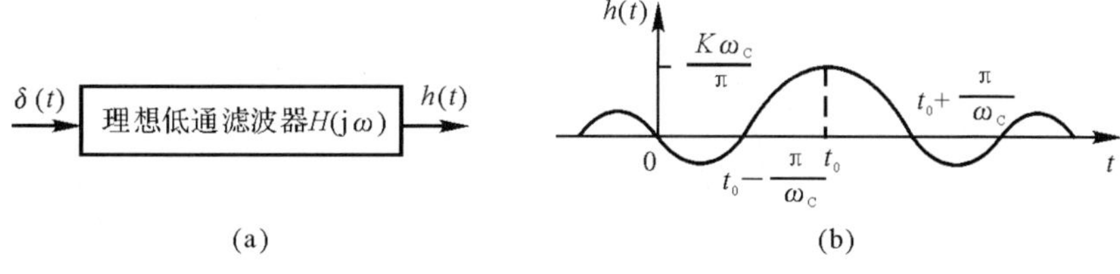

图 4－5－2　理想低通滤器的单位冲激响应 $h(t)$

(2) $h(t)$ 延迟了 t_0，这是因为 $\varphi(\omega)=-\omega t_0$，频域中在相位上的滞后，反映在时域中，就是在时间上的延迟。

(3) 当 $t<0$ 时，响应 $h(t)\neq 0$，这不符合因果性，这说明理想低通滤波器为非因果系统。非因果系统在实际工程中不能用电路元件来实现，但它具有理论意义。

(4) $h(t)$ 的峰值等于 $\frac{K\omega_c}{\pi}$，与 ω_c 成正比；主峰宽度 $\Delta\tau=\left(t_0+\frac{\pi}{\omega_c}\right)-\left(t_0-\frac{\pi}{\omega_c}\right)=\frac{2\pi}{\omega_c}$ 与

ω_c 成反比。当 $\omega_c \to \infty$ 时，则有峰值$\frac{K\omega_c}{\pi} \to \infty$，$\Delta\tau = \frac{2\pi}{\omega_c} \to 0$。即此时有 $h(t) \to \delta(t-t_0)$，即 $h(t)$ 就变为冲激信号。可见，欲使 $h(t)$ 不产生失真，则必须有 $\omega_c \to \infty$，即必须满足无失真传输的条件。

现将理想低通滤波器及其响应汇总于表 4-5-1 中，以便复习和查用。

表 4-5-1　理想低通滤波器及其响应特性

定　义	$\lvert H(j\omega) \rvert = KG_{2\omega_c}(\omega)$　$\varphi(\omega) = -\omega t_0$ $H_1(j\omega)$　K　$-\omega_c$　0　ω_c　ω $\varphi(\omega)$　ωt_0　$-\omega$　0　ω
单位冲激响应 $h(t)$	$\delta(t) \to$ $h(t)$ $\to h(t)$ $h(t) = \frac{K\omega_c}{\pi}\mathrm{Sa}[\omega_c(t-t_0)]$
响应 $h(t)$ 的性质分析	(1)$h(t)$ 产生了失真； (2)$h(t)$ 延迟了时间 t_0； (3) 当 $t<0$ 时，$h(t) \neq 0$，故理想低通滤波器为非因果系统。非因果系统是不能实现的； (4)$h(t)$ 的峰值 $=\frac{K\omega_c}{\pi}$，与 ω_c 成正比； (5) 主峰宽度 $\Delta\tau = \left(t_0+\frac{\pi}{\omega_c}\right)-\left(t_0-\frac{\pi}{\omega_c}\right)=\frac{2\pi}{\omega_c}$，与 ω_c 成反比； (6) 当 $\omega_c \to \infty$ 时，有$\frac{K\omega_c}{\pi} \to \infty$，$\Delta\tau \to 0$，$h(t) \longleftrightarrow \delta(t-t_0)$

例 4-5-1　图 4-5-3(a) 所示系统，已知 $H_1(j\omega)=U(\omega+\omega_1)-U(\omega-\omega_1)$，$H_2(j\omega)=U(\omega+\omega_2)-U(\omega-\omega_2)$，$\omega_2>\omega_1$，$H_1(j\omega)$，$H_2(j\omega)$ 的图形如图 4-5-3(b)(c) 所示，(1) 求系统的单位冲激响应 $h(t)$；(2) 将 $H_1(j\omega)$ 和 $H_2(j\omega)$ 位置互换，如图 4-5-3(d) 所示，再求此系统的单位冲激响应 $h(t)$。

解　(1)

$$X_1(j\omega)=F(j\omega)H_1(j\omega)$$

$$X_2(j\omega)=F(j\omega)-X_1(j\omega)=F(j\omega)-F(j\omega)H_1(j\omega)=F(j\omega)[1-H_1(j\omega)]$$

$$Y(j\omega)=X_2(j\omega)H_2(j\omega)=F(j\omega)[1-H_1(j\omega)]H_2(j\omega)$$

$$H(j\omega)=\frac{Y(j\omega)}{F(j\omega)}=[1-H_1(j\omega)]H_2(j\omega)=H_2(j\omega)-H_1(j\omega)H_2(j\omega)=$$

$$H_2(j\omega)-H_1(j\omega)=G_{2\omega_2}(\omega)-G_{2\omega_1}(\omega)$$

故得

$$h(t)=\frac{\omega_2}{\pi}\mathrm{Sa}(\omega_2 t)-\frac{\omega_1}{\pi}\mathrm{Sa}(\omega_1 t),\quad t\in\mathbf{R}$$

(2) 对于图 4-5-3(d) 所示系统，同理可得

$$H(j\omega)=H_1(j\omega)-H_2(j\omega)H_1(j\omega)=H_1(j\omega)-H_1(j\omega)=0$$

故得 $h(t)=0$，该系统为全不通系统。

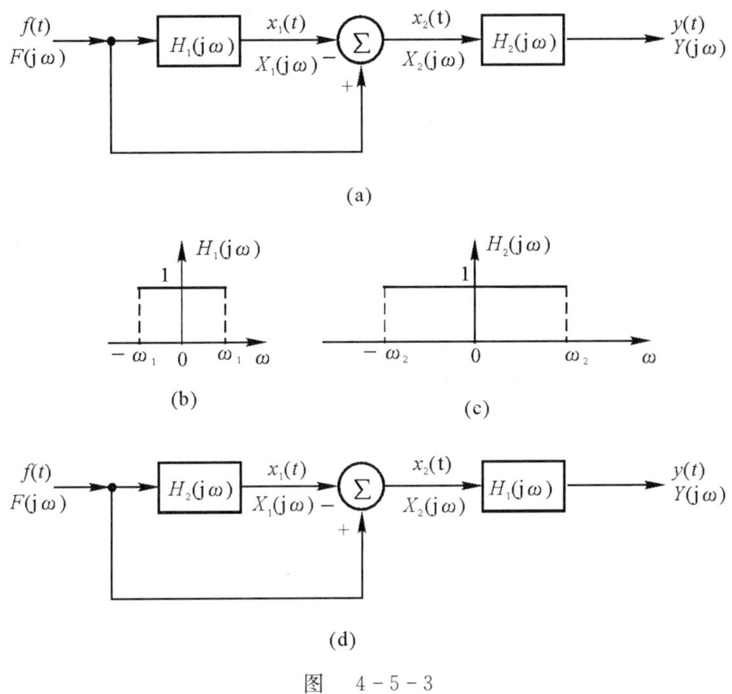

图　4－5－3

*4.6　其他类型的理想滤波器及其单位冲激响应

常用的理想滤波器有 5 种类型：理想全通滤波器，理想低通滤波器，理想高通滤波器，理想带通滤波器，理想带阻滤波器。这些滤波器在各种电子设备中都有着广泛的应用。理想低通滤波器的定义及其单位冲激响应，已在上一节中研究过了，下面研究其余 4 种理想滤波器的定义（即频率特性 $H(\mathrm{j}\omega)$）及其单位冲激响应。

一、理想全通滤波器

理想全通滤波器（也称全通系统）的频率特性为 $H(\mathrm{j}\omega)=1\mathrm{e}^{-\mathrm{j}\omega t_0}$，$\omega\in\mathbf{R}$，其模频特性 $|H(\mathrm{j}\omega)|=1$ 和相频特性 $\varphi(\omega)=-\omega t$。分别如图 4－6－1(a)(b) 所示。

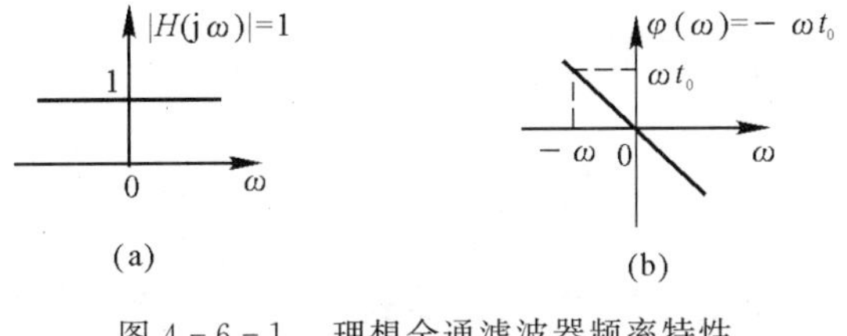

图 4－6－1　理想全通滤波器频率特性

因有
$$1\longleftrightarrow\delta(t)$$
故
$$H(\mathrm{j}\omega)=1\mathrm{e}^{-\omega t_0}\longleftrightarrow\delta(t-t_0)$$
故得单位冲激响应为
$$h(t)=\delta(t-t_0)$$

理想全通滤波器就是一个无失真传输系统（既不产生幅度失真，也不产生相位失真）。

二、理想高通滤波器

理想高通滤波器的频率特性为$H(\mathrm{j}\omega)=\begin{cases}1\mathrm{e}^{-\mathrm{j}\omega t_0}, & |\omega|>\omega_c \\ 0, & |\omega|<\omega_c\end{cases}$，$\omega_c$为截止频率，其模频特性$|H(\mathrm{j}\omega)|$和相频特性$\varphi(\omega)$分别如图 4-6-2(a)(b) 所示。

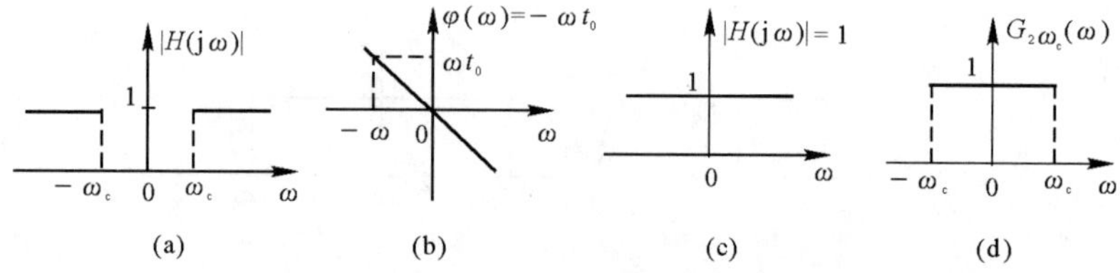

图 4-6-2　理想高通滤波器频率特性

理想高通滤波器可视为图 4-6-2(c) 所示理想全通滤波器与图 4-6-2(d) 所示理想低通滤波器相减组合而成，即

$$|H(\mathrm{j}\omega)|=1-G_{2\omega_c}(\omega)\longleftrightarrow\delta(t)-\frac{\omega_c}{\pi}\mathrm{Sa}(\omega_c t)$$

故　$$H(\mathrm{j}\omega)=|H(\mathrm{j}\omega)|\mathrm{e}^{-\mathrm{j}\omega t_0}=[1-G_{2\omega_c}(\omega)]\mathrm{e}^{-\mathrm{j}\omega t_0}=1\mathrm{e}^{-\mathrm{j}\omega t_0}-G_{2\omega_c}(\omega)\mathrm{e}^{-\mathrm{j}\omega t_0}\longleftrightarrow$$

$$\delta(t-t_0)-\frac{\omega_c}{\pi}\mathrm{Sa}[\omega_c(t-t_0)]$$

故得单位冲激响应为

$$h(t)=\delta(t-t_0)-\frac{\omega_c}{\pi}\mathrm{Sa}[\omega_c(t-t_0)],\quad t\in\mathbf{R}$$

三、理想带通滤波器

理想带通滤波器的频率特性为

$$H(\mathrm{j}\omega)=KG_{2\omega_c}(\omega+\omega_0)\mathrm{e}^{-\mathrm{j}(\omega+\omega_0)t_0}+KG_{2\omega_c}(\omega-\omega_0)\mathrm{e}^{-\mathrm{j}(\omega-\omega_0)t_0}=$$
$$KG_{2\omega_c}(\omega)\mathrm{e}^{-\mathrm{j}\omega t_0}*[\delta(\omega+\omega_0)+\delta(\omega-\omega_0)]$$

其模频特性$|H(\mathrm{j}\omega)|$和相频特性$\varphi(\omega)$的图形分别如图 4-6-3(a)(b) 所示。

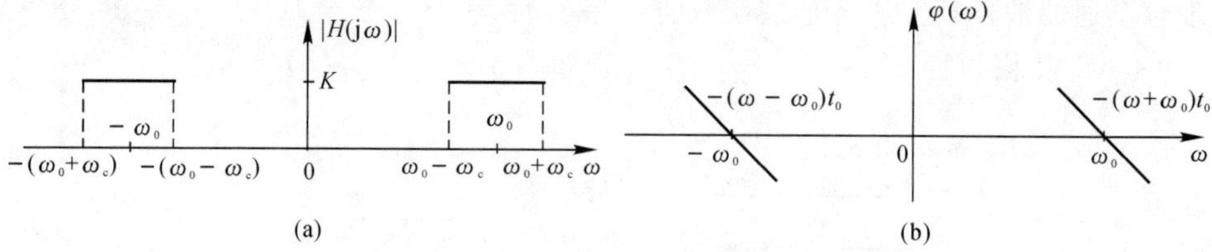

图 4-6-3　理想常通滤波器频率特性

$$H(\mathrm{j}\omega)=KG_{2\omega_c}(\omega)\mathrm{e}^{-\mathrm{j}\omega t_0}*[\delta(\omega+\omega_0)+\delta(\omega-\omega_0)]=$$
$$2\times\frac{1}{2\pi}[KG_{2\omega_c}(\omega)\mathrm{e}^{-\mathrm{j}\omega t_0}]*\pi[\delta(\omega+\omega_0)+\delta(\omega-\omega_0)]$$

查表 3-4-2 中的序号 8 并应用傅里叶变换的延迟性得

$$KG_{2\omega_c}(\omega)\mathrm{e}^{-\mathrm{j}\omega t_0}\longleftrightarrow\frac{K\omega_c}{\pi}\mathrm{Sa}[\omega_c(t-t_0)]$$

查表 3-5-1 中的序号 2 得

$$\pi[\delta(\omega+\omega_0)+\delta(\omega-\omega_0)] \longleftrightarrow \cos\omega_0 t$$

再应用傅里叶变换的频域卷积性，即得单位冲激响应为

$$h(t)=2\times\frac{K\omega_c}{\pi}\mathrm{Sa}[\omega_c(t-t_0)]\cos\omega_0 t,\quad t\in\mathbf{R}$$

四、理想带阻滤波器

理想带阻滤波器的频率特性为

$$H(\mathrm{j}\omega)=\{G_{2\omega_{c1}}(\omega)+[1-G_{2\omega_{c2}}(\omega)]\}\mathrm{e}^{-\mathrm{j}\omega t_0}=G_{2\omega_{c1}}(\omega)\mathrm{e}^{-\mathrm{j}\omega t_0}+[1-G_{2\omega_{c2}}(\omega)]\mathrm{e}^{-\mathrm{j}\omega t_0}$$

其模频特性 $|H(\mathrm{j}\omega)|$ 和相频特性 $\varphi(\omega)$ 分别如图 4-6-4(a)(b) 所示。

理想带阻滤波器可看成截止频率为 ω_{c1} 的理想低通滤波器和截止频率为 ω_{c2} 的理想高通滤波器叠加组合而成，故得其单位冲激响应为

$$h(t)=\frac{\omega_{c1}}{\pi}\mathrm{Sa}[\omega_{c1}(t-t_0)]+\delta[t-t_0]-\frac{\omega_{c2}}{\pi}\mathrm{Sa}[\omega_{c2}(t-t_0)]$$

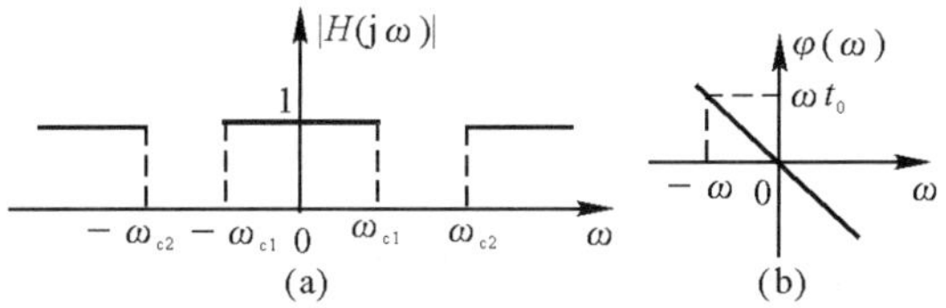

图 4-6-4　理想带阻滤波器频率特性

现将 5 种理想滤波器的定义及其单位冲激响应汇总于表 4-6-1 中，以便复习和查用。

表 4-6-1　5 种理想滤波器的定义与特性

理想全通滤波器	定义	既不产生幅度失真，也不产生相位失真的系统，称为理想全通滤波器，也称无失真传输系统
	系统函数	$H(\mathrm{j}\omega)=K\mathrm{e}^{-\mathrm{j}\omega t_0}$ 或 $\begin{cases}\lvert H(\mathrm{j}\omega)\rvert=K\\ \varphi(\omega)=-\omega t_0\end{cases}$
	频率特性曲线	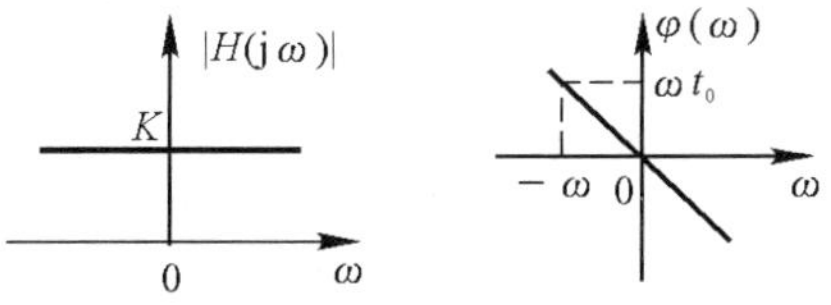
	单位冲激响应	$h(t)=K\delta(t-t_0)$
理想低通滤波器	定义	使低频率的信号通过，使高频率的信号不能通过的系统，称为理想低通滤波器
	系统函数	$H(\mathrm{j}\omega)=KG_{2\omega_c}(\omega)\mathrm{e}^{-\mathrm{j}\omega t_0}$ 或 $\begin{cases}\lvert H(\mathrm{j}\omega)\rvert=KG_{2\omega_c}(\omega)\\ \varphi(\omega)=-\omega t_0\end{cases}$
	频率特性曲线	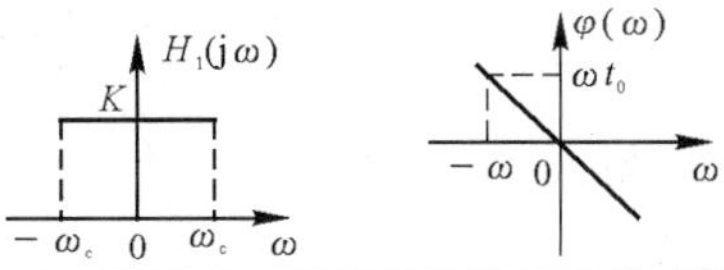
	单位冲激响应	$h(t)=K\frac{\omega_c}{\pi}\mathrm{Sa}[\omega_c(t-t_0)],\quad t\in\mathbf{R}$

续 表

理想高通滤波器	定义	使高频率的信号通过，使低频率的信号不能通过的系统，称为理想高通滤波器
	系统函数	$H(\mathrm{j}\omega)=[1-G_{2\omega_c}(\omega)]\mathrm{e}^{-\mathrm{j}\omega t_0}$ 或 $\begin{cases}\mid H(\mathrm{j}\omega)\mid=1-G_{2\omega_c}(\omega)\\ \varphi(\omega)=-\omega t_0\end{cases}$
	频率特性曲线	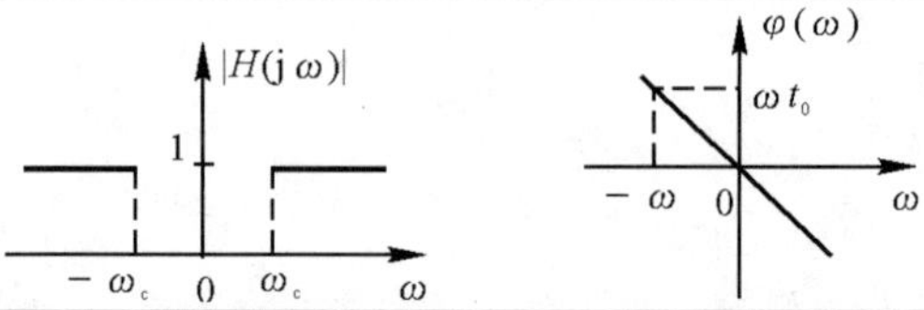
	单位冲激响应	$h(t)=\delta(t-t_0)-\frac{\omega_c}{\pi}\mathrm{Sa}[\omega_c(t-t_0)],\ t\in\mathbf{R}$
	说明	理想高通滤波器可视为理想全通滤波器和理想低通滤波器的“叠加”
理想带通滤波器	定义	使某一频率范围内的信号通过，此频率范围外的信号不能通过的系统，称为理想带通滤波器
	系统函数	$H(\mathrm{j}\omega)=KG_{2\omega_c}(\omega)\mathrm{e}^{-\mathrm{j}\omega t_0}*[\delta(\omega+\omega_0)+\delta(\omega-\omega_0)]$ 或 $\begin{cases}\mid H(\mathrm{j}\omega)\mid=KG_{2\omega_c}(\omega)*[\delta(\omega+\omega_0)+\delta(\omega-\omega_0)]\\ \varphi(\omega)=\mathrm{e}^{-\mathrm{j}\omega t_0}*[\delta(\omega+\omega_0)+\delta(\omega-\omega_0)]\end{cases}$
	频率特性曲线	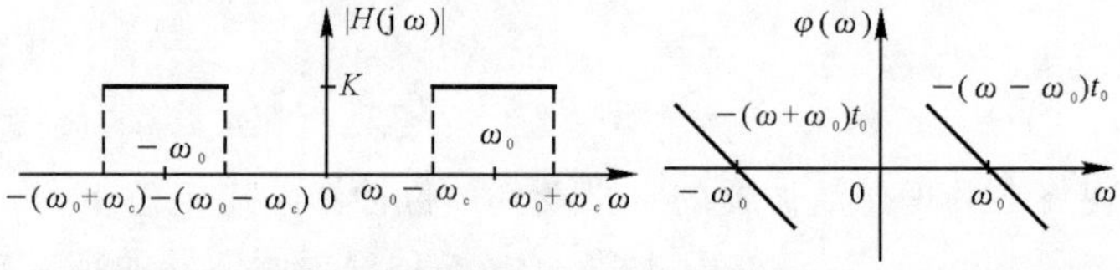
	单位冲激响应	$h(t)=2K\frac{\omega_c}{\pi}\mathrm{Sa}[\omega_c(t-t_0)]\cos\omega_0 t,\ t\in\mathbf{R}$
理想带阻滤波器	定义	使某一频率范围内的信号不通过，此频率范围外的信号能通过的系统，称为理想带阻滤波器
	系统函数	$H(\mathrm{j}\omega)=\{G_{2\omega_{c1}}(\omega)+[1-G_{2\omega_{c2}}(\omega)]\}\mathrm{e}^{-\mathrm{j}\omega t_0}$
	频率特性曲线	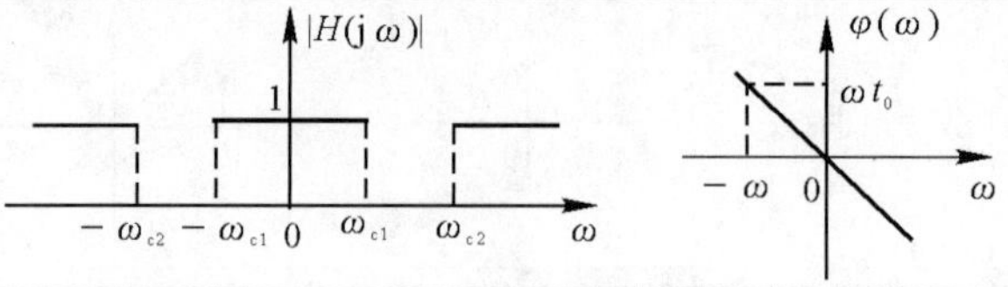
	单位冲激响应	$h(t)=\frac{\omega_{c1}}{\pi}\mathrm{Sa}[\omega_{c1}(t-t_0)]+\delta(t-t_0)-\frac{\omega_{c2}}{\pi}\mathrm{Sa}[\omega_{c2}(t-t_0)],\ t\in\mathbf{R}$
	说　明	理想带阻滤波器可视为理想低通滤波器和理想高通滤波器的“叠加”

4.7　调制与解调系统

在通信和各种电子系统中，调制与解调的应用十分广泛。调制器与解调器是任何实际通信系统中不可缺少的重要组成部分，详细分析研究调制器、解调器工作原理，是高频电子线路与通信原理两门课程的任务。本章安排这节内容是应用傅里叶变换的频域分析理论与工程实际的结合上考虑，简要介绍最基本的一种调制器原理，讲清楚信号频谱根据工程需要“搬高”“搬低”的过程。

通信业内人士都知道，低频（如音频）信号直接馈于结构有限的天线上不容易发射，而将之调制到高频信号上易于发射，可实现较远距离的通信。所谓调制，就是用预传输的低频信号（又称基带信号）去控制另一个高频信号的任一参数（或振幅或频率或相位）的过程。

图 4-7-1(a) 所示为一幅度调制（AM）与解调系统。图中 $f(t)$ 为被传送的信号（亦即被调制的信号），设其频谱 $F(\mathrm{j}\omega)$ 如图4-7-1(b) 所示；$a_1(t)=\cos\omega_0 t, t\in \mathbf{R}$ 为发射地的载波信号（即调制的信号），ω_0 为载波角频率，一般数值很大（即高频），$\omega_0 \gg \omega_{\mathrm{b}}$；$a_2(t)=\cos\omega_0 t, t\in \mathbf{R}$ 为接收地的解调信号，且有 $a_2(t)=a_1(t)$；$H(\mathrm{j}\omega)$ 为理想低通滤波器的频域系统函数。

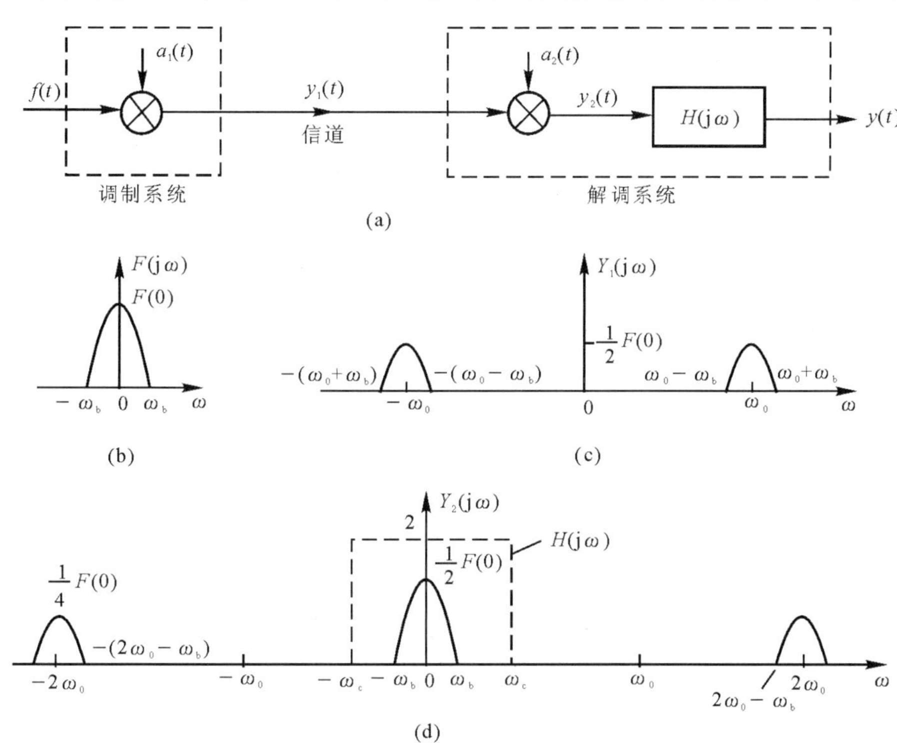

图 4-7-1　调制与解调系统及其信号频谱分析

一、调制系统

调制系统的模型为一乘法器，如图 4-7-1(a) 的左边部分所示，$y_1(t)$ 为已调制的信号。从图中看出有

$$y_1(t)=f(t)a_1(t)=f(t)\cos\omega_0 t$$

故根据傅里叶变换的频域卷积性（表 3-4-1 中的序号 17），有

$$Y_1(\mathrm{j}\omega)=\frac{1}{2\pi}F(\mathrm{j}\omega)*\pi[\delta(\omega-\omega_0)+\delta(\omega+\omega_0)]=\frac{1}{2}F[\mathrm{j}(\omega-\omega_0)]+\frac{1}{2}F[\mathrm{j}(\omega+\omega_0)]$$

$Y_1(\mathrm{j}\omega)$ 的图形如图 4-7-1(c) 所示。可见，经过调制以后，已将 $f(t)$ 的频谱 $F(\mathrm{j}\omega)$ 一分为二地搬移到了 ω_0 处和 $-\omega_0$ 处，以便于发射或传播，但幅度减小为原来的$\frac{1}{2}$。

二、解调系统

解调是调制的逆过程，即从已调信号中恢复出原调制信号的过程。解调系统的模型为一乘法器和理想低通滤波器连接而成的子系统，如图 4-7-1(a) 的右边部分所示。从图中看出有

$$y_2(t)=y_1(t)a_2(t)=f(t)\cos\omega_0 t\cos\omega_0 t=f(t)\cos^2\omega_0 t=$$

$$f(t)\left[\frac{1}{2}(1+\cos2\omega_0 t)\right]=\frac{1}{2}f(t)+\frac{1}{2}f(t)\cos2\omega_0 t$$

故

$$Y_2(\mathrm{j}\omega)=\frac{1}{2}F(\mathrm{j}\omega)+\frac{1}{2}\times\frac{1}{2\pi}F(\mathrm{j}\omega)*\pi[\delta(\omega-2\omega_0)+\delta(\omega+2\omega_0)]=$$

$$\frac{1}{2}F(\mathrm{j}\omega)+\frac{1}{4}F[\mathrm{j}(\omega-2\omega_0)]+\frac{1}{4}F[\mathrm{j}(\omega+2\omega_0)]$$

$Y_2(\mathrm{j}\omega)$ 的图形如图 4-7-1(d) 所示。可见在 $Y_2(\mathrm{j}\omega)$ 的频谱中包含着信号 $f(t)$ 的全部信息。因为图 4-7-1(d) 中的每一个图形都与 $F(\mathrm{j}\omega)$ 的图形相似。

三、信号 $f(t)$ 的恢复

信号 $f(t)$ 的恢复就是使输出信号 $y(t)=f(t)$。欲达此目的，我们可在解调子系统的输出端接一理想低通滤波器，且滤波器的系统函数 $H(\mathrm{j}\omega)$ 应如图 4-7-1(d) 中的虚线所示。即

$$H(\mathrm{j}\omega)=2G_{2\omega_c}(\omega)$$

式中，ω_c 为理想低通滤波器的截止频率，且 ω_c 应满足条件

$$\omega_b<\omega_c<(2\omega_0-\omega_b) \tag{4-7-1}$$

此时必有

$$Y(\mathrm{j}\omega)=Y_2(\mathrm{j}\omega)H(\mathrm{j}\omega)=F(\mathrm{j}\omega)$$

故

$$y(t)=\mathscr{F}^{-1}[Y(\mathrm{j}\omega)]=\mathscr{F}^{-1}[F(\mathrm{j}\omega)]=f(t)$$

这样就恢复而得到了原信号 $f(t)$。假设 $f(t)$ 是广播通信的语声信号，接收机将收到的已调信号 $y_1(t)$ 经上述过程的解调，就恢复出发端表达信息的语声调制信号 $f(t)$，实现了远距离的信息传递。

现将调制与解调系统汇总于表 4-7-1 中，以便复习和查用。

表 4-7-1　调制与解调系统

系统模型	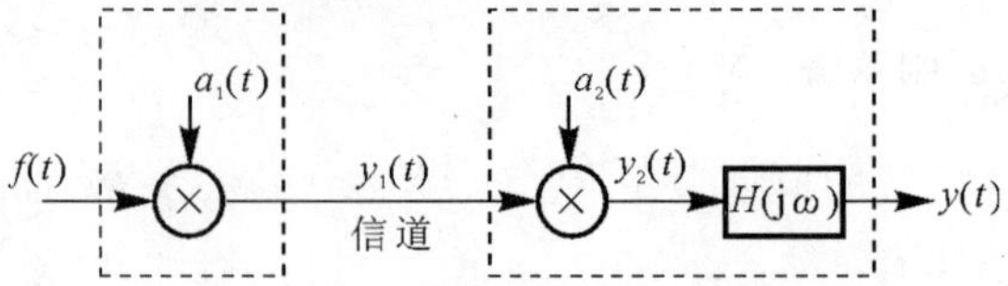 $f(t)$ → × ($a_1(t)$) → $y_1(t)$ 信道 → × ($a_2(t)$) → $y_2(t)$ → $H(\mathrm{j}\omega)$ → $y(t)$ $a_1(t)=a_2(t)=\cos\omega_0 t$，$\omega_0$ 为载波频率 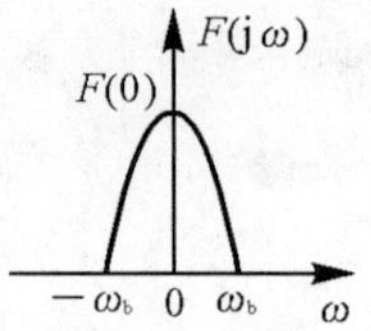 $F(\mathrm{j}\omega)$；$F(0)$；$-\omega_b$　0　ω_b　ω

续 表

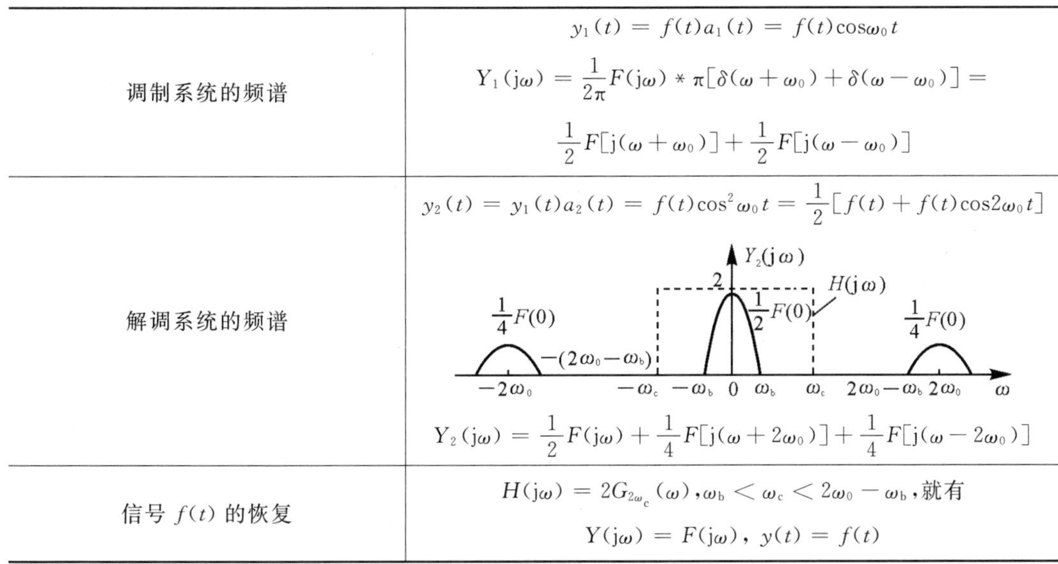

调制系统的频谱	$y_1(t)=f(t)a_1(t)=f(t)\cos\omega_0 t$ $Y_1(j\omega)=\frac{1}{2\pi}F(j\omega)*\pi[\delta(\omega+\omega_0)+\delta(\omega-\omega_0)]=$ $\frac{1}{2}F[j(\omega+\omega_0)]+\frac{1}{2}F[j(\omega-\omega_0)]$
解调系统的频谱	$y_2(t)=y_1(t)a_2(t)=f(t)\cos^2\omega_0 t=\frac{1}{2}[f(t)+f(t)\cos 2\omega_0 t]$ $Y_2(j\omega)=\frac{1}{2}F(j\omega)+\frac{1}{4}F[j(\omega+2\omega_0)]+\frac{1}{4}F[j(\omega-2\omega_0)]$
信号 $f(t)$ 的恢复	$H(j\omega)=2G_{2\omega_c}(\omega)$，$\omega_b<\omega_c<2\omega_0-\omega_b$，就有 $Y(j\omega)=F(j\omega)$，$y(t)=f(t)$

例 4-7-1 图 4-7-2(a) 所示系统，已知输入信号 $f(t)$ 的傅里叶变换为 $F(j\omega)=G_4(\omega)$，子系统函数 $H(j\omega)=j\mathrm{sgn}(\omega)$，$H(j\omega)$ 的图形如图 4-7-2(b) 所示。求系统的零状态响应 $y(t)$。

解 $F(j\omega)=G_4(\omega)$ 的图形如图 4-7-2(c) 所示。

$$y_1(t)=f(t)\cos 4t$$

根据傅里叶变换的频域卷积性质(表 3-4-1 中的序号 17)，有

$$Y_1(j\omega)=\frac{1}{2\pi}F(j\omega)*\pi[\delta(\omega-4)+\delta(\omega+4)]=\frac{1}{2}F[j(\omega-4)]+\frac{1}{2}F[j(\omega+4)]$$

$Y_1(j\omega)$ 的图形如图 4-7-2(d) 所示。

$$X(j\omega)=H(j\omega)F(j\omega)=j\mathrm{sgn}(\omega)G_4(\omega)=j[G_2(\omega-1)-G_2(\omega+1)]$$

$X(j\omega)$ 的图形如图 4-7-2(e) 所示。

$$y_2(t)=x(t)\sin 4t$$

根据傅里叶变换的频域卷积性质(表 3-4-1 中的序号 17)，有

$$\begin{aligned}Y_2(j\omega)=&\frac{1}{2\pi}X(j\omega)*j\pi[\delta(\omega+4)-\delta(\omega-4)]=\\&\frac{1}{2\pi}\times j[G_2(\omega-1)-G_2(\omega+1)]*j\pi[\delta(\omega+4)-\delta(\omega-4)]=\\&-\frac{1}{2}[G_2(\omega+3)-G_2(\omega+5)-G_2(\omega-5)+G_2(\omega-3)]=\\&\frac{1}{2}[G_2(\omega-5)-G_2(\omega-3)-G_2(\omega+3)+G_2(\omega+5)]\end{aligned}$$

$Y_2(j\omega)$ 的图形如图 4-7-2(f) 所示。

$$y(t)=y_1(t)+y_2(t)$$

$$Y(j\omega)=Y_1(j\omega)+Y_2(j\omega)=G_2(\omega-5)+G_2(\omega+5)$$

$Y(j\omega)$ 的图形如图 4-7-2(g) 所示。

$$Y(\mathrm{j}\omega)=G_2(\omega-5)+G_2(\omega+5)=G_2(\omega)*[\delta(\omega-5)+\delta(\omega+5)]=$$
$$2\times\frac{1}{2\pi}G_2(\omega)*\pi[\delta(\omega-5)+\delta(\omega+5)]$$

因已知有 $G_2(\omega)\longleftrightarrow\frac{1}{\pi}\frac{\sin t}{t}$，$\pi[\delta(\omega-5)+\delta(\omega+5)]\longleftrightarrow\cos5t$，故根据傅里叶变换的频域卷积性(表 3-4-1 中的序号 17)，得

$$y(t)=2\times\frac{1}{\pi}\frac{\sin t}{t}\cos5t=\frac{2}{\pi}\mathrm{Sa}(t)\cos5t,\quad t\in\mathbf{R}$$

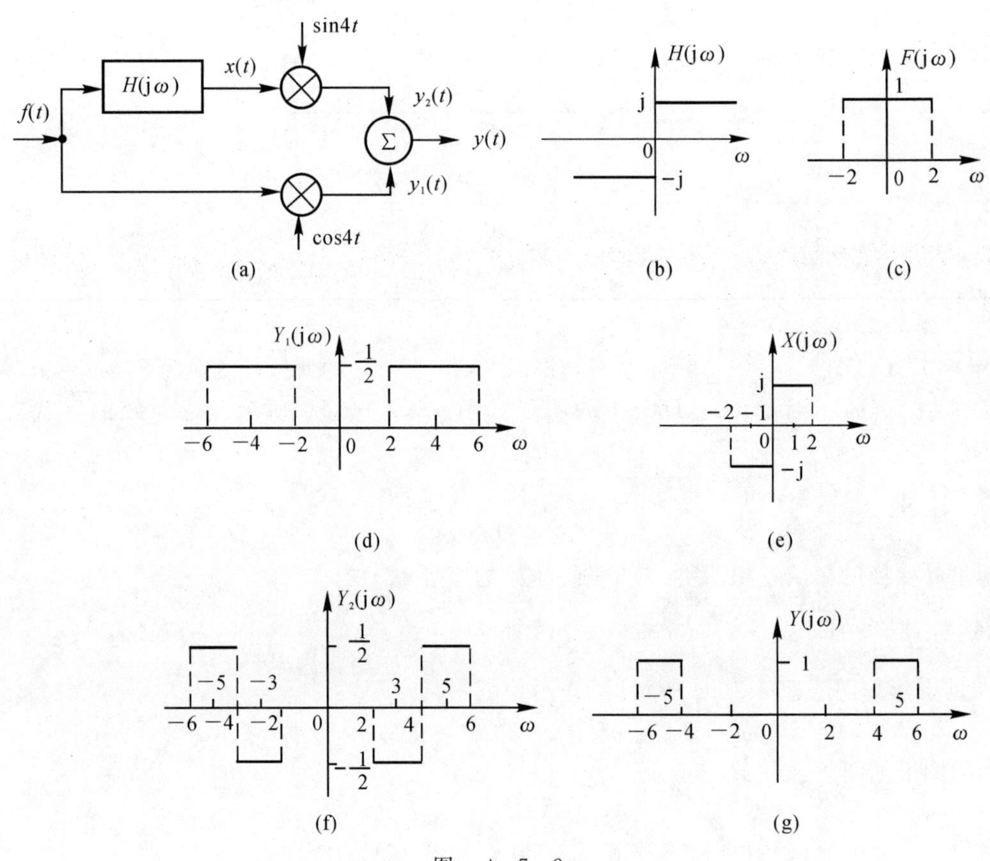

图 4-7-2

例 4-7-2 图 4-7-3(a) 所示系统，带通滤波器的 $H(\mathrm{j}\omega)$ 如图 4-7-3(b) 所示，$\varphi(\omega)=0$，$f(t)=\frac{\sin2t}{2\pi t}$，$t\in\mathbf{R}$，$s(t)=\cos1\,000t$，$t\in\mathbf{R}$。求零状态响应 $y(t)$。

解 $$f(t)=\frac{1}{\pi}\mathrm{Sa}(2t)$$

查表 3-4-2 中的序号 8 得

$$F(\mathrm{j}\omega)=\frac{1}{2}G_4(\omega)$$
$$x(t)=f(t)s(t)$$

故 $$X(\mathrm{j}\omega)=\frac{1}{2\pi}F(\mathrm{j}\omega)*S(\mathrm{j}\omega)=$$

$$\frac{1}{2\pi}\times\frac{1}{2}G_4(\omega)*\pi[\delta(\omega+1\ 000)+\delta(\omega-1\ 000)]=$$

$$\frac{1}{4}G_4(\omega+1\ 000)+\frac{1}{4}G_4(\omega-1\ 000)$$

$X(\mathrm{j}\omega)$ 的图形如图 4-7-3(c) 所示。

$$Y(\mathrm{j}\omega)=X(\mathrm{j}\omega)H(\mathrm{j}\omega)=\frac{1}{4}G_2(\omega+1\ 000)+\frac{1}{4}G_2(\omega-1\ 000)$$

$Y(\mathrm{j}\omega)$ 的图形如图 4-7-3(d) 所示。将上式改写为

$$Y(\mathrm{j}\omega)=\frac{1}{2}\times\frac{1}{2\pi}G_2(\omega)*\pi[\delta(\omega+1\ 000)+\delta(\omega-1\ 000)]$$

故得

$$y(t)=\frac{1}{2\pi}\mathrm{Sa}(t)\cos 1\ 000t,\quad t\in\mathbf{R}$$

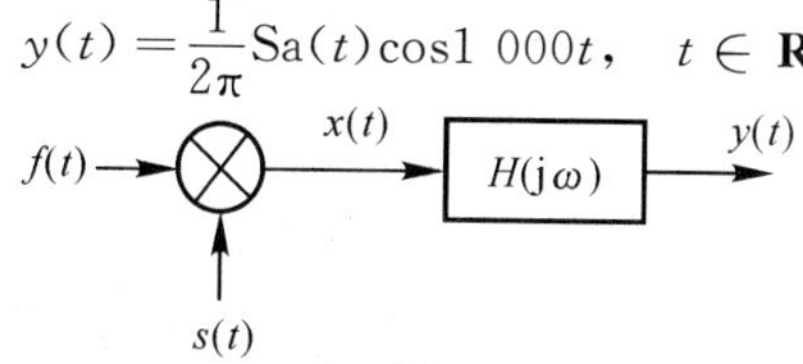

(a)

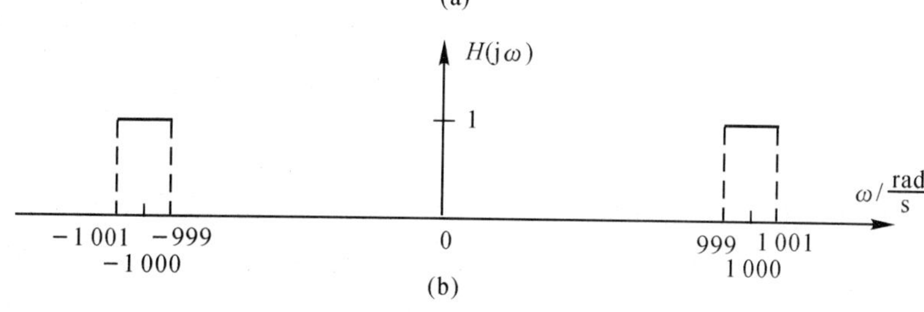

(b)

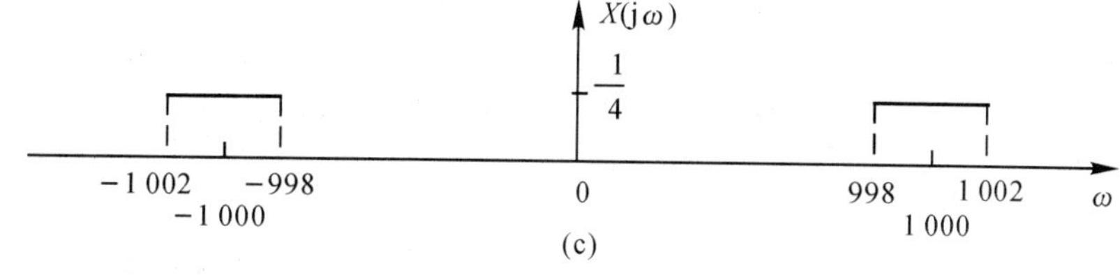

(c)

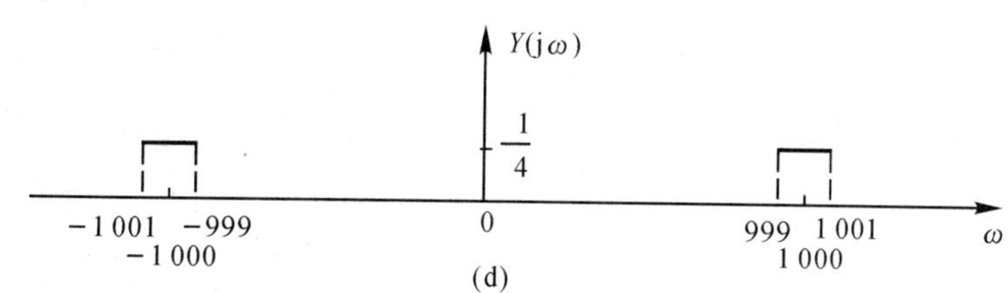

(d)

图　4-7-3

例 4-7-3　图 4-7-4(a) 所示系统，已知 $f(t)=\dfrac{\sin 3t}{t}\cos 5t,\ t\in\mathbf{R}$，

$$H(\mathrm{j}\omega)=\begin{cases}\mathrm{e}^{\mathrm{j}\frac{\pi}{2}}, & -6<\omega<0\\ \mathrm{e}^{-\mathrm{j}\frac{\pi}{2}}, & 0<\omega<6\\ 0, & \text{其他}\end{cases}$$

求系统的零状态的响应 $y(t)$。

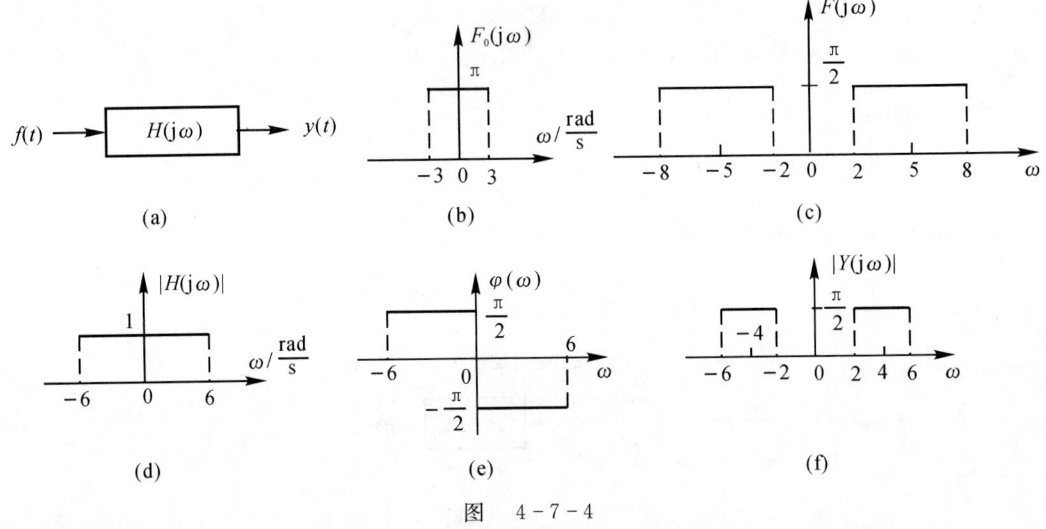

图 4-7-4

解

$$f_0(t)=\frac{\sin 3t}{t}=3\,\frac{\sin 3t}{3t}=3\mathrm{Sa}(3t)$$

故

$$F_0(\mathrm{j}\omega)=\pi G_6(\omega)$$

$F_0(\mathrm{j}\omega)$ 的图形如图 4-7-4(b) 所示。

$$F(\mathrm{j}\omega)=\frac{1}{2\pi}\times\pi G_6(\omega)*\pi[\delta(\omega+5)+\delta(\omega-5)]=\frac{\pi}{2}G_6(\omega+5)+\frac{\pi}{2}G_6(\omega-5)$$

$F(\mathrm{j}\omega)$ 的图形如图 4-7-4(c) 所示。

$H(\mathrm{j}\omega)$ 的图形如图 4-7-4(d)(e) 所示。

$|Y(\mathrm{j}\omega)|=|H(\mathrm{j}\omega)|F(\mathrm{j}\omega)$ 的图形如图 4-7-4(f) 所示。故

$$Y(\mathrm{j}\omega)=\frac{\pi}{2}[G_4(\omega+4)\mathrm{e}^{\mathrm{j}\frac{\pi}{2}}+G_4(\omega-4)\mathrm{e}^{-\mathrm{j}\frac{\pi}{2}}]$$

因有

$$G_4(\omega)\longleftrightarrow\frac{2}{\pi}\mathrm{Sa}(2t)$$

故

$$G_4(\omega+4)\longleftrightarrow\frac{2}{\pi}\mathrm{Sa}(2t)\mathrm{e}^{-\mathrm{j}4t},\quad G_4(\omega-4)\longleftrightarrow\frac{2}{\pi}\mathrm{Sa}(2t)\mathrm{e}^{\mathrm{j}4t}$$

故

$$y(t)=\frac{\pi}{2}\mathrm{e}^{\mathrm{j}\frac{\pi}{2}}\times\frac{2}{\pi}\mathrm{Sa}(2t)\mathrm{e}^{-\mathrm{j}4t}+\frac{\pi}{2}\mathrm{e}^{-\mathrm{j}\frac{\pi}{2}}\times\frac{2}{\pi}\mathrm{Sa}(2t)\mathrm{e}^{\mathrm{j}4t}=$$

$$\mathrm{Sa}(2t)\mathrm{e}^{\mathrm{j}\left(4t-\frac{\pi}{2}\right)}+\mathrm{Sa}(2t)\mathrm{e}^{-\mathrm{j}\left(4t-\frac{\pi}{2}\right)}=2\mathrm{Sa}(2t)\,\frac{\mathrm{e}^{\mathrm{j}\left(4t-\frac{\pi}{2}\right)}+\mathrm{e}^{-\mathrm{j}\left(4t-\frac{\pi}{2}\right)}}{2}=$$

$$2\mathrm{Sa}(2t)\cos\left(4t-\frac{\pi}{2}\right)=2\mathrm{Sa}(2t)\sin 4t,\quad t\in\mathbf{R}$$

例 4-7-4 图 4-7-5(a) 所示为可以实现正交多路频分复用系统。设两路被传输的信号 $f_1(t)$,$f_2(t)$ 均为限带信号,其最高频率均为 ω_{m},其频谱分别如图 4-7-5(b)(c) 所示;两路载波信号的频率均为 ω_0,但相位相差 90°(正交即为此意),$\omega_0\gg\omega_{\mathrm{m}}$;理想低通滤波器的 $H(\mathrm{j}\omega)$ 如图 4-7-5(d) 所示,$H(\mathrm{j}\omega)=2G_{2\omega_{\mathrm{m}}}(\omega)$,$\varphi(\omega)=0$,试证明 $y_1(t)=f_1(t)$,$y_2(t)=f_2(t)$。

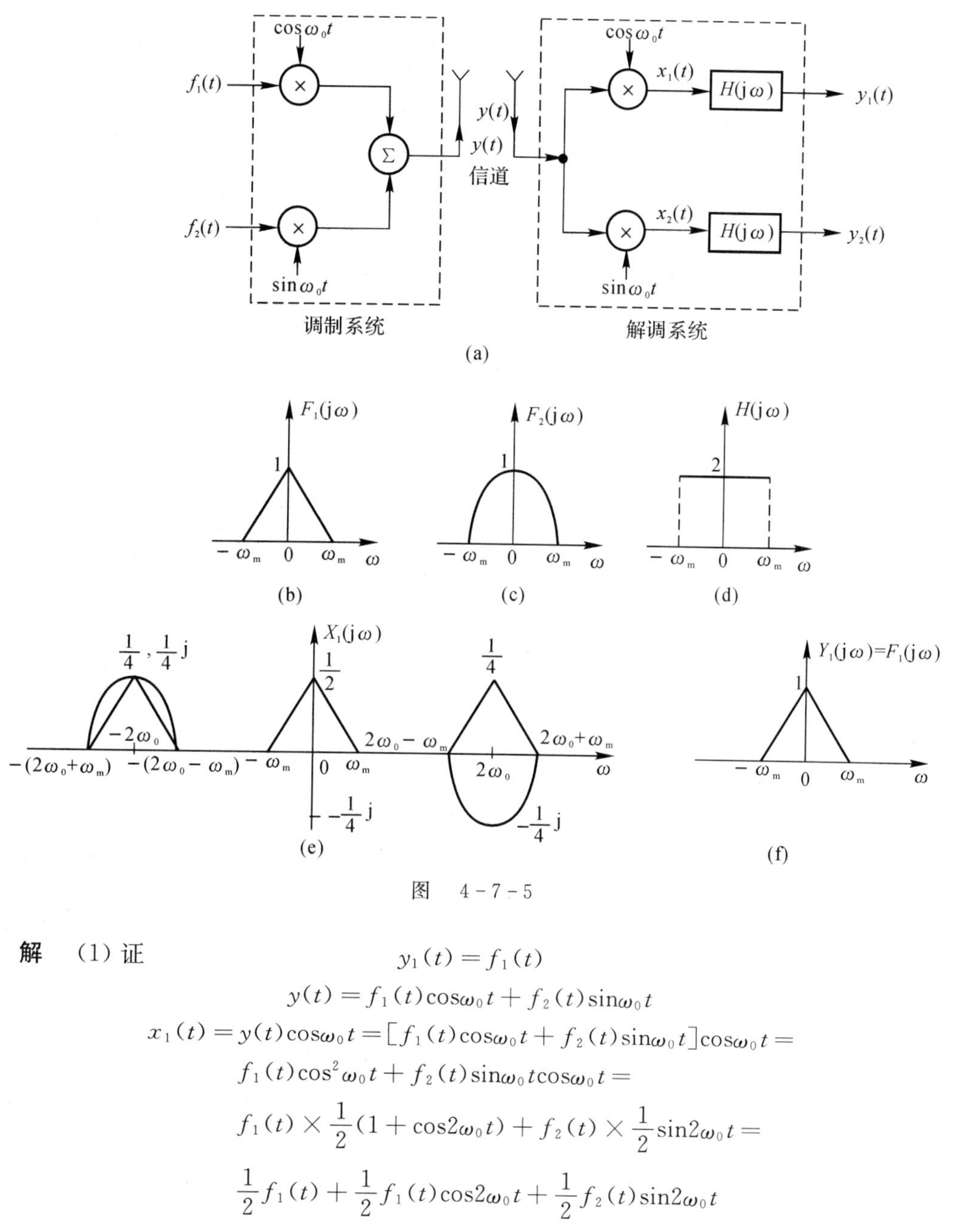

图 4-7-5

解 (1) 证

$$y_1(t)=f_1(t)$$

$$y(t)=f_1(t)\cos\omega_0 t+f_2(t)\sin\omega_0 t$$

$$\begin{aligned}x_1(t)=y(t)\cos\omega_0 t=&[f_1(t)\cos\omega_0 t+f_2(t)\sin\omega_0 t]\cos\omega_0 t=\\&f_1(t)\cos^2\omega_0 t+f_2(t)\sin\omega_0 t\cos\omega_0 t=\\&f_1(t)\times\frac{1}{2}(1+\cos 2\omega_0 t)+f_2(t)\times\frac{1}{2}\sin 2\omega_0 t=\\&\frac{1}{2}f_1(t)+\frac{1}{2}f_1(t)\cos 2\omega_0 t+\frac{1}{2}f_2(t)\sin 2\omega_0 t\end{aligned}$$

$$\begin{aligned}X_1(j\omega)=&\frac{1}{2}F_1(j\omega)+\frac{1}{2}\times\frac{1}{2\pi}F_1(j\omega)*\pi[\delta(\omega+2\omega_0)+\delta(\omega-2\omega_0)]+\\&\frac{1}{2}\times\frac{1}{2\pi}F_2(j\omega)*j\pi[\delta(\omega+2\omega_0)-\delta(\omega-2\omega_0)]=\\&\frac{1}{2}F_1(j\omega)+\frac{1}{4}F_1[j(\omega+2\omega_0)]+\frac{1}{4}F_1[j(\omega-2\omega_0)]+\\&\frac{1}{4}jF_2[j(\omega+2\omega_0)]-\frac{1}{4}jF_2[j(\omega-2\omega_0)]\end{aligned}$$

$X_1(j\omega)$ 的图形如图 4-7-5(e) 所示。

$$Y_1(j\omega)=X_1(j\omega)H(j\omega)=F_1(j\omega)$$

$Y_1(j\omega)$ 的图形如图 4－7－5(f) 所示。故得

$$y_1(t)=f_1(t)$$

(2) 同理同法可证 $y_2(t)=f_2(t)$。 (证毕)

思考题

1. 对一给定的线性时不变系统，说明激励分别为周期信号和非周期信号时，用频域分析法计算系统零状态响应时有何不同点？

2. 在实际的通信工程应用中，为什么要对信号进行调制？振幅调制是信号频谱“搬高”还是“搬低”？其理论根据是傅里叶变换的什么性质？

3. 解调器中的低通滤波器的截止角频率为什么要满足式(4－7－1) 关系呢？若不满足这一关系会带来什么样的后果呢？

4.8　抽样信号与抽样定理

现代信息处理中大都采用数字信号处理，而实际工程中遇到的，如声音、图像都是连续信号。若对连续信号进行数字信号处理，首当其冲的就是对连续信号进行抽样(采样)。实际数字信号处理系统中，采样、量化、编码的过程都包含在称为模拟/数字转换器(A/D 器件) 的内部完成。将模拟信号输入 A/D 输入端，A/D 输出的就是数字信号(Digtial Signal) 。本节来讨论信号抽样的有关理论问题。

一、限带信号的定义

如果信号 $f(t)$ 的频谱宽度(即占有频带) 为有限值，亦即其频谱函数 $F(j\omega)$ 满足

$$F(j\omega)=0,\quad |\omega|\geqslant\omega_m$$

$F(j\omega)$ 的图形如图 4－8－1(a) 所示，则称 $f(t)$ 为有限带宽信号，简称限带信号；ω_m 为信号的频谱宽度，亦即信号频谱中的最高频率。

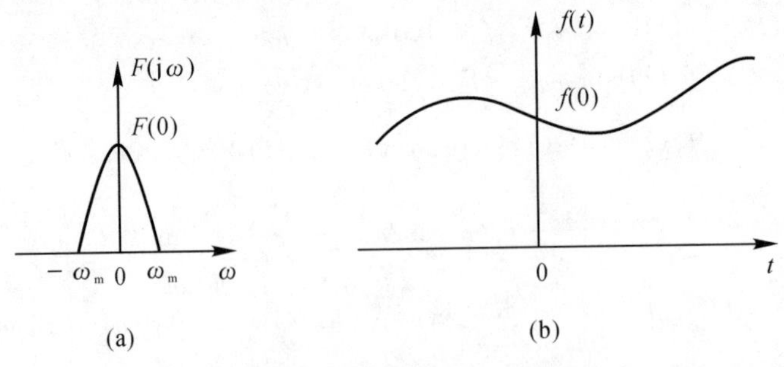

图 4－8－1　限带信号的定义

根据第三章中所学过的信号时域与频域的关系可知，若 $F(j\omega)$ 的频谱宽度为有限值，则其 $f(t)$ 必定为无时限信号，故可设 $f(t)$ 的图形如图 4－8－1(b) 所示。

二、抽样信号 $f_s(t)$

图 4-8-2(a) 所示是为获得抽样信号的系统模型，为一乘法器（也称调制器），其中 $f(t)$ 为被抽样的信号（为无时限信号），设其波形如图 4-8-2(b) 所示；单位冲激序列 $\delta_T(t)=\sum\limits_{k=-\infty}^{+\infty}\delta(t-kT)$ 为用来对 $f(t)$ 进行抽样的信号，$k\in\mathbf{Z}$，T(s) 称为抽样间隔或抽样周期，$f=\dfrac{1}{T}$ 称为抽样频率，$\delta_T(t)$ 的波形如图 4-8-2(c) 所示。乘法器的输出信号为

$$f_s(t)=f(t)\delta_T(t)=f(t)\sum_{k=-\infty}^{+\infty}\delta(t-kT)=$$

$$\sum_{k=-\infty}^{+\infty}f(t)\delta(t-kT)=\sum_{k=-\infty}^{+\infty}f(kT)\delta(t-kT) \tag{4-8-1}$$

$f_s(t)$ 称为抽样信号，其波形如图 4-8-2(d) 所示。可见，$f_s(t)$ 仍为冲激序列，每个冲激的强度都是连续时间信号 $f(t)$ 在 $t=kT$ 时刻的函数值 $f(kT)$，$k\in\mathbf{Z}$。由于这种抽样是用单位冲激序列 $\delta_T(t)$ 进行抽样的，故称为均匀冲激抽样或理想抽样。

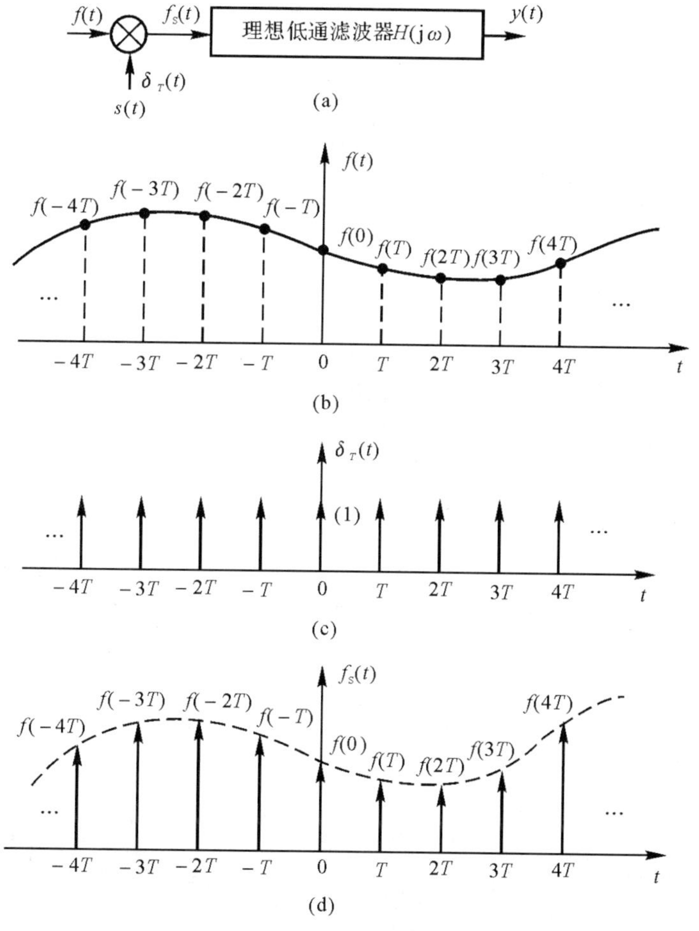

图 4-8-2　抽样信号 $f_s(t)$

三、抽样信号的频谱 $F_s(j\omega)$

设 $F(j\omega)=\mathscr{F}[f(t)]$ 的图形如图 4-8-3(a) 所示；$S(j\omega)=\mathscr{F}[\delta_T(t)]=\Omega\sum_{k=-\infty}^{+\infty}\delta(\omega-k\Omega)$，$\Omega=\frac{2\pi}{T}$，$S(j\omega)$ 的图形如图 4-8-3(b) 所示。对式(4-8-1) 等号两端同时求傅里叶变换，并根据傅里叶变换的频域卷积定理(表 3-4-1 中的序号 17)，得抽样信号 $f_s(t)$ 的傅里叶变换为

$$F_s(j\omega)=\frac{1}{2\pi}F(j\omega)*\Omega\sum_{k=-\infty}^{+\infty}\delta(\omega-k\Omega)=\frac{1}{2\pi}F(j\omega)*\frac{2\pi}{T}\sum_{k=-\infty}^{+\infty}\delta(\omega-k\Omega)=$$

$$\frac{1}{T}\sum_{k=-\infty}^{+\infty}F(j\omega)*\delta(\omega-k\Omega)=\frac{1}{T}\sum_{k=-\infty}^{+\infty}F[j(\omega-k\Omega)],\quad k\in\mathbf{Z}$$

$F_s(j\omega)$ 的图形如图 4-8-3(c) 所示。由此图可见，只要满足条件

$$\Omega\geqslant 2\omega_m \tag{4-8-2}$$

则 $F_s(j\omega)$ 中的各个图形就不产会生重叠，这样 $F_s(j\omega)$ 中的每一个图形就都包含了 $F(j\omega)$ 中的全部信息，亦即 $f_s(t)$ 中包含了信号 $f(t)$ 中的全部信息。

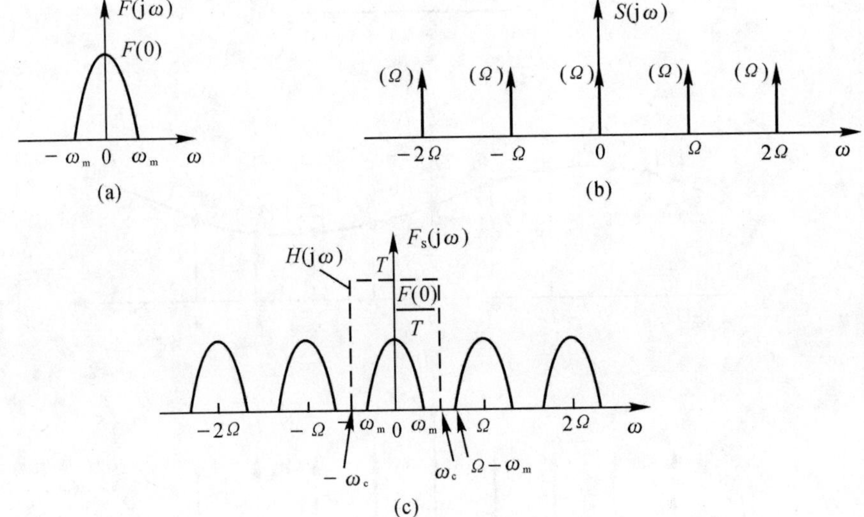

图 4-8-3　抽样信号 $f_s(t)$ 的频谱 $F_s(j\omega)$

因 $\Omega=\frac{2\pi}{T}$，$f_m=\frac{\omega_m}{2\pi}$，$f_m$ 为 $F(j\omega)$ 中的最高频率。于是式(4-8-2) 所表述的条件又可写为

$$\frac{2\pi}{T}\geqslant 2\times 2\pi f_m$$

即
$$T\leqslant\frac{1}{2f_m}\quad 或\quad f\geqslant 2f_m$$

即当抽样周期 $T\leqslant\frac{1}{2f_m}$ 或抽样频率 $f\geqslant 2f_m$ 时，$F_s(j\omega)$ 中的各个图形就不会产生重叠。

四、奈奎斯特频率 f_N 与奈奎斯特周期 T_N

把 $\omega_N=2\omega_m$ 称为奈奎斯特角频率；把 $f_N=2f_m=2\times\frac{\omega_m}{2\pi}=\frac{\omega_m}{\pi}$ 称为奈奎斯特频率；把 $T_N=\frac{1}{f_N}=\frac{1}{2f_m}=\frac{\pi}{\omega_m}\left(\text{或 } T_N=\frac{2\pi}{\omega_N}=\frac{2\pi}{2\omega_m}=\frac{\pi}{\omega_m}\right)$ 称为奈奎斯特周期，也称奈奎斯特间隔。可见 f_N 就是使 $F_s(j\omega)$ 中的各个图形不产生重叠的最小抽样频率；T_N 就是使 $F_s(j\omega)$ 中的各个图形不产生重叠的最大抽样周期。

五、原信号 $f(t)$ 的恢复

上面已指出，抽样信号 $f_s(t)$ 包含了原信号 $f(t)$ 中的全部信息，但毕竟 $f_s(t)$ 不是 $f(t)$。今为了把 $f_s(t)$ 恢复为 $f(t)$，可使 $f_s(t)$ 通过一个理想低通滤波器(即在乘法器的输出端再接一个理想低通滤波器)，如图 4－8－2(a) 所示，且理想低通滤波器的频率特性应为

$$H(j\omega)=TG_{2\omega_c}(\omega),\quad \varphi(\omega)=0$$

式中，ω_c 称为理想低通滤波器的截止频率(即通频带)，且 ω_c 应满足条件

$$\omega_m\leqslant\omega_c\leqslant\Omega-\omega_m$$

$H(j\omega)$ 的图形如图 4－8－3(c) 中的虚线所示，故有

$$Y(j\omega)=F_s(j\omega)H(j\omega)=F_s(j\omega)TG_{2\omega_c}(\omega)=F(j\omega)$$

$Y(j\omega)$ 为理想低通滤波器输出信号 $y(t)$ 的傅里叶变换。经反变换得

$$y(t)=\mathscr{F}^{-1}[F(j\omega)]=f(t)$$

可见恢复了原信号 $f(t)$。

六、时域抽样定理

为了能从抽样信号 $f_s(t)$ 恢复原信号 $f(t)$，必须满足两个条件：① 被抽样的信号 $f(t)$ 必须是有限带宽信号(即限带信号)，设其频谱宽度为 ω_m(或 f_m)；② 抽样频率 $\omega\geqslant2\omega_m$，或 $f\geqslant 2f_m$，或抽样周期 $T\leqslant\frac{1}{2f_m}=\frac{\pi}{\omega_m}$；亦即 $\omega\geqslant\omega_N$，或 $f\geqslant f_N$，或 $T\leqslant T_N$；其最低抽样频率为 $f_N=2f_m$，或 $\omega_N=2\omega_m$，即为奈奎斯特频率，其最大抽样周期为 $T_N=\frac{1}{2f_m}=\frac{\pi}{\omega_m}$，即为奈奎斯特周期。此结论即称为时域抽样定理。例如要传送占有频带为 $f_m=10$ kHz的音乐信号，其最低抽样频率(即奈奎斯特频率) 应为 $f_N=2f_m=2\times10$ kHz$=20$ kHz，即每秒至少要抽样2×10^4次，若低于此抽样频率，则从 $f_s(t)$ 中就不能完全恢复原信号 $f(t)$，原信号 $f(t)$ 中的信息就会丢失，信号就要失真，即 $y(t)$ 与 $f(t)$ 就不相似了。

* 七、矩形脉冲序列抽样

上面所叙述的抽样是用单位冲激序列 $\delta_T(t)=\sum\limits_{k=-\infty}^{+\infty}\delta(t-kT)$ 进行抽样，这是理想的抽

样。实际工程中能够实现的抽样一般是采用矩形脉冲信号 $s(t)$ 进行抽样，$s(t)$ 的波形如图 4-8-4(c) 所示。矩形脉冲信号 $s(t)$ 抽样系统的模型如图 4-8-4(a) 所示。

$$s(t)=G_\tau(t)*\sum_{n=-\infty}^{\infty}\delta(t-nT)=\sum_{n=-\infty}^{\infty}G_\tau(t)*\delta(t-nT)=\sum_{n=-\infty}^{\infty}G_\tau(t-nT)$$

设 $F(\mathrm{j}\omega)=\mathscr{F}[f(t)]$，$F(\mathrm{j}\omega)$ 的图形如图 4-8-4(b) 所示。$S(\mathrm{j}\omega)=\mathscr{F}[s(t)]$，$S(\mathrm{j}\omega)=\sum_{n=-\infty}^{\infty}\pi\dot{A}_n\delta(\omega-n\Omega)$（见表 3-5-1 中的序号 5），其中

$$\Omega=\frac{2\pi}{T},\quad \Omega\text{ 为抽样角频率}$$

$$\dot{A}_n=\frac{2}{T}\int_{-\frac{T}{2}}^{\frac{T}{2}}s(t)\mathrm{e}^{-\mathrm{j}n\Omega t}\,\mathrm{d}t=\frac{2\tau}{T}\sum_{n=-\infty}^{\infty}\mathrm{Sa}\left(\frac{\tau}{2}n\Omega\right)$$

（见式 3-2-1）。$S(\mathrm{j}\omega)$ 的图形如图 4-8-4(d) 所示，可见 $S(\mathrm{j}\omega)$ 为一冲激序列，相互间隔为 Ω，冲激强度的大小按抽样函数 $\mathrm{Sa}(\cdot)$ 的规律分布。

抽样信号 $f_s(t)=f(t)s(t)$，$f_s(t)$ 的频谱为

$$F_s(\mathrm{j}\omega)=\frac{1}{2\pi}F(\mathrm{j}\omega)*S(\mathrm{j}\omega)=\frac{1}{2\pi}F(\mathrm{j}\omega)*\sum_{n=-\infty}^{\infty}\pi\dot{A}_n\delta(\omega-n\Omega)=\sum_{n=-\infty}^{\infty}\frac{1}{2}\dot{A}_n\delta(\omega-n\Omega)$$

$F_s(\mathrm{j}\omega)$ 的图形如图 4-8-4(e) 所示。分析图 4-8-4(e)，可得到与上面的“六”完全相同的时域抽样定理（此处不再重复）。

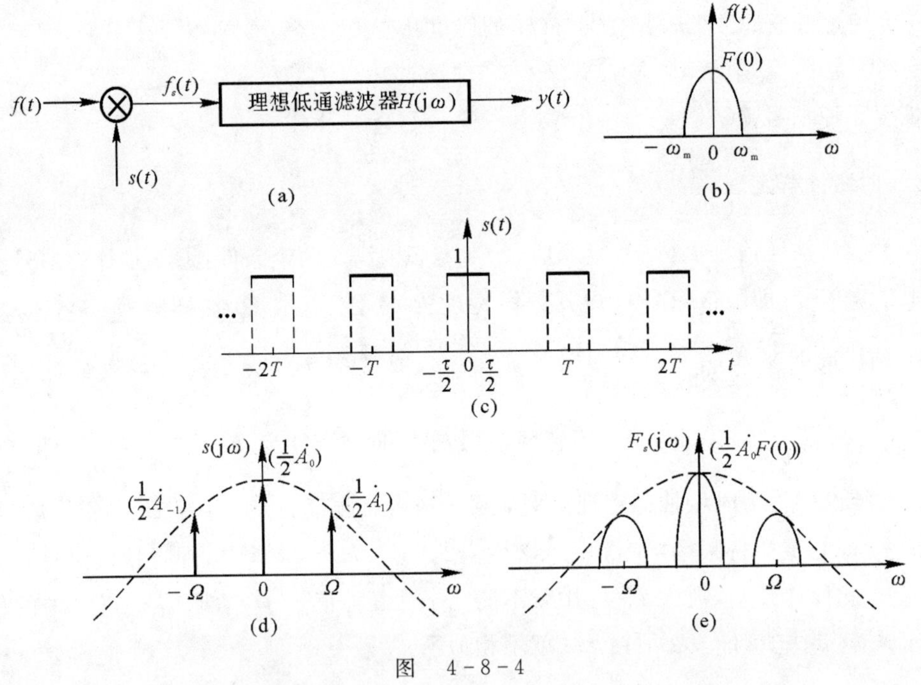

图　4-8-4

现将抽样信号及其频谱与抽样定理汇总于表 4-8-1 中，以便复习和查用。

表 4-8-1　抽样信号及其频谱与抽样定理

均匀冲激序列抽样	限带信号 $f(t)$	若信号 $f(t)$ 的频谱宽度 ω_m 为有限值，$f(t)$ 即称为限带信号 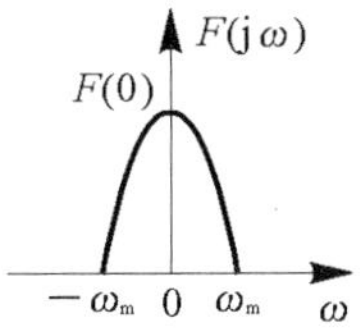
均匀冲激序列抽样	抽样系统模型	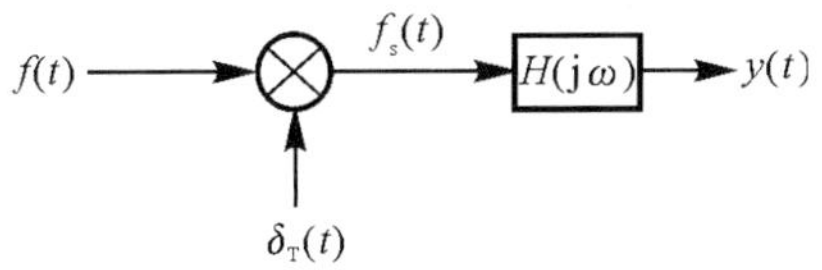 $H(j\omega)=TG_{2\omega_c}(\omega)$
	抽样信号 $f_s(t)$	$f_s(t)=f(t)\sum_{n=-\infty}^{\infty}\delta(t-nT)=\sum_{n=-\infty}^{\infty}f(nT)\delta(t-nT)$
	抽样信号 $f_s(t)$ 的频谱	$F_s(j\omega)=\frac{1}{T}\sum_{n=-\infty}^{\infty}F[j(\omega-n\Omega)]$，$\Omega=\frac{2\pi}{T}$ 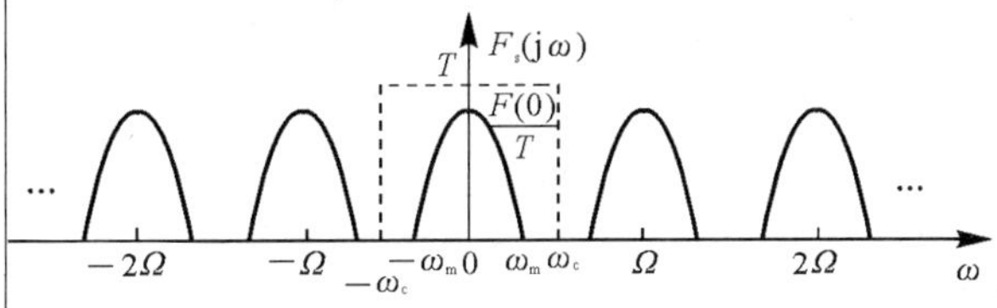
	奈奎斯特频率 奈奎斯特周期	$\omega_N=2\omega_m$，$f_N=2f_m=\frac{\omega_N}{2\pi}$ $T_N=\frac{1}{f_N}=\frac{1}{2f_m}$，$T_N=\frac{2\pi}{\omega_N}=\frac{\pi}{\omega_m}$
	信号 $f(t)$ 的恢复	$H(j\omega)=TG_{2\omega_c}(\omega)$，$\omega_m<\omega_c<\Omega-\omega_m$，即有 $Y(j\omega)=F(j\omega)$，$y(t)=f(t)$
	抽样定理	(1) $f(t)$ 为限带信号；(2) 抽样频率 $f_s\geqslant 2f_m$； (3) 抽样周期 $T_s\leqslant\frac{1}{2f_m}$
矩形脉冲序列抽样	抽样信号 $f_s(t)$	$f_s(t)=f(t)s(t)=f(t)\sum_{n=-\infty}^{\infty}G_\tau(t-nT)$ $s(t)=\sum_{n=-\infty}^{\infty}G_\tau(t-nT)$
	抽样信号 $f_s(t)$ 的频谱	$F_s(j\omega)=\frac{1}{2}\sum_{n=-\infty}^{\infty}\dot{A}_nF[j(\omega-n\Omega)]$ $\Omega=\frac{2\pi}{T}$，$\dot{A}_n=\frac{2}{T}\int_{-\frac{T}{2}}^{\frac{T}{2}}s(t)e^{-jn\Omega t}dt$
	抽样定理	同上

*八、常用信号 ω_N, f_N, T_N 求解规律的归纳

设 $f(t) \longleftrightarrow F(j\omega)$，$f_1(t) \longleftrightarrow F_1(j\omega)$，$f_2(t) \longleftrightarrow F_2(j\omega)$，设 $F(j\omega)$，$F_1(j\omega)$，$F_2(j\omega)$ 的图形分别如图 4-8-5 所示，并设 $\omega_{2m} > \omega_{1m}$。

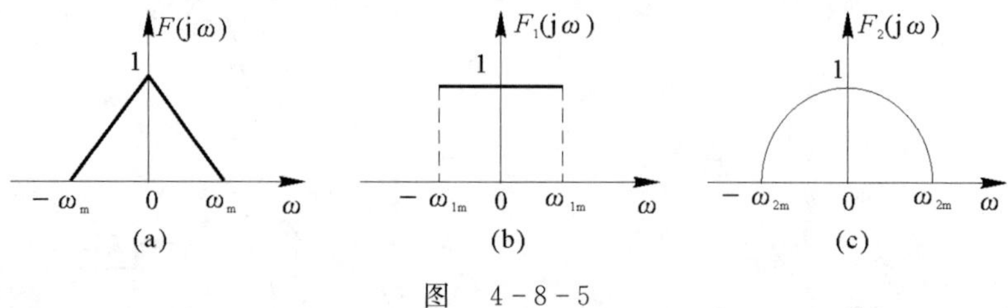

图 4-8-5

现将常用信号 ω_N, f_N, T_N 求解的规律汇总于表 4-8-2 中，以便查用。

表 4-8-2　常用信号 ω_N, f_N, T_N 的求解规律

序号	时间函数	频谱函数	$f(t)$ 的最高频率	ω_N	f_N	T_N
1	$f(t)$	$F(j\omega)$	ω_m	$2\times\omega_m$	$\frac{\omega_N}{2\pi}$	$\frac{1}{f_N}$
2	$f(2t)$	$\frac{1}{2}F\left(j\frac{\omega}{2}\right)$	$2\omega_m$	$2\times 2\omega_m$	〃	〃
3	$f\left(\frac{1}{2}t\right)$	$2F(j2\omega)$	$\frac{1}{2}\omega_m$	$2\times\frac{1}{2}\omega_m$	〃	〃
4	$[f(t)]^2$	$\frac{1}{2\pi}F(j\omega)*F(j\omega)$	$\omega_m+\omega_m$	$2\times 2\omega_m$	〃	〃
5	$f_1(t)+f_2(t)$	$F_1(\omega)+F_2(j\omega)$	ω_{2m}	$2\times\omega_{2m}$	〃	〃
6	$f_1(t)*f_2(t)$	$F_1(j\omega)F_2(j\omega)$	ω_{1m}	$2\times\omega_{1m}$	〃	〃
7	$f_1(t)f_2(t)$	$\frac{1}{2\pi}F_1(j\omega)*F_2(j\omega)$	$\omega_{1m}+\omega_{2m}$	$2(\omega_{1m}+\omega_{2m})$	〃	〃
8	$f_1(t)*f_2(2t)$	$F_1(j\omega)\ \frac{1}{2}F\left(j\frac{\omega}{2}\right)$	ω_{1m}	$2\times\omega_{1m}$	〃	〃
9	$f_1(t)*f_2\left(\frac{1}{2}t\right)$	$F_1(j\omega)2F_2(j\omega)$	$\frac{1}{2}\omega_{2m}$	$2\times\frac{1}{2}\omega_{2m}$	〃	〃
10	$f(t)*f(t)$	$F(j\omega)F(j\omega)$	ω_m	$2\times\omega_m$	〃	〃
11	$f(t)*f(2t)$	$F(j\omega)\ \frac{1}{2}F\left(j\frac{\omega}{2}\right)$	ω_m	$2\omega_m$	〃	〃
12	$f(t)*f\left(\frac{1}{2}t\right)$	$F(j\omega)2F(j2\omega)$	$\frac{1}{2}\omega_m$	$2\times\frac{1}{2}\omega_m$	〃	〃
13	$f(t)f(2t)$	$\frac{1}{2\pi}F(j\omega)*\frac{1}{2}F\left(j\frac{\omega}{2}\right)$	$\omega_m+2\omega_m$	$2(\omega_m+2\omega_m)$	〃	〃
14	$f(t)f\left(\frac{1}{2}t\right)$	$\frac{1}{2\pi}F(j\omega)*2F(j2\omega)$	$\omega_m+\frac{1}{2}\omega_m$	$2\left(\omega_m+\frac{1}{2}\omega_m\right)$	〃	〃

例 4-8-1　已知 $f_1(t)=\mathrm{Sa}(\pi t), t\in\mathbf{R}$；$f_2(t)=2\mathrm{Sa}(2\pi t), t\in\mathbf{R}$。对下列各信号 $f(t)$ 进行均匀理想冲激抽样，求其 ω_N, f_N, T_N。

(1) $f(t)=f_1(t)f_2(t)$；　(2) $f(t)=f_1(t)+f_2(t)$；　(3) $f(t)=f_1(t)*f_2(t)$；

(4) $f(t)=2+10\cos(1\ 000\pi t)+5\cos(3\ 000\pi t+30^\circ)$。

解　(1)
$$F_1(\mathrm{j}\omega)=G_{2\pi}(\omega),\quad F_2(\mathrm{j}\omega)=G_{4\pi}(\omega)$$
$F_1(\mathrm{j}\omega)$ 和 $F_2(\mathrm{j}\omega)$ 的图形如图 4-8-6(a)(b) 所示。
$$F(\mathrm{j}\omega)=\frac{1}{2\pi}F_1(\mathrm{j}\omega)*F_2(\mathrm{j}\omega)$$
$F(\mathrm{j}\omega)$ 的图形如图 4-8-6(c) 所示。可见 $F(\mathrm{j}\omega)$ 的最高频率为 $\omega_m=\pi+2\pi=3\pi$。故得
$$\omega_N=2\times3\pi=6\pi\ (\mathrm{rad/s}),\quad T_N=\frac{2\pi}{\omega_N}=\frac{2\pi}{6\pi}=\frac{1}{3}\ \mathrm{s},\quad f_N=\frac{1}{T_N}=3\ \mathrm{Hz}$$

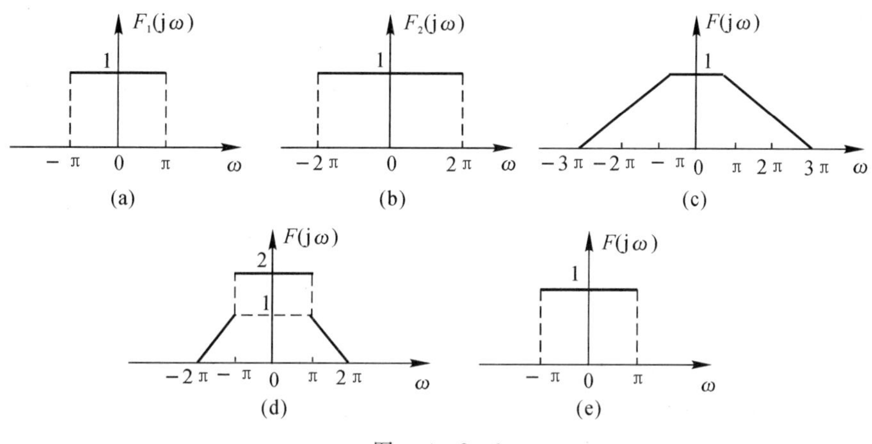

图　4-8-6

(2)
$$F(\mathrm{j}\omega)=F_1(\mathrm{j}\omega)+F_2(\mathrm{j}\omega)=G_{2\pi}(\omega)+G_{4\pi}(\omega)$$
$F(\mathrm{j}\omega)$ 的图形如图 4-8-6(d) 所示。故得
$$\omega_N=2\times2\pi=4\pi\ (\mathrm{rad/s}),\quad T_N=\frac{2\pi}{\omega_N}=\frac{2\pi}{4\pi}=0.5\ \mathrm{s},\quad f_N=\frac{1}{T_N}=2\ \mathrm{Hz}$$

(3)
$$F(\mathrm{j}\omega)=F_1(\mathrm{j}\omega)F_2(\mathrm{j}\omega)=F_1(\mathrm{j}\omega)$$
$F(\mathrm{j}\omega)$ 的图形如图 4-8-6(e) 所示。故得
$$\omega_N=2\pi\ (\mathrm{rad/s}),\quad T_N=\frac{2\pi}{\omega_N}=\frac{2\pi}{2\pi}=1\ \mathrm{s},\quad f_N=\frac{1}{T_N}=1\ \mathrm{Hz}$$

(4) $\omega_N=2\times3\ 000\pi=6\ 000\pi\ (\mathrm{rad/s}),\quad T_N=\dfrac{2\pi}{6\ 000\pi}=\dfrac{1}{3\ 000}\ \mathrm{s},\quad f_N=\dfrac{1}{T_N}=3\ 000\ \mathrm{Hz}$

例 4-8-2　设 $f(t)$ 为限带信号，其频谱 $F(\mathrm{j}\omega)$ 如图 4-8-7(a) 所示，频谱宽度为 $\omega_m=8\ \mathrm{rad/s}$。求 $f(2t)$ 和 $f\left(\dfrac{1}{2}t\right)$ 的频谱宽度、奈奎斯特抽样频率 Ω_N，f_N 和奈奎斯特抽样周期。

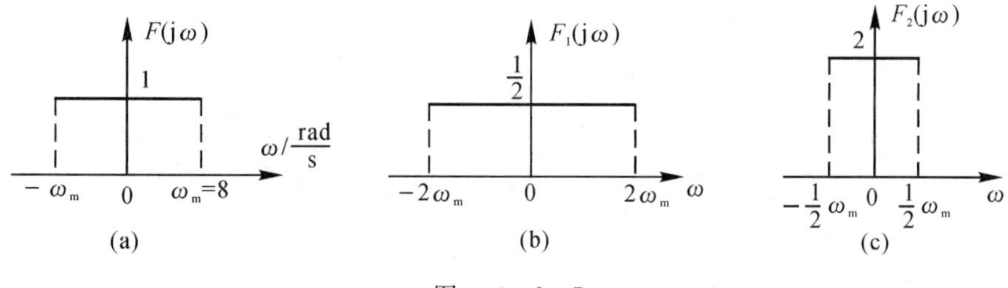

图　4-8-7

解 (1)
$$f(2t) \longleftrightarrow \frac{1}{2}F\left(\mathrm{j}\,\frac{\omega}{2}\right)=F_1(\mathrm{j}\omega)$$

$F_1(\mathrm{j}\omega)$ 的图形如图 4-8-7(b) 所示，频谱宽度为 $2\omega_m=2\times 8=16$ rad/s。故得

$$\Omega_N=2\times 16=32\ \text{rad/s},\quad f_N=\frac{\Omega_N}{2\pi}=\frac{16}{\pi}\ \text{Hz},\quad T_N=\frac{1}{f_N}=\frac{\pi}{16}\ \text{s}$$

(2)
$$f\left(\frac{1}{2}t\right) \longleftrightarrow \frac{1}{\frac{1}{2}}F\left(\mathrm{j}\,\frac{\omega}{\frac{1}{2}}\right)=2F(\mathrm{j}2\omega)=F_2(\mathrm{j}\omega)$$

$F_2(\mathrm{j}\omega)$ 的图形如图 4-8-7(c) 所示，频谱宽度为$\frac{1}{2}\omega_m=\frac{1}{2}\times 8=4$ rad/s。故得

$$\Omega_N=2\times 4=8\ \text{rad/s},\quad f_N=\frac{\Omega_N}{2\pi}=\frac{4}{\pi}\ \text{Hz},\quad T_N=\frac{1}{f_N}=\frac{\pi}{4}\ \text{s}$$

*4.9 实例应用及仿真

一、AM 调制与解调

通信过程中，将信号的频谱搬移到载频处称为调制，最简单的调制方式有 AM 调制。若输入信号为 $S(t)$，载频信号为 $x(t)$，则 AM 调制输出信号为 $y(t)=s(t)\cdot x(t)$。

在接收端，从 AM 调制信号中恢复出原模拟信号 $S(t)$的过程称之为解调。常用的解调方式有非相干解调(检波)与相干解调(同步解调)。AM 的非相干解调是将 AM 信号通过检波二极管，再经过低通滤波器即可恢复原模拟信号 $S(t)$；AM 的相干解调是将接收的 AM 信号与本地相干载波(同步载波)相乘，再经过低通滤波器恢复原模拟信号 $S(t)$。

例 4-9-1 利用 MATLAB 实现 AM 调制与非相干解调。

MATLAB 源程序如下：

```
t=0:0.00001:1;
fc=16000;
uc=sin(2*pi*fc*t);    %高频载波信号
subplot(411); plot(t, uc);
xlabel('t'); title('载波信号'); axis([0, 0.01, -1.5, 1.5]);
fs=1000;
us=sin(2*pi*fs*t);    %原模拟信号
subplot(412); plot(t, us);
xlabel('t'); title('原模拟信号'); axis([0, 0.01, -1.5, 1.5]);
AM=uc.*(1+us);    %AM 调制信号
subplot(413); plot(t, AM);
xlabel('t'); title('AM 调制信号'); axis([0, 0.01, -3, 3]);
Fs=35000;
us1=us/max(abs(us));
u=(1+us1).* uc;
```

```
f=[0:0.03:0.03*(length(us)-1)]-Fs/2;
env=abs(hilbert(u));
dem=2*(env-1)/1;    %非相干解调信号
subplot(414); plot(t, dem);
xlabel('t'); title('解调信号'); axis([0, 0.01, -3, 3]);
```

程序运行结果如图 4-9-1 所示。

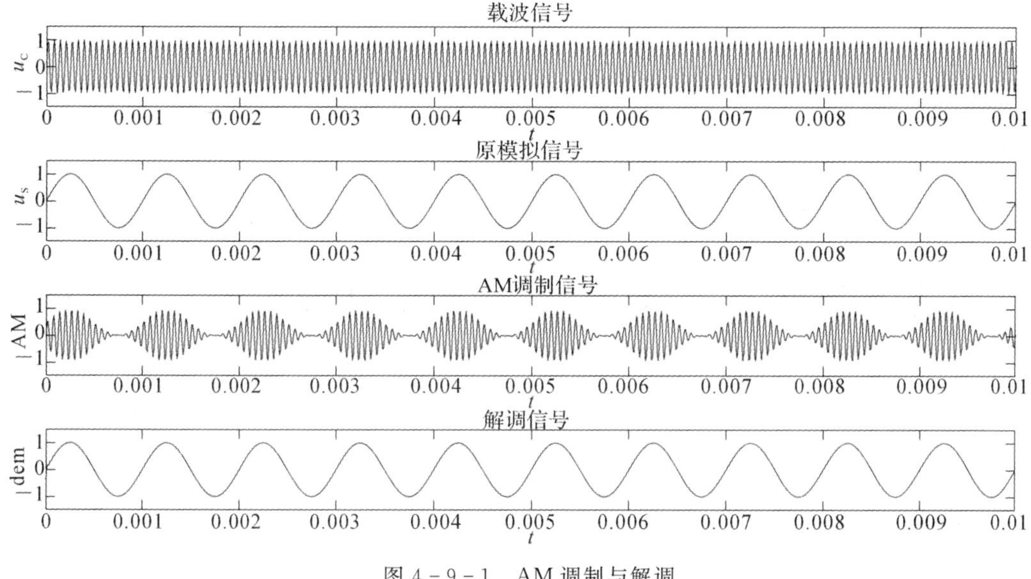

图 4-9-1　AM 调制与解调

二、连续时间信号的采样

例 4-9-2　选取门信号 $f(t)=g_2(t)$ 为被采样信号，利用 MATLAB 观察采样前、后信号的时域和频域波形。

分析：因为门信号不是严格意义上的有限带宽信号，一般定义 $f_m=1/\tau$ 为门信号的截止频率。其中，τ 为门信号在时域的宽度。在本例中，选取 $f_m=0.5$，临界采样频率为 $f_s=1$。

MATLAB 源程序如下：

```
%显示原信号及其傅里叶变换
R=0.01;
t=-4:R:4;
f=rectpuls(t, 2);
w1=2*pi*10;
N=1000;
k=0:N;
wk=k*w1/N;
F=f*exp(-j*t'*wk)*R;    %计算连续信号的傅里叶变换
F=abs(F);
```

```
wk=[-fliplr(wk), wk(2:1001)];
F=[fliplr(F), F(2:1001)];    %计算对应负频率的频谱
subplot(4, 1, 1); plot(t, f);
xlabel('t'); ylabel('f(t)'); title('被采样信号 f(t)');
subplot(4, 1, 2); plot(wk, F);
xlabel('w'); ylabel('F(jw)'); title('f(t)的频谱');
%显示采样信号及其傅里叶变换
R1=0.25;
t1=-4:R1:4;
f1=rectpuls(t1, 2);
wk1=k*w1/N;
F1=f1*exp(-j*t1'*wk1);    %计算采样信号的傅里叶变换
F1=abs(F1);
wk1=[-fliplr(wk1), wk1(2:1001)];    %将正频率扩展到对称的负频率
F1=[fliplr(F1), F1(2:1001)];    %将正频率的频谱扩展到对称的负频率的频谱
subplot(4, 1, 3); stem(t1/R1, f1);
xlabel('n'); ylabel('f(n)'); title('采样信号 f(n)');
subplot(4, 1, 4); plot(wk1, F1);
xlabel('w'); ylabel('F1(jw)'); title('f(n)的频谱');
```

程序运行结果如图 4-9-2 所示。

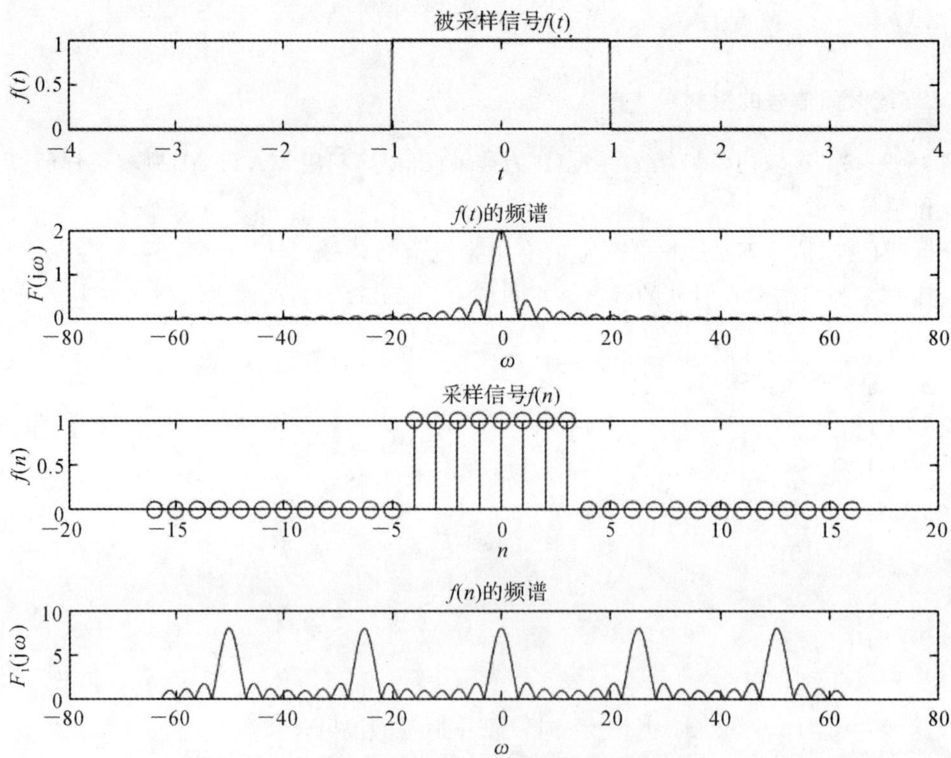

图 4-9-2　采样前、后信号的时域和频域波形

从图 4－9－2 中可以看出，对连续信号进行等间隔采样形成采样信号，采样信号的频谱是原连续信号的频谱以采样频率为周期进行周期性的延拓形成的。

习　题　四

4－1　求图题 4－1 所示电路的频域系统函数 $H(\mathrm{j}\omega)=\dfrac{U_2(\mathrm{j}\omega)}{U_1(\mathrm{j}\omega)}$。

4－2　(1) 已知系统函数 $H(\mathrm{j}\omega)$，试证明系统单位阶跃响应 $g(t)$ 的终值 $g(\infty)=H(\mathrm{j}0)$；(2) 设系统的单位冲激响应 $h(t)=\mathrm{e}^{-t}U(t)$，求 $g(\infty)$ 的值；(3) 设系统的单位冲激响应 $h(t)=\mathrm{e}^{t}U(-t)+\mathrm{e}^{-t}U(t)$，求 $g(\infty)$ 的值；(4) 设系统的单位冲激响应 $h(t)=\mathrm{Sa}(t-1)$，求 $g(\infty)$ 的值。

4－3　已知因果系统的微分方程为 $y''(t)+5y'(t)+6y(t)=f'(t)+f(t)$。(1) 求系统的单位冲激响应 $h(t)$；(2) $f(t)=t\mathrm{e}^{-t}U(t)$，求系统的零状态响应 $y(t)$。

4－4　图题 4－4(a) 所示系统，已知 $f(t)$ 的 $F(\mathrm{j}\omega)$ 如图题 4－4(b) 所示，高通滤波器的 $H(\mathrm{j}\omega)$ 如图题 4－4(c) 所示。试证明该系统的响应 $y(t)=f(t)$。

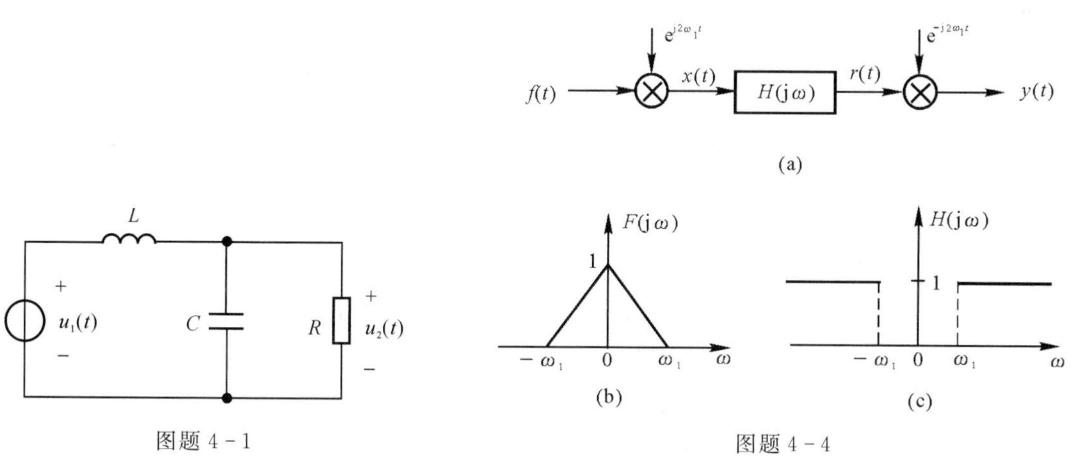

图题 4－1　　　　图题 4－4

4－5　已知系统的激励 $f(t)$ 与响应 $y(t)$ 的关系方程为 $y'(t)+10y(t)=\int_{-\infty}^{+\infty}f(\tau)x(t-\tau)\mathrm{d}\tau-f(t)$，$x(t)=\mathrm{e}^{-t}U(t)+3\delta(t)$。(1) 求系统的频率响应 $H(\mathrm{j}\omega)=\dfrac{Y(\mathrm{j}\omega)}{F(\mathrm{j}\omega)}$；(2) 求系统的单位冲激响应 $h(t)$；(3) 画出直接形式的时域模拟图。

4－6　求图题 4－6(a)(b) 所示系统的单位冲激响应 $h(t)$。

4－7　已知系统的零状态响应 $y(t)$ 与激励 $f(t)$ 的关系为 $y(t)=\dfrac{1}{\pi}\int_{-\infty}^{+\infty}f(\tau)\dfrac{1}{t-\tau}\mathrm{d}\tau$。(1) 求系统的 $H(\mathrm{j}\omega)=\dfrac{Y(\mathrm{j}\omega)}{F(\mathrm{j}\omega)}$，并画出 $|H(\mathrm{j}\omega)|$ 和 $\varphi(\omega)$ 的曲线；(2) 说明该系统是何种类型的滤波器；(3) 证明 $y(t)$ 的能量和 $f(t)$ 的能量相等；(4) 若 $f(t)=2+10\cos\left(10t+\dfrac{\pi}{4}\right)+5\cos\left(20t-\dfrac{\pi}{4}\right)$，$t\in\mathbf{R}$，求系统的稳态响应 $y(t)$。

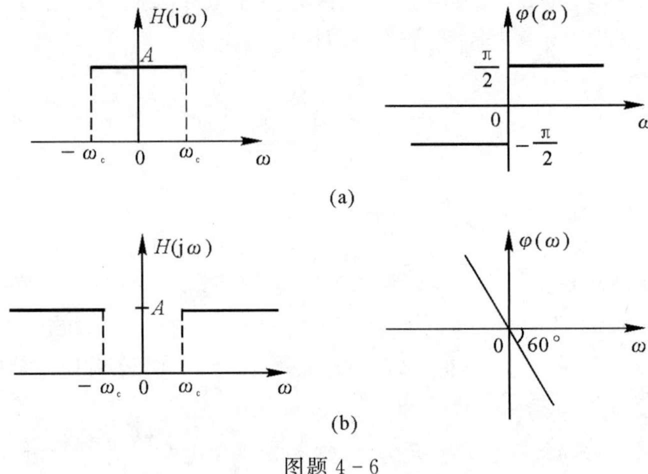

图题 4－6

4－8　图题 4－8 所示系统，$H_1(j\omega)=e^{j2\omega}$，$h_2(t)=1+\cos 0.5\pi t, t\in \mathbf{R}$，$f(t)=U(t)$。求系统的零状态响应 $y(t)$。

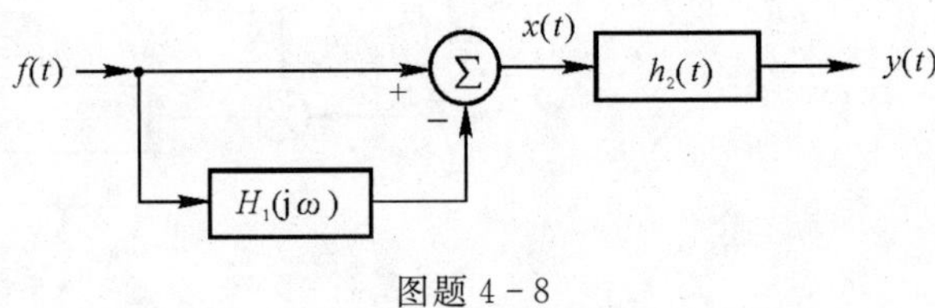

图题 4－8

4－9　图题 4－9(a) 所示系统，已知 $f(t)$ 的频谱 $F(j\omega)$ 如图题 4－9(b) 所示，带通滤波器 $H_1(j\omega)$ 和低通滤波器 $H_2(j\omega)$ 的图形如图 4－9(c)(d) 所示。试画出 $Y_1(j\omega)$，$Y_2(j\omega)$，$Y_3(j\omega)$，$Y(j\omega)$ 的图形。

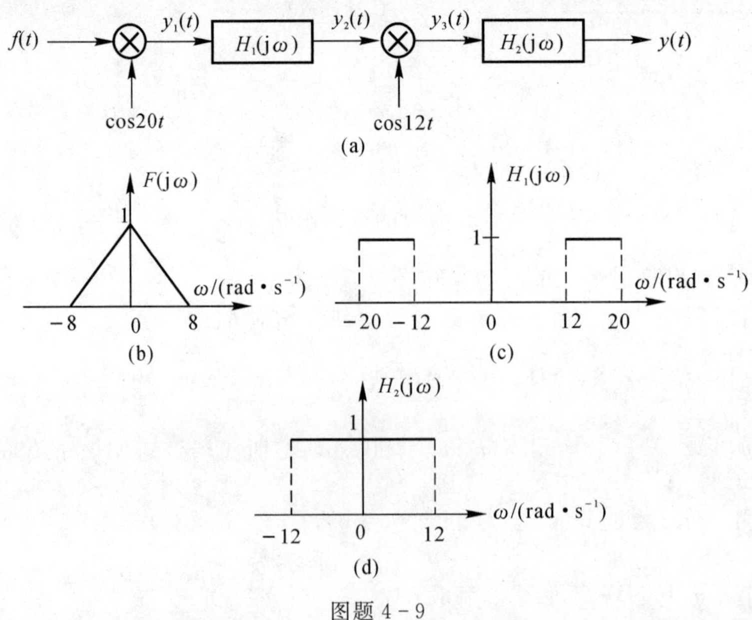

图题 4－9

4－10　图题 4－10 所示系统，$h_1(t)=\dfrac{\sin^2(\pi t)}{\pi t^2}$，$h_2(t)=\pi\delta(t)$。(1) 求系统的单位冲激响应 $h(t)$ 和频率响应 $H(\mathrm{j}\omega)=\dfrac{Y(\mathrm{j}\omega)}{F(\mathrm{j}\omega)}$，画出 $H(\mathrm{j}\omega)$ 的图形；(2) 说明此系统属于何种类型的滤波器，可否物理实现；(3) 若 $f(t)=0.5+\sin\pi t+\cos 3\pi t, t\in\mathbf{R}$，求系统的稳态响应 $y(t)$。

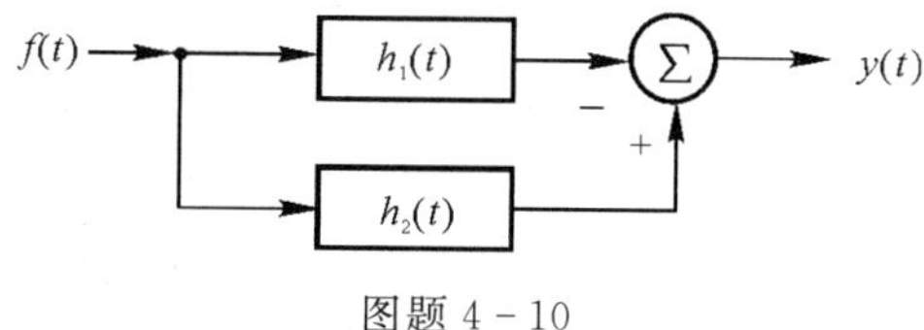

图题 4－10

4－11　在图题 4－11(a) 所示系统中，已知 $f(t)=2\cos\omega_{\mathrm{m}}t,\ t\in\mathbf{R}$；$x(t)=50\cos\omega_0 t,\ t\in\mathbf{R}$，且 $\omega_0\gg\omega_{\mathrm{m}}$，理想低通滤波器的 $H(\mathrm{j}\omega)=G_{2\omega_0}(\omega)$，如图题 4－11(b) 所示。求 $y(t)$。

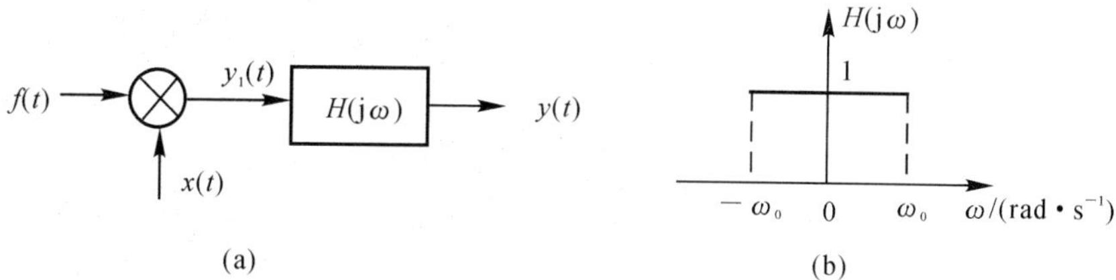

图题 4－11

4－12　在图题 4－12(a) 所示系统中，已知 $f(t)=\dfrac{1}{\pi}\mathrm{Sa}(2t),\ t\in\mathbf{R}$；$s(t)=\cos 1\,000t,\ t\in\mathbf{R}$，带通滤波器的 $H(\mathrm{j}\omega)$ 如图题 4－12(b) 所示，$\varphi(\omega)=0$。求零状态响应 $y(t)$。

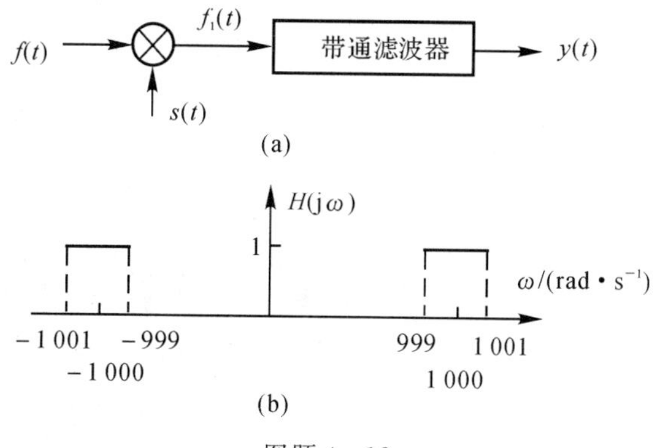

图题 4－12

4－13　图题 4－13(a)(b) 所示为系统的模频与相频特性，系统的激励 $f(t)=2+4\cos 5t+4\cos 10t,\ t\in\mathbf{R}$。求系统的稳态响应 $y(t)$。

4－14　已知系统的单位冲激响应 $h(t)=\mathrm{e}^{-t}U(t)$，并设其频谱为 $H(\mathrm{j}\omega)=R(\omega)+\mathrm{j}X(\omega)$。(1) 求 $R(\omega)$ 和 $X(\omega)$；(2) 证明 $R(\omega)=\dfrac{1}{\pi\omega}*X(\omega)$，$X(\omega)=-\dfrac{1}{\pi\omega}*R(\omega)$。

4－15　已知系统函数 $H(\mathrm{j}\omega)$ 如图题 4－15(a) 所示，激励 $f(t)$ 的波形如图(b) 所示。求系统的稳态响应 $y(t)$，并画出 $y(t)$ 的频谱图。

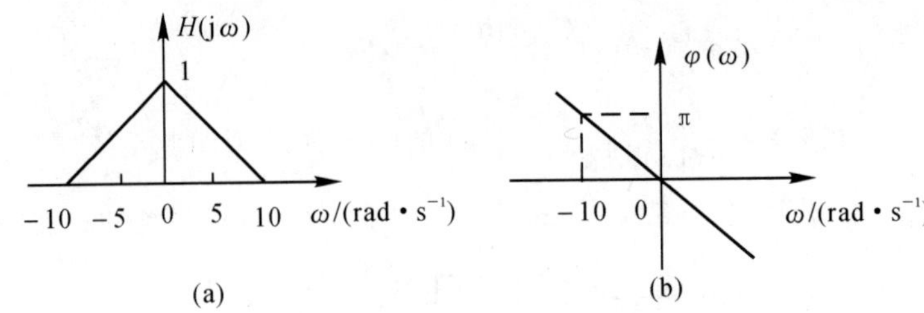

图题 4 - 13

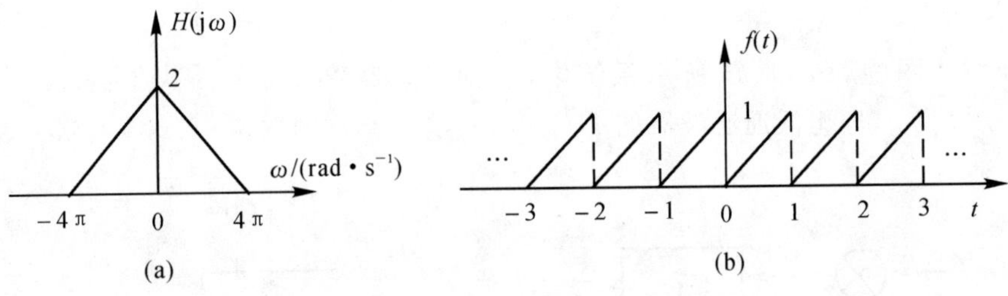

图题 4 - 15

4 - 16　图题 4 - 16(a) 所示系统，$H(\mathrm{j}\omega)$ 的图形如图题 4 - 16(b) 所示。已知 $f(t)=\dfrac{\sin t}{\pi t}\cos 1\,000t$，$s(t)=\cos 1\,000t$，$t\in\mathbf{R}$。求响应 $y(t)$。

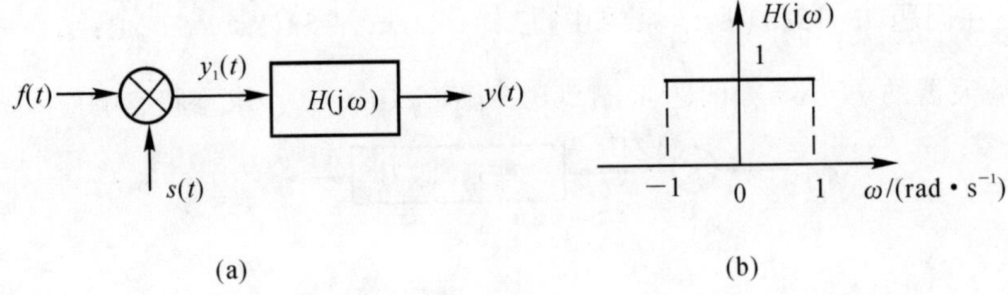

图题 4 - 16

4 - 17　图题 4 - 17(a) 所示系统，$H(\mathrm{j}\omega)$ 的图形如图题 4 - 17(b) 所示，$f(t)$ 的波形如图题 4 - 17(c) 所示。求响应 $y(t)$ 的频谱 $Y(\mathrm{j}\omega)$，并画出 $Y(\mathrm{j}\omega)$ 的图形。

4 - 18　求信号 $f(t)=\sin\pi t+\cos 3\pi t$ 经过系统 $h(t)=\dfrac{\sin 2\pi t\sin 4\pi t}{\pi t^2}$ 后的响应 $y(t)$。

4 - 19　图题 4 - 19 所示系统，$h_1(t)$ 和 $h_2(t)$ 互为逆系统。(1) 已知 $h_1(t)=\mathrm{e}^{-t}U(t)$，求 $h_2(t)$；(2) 若 $f(t)=t\mathrm{e}^{-2t}U(t)$，求 $y(t)$。

4 - 20　若下列各信号被抽样，求奈奎斯特间隔 T_{N} 与奈奎斯特频率 f_{N}。(1) $f(t)=\mathrm{Sa}(100t)$，$t\in\mathbf{R}$；(2) $f(t)=\mathrm{Sa}^2(100t)$，$t\in\mathbf{R}$；(3) $f(t)=\mathrm{Sa}(100t)+\mathrm{Sa}^{10}(50t)$。

4 - 21　$f(t)=\mathrm{Sa}(10^3\pi t)\mathrm{Sa}(2\times 10^3\pi t)$，$s(t)=\sum\limits_{n=-\infty}^{\infty}\delta(t-nT)$，$n\in\mathbf{Z}$，$f_{\mathrm{s}}(t)=f(t)s(t)$。(1) 若要从 $f_{\mathrm{s}}(t)$ 无失真地恢复 $f(t)$，求最大抽样周期 T_{N}；(2) 当抽样周期 $T=T_{\mathrm{N}}$ 时，画出

$f_s(t)$ 的频谱图。

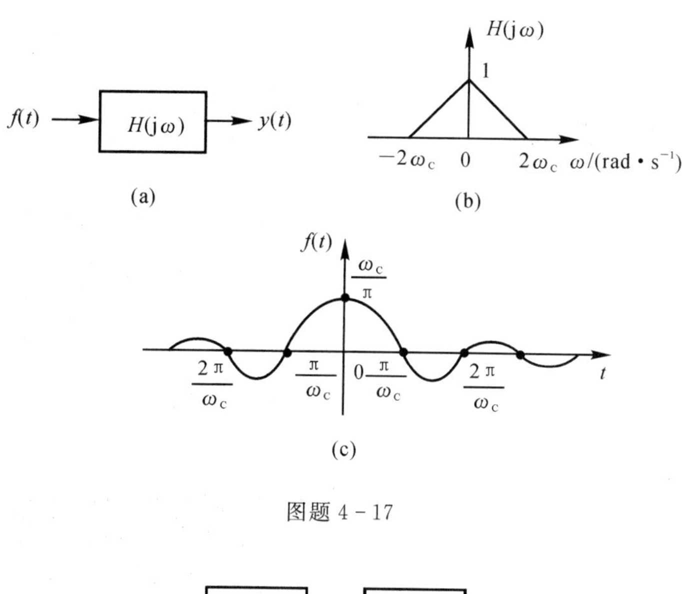

图题 4-17

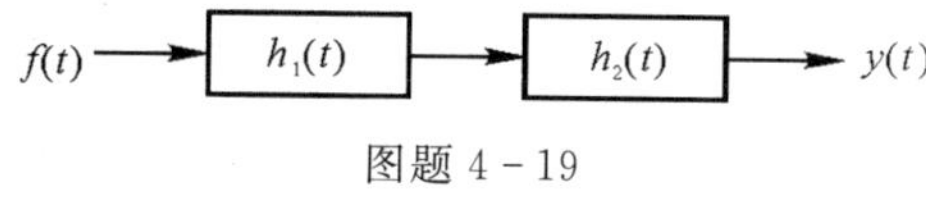

图题 4-19

4-22　设 $f(t) \longleftrightarrow F(\mathrm{j}\omega)$，$F(\mathrm{j}\omega)$ 的最高频率 $f_m = 1\ \text{kHz}$，求对信号 $f(t)$，$f(2t)$，$f(2t-1)$，$f^3(t)$，$f(t) * f\left(\frac{1}{2}t\right)$，$f(t)\cos 2\,000\pi t$ 进行抽样的奈奎斯特频率 f_N 和奈奎斯特周期 T_N。

第五章　连续系统 s 域分析

内容提要

我们在第三章、第四章已经研究了应用傅里叶变换对连续信号与系统进行频域分析。然而，这种频域分析方法也有一定的局限性，比如：实际中有很多有用的信号并不存在傅里叶变换，遇此情况，应用傅里叶变换的频域分析法失效。特别是，对具有初始条件的系统问题，也不能用傅里叶变换求系统的全响应。这些问题的存在，促使人们寻求新的变换方法来求解。

1870 年，法国数学家拉普拉斯(P. S. Laplace，1749—1825 年) 提出了一种新的积分变换，即拉普拉斯变换，简称拉氏变换。这种变换可以认为是傅里叶变换的推广形式，它是条件更宽松、应用范围更广的一种积分变换。拉氏变换不仅是分析线性时不变系统的有效工具，而且在其他技术领域中也得到了广泛的应用，因而受到人们的普遍重视。

本章先从傅里叶变换入手引出双边拉普拉斯变换，重点讨论单边拉氏变换的常用信号变换对、单边拉氏变换的重要性质、逆变换方法。核心内容是讲述如何用单边拉普拉斯变换的方法求解线性系统的响应。然后讲述 KCL，KVL 及电路元件伏安关系的 s 域形式，s 域阻抗和 s 域导纳；在此基础上再讲述如何用单边拉普拉斯变换的方法求解系统的响应(全响应，零输入响应，零状态响应，单位冲激响应)，如何用单边拉普拉斯变换的方法求解系统的微分方程。

5.1　拉普拉斯变换

5.1.1　从傅里叶变换到双边拉普拉斯变换

由第三章可知，当函数 $f(t)$ 满足下列绝对可积条件式

$$\int_{-\infty}^{\infty} |f(t)| \mathrm{d}t < \infty \tag{5-1-1}$$

时，其傅里叶变换积分式

$$F(\mathrm{j}\omega) = \int_{-\infty}^{\infty} f(t)\mathrm{e}^{-\mathrm{j}\omega t}\mathrm{d}t \tag{5-1-2}$$

收敛，信号 $f(t)$ 的傅里叶变换存在。

当信号 $f(t)$ 不满足绝对可积条件式(5-1-1)时，要么它根本不存在傅里叶变换，例如，指数函数 $\mathrm{e}^{\alpha t}U(t)$，其中 $\alpha > 0$，其幅度随 t 的增大而增大，故其傅里叶变换不存在；要么即使它存在傅里叶变换，也不能简便地直接套用傅里叶变换定义式(5-1-2) 求得，例如，单位阶跃信号

$U(t)$，其傅里叶变换存在，但不能利用式(5-1-2)直接求得。这主要是当 $t\to\infty$ 或 $t\to-\infty$ 时信号不趋于零(或称不收敛)的缘故。但若对这样的某类随 $|t|$ 的增大而增大的函数 $f(t)$ 乘以适当衰减因子 $e^{-\sigma t}$(σ 为实数)，使乘积函数 $f(t)e^{-\sigma t}$ 随 $|t|$ 的增加而呈现收敛，能满足式(5-1-1)的绝对可积条件，那么它就一定存在傅里叶变换。由于因子 $e^{-\sigma t}$ 起着使信号 $f(t)e^{-\sigma t}$ 收敛的作用，故亦称它为收敛因子。

设函数 $f(t)e^{-\sigma t}$ 满足式(5-1-1)的绝对可积条件，则 $f(t)e^{-\sigma t}$ 的傅里叶变换为

$$\int_{-\infty}^{\infty} f(t)e^{-\sigma t}e^{-j\omega t}\,dt=\int_{-\infty}^{\infty} f(t)e^{-(\sigma+j\omega)t}\,dt=F(\sigma+j\omega)$$

将复变量 $s=\sigma+j\omega$ 代入上式，则上式可改写为

$$F(s)=\int_{-\infty}^{\infty} f(t)e^{-st}\,dt \tag{5-1-3}$$

若将时间轴以 $t=0$ 为界划分为左边与右边，由式(5-1-3)可见，积分区间包含着时间轴的左、右两边，所以称 $F(s)$ 为信号 $f(t)$ 的双边拉氏变换，也称为像函数，它是从信号 $f(t)e^{-\sigma t}$ 的傅里叶变换定义并引入复变量 $s=\sigma+j\omega$ 导出的。相应地，由傅里叶逆变换式知，$f(t)e^{-\sigma t}$ 可表示为

$$f(t)e^{-\sigma t}=\frac{1}{2\pi}\int_{-\infty}^{\infty} F(\sigma+j\omega)e^{j\omega t}\,d\omega$$

将上式两边同乘以 $e^{\sigma t}$，并考虑 $e^{\sigma t}$ 与 ω 无关，可将其置于积分号内，于是得

$$f(t)=\frac{1}{2\pi j}\int_{-\infty}^{\infty} F(\sigma+j\omega)e^{\sigma t}e^{j\omega t}\,d\omega=\frac{1}{2\pi}\int_{-\infty}^{\infty} F(s)e^{st}\,d\omega$$

式中，$s=\sigma+j\omega$，故有 $ds=jd\omega$，即 $d\omega=ds/j$；且当 $\omega\to-\infty$ 时，$s=\sigma-j\infty$；当 $\omega\to\infty$ 时，$s=\sigma+j\infty$。将这些关系代入上式，可得

$$f(t)=\frac{1}{2\pi}\int_{\sigma-j\infty}^{\sigma+j\infty} F(s)e^{st}\,ds \tag{5-1-4}$$

式(5-1-4)称为像函数 $F(s)$ 的双边拉普拉斯逆变换式。式中，$f(t)$ 称为 $F(s)$ 的原函数。

5.1.2　单边拉普拉斯变换

一、定义

考虑到在实际工程问题中，人们用物理手段和实验方法所能记录与产生的一切信号都是有起始时刻的，如果把起始时刻记为时间原点，即 $t=0$，并且考虑到信号 $f(t)$ 在 $t=0$ 时刻可能包含有冲激函数及其导数项，为了能使冲激函数及其导数项也能包含在变换式积分区间之内，取积分的下限为 0^-，于是式(5-1-3)可改写为

$$\int_{0^-}^{+\infty} f(t)e^{-st}\,dt$$

式中，复变量 $s=\sigma+j\omega$ 称为复频率。σ 的单位为 1/s，ω 的单位为 rad/s。若这个定积分在复频率变量 s 平面上的某个区域内收敛，则由它确定的函数 $F(s)$ 表示为

$$F(s)=\int_{0^-}^{+\infty} f(t)e^{-st}\,dt \tag{5-1-5}$$

复频域函数 $F(s)$ 称为时间函数 $f(t)$ 的单边拉普拉斯变换，也称为 $f(t)$ 的像函数。一般记为

$$F(s)=\mathscr{L}[f(t)]$$

符号 $\mathscr{L}[\cdot]$ 为一算子，表示对括号内的时间函数 $f(t)$ 进行单边拉普拉斯变换。

若 $F(s)$ 是 $f(t)$ 的像函数，则由 $F(s)$ 求 $f(t)$ 的公式为

$$f(t)=\frac{1}{2\pi \mathrm{j}}\int_{\sigma-\mathrm{j}\infty}^{\sigma+\mathrm{j}\infty}F(s)\mathrm{e}^{st}\mathrm{d}s,\quad t\geqslant 0 \tag{5-1-6}$$

式(5-1-6)记为

$$f(t)=\mathscr{L}^{-1}[F(s)]$$

$f(t)$ 称为 $F(s)$ 的单边拉普拉斯反变换或 $F(s)$ 的原函数。$\mathscr{L}^{-1}[\cdot]$ 也是一个算子，表示对括号内的像函数 $F(s)$ 进行单边拉普拉斯反变换。

式(5-1-5)与式(5-1-6)构成了一对拉普拉斯变换对，通常用符号 $f(t)\longleftrightarrow F(s)$ 表示。根据式(5-1-5)，可从已知的 $f(t)$ 求得 $F(s)$；根据式(5-1-6)，可从已知的 $F(s)$ 求得 $f(t)$。

这里只讨论单边拉普拉斯变换。

二、复频率平面

以复频率 $s=\sigma+\mathrm{j}\omega$ 的实部 σ 和虚部 $\mathrm{j}\omega$ 为相互垂直的坐标轴而构成的平面，称为复频率平面，简称 s 平面，如图5-1-1所示。复频率平面(即 s 平面)上有3个区域：$\mathrm{j}\omega$ 轴以左的区域为左半开平面；$\mathrm{j}\omega$ 轴以右的区域为右半开平面；$\mathrm{j}\omega$ 轴本身也是一个区域，它是左半开平面与右半开平面的分界轴。将 s 平面划分为这样3个区域，对以后研究问题将有很大方便。图中 $\mathrm{Re}[s]$ 表示取 s 的实部，$\mathrm{Im}[s]$ 表示取 s 的虚部，即 $\mathrm{Re}[s]=\sigma$，$\mathrm{Im}[s]=\omega$。

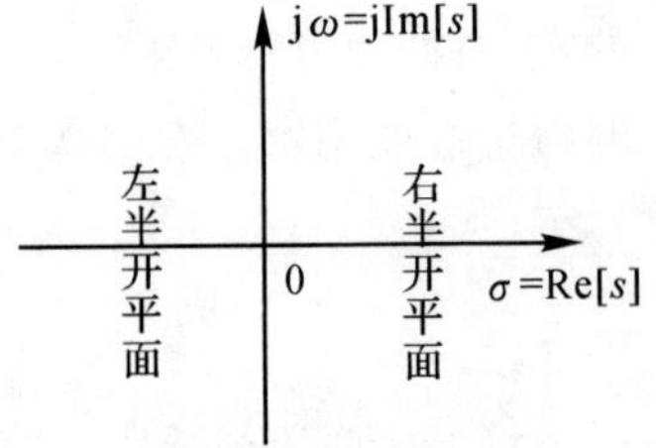

图5-1-1　复频率平面

三、单边拉普拉斯变换存在的条件与收敛域

因
$$F(s)=\int_{0_-}^{+\infty}f(t)\mathrm{e}^{-st}\mathrm{d}t=\int_{0_-}^{+\infty}f(t)\mathrm{e}^{-\sigma t}\mathrm{e}^{-\mathrm{j}\omega t}\mathrm{d}t$$

由此式可见，欲使此积分存在，则必须使

$$\int_{0_-}^{+\infty}|f(t)|\mathrm{e}^{-\sigma t}\mathrm{d}t<\infty$$

其必要条件是

$$\lim_{t\to\infty}f(t)\mathrm{e}^{-\sigma t}=0 \tag{5-1-7}$$

在 s 平面上满足上式的 σ 的取值范围，称为 $f(t)$ 或 $F(s)$ 的收敛域，亦即 σ 只有在收敛域内取值，$f(t)$ 的单边拉普拉斯变换才存在。工程实际中的信号，其单边拉普拉斯变换都是存在的。

例5-1-1　求下列各单边函数拉普拉斯变换的收敛域。

(1) $f(t)=\delta(t)$　　(2) $f(t)=U(t)$

(3) $f(t)=\mathrm{e}^{-2t}U(t)$　　(4) $f(t)=\mathrm{e}^{2t}U(t)$

解　(1)
$$\lim_{t\to\infty}\delta(t)\mathrm{e}^{-\sigma t}=0$$

可见，欲使上式成立，则必须有 $\sigma>-\infty$，故其收敛域为全 s 平面。

(2)
$$\lim_{t\to\infty}U(t)\mathrm{e}^{-\sigma t}=0$$

可见，欲使上式成立，则必须有 $\sigma>0$，故其收敛域为 s 平面的右半开平面，如图5-1-2(a)所示。

(3)
$$\lim_{t\to\infty} e^{-2t}e^{-\sigma t}=\lim_{t\to\infty} e^{-(2+\sigma)t}=0$$
可见，欲使上式成立，则必须有 $2+\sigma>0$，即 $\sigma>-2$，故其收敛域如图 5-1-2(b) 所示。

(4)
$$\lim_{t\to\infty} e^{2t}e^{-\sigma t}=\lim_{t\to\infty} e^{-(\sigma-2)t}=0$$
可见，欲使上式成立，则必须有 $\sigma-2>0$，即 $\sigma>2$，故其收敛域如图 5-1-2(c) 所示。

对于工程实际中的信号，只要把 σ 的值选取的足够大，式(5-1-7) 总是可以满足的，所以它们的单边拉普拉斯变换都是存在的。由于本书主要讨论和应用单边拉普拉斯变换，其收敛域必定存在，故在今后的讨论中，一般将不再说明函数是否收敛，也不再注明其收敛域。

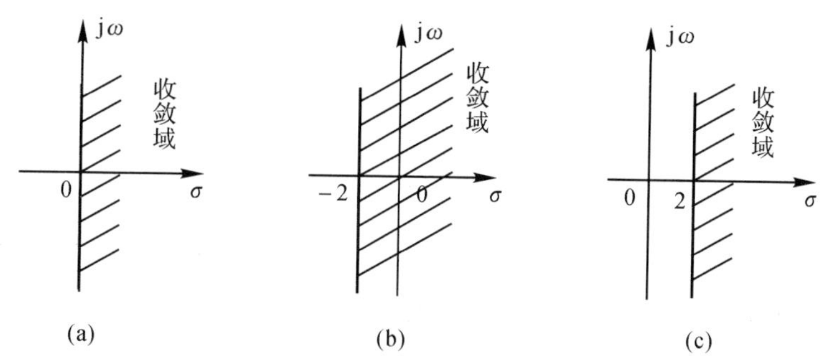

图 5-1-2　$f(t)$ 或 $F(s)$ 的收敛域

四、单边拉普拉斯变换的基本性质

由于单边拉普拉斯变换是傅里叶变换在复频域(即 s 域) 中的推广，因而也具有与傅里叶变换的性质相应的一些性质，这些性质揭示了信号的时域特性与复频域特性之间的关系。利用这些性质可使求取单边拉普拉斯正、反变换来得简便。

关于单边拉普拉斯变换的基本性质，在表 5-1-1 中列出。对于这些性质，由于读者在工程数学课中已学过了，所以不再进行证明，读者可复习有关的工程数学书籍。对这些性质要求会用即可。

表 5-1-1　单边拉普拉斯变换的基本性质

序　号	性质名称	$f(t)U(t)$	$F(s)$
1	唯一性	$f(t)$	$F(s)$
2	齐次性	$Af(t)$	$AF(s)$
3	叠加性	$f_1(t)+f_2(t)$	$F_1(s)+F_2(s)$
4	线　性	$A_1f_1(t)+A_2f_2(t)$	$A_1F_1(s)+A_2F_2(s)$
5	尺度性	$f(at),\ a>0$	$\frac{1}{a}F\left(\frac{s}{a}\right)$
6	时移性	$f(t-t_0)U(t-t_0),t_0>0$	$F(s)e^{-t_0 s}$

续 表

序　号	性质名称	$f(t)U(t)$	$F(s)$
7	时域微分	$f'(t)$	$sF(s)-f(0^-)$
		$f''(t)$	$s^2F(s)-sf(0^-)-f'(0^-)$
		$f^{(n)}(t)$	$s^nF(s)-s^{n-1}f(0^-)-s^{n-2}f'(0)-\cdots-f^{n-1}(0^-)$
8	复频域微分	$tf(t)$	$(-1)^1\dfrac{\mathrm{d}F(s)}{\mathrm{d}s}$
		$t^nf(t)$	$(-1)^n\dfrac{\mathrm{d}^nF(s)}{\mathrm{d}s^n}$
9	复频移性	$f(t)\mathrm{e}^{-at}$	$F(s+a)$
10	时域积分	$\int_{0^-}^{t}f(\tau)\mathrm{d}\tau$	$\dfrac{F(s)}{s}$
11	复频域积分	$\dfrac{f(t)}{t}$	$\int_s^{\infty}F(s)\mathrm{d}s$
12	时域卷积	$f_1(t)*f_2(t)$	$F_1(s)F_2(s)$
13	复频域卷积	$f_1(t)f_2(t)$	$\dfrac{1}{2\pi\mathrm{j}}F_1(s)*F_2(s)$
14	初值定理	$f(0^+)=\lim\limits_{t\to0^+}f(t)=\lim\limits_{s\to\infty}sF(s)$	
15	终值定理	$f(\infty)=\lim\limits_{t\to\infty}f(t)=\lim\limits_{s\to0}sF(s)$	
16	调制定理	$f(t)\cos\omega_0t$	$\dfrac{1}{2}[F(s-\mathrm{j}\omega_0)+F(s+\mathrm{j}\omega_0)]$
		$f(t)\sin\omega_0t$	$\dfrac{1}{2\mathrm{j}}[F(s-\mathrm{j}\omega_0)-F(s+\mathrm{j}\omega_0)]$

五、常用时间函数的单边拉普拉斯变换表

利用式(5-1-5)和单边拉普拉斯变换的性质，可以求出和导出一些常用时间函数 $f(t)U(t)$ 的单边拉普拉斯变换式，如表5-1-2中所列。利用此表可以方便地查出待求的像函数 $F(s)$ 或原函数 $f(t)$。

表5-1-2　单边拉普拉斯变换表

序　号	$f(t)$	$F(s)$
1	$\delta(t)$	1
2	$\delta^{(n)}(t)$	s^n
3	$U(t)$	$\dfrac{1}{s}$
4	t	$\dfrac{1}{s^2}$

续 表

序　号	$f(t)$	$F(s)$
5	t^n（n 为正整数）	$\frac{n!}{s^{n+1}}$
6	$e^{-\alpha t}$	$\frac{1}{s+\alpha}$
7	$te^{-\alpha t}$	$\frac{1}{(s+\alpha)^2}$
8	$t^n e^{-\alpha t}$（n 为正整数）	$\frac{n!}{(s+\alpha)^{n+1}}$
9	$e^{-j\omega_0 t}$	$\frac{1}{s+j\omega_0}$
10	$\sin\omega_0 t$	$\frac{\omega_0}{s^2+\omega_0^2}$
11	$\cos\omega_0 t$	$\frac{s}{s^2+\omega_0^2}$
12	$e^{-\alpha t}\sin\omega_0 t$	$\frac{\omega_0}{(s+\alpha)^2+\omega_0^2}$
13	$e^{-\alpha t}\cos\omega_0 t$	$\frac{s+\alpha}{(s+\alpha)^2+\omega_0^2}$
14	$t\sin\omega_0 t$	$\frac{2\omega_0 s}{(s^2+\omega_0^2)^2}$
15	$t\cos\omega_0 t$	$\frac{s^2-\omega_0^2}{(s^2+\omega_0^2)^2}$
16	$\sinh\omega_0 t$	$\frac{\omega_0}{s^2-\omega_0^2}$
17	$\cosh\omega_0 t$	$\frac{s}{s^2-\omega_0^2}$
18	$\sum_{n=0}^{\infty}\delta(t-nT)$	$\frac{1}{1-e^{-sT}}$
19	$\sum_{n=0}^{\infty}f_1(t-nT)$	$\frac{F_1(s)}{1-e^{-sT}}$
20	$\sum_{n=0}^{\infty}[U(t-nT)-U(t-nT-\tau)]$，$T>\tau$	$\frac{1-e^{-s\tau}}{s(1-e^{-sT})}$

例 5-1-2　求 $f(t)=e^{-2t}U(t)$ 和 $f(t)=U(t)$ 的单边拉普拉斯变换 $F(s)$。

解　(1)

$$F(s)=\int_{0^-}^{+\infty}f(t)e^{-st}dt=\int_{0^-}^{+\infty}e^{-2t}e^{-st}dt=\int_{0^-}^{+\infty}e^{-(s+2)t}dt=$$

$$-\frac{1}{s+2}\int_{0^-}^{+\infty}e^{-(s+2)t}d[-(s+2)]t=-\frac{1}{s+2}[e^{-(s+2)}]_{0^-}^{\infty}=$$

$$-\frac{1}{s+2}[0-1]=\frac{1}{s+2},\quad \sigma>-2$$

(2) $F(s)=\int_{0^-}^{+\infty} f(t)\mathrm{e}^{-st}\mathrm{d}t=\int_{0^-}^{+\infty} U(t)\mathrm{e}^{-st}\mathrm{d}t=\int_{0^-}^{+\infty} 1\times \mathrm{e}^{-st}\mathrm{d}t=-\frac{1}{s}\int_{0^-}^{+\infty} \mathrm{e}^{-st}\mathrm{d}(-st)=$

$$-\frac{1}{s}[\mathrm{e}^{-st}]_{0^-}^{\infty}=-\frac{1}{s}[0-1]=\frac{1}{s},\quad \sigma>0$$

例 5-1-3 求 $f(t)=(2+3\mathrm{e}^{-4t}+3t\mathrm{e}^{-5t})U(t)-6\mathrm{e}^{-(t-2)}U(t-2)$ 的 $F(s)$。

解
$$F(s)=\frac{2}{s}+\frac{3}{s+4}+\frac{3}{(s+5)^2}-\frac{6}{s+1}\mathrm{e}^{-2s}$$

例 5-1-4 已知 $f(t)$ 的波形如图 5-1-3(a)(b) 所示，求 $F(s)$。

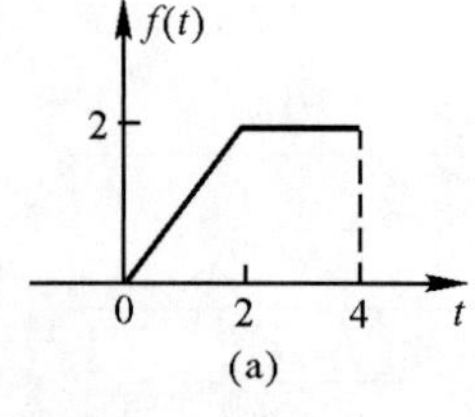

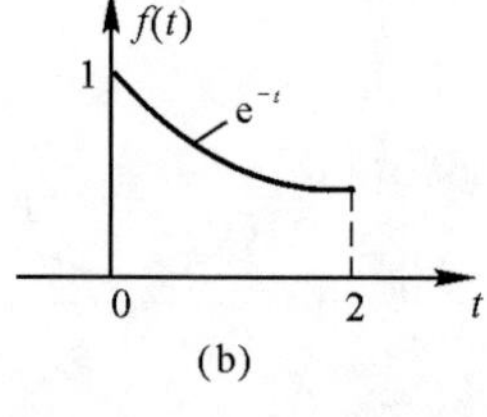

图 5-1-3

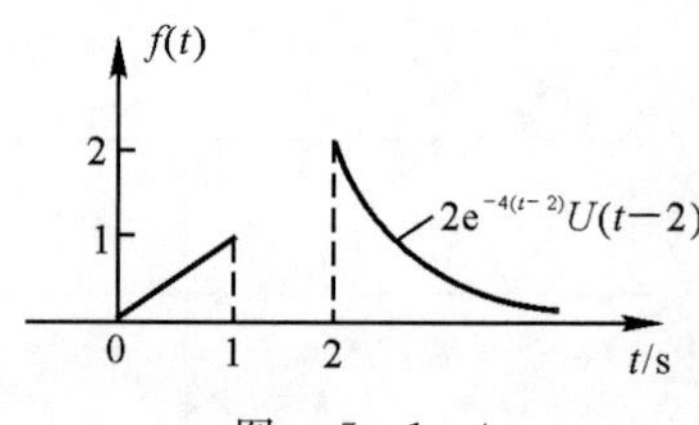

图 5-1-4

解 (a)
$$\begin{aligned}f(t)&=t[U(t)-U(t-2)]+2[U(t-2)-U(t-4)]=\\&tU(t)-tU(t-2)+2U(t-2)-2U(t-4)=\\&tU(t)-(t-2)U(t-2)-2U(t-4)\end{aligned}$$

故得
$$F(s)=\frac{1}{s^2}-\frac{1}{s^2}\mathrm{e}^{-2s}-\frac{2}{s}\mathrm{e}^{-4s}$$

(b)
$$\begin{aligned}f(t)&=\mathrm{e}^{-t}[U(t)-U(t-2)]=\mathrm{e}^{-t}U(t)-\mathrm{e}^{-t}U(t-2)=\\&\mathrm{e}^{-t}U(t)-\mathrm{e}^{-2}\mathrm{e}^{-(t-2)}U(t-2)\end{aligned}$$

故得
$$F(s)=\frac{1}{s+1}-\mathrm{e}^{-2}\frac{1}{s+1}\mathrm{e}^{-2s}$$

例 5-1-5 已知 $f(t)$ 的波形如图 5-1-4 所示，求 $F(s)$。

解
$$\begin{aligned}f(t)&=t[U(t)-U(t-1)]+2\mathrm{e}^{-4(t-2)}U(t-2)=\\&tU(t)-tU(t-1)+2\mathrm{e}^{-4(t-2)}U(t-2)=\\&tU(t)-(t-1)U(t-1)-U(t-1)+2\mathrm{e}^{-4(t-2)}U(t-2)\end{aligned}$$

故
$$F(s)=\frac{1}{s^2}-\frac{1}{s^2}\mathrm{e}^{-s}-\frac{1}{s}\mathrm{e}^{-s}+\frac{2}{s+4}\mathrm{e}^{-2s}$$

六、单边拉普拉斯反变换

从已知的像函数 $F(s)$ 求与之对应的原函数 $f(t)$，称为单边拉普拉斯反变换。通常有两种方法。

1. 部分分式法

由于工程实际中系统响应的像函数 $F(s)$ 通常都是复变量 s 的两个有理多项式之比，亦即是 s 的一个有理分式，即

$$F(s)=\frac{N(s)}{D(s)}=\frac{b_m s^m+b_{m-1}s^{m-1}+\cdots+b_1 s+b_0}{s^n+a_{n-1}s^{n-1}+\cdots+a_1 s+a_0}\tag{5-1-8}$$

式中，$a_0, a_1, \cdots, a_n$ 和 $b_0, b_1, \cdots, b_m$ 等均为实系数；m 和 n 均为正整数，故可将像函数 $F(s)$ 展开成部分分式，然后再查单边拉普拉斯变换表来求得对应的原函数 $f(t)$。

欲将 $F(s)$ 展开成部分分式，首先应将式(5-1-8)化成真分式。当 $m \geqslant n$ 时，应先用除法将 $F(s)$ 表示成一个 s 的多项式与一个余式 $\frac{N_0(s)}{D(s)}$ 之和，即 $F(s)=\frac{N(s)}{D(s)}=B_{m-n}s^{m-n}+\cdots+B_1 s+B_0+\frac{N_0(s)}{D(s)}$，这样余式 $\frac{N_0(s)}{D(s)}$ 已为一真分式。对应于多项式 $Q(s)=B_{m-n}s^{m-n}+\cdots+B_1 s+B_0$ 各项的时间函数，是冲激函数的各阶导数与冲激函数本身。所以，我们在下面的分析中，均按 $F(s)=\frac{N(s)}{D(s)}$ 已是真分式的情况讨论。分两种情况研究。

(1) 分母多项式 $D(s)=s^n+a_{n-1}s^{n-1}+\cdots+a_1 s+a_0=0$ 的根为 n 个单根 $p_1, p_2, \cdots, p_i, \cdots, p_n$。由于 $D(s)=0$ 时有 $F(s)=\infty$，故称 $D(s)=0$ 的根 $p_i(i=1,2,\cdots,n)$ 为 $F(s)$ 的极点。此时可将 $D(s)$ 进行因式分解，而将式(5-1-8)写成如下的形式，并展开成部分分式，即

$$F(s)=\frac{N(s)}{D(s)}=\frac{b_m s^m+b_{m-1}s^{m-1}+\cdots+b_1 s+b_0}{(s-p_1)(s-p_2)\cdots(s-p_i)\cdots(s-p_n)}= \frac{K_1}{s-p_1}+\frac{K_2}{s-p_2}+\cdots+\frac{K_i}{s-p_i}+\cdots+\frac{K_n}{s-p_n} \tag{5-1-9}$$

式中，$K_i, i=1,2,\cdots,n$ 为待定系数。可见，只要将待定系数 K_i 求出，则 $F(s)$ 的原函数 $f(t)$ 即可通过查表 5-1-2 中序号 6 的公式而求得为

$$f(t)=K_1 e^{p_1 t}+K_2 e^{p_2 t}+\cdots+K_i e^{p_i t}+\cdots+K_n e^{p_n t}=\sum_{i=1}^{n} K_i e^{p_i t}U(t), \quad i=1,2,\cdots,n$$

待定系数 K_i 按下式求得，即

$$K_i=\frac{N(s)}{D(s)}(s-p_i)\bigg|_{s=p_i} \tag{5-1-10}$$

下面对式(5-1-10)加以推证。给式(5-1-9)等号两端各项同乘以 $(s-p_i)$，即有

$$\frac{N(s)}{D(s)}(s-p_i)=\frac{K_1}{s-p_1}(s-p_i)+\frac{K_2}{s-p_2}(s-p_i)+\cdots+K_i+\cdots+\frac{K_n}{s-p_n}(s-p_i)$$

再取 $s=p_i$，此时等号右端除了第 K_i 项存在外，其余的项全为零了，故得

$$K_i=\frac{N(s)}{D(s)}(s-p_i)\bigg|_{s=p_i}$$

（证毕）

例 5-1-6　求像函数 $F(s)=\frac{s^2+s+2}{s^3+3s^2+2s}$ 的原函数 $f(t)$。

解　$D(s)=s^3+3s^2+2s=s(s+1)(s+2)=0$ 的根（即 $F(s)$ 的极点）为 $p_1=0, p_2=-1, p_3=-2$。这是单实根的情况，故 $F(s)$ 的部分分式为

$$F(s)=\frac{s^2+s+2}{s(s+1)(s+2)}=\frac{K_1}{s+0}+\frac{K_2}{s+1}+\frac{K_3}{s+2} \tag{5-1-11}$$

式中

$$K_1=\frac{s^2+s+2}{s(s+1)(s+2)}(s+0)\bigg|_{s=0}=1$$

$$K_2=\frac{s^2+s+2}{s(s+1)(s+2)}(s+1)\bigg|_{s=-1}=-2$$

$$K_3=\frac{s^2+s+2}{s(s+1)(s+2)}(s+2)\bigg|_{s=-2}=2$$

代入式(5-1-11)有 $$F(s)=\frac{1}{s}-\frac{2}{s+1}+\frac{2}{s+2}$$

故查表 5-1-2 中序号 3,6 得

$$f(t)=U(t)-2e^{-t}U(t)+2e^{-2t}U(t)=(1-2e^{-t}+2e^{-2t})U(t)$$

例 5-1-7 求像函数 $F(s)=\dfrac{2s^2+6s+6}{(s+2)(s^2+2s+2)}$ 的原函数 $f(t)$。

解 $D(s)=(s+2)(s+1+\mathrm{j}1)(s+1-\mathrm{j}1)=0$ 的根[即 $F(s)$ 的极点]为 $p_1=-2, p_2=-1-\mathrm{j}1, p_3=-1+\mathrm{j}1=\overset{*}{p}_2$。这是有单复数根的情况。单复数根一定是共轭成对出现,故 $F(s)$ 的部分分式为

$$F(s)=\frac{2s^2+6s+6}{(s+2)(s+1+\mathrm{j}1)(s+1-\mathrm{j}1)}=\frac{K_1}{s+2}+\frac{K_2}{s+1+\mathrm{j}1}+\frac{K_3}{s+1-\mathrm{j}1} \tag{5-1-12}$$

式中 $$K_1=\frac{2s^2+6s+6}{(s+2)(s+1+\mathrm{j}1)(s+1-\mathrm{j}1)}(s+2)\bigg|_{s=-2}=1$$

$$K_2=\frac{2s^2+6s+6}{(s+2)(s+1+\mathrm{j}1)(s+1-\mathrm{j}1)}(s+1+\mathrm{j}1)\bigg|_{s=-1-\mathrm{j}1}=\frac{1}{2}+\mathrm{j}\frac{1}{2}=\frac{1}{\sqrt{2}}e^{\mathrm{j}45^\circ}$$

$$K_3=\frac{2s^2+6s+6}{(s+2)(s+1+\mathrm{j}1)(s+1-\mathrm{j}1)}(s+1-\mathrm{j}1)\bigg|_{s=-1+\mathrm{j}1}=\frac{1}{2}-\mathrm{j}\frac{1}{2}=\frac{1}{\sqrt{2}}e^{-\mathrm{j}45^\circ}=\overset{*}{K}_2$$

可见 K_3 与 K_2 也是互为共轭的,故当 K_2 求得时,K_3 即可根据共轭关系直接写出,而无须再详细求解。代入式(5-1-12)有

$$F(s)=\frac{1}{s+2}+\frac{1}{\sqrt{2}}e^{\mathrm{j}45^\circ}\frac{1}{s+1+\mathrm{j}1}+\frac{1}{\sqrt{2}}e^{-\mathrm{j}45^\circ}\frac{1}{s+1-\mathrm{j}1}$$

故查表 5-1-2 中序号 6 得

$$f(t)=e^{-2t}U(t)+\frac{1}{\sqrt{2}}e^{\mathrm{j}45^\circ}e^{-(1+\mathrm{j}1)t}U(t)+\frac{1}{\sqrt{2}}e^{-\mathrm{j}45^\circ}e^{-(1-\mathrm{j}1)t}U(t)=$$

$$\left\{e^{-2t}+\frac{1}{\sqrt{2}}e^{-t}\left[e^{\mathrm{j}(t-45^\circ)}+e^{-\mathrm{j}(t-45^\circ)}\right]\right\}U(t)=$$

$$\{e^{-2t}+\sqrt{2}e^{-t}\cos(t-45^\circ)\}U(t)$$

例 5-1-8 求 $F(s)=\dfrac{s^3+5s^2+9s+7}{s^2+3s+2}$ 的原函数 $f(t)$。

解 因 $F(s)$ 是假分式($m=3>n=2$),故应先化为真分式,然后再展开成部分分式。$D(s)=s^2+3s+2=(s+1)(s+2)=0$ 的根为 $p_1=-1, p_2=-2$,故有

$$F(s)=s+2+\frac{s+3}{(s+1)(s+2)}=s+2+\frac{2}{s+1}-\frac{1}{s+2}$$

故查表 5-1-2 中序号 1,2,6 得

$$f(t)=\delta'(t)+2\delta(t)+(2e^{-t}-e^{-2t})U(t)$$

例 5-1-9 求 $F(s)=\dfrac{1-e^{-2s}}{s^2+7s+12}$ 的原函数 $f(t)$。

解 $$F(s)=\frac{1}{s^2+7s+12}-\frac{1}{s^2+7s+12}e^{-2s}=F_0(s)-F_0(s)e^{-2s}$$

式中 $$F_0(s)=\frac{1}{s^2+7s+12}=\frac{1}{(s+3)(s+4)}=\frac{1}{s+3}-\frac{1}{s+4}$$

故 $$f_0(t)=\mathscr{L}^{-1}[F_0(s)]=(\mathrm{e}^{-3t}-\mathrm{e}^{-4t})U(t)$$

故根据单边拉普拉斯变换的时移性(表 5-1-1 中的序号 6) 得

$$f(t)=\mathscr{L}^{-1}[F(s)]=f_0(t)-f_0(t-2)=(\mathrm{e}^{-3t}-\mathrm{e}^{-4t})U(t)-[\mathrm{e}^{-3(t-2)}-\mathrm{e}^{-4(t-2)}]U(t-2)$$

(2)$D(s)=s^n+a_{n-1}s^{n-1}+\cdots+a_1s+a_0=0$ 的根[即 $F(s)$ 的极点] 含有重根，例如含有一个三重根 p_1 和一个单根 p_2，则部分分式的展开形式应为

$$F(s)=\frac{N(s)}{D(s)}=\frac{N(s)}{(s-p_1)^3(s-p_2)}=\frac{K_{11}}{(s-p_1)^3}+\frac{K_{12}}{(s-p_1)^2}+\frac{K_{13}}{s-p_1}+\frac{K_2}{s-p_2} \tag{5-1-13}$$

可见，只要求得了各待定系数，则 $F(s)$ 的原函数 $f(t)$，即可通过查表 5-1-2 中序号 6,7,8 的公式而求得。

下面研究 K_{11},K_{12},K_{13},K_2 的求法。为了求得 K_{11}，可给上式等号两端同乘以$(s-p_1)^3$，即

$$\frac{N(s)}{D(s)}(s-p_1)^3=K_{11}+K_{12}(s-p_1)+K_{13}(s-p_1)^2+(s-p_1)^3\frac{K_2}{s-p_2} \tag{5-1-14}$$

由于式(5-1-14) 为恒等式，故可令 $s=p_1$，故式(5-1-14) 中等号右端除了 K_{11} 项外，其余项均为零了，于是即得求 K_{11} 的公式为

$$K_{11}=\frac{N(s)}{D(s)}(s-p_1)^3\bigg|_{s=p_1}$$

为了求得 K_{12}，可将式(5-1-14) 对 s 求一阶导数，即

$$\frac{\mathrm{d}}{\mathrm{d}s}\left[\frac{N(s)}{D(s)}(s-p_1)^3\right]=0+K_{12}+2K_{13}(s-p_1)+\frac{\mathrm{d}}{\mathrm{d}s}\left[(s-p_1)^3\frac{K_2}{s-p_2}\right] \tag{5-1-15}$$

由于式(5-1-15) 也为恒等式，故可令 $s=p_1$，故式(5-1-15) 中等号右端除了 K_{12} 项外，其余项全为零了，于是即得求 K_{12} 的公式为

$$K_{12}=\frac{\mathrm{d}}{\mathrm{d}s}\left[\frac{N(s)}{D(s)}(s-p_1)^3\right]\bigg|_{s=p_1}$$

为了求得 K_{13}，可将式(5-1-14) 对 s 求二阶导数[亦即对式(5-1-15) 求一阶导数]，即

$$\frac{\mathrm{d}^2}{\mathrm{d}s^2}\left[\frac{N(s)}{D(s)}(s-p_1)^3\right]=0+0+2K_{13}+\frac{\mathrm{d}^2}{\mathrm{d}s^2}\left[(s-p_1)^3\frac{K_2}{s-p_2}\right]$$

由于上式仍为恒等式，故可令 $s=p_1$，于是即得求 K_{13} 的公式为

$$K_{13}=\frac{1}{2!}\frac{\mathrm{d}^2}{\mathrm{d}s^2}\left[\frac{N(s)}{D(s)}(s-p_1)^3\right]\bigg|_{s=p_1}$$

推广之，当 $D(s)=0$ 的根含有 m 阶重根 p_1 时，则待定系数 K_{1m} 即如下求得，即

$$K_{1m}=\frac{1}{(m-1)!}\frac{\mathrm{d}^{(m-1)}}{\mathrm{d}s^{(m-1)}}\left[\frac{N(s)}{D(s)}(s-p_1)^m\right]\bigg|_{s=p_1} \tag{5-1-16}$$

至于系数 K_2 的求法仍与前面的(1) 全同，即

$$K_2=\frac{N(s)}{D(s)}(s-p_2)\bigg|_{s=p_2}$$

例 5-1-10　求 $F(s)=\dfrac{s+2}{(s+1)^2(s+3)s}$ 的原函数 $f(t)$。

解　$D(s)=(s+1)^2(s+3)s=0$ 的根($F(s)$ 的极点) 为 $p_1=-1$(二重根)，$p_2=-3$，$p_3=$

0。故 $F(s)$ 的部分分式为

$$F(s)=\frac{K_{11}}{(s+1)^2}+\frac{K_{12}}{s+1}+\frac{K_2}{s+3}+\frac{K_3}{s} \tag{5-1-17}$$

式中

$$K_{11}=\frac{s+2}{(s+1)^2(s+3)s}(s+1)^2\bigg|_{s=-1}=-\frac{1}{2}$$

$$K_{12}=\frac{\mathrm{d}}{\mathrm{d}s}\left[\frac{s+2}{(s+1)^2(s+3)s}(s+1)^2\right]\bigg|_{s=-1}=-\frac{3}{4}$$

$$K_2=\frac{s+2}{(s+1)^2(s+3)s}(s+3)\bigg|_{s=-3}=\frac{1}{12}$$

$$K_3=\frac{s+2}{(s+1)^2(s+3)s}(s+0)\bigg|_{s=0}=\frac{2}{3}$$

代入式(5-1-17)有

$$F(s)=-\frac{1}{2}\frac{1}{(s+1)^2}-\frac{3}{4}\frac{1}{s+1}+\frac{1}{12}\frac{1}{s+3}+\frac{2}{3}\frac{1}{s}$$

故查表 5-1-2 中序号 6,8 得

$$f(t)=\left(-\frac{1}{2}t\mathrm{e}^{-t}-\frac{3}{4}\mathrm{e}^{-t}+\frac{1}{12}\mathrm{e}^{-3t}+\frac{2}{3}\right)U(t)$$

*2. 留数法

根据式(5-1-6)知,单边拉普拉斯的反变换式为

$$f(t)=\frac{1}{2\pi\mathrm{j}}\int_{\sigma-\mathrm{j}\infty}^{\sigma+\mathrm{j}\infty}F(s)\mathrm{e}^{st}\mathrm{d}s,\quad t\geqslant 0$$

这是一个复函数的线积分,其积分路径是 s 平面内平行于 $\mathrm{j}\omega$ 轴的 $\sigma=C_1$ 的直线 AB(亦即直线 AB 必须在收敛轴 σ_0 以右),如图 5-1-5 所示。直接求这个积分是困难的,但从复变函数理论知,可将求此线积分的问题,转化为求 $F(s)$ 的全部极点在一个闭合回线内部的全部留数的代数和。这种方法称为留数法,也称围线积分法。闭合回线确定的原则是,必须把 $F(s)$ 的全部极点都包围在此闭合回线的内部。因此,从普遍性考虑,此闭合回线应是由直线 AB 与直线 AB 左侧半径 $R=\infty$ 的圆 C_R 所组成,如图 5-1-5 所示。这样,求单边拉普拉斯反变换的运算,就转化为求被积函数 $F(s)\mathrm{e}^{st}$ 在 $F(s)$ 全部极点上留数的代数和,即

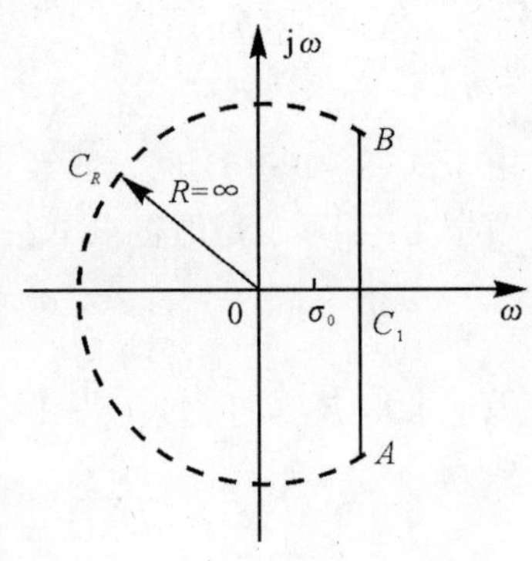

图 5-1-5　$F(s)$ 的回线积分路径

$$f(t)=\frac{1}{2\pi\mathrm{j}}\int_{\sigma-\mathrm{j}\infty}^{\sigma+\mathrm{j}\infty}F(s)\mathrm{e}^{st}\mathrm{d}s=\frac{1}{2\pi\mathrm{j}}\int_{AB}F(s)\mathrm{e}^{st}\mathrm{d}s+\frac{1}{2\pi\mathrm{j}}\int_{C_R}F(s)\mathrm{e}^{st}\mathrm{d}s=$$

$$\frac{1}{2\pi\mathrm{j}}\oint_{AB+C_R}F(s)\mathrm{e}^{st}\mathrm{d}s=\sum_{i=1}^{n}\mathrm{Res}[p_i]$$

式中

$$\oint_{AB+C_R}F(s)\mathrm{e}^{st}\mathrm{d}s=\int_{\sigma-\mathrm{j}\infty}^{\sigma+\mathrm{j}\infty}F(s)\mathrm{e}^{st}\mathrm{d}s$$

$p_i, i=1,2,\cdots,n$ 为 $F(s)$ 的极点,亦即 $D(s)=0$ 的根;$\mathrm{Res}[p_i]$ 为极点 p_i 的留数。

以下分两种情况介绍留数的具体求法。

(1) 若 p_i 为 $D(s)=0$ 的单根[即为 $F(s)$ 的一阶极点],则其留数为

$$\text{Res}[p_i]=F(s)e^{st}(s-p_i)\big|_{s=p_i} \qquad (5-1-18)$$

(2) 若 p_i 为 $D(s)=0$ 的 m 阶重根[即为 $F(s)$ 的 m 阶极点],则其留数为

$$\text{Res}[p_i]=\frac{1}{(m-1)!}\frac{\mathrm{d}^{(m-1)}}{\mathrm{d}s^{(m-1)}}[F(s)e^{st}(s-p_i)^m]\Big|_{s=p_i} \qquad (5-1-19)$$

将式(5-1-18)和(5-1-19)分别与式(5-1-10)和(5-1-16)相比较,可看出部分分式的系数与留数的差别与一致,它们在形式上有差别,但在本质上是一致的。

与部分分式相比,留数法的优点是:不仅能处理有理函数,也能处理无理函数;若 $F(s)$ 有重阶极点,此时用留数法求单边拉普拉斯反变换要略为简便些。

例 5-1-11 用留数法求 $F(s)=\dfrac{s+2}{(s+1)^2(s+3)s}$ 的原函数 $f(t)$。

解 $D(s)=(s+1)^2(s+3)s=0$ 的根为 $p_1=-1$(二重根,即二阶极点),$p_2=-3$,$p_3=0$。故根据式(5-1-16)和(5-1-17)可求得各极点上的留数为

$$\text{Res}[p_1]=\frac{1}{(2-1)!}\frac{\mathrm{d}^{2-1}}{\mathrm{d}s^{2-1}}\left[\frac{s+2}{(s+1)^2(s+3)s}e^{st}(s+1)^2\right]\Big|_{s=-1}=\frac{\mathrm{d}}{\mathrm{d}s}\left[\frac{s+2}{(s+3)s}e^{st}\right]\Big|_{s=-1}=$$

$$\frac{s+2}{(s+3)s}te^{st}\Big|_{s=-1}+\frac{s(s+3)-(s+2)(2s+3)}{s^2(s+3)^2}e^{st}\Big|_{s=-1}=-\frac{1}{2}te^{-t}-\frac{3}{4}e^{-t}$$

$$\text{Res}[p_2]=\frac{s+2}{(s+1)^2(s+3)s}e^{st}(s+3)\Big|_{s=-3}=\frac{1}{12}e^{-3t}$$

$$\text{Res}[p_3]=\frac{s+2}{(s+1)^2(s+3)s}e^{st}(s+0)\Big|_{s=0}=\frac{2}{3}$$

故得

$$f(t)=\sum_{i=1}^{3}\text{Res}[p_i]=\text{Res}[p_1]+\text{Res}[p_2]+\text{Res}[p_3]=$$

$$\left(-\frac{1}{2}te^{-t}-\frac{3}{4}e^{-t}+\frac{1}{12}e^{-3t}+\frac{2}{3}\right)U(t)$$

与例 5-1-10 的结果全同,但计算过程要比例 5-1-10 中的计算稍简便些。

例 5-1-12 求 $F(s)$ 所对应的时间函数 $f(t)$ 的初值 $f(0^+)$ 和终值 $f(\infty)$。

(1) $F(s)=\dfrac{2s+1}{s(s+2)}$; (2) $F(s)=\dfrac{3s}{(s+1)(s+2)(s+3)}$;

(3) $F(s)=\dfrac{s^2+2s+3}{s(s+2)(s^2+4)}$; (4) $F(s)=\dfrac{2s^2+1}{s(s+2)}$。

解 应用初值定理求初值 $f(0^+)$ 的条件是,$F(s)$ 必须是真分式,如果所给 $F(s)$ 不是真分式,则必须把 $F(s)$ 用除法化成整式和真分式之和,然后再根据真分式求 $f(0^+)$。

应用终值定理求终值 $f(\infty)$ 的条件是 $f(t)$ 必须有终值,即 $F(s)$ 的极点应全部位于 s 平面的左半开平面上,如若在 $\mathrm{j}\omega$ 轴上有极点出现,则原点上只能有一阶极点。

(1)

$$f(0^+)=\lim_{s\to\infty}s\cdot F(s)=\lim_{s\to\infty}s\cdot\frac{2s+1}{s(s+2)}=2$$

$$f(\infty)=\lim_{s\to 0}sF(s)=\lim_{s\to 0}s\cdot\frac{2s+1}{s(s+2)}=\frac{1}{2}$$

(2)

$$f(0^+)=\lim_{s\to\infty}sF(s)=\lim_{s\to\infty}s\cdot\frac{3s}{(s+1)(s+2)(s+3)}=0$$

$$f(\infty)=\lim_{s\to 0}sF(s)=\lim_{s\to 0}s\cdot\frac{3s}{(s+1)(s+2)(s+3)}=0$$

(3) $$f(0^+)=\lim_{s\to\infty} sF(s)=\lim_{s\to\infty} s\cdot\frac{s^2+2s+3}{s(s+2)(s^2+4)}=0$$

由于 $F(s)$ 有两个极点($\pm$j2)出现在 jω 轴上,故其终值 $f(\infty)$ 不存在。

(4) $$F(s)=\frac{2s^2+1}{s(s+2)}=2+\frac{-4s+1}{s(s+2)}$$

故 $$f(0^+)=\lim_{s\to\infty} s\cdot\frac{-4s+1}{s(s+2)}=-4$$

$$f(\infty)=\lim_{s\to 0} sF(s)=\lim_{s\to 0} s\cdot\frac{2s^2+1}{s(s+2)}=\frac{1}{2}$$

思考题

1. 李同学有这样一个疑惑:定义了双边拉氏变换,还有必要定义单边拉氏变换吗?为什么不去定义单边傅里叶变换呢?请给李同学一个完整的解释。

2. 张同学有这样的联想:“如同应用傅里叶变换求解信号频谱一样,掌握重要的常用信号拉氏变换对是很重要的,在求拉氏变换或求拉氏反变换时均可直接套用写出。”你同意他的观点吗?

3. 张同学还讲:“查表法求拉氏反变换就是套用常用信号拉氏变换对直接写对应的时间信号,在考试时是不提供变换对表的,又不准带书本进考场,所以必须记住常用信号拉氏变换对形式,存储到你的存储器(头脑)中,随时调用。若再记住常用拉氏变换的一些主要性质,将二者结合起来灵活应用,求反变换或正变换都非常容易。”你对他的这点体会认同吗?你还有何补充?

5.2 电路基尔霍夫定律的 s 域形式

一、KCL 的 s 域形式

从电路理论中我们已经知道,对于电路中的任一个节点 A,其时域形式的 KCL 方程为

$$\sum_{k=1}^{n} i_k(t)=0,\quad k\in \mathbf{Z}^+$$

式中,n 为连接在节点 A 上的支路数。对上式进行单边拉普拉斯变换,即

$$\mathscr{L}\Big[\sum_{k=1}^{n} i_k(t)\Big]=\mathscr{L}[0]$$

即 $$\sum_{k=1}^{n}\mathscr{L}[i_k(t)]=0$$

故 $$\sum_{k=1}^{n} I_k(s)=0$$

式中,$I_k(s)=\mathscr{L}[i_k(t)]$ 为支路电流 $i_k(t)$ 的像函数。上式即为 KCL 的 s 域形式。它说明集中于电路中任一节点 A 上的所有支路电流像函数的代数和等于零。

二、KVL 的 s 域形式

对于电路中的任一回路,其时域形式的 KVL 方程为

$$\sum_{k=1}^{n} u_k(t) = 0, \quad k \in \mathbf{Z}^+$$

式中，n 为回路中所含支路的个数。对上式进行单边拉普拉斯变换即得

$$\sum_{k=1}^{n} U_k(s) = 0$$

式中，$U_k(s) = \mathscr{L}[u_k(t)]$ 为支路电压 $u_k(t)$ 的像函数。上式即为 KVL 的 s 域形式。它说明任一回路中所有支路电压像函数的代数和等于零。

5.3　电路元件伏安关系的 s 域形式

电路中的无源元件有电阻 R，电容 C，电感 L，耦合电感元件，理想变压器。

一、电阻元件

电阻元件的时域电路模型如图 5－3－1(a) 所示，其时域伏安关系为

$$u(t) = Ri(t)$$

或
$$i(t) = \frac{1}{R}u(t) = Gu(t)$$

对上两式求单边拉普拉斯变换，即得其 s 域的伏安关系为

$$U(s) = RI(s)$$

或
$$I(s) = GU(s)$$

式中 $U(s) = \mathscr{L}[u,(t)]$，$I(s) = \mathscr{L}[i(t)]$。其 s 域电路模型如图 5－3－1(b) 所示。

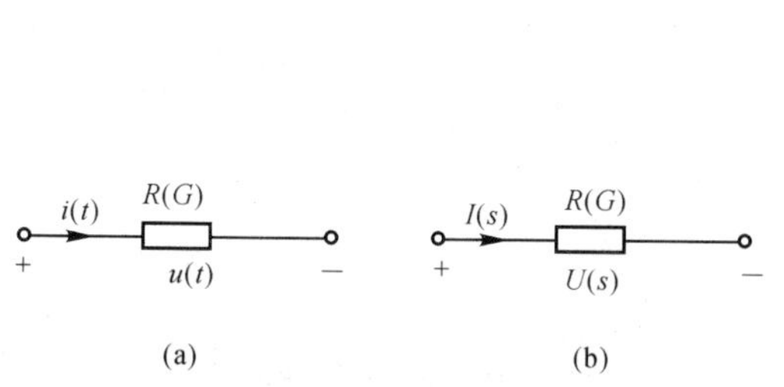

图 5－3－1　电阻元件的 s 域电路模型

(a) 时域电路；(b) s 域电路

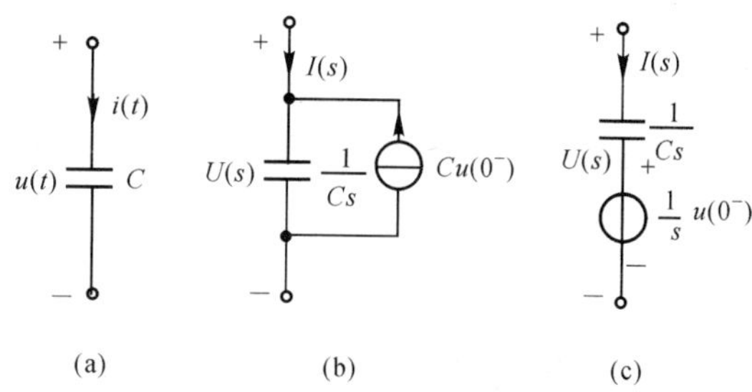

图 5－3－2　电容元件的 s 域电路模型

二、电容元件

电容元件的时域电路模型如图 5－3－2(a) 所示，其时域伏安关系为

$$i(t) = C\frac{\mathrm{d}u(t)}{\mathrm{d}t}$$

或
$$u(t) = u(0^-) + \frac{1}{C}\int_{0^-}^{t} i(\tau)\mathrm{d}\tau$$

式中 $u(0^-)$ 为 $t=0^-$ 时刻电容 C 上的初始电压。对上两式求单边拉普拉斯变换，并根据单边拉普拉斯变换的微分性质与积分性质，即得其 s 域伏安关系为

$$I(s)=CsU(s)-Cu(0^-)=\frac{U(s)}{\frac{1}{Cs}}-Cu(0^-)$$

或
$$U(s)=\frac{1}{s}u(0^-)+\frac{1}{Cs}I(s)$$

式中，$I(s)=\mathscr{L}[i(t)]$，$U(s)=\mathscr{L}[u(t)]$；$\frac{1}{Cs}$ 称为电容 C 的 s 域容抗，其倒数 Cs 称为电容 C 的 s 域容纳；$\frac{1}{s}u(0^-)$ 为电容元件初始电压 $u(0^-)$ 的像函数，可等效表示为附加的独立电压源；$Cu(0^-)$ 可等效表示为附加的独立电流源。$\frac{1}{s}u(0^-)$ 和 $Cu(0^-)$ 均称为电容 C 的内激励。根据上两式即可画出电容元件的 s 域电路模型，分别如图 5-3-2(b)(c) 所示，前者为并联电路模型，后者为串联电路模型。

三、电感元件

电感元件的时域电路模型如图 5-3-3(a) 所示，其时域伏安关系为

$$u(t)=L\frac{\mathrm{d}i(t)}{\mathrm{d}t}$$

或
$$i(t)=i(0^-)+\frac{1}{L}\int_{0^-}^{t}u(\tau)\mathrm{d}\tau$$

其中 $i(0^-)$ 为 $t=0^-$ 时刻电感 L 中的初始电流。对上两式求单边拉普拉斯变换，并根据单边拉普拉斯变换的微分性质与积分性质，即得其 s 域伏安关系为

$$U(s)=LsI(s)-Li(0^-)$$

或
$$I(s)=\frac{1}{s}i(0^-)+\frac{1}{Ls}U(s)$$

式中，$U(s)=\mathscr{L}[u(t)]$，$I(s)=\mathscr{L}[i(t)]$；Ls 称为电感 L 的 s 域感抗，其倒数 $\frac{1}{Ls}$ 称为电感 L 的 s 域感纳；$\frac{1}{s}i(0^-)$ 为电感元件初始电流 $i(0^-)$ 的像函数，可等效表示为附加的独立电流源；$Li(0^-)$ 可等效表示为附加的独立电压源。$\frac{1}{s}i(0^-)$ 和 $Li(0^-)$ 均称为电感 L 的内激励。根据上两式即可画出电感元件的 s 域电路模型，分别如图 5-3-3(b)(c) 所示，前者为串联电路模型，后者为并联电路模型。

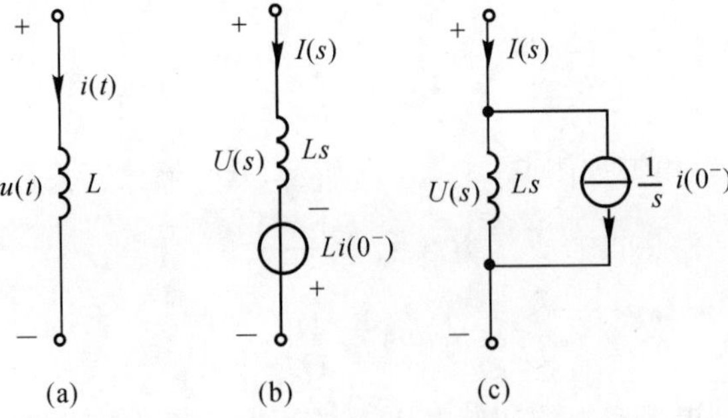

图 5-3-3　电感元件的 s 域电路模型

*四、耦合电感元件

耦合电感元件的时域电路模型如图 5-3-4(a) 所示，其时域伏安关系为

$$u_1(t)=L_1\frac{\mathrm{d}i_1(t)}{\mathrm{d}t}+M\frac{\mathrm{d}i_2(t)}{\mathrm{d}t}$$

$$u_2(t)=M\frac{\mathrm{d}i_1(t)}{\mathrm{d}t}+L_2\frac{\mathrm{d}i_2(t)}{\mathrm{d}t}$$

对上两式示单边拉普拉斯变换，并根据单边拉普拉斯变换的微分性质，即得其 s 域伏安关系为

$$U_1(s)=L_1sI_1(s)-L_1i_1(0^-)+MsI_2(s)-Mi_2(0^-)$$

$$U_2(s)=MsI_1(s)-Mi_1(0^-)+L_2sI_2(s)-L_2i_2(0^-)$$

式中，$U_1(s)=\mathscr{L}[u_1(t)]$，$U_2(s)=\mathscr{L}[u_2(t)]$，$I_1(s)=\mathscr{L}[i_1(t)]$，$I_2(s)=\mathscr{L}[i_2(t)]$；$i_1(0^-)$，$i_2(0^-)$ 分别为电感 L_1，L_2 中的初始电流；Ms 称为耦合电感元件的 s 域互感抗；$L_1i_1(0^-)$，$L_2i_2(0^-)$，$Mi_1(0^-)$，$Mi_2(0^-)$ 均可等效表示为附加的独立电压源，均为耦合电感元件的内激励。根据上两式即可画出耦合电感元件的 s 域电路模型，如图 5-3-4(b) 所示。

若将图 5-3-4(a) 所示耦合电感的去耦等效电路画出，则如图 5-3-4(c) 所示，与之对应的 s 域电路模型则如图 5-3-4(d) 所示。

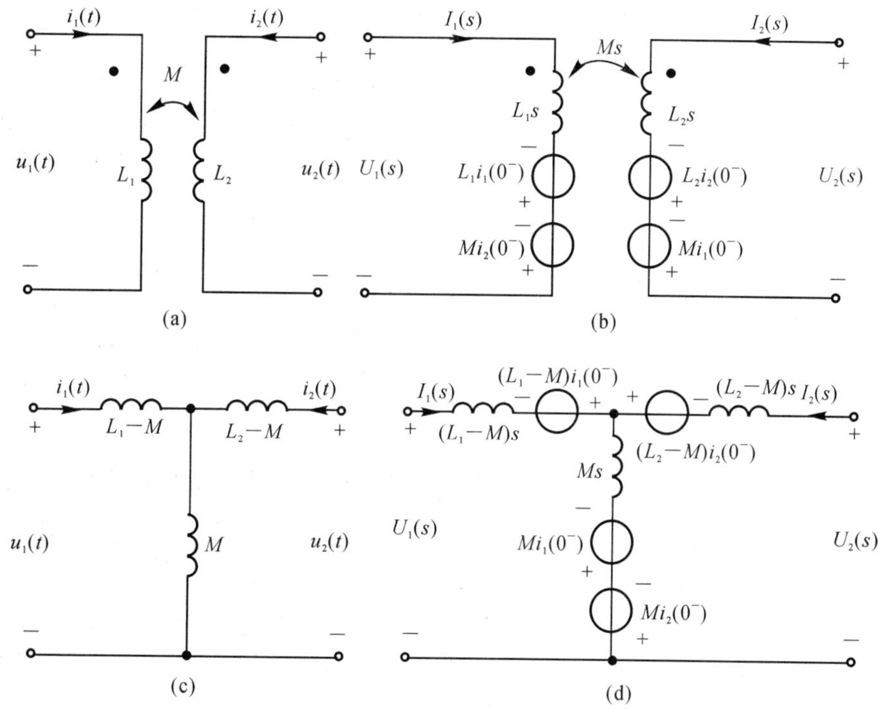

图 5-3-4　耦合电感元件的 s 域电路模型

五、理想变压器

理想变压器的时域电路模型如图 5-3-5(a) 所示，其时域伏安关系为

$$\begin{cases} u_1(t) = nu_2(t) \\ i_1(t) = -\dfrac{1}{n}i_2(t) \end{cases}$$

对上两式求单边拉普拉斯变换，即得 s 域伏安关系为

$$\begin{cases} U_1(s) = nU_2(s) \\ I_1(s) = -\dfrac{1}{n}I_2(s) \end{cases}$$

根据此两式即可画出理想变压器的 s 域电路模型，如图 5-3-5(b) 所示。

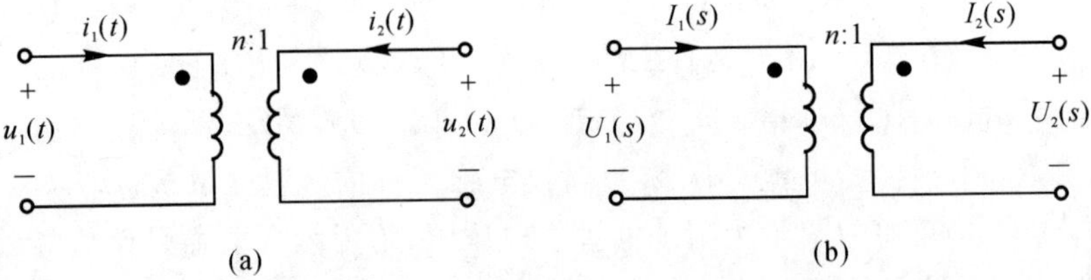

图 5-3-5　理想变压器的 s 域电路模型

现将电路元件的 s 域电路模型与伏安关系汇总于表 5-3-1 中，以便复习和查用。

表 5-3-1　电路元件的 s 域电路模型与伏安关系

元　件	时　域	s 域
R	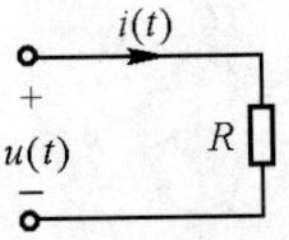 $u(t) = Ri(t)$	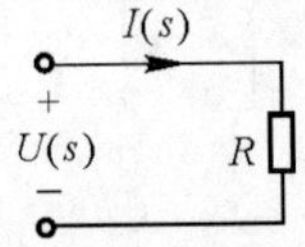 $U(s) = RI(s)$
L	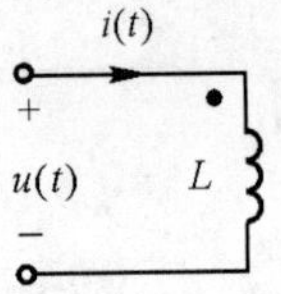 $u(t) = L\dfrac{\mathrm{d}i}{\mathrm{d}t}$ $i(t) = i(0^-) + \dfrac{1}{L}\int_{0^-}^{t} u(\tau)\mathrm{d}\tau$	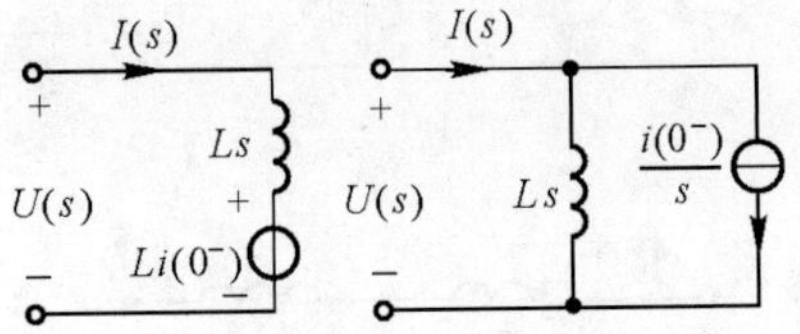 $U(s) = LsI(s) - Li(0^-)$ $I(s) = \dfrac{1}{Ls}U(s) + \dfrac{1}{s}i(0^-)$
C	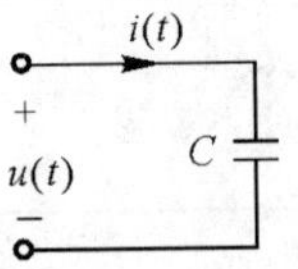 $i(t) = C\dfrac{\mathrm{d}u(t)}{\mathrm{d}t}$ $u(t) = u(0^-) + \dfrac{1}{C}\int_{0^-}^{t} i(\tau)\mathrm{d}\tau$	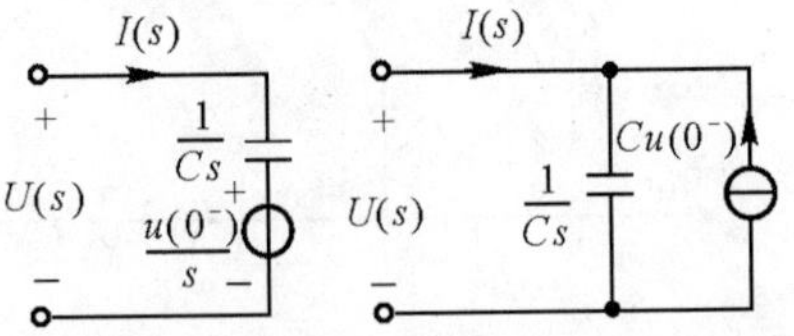 $U(s) = \dfrac{1}{Cs}I(s) + \dfrac{1}{s}u(0^-)$ $I(s) = CsU(s) - Cu(0^-)$

续 表

元　件	时　域	s　域
M	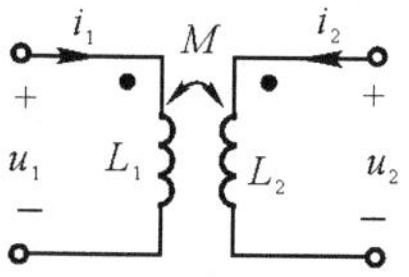 $u_1=L_1\dfrac{\mathrm{d}i_1}{\mathrm{d}t}+M\dfrac{\mathrm{d}i_2}{\mathrm{d}t}$ $u_2=M\dfrac{\mathrm{d}i_1}{\mathrm{d}t}+L\dfrac{\mathrm{d}i_2}{\mathrm{d}t}$	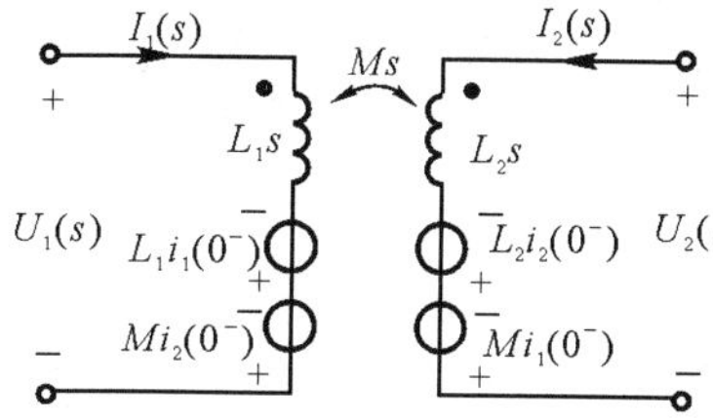 $U_1(s)=L_1sI_1(s)+MsI_2(s)-L_1i_1(0^-)-Mi_2(0^-)$ $U_2(s)=MsI_1(s)+L_2sI_2(s)-Mi_1(0^-)-L_2i_2(0^-)$
理想变压器	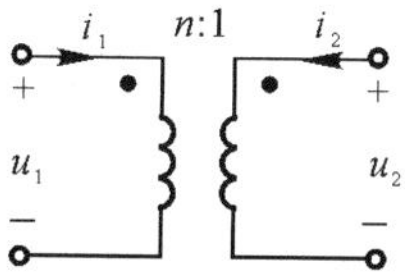 $u_1=nu_2$，　$i_1=-\dfrac{1}{n}i_2$	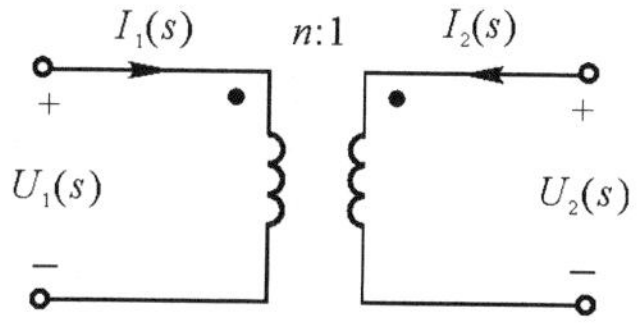 $U_1(s)=nU_2(s)$ $I_1(s)=-\dfrac{1}{n}I_2(s)$
RLC 串联支路	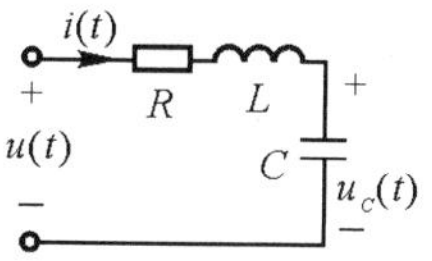 $u=Ri+L\dfrac{\mathrm{d}i}{\mathrm{d}t}+\dfrac{1}{C}\int_{-\infty}^{t}i(\tau)\mathrm{d}\tau$	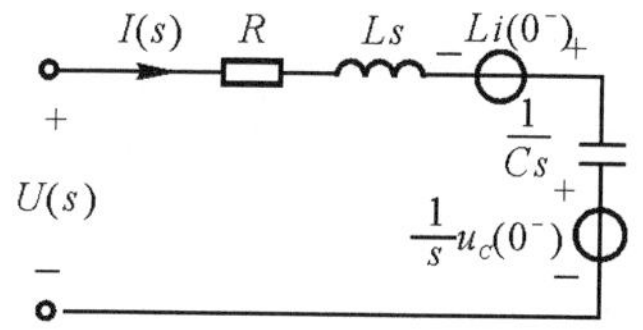 $U(s)=Z(s)I(s)-Li(0^-)+\dfrac{1}{s}u_C(0^-)$ $Z(s)=R+Ls+\dfrac{1}{Cs}$

5.4　s 域阻抗与 s 域导纳

图 5-4-1(a) 所示为时域 RLC 串联电路模型，设电感 L 中的初始电流为 $i(0^-)$，电容 C 上的初始电压为 $u_C(0^-)$。于是可画出其 s 域电路模型如图 5-4-1(b) 所示，进而可写出其 KVL 方程为

$$U(s)=\left(R+Ls+\frac{1}{Cs}\right)I(s)-Li(0^-)+\frac{1}{s}u_C(0^-)$$

故得

$$I(s)=\frac{U(s)+Li(0^-)-\frac{1}{s}u_C(0^-)}{R+Ls+\frac{1}{Cs}}=\underbrace{\frac{U(s)}{Z(s)}}_{s\text{域零状态响应}}+\underbrace{\frac{Li(0^-)-\frac{1}{s}u_C(0^-)}{Z(s)}}_{s\text{域零输入响应}}\qquad(5-4-1)$$

式中

$$Z(s)=R+Ls+\frac{1}{Cs}$$

$Z(s)$ 称为支路的 s 域阻抗，它只与电路参数 R,L,C 及复频率 s 有关，而与电路的激励（包括内

激励）无关。

令
$$Y(s)=\frac{1}{Z(s)}=\frac{1}{R+Ls+\frac{1}{Cs}}$$

$Y(s)$ 称为支路的 s 域导纳。可见 $Y(s)$ 与 $Z(s)$ 互倒，即有 $Y(s)Z(s)=1$。

式(5-4-1)中等号右端的第一项只与激励 $U(s)$ 有关，故为 s 域中的零状态响应；等号右端的第二项只与初始条件 $i(0^-)$，$u_C(0^-)$ 有关，故为 s 域中的零输入响应；等号左端的 $I(s)$ 则为 s 域中的全响应。

若 $i(0^-)=u_C(0^-)=0$，则式(5-4-1)变为
$$I(s)=\frac{U(s)}{Z(s)}=Y(s)U(s)$$
或
$$U(s)=Z(s)I(s)=\frac{I(s)}{Y(s)}$$
上两式即为 s 域形式的欧姆定律。

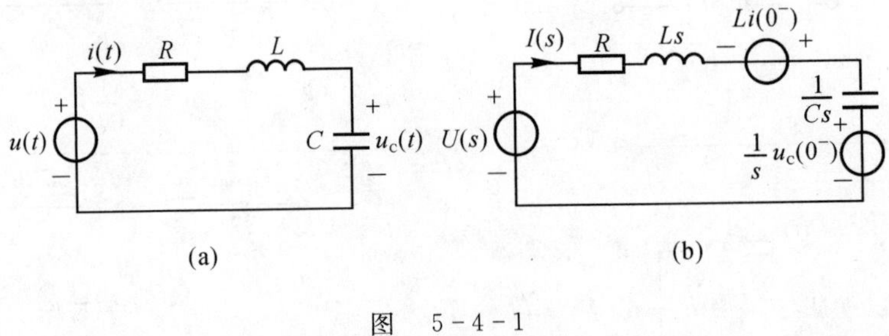

图 5-4-1

5.5 连续系统 s 域分析法

下面我们以线性电路系统为例来研究线性系统的 s 域分析方法。

由于 s 域形式的 KCL，KVL，欧姆定律，在形式上与相量形式的 KCL，KVL，欧姆定律全同，因此关于电路频域分析的各种方法(节点法、网孔法、回路法)、各种定理(齐次定理、叠加定理、等效电源定理、替代定理、互易定理等)以及电路的各种等效变换方法与原则，均适用于 s 域电路的分析，只是此时必须在 s 域中进行，所有电量用相应的像函数表示，各无源支路用 s 域阻抗或 s 域导纳代替，但相应的运算仍为复数运算。其一般步骤如下：

(1) 根据换路前的电路(即 $t<0$ 时的电路)求 $t=0^-$ 时刻电路的初始电流 $i_L(0^-)$ 和电容的初始电压 $u_C(0^-)$；

(2) 求电路激励(电源)的单边拉普拉斯变换(即像函数)；

(3) 作出换路后电路(即 $t>0$ 时的电路)的 s 域电路模型；

(4) 应用节点法、网孔法、回路法及电路的各种等效变换、电路定理、对 s 域电路模型列写 KCL，KVL 方程组，并求解此方程组，从而求得全响应解的像函数；

(5) 对所求得的全响应解的像函数进行单边拉普拉斯反变换，即得时域中的全响应解，并画出其波形。至此，求解工作即告完毕。

例 5-5-1 图 5-5-1(a)所示电路，已知 $R=1\ \Omega$，$L=0.5\ \text{H}$，$C=1\ \text{F}$，$f(t)=U(t)\ \text{V}$，

初始状态 $i(0^-)=0.5\ \text{A}, u_C(0^-)=0$。求全响应 $i(t)$。

解　其 s 域电路模型如图 5-5-1(b) 所示，其中 $F(s)=\mathscr{L}[f(t)]=\dfrac{1}{s}$，故可列出 KVL 方程为

$$\left(R+Ls+\frac{1}{Cs}\right)I(s)=F(s)+Li(0^-)-\frac{1}{s}u_C(0^-)$$

代入元件数值和初始状态，并整理即得

$$I(s)=\frac{\dfrac{1}{s}+\dfrac{1}{4}}{1+\dfrac{1}{2}s+\dfrac{1}{s}}=\frac{s+4}{2(s^2+2s+2)}=\frac{\dfrac{1}{2}s+2}{(s+1)^2+1}=$$

$$\frac{\dfrac{1}{2}(s+1)}{(s+1)^2+1^2}+\frac{\dfrac{3}{2}\times 1}{(s+1)^2+1^2}$$

故
$$i(t)=\frac{1}{2}\text{e}^{-t}\cos tU(t)+\frac{3}{2}\text{e}^{-t}\sin tU(t)=1.58\text{e}^{-t}\cos(t-71.6°)U(t)\ (\text{A})$$

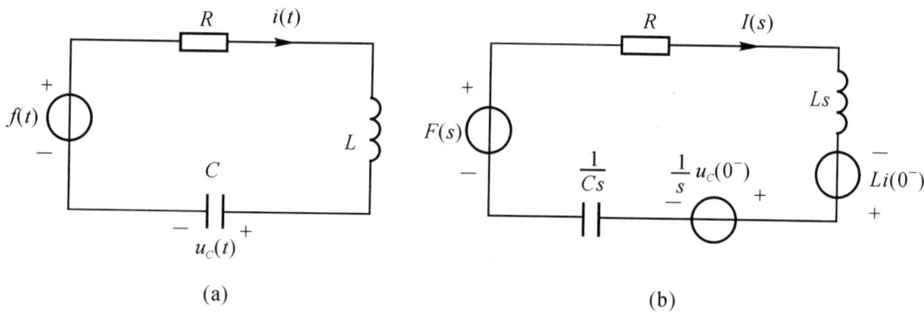

图　5-5-1

例 5-5-2　图 5-5-2(a) 所示电路，已知 $R=1\ \Omega, I=2\ \text{H}, C=0.5\ \text{F}, f(t)=U(t)\ (\text{V})$，$i(0^-)=2\ \text{A}, u_C(0^-)=1\ \text{V}$。求全响应 $u_C(t)$。

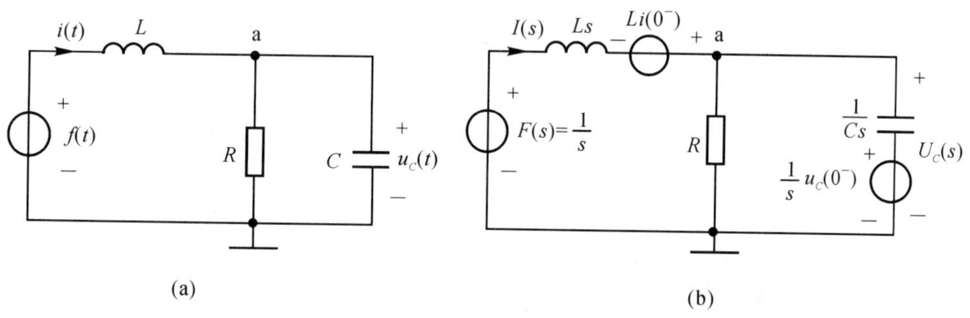

图　5-5-2

解　其 s 域电路模型如图 5-5-2(b) 所示，其中 $F(s)=\dfrac{1}{s}$。于是对节点 a 可列写出 KCL

方程为

$$\left(\frac{1}{Ls}+\frac{1}{R}+Cs\right)U_C(s)=\frac{\frac{1}{s}+Li(0^-)}{Ls}+\frac{\frac{1}{s}u_C(0^-)}{\frac{1}{Cs}}$$

代入元件值和初始状态，并整理即得

$$U_C(s)=\frac{s^2+4s+1}{s(s^2+2s+1)}=\frac{s^2+4s+1}{s(s+1)^2}=\frac{K_1}{s}+\frac{K_{22}}{(s+1)^2}+\frac{K_{21}}{s+1}$$

式中

$$K_1=\frac{s^2+4s+1}{s(s+1)^2}s\bigg|_{s=0}=1$$

$$K_{22}=\frac{s^2+4s+1}{s(s+1)^2}(s+1)^2\bigg|_{s=-1}=2$$

$$K_{21}=\frac{\mathrm{d}}{\mathrm{d}s}\left[\frac{s^2+4s+1}{s(s+1)^2}(s+1)^2\right]\bigg|_{s=-1}=\frac{\mathrm{d}}{\mathrm{d}s}\left[\frac{s^2+4s+1}{s}\right]\bigg|_{s=-1}=$$

$$\frac{s(2s+4)-(s^2+4s+1)}{s^2}\bigg|_{s=-1}=0$$

故

$$U_C(s)=\frac{1}{s}+\frac{2}{(s+1)^2}$$

故得

$$u_C(t)=U(t)+2t\mathrm{e}^{-t}U(t)=(1+2t\mathrm{e}^{-t}U(t)\ (\mathrm{V})$$

例 5-5-3 图 5-5-3(a) 所示电路，求零状态响应 $u_C(t)$。

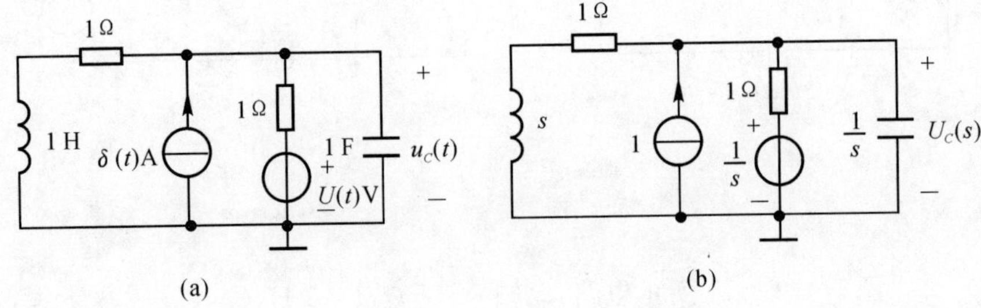

图 5-5-3

解 因有 $\mathscr{L}[\delta(t)]=1$，$\mathscr{L}[U(t)]=\frac{1}{s}$，故得 s 域电路模型如图 5-5-3(b) 所示，进而可列出独立节点的 KCL 方程为

$$\left(\frac{1}{s+1}+1+s\right)U_C(s)=1+\frac{1}{s}$$

解之得

$$U_C(s)=\frac{s^2+2s+1}{s^3+2s^2+2s}=\frac{\frac{1}{2}}{s}+\frac{\frac{1}{2}(s+2)}{s^2+2s+2}=\frac{1}{2}\left[\frac{1}{s}+\frac{s+1+1}{s^2+2s+2}\right]=$$

$$\frac{1}{2}\left[\frac{1}{s}+\frac{s+1}{(s+1)^2+1}+\frac{1}{(s+1)^2+1}\right]$$

故得

$$u_C(t)=\frac{1}{2}[1+\mathrm{e}^{-t}\cos t+\mathrm{e}^{-t}\sin t]U(t)=\frac{1}{2}[1+\sqrt{2}\cos(t-45^\circ)]U(t)\ (\mathrm{V})$$

例 5-5-4 图 5-5-4(a) 所示电路，$f(t)=\mathrm{e}^{-2t}U(t)$ V，求零状态响应 $u(t)$。

解　其 s 域电路模型如图 5-5-4(b) 所示，其中 $F(s)=\dfrac{1}{s+2}$，故对两个网孔回路可列出 KVL 方程为

$$\begin{cases}\left(1+\dfrac{1}{s}\right)I_1(s)+\dfrac{1}{s}I_2(s)=F(s)=\dfrac{1}{s+2}\\ I_2(s)=2I_1(s)\end{cases}$$

联立求解得　$$I_1(s)=\frac{s}{(s+2)(s+3)},\quad I_2(s)=\frac{2s}{(s+2)(s+3)}$$

又得　$$U(s)=-2sI_2(s)=-\frac{4s^2}{(s+2)(s+3)}=-4+\frac{20s+24}{(s+2)(s+3)}=-4+\frac{-16}{s+2}+\frac{36}{s+3}$$

故得　$$u(t)=-4\delta(t)+[-16e^{-2t}+36e^{-3t}U(t)]\ (\mathrm{V})$$

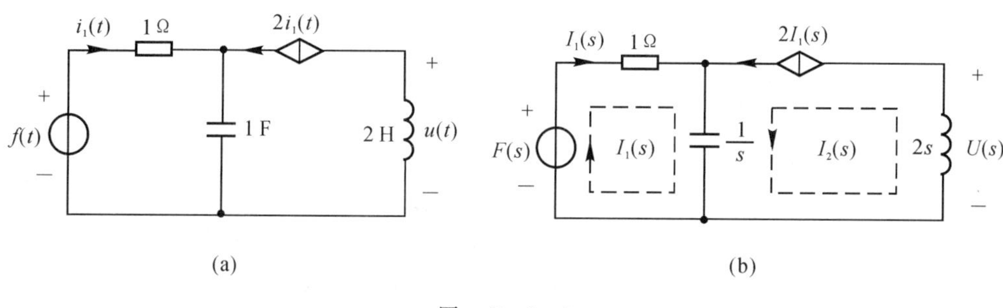

图　5-5-4

5.6　用单边拉普拉斯变换法求解系统的微分方程

单边拉普拉斯变换也是求解微分方程的有力工具。下面举例介绍。

例 5-6-1　已知系统的微分方程为

$$y''(t)+5y'(t)+6y(t)=3f(t)$$

$f(t)=e^{-t}U(t)$，$y(0^-)=0$，$y'(0^-)=1$。求系统的零输入响应 $y_x(t)$，零状态响应 $y_f(t)$，全响应 $y(t)$。

解　根据单边拉普拉斯变换的齐次性和微分性，对方程的等号两边同时求单边拉普拉斯变换，有

$$s^2Y(s)-sy(0^-)-y'(0^-)+5sY(s)-5y(0^-)+6Y(s)=3F(s)$$

整理之得

$$Y(s)=\underbrace{\frac{(s+5)y(0^-)+y'(0^-)}{s^2+5s+6}}_{\text{零输入响应}Y_x(s)}+\underbrace{\frac{3F(s)}{s^2+5s+6}}_{\text{零状态响应}Y_f(s)}$$

故　$$Y_x(s)=\frac{(s+5)y(0^-)+y'(0^-)}{s^2+5s+6}=\frac{1}{(s+2)(s+3)}=\frac{1}{s+2}+\frac{-1}{s+3}$$

$$F(s)=\frac{1}{s+1}$$

$$Y_{\mathrm{f}}(s)=\frac{3F(s)}{s^2+5s+6}=\frac{3}{(s+2)(s+3)(s+1)}=\frac{-3}{s+2}+\frac{\frac{3}{2}}{s+3}+\frac{\frac{3}{2}}{s+1}$$

故得零输入响应和零状态响应分别为

$$y_{\mathrm{x}}(t)=(\mathrm{e}^{-2t}-\mathrm{e}^{-3t})U(t)$$

$$y_{\mathrm{f}}(t)=\left(-3\mathrm{e}^{-2t}+\frac{3}{2}\mathrm{e}^{-3t}+\frac{3}{2}\mathrm{e}^{-t}\right)U(t)$$

全响应为

$$y(t)=y_{\mathrm{x}}(t)+y_{\mathrm{f}}(t)=\left(-2\mathrm{e}^{-2t}+\frac{1}{2}\mathrm{e}^{-2t}+\frac{3}{2}\mathrm{e}^{-t}\right)U(t)$$

例 5-6-2 图 5-6-1(a) 所示电路，$t<0$ 时 S 闭合，电路已工作于稳定状态。今于 $t=0$ 时刻打开 S。(1) 列写 $t>0$ 时关于变量 $u_C(t)$ 的微分方程；(2) 用单边拉普拉斯变换法求解此微分方程的解 $u_C(t)$。

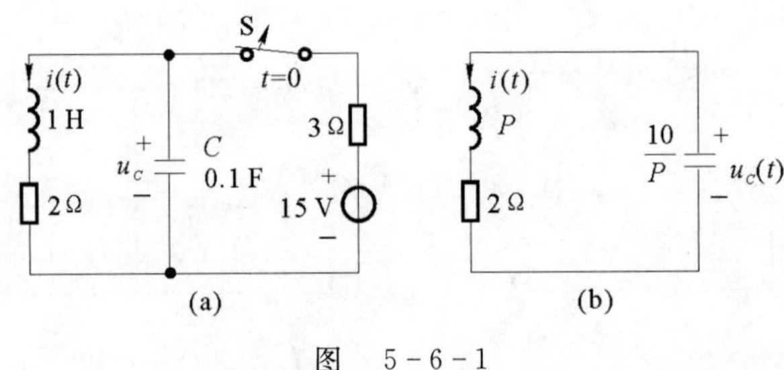

图 5-6-1

解 $t<0$ 时 S 闭合，电路已工作于稳态，L 相当于短路，C 相当于开路，故有

$$i(0^-)=\frac{15}{3+2}=3\ \mathrm{A},\quad u_C(0^-)=2i(0^-)=2\times3=6\ \mathrm{V}$$

$t>0$ 时 S 打开，其算子电路模型如图 5-6-1(b) 所示。故可列出算子形式的 KVL 方程为

$$\left(p+\frac{10}{p}+2\right)i(t)=0$$

因

$$i(t)=\frac{u_C(t)}{\frac{10}{p}}=\frac{p}{10}u_C(t)$$

代入上式得

$$(p^2+2p+10)u_C(t)=0$$

故得关于变量 $u_C(t)$ 的微分方程为

$$\begin{cases}u''_C(t)+2u'_C(t)+10u_C(t)=0\\ i(0^-)=3\\ u_C(0^-)=6\end{cases}$$

根据单边拉普拉斯变换的齐次性和微分性(表 5-1-1 中的序号 2 和 7)，对方程求单边拉普拉斯变换，有

$$s^2U_C(s)-su_C(0^-)-u'_C(0^-)+2sU_C(s)-2u_C(0^-)+10U_C(s)=0$$

故有

$$(s^2+2s+10)U_C(s)=(s+2)u_C(0^-)+u'_C(0^-) \tag{5-6-1}$$

因有

$$i(t)=-C\frac{\mathrm{d}u_C}{\mathrm{d}t}$$

故
$$u'_C(t)=-\frac{1}{C}i(t)$$
故
$$u'_C(0^-)=\frac{-1}{0.1}i(0^-)=-10\times 30=-30\ \text{V/s}$$
代入式(5-6-1)，有
$$(s^2+2s+10)U_C(s)=(s+2)\times 6-30=6s-18$$
故
$$U_C(s)=6\frac{s-3}{s^2+2s+10}=6\frac{s+1-4}{s^2+2s+1+9}=6\frac{s+1}{(s+1)^2+9}-\frac{8\times 3}{(s+1)^2+9}$$
故得
$$u_C(t)=(6\mathrm{e}^{-t}\cos 3t-8\mathrm{e}^{-t}\sin 3t)U(t)\ \text{V}$$

思考题

若已知某二阶系统方程，又已知(0^+)条件，即 $y(0^+)$、$y'(0^+)$，应该如何求系统中的零输入响应 $y_x(t)$、零状态响应 $y_f(t)$？写出你求解这种题型的基本思路。

习　题　五

5-1　求下列各时间函数 $f(t)$ 的像函数 $F(s)$：

(1) $f(t)=(1-\mathrm{e}^{-\alpha t})U(t)$；　　(2) $f(t)=\sin(\omega t+\psi)U(t)$；

(3) $f(t)=\mathrm{e}^{-\alpha t}(1-\alpha t)U(t)$；　　(4) $f(t)=\dfrac{1}{\alpha}(1-\mathrm{e}^{-\alpha t})U(t)$；

(5) $f(t)=t^2U(t)$；　　(6) $f(t)=(t+2)U(t)+3\delta(t)$；

(7) $f(t)=t\cos\omega t U(t)$；　　(8) $f(t)=(\mathrm{e}^{-\alpha t}+\alpha t-1)U(t)$。

5-2　求下列各像函数 $F(s)$ 的原函数 $f(t)$：

(1) $F(s)=\dfrac{(s+1)(s+3)}{s(s+2)(s+4)}$；　　(2) $F(s)=\dfrac{2s^2+16}{(s^2+5s+6)(s+12)}$；

(3) $F(s)=\dfrac{2s^2+9s+9}{s^2+3s+2}$；　　(4) $F(s)=\dfrac{s^3}{(s^2+3s+2)s}$。

5-3　求下列各像函数 $F(s)$ 的原函数 $f(t)$：

(1) $F(s)=\dfrac{s^3+6s^2+6s}{s^2+6s+8}$；　　(2) $F(s)=\dfrac{1}{s^2(s+1)^3}$。

5-4　求下列各像函数 $F(s)$ 的原函数 $f(t)$：

(1) $F(s)=\dfrac{2+\mathrm{e}^{-(s-1)}}{(s-1)^2+4}$；　　(2) $F(s)=\dfrac{1}{s(1-\mathrm{e}^{-s})}$；

(3) $F(s)=\left[\dfrac{1-\mathrm{e}^{-s}}{s}\right]^2$。

5-5　用留数法求像函数 $F(s)=\dfrac{4s^2+17s+16}{(s+2)^2(s+3)}$ 的原函数 $f(t)$。

5-6　求下列各像函数 $F(s)$ 的原函数 $f(t)$ 的初值 $f(0^+)$ 与终值 $f(\infty)$：

(1) $F(s)=\dfrac{s^2+2s+1}{s^3-s^2-s+1}$；　　(2) $F(s)=\dfrac{s^3}{s^2+s+1}$；

(3) $F(s)=\dfrac{2s+1}{s^3+3s^2+2s}$；　　(4) $F(s)=\dfrac{1-\mathrm{e}^{-2s}}{s(s^2+4)}$。

5-7　图题 5-7(a) 所示电路，已知激励 $f(t)$ 的波形如图(b) 所示。求响应 $u(t)$，并画出

$u(t)$ 的波形。

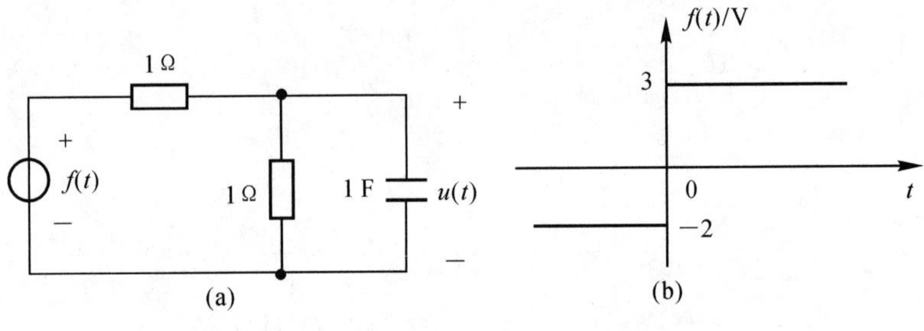

图题 5 - 7

5 - 8　图题 5 - 8 所示零状态电路，激励 $f(t)=U(t)$ (V)，求电路的单位阶跃响应 $u(t)$。

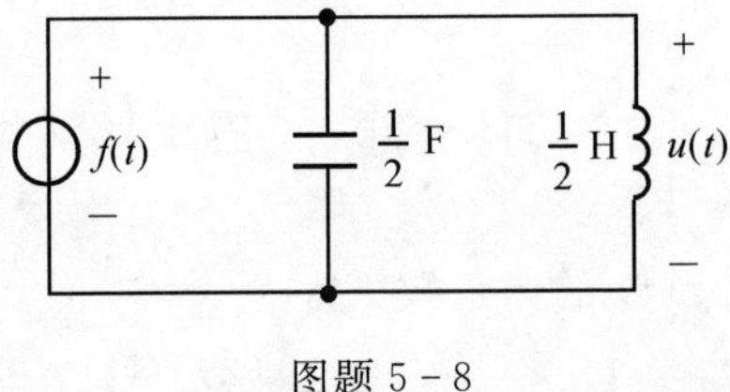

图题 5 - 8

5 - 9　图题 5 - 9(a) 所示电路，已知激励 $f(t)$ 的波形如图题 5 - 9(b) 所示，$f(t)=[2U(-t)+2e^{-t}U(t)]$ (V)。今于 $t=0$ 时刻闭合 S，求 $t\geqslant 0$ 时的响应 $u(t)$。

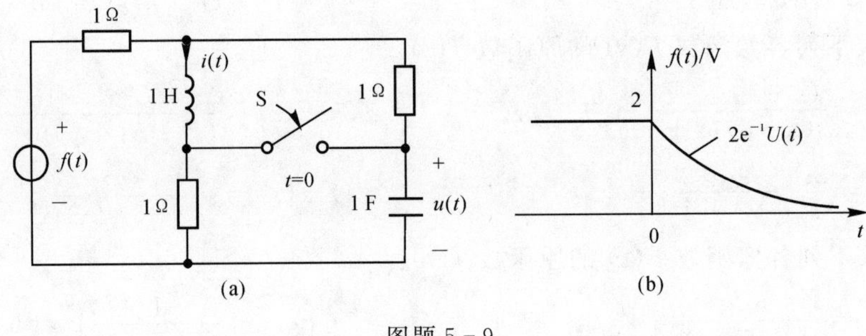

图题 5 - 9

5 - 10　图题 5 - 10 所示零状态电路，$f_1(t)=f_2(t)=U(t)$ (V)。求响应 $u(t)$。

5 - 11　图题 5 - 11 所示零状态电路，求电压 $u(t)$。已知 $f(t)=10e^{-t}U(t)$ (V)。

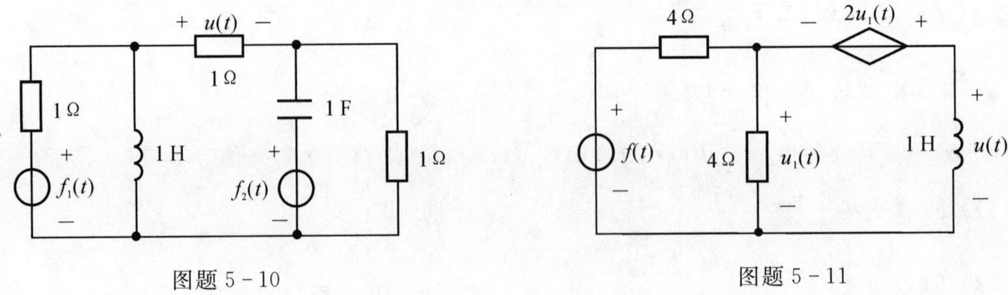

图题 5 - 10　　　　图题 5 - 11

5 - 12　图题 5 - 12 所示零状态电路，$f(t)=U(t)$ (V)，求 $u_2(t)$。

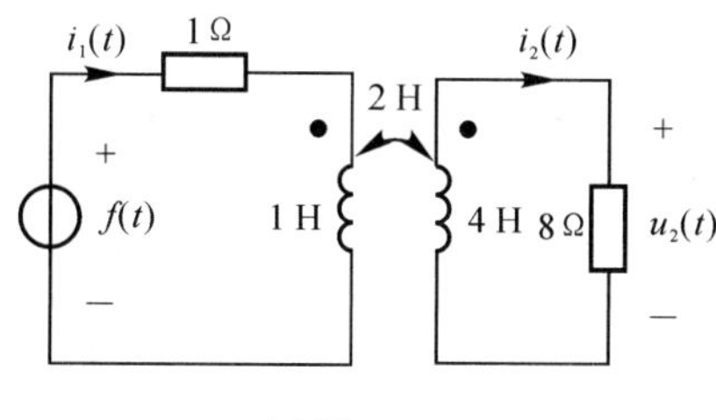

图题 5－12

5－13　图题5－13所示电路，$t<0$ 时S闭合，电路已工作于稳态。今于 $t=0$ 时刻打开S，求 $t>0$ 时的 $i_1(t)$ 和 $i_2(t)$。

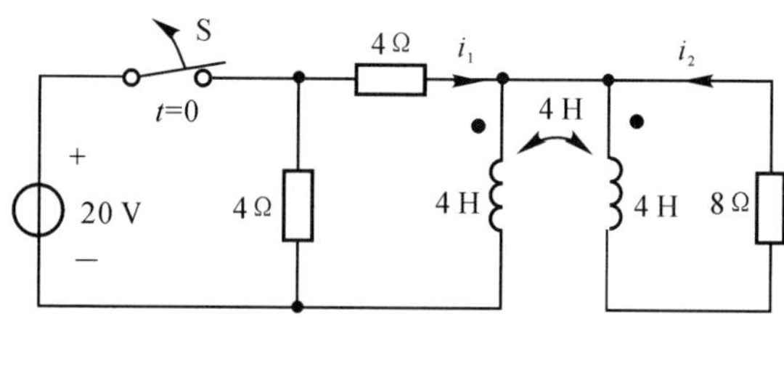

图题 5－13

5－14　图题5－14所示电路，$t<0$ 时S打开，电路已工作于稳态。今于 $t=0$ 时刻闭合S，求 $t>0$ 时关于 $u(t)$ 的零输入响应、零状态响应、全响应。

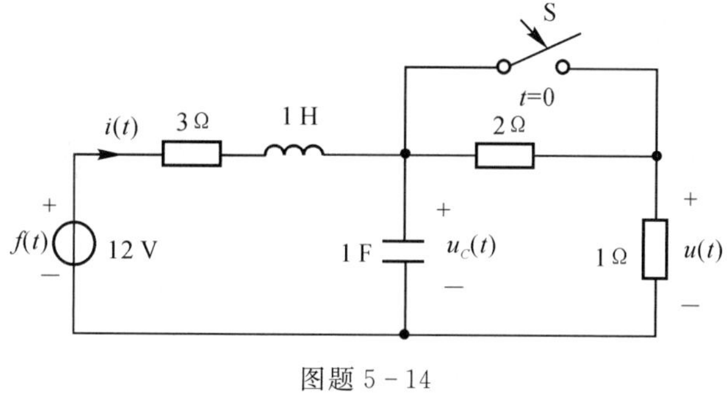

图题 5－14

5－15　图题5－15所示电路，$f(t)=U(t)$ V，$u_C(0^-)=1$ V，$i(0^-)=2$ A，求响应 $u(t)$。

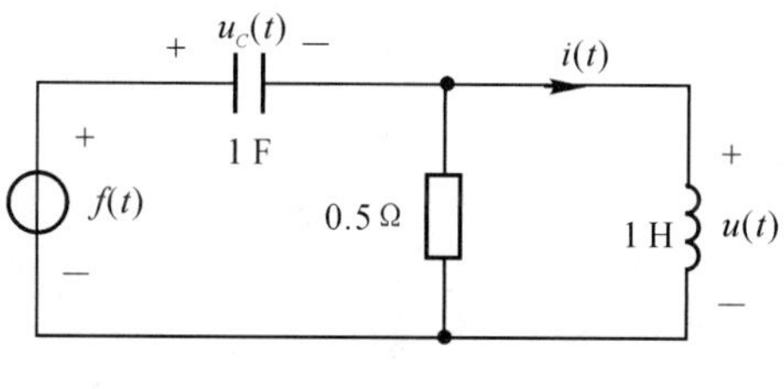

图题 5－15

5-16　已知系统的微分方程为

$$\begin{cases} y''(t)+5y'(t)+6y(t)=2f'(t)+8f(t) \\ y(0^-)=3 \\ y'(0^-)=2 \end{cases}$$

$f(t)=e^{-t}U(t)$。求系统的全响应，并指出零输入响应 $y_x(t)$、零状态响应 $y_f(t)$。

5-17　求下列各信号双边拉普拉斯变换 $F(s)$，并注明收敛域。

(1) $f(t)=\delta(t)$；　　(2) $f(t)=-U(-t)$；

(3) $f(t)=e^{4t}U(-t)+e^{3t}U(t)$；　　(4) $f(t)=-e^{3t}U(-t)+e^{t}U(t)$；

(5) $f(t)=-2\sin 2tU(-t)$。

5-18　求下列各 $F(s)$ 的原函数 $f(t)$。

(1) $F(s)=\dfrac{-2}{s^2-12s+35}$，　$5<\sigma<7$；

(2) $F(s)=\dfrac{2s-8}{s^2-8s+15}$，　$3<\sigma<5$；

(3) $F(s)=\dfrac{-2}{(s+2)(s+3)(s+4)}$，　$-3<\sigma<-2$；

(4) $F(s)=\dfrac{6s^2+2s-2}{s(s-1)(s+2)}$。

第六章　s 域系统函数与系统 s 域模拟

内容提要

系统的响应一方面与激励有关，同时也与系统本身有关。系统函数就是描述系统本身特性的，它在电路与系统理论中占有重要地位。本章介绍系统函数的定义、物理意义、求法，零点与极点概念及其应用，系统的框图，系统的模拟，信号流图，系统稳定性的概念及其判定方法；还要介绍全通函数与最小相移函数，互为逆系统的系统函数，反馈系统。

6.1　s 域系统函数

一、定义

图 6-1-1(a) 所示为零状态系统的时域模型，$f(t)$ 为激励，$y_f(t)$ 为零状态响应，$h(t)$ 为系统的单位冲激响应。则有

$$y_f(t)=f(t)*h(t)$$

对上式等号两端同时求拉普拉斯变换，并设 $F(s)=\mathscr{L}[f(t)]$，$Y_f(s)=\mathscr{L}[y_f(t)]$，$H(s)=\mathscr{L}[h(t)]$，则根据拉普拉斯变换的时域卷积定理有

$$Y_f(s)=F(s)\cdot H(s) \tag{6-1-1}$$

故有

$$H(s)=\frac{Y_f(s)}{F(s)} \tag{6-1-2}$$

$H(s)$ 称为 s 域系统函数，简称系统函数。可见系统函数 $H(s)$ 就是系统零状态响应 $y_f(t)$ 的像函数 $Y_f(s)$ 与激励 $f(t)$ 的像函数 $F(s)$ 之比，也是系统单位冲激响应 $h(t)$ 的拉普拉斯变换。

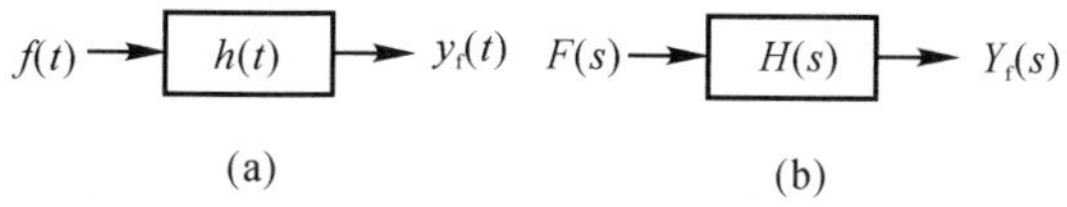

图 6-1-1　系统函数 $H(s)$ 的定义

由于 $H(s)$ 是响应与激励的两个像函数之比，所以 $H(s)$ 与系统的激励无关，但与响应有关[响应不同，$H(s)$ 的分子就不同]。

根据式(6-1-1)又可画出零状态系统的 s 域模型,如图 6-1-1(b) 所示。于是,根据图 6-1-1(b) 又可写出式(6-1-1),即

$$Y_{\mathrm{f}}(s)=H(s)\cdot F(s)$$

二、$H(s)$ 的物理意义

$H(s)$ 的物理意义可从两个方面来理解。

(1) $H(s)$ 就是系统单位冲激响应 $h(t)$ 的拉普拉斯变换,即

$$H(s)=\mathscr{L}[h(t)]$$

$H(s)$ 与 $h(t)$ 为一对拉普拉斯变换对,即 $H(s)\longleftrightarrow h(t)$。

(2) 设激励 $f(t)=\mathrm{e}^{st}, t\in\mathbf{R}$($\mathrm{e}^{st}$ 称为 s 域单元信号),则系统的零状态响应为

$$y_{\mathrm{f}}(t)=h(t)*\mathrm{e}^{st}=\int_{-\infty}^{+\infty}h(\tau)\mathrm{e}^{s(t-\tau)}\mathrm{d}\tau=\mathrm{e}^{st}\int_{-\infty}^{+\infty}h(\tau)\mathrm{e}^{-s\tau}\mathrm{d}\tau=H(s)\mathrm{e}^{st},\quad t\in\mathbf{R}$$

可见 $H(s)$ 就是单元信号 e^{st} 激励下系统零状态响应(也是强迫响应)$y_{\mathrm{f}}(t)$ 的加权函数 $H(s)$,此加权函数 $H(s)$ 即为 s 域系统函数,亦即 $h(t)$ 的双边拉普拉斯变换。

三、$H(s)$ 的求法

(1) 由系统的单位冲激响应 $h(t)$ 求 $H(s)$,即

$$H(s)=\mathscr{L}[h(t)]$$

(2) 由系统的传输算子 $H(p)$ 求 $H(s)$,即

$$H(s)=H(p)\big|_{p=s}$$

(3) 根据 s 域电路模型,按定义式(6-1-2)求系统响应与激励的像函数之比,即得 $H(s)$。

(4) 对零状态系统的微分方程进行拉普拉斯变换,再按定义式(6-1-2)求 $H(s)$。

(5) 根据系统的模拟图求 $H(s)$。

(6) 由系统的信号流图,根据梅森公式求 $H(s)$。

以上各种求法,将在以下各节中逐一介绍。

思考题

系统方程为 $y''(t)+5y'(t)+6y(t)=2f'(t)+3f(t)$,若要求该系统的冲激响应 $h(t)$,应选用时域法、傅里叶变换法,还是选拉氏变换法?并说明理由。

6.2 系统函数的一般表示式及其零、极点图

一、$H(s)$ 的一般表示式

描述一般 n 阶零状态系统的微分方程为

$$a_n\frac{\mathrm{d}^n y_{\mathrm{f}}(t)}{\mathrm{d}t^n}+a_{n-1}\frac{\mathrm{d}^{n-1} y_{\mathrm{f}}(t)}{\mathrm{d}t^{n-1}}+\cdots+a_1\frac{\mathrm{d}y_{\mathrm{f}}(t)}{\mathrm{d}t}+a_0 y_{\mathrm{f}}(t)=$$

$$b_m\frac{\mathrm{d}^m f(t)}{\mathrm{d}t^m}+b_{m-1}\frac{\mathrm{d}^{m-1} f(t)}{\mathrm{d}t^{m-1}}+\cdots+b_1\frac{\mathrm{d}f(t)}{\mathrm{d}t}+b_0 f(t)$$

式中,$f(t)$,$y_{\mathrm{f}}(t)$ 分别为系统的激励与零状态响应。由于已设系统为零状态系统,故必有 $y_{\mathrm{f}}(0^-)=y_{\mathrm{f}}'(0^-)=y_{\mathrm{f}}''(0^-)=\cdots=y_{\mathrm{f}}^{(n-1)}(0^-)=0$;又由于 $t<0$ 时 $f(t)=0$,故必有

$f(0^-)=f'(0^-)=f''(0^-)=\cdots=f^{(m-1)}(0^-)=0$。对上式等号两端同时进行拉普拉斯变换得

$$(a_n s^n+a_{n-1}s^{n-1}+\cdots+a_1 s+a_0)Y_f(s)=$$
$$(b_m s^m+b_{m-1}s^{m-1}+\cdots+b_1 s+b_0)F(s)$$

故得
$$H(s)=\frac{Y_f(s)}{F(s)}=\frac{b_m s^m+b_{m-1}s^{m-1}+\cdots+b_1 s+b_0}{a_n s^n+a_{n-1}s^{n-1}+\cdots+a_1 s+a_0} \qquad (6-2-1)$$

式中，$Y_f(s)=\mathscr{L}[y_f(t)]$，$F(s)=\mathscr{L}[f(t)]$。可见 $H(s)$ 的一般形式为复数变量 s 的两个实系数多项式之比。令

$$D(s)=a_n s^n+a_{n-1}s^{n-1}+\cdots+a_1 s+a_0$$
$$N(s)=b_m s^m+b_{m-1}s^{m-1}+\cdots+b_1 s+b_0$$

则上式即可写为

$$H(s)=\frac{N(s)}{D(s)}$$

对于线性时不变系统，式(6-2-1)中的 n，m 均为正整数，式中的系数 $a_j(j=1,2,\cdots,n)$，$b_i(i=1,2,\cdots,m)$ 均为实数，式中的 n 可能大于或等于或小于 m。

二、零点、极点与零、极点图

将式(6-2-1)等号右边的分子 $N(s)$、分母 $D(s)$ 多项式各分解因式(设为单根情况)，即可将其写成因式分解的形式，即

$$H(s)=\frac{N(s)}{D(s)}=\frac{b_m(s-z_1)(s-z_2)\cdots(s-z_i)\cdots(s-z_m)}{a_n(s-p_1)(s-p_2)\cdots(s-p_j)\cdots(s-p_n)}=H_0\cdot\frac{\prod_{i=1}^{m}(s-z_i)}{\prod_{j=1}^{n}(s-p_j)}$$

式中，$H_0=\dfrac{b_m}{a_n}$ 为实常数，$p_j(j=1,2,\cdots,n)$ 为 $D(s)=0$ 的根，$z_i(i=1,2,\cdots,m)$ 为 $N(s)=0$ 的根。

由上式可见，当复数变量 $s=z_i$ 时，即有 $H(s)=0$，故称 z_i 为系统函数 $H(s)$ 的零点，且 z_i 就是分子多项式 $N(s)=b_m s^m+b_{m-1}s^{m-1}+\cdots+b_1 s+b_0=0$ 的根；当复数变量 $s=p_j$ 时，即有 $H(s)\to\infty$，故称 p_j 为 $H(s)$ 的极点，且 p_j 就是分母多项式 $D(s)=a_n s^n+a_{n-1}s^{n-1}+\cdots+a_1 s+a_0=0$ 的根。$H(s)$ 的极点也称为系统的自然频率或固有频率。

将 $H(s)$ 的零点 z_i 与极点 p_j 画在 s 平面(复频率平面)上而构成的图形，称为 $H(s)$ 的零、极点图。其中零点用符号"○"表示，极点用符号"×"表示，同时在图中将 H_0 的值也标出。若 $H_0=1$，则也可以不标出。

在描述系统特性方面，$H(s)$ 与其零、极点图是等价的。

现将系统函数 $H(s)$ 汇总于表 6-2-1 中，以便复习和查用。

表 6-2-1　s 域系统函数 H(s)

1	定　义	$H(s)=\dfrac{\text{零状态响应 } y_f(t) \text{ 的像函数}}{\text{激励 } f(t) \text{ 的像函数}}=\dfrac{Y_f(s)}{F(s)}$
2	物理意义	$H(s)$ 是系统单位冲激响应 $h(t)$ 的拉普拉斯变换，即 $H(s)=\mathscr{L}[h(t)]$

续 表

3	求　法	(1) $H(s)=\mathscr{L}[h(t)]$； (2) $H(s)=H(p)\mid_{p=s}$； (3) 对零状态系统的微分方程进行拉普拉斯变换求 $H(s)$； (4) 根据 s 域电路模型求 $H(s)$； (5) 根据系统的模拟图求解 $H(s)$； (6) 由信号流图根据梅森公式求 $H(s)$； (7) 根据 $H(s)$ 的零、极点图求 $H(s)$； (8) 从系统的框图求 $H(s)$
4	一般表示式	$H(s)=\dfrac{b_m s^m+b_{m-1}s^{m-1}+\cdots+b_1 s+b_0}{a_n s^n+a_{n-1}s^{n-1}+\cdots+a_1 s+a_0}$
5	零点与极点	分子多项式 $N(s)=b_m s^m+b_{m-1}s^{m-1}+\cdots+b_1 s+b_0=0$ 的根称为 $H(s)$ 的零点；分母多项式 $D(s)=a_n s^n+a_{n-1}s^{n-1}+\cdots+a_1 s+a_0=0$ 的根称为 $H(s)$ 的极点
6	零、极点图	把 $H(s)$ 的零、极点画在 s 平面上而构成的图，称为 $H(s)$ 的零、极点图
7	零、极点图的应用	根据零、极点图，可研究系统的稳定性、单位冲激响应、频率特性及其他特性

例 6-2-1　已知系统的单位冲激响应为：(1) $h(t)=(1+2e^{-4t}+3te^{-5t})U(t)-3e^{-(t-2)}U(t-2)$；(2) $h(t)=(5\cos 2t+5e^{-t}\sin 2t)U(t)$。求系统函数 $H(s)$。

解　(1)
$$H(s)=\frac{1}{s}+\frac{2}{s+4}+\frac{3}{(s+5)^2}-\frac{3}{s+1}e^{-2s}$$

(2)
$$H(s)=\frac{5s}{s^2+2^2}+5\frac{2}{(s+1)^2+2}$$

例 6-2-2　已知系统的微分方程为 $y''(t)+3y'(t)+2y(t)=f'(t)+3f(t)$。求系统函数 $H(s)=\dfrac{Y(s)}{F(s)}$。

解　对方程等号两边同时求零状态条件下的拉普拉斯变换，有
$$s^2Y(s)+3sY(s)+2Y(s)=sF(s)+3F(s)$$
故得
$$H(s)=\frac{Y(s)}{F(s)}=\frac{s+3}{s^2+3s+2}$$
其中 $H_0=1$。

例 6-2-3　图 6-2-1(a) 所示电路，求响应 $u(t)$ 对激励 $f(t)$ 的系统函数 $H(s)=\dfrac{U(s)}{F(s)}$，并画出 $H(s)$ 的零、极点图，指出 H_0 的值。

解　作出零状态条件下的 s 域电路模型，如图 6-2-1(b) 所示。故
$$U(s)=\frac{F(s)}{1+\dfrac{1}{s+1}+s}=\frac{s+1}{s^2+2s+2}F(s)$$
故得
$$H(s)=\frac{U(s)}{F(s)}=\frac{s+1}{s^2+2s+2}$$

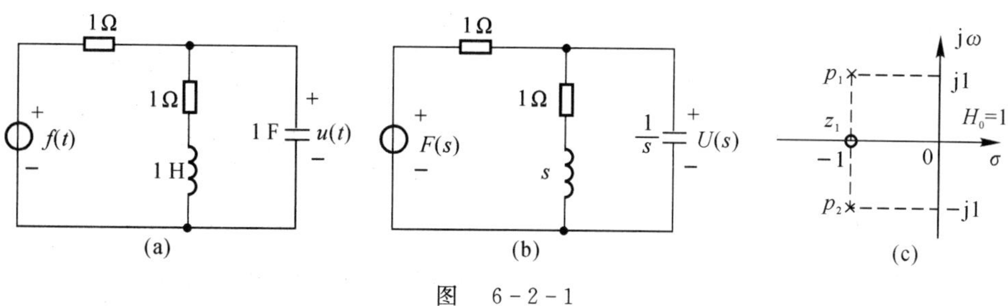

图　6-2-1

令分子 $s+1=0$，得 1 个零点为 $z_1=-1$；令分母 $s^2+2s+1=0$，得两个极点为 $p_1=-1+\mathrm{j}1$，$p_2=-1-\mathrm{j}1$，且 $H_0=1$。其零、极点图如图 6-2-2(c) 所示。

其中 $H_0=1$。

***例 6-2-4**　已知图 6-2-2(a) 所示电路 $H(s)=\dfrac{U(s)}{I(s)}$ 的零、极点分布如图 6-2-2(b) 所示，且 $H(0)=3$。求 R,L,C 的值。

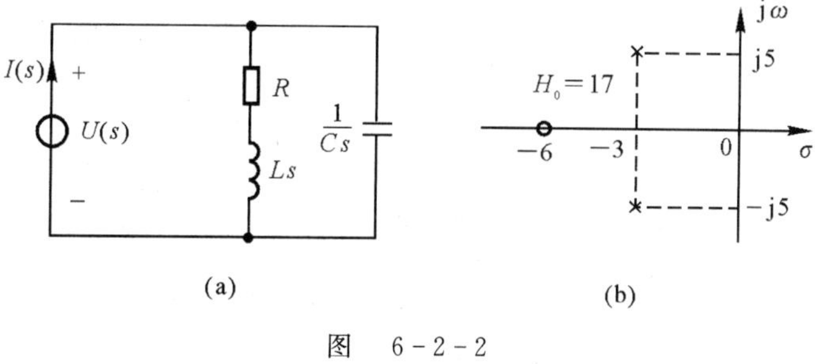

图　6-2-2

解　由图 6-2-2(b) 可知

$$H(s)=H_0\,\frac{s+6}{(s+3-\mathrm{j}5)(s+3+\mathrm{j}5)}=H_0\,\frac{s+6}{s^2+6s+34}$$

又知

$$H(0)=\frac{H_0\times 6}{34}=3$$

故

$$H_0=17$$

故得

$$H(s)=17\times\frac{s+6}{s^2+6s+34}$$

又从图 6-2-2(a) 电路求得

$$H(s)=\frac{U(s)}{I(s)}=\frac{(R+Ls)\dfrac{1}{Cs}}{R+Ls+\dfrac{1}{Cs}}=\frac{Ls+R}{LCs^2+RCs+1}=\frac{1}{C}\times\frac{s+\dfrac{R}{L}}{s^2+\dfrac{R}{L}s+\dfrac{1}{LC}}=17\times\frac{s+6}{s^2+6s+34}$$

故有

$$\begin{cases}\dfrac{1}{C}=17\\[2mm]\dfrac{1}{LC}=34\\[2mm]\dfrac{R}{L}=6\end{cases}$$

联立求解得 $R=3\ \Omega, L=0.5\ \mathrm{H}, C=\frac{1}{17}\ \mathrm{F}$。

*6.3 系统的 s 域模拟图与框图

应用系统模拟手段分析实际系统的基本过程如图 6-3-1 所示。类似的思路亦可将模拟手段用于系统综合(设计)。根据工程指标性能要求,提出设计方案、确定数学模型(理论设计),据此也可采用硬件模拟与软件模拟,看性能是否满足指标要求。若不满足,再调整某些设计参数(或再换一个设计方案)再次模拟计算,直至达到满足设计指标性能为止。可见,系统模拟无论是对分析实际系统,还是综合设计实际系统都是非常有意义的。大型的实际工程系统都是耗资巨大的工程,不允许失败,因此在工程实施之前,都要进行多次精心科学论证、系统模拟,最大限度地确保一次成功。本课程学习、研究系统模拟的任务是:由系统方程或系统函数画出系统的模拟图或框图。

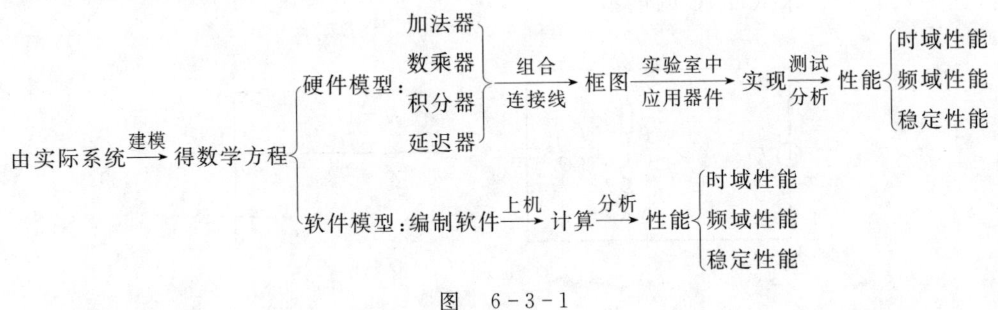

图 6-3-1

一、四种运算器的 s 域模型

1. 加法器

加法器的时域模型如图 6-3-2(a) 所示,有

$$y(t)=f_1(t)+f_2(t)$$

故有

$$Y(s)=F_1(s)+F_2(s)$$

根据此式可画出加法器的 s 域模型,如图 6-3-2(b) 所示。

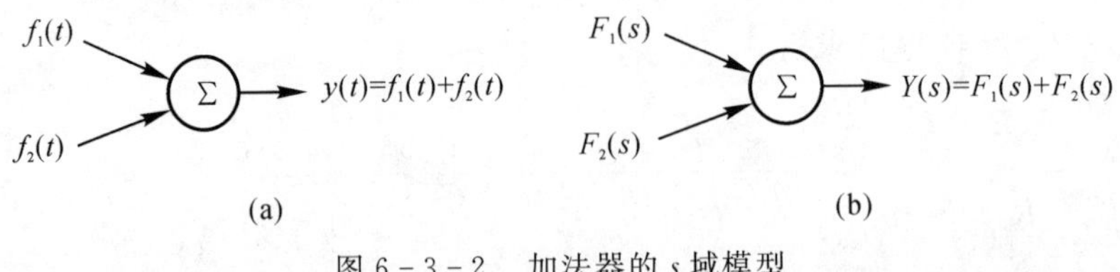

图 6-3-2 加法器的 s 域模型

2. 数乘器

数乘器的时域模型如图 6-3-3(a) 所示,有

$$y(t)=af(t)$$

故有

$$Y(s)=aF(s)$$

$$H(s)=\frac{Y(s)}{F(s)}=a$$

根据此式可画出数乘器的 s 域模型，如图 6－3－3(b) 所示。

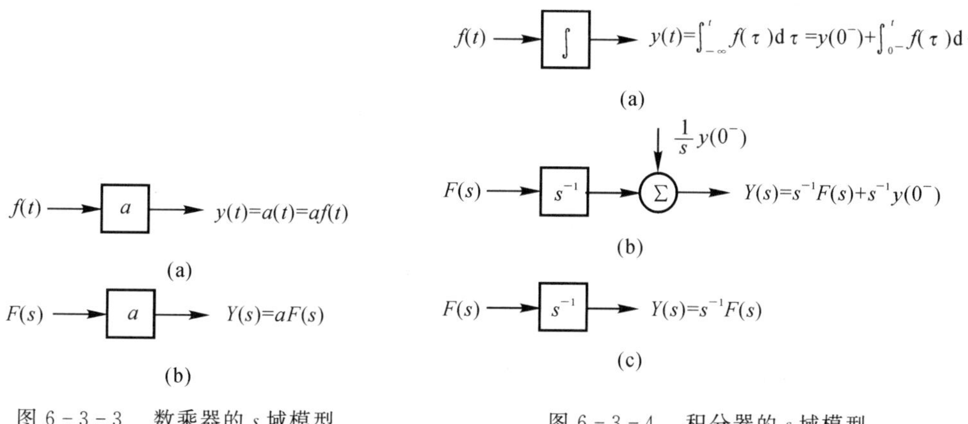

图 6－3－3　数乘器的 s 域模型

图 6－3－4　积分器的 s 域模型

3. 积分器

积分器的时域模型如图 6－3－4(a) 所示，有

$$y(t)=\int_{-\infty}^{t} f(\tau)\mathrm{d}\tau=\int_{-\infty}^{0^-} f(\tau)\mathrm{d}\tau+\int_{0^-}^{t} f(\tau)\mathrm{d}\tau=y(0^-)+\int_{0^-}^{t} f(\tau)\mathrm{d}\tau$$

故有

$$Y(s)=\frac{1}{s}y(0^-)+\frac{1}{s}F(s),\quad 其中\quad y(0^-)=\int_{-\infty}^{0^-} f(\tau)\mathrm{d}\tau$$

根据此式可画出积分器的 s 域模型，如图 6－3－4(b) 所示。若为零状态[即 $y(0^-)=0$]，则如图 6－3－4(c) 所示。$H(s)=\dfrac{Y(s)}{F(s)}=\dfrac{1}{s}=s^{-1}$。

4. 延时器

延时器的时域模型如图 6－3－5(a) 所示，有

$$y(t)=f(t-t_0)$$

t_0 为大于零的实常数。根据此式并考虑到拉普拉斯变换的延迟性，有

$$Y(s)=F(s)\mathrm{e}^{-t_0 s},\quad H(s)=\frac{Y(s)}{F(s)}=\mathrm{e}^{-t_0 s}$$

根据此式可画出延时器的 s 域模型，如图 6－3－5(b) 所示。

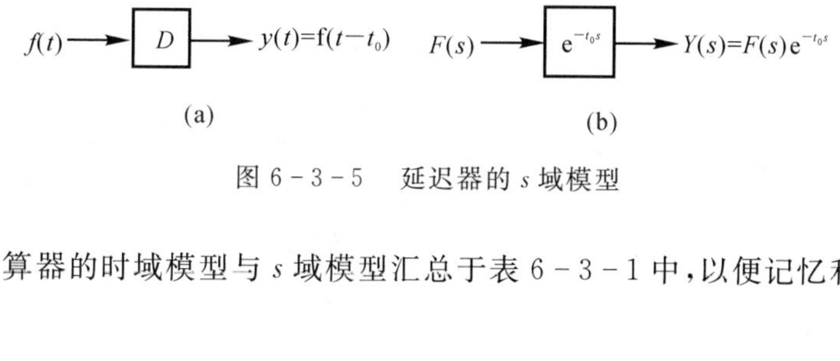

$f(t)$ → D → $y(t)=\mathrm{f}(t-t_0)$　　$F(s)$ → $\mathrm{e}^{-t_0 s}$ → $Y(s)=F(s)\mathrm{e}^{-t_0 s}$

(a)　　(b)

图 6－3－5　延迟器的 s 域模型

现将四种运算器的时域模型与 s 域模型汇总于表 6－3－1 中，以便记忆和查用。

表 6－3－1　四种运算器的表示符号及其输入与输出的关系

名　称	时域表示	s 域表示	信号流图表示
加法器	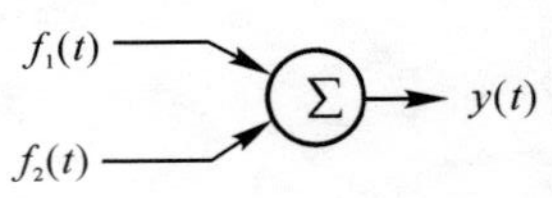 $y(t)=f_1(t)+f_2(t)$	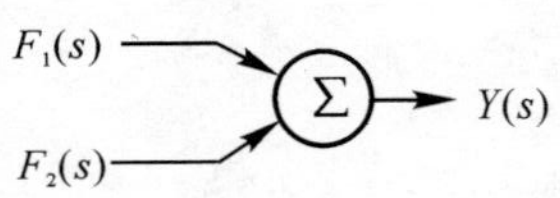 $Y(s)=F_1(s)+F_2(s)$	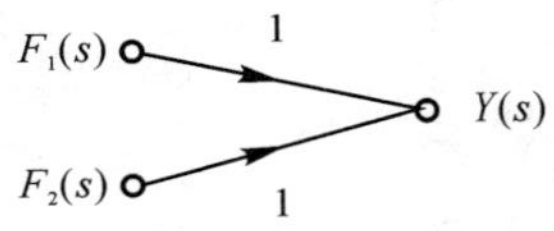 $Y(s)=F_1(s)+F_2(s)$
数乘器	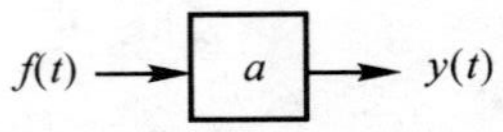 $y(t)=af(t)$	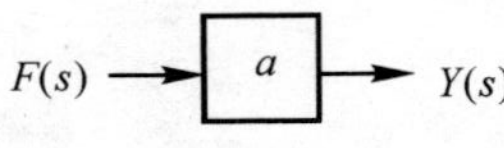 $Y(s)=aF(s)$	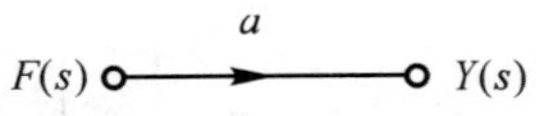 $Y(s)=aF(s)$
积分器	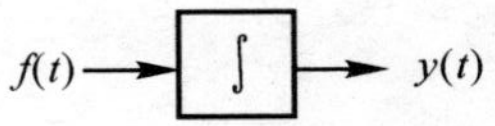 $y(t)=\int_{-\infty}^{t} f(\tau)\mathrm{d}\tau=y(0^-)+\int_{0-}^{t} f(\tau)\mathrm{d}\tau$ 其中$y(0^-)=\int_{-\infty}^{0^-} f(\tau)\mathrm{d}\tau$	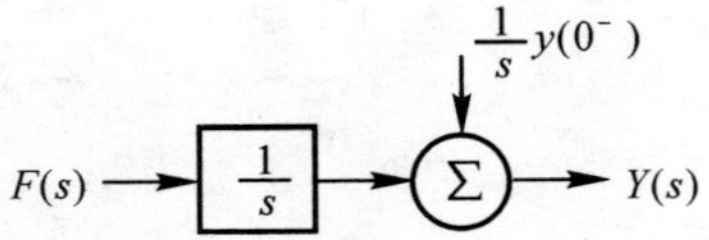 $Y(s)=\frac{1}{s}F(s)+\frac{1}{s}y(0^-)$	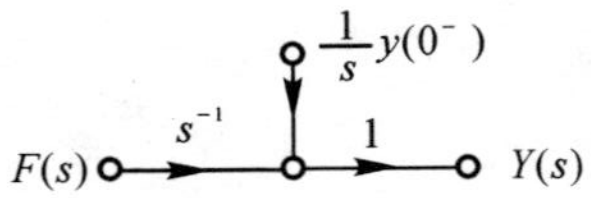 $Y(s)=\frac{1}{s}F(s)+\frac{1}{s}y(0^-)$
延时器	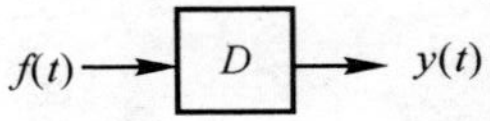 $y(t)=f(t-t_0)$	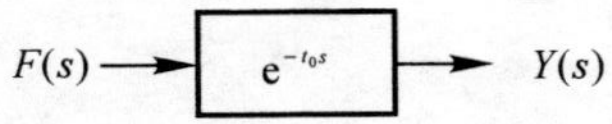 $Y(s)=F(s)\mathrm{e}^{-t_0 s}$	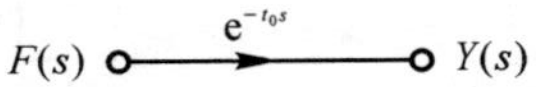 $Y(s)=F(s)\mathrm{e}^{-t_0 s}$

注：信号流图见下一节。

二、常用的模拟图形式

常用的模拟图有四种形式：直接形式、并联形式、级联形式和混联形式。它们都可以根据系统的微分方程或系统函数 $H(s)$ 画出。在模拟计算机中，每一个积分器都备有专用的输入初始条件的引入端，当进行模拟实验时，每一个积分器都要引入它应有的初始条件。有了这样的理解，下面画系统模拟图时，为了简明方便，先设系统的初始状态为零，即系统为零状态。此时，模拟系统的输出信号，就只是系统的零状态响应了。

1. 直接形式

设系统微分方程为二阶的，即

$$y''(t)+a_1y'(t)+a_0y(t)=b_2f''(t)+b_1f'(t)+b_0f(t)$$

则其系统函数(这里取 $m=n=2$) 为

$$H(s)=\frac{Y(s)}{F(s)}=\frac{b_2s^2+b_1s+b_0}{s^2+a_1s+a_0}=\frac{b_2+b_1s^{-1}+b_0s^{-2}}{1+a_1s^{-1}+a_0s^{-2}}$$

根据此两式可分别画出直接形式的时域模拟图与 s 域模拟图，相应如图 6－3－6(a)(b) 所示。

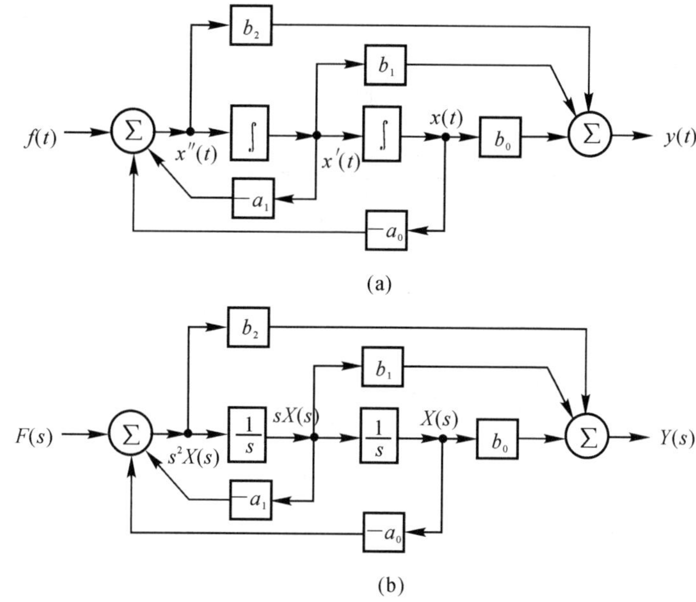

图 6－3－6　直接形式的模拟图

推广　若系统的微分方程为 n 阶的，且设 $m=n$，即

$$y^n(t)+a_{n-1}y^{n-1}(t)+\cdots+a_1y'(t)+a_0y(t)=$$
$$b_mf^m(t)+b_{m-1}f^{m-1}(t)+\cdots+b_1f'(t)+b_0f(t)$$

则其系统函数为

$$H(s)=\frac{Y(s)}{F(s)}=\frac{b_ms^m+b_{m-1}s^{m-1}+\cdots+b_1s+b_0}{s^n+a_{n-1}s^{n-1}+\cdots+a_1s+a_0}$$

或

$$H(s)=\frac{b_m+b_{m-1}s^{-1}+\cdots+b_1s^{-(m-1)}+b_0s^{-m}}{1+a_{n-1}s^{-1}+\cdots+a_1s^{-(n-1)}+a_0s^{-n}}$$

仿照上面的结论,可以很容易地画出与上两式相对应的时域和 s 域直接形式的模拟图。请读者自己画出。

需要指出,直接形式的模拟图,只适用于 $m \leqslant n$ 的情况。因当 $m > n$ 时,就无法模拟,需另行处理了。

2. 并联形式

设系统函数仍为
$$H(s)=\frac{b_2 s^2+b_1 s+b_0}{s^2+a_1 s+a_0}$$

将上式化成真分式并将余式展开成部分分式,即
$$H(s)=b_2+\frac{K_1}{s-p_1}+\frac{K_2}{s-p_2}$$

式中,p_1, p_2 为 $H(s)$ 的单阶极点;K_1, K_2 为部分分式的待定系数,它们都是可以求得的。根据上式可画出与之对应的并联形式的 s 域模拟图,如图 6-3-7 所示。

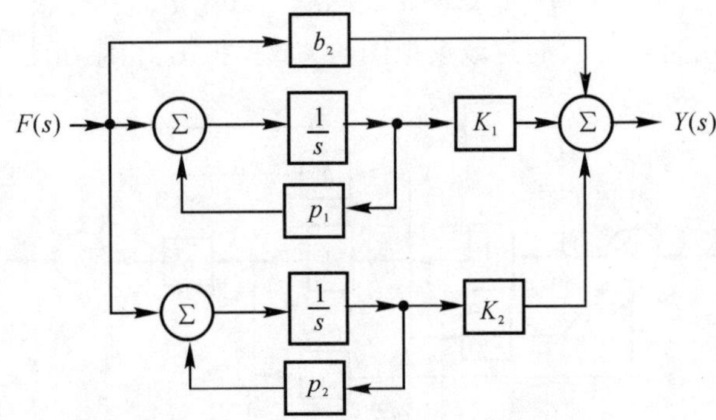

图 6-3-7　并联形式的 s 域模拟图

若 $b_2=0$,则图 6-3-7 中最上面的支路即断开了。

若系统函数 $H(s)$ 为 n 阶的,则与之对应的并联形式的 s 域模拟图,也可如法炮制。请读者研究。

并联模拟图的特点是,各子系统之间相互独立,互不干扰和影响。

并联模拟图也只适用于 $m \leqslant n$ 的情况。

3. 级联形式

设系统函数仍为
$$H(s)=\frac{b_2 s^2+b_2 s+b_0}{s^2+a_1 s+a_0}=\frac{b_2(s-z_1)(s-z_2)}{(s-p_1)(s-p_2)}=b_2\ \frac{s-z_1}{s-p_1}\ \frac{s-z_2}{s-p_2}$$

式中,p_1, p_2 为 $H(s)$ 的单阶极点;z_1, z_2 为 $H(s)$ 的单阶零点。它们都是可以求得的。根据上式可画出与之对应的级联形式的 s 域模拟图,如图 6-3-8 所示。

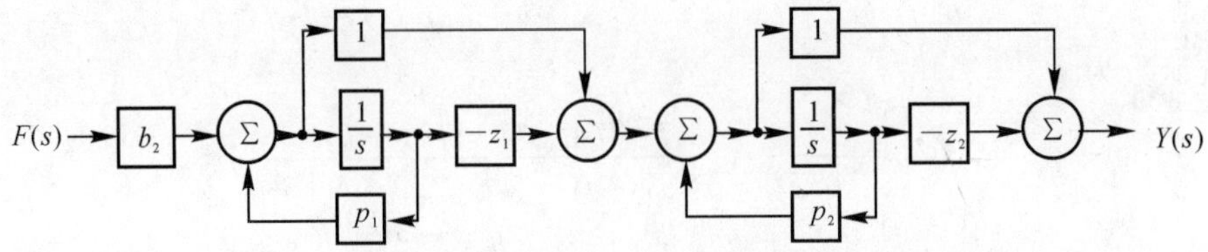

图 6-3-8　级联形式的 s 域模拟图

若系统函数 $H(s)$ 为 n 阶的，则与之对应的级联形式的 s 域模拟图，也可仿效画出。读者自己思考。

级联模拟图也只适用于 $m \leqslant n$ 的情况。

4. 混联形式

例如，设

$$H(s)=\frac{2s+3}{s^4+7s^3+16s^2+12s}=\frac{2s+3}{s(s+3)(s+2)^2}=\frac{\frac{1}{4}}{s}+\frac{1}{s+3}+\frac{-\frac{5}{4}}{s+2}+\frac{\frac{1}{2}}{(s+2)^2}$$

进而再改写成

$$H(s)=\frac{1}{s}\times\frac{1}{4}\times\frac{5s+3}{s+3}+\frac{-\frac{5}{4}}{s+2}+\frac{\frac{1}{2}}{s^2+4s+4}$$

根据此式可画出与之对应的混联形式的 s 域模拟图，如图 6-3-9 所示。

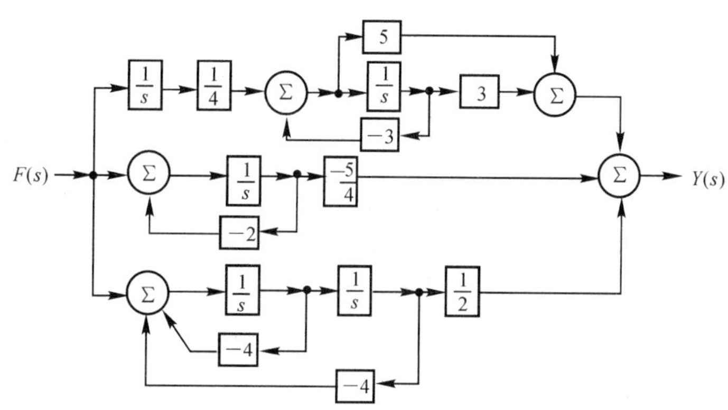

图 6-3-9　混联形式的 s 域模拟图

几种系统模拟实现结构各有其利弊：

(1) 直接形式直观，对照方程一目了然，而且一阶节、二阶节都应用的是直接形式。通过调整 a_i，b_j 系数可以调整零、极点位置，达到调整系统性能的目的，但调整困难。这是因为改变一个系数 a_i，所有的极点都要改变；同理，调整一个系数 b_j，也会引起所有的零点改变。

(2) 级联结构、并联结构实现，各基本一阶节、二阶节可以隔离调整零、极点位置，对调整系统性能来说是方便的。

(3) 级联结构实现，各基本节频率特性若有误差，带来的是乘性误差，对整个系统的频率特性影响严重，而并联结构实现，各基本节频率特性若有误差，带来的是加性误差，对整个系统的频率特性影响较小，况且还有正误差、负误差抵消的可能性，所以这种情况对整个系统的频率特性影响会更小。

最后还要指出两点：

(1) 一个给定的微分方程或系统函数 $H(s)$，与之对应的模拟图可以有无穷多种，上面仅给出了四种常用的形式。同时也要指出，实际模拟时，究竟应采用哪一种形式的模拟图为好，这要根据所研究问题的目的、需要和方便性而定。每一种形式的模拟图都有其工程应用背景。

(2) 按照模拟图利用模拟计算机进行模拟实验时，还有许多实际的技术性问题要考虑。例如，需要做有关物理量幅度或时间的比例变换等，以便各种运算单元都能在正常条件下工作。因此，实际的模拟图会有些不一样。

三、系统的框图

一个系统是由许多部件或单元组成的，将这些部件或单元各用能完成相应运算功能的方框表示，然后将这些方框按系统的功能要求及信号流动的方向连接起来而构成的图，即称为系统的框图表示，简称系统的框图。例如图 6-3-10 即为一个子系统的框图，其中图 6-3-10(a) 为时域框图，它完成了激励 $f(t)$ 与系统单位冲激响应 $h(t)$ 的卷积积分运算功能；图 6-3-10(b) 为 s 域框图，它完成了 $F(s)$ 与系统函数 $H(s)$ 的乘积运算功能。

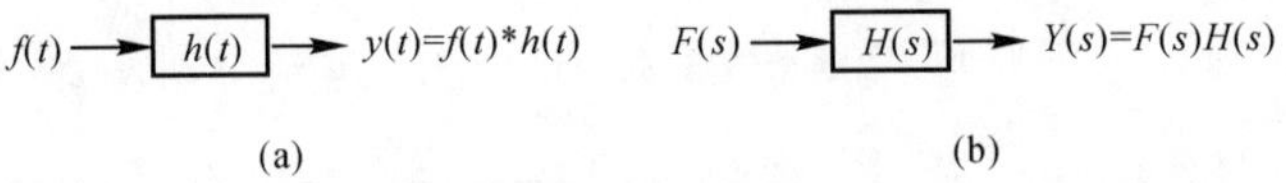

f(t)
h(t)
y(t)=f(t)*h(t)
F(s)
H(s)
Y(s)=F(s)H(s)
(a)
(b)

图 6-3-10　系统框图

(a) 时域框图；(b) s 域框图

系统框图表示的好处是，可以一目了然地看出一个大系统是由哪些小系统（子系统）组成的，各子系统之间是什么样的关系，以及信号是如何在系统内部流动的。

注意：系统的框图与模拟图不是一个概念，两者含义不同。

例 6-3-1　已知 $H(s)=\dfrac{2s+3}{s^4+7s^3+16s^2+12s}$，试用直接形式、级联形式、并联形式和混联形式的模拟图表示之。

解　(1) 直接形式的模拟图如图 6-3-11 所示。

F(s)
Σ
s⁻¹
s⁻¹
s⁻¹
s⁻¹
2
3
Σ
Y(s)
-7
-16
-12
0

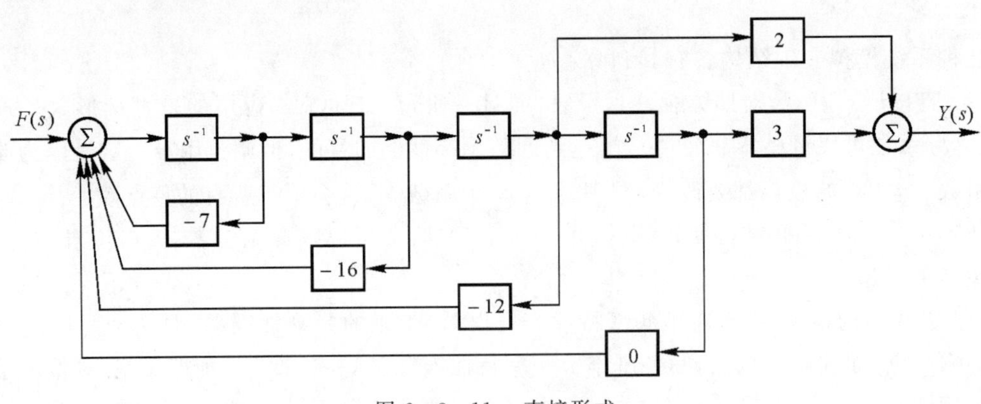

图 6-3-11　直接形式

(2) 级联形式。将 $H(s)$ 改写为

$$H(s)=\frac{2s+3}{s(s+3)(s+2)^2}=\frac{1}{s}\,\frac{2s+3}{s+3}\,\frac{1}{s^2+4s+4}$$

其级联形式的 s 域模拟图如图 6-3-12 所示。

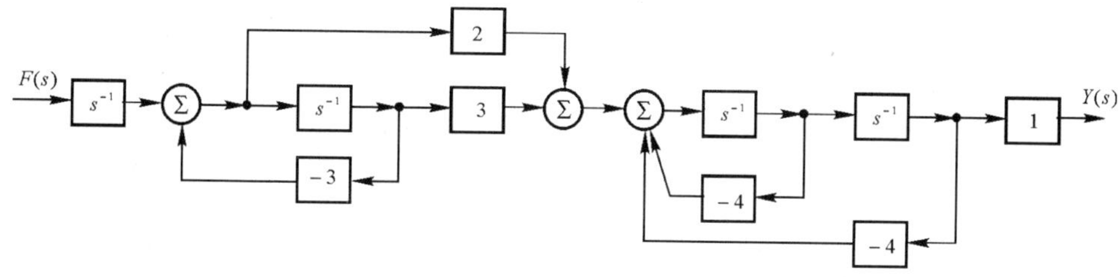

图 6-3-12　级联形式

(3) 并联形式。将上面的 $H(s)$ 改写为

$$H(s)=\frac{\frac{1}{4}}{s}+\frac{1}{s+3}+\frac{-\frac{5}{4}}{s+2}+\frac{\frac{1}{2}}{s^2+4s+4}$$

其并联形式的 s 域模拟图如图 6-3-13 所示。

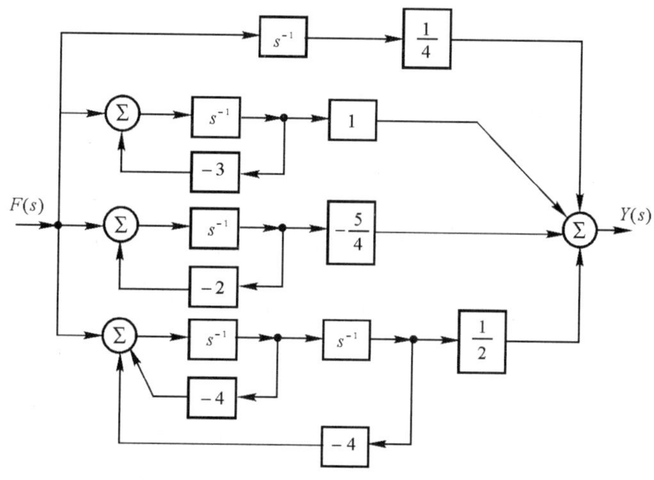

图 6-3-13　并联形式

(4) 混联形式。将 $H(s)$ 改写为

$$H(s)=\frac{\frac{1}{4}}{s}\,\frac{5s+3}{s+3}+\frac{-\frac{5}{4}}{s+2}+\frac{\frac{1}{2}}{s^2+4s+4}$$

其混联形式的 s 域模拟图如图 6-3-9 所示。

现将 s 域系统模拟与框图汇总于表 6-3-2 中，以便复习和记忆。

表 6-3-2　s 域系统模拟图与框图

三种运算器	加法器，数乘器，积分器
系统模拟的定义	用三种运算器模拟系统的数学模型——微分方程或系统函数 $H(s)$，称为系统模拟
常用的模拟图	直接模拟图，并联模拟图，级联模拟图，混联模拟图
系统的框图	用一个方框代表一个子系统，按系统的功能、各子系统的相互关系及信号的流动方向连接而构成的图

注：模拟图与框图是不同的概念，不能混淆。

例 6－3－2　求图 6－3－14 所示系统的系统函数 $H(s)=\dfrac{Y(s)}{F(s)}$。

解　引入中间变量 $X_1(s)$，$X_2(s)$，如图 6－3－14 所示。故有

$$Y(s)=\frac{5}{s+10}X_1(s)=\frac{5}{s+10}\,\frac{1}{s+2}X_2(s)=\frac{5}{s+10}\,\frac{1}{s+2}\left[F(s)-\frac{1}{s+1}Y(s)\right]$$

解之得

$$H(s)=\frac{Y(s)}{F(s)}=\frac{5(s+1)}{(s+10)(s+2)(s+1)}=\frac{5s+5}{s^3+13s^2+32s+21}$$

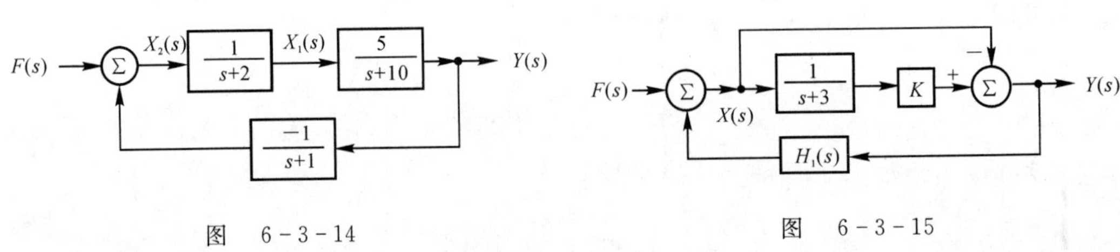

图　6－3－14　　　　图　6－3－15

例 6－3－3　图 6－3－15 所示系统，今欲使 $H(s)=\dfrac{Y(s)}{F(s)}=2$，求子系统的系统函数 $H_1(s)$。

解　引入中间变量 $X(s)$，如图 6－3－15 所示。故有

$$X(s)=F(s)+H_1(s)Y(s)$$

$$Y(s)=\frac{1}{s+3}X(s)K-X(s)=\left(\frac{K}{s+3}-1\right)X(s)=\frac{K-s-3}{s+3}X(s)$$

又有

$$H(s)=\frac{Y(s)}{F(s)}=2$$

以上三式联立求解得

$$H_1(s)=\frac{-(3s+9-K)}{2(s+3-K)}=-\frac{3s+9-K}{2s+6-2K}$$

思考题

1. 你认为系统模拟的两种途径硬件模拟与软件模拟，在当代哪一种应用得更多一些？请说明理由。

2. 试分析讨论直接、级联、并联三种系统模拟实现形式各自的优、缺点。若要求运行速度快，你会选用哪种结构形式？若要求设置频率传输零点多个，你会选用哪种结构形式？

6.4　系统的信号流图与梅森公式

一、信号流图的定义

由节点与有向支路构成的能表征系统功能与信号流动方向的图，称为系统的信号流图，简称信号流图或流图。例如图 6－4－1(a) 所示的系统框图，可用图 6－4－1(b) 来表示，图(b) 即为图(a) 的信号流图。图(b) 中的小圆圈“o”代表变量，有向支路代表一个子系统及信号传输(或流动) 方向，支路上标注的 $H(s)$ 代表支路(子系统) 的传输函数。这样，根据图 6－4－1(b) 同样可写出系统各变量之间的关系，即

$$Y(s)=H(s)F(s)$$

再如图 6-4-1(c) 所示的系统框图，可用 6-4-1(d) 所示的信号流图表示，其中右边的“o”除代表变量 $Y(s)$ 外，还具有“求和”的功能。根据图 6-4-1(c) 和(d)，就可以写出 $F_1(s)$，$F_2(s)$ 和 $Y(s)$ 的关系为

$$Y(s)=Y_1(s)+Y_2(s)=F_1(s)H_1(s)+F_2(s)H_2(s)$$

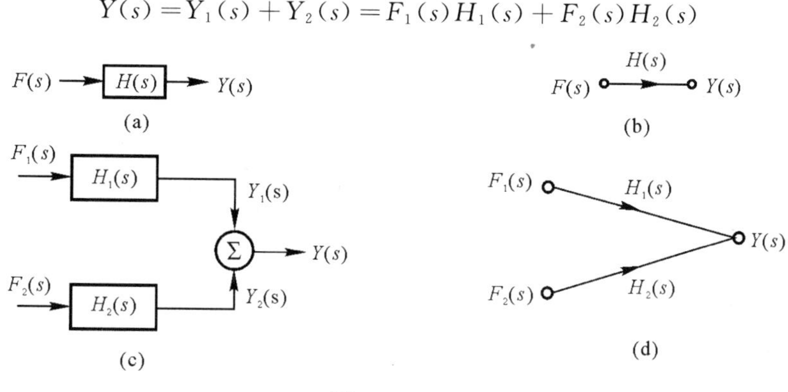

图　6-4-1

二、四种运算器的信号流图表示

四种运算器：加法器、数乘器、积分器和延时器的信号流图表示如表 6-3-1 中所列。由该表中看出：在信号流图中，节点“o”除代表变量外，它还对流入节点的信号具有相加(求和)的功能，如表中第一行中的节点 $Y(s)$ 即是。

*三、模拟图与信号流图的相互转换规则

模拟图与信号流图都可用来表示系统，它们两者之间可以相互转换，其规则如下：

(1) 在转换中，信号流动的方向(即支路方向)及正、负号不能改变。

(2) 模拟图(或框图)中先是“和点”后是“分点”的地方，在信号流图中应画成一个“混合”节点，如图 6-4-2 所示。根据此两图写出的各变量之间的关系式是相同的，即 $Y(s)=F_1(s)+F_2(s)$。

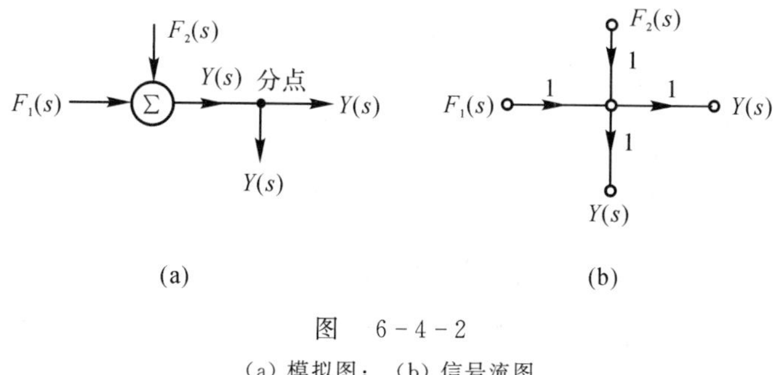

图　6-4-2

(a) 模拟图；(b) 信号流图

(3) 模拟图(或框图)中先是“分点”后是“和点”的地方，在信号流图中应在“分点”与“和点”之间，增加一条传输函数为 1 的支路，如图 6-4-3 所示。

(4) 模拟图(或框图)中的两个“和点”之间，在信号流图中有时要增加一条传输函数为 1 的支路(若不增加，就会出现环路的接触，此时就必须增加)，但有时则不需增加(若不增加，也

不会出现环路的接触,此时即可以不增加,见例 6-4-1)。

(5) 在模拟图(或框图)中,若激励节点上有反馈信号与输入信号叠加时,在信号流图中,应在激励节点与此"和点"之间增加一条传输函数为 1 的支路(见例 6-4-1)。

(6) 在模拟图(或框图)中,若响应节点上有反馈信号流出时,在信号流图中,可从响应节点上增加引出一条传输函数为 1 的支路(也可以不增加,见例 6-4-1)。

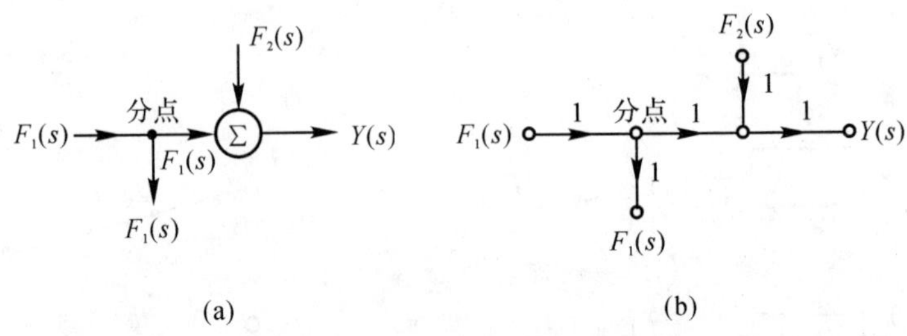

图 6-4-3

(a) 模拟图; (b) 信号流图

例 6-4-1 试将图 6-3-6 ~ 图 6-3-9 所示各形式的模拟图画成信号流图。

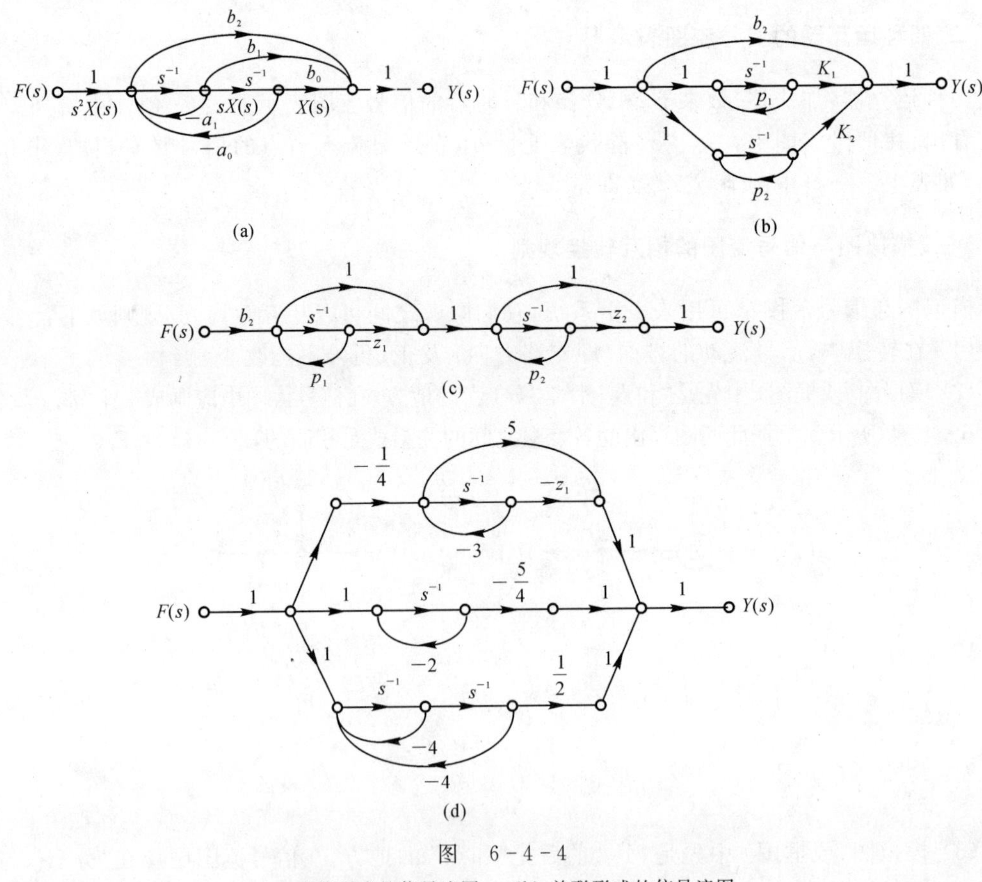

图 6-4-4

(a) 直接形式的信号流图; (b) 并联形式的信号流图;

(c) 级联形式的信号流图; (d) 混联形式的信号流图

解 与图 6-3-6 ~ 图 6-3-9 相对应的信号流图分别如图 6-4-4(a)(b)(c)(d) 所示。

信号流图实际上是线性代数方程组的图示形式，即用图把线性代数方程组表示出来。有了系统的信号流图，利用梅森公式（见下面），即可很容易地求得系统函数 $H(s)$。这要比从解线性代数方程组求 $H(s)$ 容易得多。

信号流图的优点如下：

(1) 用它来表示系统，要比用模拟图或框图表示系统更加简明、清晰，而且图也易画。

(2) 下面将会知道，信号流图也是求系统函数 $H(s)$ 的有力工具。亦即根据信号流图，利用梅森(Mason)公式，可以很容易地求得系统的系统函数 $H(s)$。

例 6-4-2　已知系统的信号流图如图 6-4-5(a) 所示。试画出与之对应的模拟图。

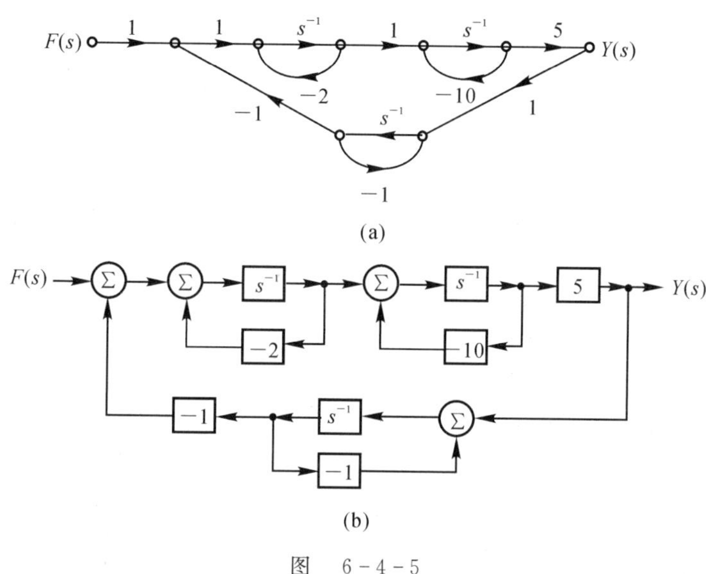

图　6-4-5

解　根据模拟图与信号流图的转换规则，即可画出其模拟图，如图 6-4-5(b) 所示。于是可求得此系统的系统函数（请读者求之）为

$$H(s)=\frac{Y(s)}{F(s)}=\frac{5(s+1)}{s^3+13s^2+32s+21}$$

四、信号流图的名词术语

下面以图 6-4-4(a) 为例，介绍信号流图的一些名词术语。

1. 节点

表示系统变量（即信号）的点称为节点，如图中的点 $F(s)$，$s^2X(s)$，$sX(s)$，$X(s)$，$Y(s)$；或者说每一个节点代表一个变量。该图中共有 5 个变量，故共有 5 个节点。

2. 支路

连接两个节点之间的有向线段（或线条）称为支路。每一条支路代表一个子系统，支路的方向表示信号的传输（或流动）方向，支路旁标注的 $H(s)$ 代表支路（子系统）的传输函数。例如图中的 1，s^{-1}，$-a_1$，$-a_0$，b_2，b_1，b_0 均为相应支路的传输函数。

3. 激励节点

代表系统激励信号的节点称为激励节点，如图中的节点 $F(s)$。激励节点的特点是，连接在它上面的支路只有流出去的支路，而没有流入它的支路。激励节点也称源节点或源点。

4. 响应节点

代表所求响应变量的节点称为响应节点，如图中的节点 $Y(s)$。有时为了把响应节点更突出地显示出来，也可从响应节点上再增加引出一条传输函数为 1 的有向支路，如图 6-4-4(a) 中最右边的线条所示。

5. 混合节点

若在一个节点上既有输入支路，又有输出支路，则这样的节点即为混合节点。混合节点除了代表变量外，还对输入它的信号有求和的功能，它所代表的变量就是所有输入它的信号的和，此和信号就是它的输出信号。

6. 通路

从任一节点出发，沿支路箭头方向（不能是相反方向）连续地经过各相连支路而到达另一节点的路径称为通路。

7. 环路

若通路的起始节点就是该通路的终止节点，而且除起始节点外，该通路与其余节点相遇的次数不多于 1，则这样的通路称为闭合通路或称环路。如图 6-4-4(a) 中共有两个环路：$s^2X(s)\rightarrow s^{-1}\rightarrow(-a_1)\rightarrow s^2X(s)$；$s^2X(s)\rightarrow s^{-1}\rightarrow sX(s)\rightarrow s^{-1}\rightarrow X(s)\rightarrow(-a_0)\rightarrow s^2X(s)$。环路也称回路。

8. 开通路

与任一节点相遇的次数不多于 1 的通路称为开通路，它的起始节点与终止节点不是同一节点。

9. 前向开通路

从激励节点至响应节点的开通路称为前向开通路，也简称前向通路。如图 6-4-4(a) 中共有三条前向通路：$F(s)\rightarrow 1\rightarrow s^2X(s)\rightarrow b_2\rightarrow Y(s)$；$F(s)\rightarrow 1\rightarrow s^2X(s)\rightarrow s^{-1}\rightarrow sX(s)\rightarrow b_1\rightarrow Y(s)$；$F(s)\rightarrow 1\rightarrow s^2X(s)\rightarrow s^{-1}\rightarrow sX(s)\rightarrow s^{-1}\rightarrow X(s)\rightarrow b_0\rightarrow Y(s)$。

10. 互不接触的环路

没有公共节点的环路称为互不接触的环路。在图 6-4-4(a) 中不存在互不接触的环路。

11. 自环路

只有一个节点和一条支路的环路称为自环路，简称自环。在图 6-4-4(a) 中没有自环路。

12. 环路传输函数

环路中各支路传输函数的乘积称为环路传输函数。

13. 前向开通路的传输函数

前向开通路中各支路传输函数的乘积，称为前向开通路的传输函数。

五、梅森公式(Mason's Formula)

从系统的信号流图直接求系统函数 $H(s)=\dfrac{Y(s)}{F(s)}$ 的计算公式，称为梅森公式。该公式为

$$H(s)=\frac{Y(s)}{F(s)}=\frac{1}{\Delta}\sum_k P_k\Delta_k \tag{6-4-1}$$

此公式的证明甚繁，此处略去。现从应用角度对此公式予以说明。式中

$$\Delta = 1 - \sum_i L_i + \sum_{m,n} L_m L_n - \sum_{p,q,r} L_p L_q L_r + \cdots \qquad (6-4-2)$$

Δ 称为信号流图的特征行列式。

式中，L_i 为第 i 个环路的传输函数，$\sum_i L_i$ 为所有环路传输函数之和；

$L_m L_n$ 为两个互不接触环路传输函数的乘积，$\sum_{m,n} L_m L_n$ 为所有两个互不接触环路传输函数乘积之和；

$L_p L_q L_r$ 为三个互不接触环路传输函数的乘积，$\sum_{p,q,r} L_p L_q L_r$ 为所有三个互不接触环路传输函数乘积之和；

P_k 为从激励节点至所求响应节点的第 k 条前向开通路所有支路传输函数的乘积；

Δ_k 为除去第 k 条前向通路中所包含的支路和节点后所剩子流图的特征行列式。求 Δ_k 的公式仍然是式(6－4－2)。

例 6－4－3　图 6－4－6(a) 所示系统。求系统函数 $H(s) = \dfrac{Y(s)}{F(s)}$。

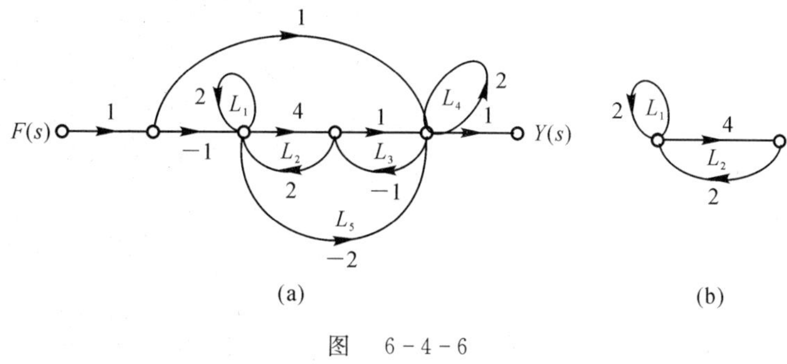

(a)　　(b)

图　6－4－6

解　(1) 求 Δ。

① 求 $\sum_i L_i$。该图共有 5 个环路，其传输函数分别为

$$L_1 = 2, \qquad L_2 = 2 \times 4 = 8, \qquad L_3 = 1 \times (-1) = -1$$

$$L_4 = 2, \qquad L_5 = -2 \times (-1) \times 2 = 4$$

故

$$\sum_i L_i = L_1 + L_2 + L_3 + L_4 + L_5 = 15$$

② 求 $\sum_{m,n} L_m L_n$。该图中两两互不接触的环路共有 3 组：

$$L_1 L_3 = 2 \times (-1) = -2$$

$$L_1 L_4 = 2 \times 2 = 4$$

$$L_2 L_4 = 8 \times 2 = 16$$

故

$$\sum_{m,n} L_m L_n = L_1 L_3 + L_1 L_4 + L_2 L_4 = 18$$

该图中没有 3 个和 3 个以上互不接触的环路，故有 $\sum_{p,q,r} L_p L_q L_r = 0$；…。故得

$$\Delta = 1 - \sum_i L_i + \sum_{m,n} L_m L_n - \sum_{p,q,r} L_p L_q L_r + \cdots = 1 - 15 + 18 = 4$$

(2) 求$\sum_k P_k\Delta_k$。

① 求 P_k。该图共有 3 个前向开通路，其传输函数分别为

$$P_1 = 1\times 1\times 1 = 1$$
$$P_2 = 1\times(-1)\times 4\times 1\times 1 = -4$$
$$P_3 = 1\times(-1)\times(-2)\times 1 = 2$$

② 求Δ_k。除去 P_1 前向开通路中所包含的支路和节点后，所剩子图如图 6-4-6(b) 所示。该子图共有两个环路，故

$$\sum_i L_i = L_1 + L_2 = 2 + 8 = 10$$

故
$$\Delta_1 = 1 - \sum_i L_i = 1 - 10 = -9$$

除去 P_2，P_3 前向开通路中所包含的支路和节点后，已无子图存在，故有

$$\Delta_2 = \Delta_3 = 1$$

故得

$$\sum_k P_k\Delta_k = P_1\Delta_1 + P_2\Delta_2 + P_3\Delta_3 = 1\times(-9) + (-4)\times 1 + 2\times 1 = -11$$

(3) 求 $H(s)$。

$$H(s) = \frac{Y(s)}{F(s)} = \frac{1}{\Delta}\sum_k P_k\Delta_k = \frac{1}{4}(-11) = -\frac{11}{4}$$

例 6-4-4 图 6-4-7(a) 所示系统。求系统函数 $H_1(s) = \dfrac{Y_1(s)}{F(s)}$，$H_2(s) = \dfrac{Y_2(s)}{F(s)}$。

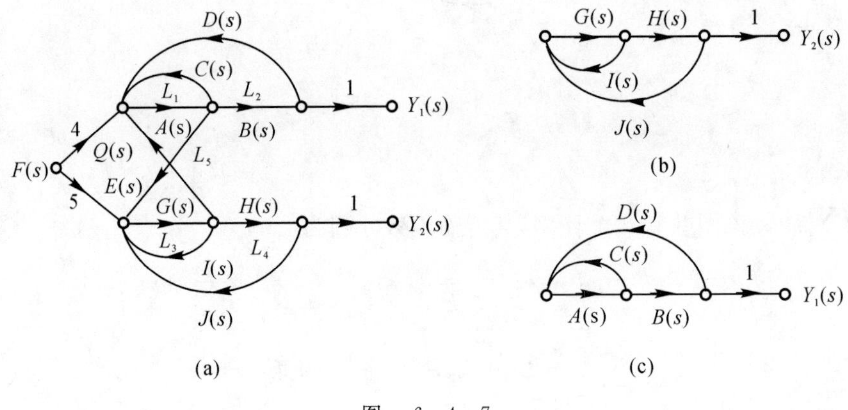

图 6-4-7

解 (1) 求 $H_1(s) = \dfrac{Y_1(s)}{F(s)}$。该系统共有 5 个环路：$L_1 = AC$，$L_2 = ABD$，$L_3 = GI$，$L_4 = GHJ$，$L_5 = AEGQ$，故

$$\sum_i L_i = L_1 + L_2 + L_3 + L_4 + L_5 = AC + ABD + GI + GHJ + AEGQ$$

该系统共有 4 组两两互不接触的环路：

$$L_1L_3 = ACGI,\quad L_1L_4 = ACGHJ$$
$$L_2L_3 = ABDGI,\quad L_2L_4 = ABDGHJ$$

故

$$\sum_{m,n} L_m L_n = L_1L_3 + L_1L_4 + L_2L_3 + L_2L_4 =$$
$$ACGI + ACGHJ + ABDGI + ABDGHJ = AG(I+HJ)(C+BD)$$

该系统中没有 3 个和 3 个以上的互不接触的环路，故有 $\sum_{p,q,r} L_pL_qL_r = 0$；…。故得

$$\Delta = 1 - \sum_i L_i + \sum_{m,n} L_mL_n - \sum_{p,q,r} L_pL_qL_r + \cdots =$$
$$1-(AC+ABD+GI+GHJ+AEGQ)+AG(I+HJ)(C+BD)$$

该系统从 $F(s)$ 到 $Y_1(s)$ 共有两个前向开通路，即 $F(s)\to 4\to A(s)\to B(s)\to 1\to Y(s)$；$F(s)\to 5\to G(s)\to Q(s)\to A(s)\to B(s)\to 1\to Y(s)$。故有

$$P_1 = 4AB\times 1 = 4AB,\quad P_2 = 5GQAB\times 1 = 5GQAB$$

求 Δ_1 的子信号流图如图 6－4－7(b) 所示，故有

$$\Delta_1 = 1 - \sum_i L_i = 1-(L_1+L_2) = 1-(GI+GHI)$$

因除去与 P_2 前向开通路中所包含的支路和节点后，已无子图存在，故有

$$\Delta_2 = 1$$

故得
$$\sum_k P_k\Delta_k = P_1\Delta_1 + P_2\Delta_2 = 4AB[1-(GI+GHJ)] + 5GQAB\times 1$$

故得
$$H_1(s) = \frac{Y_1(s)}{F(s)} = \frac{1}{\Delta}\sum_k P_k\Delta_k = \frac{1}{\Delta}[4AB(1-GI-GHJ)+5GQAB]$$

(2) 求 $H_2(s)=\dfrac{Y_2(s)}{F(s)}$。$\Delta$ 的求法与结果完全同上。该系统从 $F(s)$ 到 $Y_2(s)$ 共有两个前向开通路：

$$P_1 = 5GH\times 1 = 5GH$$
$$\Delta_1 = 1-(AC+ABD)$$

求 Δ_1 的子信号流图如图 6－4－7(c) 所示。同理可求得

$$P_2 = 4AEGH\times 1 = 4AEGH$$
$$\Delta_2 = 1$$

故
$$\sum_k P_k\Delta_k = P_1\Delta_1 + P_2\Delta_2 = 5GH[1-(AC+ABD)] + 4AEGH =$$
$$5GH(1-AC-ABD)+4AEGH$$

故得
$$H_2(s) = \frac{Y_2(s)}{F(s)} = \frac{1}{\Delta}\sum_k P_k\Delta_k = \frac{1}{\Delta}[5GH(1-AC-ABD)+4AEGH]$$

例 6－4－5　试画出图 6－3－15 所示系统的信号流图，并用梅森公式求子系统函数 $H_1(s)$。已知大系统的 $H(s)=\dfrac{Y(s)}{F(s)}=2$。

解　其信号流图如图 6－4－8 所示。下面用梅森公式求 $H_1(s)$。

$$L_1 = \frac{1}{s+3}\times K,\quad H_1(s) = H_1(s)\frac{K}{s+3}$$
$$L_2 = (-1)H_1(s) = -H_1(s)$$
$$\sum_i L_i = L_1 + L_2 = H_1(s)\left(\frac{K}{s+3}-1\right) = H_1(s)\frac{K-s-3}{s+3}$$

$$\Delta = 1 - \sum_i L_i = 1 - H_1(s)\,\frac{K-s-3}{s+3} = \frac{s+3-H_1(s)(K-s-3)}{s+3}$$

$$P_1 = 1\times(-1)\times 1 = -1,\quad \Delta_1 = 1,\quad P_1\Delta_1 = (-1)\times 1 = -1$$

$$P_2 = 1\times\frac{1}{s+3}\times K\times 1 = \frac{K}{s+3},\quad \Delta_2 = 1$$

$$P_2\Delta_2 = \frac{K}{s+3}\times 1 = \frac{K}{s+3}$$

$$\sum_k P_k\Delta_k = P_1\Delta_1 + P_2\Delta_2 = (-1) + \frac{K}{s+3} = \frac{K-s-3}{s+3}$$

$$H(s) = \frac{Y(s)}{H(s)} = \frac{1}{\Delta}\sum_k P_k\Delta_k = \frac{\dfrac{K-s-3}{s+3}}{\dfrac{s+3-H_1(s)(K-s-3)}{s+3}} = 2$$

解得

$$H_1(s) = -\frac{3s+9-K}{2(s+3-K)}$$

与例 6－3－3 的结果全同。

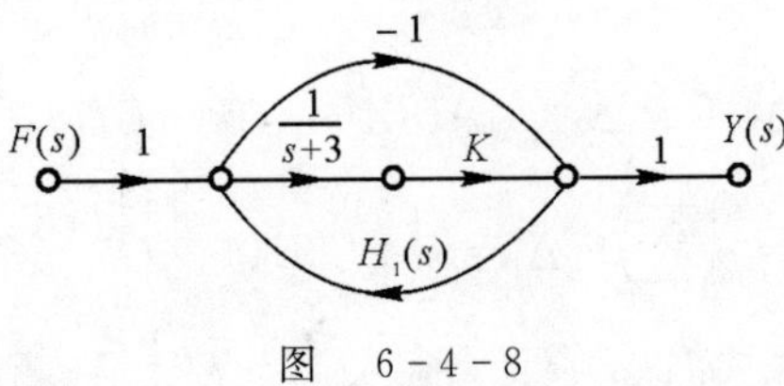

图　6－4－8

现将系统的信号流图与梅森公式汇总于表 6－4－1 中，以便复习和查用。

表 6－4－1　系统的信号流图与梅森公式

定　义	由表示信号的节点和表示子系统的有向支路构成的、能表征系统功能与信号流动方向的图，称为系统的信号流图
名词术语	节点，支路，激励节点，响应节点，混合节点，通路，环路，开通路，前向开通路，互不接触的环路，自环路，环路传输函数，前向开通路的传输函数
梅森公式	根据信号流图求 $H(s)$ 的公式称为梅森公式，即 $H(s)=\frac{1}{\Delta}\sum_k P_k\Delta_k,\ \Delta = 1-\sum_i L_i+\sum_{m,n}L_mL_n-\sum_{p,q,r}L_pL_qL_r+\cdots$ Δ 称为信号流图的特征行列式。P_k 为由激励节点到所求响应节点的第 k 条前向通路的传输函数；Δ_k 为去掉与第 k 条前向通路相接触的回路（环路）后，所剩子图的特征行列式

思考题

你在应用梅森公式求复杂系统的系统函数时是如何找前向通路、回路、两两不接触回路、三三不接触回路？你觉得易出错之点是什么？

6.5　系统函数 $H(s)$ 的应用

本节我们将从 11 个方面研究 $H(s)$ 的应用。

一、$H(s)$ 的极点就是系统的自然频率

因
$$H(s)=\frac{N(s)}{D(s)}=\frac{N(s)}{a_n s^n+a_{n-1}s^{n-1}+\cdots+a_1 s+a_0}$$
令 $D(s)=a_n s^n+a_{n-1}s^{n-1}+\cdots+a_1 s+a_0=0$，其根为 $H(s)$ 的极点，也就是系统的自然频率，它只与系统本身的结构和元件参数有关，而与激励和响应均无关。

要强调指出：系统的自然频率与系统变量的自然频率不完全是一个概念，主要是它们两者的个数不一定相等。系统变量的自然频率一定是系统的自然频率，但系统的自然频率并不是其中的每一个都必然能反映在系统的变量之中，它们之间的关系可用集合的语言表示为：系统变量的自然频率 $\subseteq$ 系统的自然频率。

例 6-5-1　图 6-5-1(a) 所示电路为无激励电路（即外激励与内激励均为零的电路），求电路的自然频率。

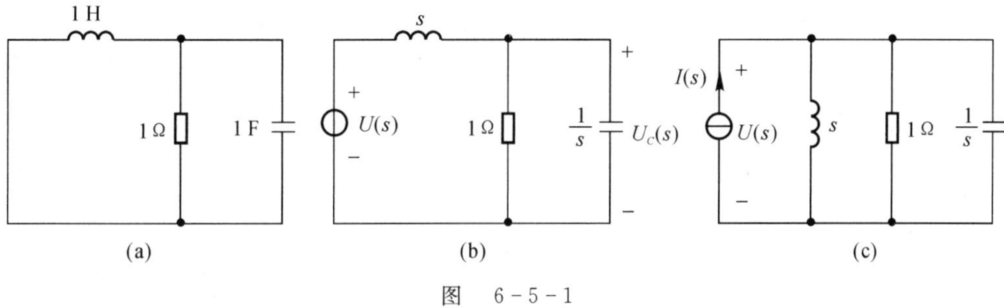

图　6-5-1

解　因为电路的自然频率与激励和响应均无关，所以我们可以用施加电源（电压源或电流以源）并求任意处的响应的方法求解。施加电压源时，此电压源应与电路中的任一支路串联；施加电流源时，此电流源应与电路中的任一支路并联。因为只有这样，才能保证原无激励电路的结构不发生改变。

(1) 施加电压源 $U(s)$ 并任意选 $U_C(s)$ 为响应，如图 6-5-1(b) 所示电路。根据此电路可求得
$$H(s)=\frac{U_C(s)}{U(s)}=\frac{1}{s^2+s+1}$$
令分母 $D(s)=s^2+s+1=0$，得两个极点为 $p_1=-\frac{1}{2}+\mathrm{j}\frac{\sqrt{3}}{2}$，$p_2=-\frac{1}{2}-\mathrm{j}\frac{\sqrt{3}}{2}$。$p_1$ 和 p_2 即为所求的该电路的自然频率。

(2) 施加电流源 $I(s)$，并任意选 $U(s)$ 为响应，如图 6-5-1(c) 所示电路。根据此电路可求得
$$H(s)=\frac{U(s)}{I(s)}=\frac{s}{s^2+s+1}$$

令分母 $D(s)=s^2+s+1=0$，其根同上。

从(1)和(2)两个计算结果中看出，所得 $H(s)$ 的极点是相同的，即电路的自然频率是相同的。这就是因为 $H(s)$ 的极点（即电路的自然频率）与激励和响应均无关，而只与电路本身的结构和元件值有关。

二、求单位冲激响应 $h(t)$

因有
$$H(s)=\mathscr{L}[h(t)]$$
故得
$$h(t)=\mathscr{L}^{-1}[H(s)]$$

例 6-5-2 已知(1) $H(s)=\dfrac{1-\mathrm{e}^{-s\tau}}{s}$；(2) $H(s)=\dfrac{1-\mathrm{e}^{-s\tau}}{s(1-\mathrm{e}^{-sT})}$，设 $T>\tau$。求 $H(s)$ 的零点与极点，画出零、极点图；求 $h(t)$，并画出 $h(t)$ 的波形。

解 (1) 该 $H(s)$ 只有一个极点 $p_1=0$；其零点求之如下：

令
$$1-\mathrm{e}^{-s\tau}=0$$
即
$$\mathrm{e}^{-s\tau}=1$$
即
$$\mathrm{e}^{s\tau}=1=\mathrm{e}^{\mathrm{j}2k\pi},\quad k\in\mathbf{Z}$$
故得
$$s\tau=\mathrm{j}2k\pi\ ,\quad s=\mathrm{j}\,\frac{2k\pi}{\tau}$$

故得零点为 $z_0=0$；$z_1=-\mathrm{j}\,\dfrac{2\pi}{\tau}$，$z_2=\mathrm{j}\,\dfrac{2\pi}{\tau}=\overset{*}{z}_1$；$z_3=-\mathrm{j}\,\dfrac{4\pi}{\tau}$，$z_4=\mathrm{j}\,\dfrac{4\pi}{\tau}=\overset{*}{z}_3$；…。其零、极点分布如图 6-5-2(a) 所示。故 $H(s)$ 又可写为

$$H(s)=\frac{s\left(s+\mathrm{j}\,\frac{2\pi}{\tau}\right)\left(s-\mathrm{j}\,\frac{2\pi}{\tau}\right)\left(s+\mathrm{j}\,\frac{4\pi}{\tau}\right)\left(s-\mathrm{j}\,\frac{4\pi}{\tau}\right)\cdots\left(s+\mathrm{j}\,\frac{2k\pi}{\tau}\right)\left(s-\mathrm{j}\,\frac{2k\pi}{\tau}\right)}{s}=$$
$$\left(s+\mathrm{j}\,\frac{2\pi}{\tau}\right)\left(s-\mathrm{j}\,\frac{2\pi}{\tau}\right)\left(s+\mathrm{j}\,\frac{4\pi}{\tau}\right)\left(s-\mathrm{j}\,\frac{4\pi}{\tau}\right)\cdots\left(s+\mathrm{j}\,\frac{2k\pi}{\tau}\right)\left(s-\mathrm{j}\,\frac{2k\pi}{\tau}\right)$$

其中位于坐标原点上的极点与零点对消了，即分母与分子中的公因子 s 相消了，从而使该 $H(s)$ 在 s 平面上没有极点而只有零点。

将 $H(s)$ 的表示式改写为
$$H(s)=\frac{1}{s}-\frac{1}{s}\mathrm{e}^{-s\tau}$$
故经反变换得
$$h(t)=\mathscr{L}^{-1}[H(s)]=U(t)-U(t-\tau)$$
$h(t)$ 的波形如图 6-5-2(b) 所示。可见 $h(t)$ 为一时限信号。由此可得到一个结论：所有时限信号在 s 平面上没有极点，只有零点，且零点全都分布在 $\mathrm{j}\omega$ 轴上。

(2) 仿照上面(1) 的方法，可将该 $H(s)$ 的分子、分母分别分解因式，从而写成下式，即

$$H(s)=\frac{s\left(s+\mathrm{j}\,\frac{2\pi}{\tau}\right)\left(s-\mathrm{j}\,\frac{2\pi}{\tau}\right)\left(s+\mathrm{j}\,\frac{4\pi}{\tau}\right)\left(s-\mathrm{j}\,\frac{4\pi}{\tau}\right)\cdots\left(s+\mathrm{j}\,\frac{2k\pi}{\tau}\right)\left(s-\mathrm{j}\,\frac{2k\pi}{\tau}\right)}{ss\left(s+\mathrm{j}\,\frac{2\pi}{T}\right)\left(s-\mathrm{j}\,\frac{2\pi}{T}\right)\left(s+\mathrm{j}\,\frac{4\pi}{T}\right)\left(s-\mathrm{j}\,\frac{4\pi}{T}\right)\cdots\left(s+\mathrm{j}\,\frac{2k\pi}{T}\right)\left(s-\mathrm{j}\,\frac{2k\pi}{T}\right)}$$

故可画出零、极点分布如图 6-5-2(c) 所示。其单位冲激响应为

$$h(t)=\mathscr{L}^{-1}[H(s)]=\mathscr{L}^{-1}\left[\frac{1-\mathrm{e}^{-s\tau}}{s}\,\frac{1}{1-\mathrm{e}^{-sT}}\right]=\mathscr{L}^{-1}\left[\frac{1-\mathrm{e}^{-s\tau}}{s}\right]*\mathscr{L}^{-1}\left[\frac{1}{1-\mathrm{e}^{-sT}}\right]=$$

$$[U(t)-U(t-\tau)]*\sum_{n=0}^{\infty}\delta(t-nT)=\sum_{n=0}^{\infty}\{[U(t)-U(t-\tau)]*\delta(t-nT)\}=$$

$$\sum_{n=0}^{\infty}[U(t-nT)-U(t-nT-\tau)],\quad n=0,1,2,\cdots$$

$h(t)$ 的波形如图 6-5-2(d) 所示，可见为一有始的周期函数，周期为 T。

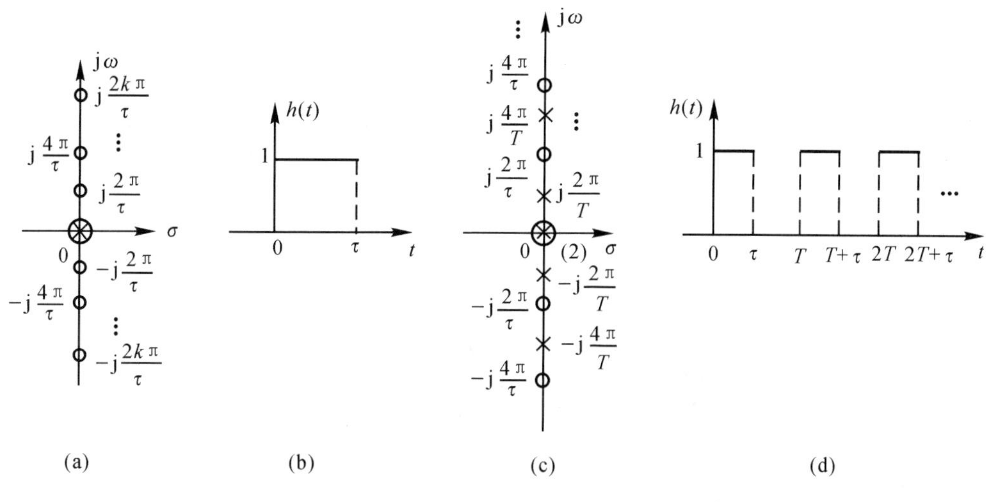

图　6-5-2

注：坐标原点上的极点为二阶的，用“(2)”表示。

例 6-5-3　已知系统函数 $H(s)=\dfrac{s}{s^2+4s+8}$，求 $h(t)$。

解
$$H(s)=\frac{s+2-2}{(s+2)^2+2^2}=\frac{s+2}{(s+2)^2+2^2}-\frac{2}{(s+2)^2+2^2}$$

故得
$$h(t)=(\mathrm{e}^{-2t}\cos2t-\mathrm{e}^{-2t}\sin2t)U(t)=\mathrm{e}^{-2t}(\cos2t-\sin2t)U(t)$$

三、$H(s)$ 的极点、零点分布对 $h(t)$ 的影响

$h(t)$ 随时间变化的波形形状只由 $H(s)$ 的极点决定，与 $H(s)$ 的零点无关；$h(t)$ 的大小和相位由 $H(s)$ 的极点和零点共同决定。

例 6-5-4　画出下列各系统函数的零、极点分布及单位冲激响应 $h(t)$ 的波形。

(1) $H(s)=\dfrac{s+1}{(s+1)^2+2^2}$；　　(2) $H(s)=\dfrac{s}{(s+1)^2+2^2}$；

(3) $H(s)=\dfrac{(s+1)^2}{(s+1)^2+2^2}$。

解　所给三个系统函数的极点均相同，即均为 $p_1=-1+\mathrm{j}2$，$p_2=-1-\mathrm{j}2=\overset{*}{p}_1$，但零点是各不相同的。

(1) $h(t)=\mathscr{L}^{-1}\left[\dfrac{s+1}{(s+1)^2+2^2}\right]=\mathrm{e}^{-t}\cos2tU(t)$

(2) $h(t)=\mathscr{L}^{-1}\left[\dfrac{s}{(s+1)^2+2^2}\right]=\mathscr{L}^{-1}\left[\dfrac{s+1}{(s+1)^2+2^2}-\dfrac{1}{2}\,\dfrac{2}{(s+1)^2+2^2}\right]=$

$$e^{-t}\cos 2tU(t)-\frac{1}{2}e^{-t}\sin 2tU(t)=e^{-t}\left(\cos 2t-\frac{1}{2}\sin 2t\right)U(t)=$$

$$\frac{\sqrt{5}}{2}e^{-t}\cos(2t-26.57°)U(t)$$

(3) $h(t)=\mathscr{L}^{-1}\left[\frac{(s+1)^2}{(s+1)^2+2^2}\right]=\mathscr{L}^{-1}\left[1-2\frac{2}{(s+1)^2+2^2}\right]=$

$$\delta(t)-2e^{-t}\sin 2tU(t)=\delta(t)-2e^{-t}\cos(2t-90°)U(t)$$

它们的零、极点分布及 $h(t)$ 的波形分别如图 6-5-3(a)(b)(c) 所示。

从上述分析结果和图 6-5-3 看出，当零点从 -1 移到原点 0 时，$h(t)$ 的波形幅度与相位发生了变化；当 -1 处的零点由一阶变为二阶时，则不仅 $h(t)$ 波形的幅度和相位发生了变化，而且其中还出现了冲激函数 $\delta(t)$。

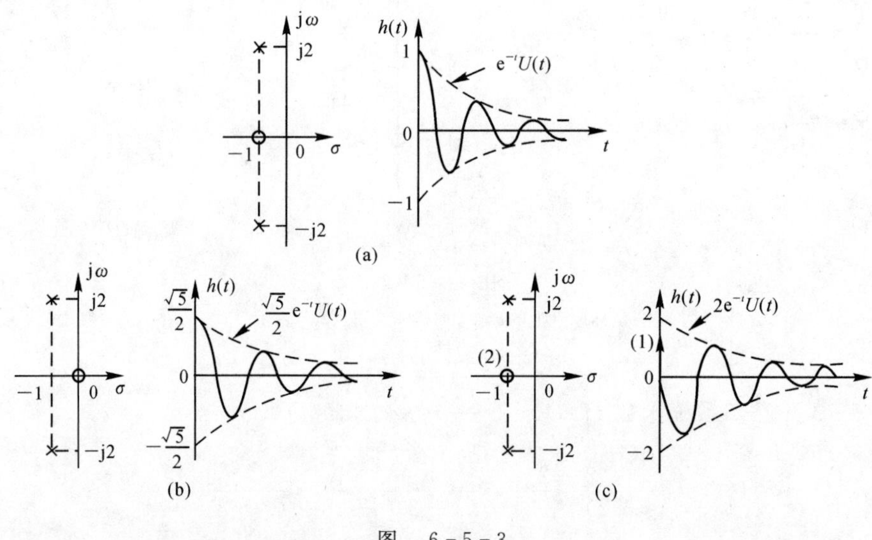

图 6-5-3

四、根据 $H(s)$ 判断系统的稳定性

详见 6.6 节。

五、根据 $H(s)$ 可写出系统的微分方程

若 $H(s)$ 的分子、分母多项式无公因式相消，则可根据 $H(s)$ 的表达式写出它所联系的响应 $y(t)$ 与激励 $f(t)$ 之间关系的微分方程。例如设

$$H(s)=\frac{Y(s)}{F(s)}=\frac{s+2}{s^3+4s^2+5s+10}$$

则其微分方程为

$$y'''(t)+4y''(t)+5y'(t)+10y(t)=f'(t)+2f(t)$$

六、$H(s)$ 的极点确定了系统零输入响应 $y_x(t)$ 随时间的变化规律

若 $H(s)$ 的分母 $D(s)=a_ns^n+a_{n-1}s^{n-1}+\cdots+a_1s+a_0=0$ 的根为 n 个单根 $p_1,p_2,\cdots,p_n$，则

$$y_x(t)=(A_1e^{p_1t}+A_2e^{p_2t}+\cdots+A_ne^{p_nt})U(t)$$

若 $H(s)$ 的分母 $D(s)=a_ns^n+a_{n-1}s^{n-1}+\cdots+a_1s+a_0=0$ 的根为 n 重根 $p_1=p_2=\cdots=p_n=p$，则

$$y_x(t)=(A_1e^{pt}+A_2te^{pt}+A_3t^2e^{pt}+\cdots+A_nt^{n-1}e^{pt})U(t)$$

上两式中的系数 $A_1,A_2,\cdots,A_n$ 由系统的已知 n 个初始条件决定。

七、对给定的激励 $f(t)$ 求系统的零状态响应 $y_f(t)$

设　　$F(s)=\mathscr{L}[f(t)],\quad Y_f(s)=\mathscr{L}[y_f(t)]$

则根据式(6－1－1)有

$$Y_f(s)=H(s)F(s)$$

进行反变换即得零状态响应为

$$y_f(t)=\mathscr{L}^{-1}[Y_f(s)]=\mathscr{L}^{-1}[H(s)F(s)]$$

若 $Y_f(s)$ 的分子、分母没有公因式相消，则 $Y_f(s)$ 的极点中包括了 $H(s)$ 和 $F(s)$ 的全部极点。其中 $H(s)$ 的极点确定了零状态响应 $y_f(t)$ 中自由响应分量的时间模式；而 $F(s)$ 的极点则确定了 $y_f(t)$ 中强迫响应分量的时间模式。

例 6－5－5　图 6－5－4(a) 所示电路。已知 $f(t)=20e^{-2t}U(t)$ V，求零状态响应 $u(t)$。

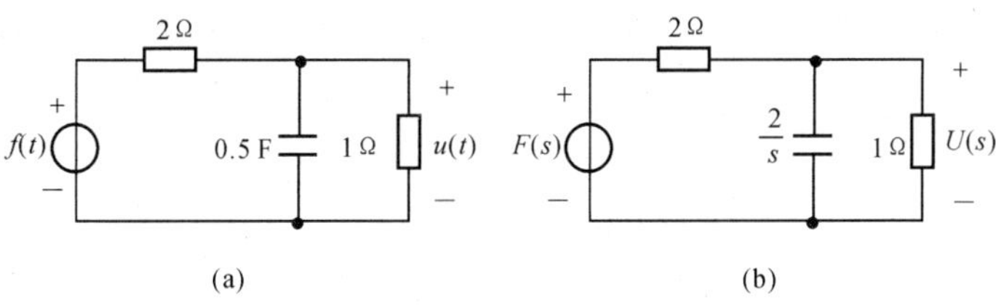

图　6－5－4

解　其 s 域电路如图 6－5－4(b) 所示。

$$H(s)=\frac{U(s)}{F(s)}=\frac{1}{2+\dfrac{1}{1+0.5s}}\,\frac{1}{1+0.5s}=\frac{1}{s+3}$$

$$F(s)=\mathscr{L}[f(t)]=\frac{20}{s+2},\quad U(s)=H(s)F(s)=\frac{1}{s+3}\,\frac{20}{s+2}=\frac{-20}{s+3}+\frac{20}{s+2}$$

故得

$$u(t)=\underbrace{\underbrace{\underbrace{-20e^{-3t}U(t)}_{\text{自由响应}}+\underbrace{20e^{-2t}U(t)}_{\text{强迫响应}}}_{\text{瞬态响应}}\ \text{V}}_{\text{零状态响应}}$$

八、求系统的频率特性(即频率响应)$H(j\omega)$

对于稳定和临界稳定系统[即 $H(s)$ 的收敛域包括 $j\omega$ 轴在内]，可令 $H(s)$ 中的 $s=j\omega$ 而求

得 $H(\mathrm{j}\omega)$。* 即

$$H(\mathrm{j}\omega)=H(s)\big|_{s=\mathrm{j}\omega}=\left.\frac{b_m s^m+\cdots+b_1 s+b_0}{a_n s^n+\cdots+a_1 s+a_0}\right|_{s=\mathrm{j}\omega}=\frac{b_m(\mathrm{j}\omega)^m+\cdots+b_1\mathrm{j}\omega+b_0}{a_n(\mathrm{j}\omega)^n+\cdots+a_1\mathrm{j}\omega+a_0} \tag{6-5-1}$$

$H(\mathrm{j}\omega)$ 一般为 ω 的复数函数，故可写为

$$H(\mathrm{j}\omega)=|H(\mathrm{j}\omega)|\mathrm{e}^{\mathrm{j}\varphi(\omega)}$$

$|H(\mathrm{j}\omega)|$ 和 $\varphi(\omega)$ 分别称为系统的模频特性与相频特性。

例 6-5-6 用解析法求图 6-5-5 所示两个电路的频率特性。图 6-5-5(a) 电路为一阶低通滤波电路，图 6-5-5(b) 电路为一阶高通滤波电路。

解 (a) $H(s)=\dfrac{U_2(s)}{U_1(s)}=\dfrac{\frac{1}{Cs}}{R+\frac{1}{Cs}}=\dfrac{1}{1+CRs}$

故得
$$H(\mathrm{j}\omega)=|H(\mathrm{j}\omega)|\mathrm{e}^{\mathrm{j}\varphi(\omega)}=\frac{1}{1+\mathrm{j}\omega RC}$$

即
$$|H(\mathrm{j}\omega)|=\frac{1}{\sqrt{1+(\omega RC)^2}},\quad \varphi(\omega)=-\arctan(RC\omega)$$

根据上两式即可画出模频特性与相频特性，如图 6-5-6 所示，可见为一低通滤波器。当 $\omega=\omega_c=\dfrac{1}{RC}$ 时，$|H(\mathrm{j}\omega)|=\dfrac{1}{\sqrt{2}}$，$\varphi(\omega)=-45°$。$\omega_c=\dfrac{1}{RC}$ 称为截止频率，0 到 ω_c 的频率范围称为低通滤波器的通频带。通频带就等于 ω_c。

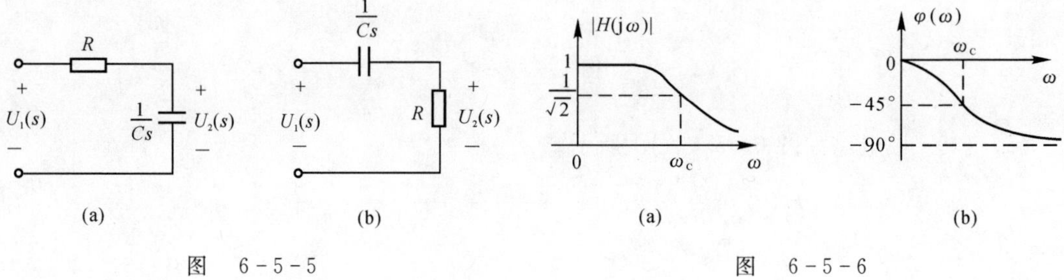

图 6-5-5　　　　图 6-5-6

(b) $H(s)=\dfrac{U_2(s)}{U_1(s)}=\dfrac{R}{R+\frac{1}{Cs}}=\dfrac{RCs}{RCs+1}$

故得
$$H(\mathrm{j}\omega)=|H(\mathrm{j}\omega)|\mathrm{e}^{\mathrm{j}\varphi(\omega)}=\frac{\mathrm{j}\omega RC}{\mathrm{j}\omega RC+1}$$

即
$$|H(\mathrm{j}\omega)|=\frac{RC\omega}{\sqrt{1+(RC\omega)^2}},\quad \varphi(\omega)=\mathrm{acrtan}\,\frac{1}{RC\omega}$$

其频率特性如图 6-5-7 所示，可见为一高通滤波器。当 $\omega=\omega_c=\dfrac{1}{RC}$ 时，$|H(\mathrm{j}\omega)|=\dfrac{1}{\sqrt{2}}$，

---

* 由于不稳定的系统不存在 $H(\mathrm{j}\omega)$，故不能用式 $H(s)|_{s=\mathrm{j}\omega}=H(\mathrm{j}\omega)$ 求 $H(\mathrm{j}\omega)$。

$\varphi(\omega)=45°$。 $\omega_c=\dfrac{1}{RC}$ 为其截止频率，从 ω_c 到 ∞ 的频率范围为其通频带。

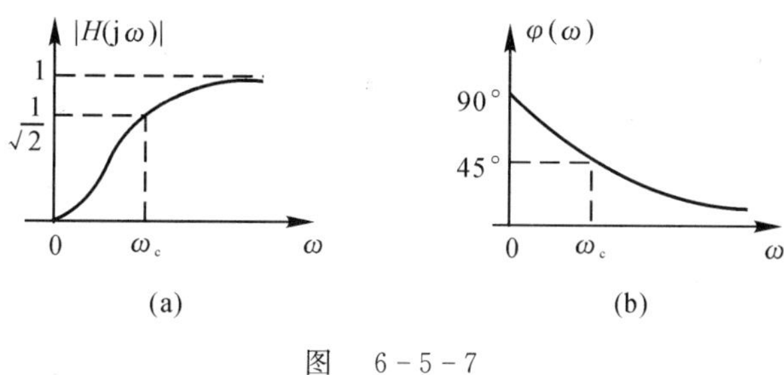

图　6-5-7

九、求系统的正弦稳态响应 $y_s(t)$

1. 定义

因为只有在具有稳定性的系统中才能存在稳态响应，所以研究系统正弦稳态响应问题的前提是，系统必须具有稳定性。

对于稳定系统，当正弦激励信号 $f(t)=F_m\cos(\omega_0 t+\psi)$ 在 $t=0$ 时刻作用于系统时，经过无穷长的时间(实际上只需要有限长时间)后，系统即达到稳定工作状态。此时系统中的所有瞬态响应已衰减为零，系统中只存在稳态响应了，此稳态响应即为系统的正弦稳态响应。

2. 求解方法与步骤

(1) 求系统函数 $H(s)$。

(2) 求系统的频率特性 $H(j\omega)$，即

$$H(j\omega)=H(s)\big|_{s=j\omega}=|H(j\omega)|\,e^{j\varphi(\omega)}$$

(3) 求 $|H(j\omega_0)|$ 和 $\varphi(\omega_0)$，即

$$|H(j\omega)|\big|_{\omega=\omega_0}=|H(j\omega_0)|$$

$$\varphi(\omega)\big|_{\omega=\omega_0}=\varphi(\omega_0)$$

(4) 将所求得的 $|H(j\omega_0)|$ 和 $\varphi(\omega_0)$ 代入式

$$y_s(t)=F_m\,|H(j\omega_0)|\cos[\omega_0 t+\psi+\varphi(\omega_0)]$$

即得正弦稳态响应 $y_s(t)$。可见系统的正弦稳态响应 $y_s(t)$ 仍为与激励 $f(t)$ 同频率 ω_0 的正弦函数，但振幅增大为 $|H(j\omega_0)|$ 倍，相位增加了 $\varphi(\omega_0)$。

例 6-5-7　已知 $H(s)=4\times\dfrac{s}{s^2+2s+2}$。(1) 用解析法求模频与相频特性 $|H(j\omega)|$ 和 $\varphi(\omega)$，并画出曲线；(2) 已知正弦激励 $f(t)=100\cos(2t+45°)U(t)$，求正弦稳态响应 $y_s(t)$。

解　(1) 由于 $H(s)$ 的分母为二次多项式且各项中的系数均为正实数，故系统是稳定的。故有

$$H(j\omega)=H(s)\big|_{s=j\omega}=\frac{4j\omega}{(j\omega)^2+2j\omega+2}=\frac{4\omega\,\angle 90°}{2-\omega^2+j2\omega}$$

故得

$$|H(j\omega)|=\frac{4\omega}{\sqrt{(2-\omega^2)^2+(2\omega)^2}},\quad \varphi(\omega)=90°-\arctan\frac{2\omega}{2-\omega^2}$$

根据上两式画出的曲线如图 6-5-8(a)(b) 所示，可见为一带通滤波器。

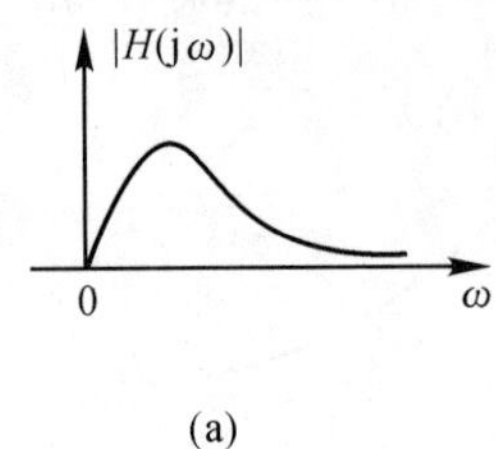

(a)

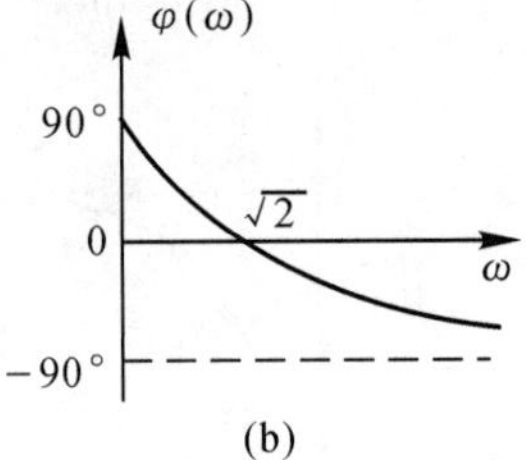

(b)

图　6-5-8

(2) 将 $\omega_0 = 2$ rad/s 代入上两式得

$$|H(\mathrm{j}2)| = 1.79$$

$$\varphi(2) = -26.57^\circ$$

故得正弦稳态响应为

$$y_{\mathrm{s}}(t) = |H(\mathrm{j}2)| F_{\mathrm{m}} \cos[2t + 45^\circ + \varphi(2)] = \\ 1.79 \times 100 \cos[2t + 45^\circ - 26.57^\circ] = 179 \cos(2t + 18.43^\circ)$$

十、根据 $H(s)$ 可画出系统的模拟图和信号流图

例 6-5-8　已知系统函数 $H(s) = \dfrac{2s+3}{s(s+3)(s+2)^2}$，试画出级联形式，直接形式，并联形式的信号流图。

解　(1)　$$H(s) = \frac{1}{s}\,\frac{1}{s+2}\,\frac{1}{s+2}\,\frac{2s+3}{s+3}$$

级联形式的信号流图如图 6-5-9(a) 所示。

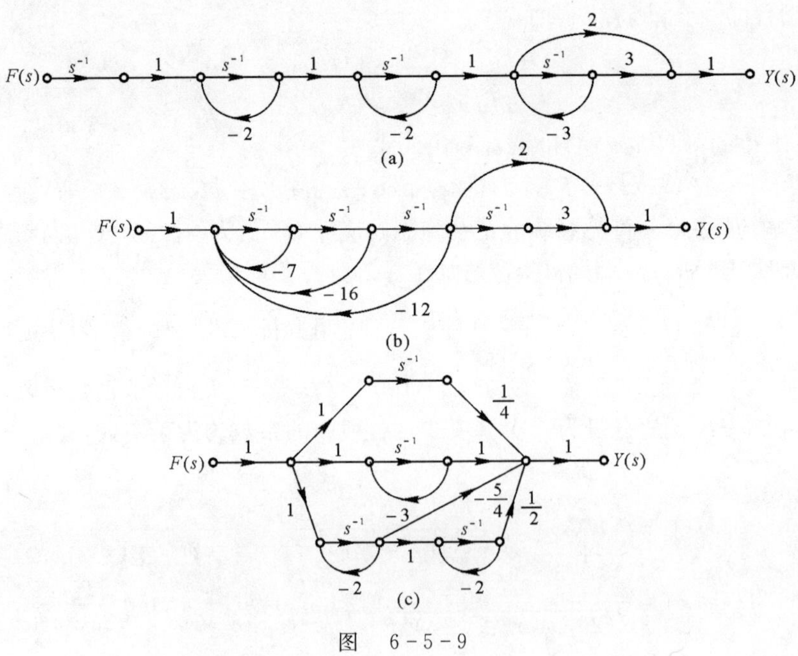

图　6-5-9

(2)
$$H(s)=\frac{2s+3}{s^4+7s^3+16s^2+12s}$$
直接形式的信号流图如图 6-5-9(b) 所示。

(3)
$$H(s)=\frac{\frac{1}{4}}{s}+\frac{1}{s+3}+\frac{-\frac{5}{4}}{s+2}+\frac{\frac{1}{2}}{(s+2)^2}$$
并联形式的信号流图如图 6-5-9(c) 所示。

十一、根据 $H(s)$ 的收敛域分布可判断系统的因果性

若 $H(s)$ 的收敛域为收敛坐标轴以右的 s 平面，则系统为因果系统。

若 $H(s)$ 的收敛域为收敛坐标轴以左的 s 平面，则系统为反因果系统。

若 $H(s)$ 的收敛域为 s 平面上的带状区域内部，则系统为一般性非因果系统。一般性非因果系统可视为因果系统与反因果系统的叠加，即一般性非因果性系统 = 因果系统 + 反因果系统。

现将 $H(s)$ 的应用汇总于表 6-5-1 中，以便复习和查用。

表 6-5-1　$H(s)$ 的应用

序　号	应　用	求法或结论
1	可从 $H(s)$ 求得系统的自然频率	求 $D(s)=0$ 的根
2	可求得系统的 $h(t)$	$h(t)=\mathscr{L}^{-1}[H(s)]$
3	从 $H(s)$ 的零、极点分布研究零、极点对 $h(t)$ 的影响	$h(t)$ 的变化规律只由 $H(s)$ 的极点决定，$h(t)$ 的大小和相位由 $H(s)$ 的零点和极点共同决定
4	从 $H(s)$ 的极点分布判断 因果系统是否具有稳定性	分析 $D(s)=0$ 的根在 s 平面上的分布
5	根据 $H(s)$ 可写出系统的微分方程	令 $s=p$ 即可
6	从 $H(s)$ 的极点可写出系统零输入响应的通解形式	$y_x(t)=A_1e^{p_1t}+A_2e^{p_2t_2}+\cdots+A_ne^{p_nt}$ (单根) $y_x(t)=A_1e^{pt}+A_2te^{pt}+\cdots+A_nt^{n-1}e^{pt}$ (n 重根)
7	求系统的零状态响应 $y_f(t)$	$y_f(t)=\mathscr{L}^{-1}[H(s)F(s)]$
8	从 $H(s)$ 可求得系统的 $H(j\omega)$	$H(j\omega)=H(s)\Big\|_{s=j\omega}$
9	求系统的正弦稳态响应 $y_s(t)$	$y_s(t)=F_m\mid H(j\Omega)\mid\cos[\Omega t+\psi+\varphi(\Omega)]$
10	根据 $H(s)$ 可画出系统的模拟图与信号流图	所画出的模拟图和信号流图，均不是唯一的
11	根据 $H(s)$ 的收敛域分布可判断系统的因果性	$\sigma>\sigma_0$，右单边信号，因果系统 $\sigma<\sigma_0$，左单边信号，反因果系统 $\sigma_1<\sigma<\sigma_2$，双边信号，非因果系统

*十二、$H(s)$ 应用综合举例

例 6-5-9 已知系统如图 6-5-10(a) 所示。(1) 求 $H(s)=\dfrac{Y(s)}{F(s)}$;(2) 画出一种时域电路模型,并标出电路元件的值。

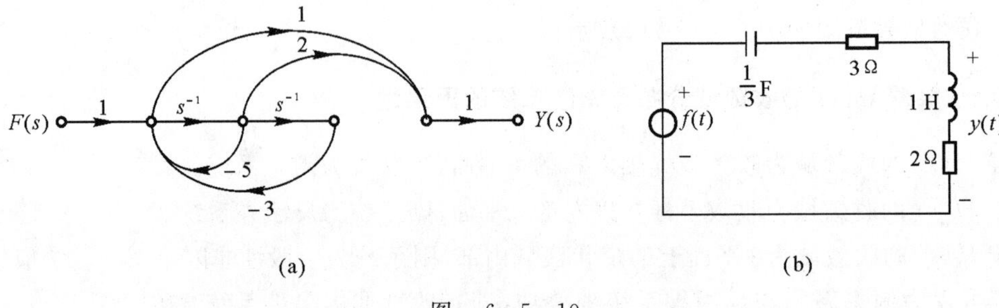

(a) (b)

图 6-5-10

解 (1)

$$H(s)=\frac{Y(s)}{F(s)}=\frac{s^2+2s}{s^2+5s+3}$$

(2) 将 $H(s)$ 改写为

$$H(s)=\frac{s+2}{s+5+\dfrac{3}{s}}=\frac{s+2}{s+2+\dfrac{3}{s}+3}$$

于是可画出与原系统等效的一种电路,如图 6-5-10(b) 所示,电路元件的值也标在图中。

例 6-5-10 图 6-5-11(a) 所示电路。(1) 求 $H(s)=\dfrac{U_2(s)}{F(s)}$;(2) 若 $f(t)=\cos 2tU(t)$ V,为使零状态响应中不存在正弦稳态响应分量,求乘积 LC 的值;(3) 若 $R=1\ \Omega$,$L=1$ H,试按第(2) 的条件求 $u_2(t)$。

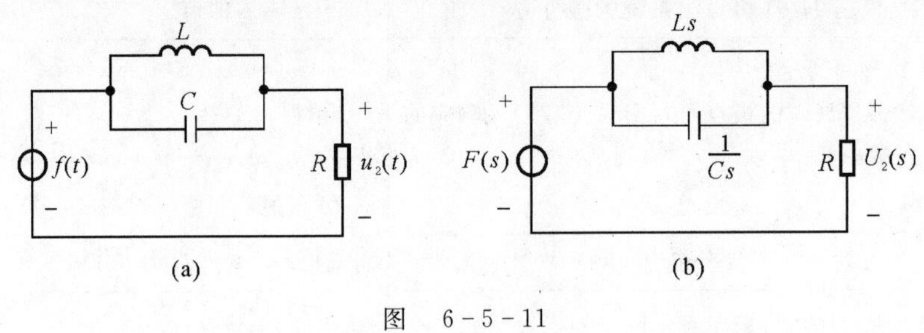

(a) (b)

图 6-5-11

解 (1) 其 s 域电路模型如图 6-5-11(b) 所示。故

$$H(s)=\frac{R}{\dfrac{Ls\times\dfrac{1}{Cs}}{Ls+\dfrac{1}{Cs}}+R}=\frac{s^2+\dfrac{1}{LC}}{s^2+\dfrac{1}{RC}s+\dfrac{1}{LC}}$$

(2)

$$F(s)=\frac{s}{s^2+4}$$

故
$$U_2(s)=H(s)F(s)=\frac{s^2+\frac{1}{LC}}{s^2+\frac{1}{RC}s+\frac{1}{LC}}\times\frac{s}{s^2+4}$$

可见，欲使 $u_2(t)$ 中不存在正弦稳态响应分量，则必须有 $s^2+4=s^2+\frac{1}{LC}$，即用 $H(s)$ 的零点把 $F(s)$ 的极点抵消，故解得 $LC=\frac{1}{4}$。

(3) 当已知 $L=1$ H，故得 $C=\frac{1}{4}$ F。故

$$U_2(s)=\frac{s}{s^2+\frac{1}{RC}s+\frac{1}{LC}}=\frac{s}{s^2+4s+4}=\frac{1}{s+2}-\frac{2}{(s+2)^2}$$

故得
$$u_2(t)=(e^{-2t}-2te^{-2t})U(t)\ (\mathrm{V})$$

例 6-5-11　已知线性时不变稳定系统 $H(s)$ 的零、极点分布如图 6-5-12(a) 所示，系统的激励 $f(t)=e^{3t}, t\in\mathbf{R}$，响应 $y(t)=\frac{3}{20}e^{3t}, t\in\mathbf{R}$。(1) 求 $H(s)$ 及 $h(t)$，判断系统是否为因果系统；(2) 若 $f(t)=U(t)$，求响应 $y(t)$；(3) 求系统的微分方程；(4) 画出系统的一种信号流图。

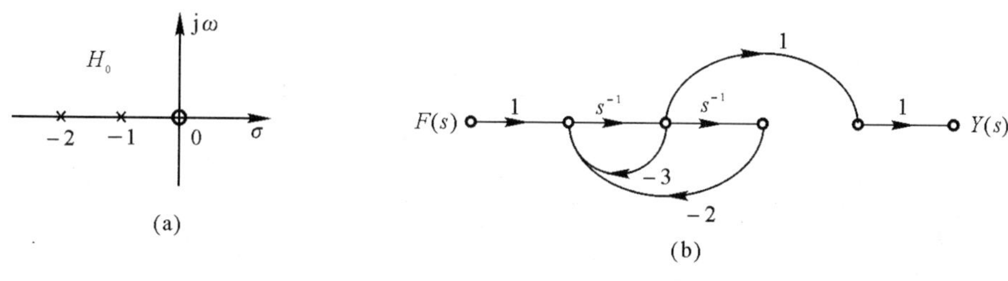

图　6-5-12

解　(1)
$$H(s)=H_0\frac{s}{(s+1)(s+2)}$$

因有
$$y(t)=H(s)e^{st},\quad t\in\mathbf{R}$$

故
$$y(t)=\frac{3}{20}e^{3t}=H(3)e^{3t}$$

故得
$$H(3)=\frac{3}{20}$$

即
$$H(3)=H_0\frac{3}{(3+1)(3+2)}=\frac{3}{20}$$

解得
$$H_0=1$$

故
$$H(s)=\frac{s}{(s+1)(s+2)}=\frac{s}{s^2+3s+2}=\frac{-1}{s+1}+\frac{2}{s+2}$$

因已知系统为稳定的，故 $H(s)$ 的收敛域必须包含 $j\omega$ 轴，$H(s)$ 的收敛域为 $\mathrm{Re}[s]=\sigma>-1$，故系统为因果系统。于是得

$$h(t)=(-e^{-t}+2e^{-2t})U(t)$$

(2)
$$F(s)=\frac{1}{s}$$

$$Y(s)=F(s)H(s)=\frac{1}{s}\times\frac{s}{(s+1)(s+2)}=\frac{1}{s+1}-\frac{1}{s+2}$$

$$y(t)=(\mathrm{e}^{-t}-\mathrm{e}^{-2t})U(t)$$

(3) 系统的微分方程为

$$y''(t)+3y'(t)+2y(t)=f'(t)$$

(4) 系统的一种信号流图如图 6-5-12(b) 所示。

例 6-5-12 图 6-5-13 所示线性时不变因果非零状态系统，已知激励 $f(t)=U(t)$ 时的全响应为 $y(t)=(1-\mathrm{e}^{-t}+\mathrm{e}^{-3t})U(t)$。(1) 求 a,b,c 的值；(2) 求系统的零输入响应 $y_{\mathrm{x}}(t)$；(3) 若 $f(t)=100\sqrt{5}\cos(3t-30^\circ)$，$t\in\mathbf{R}$，求系统的正弦稳态响应 $y_{\mathrm{s}}(t)$。

解 (1) $H(s)=\dfrac{s^2+c}{s^2-as-b}$，由题给条件知系统的自然频率为 -1 和 -3，故有

$$s^2-as-b=(s+1)(s+3)=s^2+4s+3$$

得
$$a=-4,\quad b=-3$$

故
$$H(s)=\frac{s^2+c}{s^2+4s+3}=\frac{s^2+c}{(s+1)(s+3)}$$

又
$$F(s)=\frac{1}{s}$$

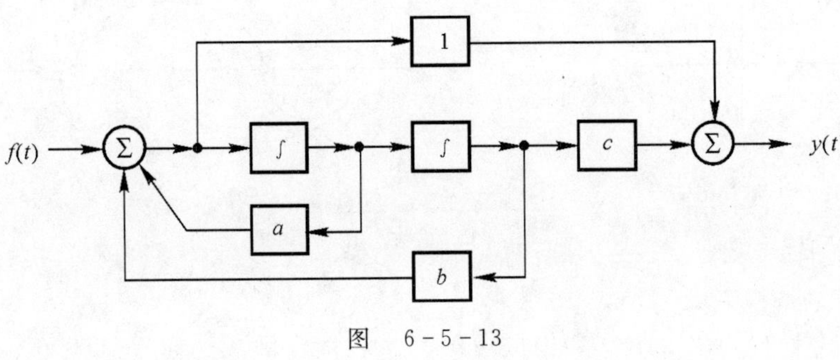

图 6-5-13

零状态响应为

$$Y_{\mathrm{f}}(s)=F(s)H(s)=\frac{s^2+c}{s(s+1)(s+3)}=\frac{K_1}{s}+\frac{K_2}{s+1}+\frac{K_3}{s+3} \qquad ①$$

其中
$$K_1=\frac{s^2+c}{s(s+1)(s+3)}\times s\Big|_{s=0}=\frac{c}{3}$$

故
$$Y_{\mathrm{f}}(s)=\underbrace{\frac{\frac{c}{3}}{s}}_{\text{强迫响应}}+\underbrace{\frac{K_2}{s+1}+\frac{K_3}{s+3}}_{\text{自由响应}}(K_2\text{ 和 }K_3\text{ 暂不必求出}) \qquad ②$$

又从已知的全响应表达式，有

$$Y(s)=\frac{1}{s}-\frac{1}{s+1}+\frac{1}{s+3}$$

故有
$$\frac{1}{s}=\frac{\frac{c}{3}}{s}$$
即
$$\frac{c}{3}=1$$
得
$$c=3$$
代入式 ① 和 ②，有
$$Y_{\mathrm{f}}(s)=\frac{s^2+3}{s(s+1)(s+3)}$$
即
$$Y_{\mathrm{f}}(s)=\frac{1}{s}+\frac{K_2}{s+1}+\frac{K_3}{s+3}=\frac{1}{s}+\frac{-2}{s+1}+\frac{2}{s+3}$$
得零状态响应为
$$y_{\mathrm{f}}(t)=(1-2\mathrm{e}^{-t}+2\mathrm{e}^{-3t})U(t)$$
又得零输入响应为
$$y_{\mathrm{x}}(t)=y(t)-y_{\mathrm{f}}(t)=(1-\mathrm{e}^{-t}+\mathrm{e}^{-3t})U(t)-(1-2\mathrm{e}^{-t}+2\mathrm{e}^{-3t})U(t)=(\mathrm{e}^{-t}-\mathrm{e}^{-3t})U(t)$$

(2) $H(s)=\dfrac{s^2+3}{(s+1)(s+2)}$，由于为稳定系统，故
$$H(\mathrm{j}\omega)=\frac{(\mathrm{j}\omega)^2+3}{(\mathrm{j}\omega+1)(\mathrm{j}\omega+3)}=\frac{3-\omega^2}{3-\omega^2+\mathrm{j}4\omega}$$
今 $\omega=3$ rad/s，故
$$H(\mathrm{j}3)=\frac{3-3^2}{3-3^2+\mathrm{j}4\times 3}=\frac{-6}{-6+\mathrm{j}12}=\frac{1}{\sqrt{5}}\angle 63.4^\circ$$
故得系统的正弦稳态响应为
$$y_{\mathrm{s}}(t)=100\sqrt{5}\times\frac{1}{\sqrt{5}}\cos(3t-30^\circ+63.4^\circ)=100\cos(3t+33.4^\circ)$$

例 6-5-13　已知系统的单位阶跃响应为 $g(t)=\mathrm{e}^{-t}U(t)$，求激励 $f(t)=3\mathrm{e}^{2t}, t\in\mathbf{R}$ 时的响应 $y(t)$，画出 $y(t)$ 的曲线。

解
$$h(t)=g'(t)=\delta(t)-\mathrm{e}^{-t}U(t)$$
$$H(s)=1-\frac{1}{s+1}=\frac{s}{s+1}$$
故
$$H(2)=\frac{2}{2+1}=\frac{2}{3}$$
于是得
$$y(t)=H(2)\times 3\mathrm{e}^{2t}=\frac{2}{3}\times 3\mathrm{e}^{2t}=2\mathrm{e}^{2t},\ t\in\mathbf{R}$$

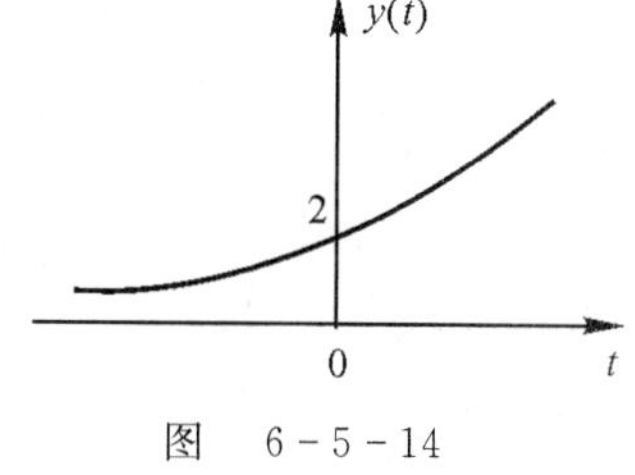

图　6-5-14

$y(t)$ 的曲线如图 6-5-14 所示。

例 6-5-14　线性时不变因果系统的微分方程为 $y''(t)+2y'(t)-3y(t)=f'(t)+f(t)$。(1) $f(t)=\mathrm{e}^{-2t}, t\in\mathbf{R}$，求 $y(t)$；(2) $f(t)=\mathrm{e}^{-t}U(t)$，求 $y(t)$；(3) $y(t)=\mathrm{e}^{t}U(t)*U(t)$，求 $f(t)$。

解　(1)
$$H(s)=\frac{s+1}{s^2+2s-3}=\frac{s+1}{(s+3)(s-1)},\quad \sigma>1$$
$$y(t)=H(-2)\mathrm{e}^{-2t}=\frac{1}{3}\mathrm{e}^{-2t},\quad t\in\mathbf{R}$$

(2)
$$F(s)=\frac{1}{s+1},\quad \sigma>-1$$

$$Y(s)=F(s)H(s)=\frac{1}{s+1}\times\frac{s+1}{(s+3)(s-1)}=\frac{1}{(s+3)(s-1)}=\frac{\frac{1}{4}}{s-1}+\frac{-\frac{1}{4}}{s+3},\quad \sigma>1$$

$$y(t)=\left(\frac{1}{4}\mathrm{e}^{t}-\frac{1}{4}\mathrm{e}^{-3t}\right)U(t)$$

(3)
$$Y(s)=\frac{1}{s-1}\times\frac{1}{s},\quad \sigma>1$$

$$F(s)=\frac{Y(s)}{H(s)}=\frac{s^2+2s-3}{s(s-1)(s+1)}=\frac{s+3}{s(s+1)}=\frac{3}{s}+\frac{-2}{s+1},\quad \sigma>0$$

故得
$$f(t)=(3-2\mathrm{e}^{-t})U(t)$$

6.6　系统的稳定性及其判定

所有的工程实际系统都应该具有稳定性，才能保证正常工作。

一、系统稳定的时域条件

对于非因果系统，系统具有稳定性在时域中应满足的充要条件是，系统的单位冲激响应 $h(t)$ 绝对可积，即

$$\int_{-\infty}^{+\infty}|h(t)|\,\mathrm{d}t<\infty$$

其必要条件是

$$\lim_{t\to\pm\infty}h(t)=0$$

对于因果系统，则上述条件可写为

$$\int_{0^-}^{+\infty}|h(t)|\,\mathrm{d}t<\infty$$

$$\lim_{t\to\infty}h(t)=0$$

二、系统稳定的 s 域条件

不论对因果系统还是非因果系统，若 $H(s)$ 的收敛域包含 $\mathrm{j}\omega$ 轴，且收敛域内 $H(s)$ 无极点存在，则系统就是稳定的；在上述两个条件中，只要有一个不满足，则系统就是不稳定的。

(1) 对于因果系统而言，$H(s)$ 的收敛域为收敛轴为 σ 的以右的开平面。若 $H(s)$ 的极点全部位于 s 平面的左半开平面上，则系统就是稳定的；若 $H(s)$ 的极点中，除了左半开平面上有极点外，在 $\mathrm{j}\omega$ 轴上还有单阶极点，而在右半开平面上无极点，则系统就是临界稳定的；若 $H(s)$ 的极点中至少有一个极点位于右半开平面上，则系统就是不稳定的；若在 $\mathrm{j}\omega$ 轴上有重阶极点，则系统也是不稳定的。

(2) 对于反因果系统而言，$H(s)$ 的收敛域为收敛轴为 σ 的以左的开平面。若 $H(s)$ 的极点全部位于 s 平面的右半开平面上，则系统就是稳定的；若 $H(s)$ 的极点中，除了右半开平面上有极点外，在 $\mathrm{j}\omega$ 轴上还有单阶极点，而在左半开平面上无极点，则系统就是临界稳定的；若 $H(s)$ 的极点中至少有一个极点位于左半开平面上，则系统就是不稳定的；若在 $\mathrm{j}\omega$ 轴上有重阶极点，则系统也是不稳定的。

(3) 对于一般性的非因果系统而言($H(s)$ 的收敛域为一个带状区域内部),可视为因果系统与反因果系统的叠加,若要使系统稳定,则其子因果系统和子反因果系统必须都稳定,若其中有一个子系统不稳定,则整个系统就不稳定。

所有工程实际中的系统都必须具有稳定性,这样才能保证系统正常工作。

三、罗斯准则判定法(只适用于因果系统)

用上述方法判定系统的稳定与否,必须先要求出 $H(s)$ 的极点值。但当 $H(s)$ 分母多项式 $D(s)$ 的幂次较高时,此时要求得 $H(s)$ 的极点就困难了。所以必须寻求另外的方法。其实,在判定系统的稳定性时,并不要求知道 $H(s)$ 极点的具体数值,而是只需要知道 $H(s)$ 极点的分布区域就可以了。利用罗斯准则即可解决此问题。罗斯判定准则的内容如下:

多项式 $D(s)$ 的各项系数均为大于零的实常数;多项式中无缺项(即 s 的幂从 n 到 0,一项也不缺)。这是系统为稳定的必要条件。

若多项式 $D(s)$ 各项的系数均为正实常数,则对于二阶系统肯定是稳定的;但若系统的阶数 $n>2$ 时,系统是否稳定,还须排出如下的罗斯阵列。

设
$$D(s)=a_ns^n+a_{n-1}s^{n-1}+\cdots+a_1s+a_0$$
则罗斯阵列的排列规则如下(共有 $n+1$ 行):

第 1 行	s^n	a_n	a_{n-2}	a_{n-4}	$\cdots$
第 2 行	s^{n-1}	a_{n-1}	a_{n-3}	a_{n-5}	$\cdots$
第 3 行	s^{n-2}	b_{n-1}	b_{n-3}	b_{n-5}	$\cdots$
第 4 行	s^{n-3}	c_{n-1}	c_{n-3}	c_{n-5}	$\cdots$
$\vdots$	$\vdots$	$\vdots$	$\vdots$	$\vdots$	$\vdots$
第 $n+1$ 行	s^0	$\cdots$	$\cdots$	$\cdots$	$\cdots$

阵列中第 1、第 2 行各元素的意义不言而喻,第 3 行及以后各行的元素按以下各式计算:

$$b_{n-1}=-\frac{1}{a_{n-1}}\begin{vmatrix}a_n & a_{n-2}\\ a_{n-1} & a_{n-3}\end{vmatrix}$$

$$b_{n-3}=-\frac{1}{a_{n-1}}\begin{vmatrix}a_n & a_{n-4}\\ a_{n-1} & a_{n-5}\end{vmatrix}$$

$$\vdots$$

$$c_{n-1}=-\frac{1}{b_{n-1}}\begin{vmatrix}a_{n-1} & a_{n-3}\\ b_{n-1} & b_{n-3}\end{vmatrix}$$

$$c_{n-3}=-\frac{1}{b_{n-1}}\begin{vmatrix}a_{n-1} & a_{n-5}\\ b_{n-1} & b_{n-5}\end{vmatrix}$$

$$\vdots$$

如法炮制地依次排列下去,共有 $(n+1)$ 行,最后一行中将只留有一个不等于零的数字。

若所排出的数字阵列中第一列的 $(n+1)$ 个数字全部是正号,则 $H(s)$ 的极点即全部位于 s 平面的左半开平面,系统就是稳定的;若第一列 $(n+1)$ 个数字的符号不完全相同,则符号改变的次数即等于在 s 平面右半开平面上出现的 $H(s)$ 极点的个数,因而系统就是不稳定的。

在排列罗斯阵列时,有时会出现如下的两种特殊情况:

(1) 阵列的第一列中出现数字为零的元素。此时可用一个无穷小量 ε(认为 ε 是正或负均可)来代替该零元素,这不影响所得结论的正确性。

(2) 阵列的某一行元素全部为零。当 $D(s)=0$ 的根中出现有共轭虚根 $\pm j\omega_0$ 时,就会出现此种情况。此时可利用前一行的数字构成一个辅助的 s 多项式 $P(s)$,然后将 $P(s)$ 对 s 求导一次,再用该导数的系数组成新的一行,来代替全为零元素的行即可;而辅助多项式 $P(s)=0$ 的根就是 $H(s)$ 极点的一部分。

例 6-6-1 已知 $H(s)$ 的分母 $D(s)=s^4+2s^3+3s^2+2s+1$。试判断系统的稳定性。

解 因 $D(s)$ 中无缺项且各项系数均为大于零的实常数,满足系统为稳定的必要条件,故进一步排出罗斯阵列如下:

$$\begin{array}{llll}
s^4 & 1 & 3 & 1 \\
s^3 & 2 & 2 & 0 \\
s^2 & -\dfrac{1\times 2-2\times 3}{2}=2 & -\dfrac{1\times 0-2\times 1}{2}=1 & 0 \\
s^1 & -\dfrac{2\times 1-2\times 2}{2}=1 & -\dfrac{2\times 0-2\times 0}{2}=0 & 0 \\
s^0 & -\dfrac{2\times 0-1\times 1}{2}=0.5 & -\dfrac{2\times 0-1\times 0}{2}=0 & 0
\end{array}$$

可见阵列中的第一列数字符号无变化,故该 $H(s)$ 所描述的系统是稳定的,即 $H(s)$ 的极点全部位于 s 平面的左半开平面上。

例 6-6-2 已知 $H(s)=\dfrac{s^3+2s^2+s+2}{s^4+2s^3+8s^2+20s+1}$。试判断系统的稳定性。

解 因 $D(s)=s^4+2s^3+8s^2+20s+1$ 中无缺项且各项系数均为大于零的实常数,满足系统为稳定的必要条件,故进一步排出罗斯阵列如下:

$$\begin{array}{llll}
s^4 & 1 & 8 & 1 \\
s^3 & 2 & 20 & 0 \\
s^2 & -\dfrac{1\times 20-2\times 8}{2}=-2 & -\dfrac{1\times 0-2\times 1}{2}=1 & 0 \\
s^1 & -\dfrac{2\times 1-(-2)\times 20}{-2}=21 & -\dfrac{2\times 0-(-2)\times 0}{-2}=0 & 0 \\
s^0 & -\dfrac{-2\times 0-1\times 21}{21}=1 & -\dfrac{-2\times 0-21\times 0}{21}=0 & 0
\end{array}$$

可见阵列中的第一列数字符号有两次变化,即从 $+2$ 变为 -2,又从 -2 变为 $+21$。故 $H(s)$ 的极点中有两个极点位于 s 平面的右半开平面上,故该系统是不稳定的。

例 6-6-3 已知 $H(s)=\dfrac{s^3+2s^2+s+1}{s^5+2s^4+2s^3+4s^2+11s+10}$。试判断系统是否稳定。

解 因 $D(s)=s^5+2s^4+2s^3+4s^2+11s+10$ 中的系数均为大于零的实常数且无缺项,满足系统为稳定的必要条件,故进一步排出罗斯阵列如下:

$$\begin{array}{llll}
s^5 & 1 & 2 & 11 \\
s^4 & 2 & 4 & 10 \\
s^3 & 0 & 6 & 0 \\
s^2 & -\dfrac{12}{0} & &
\end{array}$$

由于第 3 行的第一个元素为 0，从而使第 4 行的第一个元素$\left(-\frac{12}{0}\right)$成为$(-\infty)$，使阵列无法继续排列下去。对于此种情况，可用一个任意小的正数 ε 来代替第 3 行的第一个元素 0，然后照上述方法继续排列下去。在计算过程中可忽略含有 $\varepsilon,\varepsilon^2,\varepsilon^3,\cdots$ 的项。最后将发现，阵列第一列数字符号改变的次数将与 ε 无关。现按此种处理方法，继续完成上面的阵列：

$$
\begin{array}{lllll}
s^5 & 1 & 2 & 11 & \\
s^4 & 2 & 4 & 10 & \\
s^3 & \varepsilon & 6 & 0 & \\
s^2 & -\dfrac{12}{\varepsilon} & 10 & 0 & \left(-\dfrac{12-4\varepsilon}{\varepsilon}\approx-\dfrac{12}{\varepsilon}\right) \\
s^1 & 6 & 0 & 0 & \left[-\dfrac{10\varepsilon-\left(-\dfrac{12}{\varepsilon}\right)\times 6}{-\dfrac{12}{\varepsilon}}\approx 6\right] \\
s^0 & 10 & 0 & 0 &
\end{array}
$$

可见阵列中第一列数字的符号有两次变化，即从 ε 变为$\left(-\frac{12}{\varepsilon}\right)$，又从$\left(-\frac{12}{\varepsilon}\right)$变为 6。故 $H(s)$ 的极点中有两个极点位于 s 平面的右半开平面上，故系统是不稳定的。

例 6-6-4　已知 $H(s)=\dfrac{2s^2+3s+5}{s^4+3s^3+4s^2+6s+4}$。试判断系统的稳定性。

解　因 $D(s)=s^4+3s^3+4s^2+6s+4$ 中无缺项且各项系数均为大于零的实常数，满足系统为稳定的必要条件，故进一步排出罗斯阵列如下：

$$
\begin{array}{llll}
s^4 & 1 & 4 & 4 \\
s^3 & 3 & 6 & 0 \\
s^2 & 2 & 4 & 0 \\
s^1 & 0 & 0 & 0
\end{array}
$$

可见第 4 行全为零元素。处理此种情况的方法之一是：以前一行的元素值构建一个 s 的多项式 $P(s)$，即

$$P(s)=2s^2+4 \tag{6-6-1}$$

将式(6-6-1)对 s 求一阶导数，即

$$\frac{\mathrm{d}P(s)}{\mathrm{d}s}=4s+0$$

现以此一阶导数的系数组成原阵列中全零行（s^1 行）的元素，然后再按原方法继续排列下去。即

$$
\begin{array}{llll}
s^4 & 1 & 4 & 4 \\
s^3 & 3 & 6 & 0 \\
s^2 & 2 & 4 & 0 \\
s^1 & 4 & 0 & 0 \\
s^0 & 4 & 0 & 0
\end{array}
$$

可见阵列中的第一列数字符号没有变化，故 $H(s)$ 在 s 平面的右半开平面上无极点，因而系统肯定不是不稳定的。但到底是稳定的还是临界稳定的，则还须进行下面的分析工作。

令
$$P(s)=2s^2+4=2(s-\mathrm{j}\sqrt{2})(s+\mathrm{j}\sqrt{2})=0$$
解之得两个纯虚数的极点：$p_1=\mathrm{j}\sqrt{2}$，$p_2=-\mathrm{j}\sqrt{2}=\overset{*}{p}_1$。这说明系统是临界稳定的。

实际上，若将 $D(s)$ 分解因式，即为

$$D(s)=s^4+3s^3+4s^2+6s+4=(2s^2+4)(s+1)(s+2)=$$
$$2(s+\mathrm{j}\sqrt{2})(s-\mathrm{j}\sqrt{2})(s+1)(s+2)$$

可见 $H(s)$ 共有 4 个极点：$p_1=\mathrm{j}\sqrt{2}$，$p_2=-\mathrm{j}\sqrt{2}$，位于 $\mathrm{j}\omega$ 轴上；$p_3=-1$，$p_4=-2$，位于 s 平面的左半开平面。故该系统是临界稳定的。

例 6-6-5 图 6-6-1(a) 所示系统。(1) 试分析反馈系数 K 对系统稳定性的影响；(2) 画出该系统的信号流图，并用梅森公式求 $H(s)$。

解 (1)
$$Y(s)=\frac{10}{s(s+1)}X_1(s)=\frac{10}{s(s+1)}[X_2(s)-KY(s)]=$$
$$\frac{10}{s(s+1)}\left[\frac{s+1}{s}X_3(s)-KY(s)\right]=$$
$$\frac{10}{s(s+1)}\left\{\frac{s+1}{s}[F(s)-Y(s)]-KY(s)\right\}$$

解之得
$$H(s)=\frac{Y(s)}{F(s)}=\frac{10(s+1)}{s^3+s^2+10(K+1)s+10}$$

欲使此系统稳定的必要条件是 $D(s)=s^3+s^2+10(K+1)s+10$ 中的各项系数均为大于零的实常数，故应有 $K>-1$。但此条件并不是充分条件，还应进一步排出罗斯阵列如下：

s^3	1	$10(K+1)$
s^2	1	10
s^1	$10K$	0
s^0	10	0

可见，欲使该系统稳定，则必须有 $10K>0$，即 $K>0$。

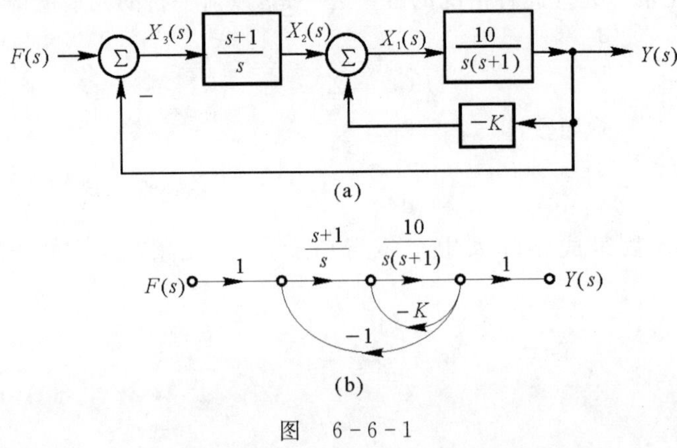

图 6-6-1

若取 $K=0$，则阵列中第三行的元素即全为 0，此时系统即变为临界稳定(等幅振荡)，其振荡频率可由辅助方程

$$P(s)=s^2+10=0$$

求得为 $p_1=\mathrm{j}\sqrt{10}$，$p_2=-\mathrm{j}\sqrt{10}$，即振荡角频率为 $\omega=\sqrt{10}$ rad/s。

(2) 该系统的信号流图如图 6-6-1(b) 所示。

① 求 Δ：

$$L_1=\frac{s+1}{s}\times\frac{10}{s(s+1)}\times(-1)=-\frac{10}{s^2}$$

$$L_2=\frac{10}{s(s+1)}\times(-k)=\frac{-10K}{s(s+1)}$$

$$\sum L_i=L_1+L_2=-\frac{10}{s^2}+\frac{-10K}{s(s+1)}=\frac{-10(s+1)-10Ks}{s^2(s+1)}$$

$$\Delta=1-\sum L_i=1+\frac{10(s+1)+10Ks}{s^2(s+1)}=\frac{s^2(s+1)+10(s+1)+10Ks}{s^2(s+1)}$$

②

$$P_1=1\times\frac{s+1}{s}\times\frac{10}{s(s+1)}\times 1=\frac{10}{s^2}$$

$$\Delta_1=1$$

$$P_1\Delta_1=\frac{10}{s^2}\times 1=\frac{10}{s^2}$$

$$\sum P_k\Delta_k=P_1\Delta_1=\frac{10}{s^2}$$

③

$$H(s)=\frac{1}{\Delta}\sum P_k\Delta_k=\frac{1}{\Delta}\times P_1\Delta_1=\frac{10(s+1)}{s^3+s^2+10(K+1)s+10}$$

例 6-6-6　已知线性时不变系统的微分方程为

$$y''(t)-3y'(t)+2y(t)=4f(t)$$

(1) 求 $H(s)=\dfrac{Y(s)}{F(s)}$，画出 $H(s)$ 的零、极点图；(2) 确定下列三种情况下相应的 $h(t)$：① 系统是稳定的；② 系统是因果的；③ 系统既不是稳定的，也不是因果的。

解　(1) $H(s)=\dfrac{Y(s)}{F(s)}=\dfrac{4}{s^2-3s+2}=\dfrac{4}{(s-2)(s-1)}$，$H(s)$ 无零点，有两个极点 $p_1=2$，$p_2=1$，$H_0=4$。零、极点分布如图 6-6-2 所示。

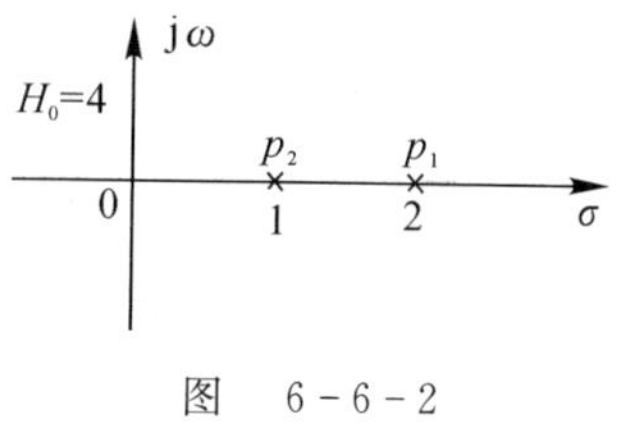

(2)① 因为要求系统是稳定的，jω 轴必须位于收敛域内部，$H(s)$ 的收敛域应为 $\sigma<1$，且

$$H(s)=\frac{4}{s-2}+\frac{-4}{s-1}$$

故　$$h(t)=(-4\mathrm{e}^{2t}+4\mathrm{e}^{t})U(-t)$$

$H(s)$ 是稳定的、反因果系统，$h(t)$ 是反因果、收敛的信号。

图　6-6-2

② 因为要求系统是因果的，$H(s)$ 的收敛域应为 $\sigma>2$，故

$$h(t)=(4\mathrm{e}^{2t}-4\mathrm{e}^{t})U(t)$$

$H(s)$ 是因果的、不稳定的系统，$h(t)$ 是因果、发散的信号。

③ 因为要求系统既不稳定也不因果，$H(s)$ 的收敛域应为 $1<\sigma<2$，故

$$h(t)=-4\mathrm{e}^{t}U(t)-4\mathrm{e}^{2t}U(t)$$

$H(s)$ 是非因果、不稳定的系统，$h(t)$ 是双边信号。

*6.7　全通函数与最小相移函数

一、全通函数与全通系统

1. 定义

若系统函数 $H(s)$ 的极点全部位于 s 平面的左半开平面，零点全部位于 s 平面的右半开平面，且极点和零点的分布是关于 jω 轴轴对称，则称这种系统函数 $H(s)$ 为全通函数，如图 6-7-1 所示例，这种系统称为全通系统或全通网络。

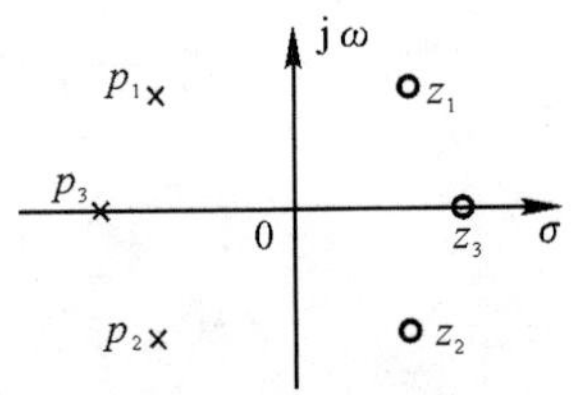

图 6-7-1　全通函数

例 6-7-1　求图 6-7-2(a) 所示电路的系统函数 $H(s)=\dfrac{U_2(s)}{U_1(s)}$，说明是否为全通系统。

解　求端口 a,b 的等效电压源电路。端口 a,b 向左看去的输入阻抗为

$$Z(s)=\frac{2(s^2+1)s}{s^4+3s^2+1}$$

端口 a,b 的开路电路电压为

$$U_{oc}(s)=\frac{s^4+s^2+1}{s^4+3s^2+1}U_1(s)$$

于是可做出端口 a,b 的等效电压源电路，如图 6-7-2(b) 所示。进而可求得

$$U_2(s)=\frac{U_{oc}(s)}{Z(s)+1}\times 1=\frac{1}{\dfrac{2(s^2+1)s}{s^4+3s^2+1}}\times\frac{s^4+s^2+1}{s^4+3s^2+1}U_1(s),\quad H(s)=\frac{U_2(s)}{U_1(s)}=\frac{s^2-s+1}{s^2+s+1}$$

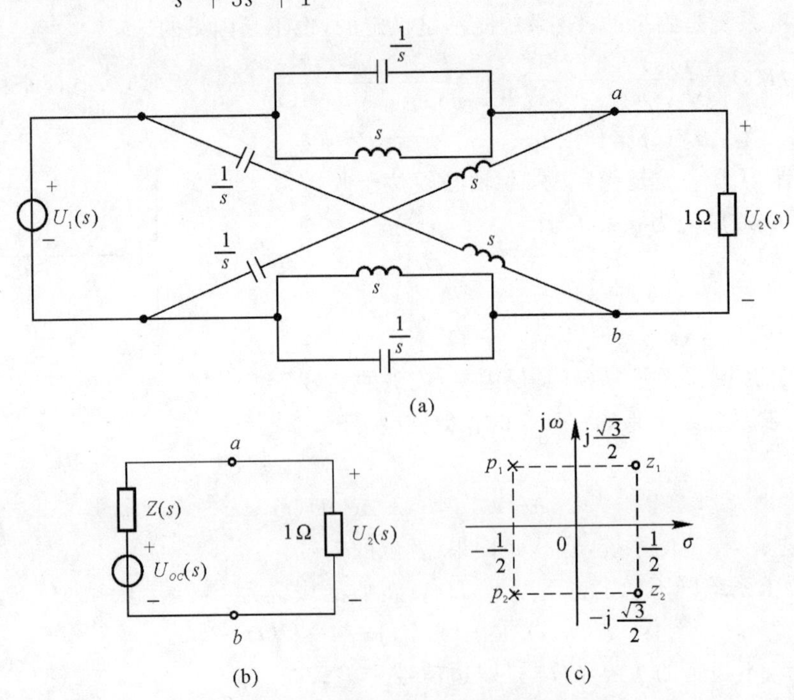

图　6-7-2

故得两个零点为 $z_1=\frac{1}{2}+\mathrm{j}\frac{\sqrt{3}}{2}$，$z_2=\frac{1}{2}-\mathrm{j}\frac{\sqrt{3}}{2}$；两个极点为 $p_1=-\frac{1}{2}+\mathrm{j}\frac{\sqrt{3}}{2}$，$p_2=-\frac{1}{2}-\mathrm{j}\frac{\sqrt{3}}{2}$，其零、极点分布如图 6-7-2(c) 所示。可见其零、极点分布关于 jω 轴轴对称，故为全通系统。

例 6-7-2　图 6-7-3(a) 所示电路，求电压比函数 $H(s)=\frac{U_2(s)}{U_1(s)}$，画出零、极点图，说明是否为全通系统。

解

$$I(s)=\frac{2U_1(s)}{1+\frac{1}{s}}$$

$$U_2(s)=I(s)\times 1-U_1(s)=\frac{2U_1(s)}{\frac{1}{s}+1}\times 1-U_1(s)=\frac{s-1}{s+1}U_1(s)$$

故

$$H(s)=\frac{U_2(s)}{U_1(s)}=\frac{s-1}{s+1} \tag{6-7-1}$$

其中 $H_0=1$，其零、极点分布如图 6-7-3(b) 所示，可见为全通函数，为全通系统。

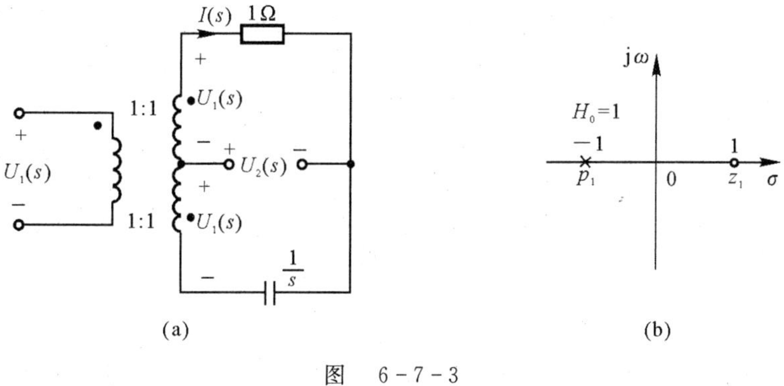

图　6-7-3

2. 全通系统的频率特性

对于图 6-7-3(a) 所示系统，令式(6-7-1) 中的 $s=\mathrm{j}\omega$，得

$$H(\mathrm{j}\omega)=|H(\mathrm{j}\omega)|\mathrm{e}^{\mathrm{j}\varphi(\omega)}=\frac{-1+\mathrm{j}\omega}{\mathrm{j}\omega+1}=\frac{\sqrt{(-1)^2+\omega^2}\ \angle\arctan\frac{\omega}{-1}}{\sqrt{1^2+\omega^2}\ \angle\arctan\frac{\omega}{1}}$$

当 $\omega=0$ 时，$|H(\mathrm{j}0)|\mathrm{e}^{\mathrm{j}\varphi(0)}=-1=1\mathrm{e}^{\mathrm{j}180^\circ}$，即

$$|H(\mathrm{j}0)|=1,\quad \varphi(0)=180^\circ$$

当 $\omega=1$ 时，$|H(\mathrm{j}1)|\mathrm{e}^{\mathrm{j}\varphi(1)}=\frac{-1+\mathrm{j}1}{\mathrm{j}1+1}=\frac{\sqrt{2}\,\mathrm{e}^{\mathrm{j}135^\circ}}{\sqrt{2}\,\mathrm{e}^{\mathrm{j}45^\circ}}=1\mathrm{e}^{\mathrm{j}90^\circ}$，即

$$|H(\mathrm{j}1)|=1,\quad \varphi(1)=90^\circ$$

当 $\omega\to\infty$ 时，$|H(\mathrm{j}\infty)|\mathrm{e}^{\mathrm{j}\varphi(\infty)}=1\mathrm{e}^{\mathrm{j}0^\circ}$，即

$$|H(\mathrm{j}\infty)|=1,\quad \varphi(\infty)=0^\circ$$

其模频特性曲线和相频特性曲线，分别如图 6-7-4(a)(b) 所示。由于 $|H(\mathrm{j}\omega)|=1$，故该系统在传输信号时，不产生幅度失真，但由于 $\varphi(\omega)$ 不是直线，所以要产生相位失真。

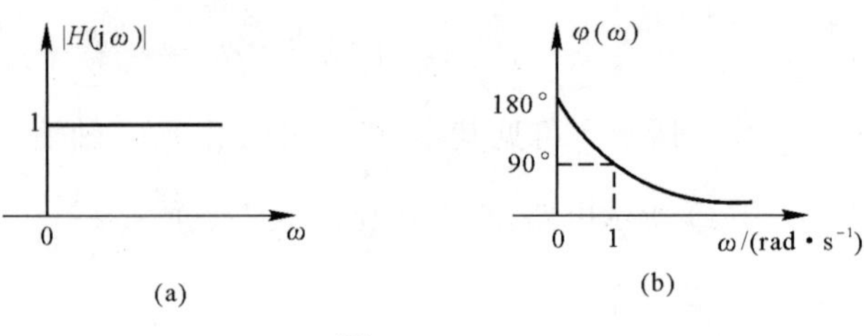

图 6-7-4

3. 应用

全通系统(或全通网络)在传输系统中常用来进行相位校正(例如做相位均衡器),在自动控制系统中常用来进行相位控制。

二、最小相移函数与最小相移系统

若系统函数 $H(s)$ 的极点全部位于 s 平面的左半开平面,零点全部位于 s 平面的左半闭平面,则称这种系统函数 $H(s)$ 为最小相移函数,如图 6-7-5 所示例。相应的系统称为最小相移系统或最小相移网络。

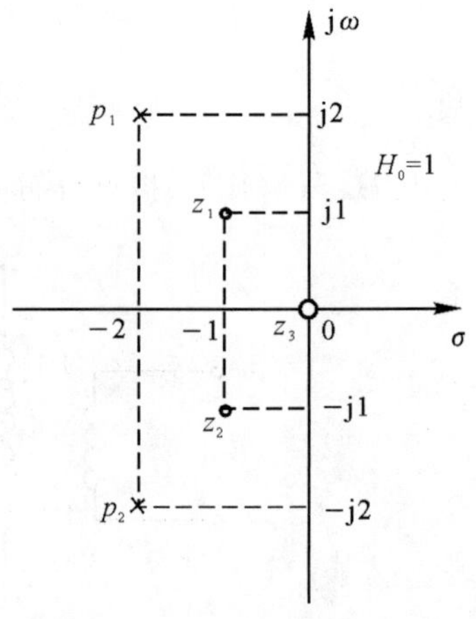

图 6-7-5　最小相移函数

三、非最小相移函数与非最小相移系统

如果系统函数 $H(s)$ 除了在 s 平面的左半闭平面上有零点外,在 s 平面的右半开平面上也有零点,则称为非最小相移函数,如图 6-7-6(a) 所示例,即

$$H(s)=\frac{(s+1)(s-1-\mathrm{j}1)(s-1+\mathrm{j}1)}{(s+2-\mathrm{j}2)(s+2+\mathrm{j}2)}$$

相应的系统称为非最小相移系统。

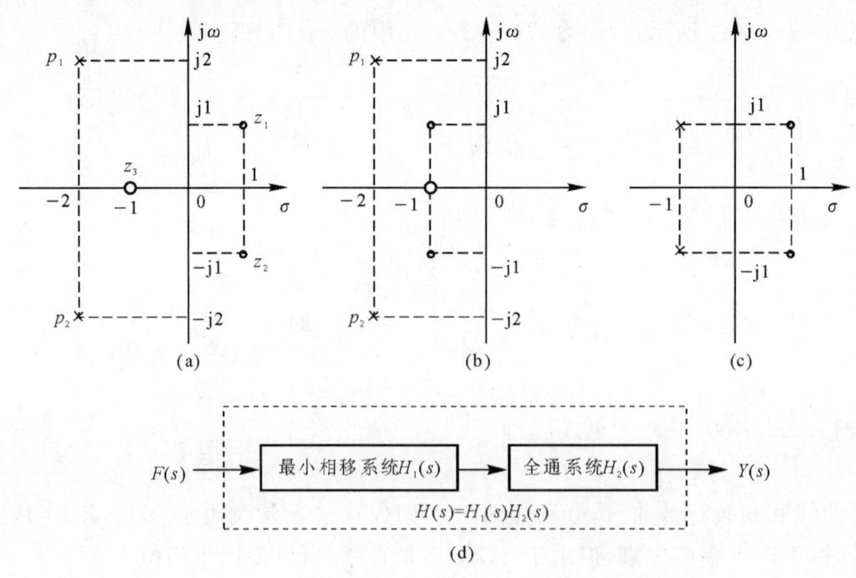

图 6-7-6

(a) 非最小相移函数 $H(s)$;　(b) 最小相移函数 $H_1(s)$;　(c) 全通函数 $H_2(s)$;　(d) 非最小相移系统

一个非最小相移函数 $H(s)$ 可以表示为一个最小相移函数 $H_1(s)$ 与一个全通函数 $H_2(s)$ 的乘积，亦即可以将上式表示为

$$H(s)=\frac{(s+1)(s+1+\mathrm{j}1)(s+1-\mathrm{j}1)}{(s+2-\mathrm{j}2)(s+2+\mathrm{j}2)}\times\frac{(s-1-\mathrm{j}1)(s-1+\mathrm{j}1)}{(s+1+\mathrm{j}1)(s+1-\mathrm{j}1)}=H_1(s)H_2(s)$$

其中

$$H_1(s)=\frac{(s+1)(s+1+\mathrm{j}1)(s+1-\mathrm{j}1)}{(s+2-\mathrm{j}2)(s+2+\mathrm{j}2)}$$

为最小相移函数，如图 6-7-7(b) 所示。

$$H_2(s)=\frac{(s-1-\mathrm{j}1)(s-1+\mathrm{j}1)}{(s+1+\mathrm{j}1)(s+1-\mathrm{j}1)}$$

为全通函数，如图 6-7-6(c) 所示。这样，就可以将一个非最小相移系统 $H(s)$，表示成一个最小相移系统 $H_1(s)$ 与一个全通系统的级联，如图 6-7-6(d) 所示。

6.8　互为逆系统的系统函数

设 $h_1(t)$ 和 $h_2(t)$ 互为逆系统，则有

$$h_1(t)*h_2(t)=\delta(t)$$

故有

$$H_1(s)H_2(s)=1$$

即

$$H_1(s)=\frac{1}{H_2(s)},\quad H_2(s)=\frac{1}{H_1(s)}$$

即互为逆系统的两个系统，其系统函数的乘积等于 1，即互为倒函数。倒过来表述更为重要，即当两个系统的系统函数乘积为 1 时，此两个系统即互为逆系统。

例 6-8-1　已知线性时不变因果系统的微分方程为 $y''(t)+5y'(t)+6y(t)=f''(t)-f'(t)-2f(t)$。(1) 求系统函数 $H(s)=\dfrac{Y(s)}{F(s)}$，指出 $H(s)$ 的收敛域，判断该系统是否稳定；(2) 当激励 $f(t)=U(t)$ 时，求零状态响应 $y(t)$；(3) 该系统是否存在因果、稳定的逆系统，为什么？(4) 画出该系统 $H(s)$ 的一种时域模拟图。

解　(1)$H(s)=\dfrac{Y(s)}{F(s)}=\dfrac{s^2-s-2}{s^2+5s+6}$，因为是因果系统，故收敛域为 $\sigma>-2$，且系统是稳定的(因为 $\mathrm{j}\omega$ 轴位于收敛域内部)。

(2)$F(s)=\dfrac{1}{s}$，$Y(s)=F(s)H(s)=\dfrac{s^2-s-2}{s(s^2+5s+6)}=\dfrac{(s+1)(s-2)}{s(s+2)(s+3)}=\dfrac{-\frac{1}{3}}{s}+\dfrac{-2}{s+2}+\dfrac{\frac{10}{3}}{s+3}$，故得

$$y(t)=\left(-\frac{1}{3}-2\mathrm{e}^{-2t}+\frac{10}{3}\mathrm{e}^{-3t}\right)U(t)$$

(3)$H(s)$ 的逆系统的系统函数为

$$H_1(s)=\frac{1}{H(s)}=\frac{s^2+5s+6}{s^2-s-2}=\frac{(s+2)(s+3)}{(s+1)(s-2)}$$

因 $H_1(s)$ 也是因果系统，故其收敛域为 $\sigma>2$；由于收敛域没有把 $\mathrm{j}\omega$ 轴包含在内，故 $H_1(s)$ 是不稳定的。故该系统不存在因果、稳定的逆系统。

(4) $H(s)$ 的一种时域模拟图如图 6-8-1 所示。

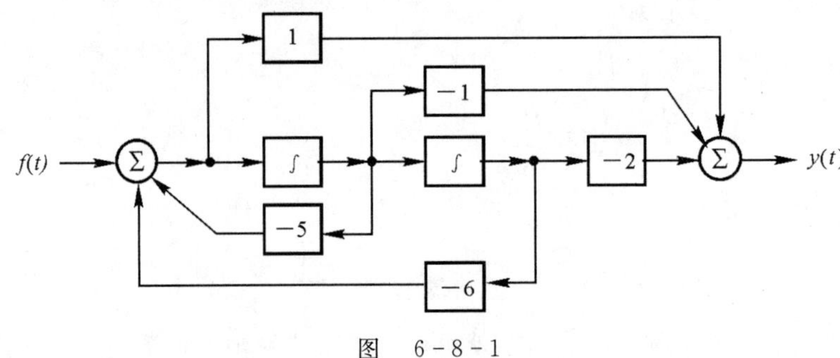

图 6-8-1

例 6-8-2 线性时不变系统函数 $H(s)$ 的零、极点图如图 6-8-2(a) 所示，该系统在输入 $f(t)=e^{2t}$ 时的响应 $y(t)=e^{2t}, t\in \mathbf{R}$。(1) 求 $H(s)$；(2) 求 $H(s)$ 所有可能的收敛域，并指出系统的因果性与稳定性；(3) 若系统为因果、稳定的，求出其逆系统的系统函数 $H_1(s)$，指明其逆系统的因果性与稳定性。

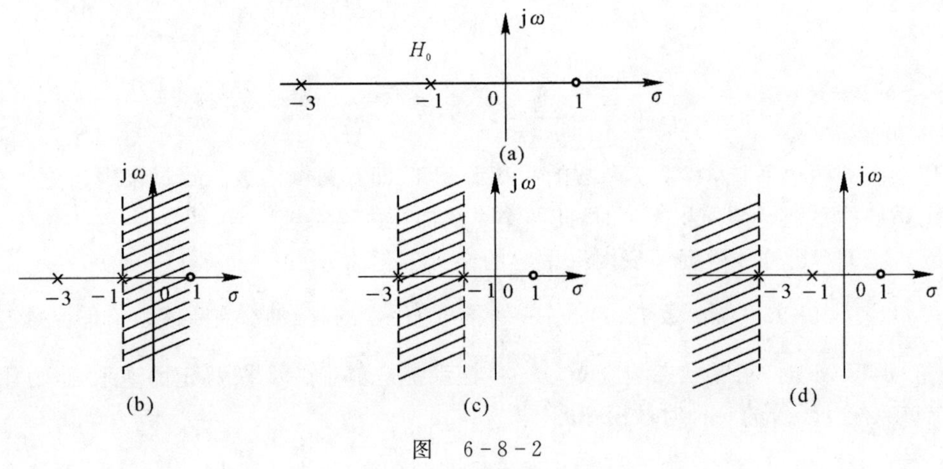

图 6-8-2

(a) 零、极点分布；(b) 因果、稳定；(c) 非因果、不稳定；(d) 非因果、不稳定

解 (1)

$$H(s)=H_0\frac{s-1}{(s+1)(s+3)}$$

因已知有

$$y(t)=H(s)e^{st},\quad t\in \mathbf{R}$$

故

$$y(t)=e^{2t}=H(2)e^{2t}$$

得

$$H(2)=1$$

故

$$H(2)=H_0\frac{2-1}{(2+1)(2+3)}=H_0\times\frac{1}{15}=1$$

得

$$H_0=15$$

故

$$H(s)=\frac{15(s-1)}{(s+1)(s+3)}$$

即

$$H(s)=\frac{-15}{s+1}+\frac{30}{s+3}$$

(2) 若 $H(s)$ 的收敛域为 $\sigma>-1$，如图 6-8-2(b) 所示，则

$$h(t)=(-15e^{-t}+30e^{-3t})U(t)$$

系统为因果、稳定的(因收敛域把 jω 轴包含在内)。

若 $H(s)$ 的收敛域为 $-3<\sigma<-1$,如图 6-8-2(c) 所示,则

$$h(t)=15e^{-t}U(-t)+30e^{-3t}U(t)$$

系统为非因果、不稳定的(因 jω 轴没有位于收敛域内部)。

若 $H(s)$ 的收敛域为 $\sigma<-3$,如图 6-8-2(d) 所示,则

$$h(t)=(15e^{-t}-30e^{-3t})U(-t)$$

系统为非因果、不稳定的(因 jω 轴没有位于收敛域内部)。

(3)
$$H_1(s)=\frac{(s+1)(s+3)}{15(s-1)}$$

可见 $H_1(s)$ 不可能为因果、稳定系统(因其极点 1 在 s 平面的右半开平面上),但它可以是非因果、稳定系统。

*6.9　反馈系统

一、定义与分类

含有反馈子系统的系统称为反馈系统。可见,反馈系统就是利用系统的输出变量来控制或改变系统输入变量的系统。图 6-9-1(a) 为负反馈系统(图 6-9-1(b) 为其信号流图),图 6-9-1(c) 为正反馈系统(图 6-9-1(d) 为其信号流图)。其中 $G(s)$ 为反馈子系统函数,$H_1(s)$ 为前向传输系统函数。现代控制系统广泛应用而且一定应用着反馈系统,特别是负反馈系统。

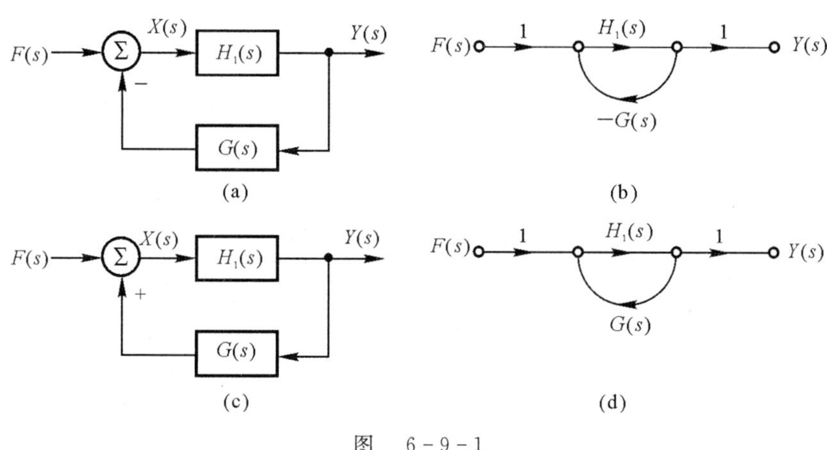

图　6-9-1

二、反馈系统的系统函数 $H(s)$

对于 6-9-1(a)(b) 所示的负反馈系统,有

$$X(s)=F(s)-G(s)Y(s)$$

$$Y(s)=X(s)H_1(s)$$

联立求解得反馈系统的系统函数为

$$H(s)=\frac{Y(s)}{F(s)}=\frac{H_1(s)}{1+G(s)H_1(s)} \tag{6-9-1}$$

同理,对于图 6-9-1(c)(d) 所示的正反馈系统,得

$$H(s)=\frac{Y(s)}{F(s)}=\frac{H_1(s)}{1-G(s)H_1(s)} \tag{6-9-2}$$

三、负反馈系统的特性

从式(6-9-1) 看出,若满足条件 $|G(s)H_1(s)|\gg 1$(此条件在实际工程中大多都满足),则有

$$H(s)=\frac{H_1(s)}{G(s)H_1(s)}=\frac{1}{G(s)}$$

此结果说明:(1) 此时前向传输系统函数 $H_1(s)$ 对整个系统函数 $H(s)$ 的影响可以略去不计,即 $H_1(s)$ 对整个系统几乎无影响了;(2) 整个系统的系统函数 $H(s)$ 与反馈子系统函数 $G(s)$ 互为逆函数,即系统 $H(s)$ 与系统 $G(s)$ 互为逆系统。

四、负反馈系统应用简介

1. 可以使不稳定系统成为稳定系统

设图 6-9-2(a) 的系统函数为

$$H_1(s)=\frac{b}{s-a},\quad a>0$$

当实常数 $a>0$ 时,$H_1(s)$ 为不稳定系统。为了使这个系统成为稳定系统,我们引入负反馈系统,如图 6-9-2(b) 所示,并设 $G(s)=K,K>0$,为常数。则有

$$H(s)=\frac{H_1(s)}{1+KH_1(s)}=\frac{\frac{b}{s-a}}{1+K\frac{b}{s-a}}=\frac{b}{s+Kb-a}$$

可见,只要 $Kb-a>0$,即 $K>\frac{a}{b}$ 时,系统即成为稳定系统。

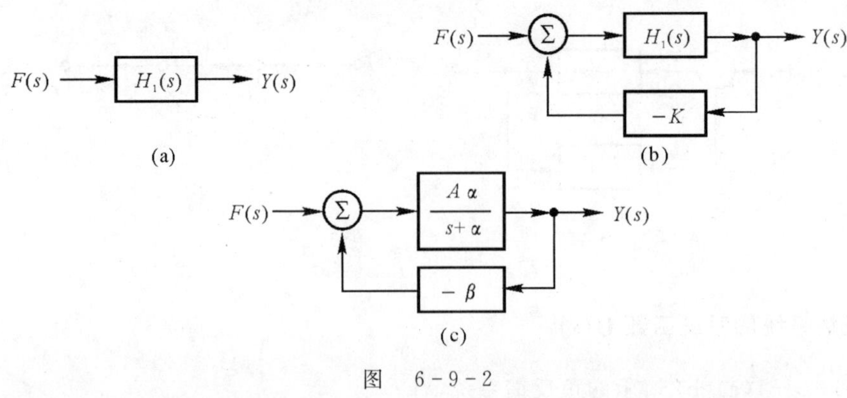

图 6-9-2

2. 可以使系统的通频带加宽

设 $H_1(s)=\frac{A\alpha}{s+\alpha}$,$A>0$,$\alpha>0$,这是一个一阶低通滤波器,$A$ 为直流增益(当 $s=0$ 时,有

$H_1(0)=A)$，α 为通频带宽度。今设 $G(s)=\beta(\beta>0$，常数)，如图 6-9-2(c) 所示。则有

$$H(s)=\frac{H_1(s)}{1+\beta H_1(s)}=\frac{\dfrac{A\alpha}{s+\alpha}}{1+\beta\dfrac{A\alpha}{s+\alpha}}=\frac{A\alpha}{s+(1+\beta A)\alpha}$$

此时，系统 $H(s)$ 的通频带宽度为$(1+\beta A)\alpha$。

因$(1+\beta A)\alpha>\alpha$，这说明系统的通频带加宽了，其增加的宽度为$(1+\beta A)\alpha-\alpha=\beta A\alpha$。但要注意，此时的直流增益减小为$\dfrac{A}{1+\beta A}<A$(当 $s=0$ 时，$H(0)=\dfrac{A}{1+\beta A}$)。

五、利用正反馈可以使系统产生自激振荡

从式(6-9-2)看出，若满足条件 $G(s)H_1(s)=1$，则有

$$H(s)=\frac{Y(s)}{F(s)}=\frac{H_1(s)}{1-G(s)H_1(s)}=\frac{H_1(s)}{0}\to\infty$$

这说明，此时当 $F(s)=0$ 时，也有响应 $Y(s)$ 产生[即 $Y(s)\neq 0$]，这称为“自激”，即系统自身激励自身，而不需要外部的激励也能正常工作。实验室中的自激振荡器就是依据此原理设计制造的。

以上的全部结论和结果，对于离散系统(见第七章和第八章)均适用。

例 6-9-1　图 6-9-3 所示系统，试分析 K 的取值对系统稳定性的影响，并求临界稳定时的单位冲激响应 $h(t)$。

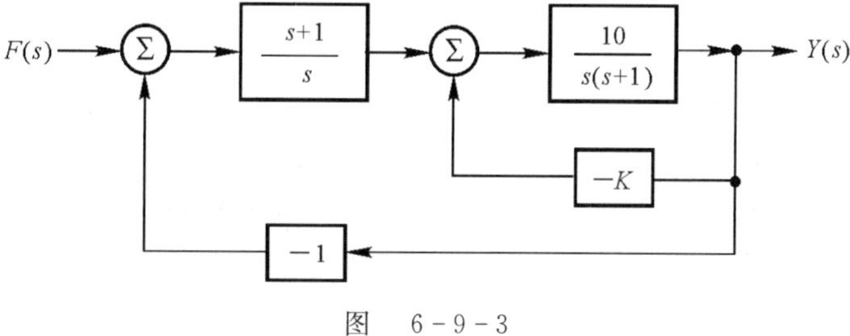

图　6-9-3

解　此系统中有两个反馈子系统。

$$H(s)=\frac{\dfrac{s+1}{s}\times\dfrac{\dfrac{10}{s(s+1)}}{1+K\dfrac{10}{s(s+1)}}}{1+1\times\dfrac{s+1}{s}\times\dfrac{\dfrac{10}{s(s+1)}}{1+K\dfrac{10}{s(s+1)}}}=\frac{10(s+1)}{s^3+s^2+10(K+1)s+10}$$

罗斯阵列如下：

s^3	1	$10(K+1)$
s^2	1	10
s^1	$10K$	0
s^0	0	0

当 $K>0$ 时，系统为稳定系统；

当 $K<0$ 时，系统为不稳定系统；

当 $K=0$ 时，系统为临界稳定系统。即

$$H(s)=\frac{10(s+1)}{s^3+s^2+10s+10}=\frac{10(s+1)}{(s+1)(s^2+10)}=\frac{10}{s^2+10}=\sqrt{10}\ \frac{\sqrt{10}}{s^2+(\sqrt{10})^2}$$

$$h(t)=\sqrt{10}\sin\sqrt{10}t,\quad t\in\mathbf{R}$$

例 6-9-2 图 6-9-4 所示系统。试分析 K 的取值对系统稳定性的影响，并求临界稳定和 $K=0$ 时系统的单位冲激响应 $h(t)$。

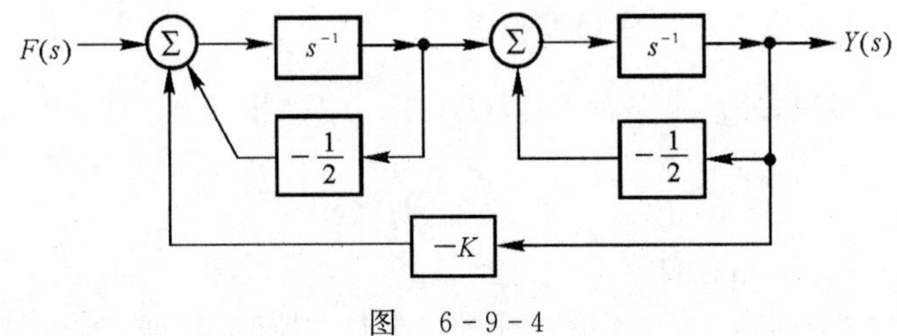

图 6-9-4

解 此系统中有 3 个反馈子系统。

$$H(s)=\frac{\dfrac{s^{-1}}{1+0.5s^{-1}}\times\dfrac{s^{-1}}{1+0.5s^{-1}}}{1+K\dfrac{s^{-1}}{1+0.5s^{-1}}\times\dfrac{s^{-1}}{1+0.5s^{-1}}}=\frac{1}{s^2+s+K+0.25}$$

当 $K+0.25>0$，即 $K>-0.25$ 时，系统为稳定系统；

当 $K+0.25<0$，即 $K<-0.25$ 时，系统为不稳定系统；

当 $K+0.25=0$，即 $K=-0.25$ 时，系统为临界稳定系统，此时

$$H(s)=\frac{1}{s^2+s}=\frac{1}{s}+\frac{-1}{s+1}$$

$$h(t)=U(t)-\mathrm{e}^{-t}U(t)$$

当 $K=0$ 时，

$$H(s)=\frac{1}{s^2+s+0.25}=\frac{1}{(s+0.5)^2}$$

$$h(t)=t\mathrm{e}^{-t}U(t)$$

*6.10 实例应用及仿真

一、系统函数的零、极点与系统的稳定性

系统函数 $H(s)$ 通常为有理式，其分子和分母均为多项式。分母多项式的根对应其极点，分子多项式的根对应其零点。若连续系统系统函数的零、极点已知，便可确定系统函数，即系统函数的零、极点分布完全决定了系统的特性。在 MATLAB 中，求解系统函数的零、极点实际上是求解多项式的根，可调用 roots 函数，其调用格式如下：

```
p=roots(a)        % a为多项式的系数向量
```

若要画出 $H(s)$ 的零、极点图，可用 pzmap 函数实现，其调用格式如下：

pzmap(sys)

其中，sys 是系统模型，可借助 tf 函数获得，其调用格式为：sys＝tf(b, a)，b、a 分别为 $H(s)$分子、分母多项式的系数向量。

例 6-10-1　已知系统函数 $H(s)=\frac{s-1}{s^2+2s+2}$，利用 MATLAB 画出该系统的零、极点分布图，并分析系统的稳定性。

分析：可先用 roots 函数分别求出系统函数分子、分母多项式的根，即为系统的零点和极点，然后利用 plot 指令绘图；也可以用 pzmap 函数直接画出零、极点图。以下是两种方法画零、极点图的源程序：

```
num=[1 -1];
den=[1 2 2 ];
zs=roots(num);          %方法一，求分子多项式的根即为零点
ps=roots(den);           %求分母多项式的根即为极点
figure(1)
plot(real(zs), imag(zs), 'o', real(ps), imag(ps), 'kx', 'markersize', 12);
                         %画零、极点图
axis([-2 2 -2 2]);
grid on;
sys=tf(num, den);        %方法二，直接调用 pzmap 函数画零、极点图
figure(2);
pzmap(sys);
axis([-2 2 -2 2]);
```

程序运行结果如图 6-10-1 所示。

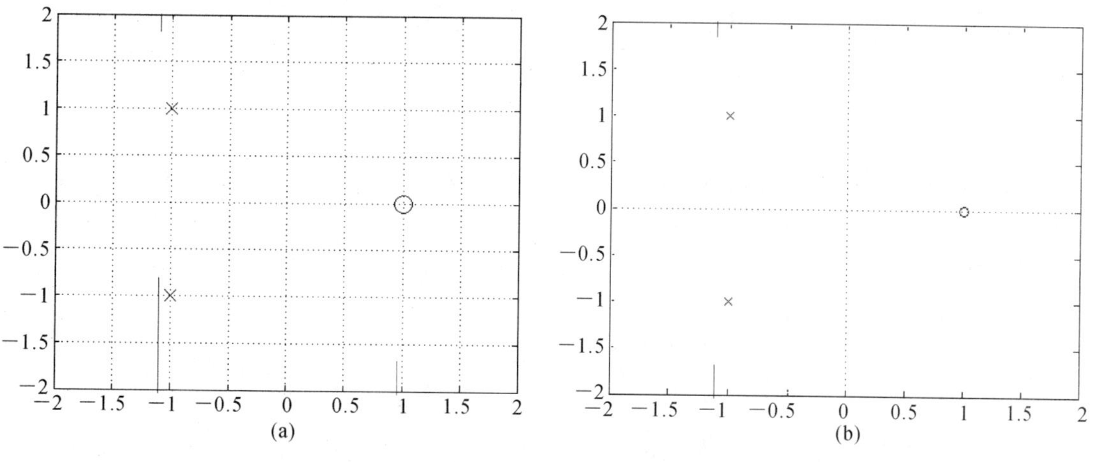

图 6-10-1　系统的零、极点分布图

(a)用 roots 函数画出的零、极点图；　(b)用 pzmap 函数画出的零、极点图

从图 6-10-1 中可以看出，两种方法所画出的零、极点图是一致的。系统的极点都在 s 平面的左半平面，因此该系统稳定。

习 题 六

6-1 图题6-1所示电路。(a) 求 $u(t)$ 对 $i(t)$ 的系统函数 $H(s)=\dfrac{U(s)}{I(s)}$；(b) 求 $u_2(t)$ 对 $u_1(t)$ 的系统函数 $H(s)=\dfrac{U_2(s)}{U_1(s)}$。

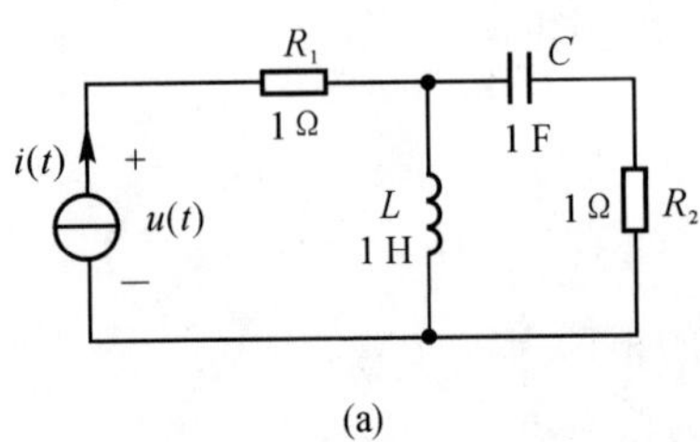

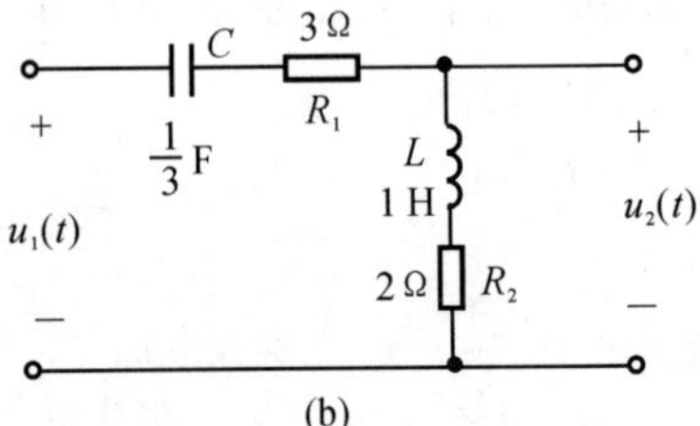

图题6-1

6-2 线性时不变因果系统，已知激励为 $f_1(t)=\delta(t)$ 时的全响应为 $y_1(t)=\delta(t)+e^{-t}U(t)$；激励 $f_2(t)=U(t)$ 时的全响应为 $y_2(t)=3e^{-t}U(t)$。(1) 求系统的单位冲激响应 $h(t)$ 和零输入响应 $y_x(t)$；(2) 求激励 $f(t)=t[U(t)-U(t-1)]$ 时的全响应 $y(t)$。

6-3 已知系统函数 $H(s)=\dfrac{s^2+5}{s^2+2s+5}$，初始状态为 $y(0^-)=0, y'(0^-)=-2$。

(1) 求系统的单位冲激响应 $h(t)$；

(2) 当激励 $f(t)=\delta(t)$ 时，求系统的全响应 $y(t)$；

(3) 当激励 $f(t)=U(t)$ 时，求系统的全响应 $y(t)$。

6-4 线性时不变系统的微分方程为 $y'(t)+10y(t)=\int_{-\infty}^{+\infty}f(\tau)x(t-\tau)d\tau-f(t)$，$x(t)=e^{-t}U(t)+3\delta(t)$。(1) 求系统函数 $H(s)=\dfrac{Y(s)}{F(s)}$ 和单位冲激响应 $h(t)$；(2) 画出系统的一种信号流图；(3) 求系统的频率特性 $H(j\omega)$。

6-5 图题6-5所示电路。(1) 求电路的单位冲激响应 $h(t)$；(2) 今欲使电路的零输入响应 $u_x(t)=h(t)$，求电路的初始状态 $i(0^-)$ 和 $u(0^-)$；(3) 今欲使电路的单位阶跃响应 $g(t)=U(t)$，求电路的初始状态 $i(0^-)$ 和 $u(0^-)$。

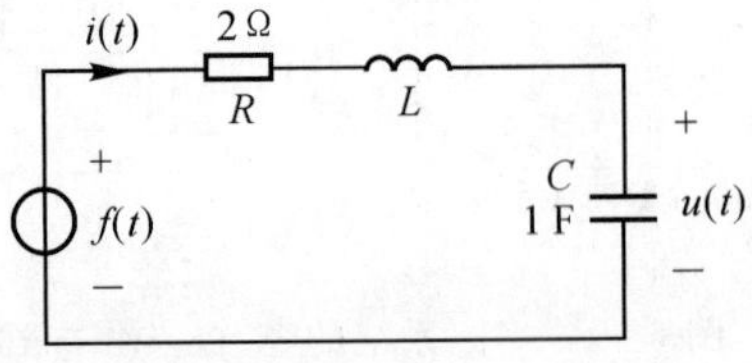

图题6-5

6-6 图题6-6所示电路。(1) 求 $H(s)=\dfrac{U_2(s)}{U_1(s)}$；(2) 若 $u_1(t)=\cos 2tU(t)$ (V)，$C=1$ F，

求零状态响应 $u_2(t)$；(3) 在 $u_1(t)$ 不变的条件下，为使响应 $u_2(t)$ 中不存在正弦稳态响应，求 C 的值及此时的响应 $u_2(t)$。

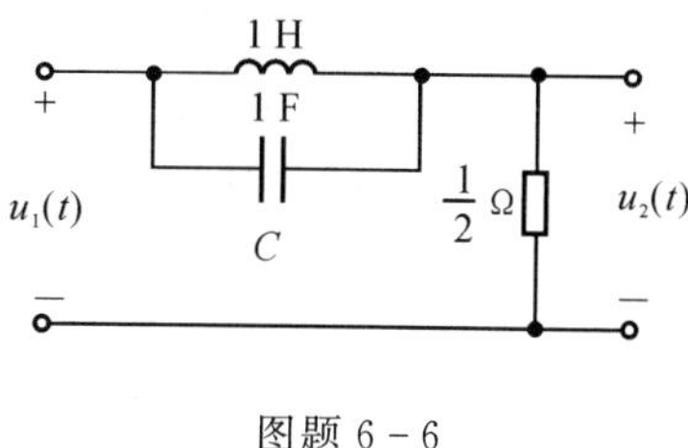

图题 6-6

6-7　(1) 已知系统的单位冲激响应 $h(t)=\mathrm{e}^{t}U(t)$，激励 $f(t)=\mathrm{e}^{2t}U(-t)$，求系统的零状态响应 $y(t)$；(2) 已知系统函数 $H(s)=\dfrac{s+3}{s^2+3s+2}$，$\sigma>-1$，$f(t)=\mathrm{e}^{t}U(-t)$，求系统的零状态响应 $y(t)$。

6-8　已知系统函数 $H(s)=\dfrac{s+5}{s^2+5s+6}$。

(1) 写出描述系统响应 $y(t)$ 与激励 $f(t)$ 关系的微分方程；

(2) 画出系统的一种时域模拟图；

(3) 若系统的初始状态为 $y(0^-)=2$，$y'(0^-)=1$，激励 $f(t)=\mathrm{e}^{-t}U(t)$，求系统的零状态响应 $y_{\mathrm{f}}(t)$，零输入响应 $y_{\mathrm{x}}(t)$，全响应 $y(t)$。

6-9　已知系统的框图如图题 6-9 所示，求系统函数 $H(s)=\dfrac{Y(s)}{F(s)}$，并画出一种 s 域模拟图。

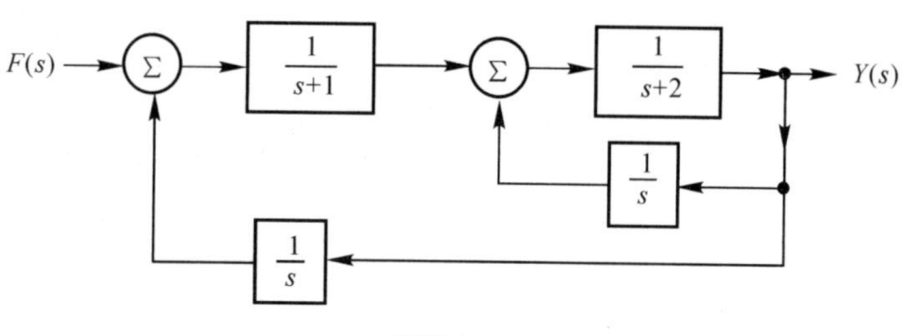

图题 6-9

6-10　已知系统的框图如图题 6-10 所示。(1) 欲使系统函数 $H(s)=\dfrac{Y(s)}{F(s)}=\dfrac{s}{s^2+5s+6}$，试求 a，b 的值；(2) 当 $a=2$ 时，欲使系统为稳定系统，求 b 的取值范围；(3) 若系统函数仍为(1)中的 $H(s)$，求系统的单位阶跃响应 $g(t)$。

6-11　已知系统的框图如图题 6-11 所示。(1) 求系统函数 $H(s)=\dfrac{Y(s)}{F(s)}$；(2) 欲使系统为稳定系统，求 K 的取值范围；(3) 在临界稳定条件下，求系统的单位冲激响应 $h(t)$。

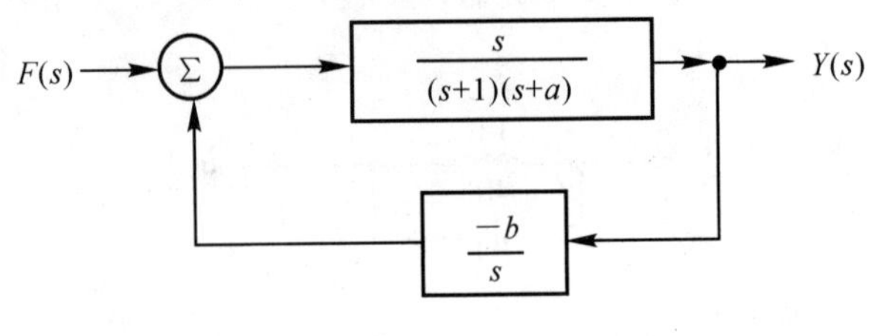

图题 6 - 10

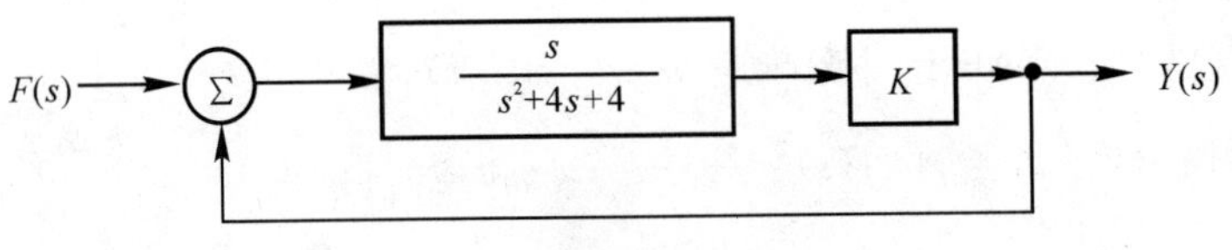

图题 6 - 11

6 - 12　连续线性时不变因果系统的系统函数 $H(s)$ 的零、极点分布如图题 6 - 12 所示，已知当激励 $f(t)=|\cos t|$ 时，系统响应 $y(t)$ 的直流分量为 $\frac{5}{\pi}$。(1) 求系统函数 $H(s)$；(2) 当激励 $f(t)=[2+3\cos(2t+45°)]U(t)$ 时，求系统的稳态响应 $y(t)$。

6 - 13　已知系统的信号流图如图题 6 - 13 所示。(1) 求系统函数 $H(s)=\frac{Y(s)}{F(s)}$ 及单位冲激响应 $h(t)$；(2) 写出系统的微分方程；(3) 画出与 $H(s)$ 相对应的一种等效电路，并求出电路元件的值。

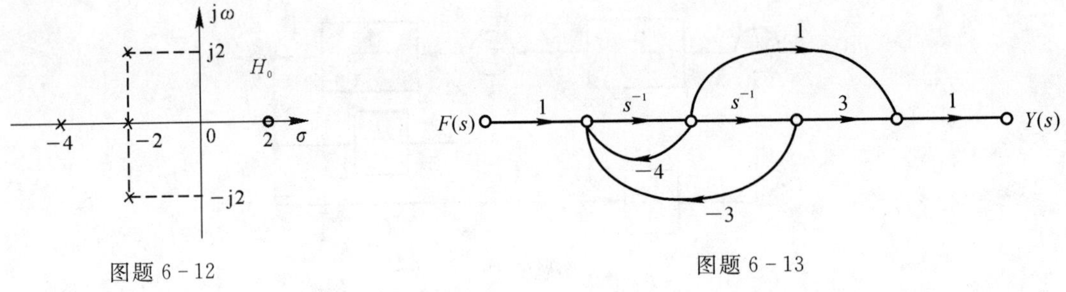

图题 6 - 12　　图题 6 - 13

6 - 14　图题 6 - 14 所示系统，其中 $h_1(t)=U(t)$，$H_3(s)=e^{-s}$，大系统的 $h(t)=(2-t)U(t-1)$。求子系统的单位冲激响应 $h_2(t)$。

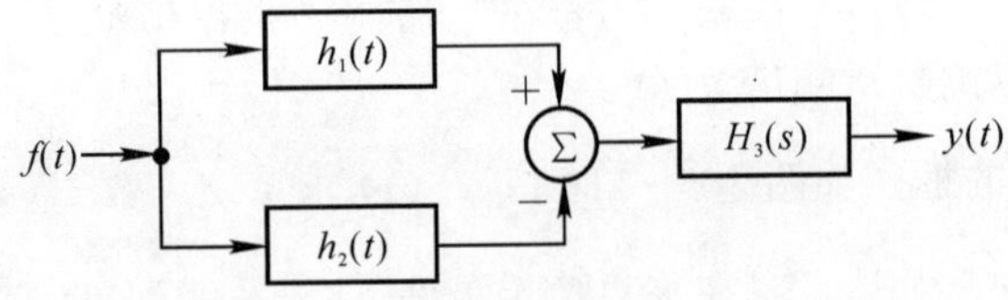

图题 6 - 14

6－15　系统的信号流图如图题 6－15 所示。试用梅森公式求系统函数 $H(s)=\dfrac{Y(s)}{F(s)}$。

6－16　已知系统函数 $H(s)=\dfrac{2s}{(s+1)^2+100^2}$。(1) 求系统的单位冲激响应 $h(t)$；(2) 若激励 $f(t)=(1+\cos t)\cos 100t$，求系统的稳态响应 $y(t)$。

6－17　已知系统函数 $H(s)=\dfrac{13}{(s+1)(s^2+4s+5)}$，求激励 $f(t)=10\cos 2tU(t)$ 时的正弦稳态响应 $y(t)$。

6－18　系统的零、极点分布如图题 6－18 所示。(1) 试判断系统的稳定性；(2) 若 $|H(\mathrm{j}\omega)|_{\mathrm{j}\omega=0}=10^{-4}$，求系统函数 $H(s)$；(3) 画出直接形式的信号流图；(4) 定性画出系统的模频特性 $|H(\mathrm{j}\omega)|$；(5) 求系统的单位阶跃响应 $g(t)$。

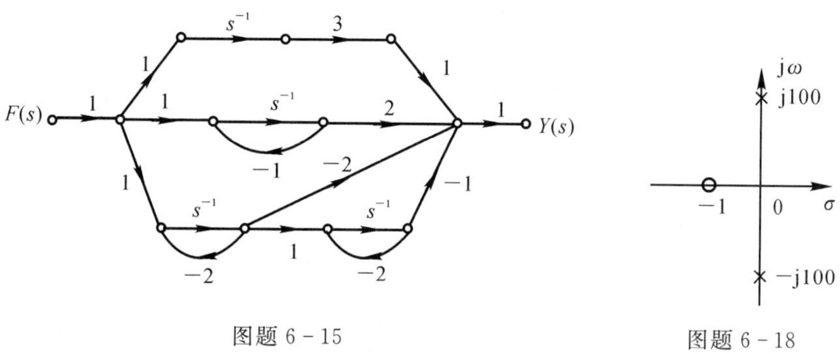

图题 6－15　　　　图题 6－18

6－19　系统的信号流图如图题 6－19 所示。(1) 求系统函数 $H(s)=\dfrac{Y(s)}{F(s)}$；(2) 欲使系统为稳定系统，求 K 的取值范围；(3) 若系统为临界稳定，求 $H(s)$ 在 $\mathrm{j}\omega$ 轴上的极点的值。

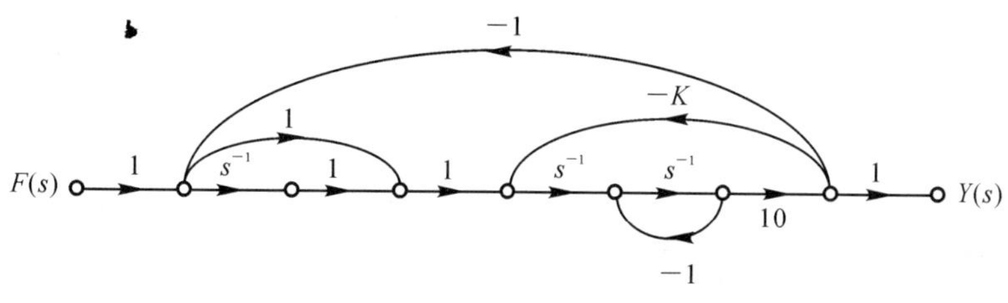

图题 6－19

6－20　已知系统的微分方程为 $y''(t)-y'(t)-6y(t)=f(t)$。(1) 求 $H(s)=\dfrac{Y(s)}{F(s)}$；(2) 求使系统为因果系统的收敛域及其单位冲激响应 $h(t)$，并说明此因果系统是否具有稳定性；(3) 求使系统为稳定系统的收敛域及其 $h(t)$，并说明此稳定系统是否具有因果性。

6－21　已知线性时不变因果系统的微分方程为 $y''(t)+5y'(t)+6y(t)=f''(t)-f'(t)-2f(t)$。(1) 求系统函数 $H(s)=\dfrac{Y(s)}{F(s)}$，指出其收敛域，说明其稳定性；(2) 求 $f(t)=U(t)$ 时的零状态响应 $y(t)$；(3) 求该系统的逆系统函数 $H_1(s)$，并说明其因果性与稳定性。

6－22　已知线性时不变系统激励 $f(t)$ 与响应 $y(t)$ 的关系为 $y''(t)-y'(t)-2y(t)=$

$f(t)$。(1) 求 $H(s)=\dfrac{Y(s)}{F(s)}$;(2) 画出 $H(s)$ 的零、极点图;(3) 对于所有可能的收敛域情况,求满足以下各条件的系统单位冲激响应 $h(t)$:① 系统是稳定的;② 系统是因果的;③ 系统既不是稳定的也不是因果的。

6-23　已知线性时不变系统 $H(s)$ 的零、极点分布如图题 6-23(a) 所示,且知当激励为 $f(t)=\mathrm{e}^{2t}, t\in\mathbf{R}$ 时,系统的响应 $y(t)=\mathrm{e}^{2t}, t\in\mathbf{R}$。(1) 求 $H(s)=\dfrac{Y(s)}{F(s)}$;(2) 求 $H(s)$ 所有可能的收敛域及其对应的系统的因果性与稳定性;(3) 当为因果、稳定的系统时,求此系统的逆系统 $H_1(s)$,其逆系统是因果、稳定的吗?

6-24　已知因果非最小相移函数 $H(s)=\dfrac{(s+2)(s-1)}{(s+3)(s+4)(s+5)}$。(1) 将 $H(s)$ 表示成一个最小相移系统 $H_1(s)$ 与一个全通系统 $H_2(s)$ 的级联,并求出 $H_1(s)$ 和 $H_2(s)$;(2) 求 $H_1(s)$ 的逆系统 $G_1(s)$ 和 $H_2(s)$ 的逆系统 $G_2(s)$,并说明这两个逆系统是否为因果、稳定系统;(3) 由 (2) 的结果说明,因果、稳定的非最小相移系统是否可能具有因果、稳定的逆系统;(4) 若系统 $H(s)$ 的响应 $y(t)=\mathrm{e}^{-3t}U(t)$,求系统的激励 $f(t)$,设 $f(t)$ 为因果信号。

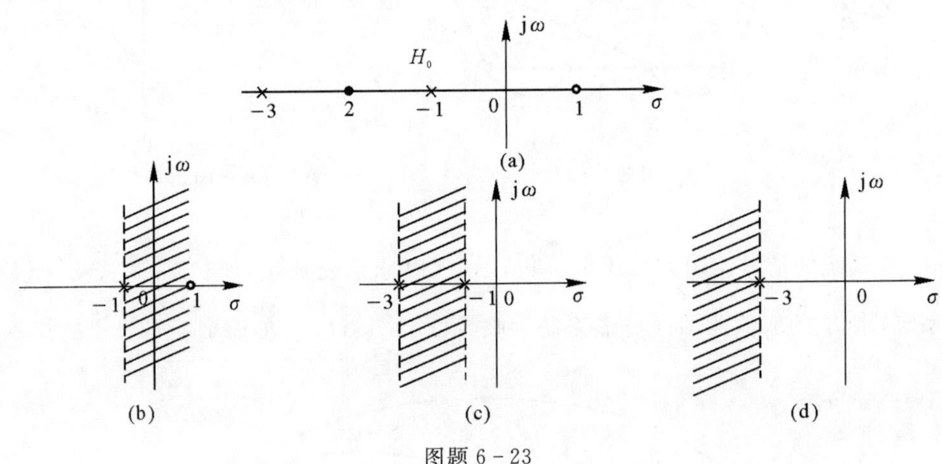

图题 6-23

6-25　已知因果全通系统的 $H(s)=\dfrac{Y(s)}{F(s)}=\dfrac{s-1}{s+1}$,其响应为 $y(t)=\mathrm{e}^{-2t}U(t)$。(1) 求激励 $f(t)$,画出 $f(t)$ 的波形;(2) 若 $f(t)$ 满足式 $\int_{-\infty}^{+\infty}|f(t)|\,\mathrm{d}t<\infty$,求此 $f(t)$;(3) 若已知存在一个稳定(但不一定因果)的系统 $H_1(s)$,该系统在输入 $y(t)$ 时,其输出是 $f(t)$,求 $H_1(s)$ 及对应的 $h_1(t)$。

6-26　图题 6-26 所示为具有两个反馈环的因果系统。(1) 求 $H(s)=\dfrac{Y(s)}{F(s)}$;(2) 为使系统稳定,求 K 的取值范围。

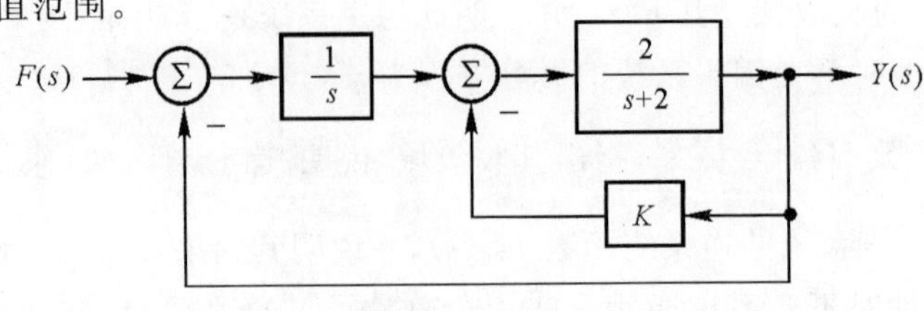

图题 6-26

6-27　线性时不变系统函数 $H(s)$ 的零、极点如图题 6-27 所示，已知当激励 $f(t)=e^{3t}$，$t\in\mathbf{R}$ 时，其响应为 $y(t)=\frac{3}{20}e^{3t}$，$t\in\mathbf{R}$。(1) 求 $H(s)$ 及单位冲激响应 $h(t)$；(2) 若 $f(t)=U(t)$，求响应 $y(t)$；(3) 写出系统的微分方程；(4) 画出系统的一种信号流图。

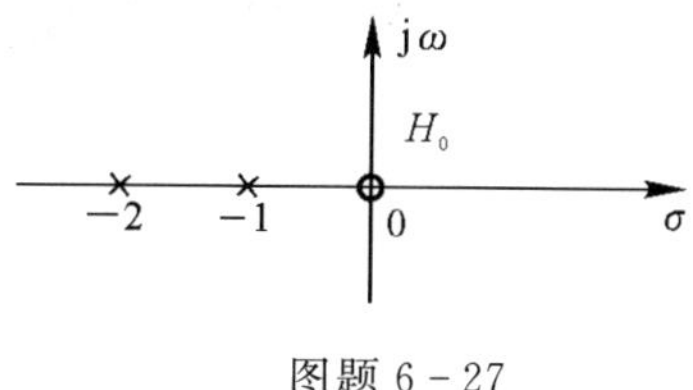

图题 6-27

第七章　离散信号与系统时域分析

内容提要

本章讲述离散信号与系统的时域分析。具体内容：离散信号的定义、序列、常用的离散信号；离散信号的时域变换与运算；离散系统的定义及其数学模型 —— 差分方程；线性时不变离散系统的性质；离散系统的零输入响应及求解；单位序列响应及求解，用卷积和法求离散系统的零状态响应；求离散系统全响应的零状态-零输入法；全响应的三种分解方式；离散系统的稳定性在时域中的充要条件。

离散信号与离散系统的基础知识与分析方法，对于进一步研究数字信号处理、数字通信、数字控制、计算机应用等，是十分重要的。关于离散信号与系统的分析方法，在很多方面都与以前各章所讲述的连续信号与系统的分析方法相类似。因此，我们在分析、研究时将采用类比的方法，而不再对已介绍过的概念进行重复。我们将把注意力集中在离散信号与系统分析方法的特殊性与差异性上。

7.1　离散信号及其时域特性

一、定义

离散时间信号可以有两种定义：

(1) 如果时间信号的自变量不是连续变量 t，而是离散变量 $k(k\in\mathbf{Z})$，则这样的时间信号即称为离散时间信号，简称离散信号，通常用 $f(k)(k\in\mathbf{Z})$ 表示。可见，离散信号仅在一些离散时刻才有定义(即确定的函数值)。例如离散信号

$$f(k)=\begin{cases}0, & k<-1\\ 2^{-k}+1, & k\geqslant -1\end{cases},\quad k\in\mathbf{Z}$$

$f(k)$ 的曲线如图 7-1-1 所示。

(2) 对连续时间信号 $f(t)$ 进行抽样(即进行离散化)，设抽样间隔(也称离散间隔) 为 T，则由相应瞬时 $kT,k\in\mathbf{Z}$ 的抽样值(称为样值) $f(kT)$ 构成的信号 $f(kT)$，也称为离散信号，如图 7-1-2(a) 所示。可进一步将 $f(kT)$ 简写为 $f(k),k\in\mathbf{Z}$，如图 7-1-2(b) 所示。

两种定义的工程背景虽不一样，但其内涵和数学模型都可统一表示为离散信号 $f(k)$，从

而采用统一的方法研究。

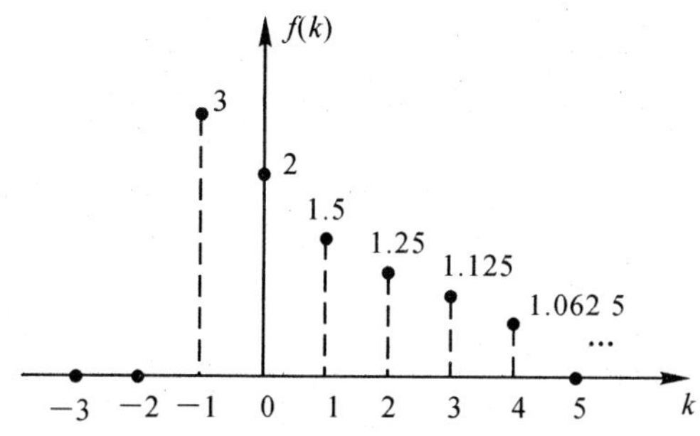

图 7-1-1　离散信号定义(1)

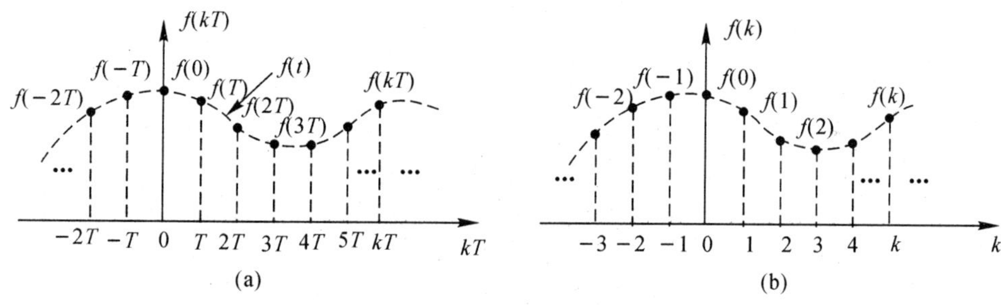

图 7-1-2　离散信号定义(2)

二、序列

由离散信号 $f(k)$ 或 $f(kT)$ 的函数值构成的有序排列称为序列，记为 $\{f(k)\}$ 或 $\{f(kT)\}$。序列是离散信号 $f(k)$ 或 $f(kT)$ 的一种表示形式。例如由图 7-1-1 所示离散信号 $f(k)$ 构成的序列为

$$\{f(k)\}=\{\cdots,\ 0,\ 0,\ 3\ ,\ \underset{\substack{\uparrow\\ k=0}}{2},\ 1.5,\ 1.25,\ 1.125,\ 1.0625,\cdots\}$$

由图 7-1-2(a) 所示离散信号 $f(kT)$ 构成的序列为

$$\{f(kT)\}=\{\cdots,\ f(-T),\ \underset{\substack{\uparrow\\ k=0}}{f(0)},\ f(T),\ f(2T),\cdots\}$$

为了简便，通常将 $f(k)$ 与 $\{f(k)\}$，$f(kT)$ 与 $\{f(kT)\}$ 混同看待。这样，$f(k)$ 与 $f(kT)$ 就都具有了双重意义，它们既代表一个序列，又代表序列中变量为 k 时的第 k 个函数值 $f(k)$ 或 $f(kT)$。

三、常用离散信号

常用离散信号的名称、函数表达式、波形等，如表 7-1-1 所示。

表 7-1-1　常用离散信号

序　号	名　称	表示式	波　形
1	单位序列	$\delta(k)=\begin{cases}1, & k=0\\0, & k\neq 0\end{cases}$	$\delta(k)$；1；$-1\ 0\ 1\ 2\ 3\ 4$；k
2	单位阶跃序列	$U(k)=\begin{cases}1, & k\geqslant 0\\0, & k<0\end{cases}$	$U(k)$；1；…；$-1\ 0\ 1\ 2\ 3$；k
3	单位斜坡序列	$r(k)=kU(k)$	$r(k)$；1；2；3；…；$-1\ 0\ 1\ 2\ 3$；k
4	单位门序列（门宽为 N）	$P_N(k)=\begin{cases}1, & 0\leqslant k\leqslant N-1\\0, & k<0, k\geqslant N\end{cases}$	$P_N(k)$；1；…；N；$-1\ 0\ 1\ 2\ 3\ N-1$；k
5	单边指数序列	$a^kU(k)\quad(0<a<1)$	$a^kU(k)$；1；$-1\ 0\ 1\ 2\ 3$；k
6	双边指数序列	$f(k)=0.5^kU(k)+0.5^{-k}U(-k-1)$	$f(k)$；1；0.5；0.25；0.5；0.25；$-4\ -3\ -2\ -1\ 0\ 1\ 2\ 3\ 4$；$k$
7	单位正弦序列	$\sin\omega_0 k(\omega_0=\dfrac{2\pi}{N}=0.25\pi$ rad/ 间隔，周期 $N=8$ 个间隔）	$\sin\omega_0 k$；1；-1；$-4\ -2$；-3；$0\ 1\ 2\ 3$；$4\ 5\ 6\ 7\ 8$；k
8	单位余弦序列	$\cos\omega_0 k(\omega_0=\dfrac{2\pi}{N}=0.25\pi$ rad/ 间隔，周期 $N=8$ 个间隔）	$\cos\omega_0 k$；1；-1；$-4\ -2$；-1；$1\ 2$；$3\ 4\ 5$；$6\ 7\ 8$；k

注：ω_0 为数字角频率，单位为 rad/ 间隔。

例 7-1-1　(1) 图 7-1-3(a) 为连续正弦信号 $f(t)=\sin\Omega t, t\in\mathbf{R}$，求其周期 T 和模拟角频率 Ω；(2) 图 7-1-3(b) 为离散正弦信号 $f(k)\sin\omega k, k\in\mathbf{Z}$，可认为是对 $f(t)$ 进行均匀间隔抽样而得到，求其周期 N 和数字角频率 ω，并说明数字角频率 ω 和模拟角频率 Ω 的关系。

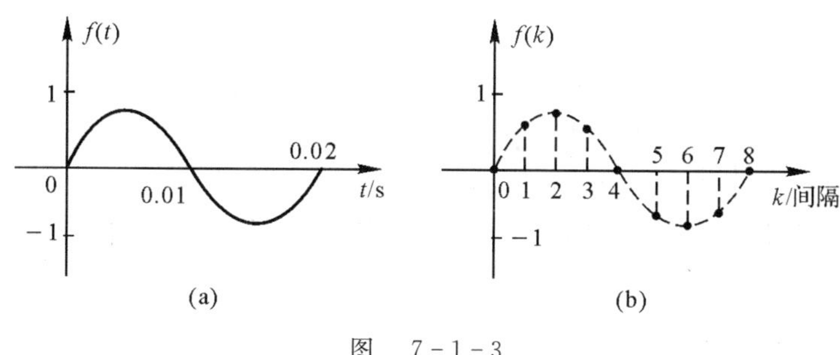

图 7-1-3

解 (1) $$T=0.02\ \text{s},\quad \Omega=\frac{2\pi}{T}=\frac{2\pi}{0.02}=100\pi\ \text{rad/s}$$

(2) $$N=8\ \text{个间隔},\quad \omega=\frac{2\pi}{N}=\frac{2\pi}{8}=\frac{\pi}{4}\ \text{rad/间隔}$$

抽样间隔(即抽样周期)为 $T_s=\frac{T}{N}=\frac{0.02}{8}=0.0025$ s/间隔。ω 与 Ω 的关系为

$$\omega=\Omega T_s=100\pi\times\frac{0.02}{8}=\frac{\pi}{4}\ \text{rad/间隔}$$

即数字角频率 ω 是等于模拟角频率 Ω 与抽样间隔 T_s 的乘积。

四、离散信号的时域变换

离散信号的时域变换与连续信号的时域变换完全对应和类似，也存在平移(移序)、折叠、展缩和倒相，如表7-1-2所示。它们之间的差别仅在于，离散信号 $f(k)$ 的自变量 k 是离散的，连续信号 $f(t)$ 的自变量 t 是连续的。

表 7-1-2 离散信号的时域变换

序号	变换名称	表达式
1	信号 $f(k)$ 右移序 i， $i\geqslant 0$	$f(k-i)$
2	信号 $f(k)$ 左移序 i， $i\geqslant 0$	$f(k+i)$
3	信号 $f(k)$ 的折叠	$f(-k)$
4	信号 $f(k)$ 折叠再移序 i	$f[-(k-i)]=f(i-k)$
5	信号 $f(k)$ 的展缩(a 为非零正实常数)	$f(ak)\begin{cases}0<a<1,\text{展宽}\\ a>1,\text{压缩}\end{cases}$
6	信号 $f(k)$ 的展缩、折叠再移序(a 为非零正实常数)	$f[a(k-i)]$
7	信号 $f(k)$ 的倒相	$-f(k)$

例 7-1-2 信号 $f(k)$ 的图形如图 7-1-4(a) 所示。试画出 $f(3k)$，$f\left(\frac{1}{3}k\right)$ 的图形。

解 $f(3k)$，$f\left(\frac{1}{3}k\right)$ 的图形分别如图 7-1-4(b)(c) 所示。要注意在压缩时的“抽取”，在

展宽时的“内插”。

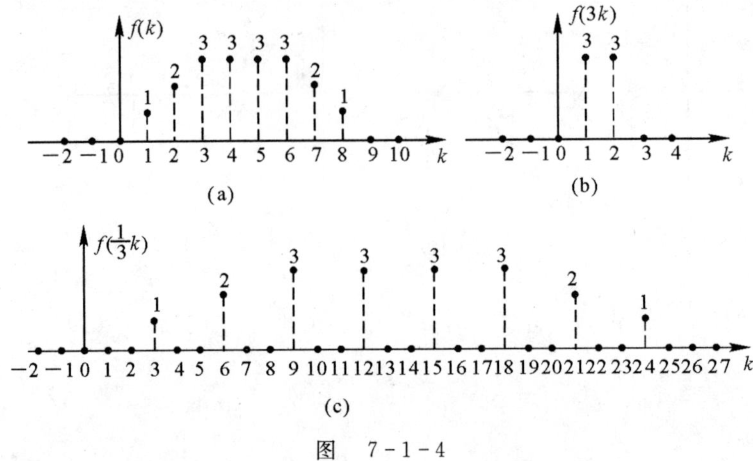

图 7-1-4

注意:离散信号在压缩时存在离散点所对应函数值缺失现象。

五、离散信号的时域运算

离散信号的时域运算与连续信号的时域运算也完全类似,也有相加、相乘、数乘等运算,另外还有差分、累加和、卷积和等运算,它们的名称、定义及运算法则,如表 7-1-3 所示。

表 7-1-3 离散信号的时域运算

序 号	运算名称	表达式
1	相 加	$f_1(k)+f_2(k)$
2	相 减	$f_1(k)-f_2(k)$
3	相 乘	$f_1(k)\times f_2(k)$
4	数 乘	$af(k)$
5	信号 $f(k)$ 的后向差分	$\nabla f(k)=f(k)-f(k-1)$ (一阶) $\nabla^2 f(k)=\nabla[\nabla f(k)]=$ $f(k)-2f(k-1)+f(k-2)$ (二阶)
6	信号 $f(k)$ 的前向差分	$\Delta f(k)=f(k+1)-f(k)$ (一阶) $\Delta^2 f(k)=\Delta[\Delta f(k)]=$ $f(k+2)-2f(k+1)+f(k)$ (二阶)
7	信号 $f(k)$ 的累加和	$\sum\limits_{i=-\infty}^{k} f(i)$
8	信号 $f_1(k)$ 与 $f_2(k)$ 的卷积和	$f_1(k)*f_2(k)=\sum\limits_{i=-\infty}^{\infty} f_1(i)f_2(k-i)=$ $\sum\limits_{i=-\infty}^{+\infty} f_2(i)f_1(k-i)$
9	信号 $f(k)$ 的时域分解	$f(k)=\sum\limits_{i=-\infty}^{+\infty} f(i)\delta(k-i)=f(k)*\delta(k)$

例 7-1-3　求离散信号 $f(k)=k^2-2k+3$ 的一阶,二阶后向与前向差分。

解　一阶后向差分为

$$\nabla f(k)=f(k)-f(k-1)=k^2-2k+3-[(k-1)^2-2(k-1)+3]=$$
$$k^2-2k+3-[k^2-4k+6]=2k-3$$

二阶后向差分为

$$\nabla^2 f(k)=\nabla[\nabla f(k)]=\nabla[f(k)-f(k-1)]=$$
$$\nabla f(k)-\nabla f(k-1)=2k-3-[2(k-1)-3]=2$$

一阶前向差分为

$$\Delta f(k)=f(k+1)-f(k)=(k+1)^2-2(k+1)+3-[k^2-2k+3]=2k-1$$

二阶前向差分为

$$\Delta^2 f(k)=\Delta[\Delta f(k)]=\Delta[f(k+1)-f(k)]=$$
$$\Delta f(k+1)-\Delta f(k)=2(k+1)-1-[2k-1]=2$$

例 7-1-4　(1) 求信号 $\delta(k)$ 的累加和 $y(k)=\sum_{i=0}^{k}\delta(i)$,并画出其波形;(2) 求信号 $U(k)$ 的累加和 $y(k)=\sum_{i=-\infty}^{k}U(i)$,并画出其波形。

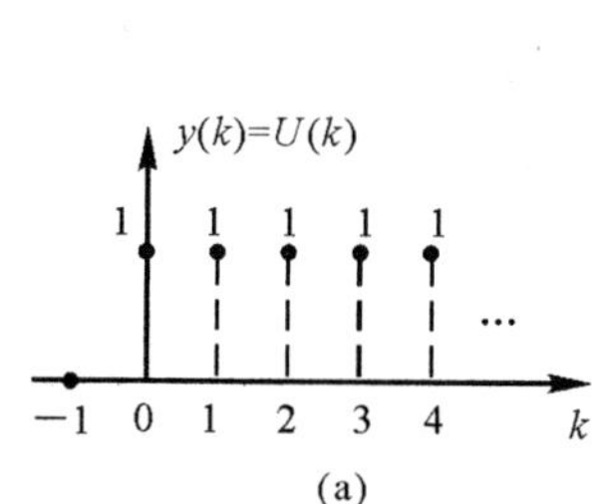

(a)

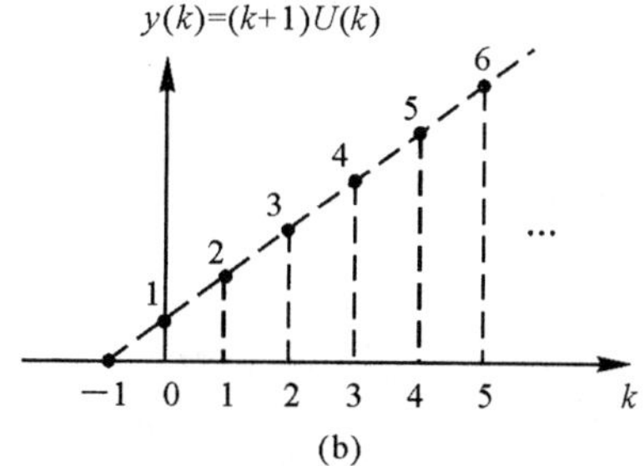

(b)

图　7-1-5

解　(1) $y(k)=\sum_{i=0}^{k}\delta(i)$

当 $k=0$ 时,$y(0)=\sum_{i=0}^{0}\delta(i)=\delta(0)=1$

当 $k=1$ 时,$y(1)=\sum_{i=0}^{1}\delta(i)=\delta(0)+\delta(1)=1+0=1$

当 $k=2$ 时,$y(2)=\sum_{i=0}^{2}\delta(i)=\delta(0)+\delta(1)+\delta(2)=1+0+0=1$

当 $k=3$ 时,$y(3)=\sum_{i=0}^{3}\delta(i)=\delta(0)+\delta(1)+\delta(2)+\delta(3)=1+0+0+0=1$

……

当 $k=n$ 时,$y(n)=1$

故得

$$y(k)=\sum_{i=0}^{k}\delta(i)=U(k)$$

$y(k)$ 的波形如图 7-1-5(a) 所示。可见为单位阶跃序列。

(2) $y(k)=\sum_{i=-\infty}^{k}U(i)$

当 $k=-1$ 时，$y(-1)=\sum_{i=-\infty}^{-1}U(i)=\cdots+U(-1)=\cdots+0=0$

当 $k=0$ 时，$y(0)=\sum_{i=-\infty}^{0}U(i)=\cdots+U(-1)+U(0)=\cdots+0+1=0+1$

当 $k=1$ 时，$y(1)=\sum_{i=-\infty}^{1}U(i)=\cdots+U(-1)+U(0)+U(1)=$
$\cdots+0+1+1=2=1+1$

当 $k=2$ 时，$y(2)=\sum_{i=-\infty}^{k}U(i)=\cdots+U(-1)+U(0)+U(1)+U(2)=$
$\cdots+0+1+1+1=3=2+1$

当 $k=3$ 时，$y(3)=\sum_{i=-\infty}^{3}U(i)=\cdots+U(-1)+U(0)+U(1)+U(2)+U(3)=$
$\cdots+0+1+1+1+1=4=3+1$

……

当 $k=n$ 时，$y(n)=n+1$

故得
$$y(k)=\sum_{i=-\infty}^{k}U(i)=(k+1)U(k)$$

$y(k)$ 的波形如图 7-1-5(b) 所示。可见为单位斜坡序列。

六、离散信号的卷积和

1. 卷积和的定义

与连续时间信号的卷积积分相对应和类似，离散信号有卷积和的运算。其定义为

$$f_1(k)*f_2(k)=\sum_{i=-\infty}^{+\infty}f_1(i)f_2(k-i)=\sum_{i=-\infty}^{+\infty}f_2(i)f_1(k-i)$$

2. 卷积和的性质

与卷积积分的性质相对应和类似，卷积和也有一些同样的性质，如表 7-1-4 所示。

表 7-1-4 卷积和的性质

序　号	性质名称	表达式
1	交换律	$f_1(k)*f_2(k)=f_2(k)*f_1(k)$
2	结合律	$[f_1(k)*f_2(k)]*f_3(k)=f_1(k)*[f_2(k)*f_3(k)]$
3	分配律	$[f_1(k)+f_2(k)]*f_3(k)=f_1(k)*f_3(k)+f_2(k)*f_3(k)$
4	卷积和的差分	$\nabla[f_1(k)*f_2(k)]=\nabla f_1(k)*f_2(k)=f_1(k)*\nabla f_2(k)$ $\Delta[f_1(k)*f_2(k)]=\Delta f_1(k)*f_2(k)=f_1(k)*\Delta f_2(k)$

续 表

序　号	性质名称	表达式
5	卷积和的求和	$\sum_{i=-\infty}^{k}[f_1(i)*f_2(i)]=\left[\sum_{i=-\infty}^{k}f_1(i)\right]*f_2(k)=f_1(k)*\left[\sum_{i=-\infty}^{k}f_2(i)\right]$
6	$f(k)$ 与单位序列的卷积和	$f(k)*\delta(k)=f(k)$ $f(k)*\delta(k-n)=f(k-n)$ $f(k)*\delta(k+n)=f(k+n)$ $f(k-n_1)*\delta(k-n_2)=f(k-n_1-n_2)$
7	$f(k)$ 与 $U(k)$ 的卷积和	$f(k)*U(k)=\sum_{i=-\infty}^{k}f(i)$ $f(k)*U(k-n)=\sum_{i=-\infty}^{k-n}f(i)=\sum_{i=-\infty}^{k}f(i-n)$
8	差分与求和的卷积和	$\nabla f_1(k)*\left[\sum_{i=-\infty}^{k}f_2(i)\right]=f_1(k)*f_2(k)$
9	位移序列的卷积和	$f_1(k)*f_2(k-n)=f_1(k-n)*f_2(k)$ $f_1(k)*f_2(k+n)=f_1(k+n)*f_2(k)$
10	$f(k)=f_1(k)*f_2(k)$	$f_1(k-k_1)*f_2(k-k_2)=f_1(k-k_2)*f_2(k-k_1)=f(k-k_1-k_2)$

3. 卷积和表

表 7-1-5 给出了常用离散信号的卷积和,可供查用。

表 7-1-5　卷积和表

序　号	$f_1(k)$	$f_2(k)$	$f_1(k)*f_2(k)$
1	$f(k)$	$\delta(k)$	$f(k)$
2	$f(k)$	$U(k)$	$\sum_{i=-\infty}^{k}f(i)$
3	$U(k)$	$U(k)$	$(k+1)U(k)$
4	$kU(k)$	$U(k)$	$\frac{1}{2}(k+1)kU(k)$
5	$a^kU(k)$	$U(k)$	$\frac{1-a^{k+1}}{1-a}U(k),\quad a\neq 1$
6	$a_1^kU(k)$	$a_2^kU(k)$	$\frac{a_1^{k+1}-a_2^{k+1}}{a_1-a_2}U(k),\quad a_1\neq a_2$
7	$a^kU(k)$	$a^kU(k)$	$(k+1)a^kU(k)$
8	$kU(k)$	$kU(k)$	$\frac{1}{6}(k+1)k(k-1)U(k)$
9	$kU(k)$	$a^kU(k)$	$\frac{k}{1-a}U(k)+\frac{a(a^k-1)}{(1-a)^2}U(k),\quad a\neq 1$

4. 求卷积和的常用方法

(1) 单位序列卷积和法；
(2) 直接求累加和法；
(3) 图解法；
(4) 解析法(配合查卷积和表)；
(5) 排表法；
(6) 利用差分性质求。

具体求法见下面例题。

例 7-1-5 已知两个时限序列

$$f(k)=\begin{cases}1, & k=0,1,2\\0, & k\text{ 为其他值}\end{cases};\quad h(k)=\begin{cases}k, & k=1,2,3\\0, & k\text{ 为其他值}\end{cases}$$

求卷积和 $y(k)=f(k)*h(k)$。

解 $f(k)$ 与 $h(k)$ 的图形如图 7-1-6(a)(b) 所示。以下用 4 种方法求解。

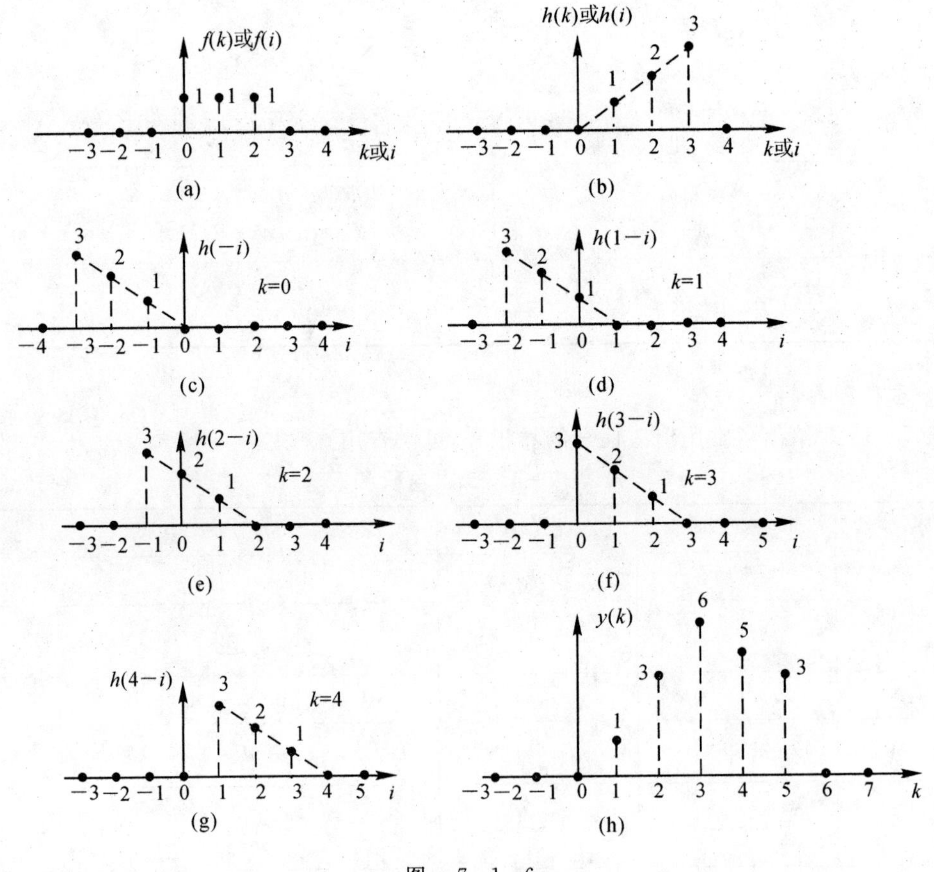

图 7-1-6

1. 单位序列卷积和法

因
$$f(k)=\delta(k)+\delta(k-1)+\delta(k-2)$$
$$h(k)=\delta(k-1)+2\delta(k-2)+3\delta(k-3)$$

故

$$y(k)=f(k)*h(k)=$$
$$[\delta(k)+\delta(k-1)+\delta(k-2)]*[\delta(k-1)+2\delta(k-2)+3\delta(k-3)]=$$

$$\delta(k-1)+2\delta(k-2)+3\delta(k-3)+\delta(k-2)+2\delta(k-3)+$$
$$3\delta(k-4)+\delta(k-3)+2\delta(k-4)+3\delta(k-5)=$$
$$\delta(k-1)+3\delta(k-2)+6\delta(k-3)+5\delta(k-4)+3\delta(k-5)$$

即

$$y(k)=\{\cdots,0,\underset{\underset{k=0}{\uparrow}}{0},1,3,6,5,3,0,0,\cdots\}$$

$y(k)$ 的曲线如图 7-1-6(h) 所示，可见仍为时限序列。

此方法的优点是计算简单，但只适用于较短的时限序列，且不易写出 $y(k)$ 的函数表达式。

2. 排表法

排表法就是在一个矩形表中，在表的上方从左到右按序列 $f(k)$ 中 k 的增长数值逐个排列，在表的左侧从上到下按序列 $h(k)$ 中 k 的增长数值逐个排列，表中的每一个元素即为相应的 $f(k)$ 与 $h(k)$ 的乘积，如表 7-1-6 所示。则表中每一条对角线上各元素的代数和，即为相应的卷积和序列值。其顺序为

$$y(0)=0$$
$$y(1)=1+0=1$$
$$y(2)=2+1+0=3$$
$$y(3)=3+2+1+0=6$$
$$y(4)=3+2=5$$
$$y(5)=3$$
$$y(6)=0$$
$$y(7)=0$$
$$\vdots$$

写成序列即与前面的全同。

表 7-1-6　矩形表

$h(k)$ \ $f(k)$		$f(0)$	$f(1)$	$f(2)$	$f(3)$	$f(4)$	$f(5)$	$f(6)$	$f(7)$	…
		1	1	1	0	0	0	0	0	…
$h(0)$	0	0	0	0	0	0	0	0	0	
$h(1)$	1	1	1	1	0	0	0	0	0	
$h(2)$	2	2	2	2	0	0	0	0	0	
$h(3)$	3	3	3	3	0	0	0	0	0	
$h(4)$	0	0	0	0	0	0	0	0	0	
$h(5)$	0	0	0	0	0	0	0	0	0	
$h(6)$	0	0	0	0	0	0	0	0	0	
$h(7)$	0	0	0	0	0	0	0	0	0	
⋮	⋮									

3. 直接求累加和法

因 $$y(k)=f(k)*h(k)=\sum_{i=-\infty}^{+\infty}f(i)h(k-i)=\sum_{i=0}^{k}f(i)h(k-i)$$

当 $k<0$ 时， $y(k)=0$

当 $k=0$ 时， $y(0)=\sum_{i=0}^{0}f(i)h(0-i)=f(0)h(0-0)=f(0)h(0)=1\times0=0$

当 $k=1$ 时， $y(1)=\sum_{i=0}^{1}f(i)h(1-i)=f(0)h(1-0)+f(1)h(1-1)=$

$f(0)h(1)+f(1)h(0)=1\times1+1\times0=1$

当 $k=2$ 时， $y(2)=\sum_{i=0}^{2}f(i)h(2-i)=$

$f(0)h(2-0)+f(1)h(2-1)+f(2)h(2-2)=$

$f(0)h(2)+f(1)h(1)+f(2)h(0)=$

$1\times2+1\times1+1\times0=3$

当 $k=3$ 时， $y(3)=\sum_{i=0}^{3}f(i)h(3-i)=$

$f(0)h(3-0)+f(1)h(3-1)+f(2)h(3-2)+f(3)h(3-3)=$

$f(0)h(3)+f(1)h(2)+f(2)h(1)+f(3)h(0)=$

$1\times3+1\times2+1\times1+0\times0=6$

当 $k=4$ 时， $y(4)=\sum_{i=0}^{4}f(i)h(4-i)=$

$f(0)h(4-0)+f(1)h(4-1)+$

$f(2)h(4-2)+f(3)h(4-3)+f(4)h(4-4)=$

$f(0)h(4)+f(1)h(3)+f(2)h(2)+f(3)h(1)+f(4)h(0)=$

$1\times0+1\times3+1\times2+0\times1+0\times0=5$

当 $k=5$ 时， $y(5)=\sum_{i=0}^{5}f(i)h(5-i)=3$

当 $k=6$ 时， $y(6)=\sum_{i=0}^{6}f(i)h(6-i)=0$

⋮

写成序列仍与前同。

4. 图解法

其图解过程如图 7-1-6(c)(d)(e)(f)(g) 所示。依此类推，其结果为

$k=0$ $y(0)=0$

$k=1$ $y(1)=1\times1+1\times0=1$

$k=2$ $y(2)=1\times2+1\times1=3$

$k=3$ $y(3)=1\times3+1\times2+1\times1=6$

$k=4$ $y(4)=1\times0+1\times3+1\times2+0\times1=5$

$k=5$ $y(5)=3$

$k=6$ $y(6)=0$

$k=7 \qquad y(7)=0$

$\vdots$

写成序列形式仍与前同。

7.2　离散系统及其数学模型——差分方程

一、离散系统的定义

将离散时间输入信号变换为离散时间输出信号的系统称为离散时间系统，简称离散系统，如图 7-2-1 所示。数字电子计算机就是典型的离散系统；数据控制系统与数字通信系统的主体部分也都是离散系统。采样和量化是离散系统中十分重要的两个信号处理过程。由于离散系统在小型化、可靠性、精度等方面都比连续系统有更大的优越性，所以离散系统的应用极为广泛，而且越来越广泛。

图 7-2-1　离散系统的定义

二、离散系统的数学模型——差分方程

线性时不变连续系统的数学模型是微分方程，线性时不变离散系统的数学模型则是差分方程。差分方程有前向差分方程与后向差分方程两种。前向差分方程多用于现代控制系统中的状态变量分析，后向差分方程多用于因果系统与数字滤波器的分析。

1. 前向差分方程

设系统的激励信号为 $f(k)$，响应信号为 $y(k)$，则含有 $f(k)$，$y(k)$ 及 $f(k)$ 与 $y(k)$ 各阶前向差分的方程，称为前向差分方程，简称差分方程。例如

$$\Delta^2 y(k)+5\Delta y(k)+3y(k)=\Delta^2 f(k)+\Delta f(k)+f(k)$$

即为一描述二阶离散系统激励 $f(k)$ 与响应 $y(k)$ 关系的前向二阶差分方程。根据表 7-1-3 中序号 6“信号 $f(k)$ 的前向差分”，将上式求差分并化简可得到下述形式，即

$$y(k+2)-2y(k+1)+y(k)+5[y(k+1)-y(k)]+3y(k)=$$
$$f(k+2)-2f(k+1)+f(k)+[f(k+1)-f(k)]+f(k)$$

整理后得

$$y(k+2)+3y(k+1)-y(k)=f(k+2)-f(k+1)+f(k)$$

可见前向差分方程实质上就是：方程等号的左端为系统响应 $y(k)$ 及 $y(k)$ 的各超前序列的线性组合；方程等号的右端为系统激励 $f(k)$ 及 $f(k)$ 的各超前序列的线性组合。

推广之，对于 n 阶系统，其前向 n 阶差分方程的一般形式为

$$y(k+n)+a_{n-1}y(k+n-1)+\cdots+a_1 y(k+1)+a_0 y(k)=$$
$$b_m f(k+m)+b_{m-1}f(k+m-1)+\cdots+b_1 f(k+1)+b_0 f(k) \tag{7-2-1}$$

2. 后向差方程

设系统的激励信号为 $f(k)$，响应信号为 $y(k)$，则含有 $f(k)$，$y(k)$ 及 $f(k)$ 与 $y(k)$ 各阶后向差分的方程，称为后向差分方程，也简称差分方程。例如

$$\nabla^2 y(k) + 5\nabla y(k) + 3y(k) = \nabla^2 f(k) + \nabla f(k) + f(k)$$

即为一描述二阶离散系统的后向二阶差分方程。根据表 7-1-3 中序号 5“信号 $f(k)$ 的后向差分”，将上式求差分并化简可得到下述形式，即

$$9y(k) - 7y(k-1) + y(k-2) = 3f(k) - 3f(k-1) + f(k-2)$$

可见后向差分方程实质上就是：方程等号的左端为系统响应 $y(k)$ 及 $y(k)$ 的各延迟序列的线性组合，方程等号的右端为系统激励 $f(k)$ 及 $f(k)$ 的各延迟序列的线性组合。

推广之，对于 n 阶系统，其后向 n 阶差分方程的一般形式为

$$\begin{aligned} & y(k) + a_1 y(k-1) + a_2 y(k-2) + \cdots + a_{n-1} y[k-(n-1)] + a_n y(k-n) = \\ & \quad b_0 f(k) + b_1 f(k-1) + b_2 f(k-2) + \cdots + b_{m-1} f[k-(m-1)] + b_m f(k-m) \end{aligned} \tag{7-2-2}$$

三、差分算子与转移算子 $H(E)$

(1) 超前差分算子 E，简称 E 算子。其含义是将序列 $y(k)$ 沿 k 轴的负方向(即向左) 移动一个时间单位的运算，如图 7-2-2(a) 所示，即

$$E[y(k)] = y(k+1)$$
$$E^2[y(k)] = y(k+2)$$
$$\vdots$$
$$E^n[y(k)] = y(k+n)$$

推广之，对于 n 阶超前差分算子 E^n 而言，其含义是将序列 $y(k)$ 沿 k 轴的负方向(即向左) 移动 n 个时间单位的运算。

(2) 迟后差分算子 $\frac{1}{E} = E^{-1}$，简称 E^{-1} 算子。其含义是将序列 $y(k)$ 沿 k 轴的正方向(即向右) 移动一个时间单位的运算，如图 7-2-2(b) 所示，即

$$E^{-1}[y(k)] = \frac{1}{E}[y(k)] = y(k-1)$$
$$E^{-2}[y(k)] = \frac{1}{E^2}[y(k)] = y(k-2)$$
$$\vdots$$
$$E^{-n}[y(k)] = \frac{1}{E^n}[y(k)] = y(k-n)$$

推广之，对于 n 阶迟后差分算子 E^{-n} 而言，其含义是将序列 $y(k)$ 沿 k 轴的正方向(即向右) 移动 n 个时间单位的运算。

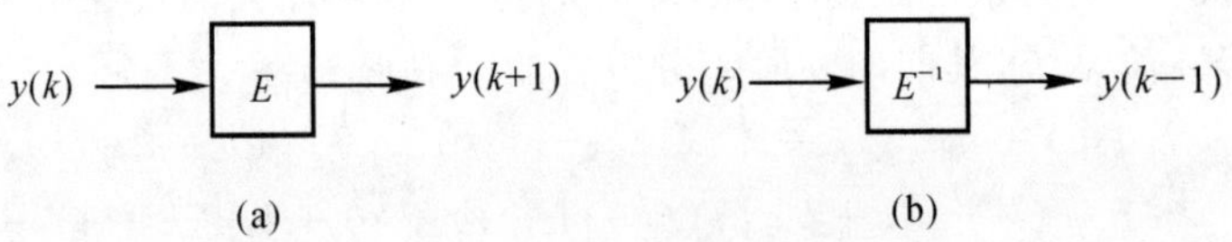

图 7-2-2　差分算子的运算功能

(3) 转移算子(即传输算子) $H(E)$。对式(7-2-1) 等号两端同时施行超前差分算子 E 的运算，即有

$$(E^n + a_{n-1}E^{n-1} + \cdots + a_1E + a_0)y(k) = (b_mE^m + b_{m-1}E^{m-1} + \cdots + b_1E + b_0)f(k)$$

故得

$$y(k) = \frac{b_mE^m + b_{m-1}E^{m-1} + \cdots + b_1E + b_0}{E_n + a_{n-1}E^{n-1} + \cdots + a_1E + a_0}f(k) = H(E)f(k)$$

式中

$$H(E) = \frac{y(k)}{f(k)} = \frac{b_mE^m + b_{m-1}E^{m-1} + \cdots + b_1E + b_0}{E^n + a_{n-1}E^{n-1} + \cdots + a_1E + a_0} = \frac{N(E)}{D(E)}$$

$H(E)$ 称为转移(或传输)算子,表示对激励信号 $f(k)$ 施行 $H(E)$ 的运算后,即得响应 $y(k)$,其运算功能如图 7-2-3 所示。

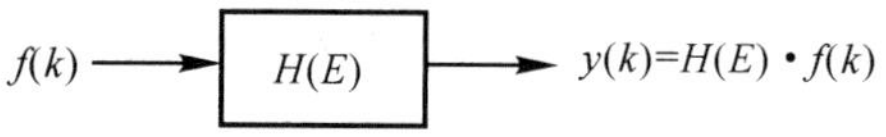

$f(k)$ → [$H(E)$] → $y(k)=H(E)\cdot f(k)$

图 7-2-3　传输算子 $H(E)$ 的运算功能

上式中,$D(E)=E^n+a_{n-1}E^{n-1}+\cdots+a_1E+a_0$,$D(E)$ 称为差分方程(或系统)的特征多项式;$D(E)=0$,称为差分方程(或系统)的特征方程,其根称为差分方程(或系统)的特征根,也称为离散系统的自然频率或固有频率。

同理,对式(7-2-2)等号两端同时施行迟后差分算子 E^{-1} 的运算,即有

$$(1 + a_1E^{-1} + a_2E^{-2} + \cdots + a_{n-1}E^{-(n-1)} + a_nE^{-n})y(k) =$$
$$(b_0 + b_1E^{-1} + b_2E^{-2} + \cdots + b_{m-1}E^{-(m-1)} + b_mE^{-m})f(k)$$

故得

$$y(k) = \frac{b_0 + b_1E^{-1} + b_2E^{-2} + \cdots + b_{m-1}E^{-(m-1)} + b_mE^{-m}}{1 + a_1E^{-1} + a_2E^{-2} + \cdots + a_{n-1}E^{-(n-1)} + a_nE^{-n}}f(k) = H(E)f(k)$$

式中

$$H(E) = \frac{y(k)}{f(k)} = \frac{b_0 + b_1E^{-1} + b_2E^{-2} + \cdots + b_{m-1}E^{-(m-1)} + b_mE^{-m}}{1 + a_1E^{-1} + a_2E^{-2} + \cdots + a_{n-1}E^{-(n-1)} + a_nE^{-n}}$$

$H(E)$ 仍称为转移(传输)算子。

四、离散系统的时域模拟

离散系统时域模拟应用的运算器有 3 种:加法器、数乘器、单位延迟器,它们的时域模拟符号如表 7-2-1 所示。单位延迟器是一个具有"记忆"功能的运算器,其作用是将输入信号 $f(k)$ 延迟一个时间单位后再输出,即 $y(k)=f(k-1)$。

表 7-2-1　离散系统的模拟与信号流图

名　称	时　域	z　域	信号流图
加法器	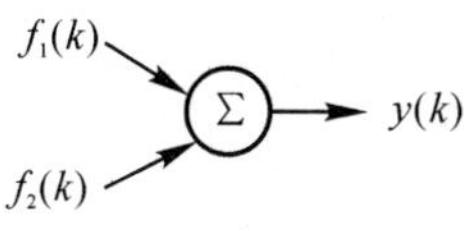 $f_1(k)$、$f_2(k)$ → Σ → $y(k)$ $y(k)=f_1(k)+f_2(k)$	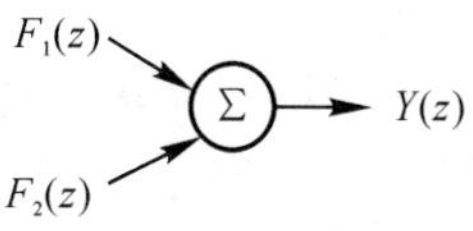 $F_1(z)$、$F_2(z)$ → Σ → $Y(z)$ $Y(z)=F_1(z)+F_2(z)$	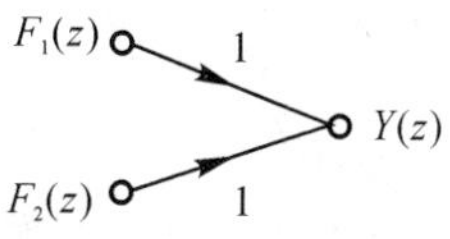 $F_1(z)$ —1→ $Y(z)$，$F_2(z)$ —1→ $Y(z)$ $Y(z)=F_1(z)+F_2(z)$

续 表

名　称	时　域	z　域	信号流图
数乘器	$f(k)\rightarrow\boxed{a}\rightarrow y(k)$ $y(k)=af(k)$	$F(z)\rightarrow\boxed{a}\rightarrow Y(z)$ $Y(z)=aF(z)$	$F(z)\ \circ\xrightarrow{a}\circ\ Y(z)$ $Y(z)=aF(z)$
单位延时器	$f(k)\rightarrow\boxed{D}\rightarrow y(k)$ $y(k)=f(k-1)$	$F(z)\rightarrow\boxed{z^{-1}}\rightarrow Y(z)$ $Y(z)=z^{-1}F(z)$	$F(z)\ \circ\xrightarrow{z^{-1}}\circ\ Y(z)$ $Y(z)=z^{-1}F(z)$

注：z 域模拟与信号流图见下一章。

例 7-2-1　已知离散系统的二阶后向差分方程为

$$y(k)+a_1y(k-1)+a_0y(k-2)=b_1f(k-1)+b_0f(k)$$

试画出系统的时域模拟图。

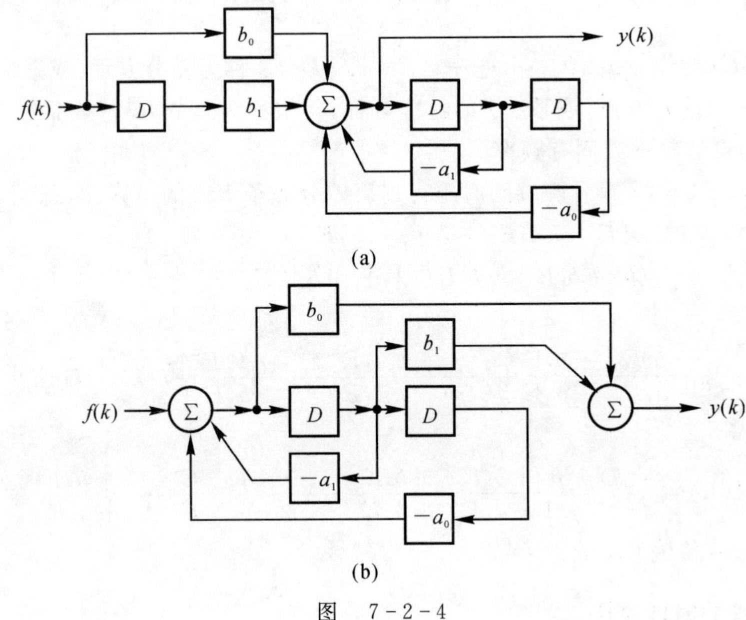

图　7-2-4

解　将已知的差分方程写为

$$y(k)=-a_1y(k-1)-a_0y(k-2)+b_1f(k-1)+b_0f(k)$$

根据此式即可画出系统的一种时域模拟图，如图 7-2-4(a) 所示。系统模拟图的形式不是唯一的，一个差分方程可以有许多种不同形式的模拟图。例如将原方程写成差分算子形式为

$$(1+a_1E^{-1}+a_0E^{-2})y(k)=(b_1E^{-1}+b_0)f(k)$$

故得传输算子为

$$H(E)=\frac{y(k)}{f(k)}=\frac{b_0+b_1E^{-1}}{1+a_1E^{-1}+a_0E^{-2}}=\frac{b_0E^2+b_1E}{E^2+a_1E+a_0}$$

根据此式又可画出直接形式的时域模拟图，如图 7-2-4(b) 所示。图 7-2-4 中的两个图不同，但它们的差分方程是相同的。

例 7-2-2　已知离散系统的时域模拟图如图 7-2-5 所示，试写出系统的差分方程。

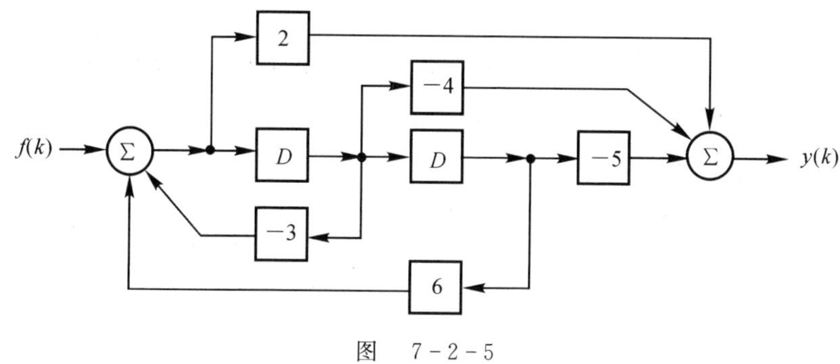

图　7-2-5

解　由图 7-2-5 可以直接写出系统的传输算子为

$$H(E)=\frac{y(k)}{f(k)}=\frac{2E^2-4E-5}{E^2+3E-6}$$

故得系统的差分方程为

$$y(k+2)+3y(k+1)-6y(k)=2f(k+2)-4f(k+1)-5f(k)$$

或

$$y(k)+3y(k-1)-6y(k-2)=2f(k)-4f(k-1)-5f(k-2)$$

思考题

1. 什么是离散时间系统？连续时间系统与离散时间系统的区别是什么？
2. 离散信号的展缩性与连续信号的展缩性区别是什么？

7.3　线性时不变离散系统的基本性质

线性时不变离散系统的性质与线性时不变连续系统的性质极为相似，现将这些性质汇总于表 7-3-1 中，以便记忆和查用。

表 7-3-1　线性时不变离散系统的性质

设 $f(k)\longrightarrow y(k)$，$f_1(k)\longrightarrow y_1(k)$，$f_2(k)\longrightarrow y_2(k)$

序　号	名　称	数学描述
1	齐次性	$Af(k)\longrightarrow Ay(k)$
2	叠加性	$f_1(k)+f_2(k)\longrightarrow y_1(k)+y_2(k)$
3	线　性	$A_1f_1(k)+A_2f_2(k)\longrightarrow A_1y_1(k)+A_2y_2(k)$
4	时不变性	$f(k-k_0)\longrightarrow y(k-k_0)$，　k_0 为整数
5	差分性	$\nabla f(k)\longrightarrow \nabla y(k)$ $\Delta f(k)\longrightarrow \Delta y(k)$
6	累加和性	$\sum_{i=-\infty}^{k} f(i)\longrightarrow \sum_{i=-\infty}^{k} y(i)$

7.4　离散系统的零输入响应及其求解

一、零输入响应的定义

当离散系统的激励 $f(k)=0$ 时，仅由系统的初始条件（即初始储能，简称内激励）所产生的响应 $y_x(k)$，称为系统的零输入响应，如图 7-4-1 所示。

图 7-4-1　离散系统的零输入响应 $y_x(k)$

二、求解方法

求系统的零输入响应 $y_x(k)$，实质上就是求齐次差分方程的解，也就是差分方程的齐次解，其求解方法有两种：迭代法（递推法）与转移算子（或传输算子）法。

1. 迭代法（递推法）

迭代法（也称递推法）是求解差分方程最基本的方法。例如已知一阶离散系统的差分方程为

$$y(k+1)+a_0y(k)=b_0f(k) \tag{7-4-1}$$

且已知零输入响应 $y_x(k)$ 的初始条件为 $y_x(0)\neq 0$，则当激励 $f(k)=0$ 时，即有

$$\begin{cases} y_x(k+1)+a_0y_x(k)=0 \\ y_x(0)\neq 0 \end{cases}$$

即

$$\left.\begin{aligned} y_x(k+1)=-a_0y_x(k) \\ y_x(0)\neq 0 \end{aligned}\right\} \tag{7-4-2}$$

此式说明，$k+1$ 时刻响应的值 $y_x(k+1)$，是由 k 时刻响应的值 $y_x(k)$ 决定的。

当 $k=0$ 时得　　$y_x(1)=-a_0y_x(0)=(-a_0)^1y_x(0)$

当 $k=1$ 时得　　$y_x(2)=-a_0y_x(1)=(-a_0)^2y_x(0)$

当 $k=2$ 时得　　$y_x(3)=-a_0y_x(2)=(-a_0)^3y_x(0)$

……

当 $k=n-1$ 时得　　$y_x(n)=(-a_0)^ny_x(0)$

然后再将 n 换成 k，即得系统的零输入响应为

$$y_x(k)=(-a_0)^ky_x(0),\quad k\geqslant 0$$

或者

$$y_x(k)=(-a_0)^ky_x(0)U(k)$$

2. 转移算子式（传输算子）法

将式(7-4-1)写成差分算子形式为

$$(E+a_0)y(k)=b_0f(k)$$

即

$$y(k)=\frac{b_0}{E+a_0}f(k)$$

故得传输算子为

$$H(E)=\frac{y(k)}{f(k)}=\frac{b_0}{E+a_0}$$

令分母
$$D(E)=E+a_0=0$$

故得差分方程(或系统)的特征根为 $p_1=-a_0$。从而可得系统零输入响应的通解表达式为

$$y_x(k)=Ap_1^k=A(-a_0)^k,\quad k\geqslant 0$$

式中,A 为待定系数,由系统零输入响应的初始条件 $y_x(0)$ 确定。当 $k=0$ 时,上式变为 $y_x(0)=A\times 1$,得 $A=y_x(0)$。代入上式即得系统的零输入响应为

$$y_x(k)=(-a_0)^k y_x(0),\quad k\geqslant 0$$

或
$$y_x(k)=(-a_0)^k y_x(0)U(k)$$

推广到一般情况:

当 $D(E)=E^n+a_{n-1}E^{n-1}+\cdots+a_1E_1+a=0$ 的根为单根时,零输入响应的通解形式为

$$y_x(k)=A_1p_1^k+A_2p_2^k+\cdots+A_np_n^k,\quad k\geqslant 0 \tag{7-4-3}$$

当 $D(E)=E^n+a_{n-1}E^{n-1}+\cdots+a_1E+a_0=0$ 的根为 n 重根 p 时,零输入响应的通解形式为

$$y_x(k)=A_1p^k+A_2kp^k+\cdots+A_nk^{n-1}p^k,\quad k\geqslant 0 \tag{7-4-4}$$

式中的待定系数 A_n 由系统零输入响应的初始条件确定。

例 7-4-1　已知系统的差分方程为

$$6y(k)-5y(k-1)+y(k-2)=f(k)$$

且已知系统的初始条件为 $y_x(0)=15$, $y_x(1)=9$。求系统的零输入响应 $y_x(k)$。

解　将差分方程写成差分算子形式为

$$(6-5E^{-1}+E^{-2})y(k)=f(k)$$

即
$$y(k)=\frac{1}{6-5E^{-1}+E^{-2}}f(k)=\frac{E^2}{6E^2-5E+1}f(k)$$

故得传输算子为
$$H(E)=\frac{y(k)}{f(k)}=\frac{E^2}{6E^2-5E+1}$$

令分母
$$D(E)=6E^2-5E+1=(2E-1)(3E-1)=0$$

故得差分方程的特征根为:$p_1=\frac{1}{2}$, $p_2=\frac{1}{3}$。将差分方程的特征根代入式(7-4-3),可得

$$y_x(k)=A_1p_1^k+A_2p_2^k=A_1\left(\frac{1}{2}\right)^k+A_2\left(\frac{1}{3}\right)^k$$

式中,A_1, A_2 为待定系数,由系统的初始条件 $y_x(0)$, $y_x(1)$ 确定。将初始条件代入上式有

$$\begin{cases}y_x(0)=A_1+A_2=15\\ y_x(1)=\frac{1}{2}A_1+\frac{1}{3}A_2=9\end{cases}$$

联立求解得 $A_1=24$, $A_2=-9$,故得系统的零输入响应为

$$y_x(k)=24\left(\frac{1}{2}\right)^k-9\left(\frac{1}{3}\right)^k,\quad k\geqslant 0$$

或者
$$y_x(k)=\left[24\left(\frac{1}{2}\right)^k-9\left(\frac{1}{3}\right)^k\right]U(k)$$

例 7-4-2　已知系统的差分方程为 $y(k)-2y(k-1)+y(k-2)=4f(k)+f(k-1)$,

$f(k)=\delta(k)$ 时，$y(0)=1,y(-1)=-1$。求零输入响应 $y_x(k)$。

解 $H(E)=\dfrac{y(k)}{f(k)}=\dfrac{4+E^{-1}}{1-2E^{-1}+E^{-2}}=\dfrac{4E^2+E}{E^2-2E+1}$， $D(E)=E^2-2E+1=0$

的根为 $p_1=p_2=p=1$。将系统差分方程的特征根代入式(7-4-4)可得系统差分方程为

$$y_x(k)=A_1(1)^k+A_2k(1)^k \qquad ①$$

又
$$y(k)-2y(k-1)+y(k-2)=4\delta(k)+\delta(k-1)$$
故
$$y(0)-2y(-1)+y(-2)=4\delta(0)+\delta(-1)$$
即
$$1-2(-1)+y(-2)=4\times1+0$$
得
$$y(-2)=1$$
将 $y_x(-1)=-1,y_x(-2)=1$ 代入式 ①，有
$$A_1-A_2=-1$$
$$A_1-2A_2=1$$
解得
$$A_1=-3,\quad A_2=-2$$
故得
$$y_x(k)=-3(1)^k-2k(1)^k,\quad k\geqslant-2$$
或
$$y_x(k)=(-3-2k)U(k+2)$$

7.5 离散系统的单位序列响应及其求解

一、单位序列响应 $h(k)$ 的定义

单位序列激励 $\delta(k)$ 在零状态离散系统中产生的响应，称为单位序列响应，用 $h(k)$ 表示，如图 7-5-1 所示。

$\delta(k)$ → 零状态离散系统 → $h(k)$

图 7-5-1 单位序列响应 $h(k)$ 的定义

包含两个条件：① 系统为零状态离散系统。② 激励 $f(k)=\delta(k)$。

二、单位序列响应 $h(k)$ 的求法

单位序列响应 $h(k)$ 的求法也有两种：迭代法(递推法)与传输算子法。

1. 迭代法(递推法)

例 7-5-1 已知系统的差分方程为

$$y(k+1)+a_0y(k)=f(k+1) \qquad (7-5-1)$$

求系统的单位序列响应 $h(k)$。

解 当激励 $f(k)=\delta(k)$ 时，其响应 $y(k)$ 即变为单位序列响应 $h(k)$。故上述方程变为

$$h(k+1)+a_0h(k)=\delta(k+1)$$

即

$$h(k+1)=-a_0h(k)+\delta(k+1) \qquad (7-5-2)$$

因为激励 $\delta(k)$ 是在 $k=0$ 时刻作用于系统的，又因为系统是因果系统，故必有 $h(-1)=0$。由

式(7-5-2)有：

取 $k=-1$ 得　　$h(0)=-a_0h(-1)+\delta(0)=0+1=1=(-a_0)^0$

取 $k=0$ 得　　$h(1)=-a_0h(0)+\delta(1)=-a_0\times 1+0=(-a_0)^1$

取 $k=1$ 得　　$h(2)=-a_0h(1)+\delta(2)=(-a_0)^2+0=(-a_0)^2$

⋮　　　⋮

取 $k=n-1$ 得　　$h(n)=(-a_0)^n$

然后再将 n 换成 k，即得系统的单位序列响应为

$$h(k)=(-a_0)^k,\quad k\geqslant 0$$

或

$$h(k)=(-a_0)^kU(k) \tag{7-5-3}$$

2. 传输算子法

将式(7-5-1)写成差分算子形式为

$$(E+a_0)y(k)=Ef(k)$$

即

$$y(k)=\frac{E}{E+a_0}f(k)$$

故得传输算子为

$$H(E)=\frac{y(k)}{f(k)}=\frac{E}{E+a_0}$$

令分母

$$D(E)=E+a_0=0$$

故得差分方程的特征根为 $p_1=-a_0$。仿照式(7-5-3)，可得系统的单位序列响应为

$$h(k)=p_1^k=(-a_0)^k,\quad k\geqslant 0$$

或

$$h(k)=(-a_0)^kU(k)$$

例 7-5-2　已知离散系统的差分方程为

$$y(k+2)-5y(k+1)+6y(k)=f(k+2)$$

求离散系统的单位序列响应 $h(k)$。

解　将差分方程写成差分算子形式为

$$(E^2-5E+6)y(k)=E^2f(k)$$

即

$$y(k)=\frac{E^2}{E^2-5E+6}f(k)$$

故得传输算子为

$$H(E)=\frac{y(k)}{f(k)}=\frac{E^2}{E^2-5E+6}=E\,\frac{E}{(E-3)(E-2)}=$$

$$E\left[\frac{K_1}{E-3}+\frac{K_2}{E-2}\right]=E\left[\frac{3}{E-3}+\frac{-2}{E-2}\right]=3\,\frac{E}{E-3}-2\,\frac{E}{E-2}$$

故仿照式(7-5-3)，可得系统的单位序列响应为

$$h(k)=3(3)^k-2(2)^k,\quad k\geqslant 0$$

或

$$h(k)=[3(3)^k-2(2)^k]U(k)$$

例 7-5-3　已知离散系统响应 $y(k)$ 与激励 $f(k)$ 的关系为 $y(k)=\sum\limits_{i=0}^{\infty}2^if(k-i)$，求系统的单位序列响应 $h(k)$。

解　因有

$$y(k)=\sum_{i=0}^{\infty}2^if(k-i)=2^k*f(k)$$

当 $f(k)=\delta(k)$ 时，有 $y(k)=h(k)$，故

$$h(k)=\sum_{i=0}^{\infty}2^i\delta(k-i)=2^k*\delta(k)=2^kU(k)$$

三、离散系统的稳定性在时域中的充要条件

一切离散系统都必须具有稳定性。离散系统具有稳定性，在时域中的充要条件是

$$\sum_{k=-\infty}^{\infty}|h(k)|<\infty,\quad k\in\mathbf{Z}(\text{非因果系统})$$

或

$$\sum_{k=0}^{\infty}|h(k)|<\infty,\quad k\in\mathbf{N}(\text{因果系统})$$

注意：满足式 $\lim\limits_{k\to\infty}h(k)=0$，只是系统具有稳定性的必要条件，而非充分条件。

关于离散系统稳定性更深入的分析，见下一章。

7.6 离散系统的零状态响应及其求解——卷积和法

一、定义

仅由外激励 $f(k)$ 在零状态离散系统中产生的响应 $y_{\mathrm{f}}(k)$，称为零状态响应，如图 7-6-1 所示。

$f(k)$ → 零状态离散系统 → $y_{\mathrm{f}}(k)$

图 7-6-1　离散系统零状态响应的定义

二、求离散系统零状态响应的卷积和法

在时域中求连续系统零状态响应的方法是卷积积分法。完全对应与类似，在时域中求离散系统零状态响应的方法是卷积和法，即

$$y_{\mathrm{f}}(k)=f(k)*h(k)=\sum_{i=-\infty}^{+\infty}f(i)h(k-i)=\sum_{i=-\infty}^{+\infty}h(i)f(k-i)\tag{7-6-1}$$

如图 7-6-2 所示，式中 $h(k)$ 为系统的单位序列响应。

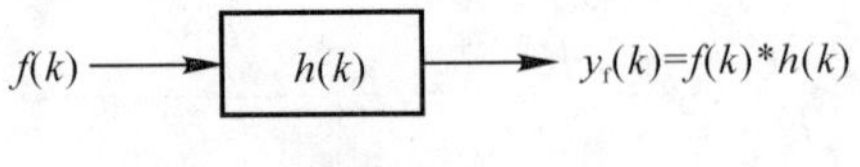

$f(k)$ → $h(k)$ → $y_{\mathrm{f}}(k)=f(k)*h(k)$

图 7-6-2　离散系统零状态响应的求解

三、求离散系统零状态响应 $y_{\mathrm{f}}(k)$ 的步骤

(1) 求系统的单位序列响应 $h(k)$；

(2) 按式(7-6-1) 求零状态响应 $y_{\mathrm{f}}(k)$；

(3) 必要时画出 $y_{\mathrm{f}}(k)$ 的曲线。

例 7-6-1　图 7-6-3 所示系统，$f(k)=\cos(\pi k)U(k)=(-1)^kU(k)$。求零状态响应 $y_{\mathrm{f}}(k)$。

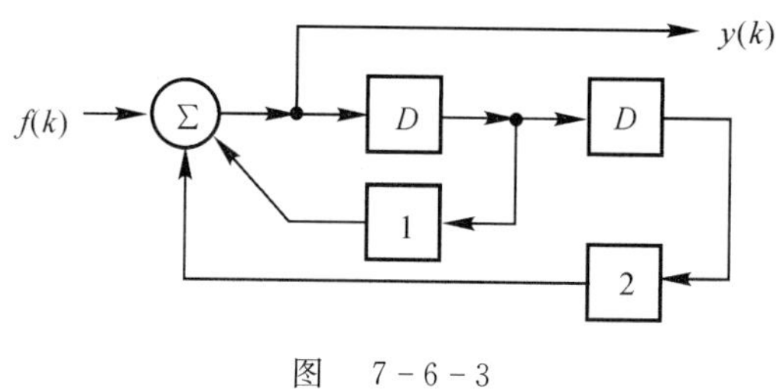

图　7-6-3

解　该系统的差分方程为

$$y(k+2)-y(k+1)-2y(k)=f(k+2)$$

传输算子为

$$H(E)=\frac{y(k)}{f(k)}=\frac{E^2}{E^2-E-2}=E\,\frac{E}{(E+1)(E-2)}=$$

$$E\left[\frac{\frac{1}{3}}{E+1}+\frac{\frac{2}{3}}{E-2}\right]=\frac{1}{3}\,\frac{E}{E+1}+\frac{2}{3}\,\frac{E}{E-2}$$

故得

$$h(k)=\left[\frac{1}{3}(-1)^k+\frac{2}{3}(2)^k\right]U(k)$$

$$y_{\mathrm{f}}(k)=h(k)*f(k)=\left[\frac{1}{3}(-1)^k+\frac{2}{3}(2)^k\right]U(k)*(-1)^kU(k)=$$

$$\frac{1}{3}(-1)^kU(k)*(-1)^kU(k)+\frac{2}{3}(2)^kU(k)*(-1)^kU(k)$$

查表 7-1-5 中的序号 7 得

$$(-1)^kU(k)*(-1)^kU(k)=(k+1)(-1)^kU(k)$$

查表 7-1-5 中的序号 6 得

$$(2)^kU(k)*(-1)^kU(k)=\frac{(-1)^{k+1}-(2)^{k+1}}{-1-2}U(k)=\left[\frac{2}{3}(2)^k-\frac{1}{3}(-1)^k\right]U(k)$$

故得

$$y_{\mathrm{f}}(k)=\frac{1}{3}(k+1)(-1)^kU(k)+\frac{2}{3}\left[\frac{2}{3}(2)^k+\frac{1}{3}(-1)^k\right]U(k)=$$

$$\left[\frac{1}{3}k(-1)^k+\frac{5}{9}(-1)^k+\frac{4}{9}(2)^k\right]U(k)$$

7.7　求离散系统全响应的零状态-零输入法

一、求离散系统全响应的零状态-零输入法

与连续系统求全响应的方法一样，也可用零状态-零输入法求离散系统的全响应，即

$$y(k)=y_{\mathrm{x}}(k)+y_{\mathrm{f}}(k)$$

其思路程序如下：

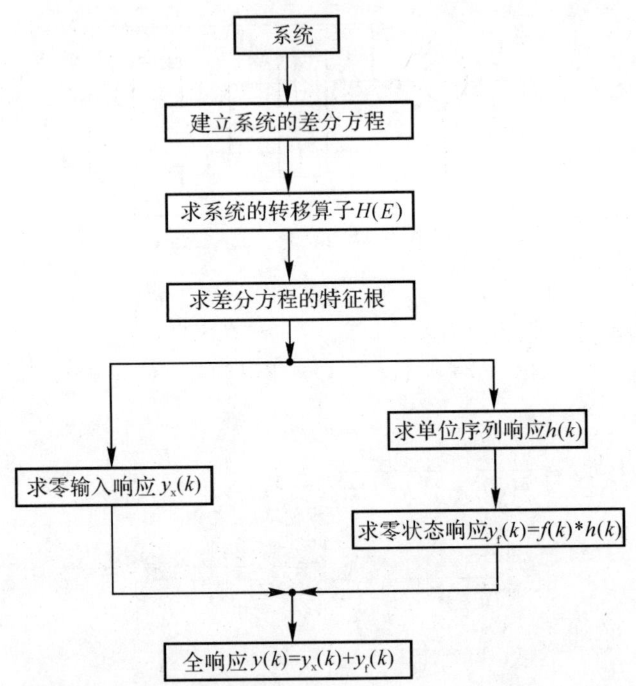

例 7-7-1 已知离散因果系统的差分方程为

$$6y(k)-5y(k-1)+y(k-2)=f(k) \tag{7-7-1}$$

激励 $f(k)=10U(k)$,全响应的初始值为 $y(0)=15$, $y(1)=9$。求系统的单位序列响应 $h(k)$,零输入响应 $y_x(k)$,零状态响应 $y_f(k)$,全响应 $y(k)$。

解 (1) 求 $h(k)$。由已知的系统差分方程可求得传输算子为

$$H(E)=\frac{y(k)}{f(k)}=\frac{1}{6-5E^{-1}+E^{-2}}=\frac{E^2}{6E^2-5E+1}=$$

$$\frac{E^2}{6\left(E-\frac{1}{2}\right)\left(E-\frac{1}{3}\right)}=E\frac{\frac{E}{6}}{\left(E-\frac{1}{2}\right)\left(E-\frac{1}{3}\right)}=$$

$$E\left[\frac{\frac{1}{2}}{E-\frac{1}{2}}-\frac{\frac{1}{3}}{E-\frac{1}{3}}\right]=\frac{1}{2}\frac{E}{E-\frac{1}{2}}-\frac{1}{3}\frac{E}{E-\frac{1}{3}}$$

故得系统的单位序列响应为

$$h(k)=\left[\frac{1}{2}\left(\frac{1}{2}\right)^k-\frac{1}{3}\left(\frac{1}{3}\right)^k\right]U(k)$$

(2) 求 $y_x(k)$。$H(E)$ 的分母 $D(E)=6\left(E-\frac{1}{2}\right)\left(E-\frac{1}{3}\right)=0$ 的根为 $p_1=\frac{1}{2}$, $p_2=\frac{1}{3}$,故得零输入响应的通解式为

$$y_x(k)=A_1p_1^k+A_2p_2^k=A_1\left(\frac{1}{2}\right)^k+A_2\left(\frac{1}{3}\right)^k \tag{7-7-2}$$

由于激励 $f(k)=10U(k)$ 是在 $k=0$ 时刻开始作用于系统的,故系统的初始状态应为 $y(-1)$,

$y(-2)$。取 $k=1$,代入式(7-7-2)有

$$6y(1)-5y(0)+y(-1)=10U(1)=10\times1=10$$

即

$$6\times9-5\times15+y(-1)=10$$

得 $y(-1)=31$，即

$$y_x(-1)=31$$

取 $k=0$,代入式(7-7-2)有

$$6y(0)-5y(-1)+y(-2)=10U(0)=10\times1=10$$

即

$$6\times15-5\times31+y(-2)=10$$

得 $y(-2)=75$，即

$$y_x(-2)=75$$

将上面所求得的 $y_x(-1)=31$ 和 $y_x(-2)=75$,代入式(7-7-2),有

$$y_x(-1)=A_1\left(\frac{1}{2}\right)^{-1}+A_2\left(\frac{1}{3}\right)^{-1}=31$$

$$y_x(-2)=A_1\left(\frac{1}{2}\right)^{-2}+A_2\left(\frac{1}{3}\right)^{-2}=75$$

联立求解得

$$A_1=9,\quad A_2=\frac{13}{3}$$

再代入式(7-7-2),即得系统的零输入响应为

$$y_x(k)=9\left(\frac{1}{2}\right)^k+\frac{13}{3}\left(\frac{1}{3}\right)^k,\quad k\geqslant-2$$

或

$$y_x(k)=\left[9\left(\frac{1}{2}\right)^k+\frac{13}{3}\left(\frac{1}{3}\right)^k\right]U(k+2)$$

(3) 求零状态响应 $y_f(k)$。

$$y_f(k)=h(k)*f(k)=\left[\frac{1}{2}\left(\frac{1}{2}\right)^k-\frac{1}{3}\left(\frac{1}{3}\right)^k\right]U(k)*10U(k)=$$

$$10\left[\left(\frac{1}{2}\right)^{k+1}U(k)*U(k)-\left(\frac{1}{3}\right)^{k+1}U(k)*U(k)\right]$$

查卷积和表(见表7-1-5中的序号5)得

$$y_f(k)=10\left[\frac{1-\left(\frac{1}{2}\right)^{k+2}}{1-\frac{1}{2}}-\frac{1-\left(\frac{1}{3}\right)^{k+2}}{1-\frac{1}{3}}\right]=\left[5-5\left(\frac{1}{2}\right)^k+\frac{5}{3}\left(\frac{1}{3}\right)^k\right]U(k)$$

(4) 求全响应 $y(k)$。

$$y(k)=y_x(k)+y_f(k)=$$

$$\left[9\left(\frac{1}{2}\right)^k+\frac{13}{3}\left(\frac{1}{3}\right)^k\right]U(k+2)+\left[5-5\left(\frac{1}{2}\right)^k+\frac{5}{3}\left(\frac{1}{3}\right)^k\right]U(k)$$

二、离散系统全响应的三种分解方式

(1) 按响应产生的原因分,全响应 $y(k)$ 可分解为零输入响应 $y_x(k)$ 与零状态响应 $y_f(k)$ 的叠加,即

$$y(k)=y_x(k)+y_f(k)$$

(2) 按响应随时间变化的规律是否与激励 $f(k)$ 的变化规律一致分,全响应 $y(k)$ 可分解为自由响应与强迫响应的叠加,即

$$y(k)=\text{自由响应}+\text{强迫响应}$$

(3) 按响应在时间过程中存在的状态分，全响应 $y(k)$ 可分解为瞬态响应与稳态响应的叠加，即

$$y(k)=\text{瞬态响应}+\text{稳态响应}$$

注意：稳态响应一定是强迫响应，但强迫响应并不一定都是稳态的，即有的强迫响应也会是瞬态的。

例 7-7-2 图 7-7-1 所示因果系统。(1) 求系统的差分方程；(2) $f(k)=U(k)$，求零状态响应 $y_f(k)$；(3) 系统的初始状态为 $y_x(0)=2$，$y_x(1)=4$，求零输入响应 $y_x(k)$；(4) 求全响应 $y(k)$；(5) 按三种方式对全响应进行分解。

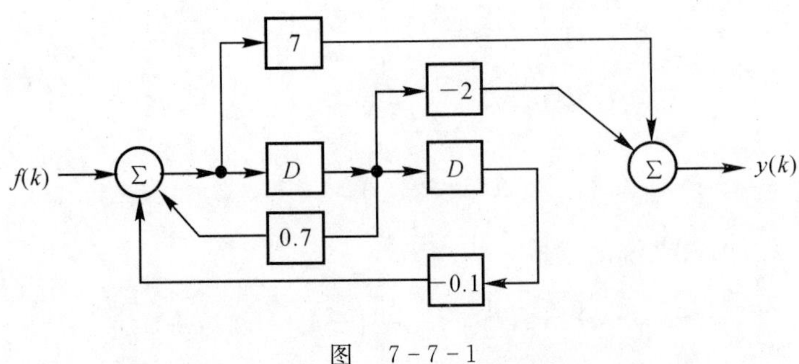

图 7-7-1

解 (1) 系统的差分方程为

$$y(k+2)-0.7y(k+1)+0.1y(k)=7f(k+2)-2f(k+1)$$

或

$$y(k)-0.7y(k-1)+0.1y(k-2)=7f(k)-2f(k-1)$$

(2) 系统的传输算子为

$$H(E)=\frac{7E^2-2E}{E^2-0.7E+0.1}=E\frac{7E-2}{(E-0.5)(E-0.2)}=$$

$$E\left[\frac{5}{E-0.5}+\frac{2}{E-0.2}\right]=\frac{5E}{E-0.5}+\frac{2E}{E-0.2}$$

得

$$h(k)=[5(0.5)^k+2(0.2)^k]U(k)$$

(3) 求零输入响应 $y_x(k)$。$H(E)$ 的分母 $(E-0.5)(E-0.2)=0$ 的根为 $p_1=0.5$，$p_2=0.2$。

$$y_x(k)=A_1(0.5)^k+A_2(0.2)^k$$

故

$$y_x(0)=A_1+A_2=2$$

$$y_x(1)=0.5A_1+0.2A_2=4$$

联立求解得 $A_1=12$，$A_2=-10$。故得

$$y_x(k)=[12(0.5)^k-10(0.2)^k]U(k)$$

(4) 求零状态响应 $y_f(k)$。

$$y_f(k)=f(k)*h(k)=U(k)*[5(0.5)^k+2(0.2)^k]U(k)=$$

$$U(k)*5(0.5)^kU(k)+U(k)*2(0.2)^kU(k)$$

查卷积和表 7-1-5 中的序号 5 得

$$y_f(k)=\{\underbrace{12.5}_{\substack{\text{强迫响应}\\\text{(稳态响应)}}}-\underbrace{[5(0.5)^k+0.5(0.2)^k]}_{\substack{\text{瞬态响应}\\\text{(自由响应)}}}\}U(k)$$

(5) 全响应

$$y(k)=y_x(k)+y_f(k)=[\underbrace{12.5}_{\substack{\text{稳态响应}\\\text{(强迫响应)}}}+\underbrace{7(0.5)^k-10.5(0.2)^k}_{\substack{\text{瞬态响应}\\\text{(自由响应)}}}]U(k)$$

现将离散系统各种响应的时域求解方法汇总于表 7－7－1 中，以便复习和查用。

表 7－7－1　离散系统各种响应的时域求解

响应名称	定　义	求　法
零输入响应 $y_x(k)$	仅由系统初始条件产生的响应，称为零输入响应	迭代法；转移算子法
单位序列响应 $h(k)$	单位序列激励 $\delta(k)$ 在零状态系统中产生的响应，称为单位序列响应 $h(k)$	迭代法；转移算子法
零状态响应 $y_f(k)$	仅由外部激励 $f(k)$ 在零状态系统中产生的响应 $y_f(k)$，称为零状态响应	卷积和法　$y_f(k)=f(k)*h(k)$
全响应 $y(k)$	由内激励（系统的初始条件）和外激励 $f(k)$ 共同产生的响应，称为全响应 $y(k)$	零输入-零状态法 $y(k)=y_x(k)+y_f(k)=$ $y_x(k)+f(k)*h(k)$

7.8　离散系统的稳定性在时域中的充要条件

线性时不变离散系统的稳定性在时域中的充要条件是，系统的单位序列响应 $h(k)$ 绝对可和，即对于非因果系统有

$$\sum_{k=-\infty}^{\infty}|h(k)|<\infty$$

对于因果系统有

$$\sum_{k=0}^{\infty}|h(k)|<\infty$$

系统的单位序列响应 $h(k)$ 满足以上两式者，系统就稳定，否则就不稳定。所有实际工作的系统都必须具有稳定性。

*7.9　实例应用及仿真

一、离散时间信号的表示

所谓离散时间信号是指时间变量取离散值。离散时间信号用 $x(n)$ 表示，时间变量 n（表示采样位置）只能取整数，因此 $x(n)$ 简称序列。在 MATLAB 中，需要用两个等长的向量表示序列，其中一个向量表示序列值，另一个向量表示时间变量。如序列 $x(n)=\{1, 2, 3, 4\}, n=$

{－1，0，1，2}，在 MATLAB 中该序列表示为：$n=-1:2$，$x=[1, 2, 3, 4]$。

例 7－9－1 利用 MATLAB 产生幅度为 1、基频为 pi/4、占空比为 50％的离散周期矩形序列。

利用函数 square 可产生周期矩形序列，MATLAB 源程序如下：

```
omega=pi/4;
k=-10:10;
x=square(omega*k, 50);
stem(k, x);
```

程序运行结果如图 7－9－1 所示。

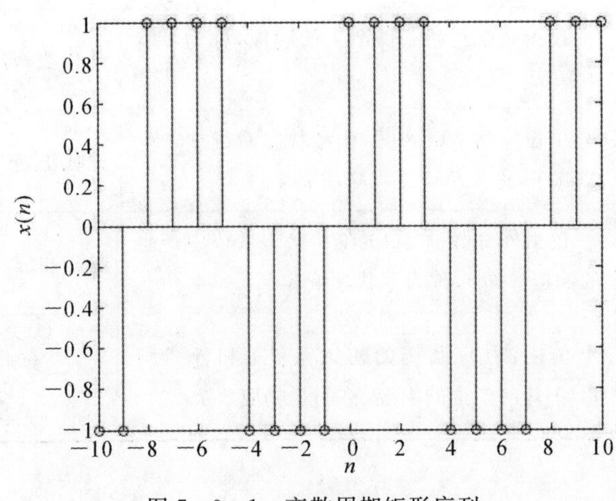

图 7－9－1 离散周期矩形序列

二、序列的基本运算通常包括相加、相减、相乘、移位、反折、累加、卷积等

1. 序列相加、相减、相乘

两个序列的相加、减(或相乘)运算就是将两序列相同时间点上的序列值进行相加、减(或相乘)。

例 7－9－2 利用 MATLAB 实现两序列的相加与相乘运算。

MATLAB 源程序如下：

```
n1=[-5:4]; n1s=-5; n1f=4;
x1=[2, 3, 1, -1, 3, 4, 2, 1, -5, -3];        %定义序列 x1(n)
n2=[0:9]; n2s=0; n2f=9;
x2=ones(1, 10);      %定义序列 x2(n)
ns=min(n1s, n2s);nf=max(n1f, n2f);      %求运算后新序列的起始位置及终止位置
n=ns:nf;
y1=zeros(1, length(n));
y1(find((n>=n1s)&(n<=n1f)==1))=x1;    %将序列 x1(n)扩展为 y1(n)
y2=zeros(1, length(n));
y2(find((n>=n2s)&(n<=n2f)==1))=x2;    %将序列 x2(n)扩展为 y2(n)
```

```
ya=y1+y2;       %序列逐点相加
yp=y1. * y2     %序列逐点相乘
subplot(4, 1, 1); stem(n, y1, '.');
line([n(1), n(end)], [0,0]);ylabel('x1(n)');      %画 x 轴
subplot(4, 1, 2); stem(n, y2, '.');
line([n(1), n(end)], [0,0]); ylabel('x2(n)');
subplot(4, 1, 3); stem(n, ya, '.');
line([n(1), n(end)], [0,0]); ylabel('x1(n)+x2(n)');
subplot(4, 1, 4); stem(n, yp, '.');
line([n(1), n(end)], [0,0]); ylabel('x1(n). x2(n)');
```

程序运行结果如图 7－9－2 所示。

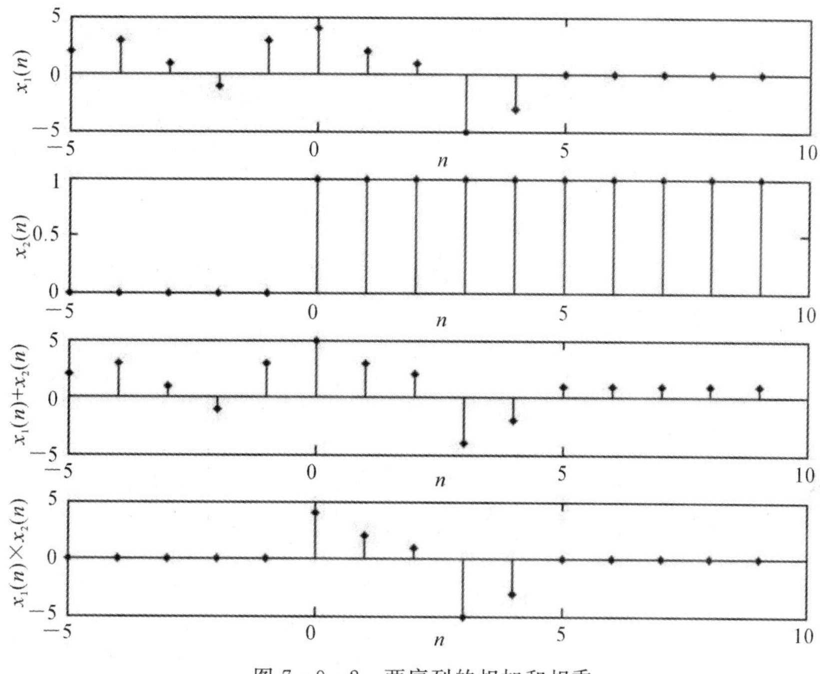

图 7－9－2　两序列的相加和相乘

2.序列移位与周期延拓运算

序列移位的数学表达式为 $y(n)=x(n-m)$，MATLAB 实现：$y=x$；$ny=nx-m$。

序列周期延拓的数学表达式为 $y(n)=x((n))_M$，其中 M 表示延拓周期。

MATLAB 实现：ny=nxs:nxf；y=x(mod(ny, M)+1)。

例 7－9－3　利用 MATLAB 实现序列的移位与周期延拓运算。

MATLAB 源程序如下：

```
N=24; M=8; m=3;
n=0:N-1; x1=0. 8. ^n;
x2=[(n>=0)&(n<M)];          %生成矩形序列 RM(n)
x=x1. * x2;
```

```
xm=zeros(1, N);
for k=m+1:m+M
    xm(k)=x(k-m);
end;                          %产生移位序列 x(n-3)
xc=x(mod(n, M)+1);            %产生 x(n)的周期延拓序列 x((n))_8
xcm=x(mod(n-m, M)+1);   %产生移位序列 x(n-3)的周期延拓序列 x((n-3))_8
subplot(4, 1, 1), stem(n, x, '.'), ylabel('x(n)');
subplot(4, 1, 2), stem(n, xm, '.'), ylabel('x(n-3)');
subplot(4, 1, 3), stem(n, xc, '.'), ylabel('x((n))_8');
subplot(4, 1, 4), stem(n, xcm, '.'), ylabel('x((n-3))_8');
```

程序运行结果如图 7-9-3 所示。

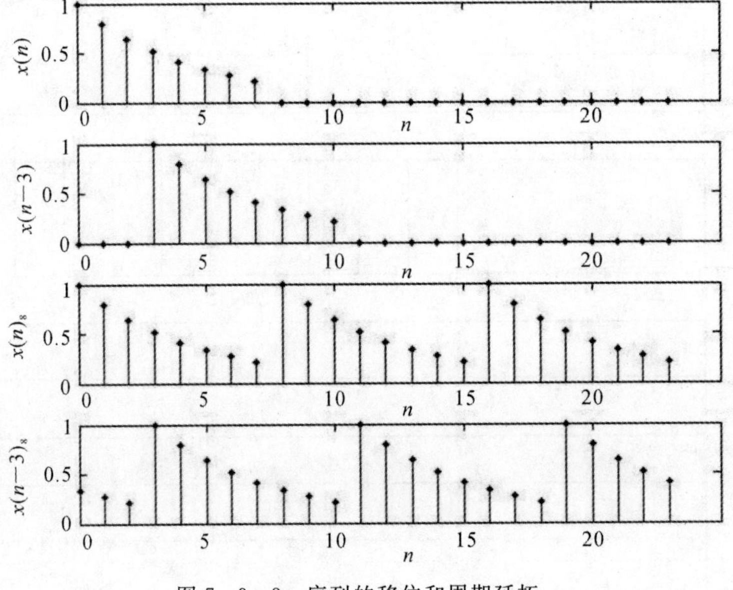

图 7-9-3 序列的移位和周期延拓

3. 序列反折与累加运算

序列反折的数学表达式为 $y(n)=x(-n)$，可利用 MATLAB 中的 fliplr 函数实现，其调用格式为：y=fliplr(x)。

序列累加的数学表达式为 $y(n)=\sum_{i=ns}^{n}x(i)$，可利用 MATLAB 中的 cumsum 函数实现，其调用格式为：y=cumsum(x)。

例 7-9-4 利用 MATLAB 求序列 $x(n)=3e^{-0.2n}$的反折序列 $y(n)$和累加序列 $s(n)$。

MATLAB 源程序如下：

```
n=0:10;
x=3*exp(-0.2*n);
n1=-fliplr(n);
y=fliplr(x);
```

```
s=cumsum(x);
subplot(3, 1, 1), stem(n, x), xlabel('n'), ylabel('x(n)');
subplot(3, 1, 2), stem(n1, y), xlabel('n1'), ylabel('y(n)');
subplot(3, 1, 3), stem(n, s), xlabel('n'), ylabel('s(n)');
```

程序运行结果如图 7-9-4 所示。

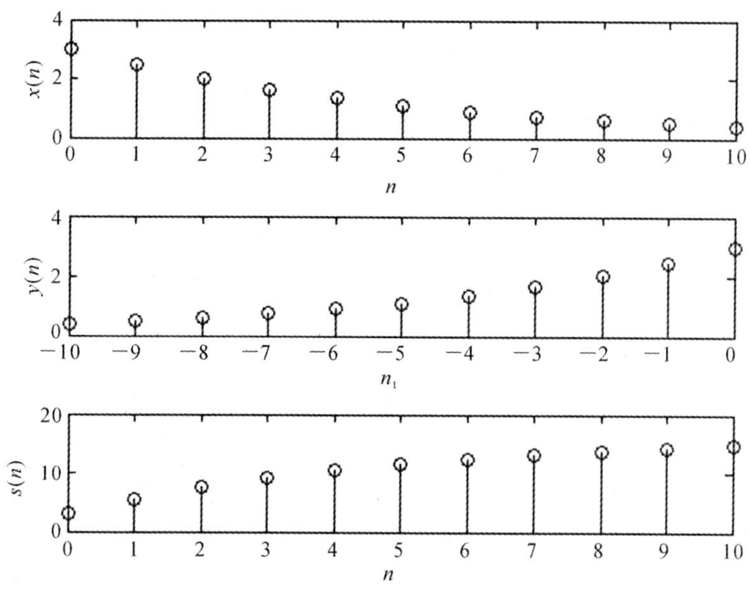

图 7-9-4　序列的反折和累加

4.序列卷积运算

两序列卷积的数学表达式为 $y(n)=x_1(n)*x_2(n)=\sum_m x_1(m)x_2(n-m)$，可利用 MATLAB 中的 conv 函数实现，其调用格式为：y=conv(x1, x2)。另外，序列 $x_1(n)$和 $x_2(n)$的长度必须有限。

例 7-9-5　已知 $x(n)=0.9^n R_{20}(n)$，$h(n)=R_{10}(n)$，用 MATLAB 计算 $y(n)=x(n)*h(n)$。

MATLAB 源程序如下：

```
n1=0:19;
x=0.9.^n1;
n2=0:9;
h=ones(1, length(n2));
n=0:28;
y=conv(x, h);
subplot(3, 1, 1), stem(n1, x), xlabel('n1'), ylabel('x(n)');
subplot(3, 1, 2), stem(n2, h), xlabel('n2'), ylabel('h(n)');
subplot(3, 1, 3), stem(n, y), xlabel('n'), ylabel('y(n)');
```

程序运行结果如图 7-9-5 所示。

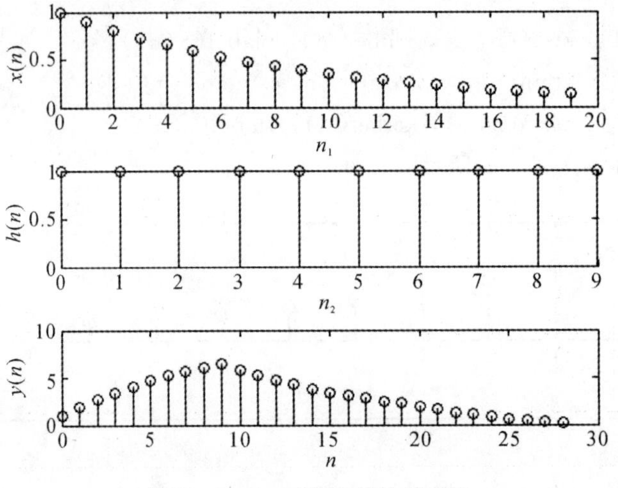

图 7-9-5　两序列的卷积运算

习　题　七

7-1　已知频谱包含有直流分量至1 000 Hz分量的连续时间信号 $f(t)$ 延续1 min，现对 $f(t)$ 进行均匀抽样以构成离散信号。求满足抽样定理的理想抽样的抽样点数。

7-2　已知序列 $f(k)=\{\underset{\substack{\uparrow\\ k=0}}{-2},-1,2,7,14,23,\cdots\}$，试将其表示成解析(闭合)形式，单位序列组合形式，图形形式和表格形式。

7-3　判断以下序列是否为周期序列，若是，其周期 N 为何值？

(1) $f(k)=A\cos\left(\frac{3\pi}{7}k-\frac{\pi}{8}\right),\quad k\in\mathbf{Z}$；

(2) $f(k)=\mathrm{e}^{\mathrm{j}\left(\frac{k}{8}-\pi\right)},\quad k\in\mathbf{Z}$；

(3) $f(k)=A\cos\omega_0 kU(k)$。

7-4　求以下序列的差分：

(1) $y(k)=k^2-2k+3$，求 $\Delta^2 y(k)$；

(2) $y(k)=\sum_{i=0}^{k}f(i)$，求 $\Delta y(k)$；

(3) $y(k)=U(k)$，求 $\Delta[y(k-1)]$，$\Delta y(k-1)$，$\nabla[y(k-1)]$，$\nabla y(k-1)$。

7-5　已知序列 $f(k)$ 如图题 7-5 所示。画出 $\Delta f(k)$，$\Delta f(k+1)$，$\Delta^2 f(k)$ 的图形，并用序列及单位序列组合的形式表示。

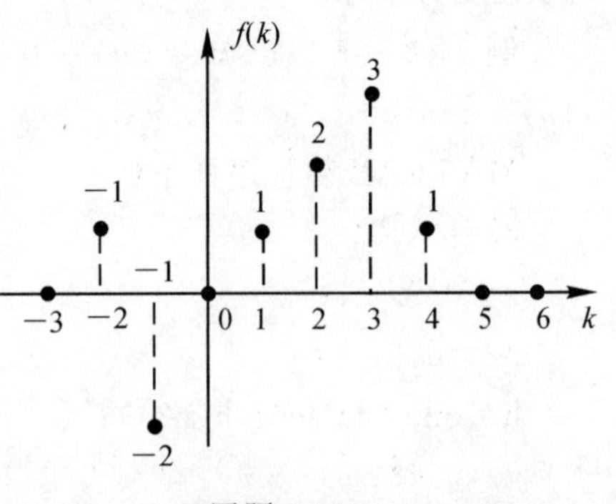

图题 7-5

7-6　已知序列 $f_1(k)$ 和 $f_2(k)$ 的图形如图题7-6 所示。求 $y(k)=f_1(k)*f_2(k)$。

7-7　求下列各卷积和：

(1) $U(k)*U(k)$；　　(2) $(0.25)^k U(k)*U(k)$；

(3) $(5)^k U(k) * (3)^k U(k)$；　　(4) $kU(k) * \delta(k-2)$。

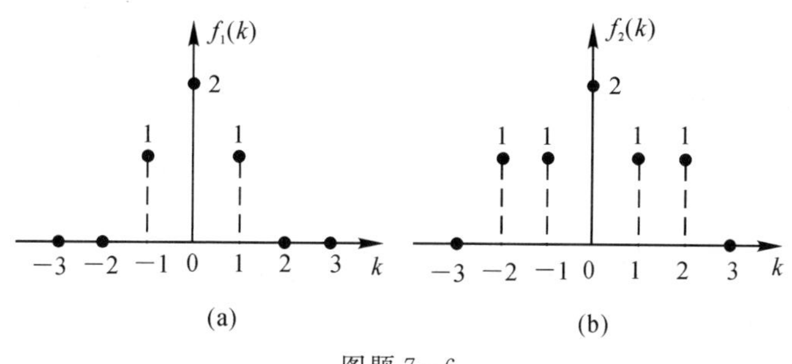

图题 7-6

7-8　求下列各离散系统的零输入响应 $y(k)$：

(1) $y(k+2)+2y(k+1)+y(k)=0$，$y(0)=1$，$y(1)=0$；

(2) $y(k)-7y(k-1)+16y(k-2)-12y(k-3)=0$，$y(1)=-1$，$y(2)=-3$，$y(3)=-5$。

7-9　已知系统的差分方程为 $y(k)-\frac{5}{6}y(k-1)+\frac{1}{6}y(k-2)=f(k)-f(k-2)$。求系统的单位序列响应 $h(k)$。

7-10　已知差分方程为 $y(k+2)-5y(k+1)+6y(k)=U(k)$，系统的初始条件 $y_x(0)=1$，$y_x(1)=5$。求全响应 $y(k)$。

7-11　如图题 7-11 所示系统。

(1) 求系统的差分方程；

(2) 若激励 $f(k)=U(k)$，全响应的初始值 $y(0)=9$，$y(1)=13.9$，求系统的零输入响应 $y_x(k)$；

(3) 求系统的零状态响应 $y_f(k)$；

(4) 求全响应 $y(k)$。

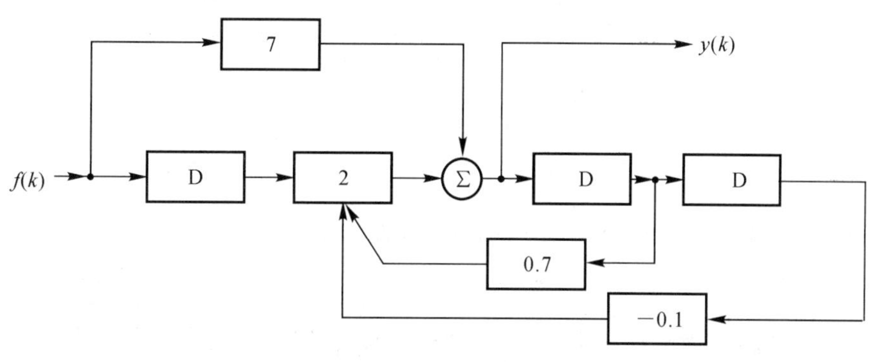

图题 7-11

7-12　已知差分方程为 $y(k)+3y(k-1)+2y(k-2)=f(k)$，激励 $f(k)=2^k U(k)$，初始值 $y(0)=0$，$y(1)=2$。试用零输入-零状态法求全响应 $y(k)$。

7-13　已知系统的差分方程与初始状态为 $y(k+2)-\frac{5}{6}y(k+1)+\frac{1}{6}y(k)=f(k+1)-2f(k)$，$y(0)=y(1)=1$，$f(k)=U(k)$。

(1) 求零输入响应 $y_x(k)$,零状态响应 $y_f(k)$,全响应 $y(k)$;

(2) 判断该系统是否稳定;

(3) 画出该系统的一种时域模拟图。

7-14　已知系统的单位阶跃响应 $g(k)=\left[\frac{1}{6}-\frac{1}{2}(-1)^k+\frac{4}{3}(-2)^k\right]U(k)$。求系统在 $f(k)=(-3)^kU(k)$ 激励下的零状态响应 $y_f(k)$,写出该系统的差分方程,画出一种时域模拟图。

7-15　已知零状态因果系统的单位阶跃响应为 $g(k)=[2^k+3(5)^k+10]U(k)$。

(1) 求系统的差分方程;

(2) 若激励 $f(k)=2G_{10}(k)=2[U(k)-U(k-10)]$,求零状态响应 $y(k)$。

7-16　图题 7-16 所示三个系统,已知各子系统的单位序列响应为 $h_1(k)=U(k)$, $h_2(k)=\delta(k-3)$, $h_3(k)=(0.8)^kU(k)$。试证明这三个系统是等效的,即 $h_a(k)=h_b(k)=h_c(k)$。

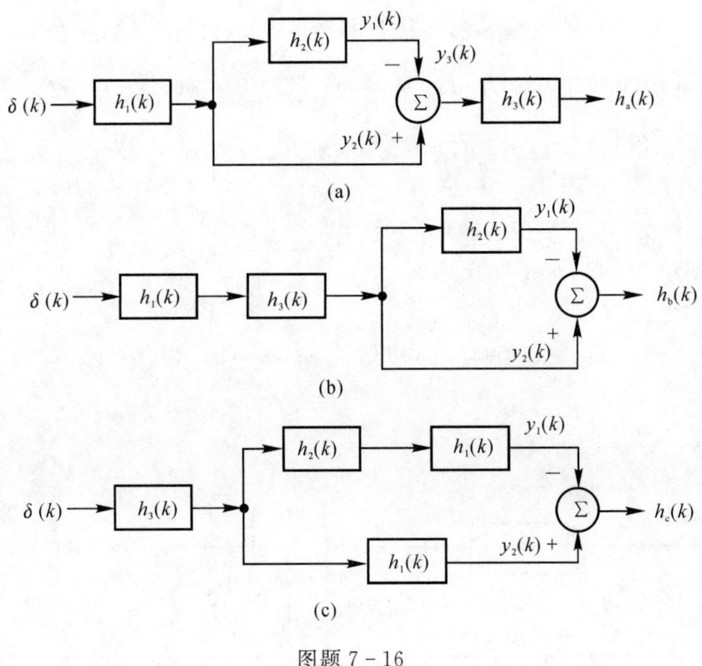

图题 7-16

7-17　试写出图题 7-17 所示系统的后向与前向差分方程。

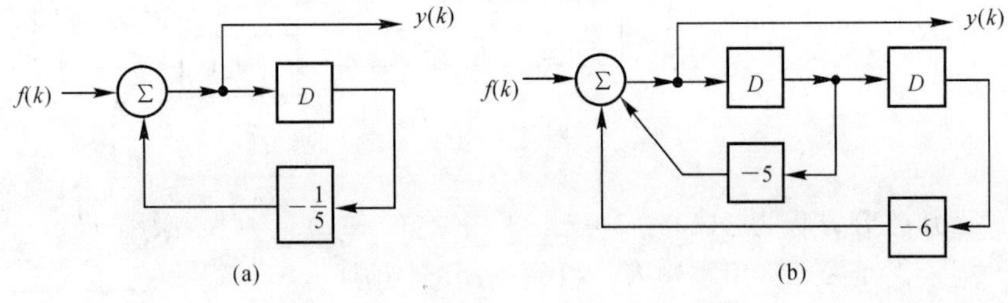

图题 7-17

7－18　写出图题7－18所示用延迟线组成的非递推型滤波器的差分方程，并求其单位序列响应 $h(k)$。

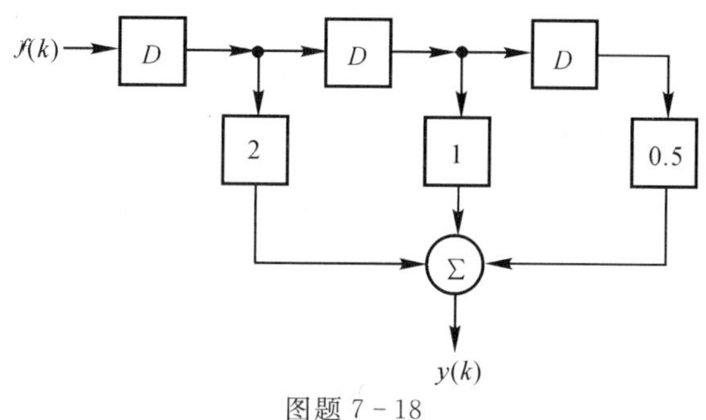

图题7－18

7－19　欲使图题7－19所示系统等效，求图(a)中的加权系数 $h(k)$。

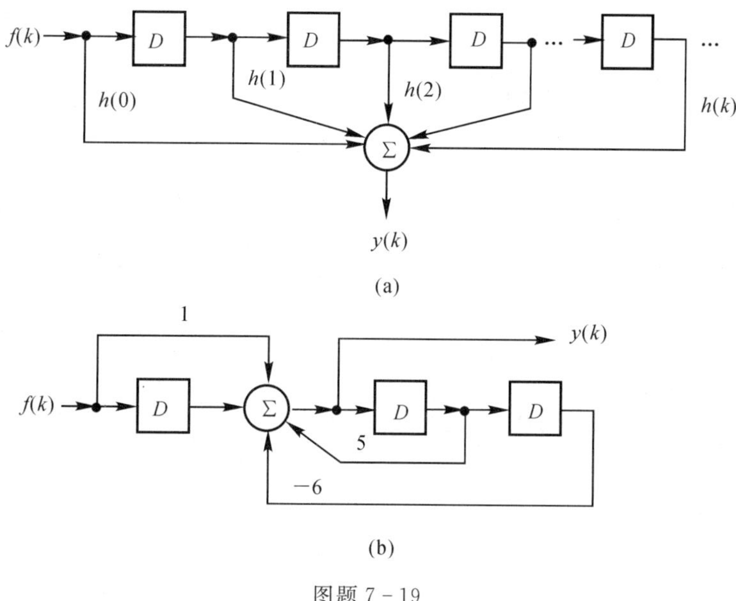

图题7－19

7－20　已知线性时不变系统的单位序列响应 $h(k)$ 如下，试判断系统的因果性与稳定性。

(1)$h(k)=\delta(k-5)$；　　(2)$h(k)=\delta(k+4)$；

(3)$h(k)=2U(k)$；　　(4)$h(k)=U(3-k)$；

(5)$h(k)=2^kU(k)$；　　(6)$h(k)=3^kU(-k)$；

(7)$h(k)=2^k[U(k)-U(k-5)]$；　　(8)$h(k)=0.5^kU(-k)$；

(9)$h(k)=\dfrac{1}{k}U(k)$；　　(10)$h(k)=\dfrac{1}{k!}U(k)$。

第八章　离散信号与系统 z 域分析

内容提要

本章讲述离散信号与系统的 z 域分析。离散信号的 z 域分析——z 变换，离散系统的 z 域分析；单边 z 变换的定义、存在条件及收敛域、基本性质；z 域系统函数及其零、极点图，离散系统的 z 域模拟图与信号流图，离散系统函数 $H(z)$ 的应用，离散系统的稳定性及其判定。

8.1　离散信号 z 域分析——z 变换

一、单边 z 变换的定义

设离散时间信号为因果信号 $f(k)$，则定义 $f(k)$ 的单边 z 变换为

$$F(z)=\sum_{k=0}^{+\infty}f(k)z^{-k},\quad k\in\mathbf{N} \tag{8-1-1}$$

式中，z 为复数变量，$z=|z|\mathrm{e}^{\mathrm{j}\theta}$。由于式(8-1-1)是对离散变量 k 求和，故求和的结果必是复数变量 z 的函数，用 $F(z)$ 表示，$F(z)$ 称为信号 $f(k)$ 的 z 变换。由于离散变量 k 是从 0 开始取值，故称 $F(z)$ 为 $f(k)$ 的单边 z 变换，并记作

$$F(z)=\mathscr{Z}[f(k)]$$

符号 $\mathscr{Z}[\cdot]$ 表示对信号 $f(k)$ 进行 z 变换，从而得到复数变量 z 的函数 $F(z)$。

将式(8-1-1)写成展开形式，即为

$$F(z)=f(0)z^{0}+f(1)z^{-1}+f(2)z^{-2}+f(3)z^{-3}+\cdots+f(i)z^{-i}+\cdots+f(k)z^{-k}+\cdots \tag{8-1-2}$$

可见 $F(z)$ 实际上是一个无穷级数，级数中每一项的系数 $f(0)$，$f(1)$，$f(2)$，… 就是信号 $f(k)$ 所对应的函数值。

若 $F(z)$ 是 $f(k)$ 的 z 变换，则由 $F(z)$ 求 $f(k)$ 的公式为

$$f(k)=\frac{1}{2\pi\mathrm{j}}\oint_{c}F(z)z^{k-1}\mathrm{d}z,\quad k\geqslant 0 \tag{8-1-3}$$

式(8-1-3)称为 z 反变换。记为

$$f(k)=\mathscr{Z}^{-1}[F(z)]$$

式(8-1-1)与式(8-1-3)构成了一对 z 变换对，通常用符号 $f(k)\leftrightarrow F(z)$ 表示。根据式(8-1-1)，可从已知的 $f(k)$ 求得 $F(z)$；根据式(8-1-3)，可从已知的 $F(z)$ 求得 $f(k)$。$f(k)$

称为原函数，$F(z)$ 称为像函数。

二、z 平面

以复数 z 的实部 Re[z] 和虚部 Im[z] 为相互垂直的坐标轴而构成的平面，称为 z 平面，如图 8-1-1 所示。z 平面上有 3 个区域：单位圆（圆心在坐标原点、半径为 1 的圆，称为单位圆）内部的区域；单位圆外部的区域；单位圆本身也是一个区域。将 z 平面分为这样的 3 个区域，对以后研究问题将有很大方便。图中 Re[z] 表示取 z 的实部，Im[z] 表示取 z 的虚部。

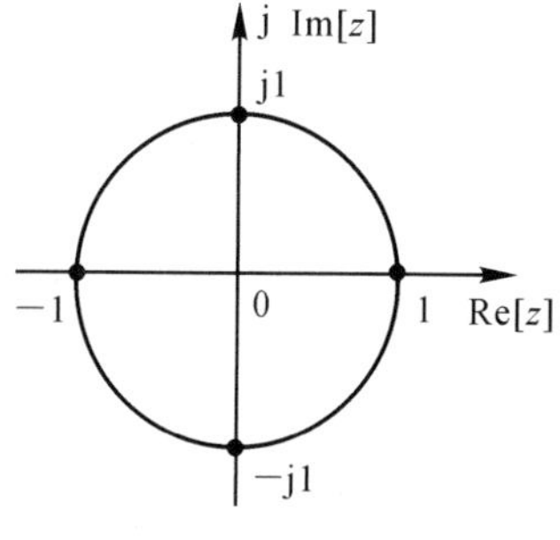

图 8-1-1　z 平面

z 平面与 s 平面之间存在着内在的关系：z 平面上的单位圆相当于 s 平面上的 jω 轴，z 平面上的单位圆内部相当于 s 平面上的左半开平面；z 平面上的单位圆外部相当于 s 平面上的右半开平面。了解两者之间的关系，可以把连续系统的 s 域分析和离散系统的 z 域分析联系起来，并相互得到借鉴。现将 z 平面与 s 平面的映射关系汇总于表 8-1-1 中，以便复习和记忆。

表 8-1-1　s 平面与 z 平面的映射关系

s 平面（$s=\sigma+\mathrm{j}\omega$）		z 平面（$z=\|z\|\mathrm{e}^{\mathrm{j}\theta}$）	
jω 轴 $\sigma=0$ jω = 任意	jω, 0, σ	jIm[z], −1, 1, 0, Re[z]	单位圆 $\|z\|=1$ θ = 任意
左半开平面 $\sigma<0$ jω = 任意	jω, 0, σ	jIm[z], −1, 1, 0, Re[z]	单位圆内部 $\|z\|<1$ θ = 任意
右半开平面 $\sigma>0$ jω = 任意	jω, 0, σ	jIm[z], −1, 1, 0, Re[z]	单位圆外部 $\|z\|>1$ θ = 任意

三、单边 z 变换存在的条件与收敛域

因为由式(8-1-1)所确定的信号 $f(k)$ 的 z 变换 $F(z)$ 是一个无穷级数，根据数学中的级数理论，此级数收敛的充要条件是 $f(k)$ 绝对可和，即必须满足条件

$$\sum_{k=0}^{\infty} |f(k)z^{-k}| < \infty$$

在 z 平面上满足上式的复数变量 z 的取值范围，称为 $F(z)$ 的绝对收敛域，简称收敛域，也常称为 $f(k)$ 的收敛域。因果序列(即右单边序列)的收敛域总是存在的。$F(z)$ 与收敛域一起唯一地确定了 $f(k)$。

例 8-1-1 求单位序列信号 $f(k)=\delta(k)$ 的 z 变换 $F(z)$ 及其收敛域。

解 $$F(z)=\sum_{k=0}^{\infty} f(k)z^{-k}=\sum_{k=0}^{\infty}\delta(k)z^{-k}=$$
$$\delta(0)z^{-0}+\delta(1)z^{-1}+\delta(2)z^{-2}+\cdots=1+0+0+\cdots=1, \quad |z|>0$$

可见 $F(z)$ 在全 z 平面上均收敛(坐标原点除外)。

例 8-1-2 求单位阶跃序列 $f(k)=U(k)$ 的 z 变换 $F(z)$ 及其收敛域。

解 $$F(z)=\sum_{k=0}^{\infty} f(k)z^{-k}=\sum_{k=0}^{\infty}U(k)z^{-k}=\sum_{k=0}^{\infty}1\times z^{-k}=\sum_{k=0}^{\infty}(z^{-1})^{k}=\sum_{k=0}^{\infty}\left(\frac{1}{z}\right)^{k}=$$
$$1+\frac{1}{z}+\left(\frac{1}{z}\right)^{2}+\left(\frac{1}{z}\right)^{3}+\cdots \tag{8-1-4}$$

可见，欲使 $F(z)$ 存在，则必须有 $\left|\frac{1}{z}\right|<1$，即 $|z|>1$，即收敛域为 z 平面上以坐标原点为圆心，以 1 为半径的圆的外部区域，如图 8-1-2 所示。此圆称为收敛圆，此圆的半径称为收敛圆半径，简称收敛半径，用 ρ 表示，即 $\rho=1$。

式(8-1-4)是公比为 $q=\frac{1}{z}$ 的无穷等比级数，当满足 $\left|\frac{1}{z}\right|<1$ 时(即 $F(z)$ 存在时)，根据等比级数求极限和的公式*，则有

$$F(z)=\sum_{k=0}^{\infty}\left(\frac{1}{z}\right)^{k}=\frac{1}{1-q}=\frac{1}{1-\frac{1}{z}}=\frac{z}{z-1}, \quad |z|>1$$

例 8-1-3 求因果序列 $f(k)=a^{k}U(k)$ 的 z 变换 $F(z)$ 及其收敛域。

解 $$F(z)=\sum_{k=0}^{\infty} f(k)z^{-k}=\sum_{k=0}^{\infty}a^{k}z^{-k}=\sum_{k=0}^{\infty}(az^{-1})^{k}=\sum_{k=0}^{\infty}\left(\frac{a}{z}\right)^{k}=$$
$$1+\frac{a}{z}+\left(\frac{a}{z}\right)^{2}+\left(\frac{a}{z}\right)^{3}+\cdots \tag{8-1-5}$$

可见，欲使 $F(z)$ 存在，则必须有 $\left|\frac{a}{z}\right|<1$，即 $|z|>|a|$，即收敛域为 z 平面上以坐标原点为圆心，以 $\rho=|a|$ 为半径的圆的外部区域，如图 8-1-3 所示，收敛半径 $\rho=|a|$。

式(8-1-5)是公比为 $q=\frac{a}{z}$ 的无穷等比级数，当 $F(z)$ 存在(即 $\left|\frac{a}{z}\right|<1$)时，根据等比级

* $s_n=\frac{a_1(1-q^n)}{1-q}$；$s=\lim_{n\to\infty}s_n=\frac{a_1}{1-q}$，$|q|<1$。

数求极限和的公式，则有

$$F(z)=\sum_{k=0}^{\infty}\left(\frac{a}{z}\right)^{k}=\frac{1}{1-\frac{a}{z}}=\frac{z}{z-a},\quad |z|>|a|$$

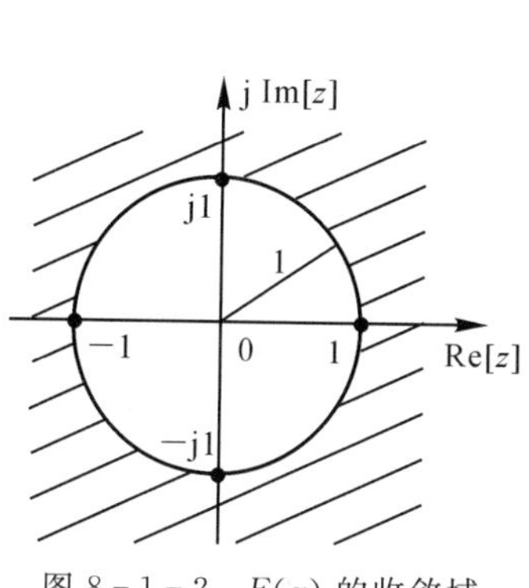

图 8-1-2　$F(z)$ 的收敛域

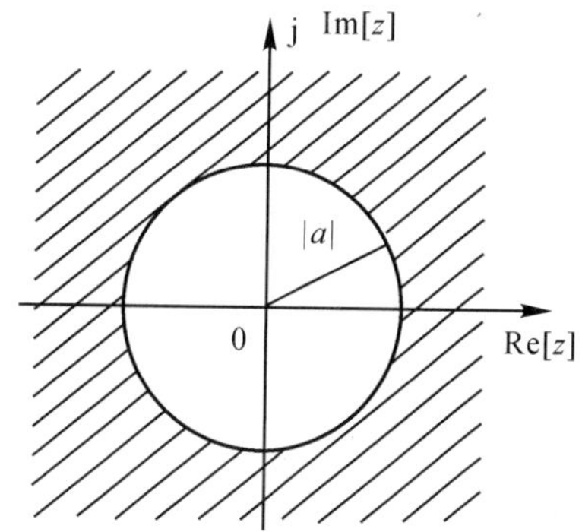

图 8-1-3　$F(z)$ 的收敛域

从以上几个实例，我们可以归纳出以下几个结论：① 单边 z 变换的收敛域总是存在的；② 单边 z 变换的收敛域均在收敛半径为 ρ 的圆的外部区域，即 $|z|>\rho$；③ 收敛圆半径 ρ 的大小由信号 $f(k)$ 决定；④ $F(z)$ 与收敛域一起，才能唯一地确定 $f(k)$。

由于单边 z 变换 $F(z)$ 的收敛域总是存在的，且均在以收敛半径为 ρ 的圆外区域，即 $|z|>\rho$，因此，关于单边 z 变换 $F(z)$ 的收敛域以后不再一一注明。

四、单边 z 变换的基本性质

单边 z 变换的性质，揭示了信号 $f(k)$ 的时域特性与 z 域特性之间的内在联系。利用这些性质可使求信号 $f(k)$ 的 z 变换与 z 反变换来得简便。关于这些性质，我们不严格证明和推导了，只在表 8-1-2 中列出，供查用。

表 8-1-2　单边 z 变换的基本性质

序　号	性质名称	时域	z 域
1	唯一性	$f(k)$	$F(z)$
2	齐次性	$Af(k)$	$Af(z)$
3	叠加性	$f_1(k)+f_2(k)$	$F_1(z)+F_2(z)$
4	线性	$af_1(k)+bf_2(k)$	$aF_1(z)+bF_2(z)$
5	移序性	$f(k-m)U(k-m)$	$z^{-m}F(z)$
		$f(k+m)U(k)$	$z^{m}\left[F(z)-\sum_{k=0}^{m-1}f(k)z^{-k}\right]$
		$f(k-m)U(k),\ m\geqslant 0$	$z^{-m}\left[F(z)+\sum_{k=-m}^{-1}f(k)z^{-k}\right]$
6	z 域尺度变换性	$a^{k}f(k)$	$F\left(\frac{z}{a}\right)$

续　表

序　号	性质名称	时域	z 域
7	z 域微分性	$kf(k)$ $k^m f(k),\ m \geqslant 0$	$-z\dfrac{\mathrm{d}}{\mathrm{d}z}F(z)$ $\left[-z\dfrac{\mathrm{d}}{\mathrm{d}z}\right]^m F(z)$
8	z 域积分性	$\dfrac{f(k)}{k+m},\ k+m>0$	$z^m\int_z^{+\infty} x^{-(m+1)}F(x)\mathrm{d}x$
9	时域卷积	$f_1(k) * f_2(k)$	$F_1(z)F_2(z)$
10	时域求和	$\sum_{i=0}^{k} f(i)$	$\dfrac{z}{z-1}F(z)$
11	初值定理	$f(0)=\lim\limits_{z\to\infty}F(z)$	
12	终值定理	$f(m)=\lim\limits_{z\to\infty}z^m\left[F(z)-\sum_{i=0}^{m-1}f(i)z^{-i}\right]$ $f(\infty)=\lim\limits_{z\to1}(z-1)F(z)$	

注：(1) 在表 8-1-2 中，$F_1(z)=\mathscr{Z}[f_1(k)]$，$F_2(z)=\mathscr{Z}[f_2(k)]$，$F(z)=\mathscr{Z}[f(k)]$。收敛域在表中略。

(2) 用终值定理求 $f(\infty)$ 时，$F(z)$ 除 $z=1$ 处允许有一阶极点外，其余的极点均应位于单位圆内部。

五、常用序列 $f(k)$ 的单边 z 变换(见表 8-1-3)

表 8-1-3　常用序列 $f(k)$ 的单边 z 变换

序　号	$f(k)$	$F(z)$	收敛域
1	$\delta(k)$	1	$\|z\|>0$
2	$U(k)$	$\dfrac{z}{z-1}$	$\|z\|>1$
3	$kU(k)$	$\dfrac{z}{(z-1)^2}$	$\|z\|>1$
4	$k^2U(k)$	$\dfrac{z(z+1)}{(z-1)^2}$	$\|z\|>1$
5	$a^kU(k)$	$\dfrac{z}{z-a}$	$\|z\|>\|a\|$
6	$ka^{k-1}U(k)$	$\dfrac{z}{(z-a)^2}$	$\|z\|>\|a\|$
7	$\mathrm{e}^{ak}U(k)$	$\dfrac{z}{z-\mathrm{e}^a}$	$\|z\|>\|\mathrm{e}^a\|$
8	$\cos\beta kU(k)$	$\dfrac{z(z-\cos\beta)}{z^2-2z\cos\beta+1}$	$\|z\|>1$
9	$\sin\beta kU(k)$	$\dfrac{z\sin\beta}{z^2-2z\cos\beta+1}$	$\|z\|>1$
10	$\cos\dfrac{\pi}{2}kU(k)$	$\dfrac{z^2}{z^2+1}$	$\|z\|>1$
11	$\sin\dfrac{\pi}{2}kU(k)$	$\dfrac{z}{z^2+1}$	$\|z\|>1$

例 8-1-4　求以下各信号的单边 z 变换 $F(z)$，并标明收敛域。

(1) $f(k)=\{\cdots,0,3,\underset{\substack{\uparrow\\k=0}}{2},1,5\}$；　　(2) $f(k)=(-1)^k kU(k)$；

(3) $f(k)=\sum\limits_{i=0}^{k}(-1)^i$；　　(4) $f(k)=k2^{k-1}U(k)$；

(5) $f(k)=\sum\limits_{i=0}^{\infty}(-2)^iU(k-i)$。

解　(1) $F(z)=\sum\limits_{k=0}^{+\infty}f(k)z^{-k}=2z^0+1z^{-1}+5z^{-2}=2+z^{-1}+5z^{-2}=\dfrac{2z^2+z+5}{z^2},\quad |z|>0$

(2) 由表 8-1-3 序号 5 可得

$$(-1)^kU(k)\longleftrightarrow\frac{z}{z+1}$$

故根据 z 变换的 z 域微分性(表 8-1-1 中的序号 7) 有

$$k(-1)^kU(k)\longleftrightarrow -z\frac{\mathrm{d}}{\mathrm{d}z}\left(\frac{z}{z+1}\right)=\frac{-z}{(z+1)^2}$$

即

$$F(z)=\frac{-z}{(z+1)^2},\quad |z|>1$$

(3)

$$f(k)=\sum_{i=0}^{k}(-1)^i=\sum_{i=0}^{k}(-1)^iU(i)$$

因有

$$(-1)^kU(k)\longleftrightarrow\frac{z}{z+1}$$

故根据 z 变换的累加和性(表 8-1-1 中的序号 10) 有

$$f(k)=\sum_{i=0}^{k}(-1)^iU(i)\longleftrightarrow\frac{z}{z-1}\cdot\frac{z}{z+1}$$

即

$$F(z)=\frac{z^2}{z^2-1},\quad |z|>1$$

(4) 由表 8-1-3 序号 5 可得

$$f(k)=k2^{k-1}U(k)=\frac{1}{2}k\cdot 2^kU(k)$$

因有

$$2^kU(k)\longleftrightarrow\frac{z}{z-2}$$

故

$$k\cdot 2^kU(k)\longleftrightarrow -z\frac{\mathrm{d}}{\mathrm{d}z}\left[\frac{z}{z-2}\right]=\frac{2z}{(z-2)^2}$$

$$\frac{1}{2}k\cdot 2^kU(k)\longleftrightarrow\frac{1}{2}\,\frac{2z}{(z-2)^2}=\frac{z}{(z-2)^2}$$

即

$$F(z)=\frac{z}{(z-2)^2},\quad |z|>2$$

(5) $f(k)=\sum\limits_{i=0}^{\infty}(-2)^iU(k-i)=\sum\limits_{i=0}^{\infty}(-2)^iU(i)U(k-i)=(-2)^kU(k)*U(k)$

因有

$$(-2)^kU(k)\longleftrightarrow\frac{z}{z+2},\quad U(k)\longleftrightarrow\frac{z}{z-1}$$

故根据 z 变换的时域卷积性(表 8-1-1 中的序号 9) 有

$$F(z)=\frac{z}{z+2}\times\frac{z}{z-1}=\frac{z^2}{(z-1)(z+2)},\quad |z|>2$$

六、单边 z 反变换

从已知的 $F(z)$ 及其收敛域，求原函数 $f(k)$，称为 z 反变换。即

$$f(k)=\mathscr{Z}^{-1}[F(z)],\quad k\geqslant 0$$

求单边 z 反变换的方法常用的有两种，下面分别研究。

(1) 幂级数展开法，也称长除法。将 $F(z)$ 展开成 z 的负幂级数，则 z^{-k} 的系数就是 $f(k)$ 的相应项。幂级数展开法的理论根据就是式(8-1-2)。但必须注意，对于因果序列的 z 反变换，在进行长除法时，必须将 $F(z)$ 的分子，分母多项式均按 z 的降幂排列，否则将会导致错误的结果。

例 8-1-5 已知单边 z 变换 $F(z)=\dfrac{2z^2-0.5z}{z^2-0.5z-0.5}$，求 $f(k)$。

解 用长除法对上式的等号右端进行除法运算，

$$\begin{array}{r}
2+0.5z^{-1}+1.25z^{-2}+0.875z^{-3}+\cdots \\
z^2-0.5z-0.5\ \big)\ \overline{2z^2-0.5z\qquad\qquad\qquad\qquad\qquad} \\
\underline{2z^2-z-1\qquad\qquad\qquad\qquad} \\
0.5z+1\qquad\qquad\qquad\qquad \\
\underline{0.5z-0.25-0.25z^{-1}\qquad\qquad} \\
1.25+0.25z^{-1}\qquad\qquad \\
\underline{1.25-0.625z^{-1}-0.625z^{-2}} \\
0.875z^{-1}+0.625z^{-2} \\
0.875z^{-1}+\cdots\qquad \\
\cdots\cdots\qquad\quad
\end{array}$$

可得
$$F(z)=2+0.5z^{-1}+1.25z^{-2}+0.875z^{-3}+\cdots$$

故得
$$\{f(k)\}=\{\underset{\substack{\uparrow\\ k=0}}{2},0.5,1.25,0.875,\cdots\}$$

即
$$f(k)=[1+(-0.5)^k]U(k)$$

幂级数展开法的缺点是，不能保证对任何的 $F(z)$ 都能得到 $f(k)$ 的函数表达式(即解析形式)。

(2) 部分分式法。z 反变换的部分分式法与拉普拉斯反变换的部分分式法相同。

*(3) 留数法：

$$f(k)=\frac{1}{2\pi \mathrm{j}}\oint_c F(z)z^{k-1}\mathrm{d}z=\sum_i \mathrm{Res}[F(z)z^{k-1}]\,\big|_{c\text{内诸极点}z_i},\quad k\geqslant 0$$

式中，c 为包围 $F(z)z^{k-1}$ 全部极点的闭合积分路径，z_i 为 $F(z)z^{k-1}$ 的极点，Res 表示极点的留数。

例 8-1-6 用部分分式法求例 8-1-5。

解 将已知的 $F(z)$ 改写为下述形式，即

$$F(z)=z\frac{2z-0.5}{z^2-0.5z-0.5}=z\frac{2z-0.5}{(z-1)(z+0.5)}=z\left[\frac{K_1}{z-1}+\frac{K_2}{z+0.5}\right]=$$

$$z\left[\frac{1}{z-1}+\frac{1}{z+0.5}\right]=\frac{z}{z-1}+\frac{z}{z+0.5},\quad |z|>1(\text{收敛域取交集})$$

式中 K_1，K_2 的求法，与第五章中所介绍的方法全同，不再重复。查表 8－1－3 中的序号 2 和 5，即得

$$f(k)=U(k)+(-0.5)^kU(k)=[1+(-0.5)^k]U(k)$$

例 8－1－7　已知单边 z 变换 $F(z)=\dfrac{z^3+6}{(z+1)(z^2+4)}$，求 $f(k)$。

解　给已知的 $F(z)$ 的等号两端同除以 z，得

$$\frac{F(z)}{z}=\frac{z^3+6}{z(z+1)(z-\mathrm{j}2)(z+\mathrm{j}2)}=\frac{K_1}{z}+\frac{K_2}{z+1}+\frac{K_3}{z-\mathrm{j}2}+\frac{K_4}{z+\mathrm{j}2}=$$

$$\frac{1.5}{z}+\frac{-1}{z+1}+\frac{\frac{\sqrt{5}}{4}\mathrm{e}^{\mathrm{j}63.4^\circ}}{z-\mathrm{j}2}+\frac{\frac{\sqrt{5}}{4}\mathrm{e}^{-\mathrm{j}63.4^\circ}}{z-(-\mathrm{j}2)}$$

故得

$$F(z)=1.5-\frac{z}{z+1}+\frac{\sqrt{5}}{4}\mathrm{e}^{\mathrm{j}63.4^\circ}\frac{z}{z-2\mathrm{e}^{\mathrm{j}\frac{\pi}{2}}}+\frac{\sqrt{5}}{4}\mathrm{e}^{-\mathrm{j}63.4^\circ}\frac{z}{z-(2\mathrm{e}^{-\mathrm{j}\frac{\pi}{2}})}$$

查表 8－1－3 中的序号 1,2,5 得

$$f(k)=1.5\delta(k)-(-1)^kU(k)+\frac{\sqrt{5}}{4}\mathrm{e}^{\mathrm{j}63.4^\circ}(2\mathrm{e}^{\mathrm{j}\frac{\pi}{2}})^kU(k)+\frac{\sqrt{5}}{4}\mathrm{e}^{-\mathrm{j}63.4^\circ}(2\mathrm{e}^{-\mathrm{j}\frac{\pi}{2}})^kU(k)=$$

$$1.5\delta(k)-(-1)^kU(k)+\frac{\sqrt{5}}{2}(2)^k\frac{\mathrm{e}^{\mathrm{j}\left(\frac{\pi}{2}k+63.4^\circ\right)}+\mathrm{e}^{-\mathrm{j}\left(\frac{\pi}{2}k+63.4^\circ\right)}}{2}U(k)=$$

$$1.5\delta(k)+\left[-(-1)^k+\frac{\sqrt{5}}{2}(2)^k\cos\left(\frac{\pi}{2}k+63.4^\circ\right)\right]U(k)$$

例 8－1－8　已知单边 z 变换 $F(z)=\dfrac{z^2}{(z-1)^2}$，求 $f(k)$。

解　$$F(z)=z\frac{z}{(z-1)^2}=z\left[\frac{K_{11}}{(z-1)^2}+\frac{K_{12}}{z-1}\right]=z\left[\frac{1}{(z-1)^2}+\frac{1}{z-1}\right]$$

故得

$$F(z)=\frac{z}{(z-1)^2}+\frac{z}{z-1},\quad |z|>1$$

查表 8－1－3 中的序号 2 和 3，即得

$$f(k)=k(1)^kU(k)+(1)^kU(k)=(k+1)U(k)$$

除了以上两种常用的方法外，也可以用式(8－1－3)直接求 z 反变换，但要求复变函数的积分，其难度就大了。

现将单边 z 变换汇总于表 8－1－4 中，以便复习和记忆。

表 8－1－4　单边 z 变换

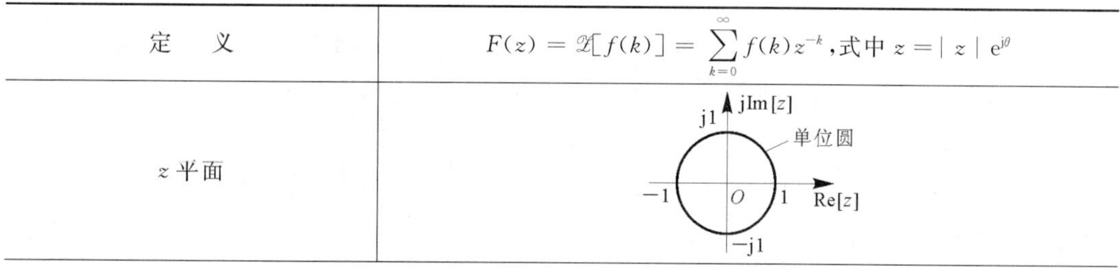

定　义	$F(z)=\mathscr{Z}[f(k)]=\sum\limits_{k=0}^{\infty}f(k)z^{-k}$，式中 $z=\|z\|\mathrm{e}^{\mathrm{j}\theta}$
z 平面	

续 表

收敛域	在 z 平面上，能使式 $\sum_{k=0}^{\infty}\mid f(k)z^{-k}\mid<\infty$ 满足和成立的复数变量 z 的取值范围，称为 $F(z)$ 或 $f(k)$ 的收敛域
性　质	见表 8-1-2
常用序列的单边 z 变换	见表 8-1-3
单边 z 反变换	① 幂级数展开法 ② 部分分式法 * ③ 留数法

说明：(1) 单边 z 变换的收敛域总是存在的。

(2) 单边 z 变换的收敛域均在收敛半径为 ρ 的圆外区域，ρ 的大小取决于信号 $f(k)$ 或 $F(z)$。

*七、双边 z 变换

1. 定义

若 $f(k)$ 是非因果信号或反因果信号，则须引入双边 z 变换，其定义为

$$F(z)=\sum_{k=-\infty}^{+\infty} f(k)z^{-k} \tag{8-1-6}$$

$F(z)$ 称为 $f(k)$ 的双边 z 变换，记为 $F(z)=\mathscr{Z}[f(k)]$。若从 $F(z)$ 求 $f(k)$，则称为双边 z 反变换，即

$$f(k)=\frac{1}{2\pi \mathrm{j}}\oint_C F(z)z^{k-1}\mathrm{d}z,\quad k\in \mathbf{Z} \tag{8-1-7}$$

式(8-1-6)与式(8-1-7)构成了双边 z 变换对，记为 $f(k)\longleftrightarrow F(z)$。

2. 收敛域

在 z 平面上能使式 $\sum_{k=-\infty}^{\infty}\mid f(k)z^{-k}\mid<\infty$ 成立的复数变量 z 的取值范围，称为 $F(z)$ 或 $f(k)$ 的收敛域。

从 $f(k)$ 求 $F(z)$，所得 $F(z)$ 是唯一的；从 $F(z)$ 求 $f(k)$，所得 $f(k)$ 不是唯一的，只有 $F(z)$ 及其收敛域一起，才能唯一确定 $f(k)$，这是双边 z 变换与单边 z 变换的不同处。

当 $f(k)$ 为因果信号(右单边信号)时，双边 z 变换就转化为单边 z 变换。故可把单边 z 变换视双边 z 变换的特别。

3. 特点

$F(z)$ 和收敛域一起才能唯一地确定 $f(k)$。

现将双边 z 变换汇总于表 8-1-5 中，以便复习和记记。

表 8-1-5　双边 z 变换

定　义	$F(z)=\mathscr{Z}[f(k)]=\sum_{k=-\infty}^{\infty} f(k)z^{-k}, z=\mid z\mid \mathrm{e}^{\mathrm{j}\theta}$
z 平面	jIm[z] j1 单位圆 −1　O　1　Re[z] −j1

续表

收敛域	在 z 平面上，能使式 $\sum_{k=-\infty}^{\infty}\lvert f(k)z^{-k}\rvert<\infty$ 满足和成立的复数变量 z 的取值范围，称为 $F(z)$ 或 $f(k)$ 的收敛域
特　点	$f(k)$ 的函数式由 $F(z)$ 及其收敛域共同决定。$F(z)$ 相同，但其收敛域不同，则所对应的 $f(k)$ 就不同
性　质	与单边 z 变换相同
举例： $F(z)=\dfrac{-\frac{1}{2}z}{z+\frac{1}{2}}+\dfrac{\frac{1}{2}z}{z-\frac{3}{2}}$	① $\lvert z\rvert>\frac{3}{2}$ 时，$f(k)=\left[-\frac{1}{2}\left(-\frac{1}{2}\right)^k+\frac{1}{2}\left(\frac{3}{2}\right)^k\right]U(k)$ $f(k)$ 为因果信号（右单边序列），$f(k)$ 不收敛 ② $\frac{1}{2}<\lvert z\rvert<\frac{3}{2}$ 时，$f(k)=-\frac{1}{2}\left(-\frac{1}{2}\right)^kU(k)-\frac{1}{2}\left(\frac{3}{2}\right)^kU(-k-1)$ $f(k)$ 为非因果信号（双边序列），$f(k)$ 收敛 ③ $0<\lvert z\rvert<\frac{1}{2}$ 时，$f(k)=\left[\frac{1}{2}\left(-\frac{1}{2}\right)^k-\frac{1}{2}\left(\frac{3}{2}\right)^k\right]U(-k-1)$ $f(k)$ 为反因果信号（左单边序列），$f(k)$ 不收敛

由于单边 z 变换在工程实际中应用较多，也符合工程实际，所以，在不加说明的情况下，本书只涉及和应用单边 z 变换。

思考题

1. 什么是单边 z 变换？单边 z 变换与双边 z 变换有什么不同？
2. 试说明 s 平面与 z 平面的对应关系。

8.2　离散系统 z 域分析法

应用 z 变换的方法求离散系统的响应（包括单位序列响应，零输入响应，零状态响应，全响应），称为离散系统的 z 域分析，它与连续系统的 s 域分析法完全对应和类似。

例 8-2-1　已知二阶离散因果系统的差分方程为

$$y(k)-y(k-1)-2y(k-2)=f(k)+2f(k-2)$$

系统的初始状态为 $y(-1)=2$，$y(-2)=-\frac{1}{2}$；激励 $f(k)=U(k)$。求系统的全响应 $y(k)$，零输入响应 $y_x(k)$，零状态响应 $y_f(k)$。

解　对差分方程等号两端同时进行 z 变换，并根据表 8-1-1 中的移序性（序号5），有

$$Y(z)-\left[z^{-1}Y(z)+z^{-1}\sum_{k=-1}^{-1}y(k)z^{-k}\right]-2\left[z^{-2}Y(z)+z^{-2}\sum_{k=-2}^{-1}y(k)z^{-k}\right]=$$
$$F(z)+2\left[z^{-2}F(z)+z^{-2}\sum_{k=-2}^{-1}f(k)z^{-k}\right]$$

即
$$Y(z)-[z^{-1}Y(z)+z^{-1}y(-1)z^{1}]-2[z^{-2}Y(z)+z^{-2}y(-2)z^{2}+z^{-2}y(-1)z^{1}]=$$
$$F(z)+2[z^{-2}F(z)+z^{-2}f(-2)z^{2}+z^{-2}f(-1)z^{1}]$$

今已知 $f(-1)=f(-2)=0$，代入上式有

$$(1-z^{-1}-2z^{-2})Y(z)-[y(-1)+2y(-1)z^{-1}]-2y(-2)=F(z)+2z^{-2}F(z)$$

即

$$(1-z^{-1}-2z^{-2})Y(z)=(1+2z^{-1})y(-1)+2y(-2)+(1+2z^{-2})F(z)$$

故得

$$Y(z)=\underbrace{\frac{(1+2z^{-1})y(-1)+2y(-2)}{1-z^{-1}-2z^{-2}}}_{\text{零输入响应}}+\underbrace{\frac{(1+2z^{-2})F(z)}{1-z^{-1}-2z^{-2}}}_{\text{零状态响应}} \qquad (8-2-1)$$

式(8-2-1)中等号右端的第一项只与初始状态 $y(-1)$，$y(-2)$ 有关，而与激励 $f(k)$ 无关，故为系统的零输入响应 $Y_x(z)$，即

$$Y_x(z)=\frac{(1+2z^{-1})y(-1)+2y(-2)}{1-z^{-1}-2z^{-2}}=\frac{(z^2+2z)y(-1)+2z^2y(-2)}{z^2-z-2} \qquad (8-2-2)$$

式(8-2-1)中等号右端的第二项只与激励 $F(z)$ 有关，而与初始状态 $y(-1)$，$y(-2)$ 无关，故为系统的零状态响应 $Y_f(z)$，即

$$Y_f(z)=\frac{(1+2z^{-2})F(z)}{1-z^{-1}-2z^{-2}}=\frac{(z^2+2)F(z)}{z^2-z-2} \qquad (8-2-3)$$

将已知的初始状态 $y(-1)=2$，$y(-2)=-\frac{1}{2}$，代入式(8-2-2)有

$$Y_x(z)=\frac{(z^2+2z)\times 2+2z^2\left(-\frac{1}{2}\right)}{z^2-z-2}=\frac{z^2+4z}{z^2-z-2}=$$

$$z\left[\frac{z+4}{(z-2)(z+1)}\right]=z\left[\frac{2}{z-2}+\frac{-1}{z+1}\right]=2\times\frac{z}{z-2}-\frac{z}{z+1}$$

故进行 z 反变换得零输入响应为

$$y_x(k)=2(2)^k-(-1)^k,\quad k\geqslant -2$$

或

$$y_x(k)=[2(2)^k-(-1)^k]U(k+2)$$

由表 8-1-2 中的序号 2，查 $f(k)=U(k)$ 的 $F(z)=\frac{z}{z-1}$，代入式(8-2-3)得

$$Y_f(z)=\frac{(z^2+2)z}{(z^2-z-2)(z-1)}=z\left[\frac{z^2+2}{(z-2)(z+1)(z-1)}\right]=$$

$$z\left[\frac{2}{z-2}+\frac{\frac{1}{2}}{z+1}+\frac{-\frac{3}{2}}{z-1}\right]=2\times\frac{z}{z-2}+\frac{1}{2}\times\frac{z}{z+1}-\frac{3}{2}\times\frac{z}{z-1}$$

故进行 z 反变换得零状态响应为

$$y_f(k)=\left[2(2)^k+\frac{1}{2}(-1)^k-\frac{3}{2}(1)^k\right]U(k)$$

故得系统的全响应为

$$y(k)=y_x(k)+y_f(k)=$$

$$[2(2)^k-(-1)^k]U(k+2)+\left[2(2)^k+\frac{1}{2}(-1)^k-\frac{3}{2}(1)^k\right]U(k)$$

现将离散系统 z 域分析法的步骤汇总于表 8-2-1 中，以便复习。

表 8-2-1　离散系统 z 域分析法的步骤

1	建立系统的差分方程
2	求已知激励 $f(k)$ 的单边 z 变换 $F(z)$
3	对差分方程等号两边同时求单边 z 变换，得到 z 域代数方程
4	求解第 3 步所得到的 z 域代数方程，得响应的 z 域解
5	对第 4 步所求得的 z 域解进行 z 反变换，从而求得响应的时域解

8.3　z 域系统函数 $H(z)$

一、定义

离散系统 z 域系统函数 $H(z)$ 的定义，与连续系统 s 域系统函数 $H(s)$ 的定义完全对应和类似。

图 8-3-1(a) 所示为离散零状态系统，$f(k)$ 为激励，$y_f(k)$ 为零状态响应，$h(k)$ 为系统的单位序列响应。则有

$$y_f(k)=f(k)*h(k)$$

设 $Y_f(z)=\mathscr{Z}[y_f(k)]$，$F(z)=\mathscr{Z}[f(k)]$，$H(z)=\mathscr{Z}[h(k)]$。对上式等号两端同时求 z 变换，并根据 z 变换的时域卷积定理(表 8-1-2 中的序号 9) 有

$$Y_f(z)=F(z)H(z) \tag{8-3-1}$$

故有

$$H(z)=\frac{Y_f(z)}{F(z)} \tag{8-3-2}$$

$H(z)$ 称为离散系统的 z 域系统函数。可见 $H(z)$ 就是系统零状态响应 $y_f(k)$ 的 z 变换 $Y_f(z)$ 与系统激励 $f(k)$ 的 z 变换 $F(z)$ 之比；也是系统单位序列响应 $h(k)$ 的 z 变换。

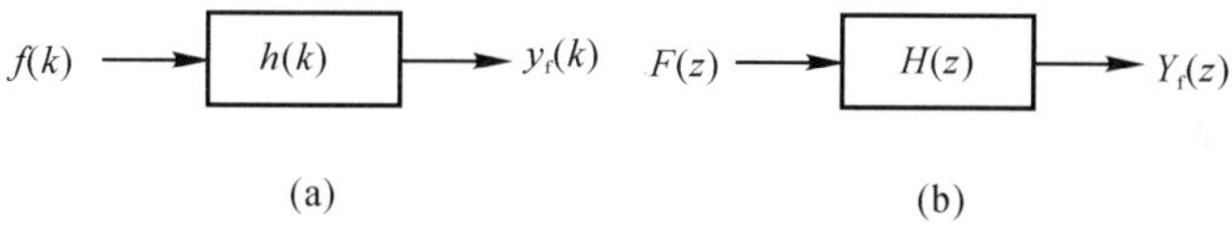

图 8-3-1　z 域系统函数 $H(z)$ 的定义

由于 $H(z)$ 是响应与激励的两个 z 变换之比，所以 $H(z)$ 与系统的激励无关。

根据式(8-3-1) 可画出零状态系统的 z 域模型，如图 8-3-1(b) 所示。于是根据图 8-3-1(b) 又可写出式(8-3-1)，即 $Y_f(z)=H(z)F(z)$。

二、$H(z)$ 的物理意义

$H(z)$ 的物理意义可从两个方面理解。

(1) $H(z)$ 就是系统单位序列响应 $h(k)$ 的 z 变换，即

$$H(z)=\mathscr{Z}[h(k)]$$

即 $H(z)$ 与 $h(k)$ 为一对 z 变换对。即

$$h(k) \longleftrightarrow H(z)$$

(2) 设激励 $f(k)=z^k, k\in \mathbf{Z}$($z^k$ 称为 z 域单元信号)，系统的单位序列响应为 $h(k)$，则系统的零状态响应 $y_f(k)$ 为(见图 8-3-2)

$$y_f(k)=h(k)*z^k=\sum_{i=-\infty}^{\infty}h(i)z^{k-i}=z^k\sum_{i=-\infty}^{\infty}h(i)z^{-i}=H(z)z^k$$

可见 $H(z)$ 就是系统对激励 z^k 的零状态响应的加权函数，亦即 $h(k)$ 的双边 z 变换。

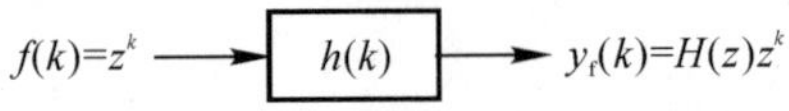

$f(k)=z^k \longrightarrow \boxed{h(k)} \longrightarrow y_f(k)=H(z)z^k$

图 8-3-2 $H(z)$ 的物理意义

三、$H(z)$ 的求法

(1) 由系统的单位序列响应 $h(k)$ 求，即

$$H(z)=\mathscr{Z}[h(k)]$$

(2) 由系统的传输算子 $H(E)$ 求，即

$$H(z)=H(E)\big|_{E=z}$$

(3) 对零状态系统的差分方程进行 z 变换，按定义式(8-3-2) 求 $H(z)$。

(4) 从系统的模拟图(时域模拟图和 z 域模拟图) 求 $H(z)$。

(5) 从系统的信号流图根据梅森公式求，即

$$H(z)=\frac{1}{\Delta}\sum_k P_k\Delta_k$$

以上各种求法将在以下各节中逐一举例介绍。

四、$H(z)$ 的一般表示形式

根据第七章中所述，描述一般 n 阶零状态离散系统的差分方程为

$$a_n y(k+n)+a_{n-1}y(k+n-1)+\cdots+a_1y(k+1)+a_0y(k)=$$
$$b_mf(k+m)+b_{m-1}f(k+m-1)+\cdots+b_1f(k+1)+b_0f(k)$$

对上式等号两端同时求 z 变换，同时考虑到系统的初始状态为零，并根据 z 变换的移序性(表 8-1-1 中的序号 5) 有

$$(a_nz^n+a_{n-1}z^{n-1}+\cdots+a_1z+a_0)Y_f(z)=(b_mz^m+b_{m-1}z^{m-1}+\cdots+b_1z+b_0)F(z)$$

故得

$$H(z)=\frac{Y_f(z)}{F(z)}=\frac{b_mz^m+b_{m-1}z^{m-1}+\cdots+b_1z+b_0}{a_nz^n+a_{n-1}z^{n-1}+\cdots+a_1z+a_0} \tag{8-3-3}$$

式中，$Y_f(z)=\mathscr{Z}[y_f(k)]$，$F(z)=\mathscr{Z}[f(k)]$。可见 $H(z)$ 的一般表示形式为复数变量 z 的两个实系数多项式之比。令

$$D(z)=a_nz^n+a_{n-1}z^{n-1}+\cdots+a_1z+a_0$$
$$N(z)=b_mz^m+b_{m-1}z^{m-1}+\cdots+b_1z+b_0$$

则上式可写为

$$H(z)=\frac{N(z)}{D(z)}$$

五、$H(z)$ 的零点、极点与零、极点图

将式(8-3-3)等号右端的分子 $N(z)$ 与分母 $D(z)$ 多项式各分解因式(设为单根的情况)，即可将其写成因式分解的形式，即

$$H(z)=\frac{b_m(z-z_1)(z-z_2)\cdots(z-z_i)\cdots(z-z_m)}{a_n(z-p_1)(z-p_2)\cdots(z-p_j)\cdots(z-p_n)}=H_0\frac{\prod\limits_{i=1}^{m}(z-z_i)}{\prod\limits_{j=1}^{n}(z-p_j)}$$

式中，$H_0=\frac{b_m}{a_n}$ 为实常数；$p_j\,(j=1,\ 2,\ \cdots,\ n)$ 为 $D(z)=0$ 的根，$z_i\,(i=1,\ 2,\ \cdots,\ m)$ 为 $N(z)=0$ 的根。

由上式可见，当复数变量 $z=z_i$ 时，即有 $H(z)=0$，故称 z_i 为系统函数 $H(z)$ 的零点，且 z_i 就是分子多项式 $N(z)=b_mz^m+b_{m-1}z^{m-1}+\cdots+b_1z+b_0=0$ 的根；当复数变量 $z=p_j$ 时，即有 $H(z)\to\infty$，故称 p_j 为 $H(z)$ 的极点，且 p_j 就是分母多项式 $D(z)=a_nz^n+a_{n-1}z^{n-1}+\cdots+a_1z+a_0=0$ 的根。$H(z)$ 的极点也称为离散系统的自然频率或固有频率。

将 $H(z)$ 的零点 z_i 与极点 p_j 画在 z 平面上而构成的图形，称为 $H(z)$ 的零、极点图，其中零点用符号"○"表示，极点用符号"×"表示，同时在图中将 H_0 的值也标出。若 $H_0=1$，则也可以不标出。

在描述离散系统的特性方面，$H(z)$ 与其零、极点图是等价的。

例 8-3-1　已知离散三阶系统的差分方程为

$$y(k)+y(k-1)+4y(k-2)+4y(k-3)=f(k)+8f(k-3)$$

求系统函数 $H(z)$，并在 z 平面上画出零、极点图，指出 H_0 的值。

解　在零状态下对差分方程等号两端同时求 z 变换，并根据表 8-1-1 中的移序性(表中的序号 5)，有

$$(1+z^{-1}+4z^{-2}+4z^{-3})Y_{\mathrm{f}}(z)=(1+8z^{-3})F(z)$$

故得

$$H(z)=\frac{Y_{\mathrm{f}}(z)}{F(z)}=\frac{1+8z^{-3}}{1+z^{-1}+4z^{-2}+4z^{-3}}=\frac{z^3+8}{z^3+z^2+4z+4}=$$

$$\frac{z^3+2^3}{z^2(z+1)+4(z+1)}=\frac{z^3+2^3}{(z+1)(z^2+4)}=$$

$$\frac{(z+2)(z^2-2z+4)}{(z+1)(z-\mathrm{j}2)(z+\mathrm{j}2)}=\frac{(z+2)(z-1-\mathrm{j}\sqrt{3})(z-1+\mathrm{j}\sqrt{3})}{(z+1)(z-\mathrm{j}2)(z+\mathrm{j}2)}$$

$$H_0=1$$

令分子 $N(z)=(z+2)(z-1-\mathrm{j}\sqrt{3})(z-1+\mathrm{j}\sqrt{3})=0$，得 3 个零点为 $z_1=-2$，$z_2=1+\mathrm{j}\sqrt{3}=2\mathrm{e}^{\mathrm{j}\frac{\pi}{3}}$，$z_3=1-\mathrm{j}\sqrt{3}=2\mathrm{e}^{-\mathrm{j}\frac{\pi}{3}}=\overset{*}{z}_2$；令分母 $D(z)=(z+1)(z-\mathrm{j}2)(z+\mathrm{j}2)=0$，得 3 个极点为 $p_1=-1$，$p_2=\mathrm{j}2=2\mathrm{e}^{\mathrm{j}\frac{\pi}{2}}$，$p_3=-\mathrm{j}2=2\mathrm{e}^{-\mathrm{j}\frac{\pi}{2}}=\overset{*}{p}_2$。$H(z)$ 的零、极点图如图8-3-3所示。可见，3 个零点都在单位圆外部，有一个极点 p_1 在单位圆上，有两个极点 p_2，p_3 在单位圆外部；而且零点 z_1 和极点 p_1 在负实轴上。

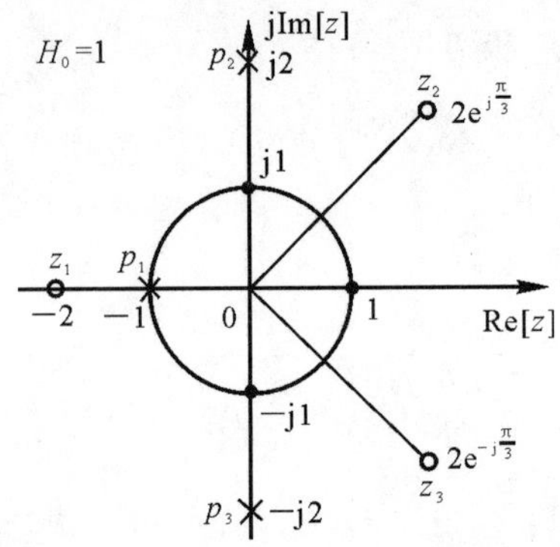

图 8-3-3

例 8-3-2 已知系统的单位序列响应 $h(k)=\left[2(2)^k+\dfrac{1}{2}(-1)^k-1.5(1)^k\right]U(k)$。求 $H(z)$,并画出零、极点图。

解

$$H(z)=2\frac{z}{z-2}+\frac{1}{2}\frac{z}{z+1}-\frac{3}{2}\frac{z}{z-1}=$$

$$\frac{z^3+2z}{z^3-2z^2-z+2}=\frac{z(z+\mathrm{j}2)(z-\mathrm{j}2)}{(z-2)(z+1)(z-1)},\quad |z|>2$$

令分母 $(z-2)(z+1)(z-1)=0$,得 3 个极点为 $p_1=2$, $p_2=-1$, $p_3=1$;令分子 $z(z+\mathrm{j}2)(z-\mathrm{j}2)=0$,得 3 个零点为 $z_1=0$, $z_2=-\mathrm{j}2$, $z_3=\mathrm{j}2$;$H_0=1$。其零、极点分布如图 8-3-4 所示。

例 8-3-3 已知系统的单位序列响应 $h(k)=(k+1)U(k)$。求 $H(z)$,画出零、极点图,指出 H_0 的值。

解

$$h(k)=kU(k)+U(k)$$

故根据表 8-1-3 序号 2、序号 3 可得

$$H(z)=\frac{z}{(z-1)^2}+\frac{z}{z-1}=\frac{z^2}{(z-1)^2},\quad |z|>1$$

令分母 $(z-1)^2=0$,得二重极点 $p_1=1$;令分子 $z^2=0$,得二重零点 $z_1=0$;$H_0=1$。其零、极点分布如图 8-3-5 所示。

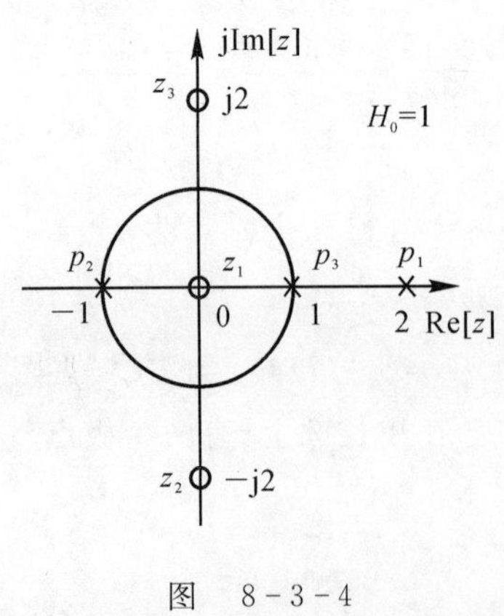

图 8-3-4

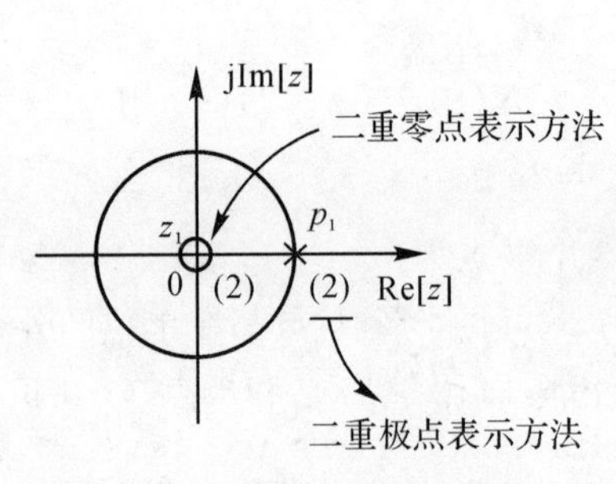

图 8-3-5

例 8-3-4　已知离散系统如图 8-3-6 所示，求 $H(z)=\dfrac{Y(z)}{F(z)}$，指出 H_0 的值。

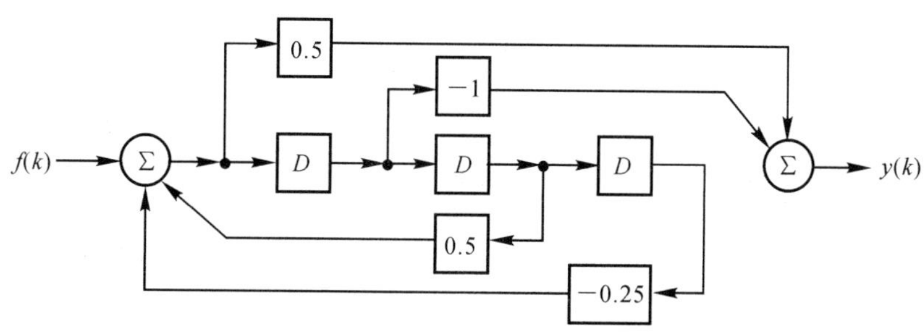

图　8-3-6

解　系统的传输算子为

$$H(E)=\frac{0.5E^3-E^2}{E^3-0.5E+0.25}$$

故得

$$H(z)=H(E)\mid_{E=z}=\frac{0.5z^3-z^2}{z^3-0.5z+0.25},\qquad H_0=0.5$$

现将 z 域系统函数 $H(z)$ 汇总于表 8-3-1 中，以便复习和查用。

表 8-3-1　z 域系统函数 $H(z)$

1	定　义	$H(z)=\dfrac{\text{零状态响应 } y_f(k) \text{ 的 } z \text{ 变换}}{\text{激励 } f(k) \text{ 的 } z \text{ 变换}}=\dfrac{Y_f(z)}{F(z)}$
2	物理意义	$H(z)$ 是系统单位序列响应 $h(k)$ 的 z 变换，即 $H(z)=\mathscr{Z}[h(k)]$
3	求　法	(1) $H(z)=\mathscr{Z}[h(k)]$； (2) $H(z)=H(E)\mid_{E=z}$； (3) 对零状态系统的差分方程进行 z 变换求 $H(z)$； (4) 根据系统的模拟图求 $H(z)$； (5) 由信号流图根据梅森公式求 $H(z)$； (6) 根据 $H(z)$ 的零、极点图求 $H(z)$
4	一般表示形式	$H(z)=\dfrac{b_mz^m+b_{m-1}z^{m-1}+\cdots+b_1z+b_0}{a_nz^n+a_{n-1}z^{n-1}+\cdots+a_1z+a_0}=\dfrac{N(z)}{D(z)},\quad m\leqslant n$
5	零点与极点	分子多项式 $N(z)=b_mz^m+b_{m-1}z^{m-1}+\cdots+b_1z+b=0$ 的根，称为 $H(z)$ 的零点；分母多项式 $D(z)=a_nz^n+a_{n-1}z^{n-1}+\cdots+a_1z+a_0=0$ 的根，称为 $H(z)$ 的极点
6	零、极点图	把 $H(z)$ 的零、极点画在 z 平面上而得到的图，称为 $H(z)$ 的零、极点图，零点用“○”表示，极点用“×”表示
7	零、极点图的作用	根据零、极点图，可研究系统的单位序列响应、频率特性、稳定性及其他特性

8.4　离散系统的 z 域模拟图与信号流图

一、三种运算器的 z 域表示与信号流图

根据 z 变换的性质(叠加性、齐次性、移序性),可以画出与时域中 3 种运算器(加法器、数乘器、单位延迟器)相对应的 z 域模拟图与信号流图,如表 7-2-1 所示。其中单位延迟器的系统函数 $H(z)=z^{-1}$。证明如下:因单位延迟器为零状态系统,故有

$$y(k)=f(k-1)$$

对此式等号两端同时求 z 变换,并考虑到 z 变换的移序性(表 8-1-2 中的序号 5),有

$$Y(z)=z^{-1}F(z)$$

故得单位延迟器的系统函数为

$$H(z)=\frac{Y(z)}{F(z)}=z^{-1}=\frac{1}{z}$$

二、z 域系统模拟的定义

在实验室中用三种运算器来模拟给定系统的数学模型(差分方程或系统函数 $H(z)$),称为 z 域系统模拟。

三、常用的 z 域系统模拟图

模拟图有四种:直接模拟图,并联模拟图,级联模拟图,混联模拟图。这些都与 s 域系统模拟一样,只需把积分器改为单位延迟器即可。

四、z 域系统框图

用一个方程代表一个子系统,按系统的功能、各子系统的相互关系及信号流动的方向,连接而构成的图,称为 z 域系统框图。

要注意:模拟图与框图是不同的概念,不可混淆。

五、z 域信号流图的定义与 s 域信号流图的定义相同

例 8-4-1　试画出图 8-3-6 所示系统的 z 域模拟图与信号流图。

解　(1) 其 z 域模拟图如图 8-4-1(a) 所示。可见,从时域模拟图转换为 z 域模拟图极其容易,只要将 D 换成 z^{-1},将 $f(k)$ 换成 $F(z)$,将 $y(k)$ 换成 $Y(z)$ 即可,其他均不变,两者的形式也一样。

(2) 根据时域模拟图与 z 域模拟图的转换原则,可从图 8-4-1(a) 直接画出其信号流图,如图 8-4-1(b) 所示。

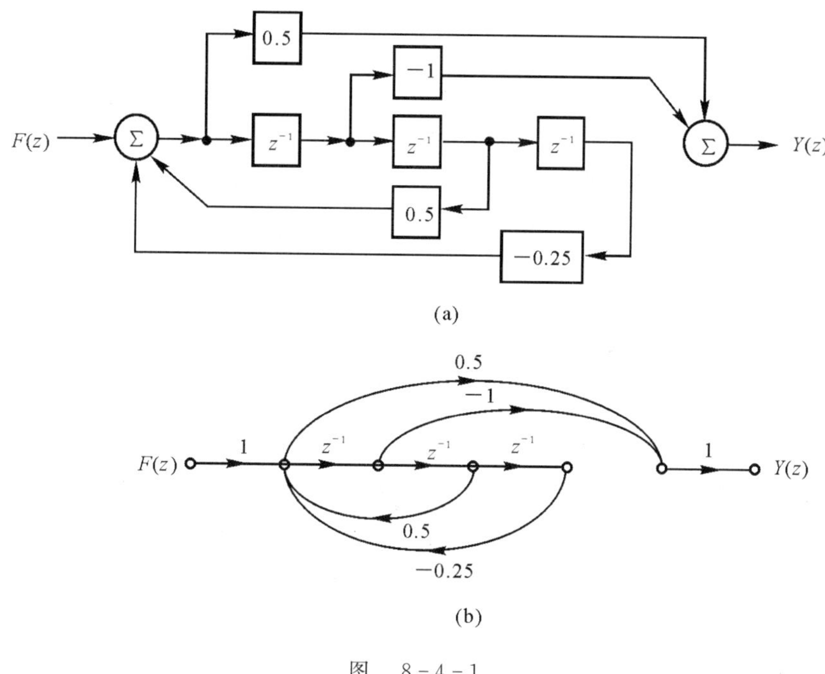

图　8-4-1

例 8-4-2　已知离散系统的信号流图如图 8-4-2(a) 所示。试画出与其对应的 z 域模拟图与时域模拟图，并用梅森公式求 $H(z)=\dfrac{Y(z)}{F(z)}$。

解　(1) 其 z 域模拟图如图 8-4-2(b) 所示。

(2) 其时域模拟图，只需将图 8-4-2(b) 中的 z^{-1} 改为 D，$F(z)$ 改写为 $f(k)$，$Y(z)$ 改写为 $y(k)$，其余一律不动，即可得到。读者自己试画之。

(3) 求 $H(z)=\dfrac{Y(z)}{F(z)}$。因为

$$L_1=z^{-1}\times(-1)=-z^{-1},\quad L_2=-2z^{-1},\quad L_3=-3z^{-1}\times z^{-1}=-3z^{-2}$$

$$\sum_i L_i=L_1+L_2+L_3=-z^{-1}-2z^{-1}-3z^{-2}=-3z^{-1}-3z^{-2}$$

$$L_1L_2=-z^{-1}\times(-2z^{-1})=2z^{-2},\quad L_1L_3=-z^{-1}\times(-3z^{-2})=3z^{-3}$$

$$\sum_{m,n}L_mL_n=L_1L_2+L_1L_3=2z^{-2}+3z^{-3}$$

故

$$\Delta=1-\sum_i L_i+\sum_{m,n}L_mL_n=1+3z^{-1}+3z^{-2}+2z^{-2}+3z^{-3}=$$

$$1+3z^{-1}+5z^{-2}+3z^{-3}$$

$$P_1=1\times z^{-1}\times 2\times z^{-1}\times 1\times 1=2z^{-2},\qquad \Delta_1=1$$

$$P_2=1\times z^{-1}\times 2\times z^{-1}\times z^{-1}\times 2\times 1=4z^{-3},\qquad \Delta_2=1$$

$$\sum_k P_k\Delta_k=P_1\Delta_1+P_2\Delta_2=2z^{-2}\times 1+2z^{-3}\times 1=2z^{-2}+2z^{-3}$$

故 $$H(z)=\frac{1}{\Delta}\sum_{k}P_k\Delta_k=\frac{2z^{-2}+4z^{-3}}{1+3z^{-1}+5z^{-2}+3z^{-3}}=$$

$$\frac{2z+4}{z^3+3z^2+5z+3}=\frac{2}{z+1}\cdot\frac{z+2}{z^2+2z+3}$$

可见,此系统可视为两个子系统的级联。实际上,上述的结果可根据图 8-4-2 直接写出。

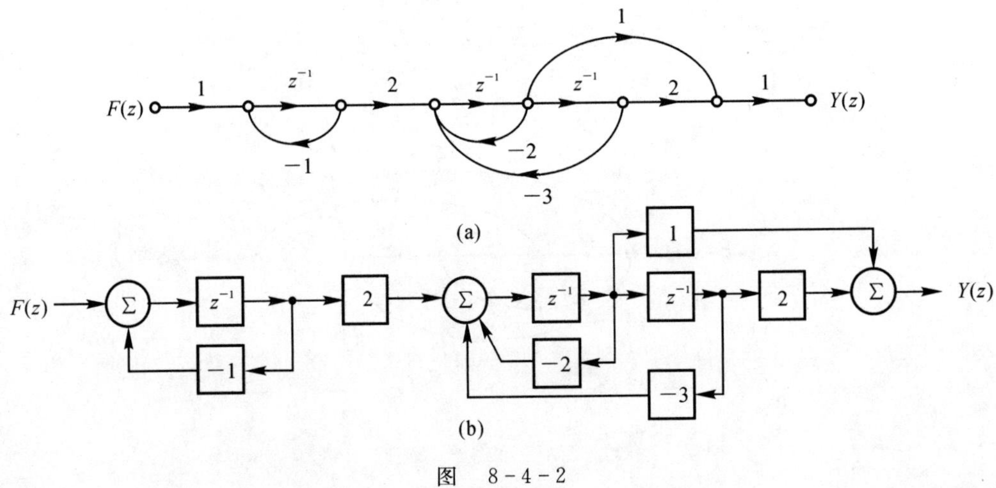

图 8-4-2

例 8-4-3 已知离散系统的 z 域模拟图如图 8-4-3(a) 所示。试画出其信号流图与时域模拟图,并求 $H(z)=\dfrac{Y(z)}{F(z)}$。

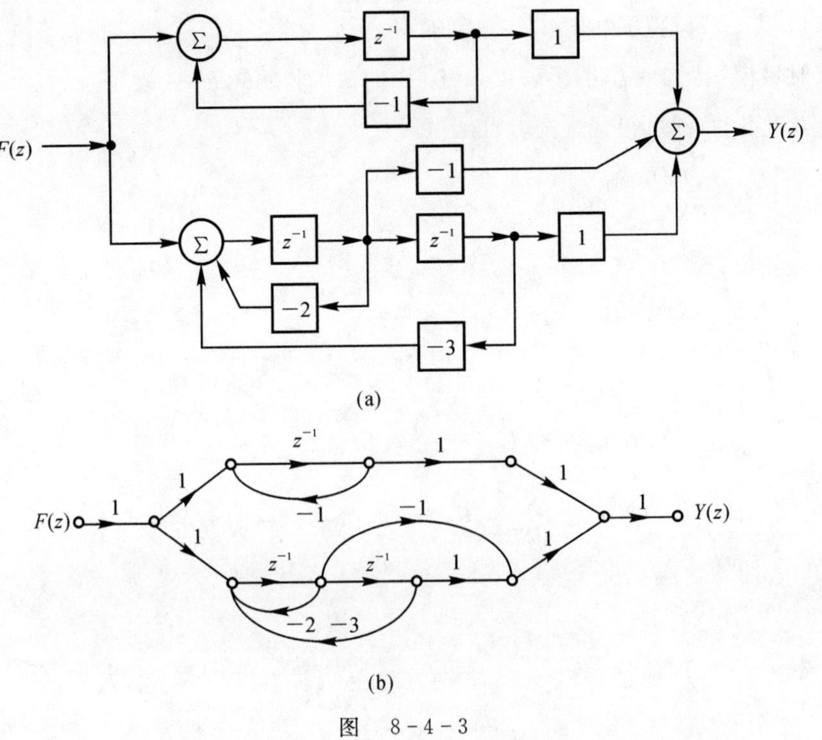

图 8-4-3

解　其信号流图如图 8-4-3(b) 所示。时域模拟图请读者自己画出。因该系统是由两个子系统并联构成的，故可直接写出 $H(z)$ 为

$$H(z)=\frac{Y(z)}{F(z)}=\frac{1}{z+1}+\frac{-z+1}{z^2+2z+3}=\frac{2z+4}{z^3+3z^2+5z+3}$$

8.5　离散系统函数 $H(z)$ 的应用

本节将从 11 个方面研究 $H(z)$ 的应用。

一、$H(z)$ 的极点就是系统的自然频率

因
$$H(z)=\frac{N(z)}{D(z)}=\frac{N(z)}{a_n z^n+a_{n-1}z^{n-1}+\cdots+a_1 z+a_0}$$

令 $D(z)=a_n z^n+a_{n-1}z^{n-1}+\cdots+a_n z+a_0=0$，其根为 $H(z)$ 的极点，也就是系统的自然频率，它只与系统本身的结构和元件参数有关，而与激励和响应均无关。

例 8-5-1　求图 8-4-3 所示系统的自然频率。

解　在例 8-4-3 中已求得该系统的系统函数为

$$H(z)=\frac{2z+4}{z^3+3z^2+5z+3}$$

令分母 $D(z)=z^3+2z^2+5z+3=(z+1)(z+1+\mathrm{j}\sqrt{2})(z+1-\mathrm{j}\sqrt{2})$，故得系统的自然频率（就是 $H(z)$ 的极点）为 $p_1=-1$，$p_2=-1-\mathrm{j}\sqrt{2}$，$p_3=-1+\mathrm{j}\sqrt{2}$。

二、求系统的单位序列响应 $h(k)$

当系统函数 $H(z)$ 已知时，可从 $H(z)$ 求得系统的单位序列响应 $h(k)$，即

$$h(k)=\mathscr{L}^{-1}[H(z)]$$

例 8-5-2　求图 8-5-1 所示因果系统的单位序列响应 $h(k)$。

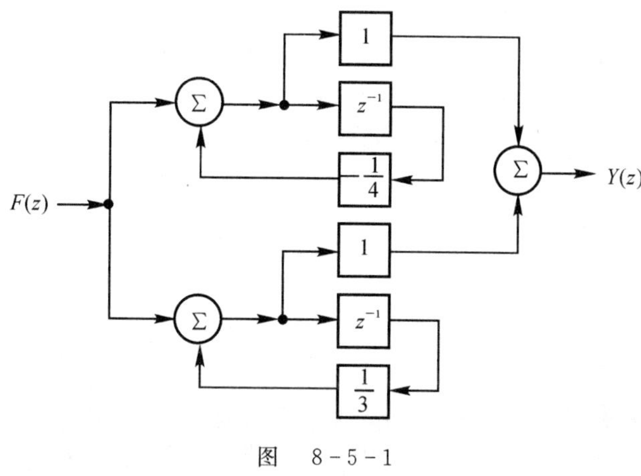

图　8-5-1

解　这是两个子系统的并联，故系统函数可直接写出为

$$H(z)=\frac{z}{z+\frac{1}{4}}+\frac{z}{z-\frac{1}{3}},\quad |z|>\frac{1}{3}$$

故得

$$h(k)=\left[\left(-\frac{1}{4}\right)^k+\left(\frac{1}{3}\right)^k\right]U(k)$$

三、$H(z)$ 的极点、零点分布对 $h(k)$ 的影响

$h(k)$ 随时间 k 变化的波形形状只由 $H(z)$ 的极点决定，与 $H(z)$ 的零点无关；$h(k)$ 的大小和相位由 $H(z)$ 的极点和零点共同决定。

四、根据 $H(z)$ 可写出系统的差分方程

例如已知系统的 $H(z)$ 为

$$H(z)=\frac{z^2-3}{z^2-5z+6}=\frac{1-3z^{-2}}{1-5z^{-1}+6z^{-2}}$$

则与此 $H(z)$ 对应的系统的差分方程为

$$y(k+2)-5y(k+1)+6y(k)=f(k+2)-3f(k)$$

或

$$y(k)-5y(k-1)+6y(k-2)=f(k)-3f(k-2)$$

五、根据 $H(z)$ 判断系统的稳定性

1. 在时域，若满足

$$\sum_{k=-\infty}^{\infty}|h(k)|<\infty \quad \text{（对于非因果系统）}$$

$$\sum_{k=0}^{\infty}|h(k)|<\infty \quad \text{（对于因果系统）}$$

则系统就是稳定的，否则系统就是不稳定的。

2. z 域判定条件

不论对因果系统还是非因果系统，若 $H(z)$ 的收敛域包含单位圆，且收敛域内 $H(z)$ 无极点存在，则系统就是稳定的；在上述两个条件中，只要有一个不满足，则系统就是不稳定的。

(1) 对于因果系统而言，$H(z)$ 的收敛域为半径为 ρ 的圆外区域。若 $H(z)$ 的极点全部位于单位圆的内部，则系统就是稳定的；若 $H(z)$ 的极点中，除了单位圆内部有极点外，在单位圆上还有单阶极点，而在单位圆外部无极点，则系统就是临界稳定的；若 $H(z)$ 的极点中，至少有一个极点位于单位圆外部，则系统就是不稳定的；若在单位圆上存在有重阶极点，则系统也是不稳定的。

(2) 对于反因果系统而言，$H(z)$ 的收敛域为半径为 ρ 的圆内区域。若 $H(z)$ 的极点全部位于单位圆的外部，则系统就是稳定的；若 $H(z)$ 的极点中，除了单位圆外部有极点外，在单位圆上还有单阶极点，而单位圆内部无极点，则系统就是临界稳定的；若 $H(z)$ 的极点中，至少有一个极点位于单位圆内部，则系统就是不稳定的；若在单位圆上存在有重阶极点，则系统也是不稳定的。

(3) 对于一般性的非因果系统而言（$H(z)$ 的收敛域为一个圆环区域内部），可视为因果系

统与反因果系统的叠加，若要系统稳定，则其子因果系统和子反因果系统必须都稳定，若其中有一个子系统不稳定，则整个系统就不稳定了。

所有工程实际中的系统都必须具有稳定性，这样才能保证系统正常工作。

例 8-5-3 已知因果系统的差分方程为

$$2y(k)-2y(k-1)+y(k-2)=2f(k)-2f(k-1)+2f(k-2)$$

求系统函数 $H(z)$，判断系统的稳定性。

解 在零状态下对差分方程的等号两端同时求 z 变换，有

$$(2-2z^{-1}+z^{-2})Y_{\mathrm{f}}(z)=(2-2z^{-1}+2z^{-2})F(z)$$

故得

$$H(z)=\frac{Y_{\mathrm{f}}(z)}{F(z)}=\frac{2-2z^{-1}+2z^{-2}}{2-2z^{-1}+z^{-2}}=\frac{z^2-z+1}{z^2-z+\frac{1}{2}}=\frac{z^2-z+1}{\left(z-\frac{1}{2}-\mathrm{j}\,\frac{1}{2}\right)\left(z-\frac{1}{2}+\mathrm{j}\,\frac{1}{2}\right)},\ |z|>\frac{\sqrt{2}}{2}$$

令 $D(z)=\left(z-\frac{1}{2}-\mathrm{j}\,\frac{1}{2}\right)\left(z-\frac{1}{2}+\mathrm{j}\,\frac{1}{2}\right)=0$，得极点为 $p_1=\frac{1}{2}+\mathrm{j}\,\frac{1}{2}=\frac{\sqrt{2}}{2}\mathrm{e}^{\mathrm{j}\frac{\pi}{4}}$，$p_2=\frac{1}{2}-\mathrm{j}\,\frac{1}{2}=\frac{\sqrt{2}}{2}\mathrm{e}^{-\mathrm{j}\frac{\pi}{4}}$。可见，这一对共轭极点均位于 z 平面上的单位圆内部，且收敛域包含单位圆，故系统是稳定的。

例 8-5-4 已知 $H(z)=\frac{z}{z+0.5}+\frac{z}{z+2}+\frac{-2z}{z-3}$，求 $h(k)$，并说明系统的因果性和稳定性。

解 所给系统并未明确是什么样的系统，故必须分情况讨论。$H(z)$ 共有 3 个极点：$p_1=0.5$，$p_2=-2$，$p_3=3$。极点 p_1 在单位圆内部，极点 p_2，p_3 在单位圆外部。

(1) 当收敛域为 $|z|>3$ 时

$$h(k)=[(-0.5)^k+(-2)^k-2(3)^k]U(k)$$

系统为因果系统，但不稳定（因收敛域没有包含单位圆）。

(2) 当收敛域为 $2<|z|<3$ 时

$$h(k)=[(-0.5)^k+(-2)^k]U(k)+2(3)^kU(-k-1)$$

系统为非因果、不稳定系统（因收敛域没有包含单位圆）。

(3) 当收敛域为 $0.5<|z|<2$ 时

$$h(k)=(-0.5)^kU(k)+[-(-2)^k+2(3)^k]U(-k-1)$$

系统为非因果、稳定系统（因收敛域包含单位圆，且收敛域内部无极点）。

(4) 当收敛域为 $0<|z|<0.5$ 时

$$h(k)=[-(-0.5)^k-(-2)^k+2(3)^k]U(-k-1)$$

系统为反因果、不稳定系统（因收敛域没有包含单位圆）。

例 8-5-5 $H(z)=\frac{z}{z-0.5}+\frac{-3z}{z-2}$。求收敛域为何值时：(1) 系统为因果系统，系统稳定否？求出 $h(k)$；(2) 系统为反因果系统，系统稳定否？求出 $h(k)$；(3) 系统为稳定系统，系统因果否？求出 $h(k)$；(4) 系统为反因果、不稳定系统。

解 这是反向思维题。$H(z)$ 有 2 个极点：$p_1=0.5$（在单位圆内部），$p_2=2$（在单位圆外部）。

(1) 当收敛域为 $|z|>2$ 时，系统为因果系统，为不稳定系统(因为收敛域没有包含单位圆)。

$$h(k)=[(0.5)^k-3(2)^k]U(k)$$

(2) 当收敛域为 $0<|z|<0.5$ 时，系统为反因果系统，为不稳定系统(因为收敛域没有包含单位圆)。

$$h(k)=[-(0.5)^k+3(2)^k]U(-k-1)$$

(3) 当收敛域为 $0.5<|z|<2$ 时，系统为稳定系统(因为收敛域包含单位圆，且收敛域内部无极点)，为非因果系统。

$$h(k)=(0.5)^kU(k)+3(2)^kU(-k-1)$$

(4) 当收敛域为 $0<|z|<2$ 时，系统为反因果系统，为不稳定系统(因为收敛域虽然包含了单位圆，但收敛域内有一个极点 0.5)。

$$h(k)=[-(0.5)^k+3(2)^k]U(-k-1)$$

注：反因果系统也是非因果系统，但非因果系统不一定都是反因果系统。一般性非因果系统可视为因果系统与反因果系统的叠加。

六、求系统的零输入响应 $y_x(k)$

若系统的初始状态已知，则可根据 $H(z)$ 的极点和已知的初始状态，可求得系统的零输入响应 $y_x(k)$。

(1) 当 $H(z)$ 的分母 $a_nz^n+a_{n-1}z^{n-1}+\cdots+a_1z+a_0=0$ 的根(称为系统的自然频率)为单根 $p_1,p_2,\cdots,p_n$ 时，其零输入响应的表达式为

$$y_x(k)=(A_1p_1^k+A_2p_2^k+\cdots+A_np_n^k)U(k)$$

(2) 当 $H(z)$ 的分母 $a_nz^n+a_{n-1}z^{n-1}+\cdots+a_1z+a_0=0$ 的根为 n 重根 $p_1=p_2=\cdots=p_n=p$ 时，其零输入响应的表达式为

$$y_x(k)=(A_1p^k+A_2kp^k+A_3k^2p^k+\cdots+A_nk^{n-1}p^k)U(k)$$

式中的系数 $A_1,A_2,\cdots,A_n$ 由系统的初始条件决定。

例 8-5-6 已知因果系统的差分方程为 $y(k)-y(k-1)-2y(k-2)=f(k)+2f(k-2)$，初始状态为 $y(-1)=2$，$y(-2)=-\frac{1}{2}$，$f(k)=U(k)$。求系统的零输入响应 $y_x(k)$。

解 在零状态条件下对差分方程求 z 变换，可求得

$$H(z)=\frac{Y_f(z)}{F(z)}=\frac{1+2z^{-2}}{1-z^{-1}-2z^{-2}}=\frac{z^2+2z}{z^2-z-2}$$

令分母 $D(z)=z^2-z-2=0$，得两个极点为 $p_1=-1$，$p_2=2$。故零输入响应的通解式为

$$y_x(k)=A_1p_1^k+A_2p_2^k=A_1(-1)^k+A_2(2)^k$$

由于 $f(k)=U(k)$ 是在 $k=0$ 时刻作用于系统的，故所给的 $y(-1)=2$，$y(-2)=-\frac{1}{2}$ 就是系统的初始状态，即有 $y_x(-1)=2$，$y_x(-2)=-\frac{1}{2}$，代入上式有

$$\begin{cases}y_x(-1)=A_1(-1)^{-1}+A_2(2)^{-1}=2\\ y_x(-2)=A_1(-1)^{-2}+A_2(2)^{-2}=-\dfrac{1}{2}\end{cases}$$

即
$$-A_1+\frac{1}{2}A_2=2,\quad A_1+\frac{1}{4}A_2=-\frac{1}{2}$$
联立求解得 $A_1=-1$，$A_2=2$。故得
$$y_x(k)=[-(-1)^k+2(2)^k]U(k+2)$$
或
$$y_x(k)=-(-1)^k+2(2)^k,\quad k\geqslant -2$$

七、求系统的零状态响应 $y_f(k)$

因有
$$Y_f(z)=H(z)F(z)$$
进行反变换即得零状态响应为
$$y_f(k)=\mathscr{Z}^{-1}[Y_f(z)]=\mathscr{Z}^{-1}[H(z)F(z)]$$

例 8-5-7　已知离散因果系统的差分方程为 $y(k)+0.6y(k-1)-0.16y(k-2)=f(k)+2f(k-1)$，$f(k)=(0.4)^kU(k)$。求零状态响应 $y(k)$。

解　该系统的系统函数为
$$H(z)=\frac{Y(z)}{F(z)}=\frac{1+2z^{-1}}{1+0.6z^{-1}-0.16z^{-2}}=\frac{z^2+2z}{z^2+0.6z-0.16},\quad |z|>0.8$$
又
$$F(z)=\frac{z}{z-0.4}$$
故
$$Y(z)=H(z)F(z)=\frac{z^2+2z}{z^2+0.6z-0.16}\frac{z}{z-0.4}=$$
$$z\left[\frac{z^2+2z}{(z-0.2)(z+0.8)(z-0.4)}\right]=$$
$$z\left[\frac{-2.2}{z-0.2}+\frac{-0.8}{z+0.8}+\frac{4}{z-0.4}\right]=$$
$$-2.2\frac{z}{z-0.2}-0.8\frac{z}{z+0.8}+4\frac{z}{z-0.4},\quad |z|>0.8$$
故得零状态响应为
$$y(k)=[-2.2(0.2)^k-0.8(-0.8)^k+4(0.4)^k]U(k)$$

八、求离散系统的频率特性

1. 定义

离散系统的频率特性(即频率响应)，表征了稳定系统对不同频率的离散正弦激励信号产生的正弦稳态响应(大小和相位)是如何随频率的变化而变化的。对于稳定的系统，在式 $y_f(k)=H(z)z^k$ 中，令
$$z=\mathrm{e}^{\mathrm{j}\Omega T}=\mathrm{e}^{\mathrm{j}\omega}$$
Ω 为模拟角频率，单位为 rad/s，T 为抽样间隔，单位为 s；ω 为数字角频率，单位为 rad/ 间隔，且有 $\omega=\Omega T$。于是有
$$H(z)\Big|_{z=\mathrm{e}^{\mathrm{j}\Omega T}}=H(\mathrm{e}^{\mathrm{j}\Omega T})=|H(\mathrm{e}^{\mathrm{j}\Omega T})|\mathrm{e}^{\mathrm{j}\varphi(\Omega T)}$$
或
$$H(z)\Big|_{z=\mathrm{e}^{\mathrm{j}\omega}}=H(\mathrm{e}^{\mathrm{j}\omega})=|H(\mathrm{e}^{\mathrm{j}\omega})|\mathrm{e}^{\mathrm{j}\varphi(\omega)}$$
$H(\mathrm{e}^{\mathrm{j}\Omega T})=H(\mathrm{e}^{\mathrm{j}\omega})$ 称为离散系统的频率特性，也称频率响应。$|H(\mathrm{e}^{\mathrm{j}\Omega T})|=|H(\mathrm{e}^{\mathrm{j}\omega})|$ 称为模频

特性,$\varphi(\Omega T)=\varphi(\omega)$ 称为相频特性。

2. $H(\mathrm{e}^{\mathrm{j}\Omega T})=H(\mathrm{e}^{\mathrm{j}\omega})$ 的物理意义

其物理意义可从两个方面说明:

(1) 如图 8-5-2 所示,设激励 $f(k)=\mathrm{e}^{\mathrm{j}\Omega Tk}=\mathrm{e}^{\mathrm{j}\omega k}$,$k\in\mathbf{Z}$,则由式 $y_{\mathrm{f}}(k)=H(z)z^k$,有

$$y_{\mathrm{f}}(k)=H(\mathrm{e}^{\mathrm{j}\Omega T})\mathrm{e}^{\mathrm{j}\Omega Tk},\quad k\in\mathbf{Z}$$

或

$$y_{\mathrm{f}}(k)=H(\mathrm{e}^{\mathrm{j}\omega})\mathrm{e}^{\mathrm{j}\omega k},\quad k\in\mathbf{Z}$$

$f(k)=\mathrm{e}^{\mathrm{j}\Omega Tk}$ → $h(k)$ → $y_{\mathrm{f}}(k)$

(a)

$f(k)=\mathrm{e}^{\mathrm{j}\omega k}$ → $h(k)$ → $y_{\mathrm{f}}(k)$

(b)

图 8-5-2

上两式说明:①$H(\mathrm{e}^{\mathrm{j}\Omega T})=H(\mathrm{e}^{\mathrm{j}\omega})$ 就是系统对激励 $f(k)=\mathrm{e}^{\mathrm{j}\Omega Tk}=\mathrm{e}^{\mathrm{j}\omega k}$ 的零状态响应 $y_{\mathrm{f}}(k)$ 的加权函数;② 由于 $\mathrm{e}^{\mathrm{j}\Omega Tk}=\mathrm{e}^{\mathrm{j}\omega k}$ 中的 $k\in\mathbf{Z}$,故此零状态响应也是稳态响应和强迫响应;③$y_{\mathrm{f}}(k)$ 的变化规律与 $f(k)$ 的变化规律相同,也是与 $f(k)$ 同频率 Ω(或 ω)的复指数函数。

(2) 由于 $z=\mathrm{e}^{\mathrm{j}\Omega T}=\mathrm{e}^{\mathrm{j}\omega}$,故 $H(\mathrm{e}^{\mathrm{j}\Omega T})=H(\mathrm{e}^{\mathrm{j}\omega})$ 实质上就是 $h(k)$ 在单位圆上的 z 变换,即当 $\Omega T=\omega$ 变化时,变量 z 始终在单位圆上变化,且由于 $\mathrm{e}^{\mathrm{j}\Omega T}=\mathrm{e}^{\mathrm{j}\omega}$ 是周期为 2π 的函数,故 $H(\mathrm{e}^{\mathrm{j}\Omega T})=H(\mathrm{e}^{\mathrm{j}\omega})$ 和 $\varphi(\Omega T)=\varphi(\omega)$ 也均为 Ω 或 ω 的周期为 2π 的连续周期函数。

现将本课程中的单元信号及其强迫响应(也是稳态响应)汇总于表 8-5-1 中,以便复习和查用。

表 8-5-1 单元信号及其强迫响应(稳态响应)

系统	单元信号	系统模型	强迫响应	说明
连续系统	$f(t)=\mathrm{e}^{st}$ $t\in\mathbf{R}$	e^{st} → $H(s)$ → $y_{\mathrm{f}}(t)$	$y_{\mathrm{f}}(t)=H(s)\mathrm{e}^{st}$, $t\in\mathbf{R}$	
	$f(t)=\mathrm{e}^{\mathrm{j}\omega t}$, $t\in\mathbf{R}$	$\mathrm{e}^{\mathrm{j}\omega t}$ → $H(\mathrm{j}\omega)$ → $y_{\mathrm{f}}(t)$	$y_{\mathrm{f}}(t)=H(\mathrm{j}\omega)\mathrm{e}^{\mathrm{j}\omega t}$, $t\in\mathbf{R}$	$H(\mathrm{j}\omega)=H(s)\|_{s=\mathrm{j}\omega}$
离散系统	$f(k)=z^k$ $k\in\mathbf{Z}$	z^k → $H(z)$ → $y_{\mathrm{f}}(k)$	$y_{\mathrm{f}}(k)=H(z)z^k$, $k\in\mathbf{Z}$	
	$f(k)=\mathrm{e}^{\mathrm{j}\Omega Tk}$ $f(k)=\mathrm{e}^{\mathrm{j}\omega k}$ $k\in\mathbf{Z}$	$\mathrm{e}^{\mathrm{j}\Omega Tk}$ → $H(\mathrm{e}^{\mathrm{j}\Omega T})$ → $y_{\mathrm{f}}(k)$ $\mathrm{e}^{\mathrm{j}\omega k}$ → $H(\mathrm{e}^{\mathrm{j}\omega})$ → $y_{\mathrm{f}}(k)$	$y_{\mathrm{f}}(k)=H(\mathrm{e}^{\mathrm{j}\Omega T})\mathrm{e}^{\mathrm{j}\Omega Tk}$, $k\in\mathbf{Z}$ $y_{\mathrm{f}}(k)=H(\mathrm{e}^{\mathrm{j}\omega})\mathrm{e}^{\mathrm{j}\omega k}$, $k\in\mathbf{Z}$	$H(\mathrm{e}^{\mathrm{j}\Omega T})=H(z)\|_{z=\mathrm{e}^{\mathrm{j}\Omega T}}$ $H(\mathrm{e}^{\mathrm{j}\omega})=H(z)\|_{z=\mathrm{e}^{\mathrm{j}\omega}}$

例 8－5－8　因果离散系统如图 8－5－3(a) 所示。(1) 求 $H(z)=\dfrac{Y(z)}{F(z)}$ 和 $h(k)$；(2) 求系统的频率特性 $H(e^{j\omega})$，画出模频 $|H(e^{j\omega})|$ 和相频 $\varphi(\omega)$ 的曲线，说明是什么类型的滤波器；(3) 已知系统的零状态响应为 $y(k)=3\left[\left(\dfrac{1}{2}\right)^k-\left(\dfrac{1}{3}\right)^k\right]U(k)$，求激励 $f(k)$；(4) 已知 $f(k)=2+4\cos\left(\pi k+\dfrac{\pi}{3}\right)$，$k\in\mathbf{Z}$，求稳态响应 $y(k)$。

解　(1)
$$H(z)=\frac{Y(z)}{F(z)}=\frac{z}{z-\frac{1}{3}}=\frac{1}{1-\frac{1}{3}z^{-1}},\quad |z|>\frac{1}{3}$$

$$h(k)=\left(\frac{1}{3}\right)^k U(k)$$

(2)
$$H(e^{j\omega})=\frac{1}{1-\frac{1}{3}e^{-j\omega}}=\frac{3}{3-(\cos\omega-j\sin\omega)}=\frac{3}{3-\cos\omega+j\sin\omega}$$

$$|H(e^{j\omega})|=\frac{3}{\sqrt{(3-\cos\omega)^2+\sin^2\omega}}=\frac{3}{\sqrt{10-6\cos\omega}}$$

$$\varphi(\omega)=-\arctan\frac{\sin\omega}{3-\cos\omega}$$

$|H(e^{j\omega})|$ 和 $\varphi(\omega)$ 的曲线如图 8－5－3(b)(c) 所示。

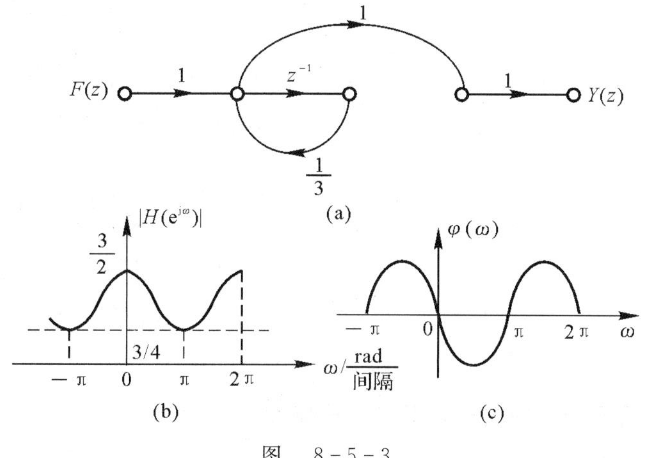

图　8－5－3

(3)
$$Y(z)=\frac{3z}{z-\frac{1}{2}}+\frac{-3z}{z-\frac{1}{3}}=\frac{\frac{1}{2}z}{\left(z-\frac{1}{2}\right)\left(z-\frac{1}{3}\right)}$$

$$F(z)=\frac{Y(z)}{H(z)}=\frac{\frac{1}{2}z}{\left(z-\frac{1}{2}\right)\left(z-\frac{1}{3}\right)}\times\frac{z-\frac{1}{3}}{z}=\frac{\frac{1}{2}}{z-\frac{1}{2}}$$

$$f(k)=\frac{1}{2}\left(\frac{1}{2}\right)^{k-1}U(k-1)=\left(\frac{1}{2}\right)^k U(k)-\delta(k)$$

(4) $$H(\mathrm{e}^{\mathrm{j}0})=\frac{\mathrm{e}^{\mathrm{j}0}}{\mathrm{e}^{\mathrm{j}0}-\frac{1}{3}}=\frac{3}{2},\quad H(\mathrm{e}^{\mathrm{j}\pi})=\frac{\mathrm{e}^{\mathrm{j}\pi}}{\mathrm{e}^{\mathrm{j}\pi}-\frac{1}{3}}=\frac{3}{4}\underline{/0^\circ}$$

$$y(k)=2\times\frac{3}{2}+4\times\frac{3}{4}\cos\left(\pi k+\frac{\pi}{3}\right)=3+3\cos\left(\pi k+\frac{\pi}{3}\right),\quad k\in\mathbf{Z}$$

九、求离散系统的正弦稳态响应

离散稳定系统在正弦信号 $f(k)=F_{\mathrm{m}}\cos(\Omega Tk+\psi)=F_{\mathrm{m}}\cos(\omega k+\psi)$, $k\in\mathbf{Z}$ 激励下达到稳定状态时的响应,称为正弦稳态响应,用 $y_{\mathrm{s}}(k)$ 表示。其求解公式与连续系统根据 $H(s)$ 求正弦稳态响应的公式类似。即先根据 $H(z)$ 求系统的频率特性 $H(\mathrm{e}^{\mathrm{j}\Omega T})=H(\mathrm{e}^{\mathrm{j}\omega})$,即

$$H(\mathrm{e}^{\mathrm{j}\Omega T})=H(z)\big|_{z=\mathrm{e}^{\mathrm{j}\Omega T}}=|H(\mathrm{e}^{\mathrm{j}\Omega T})|\,\mathrm{e}^{\mathrm{j}\varphi(\Omega T)}$$

或

$$H(\mathrm{e}^{\mathrm{j}\omega})=H(z)\big|_{z=\mathrm{e}^{\mathrm{j}\omega}}=|H(\mathrm{e}^{\mathrm{j}\omega})|\,\mathrm{e}^{\mathrm{j}\varphi(\omega)}$$

其中 $\omega=\Omega T$。然后再根据下式即可求得正弦稳态响应,即

$$y_{\mathrm{s}}(k)=F_{\mathrm{m}}\,|H(\mathrm{e}^{\mathrm{j}\Omega T})|\cos[\Omega Tk+\psi+\varphi(\Omega T)]$$

或

$$y_{\mathrm{s}}(k)=F_{\mathrm{m}}\,|H(\mathrm{e}^{\mathrm{j}\omega})|\cos[\omega k+\psi+\varphi(\omega)]$$

例 8-5-9 已知离散因果系统的系统函数 $H(z)=\dfrac{1-z}{z-0.5}$,激励 $f(k)=10\cos(0.2\pi k+30^\circ)$, $k\in\mathbf{Z}$。求系统的正弦稳态响应 $y_{\mathrm{s}}(k)$。$\omega=\Omega T=0.2\pi$ rad/ 间隔。

解 因 $H(z)$ 的极点 $p_1=0.5$ 在单位圆内部,故为稳定系统。故有

$$H(\mathrm{e}^{\mathrm{j}\omega})=H(z)\big|_{z=\mathrm{e}^{\mathrm{j}\omega}}=\frac{1-\mathrm{e}^{\mathrm{j}\omega}}{\mathrm{e}^{\mathrm{j}\omega}-0.5}=\frac{1-\cos\omega-\mathrm{j}\sin\omega}{\cos\omega-0.5+\mathrm{j}\sin\omega}=$$

$$\frac{1-\cos0.2\pi-\mathrm{j}\sin0.2\pi}{\cos0.2\pi-0.5+\mathrm{j}\sin0.2\pi}=\frac{0.19-\mathrm{j}0.59}{0.31+\mathrm{j}0.59}=0.93\underline{/-134.5^\circ}$$

故得

$$y_{\mathrm{s}}(k)=F_{\mathrm{m}}\,|H(\mathrm{e}^{\mathrm{j}\omega})|\cos[\omega k+\psi+\varphi(\omega)]=10\times0.93\cos(0.2\pi k+30^\circ-134.5^\circ)=9.3\cos(0.2\pi k-104.5^\circ)$$

十、根据 $H(z)$ 可画出系统的模拟图和信号流图

例 8-5-10 已知 $H(z)=\dfrac{z+2}{z^2+2z+3}\times\dfrac{3z+2}{z+1}$,画出系统的一种信号流图。

解 系统的一种信号流图(级联形式)如图 8-5-4 所示。

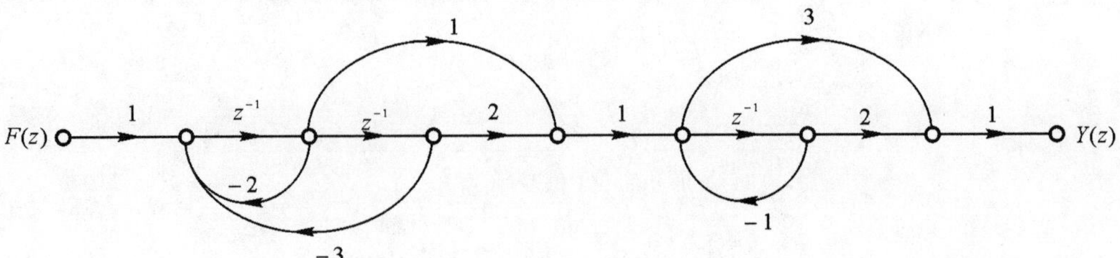

图 8-5-4

十一、根据 $H(z)$ 的收敛域可判断系统的因果性

若 $H(z)$ 的收敛域为半径为 ρ 的圆外区域，则系统为因果系统，$h(k)$ 为右单边信号。

若 $H(z)$ 的收敛域为半径为 ρ 的圆内区域，则系统为反因果系统，$h(k)$ 为左单边信号。

若 $H(z)$ 的收敛域为 z 平面上的环状区域内部，则系统为一般性的非因果系统，$h(k)$ 为双边信号。一般性的非因果系统可视为因果系统与反因果系统的叠加，即一般性非因果系统 = 因果系统 + 反因果系统。

现将 $H(z)$ 的应用汇总于表 8－5－2 中，以便复习和查用。

表 8－5－2　$H(z)$ 的应用

序　号	应　　用	求法与结论
1	可从 $H(z)$ 求得系统的自然频率	求 $D(z)=0$ 的根
2	可求得系统的 $h(k)$	$h(k)=\mathscr{Z}^{-1}[H(z)]$
3	从 $H(z)$ 的零、极点分布研究零、极点对 $h(k)$ 的影响	$h(k)$ 的波形形状只由 $H(z)$ 的极点决定，$h(k)$ 的大小和相位由 $H(z)$ 的零点和极点共同决定
4	从 $H(z)$ 的极点分布可判断系统是否具有稳定性	分析 $D(z)=0$ 的根在 z 平面上的分布
5	根据 $H(z)$ 可写出系统的差分方程	令 $z=E$ 即可
6	从 $H(z)$ 的极点可写出系统零输入响应的通解形式	$y_x(k)=(A_1p_1^k+A_2p_2^k+A_3p_3^k+\cdots+A_np_n^k)U(k)$ （单根） $y_x(k)=(A_1+A_2k+A_3k^2+\cdots+A_nk^{n-1}p^k)U(k)$ （n 重根）
7	求系统的零状态响应 $y_f(k)$	$y_f(k)=\mathscr{Z}^{-1}[H(z)F(z)]$
8	从 $H(z)$ 可求得系统的 $H(e^{j\omega})$	$H(e^{j\omega})=H(z)\|_{z=e^{j\omega}}$
9	求系统的正弦稳态响应 $y_s(k)$	$y_s(k)=F_m\|H(e^{j\omega_0})\|\cos[\omega_0k+\psi+\varphi(\omega_0)]$
10	根据 $H(z)$ 可画出系统的模拟图和信号流图	画出的模拟图和信号流图均不是唯一的
11	根据 $H(z)$ 的收敛域分布可判断系统的因果性	$\|z\|>\rho$，右单边序列，因果系统 $\|z\|<\rho$，左单边序列，反因果系统 $\rho_1<\|z\|<\rho_2$，双边序列，非因果系统

十二、$H(z)$ 应用综合举例

例 8－5－11　已知离散二阶因果系统的差分方程为

$$y(k)+0.6y(k-1)-0.16y(k-2)=f(k)+2f(k-1)$$

(1) 求系统函数 $H(z)$；

(2) 求单位序列响应 $h(k)$；

(3) 若激励 $f(k)=(0.4)^kU(k)$，求零状态响应 $y_f(k)$。

(4) 画出该系统的一种信号流图。

解　(1) 求 $H(z)$。在零状态下对差分方程的等号两端同时求 z 变换，并根据表8-1-1中的移序性(表中的序号5)有

$$(1+0.6z^{-1}-0.16z^{-2})Y_f(z)=(1+2z^{-1})F(z)$$

故得
$$H(z)=\frac{Y_f(z)}{F(z)}=\frac{1+2z^{-1}}{1+0.6z^{-1}-0.16z^{-2}}=\frac{z^2+2z}{z^2+0.6z-0.16}$$

(2) 求 $h(k)$。将上式写为

$$H(z)=z\left[\frac{z+2}{(z-0.2)(z+0.8)}\right]=z\left[\frac{K_1}{z-0.2}+\frac{K_2}{z+0.8}\right]=$$
$$z\left[\frac{2.2}{z-0.2}-\frac{1.2}{z+0.8}\right]=2.2\frac{z}{z-0.2}-1.2\frac{z}{z+0.8},\quad |z|>0.8$$

进行 z 反变换得

$$h(k)=[2.2(0.2)^k-1.2(-0.8)^k]U(k)$$

(3) 求零状态响应 $y_f(k)$。因

$$F(z)=\frac{z}{z-0.4},\quad |z|>0.4$$

故得
$$Y_f(z)=H(z)F(z)=$$
$$\frac{z^2+2z}{z^2+0.6z-0.16}\frac{z}{z-0.4}=z\left[\frac{z^2+2z}{(z-0.2)(z+0.8)(z-0.4)}\right]=$$
$$z\left[\frac{K_1}{z-0.2}+\frac{K_2}{z+0.8}+\frac{K_3}{z-0.4}\right]=z\left[\frac{-2.2}{z-0.2}+\frac{-0.8}{z+0.8}+\frac{4}{z-0.4}\right]=$$
$$-2.2\frac{z}{z-0.2}-0.8\frac{z}{z+0.8}+4\frac{z}{z-0.4},\quad |z|>0.8$$

经 z 反变换得

$$y_f(k)=[-2.2(0.2)^k-0.8(-0.8)^k+4(0.4)^k]U(k)$$

(4) 根据所求得的 $H(z)$，可直接画出该系统的一种信号流图，如图 8-5-5 所示。

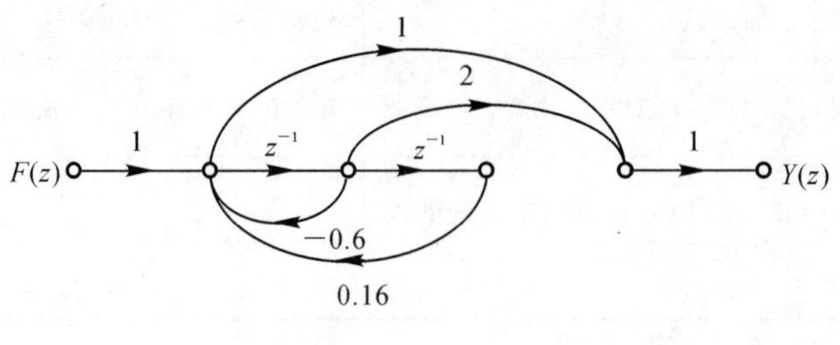

图　8-5-5

例 8-5-12　图 8-5-6(a) 所示因果系统。(1) 求 $H(z)=\dfrac{Y(z)}{F(z)}$，画出 $H(z)$ 的零、极点图，指出 H_0 的值，判断系统的稳定性，求 $h(k)$；(2) 写出系统的差分方程；(3) 若 $f(k)=U(k)$，求系统的零状态响应 $y_f(k)$；(4) 已知全响应的初始值为 $y(0)=2$，$y(1)=-\dfrac{1}{2}$，求系统的零输

入响应 $y_x(k)$；(5) 求全响应 $y(k)$。

解　(1) $H(z)=\dfrac{z^2-3z}{z^2-\frac{5}{6}z+\frac{1}{6}}=z\dfrac{z-3}{\left(z-\frac{1}{2}\right)\left(z-\frac{1}{3}\right)}=z\left[\dfrac{-15}{z-\frac{1}{2}}+\dfrac{16}{z-\frac{1}{3}}\right]=$

$$-15\frac{z}{z-\frac{1}{2}}+16\frac{z}{z-\frac{1}{3}},\quad |z|>\frac{1}{3}$$

故得
$$h(k)=\left[-15\left(\frac{1}{2}\right)^k+16\left(\frac{1}{3}\right)^k\right]U(k)$$

令 $H(z)$ 的分子 $N(z)=z^2-3z=0$，得两个零点为 $z_1=0$，$z_2=3$；令 $H(z)$ 的分母 $D(z)=\left(z-\frac{1}{2}\right)\left(z-\frac{1}{3}\right)=0$，得两个极点为 $p_1=\frac{1}{2}$，$p_2=\frac{1}{3}$；其零、极点分布如图 8-5-6(b) 所示；$H_0=1$。因为 $H(z)$ 的两个极点均在单位圆内部，故系统是稳定的。

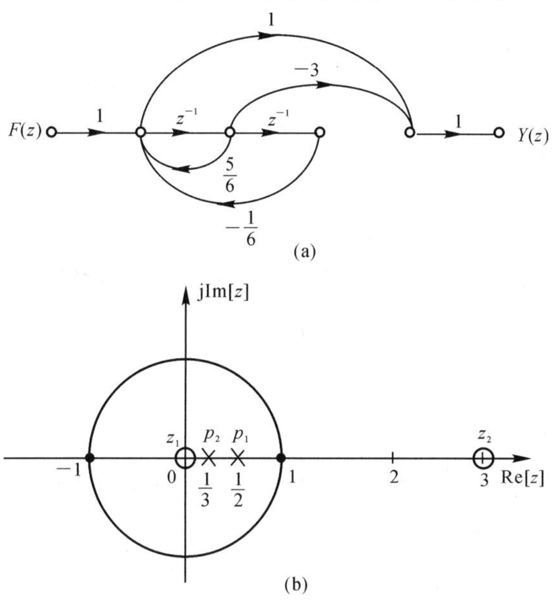

图　8-5-6

(2) 将 $H(z)$ 的表达式改写为
$$H(z)=\frac{6z^2-18z}{6z^2-5z+1}$$

故得系统的差分方程为
$$6y(k+2)-5y(k+1)+y(k)=6f(k+2)-18f(k+1)$$
或
$$6y(k)-5y(k-1)+y(k-2)=6f(k)-18f(k-1)$$

(3) 求零状态响应 $y_f(k)$。因

$F(z)=\dfrac{z}{z-1}$，　$|z|>1$

$Y_f(z)=H(z)F(z)=\dfrac{z(z-3)}{\left(z-\frac{1}{2}\right)\left(z-\frac{1}{3}\right)}\times\dfrac{z}{z-1}=\dfrac{15z}{z-\frac{1}{2}}-8\dfrac{z}{z-\frac{1}{3}}-6\dfrac{z}{z-1}$，　$|z|>1$

故得
$$y_f(k)=\left[15\left(\frac{1}{2}\right)^k-8\left(\frac{1}{3}\right)^k-6(1)^k\right]U(k)$$

(4) 求零输入响应 $y_x(k)$。由于激励 $f(k)=U(k)$ 是在 $k=0$ 时刻作用于系统的，所以题中给出 $y(0)$ 和 $y(1)$ 的值是全响应的初始值，而不是零输入响应的初始值。所以还应从 $y(0)$ 和 $y(1)$ 的值求出零输入响应的初始值 $y_x(0)$ 和 $y_x(1)$。即
$$y_x(0)=y(0)-y_f(0)=2-(15-8-6)=1$$
$$y_x(1)=y(1)-\left(15\times\frac{1}{2}-8\times\frac{1}{3}-6\right)=\frac{2}{3}$$

令 $H(z)$ 的分母 $D(z)=\left(z-\frac{1}{2}\right)\left(z-\frac{1}{3}\right)=0$，得两个极点为 $p_1=\frac{1}{2}$，$p_2=\frac{1}{3}$。故
$$y_x(k)=A_1\left(\frac{1}{2}\right)^k+A_2\left(\frac{1}{3}\right)^k$$
代入初始值，有
$$y_x(0)=A_1+A_2=1,\quad y_x(1)=\frac{1}{2}A_1+\frac{1}{3}A_2=\frac{2}{3}$$
联立求解得 $A_1=2$，$A_2=-1$。故得零输入响应为
$$y_x(k)=\left[2\left(\frac{1}{2}\right)^k-\left(\frac{1}{3}\right)^k\right]U(k)$$

(5) 全响应 $y(k)=y_x(k)+y_f(k)$，即
$$y(k)=\left[2\left(\frac{1}{2}\right)^k-\left(\frac{1}{3}\right)^k\right]+\left[15\left(\frac{1}{2}\right)^k-8\left(\frac{1}{3}\right)^k-6(1)^k\right]=$$
$$\left[17\left(\frac{1}{2}\right)^k-9\left(\frac{1}{3}\right)^k-6(1)^k\right]U(k)$$

例 8-5-13 已知因果系统的差分方程为 $y(k+2)+0.2y(k+1)-0.24y(k)=f(k+2)+f(k+1)$。(1) 求 $H(z)=\frac{Y(z)}{F(z)}$，指出 H_0 的值；(2) 画出级联与并联形式的信号流图；(3) 若 $f(k)=20+100\cos(0.5\pi k+45°)$，$k\in\mathbf{Z}$，求系统的稳态响应 $y(k)$。

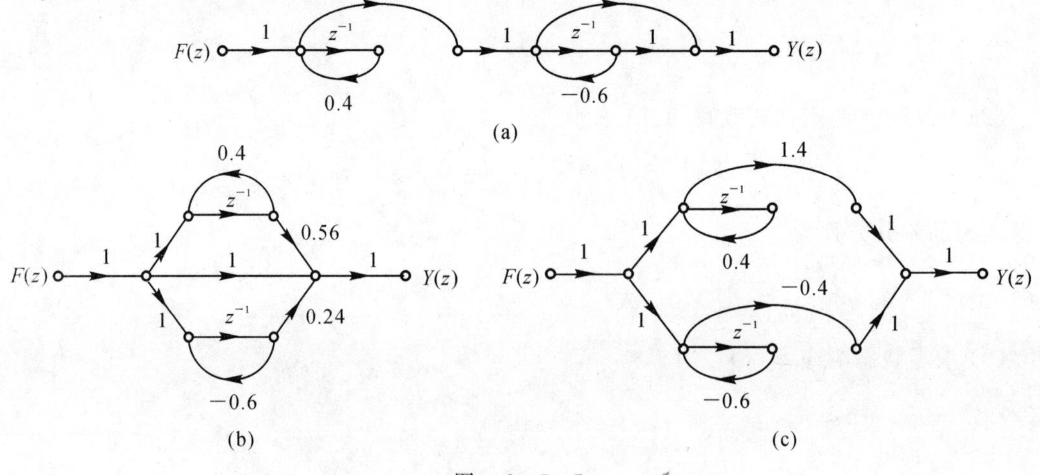

图 8-5-7

(a) 级联； (b) 并联之一； (c) 并联之二

解　(1)　$H(z)=\dfrac{Y(z)}{F(z)}=\dfrac{z^2+z}{z^2+0.2z-0.24}=\dfrac{z(z+1)}{(z-0.4)(z+0.6)},\quad |z|>0.6$

令 $H(z)$ 的分子 $N(z)=z(z+1)=0$，得两个零点为 $z_1=0$，$z_2=-1$；令 $H(z)$ 的分母 $D(z)=(z-0.4)(z+0.6)=0$，得两个极点为 $p_1=0.4$，$p_2=-0.6$；$H_0=1$。

(2) 将 $H(z)$ 写成如下三种形式：

$$H(z)=\frac{z}{z-0.4}\,\frac{z+1}{z+0.6}=1+\frac{0.56}{z-0.4}+\frac{0.24}{z+0.6}=\frac{1.4z}{z-0.4}+\frac{-0.4z}{z+0.6}$$

根据 $H(z)$ 的三种形式即可画出与之对应的信号流图，如图 8-5-7(a)(b)(c) 所示。

(3) 由于 $H(z)$ 的极点均在 z 平面上的单位圆内部，故系统为稳定的。故有

$$H(e^{j\omega})=H(z)\big|_{z=e^{j\omega}}=\frac{e^{j2\omega}+e^{j\omega}}{e^{j2\omega}+0.2e^{j\omega}-0.24}$$

将 $\omega=0$ 代入上式有

$$H(e^{j0})=\frac{1+1}{1+0.2-0.24}=2.08$$

将 $\omega=0.5\pi$ 代入上式有

$$H(e^{j0.5\pi})=\frac{j1-1}{j0.2-1.24}=1.13e^{j35.8^\circ}$$

故得系统的稳态的响应为

$$y(k)=20\times 2.08+100\times 1.13\cos(0.5\pi k+45^\circ+35.8^\circ)=41.6+113\cos(0.5\pi k+80.8^\circ)$$

例 8-5-14　线性时不变离散系统的激励为 $f(k)$，响应为 $y(k)$。已知：① 当 $f(k)=\left(\dfrac{1}{2}\right)^k U(k)$ 时，零状态响应为 $y(k)=\delta(k)+a\left(\dfrac{1}{4}\right)^k U(k)$；② 当 $f(k)=(-2)^k,k\in\mathbf{Z}$ 时，零状态响应为 $y(k)=0$。(1) 求常系数 a 的值；(2) 若 $f(k)=(1)^k=1,k\in\mathbf{Z}$，求零状态响应 $y(k)$。

解　(1)

$$F(z)=\frac{z}{z-\frac{1}{2}},\quad |z|>\frac{1}{2}$$

$$Y(z)=1+\frac{az}{z-\frac{1}{4}},\quad |z|>\frac{1}{4}$$

$$H(z)=\frac{Y(z)}{F(z)}=\frac{1+\dfrac{az}{z-\frac{1}{4}}}{\dfrac{z}{z-\frac{1}{2}}} \qquad ①$$

又因有　$y(k)=H(z)z^k$，　$H(z)$ 可看作加权函数

即

$$0=H(-2)(-2)^k$$

得

$$H(-2)=0$$

代入式 ① 有

$$H(-2)=\frac{1+\dfrac{a(-2)}{2-\frac{1}{4}}}{\dfrac{-2}{-2-\frac{1}{2}}}=0$$

得 $$a=-\frac{9}{8}$$

故得 $$H(z)=\frac{1+\dfrac{-\dfrac{9}{8}z}{z-\dfrac{1}{4}}}{\dfrac{z}{z-\dfrac{1}{2}}}$$

(2) $f(k)=(1)^k=1, k\in \mathbf{Z}$, $f(k)$ 的图形如图 8-5-8(a) 所示。

$$H(1)=\frac{1+\dfrac{-\dfrac{9}{8}\times 1}{1-\dfrac{1}{4}}}{\dfrac{1}{1-\dfrac{1}{2}}}=-\frac{1}{4}$$

故 $$y(k)=H(1)(1)^k=-\frac{1}{4}(1)^k=-\frac{1}{4},\quad k\in \mathbf{Z}$$

$y(k)$ 的图形如图 8-5-8(b) 所示。

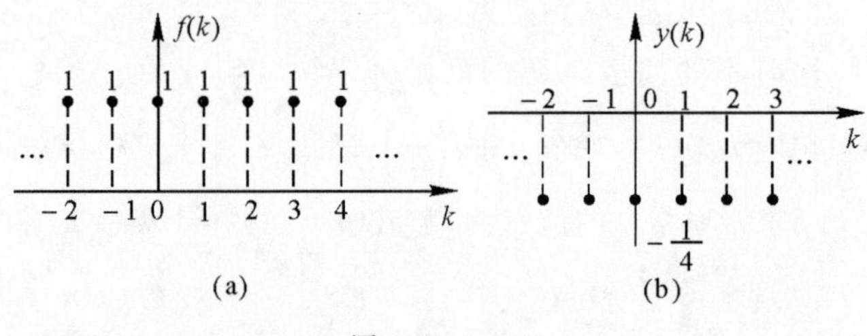

图 8-5-8

例 8-5-15 图 8-5-9 所示线性时不变离散稳定系统。(1) 求 $H(z)=\dfrac{Y(z)}{F(z)}$,指明收敛域及系统是否为因果系统;(2) 求 $h(k)$;(3) 若 $f(k)=(-1)^k, k\in \mathbf{Z}$,求响应 $y(k)$;(4) 若 $f(k)=(-1)^k U(k)$,求响应 $y(k)$;(5) 若响应 $y(k)=\left[\left(\dfrac{1}{3}\right)^k+\left(-\dfrac{2}{3}\right)^k\right]U(k)$,求 $f(k)$。

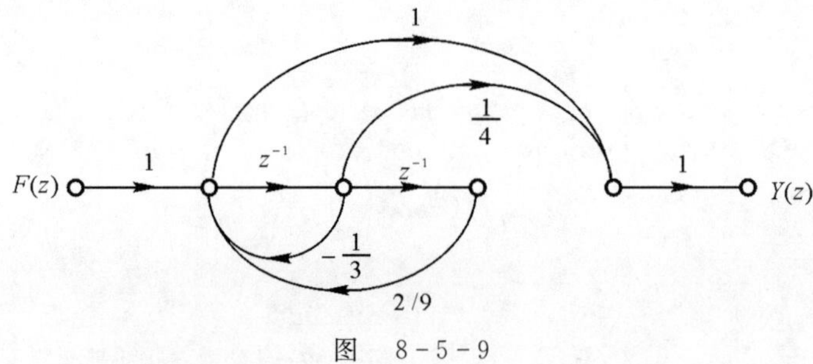

图 8-5-9

解　(1)
$$H(z)=\frac{Y(z)}{F(z)}=\frac{z^2+\frac{1}{4}z}{z^2+\frac{1}{3}z-\frac{2}{9}}=\frac{\frac{7}{12}z}{z-\frac{1}{3}}+\frac{\frac{5}{12}z}{z+\frac{2}{3}}$$

因已知为稳定系统，故收敛域为 $|z|>\frac{2}{3}$，故为因果系统。

(2)
$$h(k)=\left[\frac{7}{12}\left(\frac{1}{3}\right)^k+\frac{5}{12}\left(-\frac{2}{3}\right)^k\right]U(k)$$

(3)
$$H(-1)=H(z)\mid_{z=-1}=\frac{(-1)^2+\frac{1}{4}(-1)}{(-1)^2+\frac{1}{3}(-1)-\frac{2}{9}}=\frac{27}{16}$$

故得
$$y(k)=H(-1)(-1)^k=\frac{27}{16}(-1)^k,\quad k\in\mathbf{Z}$$

(4)
$$F(z)=\frac{z}{z+1},\quad |z|>1$$

$$Y(z)=F(z)H(z)=\frac{z}{z+1}\times\frac{z^2+\frac{1}{4}z}{z^2+\frac{1}{3}z-\frac{2}{9}}=\frac{z\left(z^2+\frac{1}{4}z\right)}{(z+1)\left(z-\frac{1}{3}\right)\left(z+\frac{2}{3}\right)}=$$
$$\frac{7}{48}\frac{z}{z-\frac{1}{3}}-\frac{5}{6}\frac{z}{z+\frac{2}{3}}+\frac{27}{16}\frac{z}{z+1},\quad |z|>1$$

故
$$y(k)=\left[\frac{7}{48}\left(\frac{1}{3}\right)^k-\frac{5}{6}\left(-\frac{2}{3}\right)^k+\frac{27}{16}(-1)^k\right]U(k)$$

(5)
$$Y(z)=\frac{z}{z-\frac{1}{3}}+\frac{z}{z+\frac{2}{3}}=\frac{2z^2+\frac{1}{3}z}{z^2-\frac{1}{3}z-\frac{2}{9}}$$

$$F(z)=\frac{Y(z)}{H(z)}=\frac{\dfrac{2z^2+\frac{1}{3}z}{z^2+\frac{1}{3}z-\frac{2}{9}}}{\dfrac{z^2+\frac{1}{4}z}{z^2+\frac{1}{3}z-\frac{2}{9}}}=\frac{z\left(2z+\frac{1}{3}\right)}{z\left(z+\frac{1}{4}\right)}=\frac{2z}{z+\frac{1}{4}}+\frac{\frac{1}{3}}{z+\frac{1}{4}},\quad |z|>\frac{1}{4}$$

故
$$f(k)=2\left(-\frac{1}{4}\right)^kU(k)+\frac{1}{3}\left(-\frac{1}{4}\right)^{k-1}U(k-1)$$

例 8-5-16　已知线性时不变系统的差分方程为 $y(k)+y(k-1)-\frac{3}{4}y(k-2)=2f(k)-af(k-1)$，其 $H(z)$ 在 $z=1$ 处的值为 1。(1) 求 a 的值，说明该系统的因果性；(2) 求单位序列响应 $h(k)$。

解　(1)
$$H(z)=\frac{Y(z)}{F(z)}=\frac{2z^2-az}{z^2+z-\frac{3}{4}}=\frac{2z(z-0.5a)}{(z-0.5)(z+1.5)}\qquad ①$$

由于在 $z=1$ 处 $H(z)=H(1)=1$，有 $0.5<1<1.5$，故 $H(z)$ 的收敛域应为 $0.5<|z|<1.5$。

将 $z=1$ 代入式 ① 有

$$H(1)=\frac{2\times1(1-0.5a)}{(1-0.5)(1+1.5)}=1$$

解得
$$a=0.75$$

由于 $H(z)$ 的收敛域为 $0.5<|z|<1.5$,故系统为非因果系统。

(2)
$$H(z)=\frac{2z(z-0.5\times0.75)}{(z-0.5)(z+1.5)}=z\left[\frac{0.125}{z-0.5}+\frac{1.875}{z+1.5}\right]=$$
$$\frac{0.125z}{z-0.5}+\frac{1.875z}{z+1.5},\quad 0.5<|z|<1.5$$

故得
$$h(k)=0.125(0.5)^kU(k)-1.875(-1.5)^kU(-k-1)$$

例 8-5-17 已知系统的差分方程为 $y(k)-\frac{3}{2}y(k-1)-y(k-2)=f(k-1)$。(1) 求 $H(z)=\frac{Y(z)}{F(z)}$;(2) 若系统是因果的,求 $h(k)$,说明系统是否稳定;(3) 若系统为稳定的,求 $h(k)$,说明系统的因果性;(4) 画出并联形式的信号流图。

解 (1)
$$H(z)=\frac{Y(z)}{F(z)}=\frac{z}{z^2-\frac{3}{2}z-1}=\frac{-0.4z}{z+\frac{1}{2}}+\frac{0.4z}{z-2}$$

(2) 因系统为因果系统,故收敛域为 $|z|>2$,此时

$$h(k)=\left[-0.4\left(-\frac{1}{2}\right)^k+0.4(2)^k\right]U(k)$$

该系统为不稳定系统,因为 $H(z)$ 的收敛域没有包含单位圆。

(3) 因为系统为稳定系统,$H(z)$ 的收敛域必须包含单位圆,即

$$\frac{1}{2}<|z|<2$$

此时
$$h(k)=-0.4\left(-\frac{1}{2}\right)^kU(k)-0.4(2)^kU(-k-1)$$

系统为非因果系统。

(4) 并联形式的信号流图如图 8-5-10 所示。

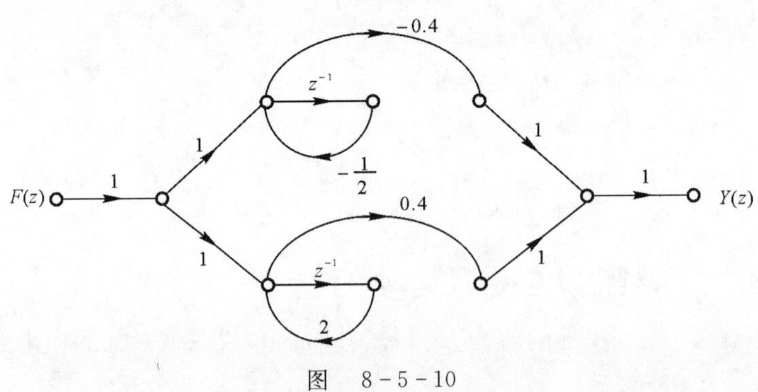

图 8-5-10

例 8-5-18 图 8-5-11(a) 所示系统。(1) 求 $H(z)$;(2) 求 $h(k)$,并分析收敛域及因果性和稳定性;(3) 当激励 $f(k)=(-1)^k,k\in\mathbf{Z}$ 时,求 $y(k)$;(4) 画出直接形式和级联形式的信号流图。

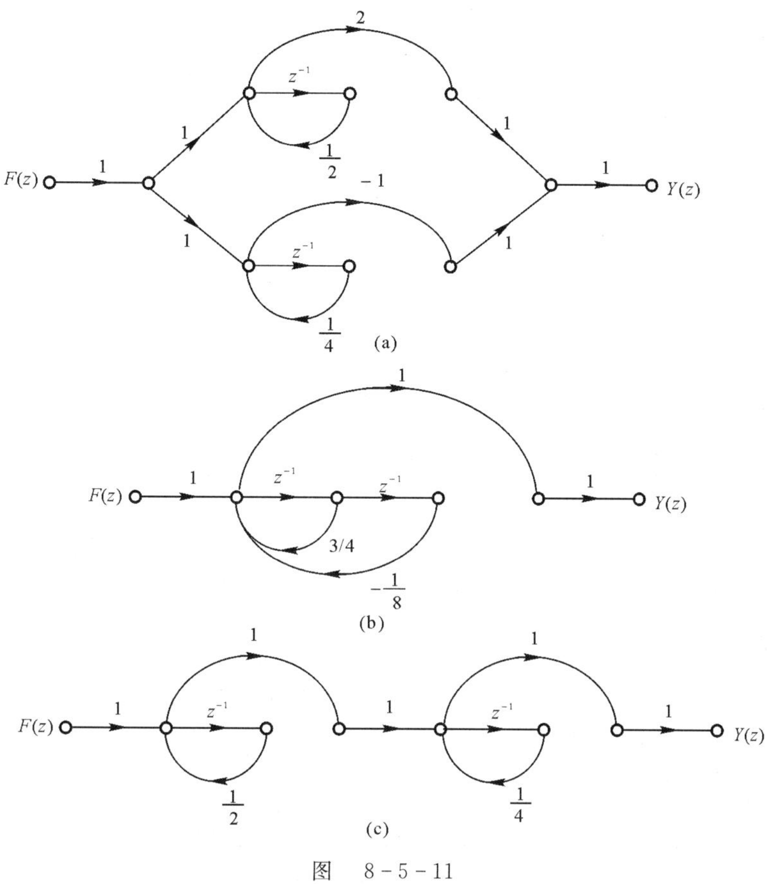

图　8-5-11

解　(1) $H(z)=\dfrac{2z}{z-\dfrac{1}{2}}+\dfrac{-z}{z-\dfrac{1}{4}}=\dfrac{z^2}{z^2-\dfrac{3}{4}z+\dfrac{1}{8}}=\dfrac{z}{\left(z-\dfrac{1}{2}\right)}\times\dfrac{z}{\left(z-\dfrac{1}{4}\right)}$

(2) 当收敛域 $|z|>\dfrac{1}{2}$ 时，系统为因果系统，且为稳定系统（因收敛域包含单位圆，且收敛域内无极点）。

当收敛域为 $0<|z|<\dfrac{1}{4}$ 时，系统为反因果系统，且为不稳定系统（因收敛域没有包含单位圆）。

当收敛域为 $\dfrac{1}{4}<|z|<\dfrac{1}{2}$ 时，系统为非因果系统，且为不稳定系统（因收敛域没有包含单位圆）。

(3)
$$H(-1)=\frac{(-1)^2}{(-1)^2-\dfrac{3}{4}(-1)+\dfrac{1}{8}}=\frac{8}{15}$$

故
$$y(k)=H(-1)(-1)^k=\frac{8}{15}(-1)^k,\quad k\in\mathbf{Z}$$

(4) 直接形式和级联形式的信号流图如图 8-5-11(b)(c) 所示。

思考题

1. 试分别说明在时域和 z 域根据 $h(k)$ 和 $h(t)$ 判断系统稳定性的条件有哪些？

2. 求解系统函数 $H(z)$ 的方法有哪些？

*8.6 离散系统的稳定性及其判定

所有的工程实际系统都应该具有稳定性，这样才能保证正常工作。

一、系统稳定的时域条件

对于线性时不变非因果离散系统，系统具有稳定性在时域中应满足的充要条件是，系统的单位序列响应 $h(k)$ 绝对可和，即

$$\sum_{k=-\infty}^{+\infty} |h(k)| < \infty$$

其必要条件是

$$\lim_{k\to\pm\infty} h(k) = 0$$

对于线性时不变因果离散系统，则上述条件可写为

$$\sum_{k=0}^{+\infty} |h(k)| < \infty, \quad \lim_{k=+\infty} h(k) = 0$$

二、系统稳定的 z 域条件

不论是因果系统还是非因果系统，只要 $H(z)$ 的收敛域包含单位圆，且收敛域内部 $H(z)$ 没有极点存在，则系统就是稳定的；在上述两个条件中，只要有一个不满足，则系统就是不稳定的（详见 8.5 节中的五）

三、朱利(Jury) 定则判定法(只适用于因果系统)

当 $H(z)$ 的分母 $D(z)$ 的方次高于 3 次时，求解一元高次方程的根是十分困难的，此时可利用朱利判别定则来判断系统的稳定性。朱利判别定则如下：

设
$$D(z) = a_n z^n + a_{n-1} z^{n-1} + \cdots + a_1 z + a_0$$

则列出表 8-6-1。

表 8-6-1 朱利表

行 \ 列	z^n	z^{n-1}	z^{n-2}	$\cdots$	z^2	z	z^0
1	a_n	a_{n-1}	a_{n-2}	$\cdots$	a_2	a_1	a_0
2	a_0	a_1	a_2	$\cdots$	a_{n-2}	a_{n-1}	a_n
3	c_{n-1}	c_{n-2}	c_{n-3}	$\cdots$	c_1	c_0	
4	c_0	c_1	c_2	$\cdots$	c_{n-2}	c_{n-1}	
5	d_{n-2}	d_{n-3}	d_{n-4}	$\cdots$	d_0		
6	d_0	d_1	d_2	$\cdots$	d_{n-2}		
$\vdots$		$\vdots$		$\vdots$			
$2n-3$	r_2	r_1	r_0				

表中第一行是 $D(z)$ 的系数，第 2 行是 $D(z)$ 系数的反序排列。第 3 行按下式求出

$$c_{n-1}=\begin{vmatrix} a_n & a_0 \\ a_0 & a_n \end{vmatrix},\quad c_{n-2}=\begin{vmatrix} a_n & a_1 \\ a_0 & a_{n-1} \end{vmatrix},\quad c_{n-3}=\begin{vmatrix} a_n & a_2 \\ a_0 & a_{n-2} \end{vmatrix}$$
$$\vdots$$

第 4 行为第 3 行系数的反序排列，第 5 行由第 3，4 行求出

$$d_{n-2}=\begin{vmatrix} c_{n-1} & c_0 \\ c_0 & c_{n-1} \end{vmatrix}$$

$$d_{n-3}=\begin{vmatrix} c_{n-1} & c_1 \\ c_0 & c_{n-2} \end{vmatrix}$$
$$\vdots$$

这样求得的两行比前两行少一行，依此类推，直到 $2n-3$ 行。

朱利定则：$D(z)=0$ 的所有根都位于单位圆内部的充要条件是

$$\left.\begin{array}{l} D(1)>0 \\ (-1)^n D(-1)>0 \\ a_n>|a_0| \\ c_{n-1}>|c_0| \\ d_{n-2}>|d_0| \\ \quad\vdots \\ r_2>|r_0| \end{array}\right\} \tag{8-6-1}$$

即各奇数行的第一个系数必大于最后一个系数的绝对值。这样根据朱利定则便可判断 $H(z)$ 的极点是否全部位于单位圆内部，从而判断系统是否稳定。

特例：对于二阶系统，$D(z)=a_2z^2+a_1z+a_0$，系统稳定的充要条件是

$$D(1)>0,\quad (-1)^2D(-1)>0,\quad a_2>|a_0|$$

例 8-6-1　已知系统 $H(z)$ 的分母多项式为

$$D(z)=4z^4-4z^3+2z-1$$

判断该系统是否稳定。

解　由式(8-6-1)，有

$$D(1)=4-4+2-1=1>0$$

$$(-1)^4D(-1)=4+4-2-1=5>0$$

将 $D(z)$ 的系数排列成朱利表，如表 8-6-2 所示。

表　8-6-2

行 \ 列	z^4	z^3	z^2	z	z^0
1	4	−4	0	2	−1
2	−1	2	0	−4	4
3	15	−14	0	4	
4	4	0	−14	15	
5	209	−210	56		

由表 8－6－2 可见有

$$4 > |-1|, \quad 15 > |4|, \quad 209 > |56|$$

即满足朱利条件，故 $H(z)$ 的所有极点均位于 z 平面的单位圆内部，系统是稳定的。

例 8－6－2 检验下列多项式

$$D(z) = 2z^5 + 2z^4 + 3z^3 + 4z^2 + 4z + 1$$

的根是否在 z 平面的单位圆内部。

解 按式(8－6－1)，有

$$D(1) = 2 + 2 + 3 + 4 + 4 + 1 > 0$$

$$(-1)^5 D(-2) = (-1)^5(-2 + 2 - 3 + 4 - 4 + 1) = 2 > 0$$

将 $D(z)$ 的系数排列成朱利表，如表 8－6－3 所示。

实际排列出第 3 行 $3 < |6|$ 时，就不用再排下去了。因不满足式(8－6－1) 的条件，说明 $D(z)$ 具有位于单位圆外的根，系统是不稳定的。

表 8－6－3

行＼列	z^5	z^4	z^3	z^2	z	z^0
1	2	2	3	4	4	1
2	1	4	4	3	2	2
3	3	0	2	5	6	
4	6	5	2	0	3	
5	－27	－30	－6	15		
6	15	－6	－30	－27		

例 8－6－3 图 8－6－1 所示二阶系统，欲使系统稳定，求 K 的取值范围。

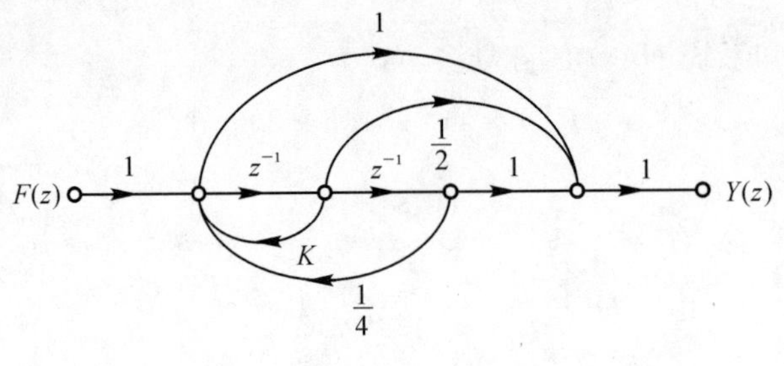

图 8－6－1

解

$$H(z) = \frac{z^2 + \frac{1}{2}z + 1}{z^2 - Kz - \frac{1}{4}}$$

故

$$D(1) = 1^2 - K - \frac{1}{4} > 0, \quad K < \frac{3}{4}$$

$$(-1)^2 D(-1) = 1^2 + K - \frac{1}{4} > 0, \quad K > -\frac{3}{4}$$

$$a_2 = 1 > \left|-\frac{1}{4}\right|$$

联立求解取交集得 $-\frac{3}{4}<K<\frac{3}{4}$。

例 8-6-4　图 8-6-2 所示因果系统。(1) 求 $H(z)=\frac{Y(z)}{F(z)}$；(2) 为使系统稳定，求 A 的取值范围；(3) 求临界稳定时的单位序列响应 $h(k)$；(4) $A=0$，$f(k)=1+5\cos(0.5\pi k)$，$k\in\mathbf{Z}$，求系统的稳态响应 $y(k)$。

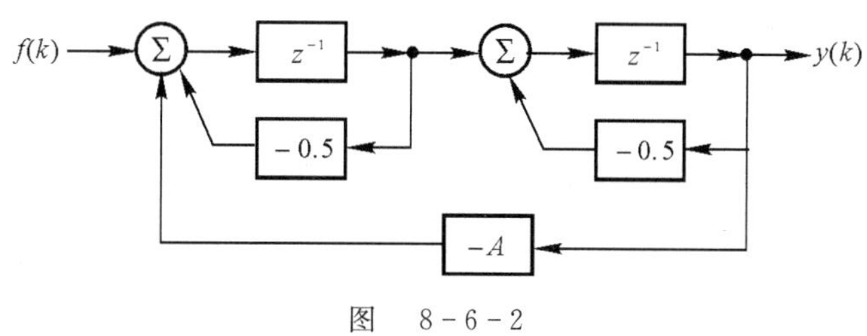

图　8-6-2

解　(1)
$$H(z)=\frac{\frac{z^{-1}}{1+0.5z^{-1}}\cdot\frac{z^{-1}}{1+0.5z^{-1}}}{1+A\frac{z^{-1}}{1+0.5z^{-1}}\cdot\frac{z^{-1}}{1+0.5z^{-1}}}=\frac{1}{z^2+z+A+0.25}$$

(2)
$$D(z)=z^2+z+A+0.25$$
$$D(1)=1+1+A+0.25>0,\quad A>-2.25$$
$$(-1)^2D(-1)=1-1+A+0.25>0,\quad A>-0.25$$
$$1>A+0.25,\quad A<0.75$$

取交集得
$$-0.25<A<0.75$$

(3) 当取 $A=-0.25$ 时，$H(z)=\frac{1}{z^2+z}=\frac{z^{-1}}{z+1}=z^{-2}\frac{z}{z+1}$
$$h(k)=(-1)^{k-2}U(k-2)$$

当取 $A=0.75$ 时，
$$H(z)=\frac{1}{z^2+z+1}$$
$$h(k)=\frac{2}{\sqrt{3}}\sin\frac{2\pi}{3}(k-1)U(k-1)$$

(4) 当取 $A=0$ 时，
$$H(z)=\frac{1}{z^2+z+0.25}$$
$$H(\mathrm{e}^{\mathrm{j}0})=\frac{1}{(\mathrm{e}^{\mathrm{j}0})^2+\mathrm{e}^{\mathrm{j}0}+0.25}=\frac{1}{1+1+0.25}=\frac{4}{9}\underline{/0^\circ}$$
$$H(\mathrm{e}^{\mathrm{j}0.5\pi})=\frac{1}{(\mathrm{e}^{\mathrm{j}0.5\pi})^2+\mathrm{e}^{\mathrm{j}0.5\pi}+0.25}=\frac{1}{-1+\mathrm{j}1+0.25}=0.8\underline{/-126.9^\circ}$$
$$y(k)=1\times\frac{4}{9}+5\times0.8\cos(0.5\pi k-126.9^\circ)=\frac{4}{9}+4\cos(0.5\pi k-126.9^\circ)$$

例 8-6-5　已知离散系统当激励为 $f_1(k)=\left(\frac{1}{6}\right)^kU(k)$ 时，零状态响应为 $y_1(k)=\left[A\left(\frac{1}{2}\right)^k+10\left(\frac{1}{3}\right)^k\right]U(k)$；当激励为 $f_2(k)=(-1)^kU(k)$ 时，其稳态响应为 $y_2(k)=\frac{7}{4}(-1)^kU(k)$。求系统函数 $H(z)$，并说明系统的因果性与稳定性。

解
$$F_1(z)=\frac{z}{z-\frac{1}{6}},\quad |z|>\frac{1}{6}$$

$$Y_1(z)=\frac{Az}{z-\frac{1}{2}}+\frac{10z}{z-\frac{1}{3}}=\frac{z\left[(A+10)z-\left(\frac{A}{3}+5\right)\right]}{\left(z-\frac{1}{2}\right)\left(z-\frac{1}{3}\right)},\quad |z|>\frac{1}{2}$$

$$H(z)=\frac{Y_1(z)}{F_1(z)}=\frac{\left[(A+10)z-\left(\frac{A}{3}+5\right)\right]\left(z-\frac{1}{6}\right)}{\left(z-\frac{1}{2}\right)\left(z-\frac{1}{3}\right)},\quad |z|>\frac{1}{2}$$

$$H(-1)=\frac{\left[(A+10)(-1)-\left(\frac{A}{3}+5\right)\right]\left(-1-\frac{1}{6}\right)}{\left(-1-\frac{1}{2}\right)\left(-1-\frac{1}{3}\right)}=\frac{7}{4}$$

解得
$$A=-9$$

故得
$$H(z)=\frac{z\left[\left(-\frac{9}{2}+10\right)z-\left(\frac{-9}{3}+5\right)\right]}{\left(z-\frac{1}{2}\right)\left(z-\frac{1}{3}\right)}=\frac{(z-2)\left(z-\frac{1}{6}\right)}{\left(z-\frac{1}{2}\right)\left(z-\frac{1}{3}\right)},\quad |z|>\frac{1}{2}$$

故为因果、稳定系统。

*8.7　实例应用及仿真

一、离散时间信号的 z 变换

MATLAB的符号数学工具箱提供了计算 z 正变换的函数 ztrans 和逆 z 变换的函数 iztrans，其调用格式分别为：F=ztrans(f)和 f=iztrans(F)。该两式中，右端的 f 和 F 分别为时域符号表示式和 z 域符号表示式，可用 sym 函数定义。

例 8-7-1　已知 $f_1(n)=a^n u(n)$，$F_2(z)=\frac{z}{z-0.5}$，利用 MATLAB 求 $f_1(n)$的 z 变换和 $F_2(z)$的逆 z 变换。

MATLAB 源程序如下：

```
f1=sym('a^n');
F1=ztrans(f1)
F2=sym('z/(z-0.5)');f2=iztrans(F2)
```

程序运行结果为：

```
F1=z/a/(z/a-1)
f2=0.5000^n
```

二、离散时间系统的时域分析

1. 零状态响应

离散时间系统的零状态响应就是在系统初始状态为零的条件下差分方程的解。

MATLAB 信号处理工具箱提供的 filter 函数可以计算差分方程描述的系统的零状态响应，其调用格式为：

y=filter(b, a, f)

其中，a=[a_0, a_1,…, a_N]、b=[b_0, b_1,…, b_M]分别是系统差分方程响应、激励前的系数向量，f 表示输入向量，y 表示输出向量。另外，输出序列的长度与输入序列的长度相同。

对于线性时不变离散时间系统，其零状态响应还等于输入序列与系统单位脉冲响应的卷积和，故可利用 MATLAB 中的卷积和函数 conv 计算。

若已知离散时间系统的系统函数或状态方程，也可调用 MATLAB 提供的专用时域响应函数 dlsim 求解系统响应，具体调用格式如下：

格式一：[y, x]=dlsim(A, B, C, D, u)

功能：已知离散时间系统的状态方程模型，并用矩阵(或向量)A、B、C、D 表示，求对输入序列 u 的响应 y 和状态记录 x。

格式二：[y, x]=dlsim(A, B, C, D, u, x0)

功能：已知离散时间系统的状态方程模型，并用矩阵(或向量)A、B、C、D 表示，求系统初始状态为 x0 时，对输入序列 u 的响应 y 和状态记录 x。

格式三：[y, x]=dlsim(num, den, n)

功能：已知离散时间系统的系统函数 H(z)=num(z)/den(z)，求对输入序列 u 的响应 y 和状态记录 x，n 为响应序列 y 的长度。

[注意]在调用 dlsim 函数时，若未定义输出变量，则运行结果是在当前图形窗口中直接绘出系统的输出响应曲线；若已定义输出变量，则不直接绘制出响应曲线。

2. 单位脉冲响应和单位阶跃响应

离散时间系统的单位脉冲响应、单位阶跃响应分别是输入序列为 δ(n)和 u(n)时的零状态响应。MATLAB 专门提供了相应的函数指令来求解单位脉冲响应和单位阶跃响应，具体调用格式如下：

求解单位脉冲响应：h=impz(b, a, N)

其中，h 表示系统的单位脉冲响应，a=[a_0, a_1,…, a_N]、b=[b_0, b_1,…, b_M]分别是系统差分方程响应、激励前的系数向量，N 表示输出序列的时间范围。

若离散时间系统以系统函数或状态方程给出，也可调用函数 dimpulse 求解单位脉冲响应，具体调用格式如下：

格式一：[y, x]=dimpulse(A, B, C, D)

功能：已知离散时间系统的状态方程模型，并用矩阵(或向量)A、B、C、D 表示，求系统的单位脉冲响应 y 和状态记录 x。

格式二：[y, x]=dimpulse(num, den, n)

功能：已知离散时间系统的系统函数 H(z)=num(z)/den(z)，求系统的单位脉冲响应 y 和状态记录 x，n 为响应序列 y 的长度。

求解单位阶跃响应：g=stepz(b, a, N)

其中，g 表示系统的单位阶跃响应，a=[a_0, a_1,…, a_N]，b=[b_0, b_1,…, b_M]分别是系统差分方程响应、激励前的系数向量，N 表示输出序列的长度。

另外，求线性时不变离散时间系统的单位阶跃响应，也可用单位阶跃序列与系统的单位脉冲响应做卷积和求得。

例 8-7-2 已知离散时间系统的差分方程为 $y(n)-0.9y(n-1)=f(n)$，激励 $f(n)=\cos\left(\frac{\pi}{3}n\right)u(n)$，利用 MATLAB 求系统的零状态响应、单位脉冲响应和单位阶跃响应，并画出图形。

MATLAB 源程序如下：

```
b=1;
a=[1, -0.9];
n=0:30;
f=cos(pi*n/3);
y=filter(b, a, f);
h=impz(b, a, n);
g=stepz(b, a, length(n));
subplot(311); stem(n, y); title('零状态响应');
subplot(312); stem(n, h); title('单位脉冲响应');
subplot(313); stem(n, g); title('单位阶跃响应');
```

程序运行结果如图 8-7-1 所示。

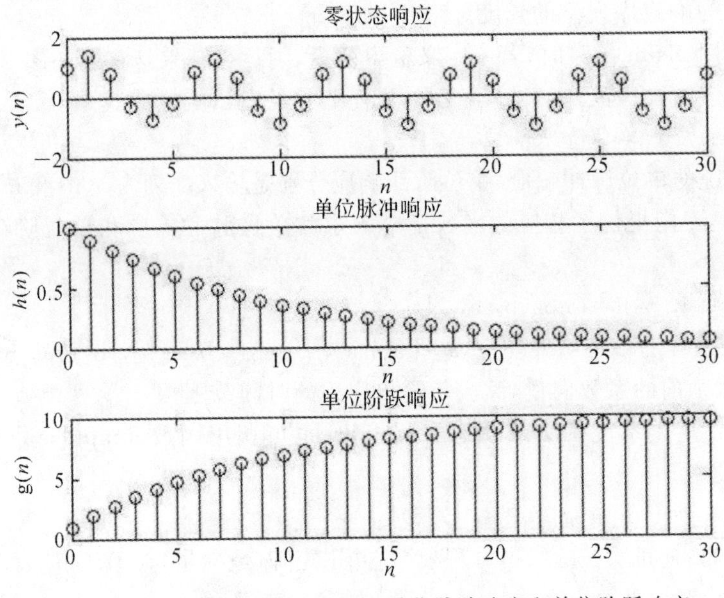

图 8-7-1 系统的零状态响应、单位脉冲响应和单位阶跃响应

三、离散时间系统的 z 域分析

1. 系统函数

若已知线性时不变离散时间系统的系统函数 $H(z)$，将其部分分式展开转换为极点留数模型，再对其逆 z 变换，也可求出系统的单位脉冲响应 $h(n)$。MATLAB 的信号处理工具箱中提供了部分分式展开函数 residuez，其调用格式为：

[r, p,k]=residuez(b, a)

其中,向量 b、a 分别为系统函数 H(z)的分子和分母多项式的系数;r 为部分分式的分子常系数向量;p 为极点向量;k 为部分分式展开的常数项向量。

2. 系统函数的零、极点

在 MATLAB 中,可以借助系统模型转换函数 tf2zp 直接得到系统函数的零、极点,并通过函数 zplane 在 z 平面绘制单位圆及零、极点分布图。

tf2zp 函数的调用格式为:[z, p, k]=tf2zp(b, a)

其中,向量 b、a 分别为系统函数 H(z)的分子和分母多项式的系数;z 为零点向量;p 为极点向量;k 为常数项向量。

zplane 函数的调用格式为:zplane(b, a)

其中,向量 b、a 分别为系统函数 H(z)的分子和分母多项式的系数。

例 8-7-3　已知离散时间系统的系统函数 $H(z)=\dfrac{z^2}{(z-0.5)(z-0.25)}$,利用 MATLAB 计算:

(1)$H(z)$的部分分式展开形式;

(2)系统的单位脉冲响应并显示波形;

(3)系统函数的零、极点,并在 z 平面绘制零、极点分布图;

(4)系统的频率响应,并画出幅频特性和相频特性曲线。

MATLAB 源程序如下:

```
%计算 H(z)的部分分式展开形式
b=[1];
a=[1 -0.75 0.125];
[r, p,k]=residuez(b, a)
```

程序运行结果为:

```
r=2
  -1
p=0.5000
  0.2500
k=[]
```

程序运行结果表明:该系统有两个极点 $p(1)=0.5$ 和 $p(2)=0.25$,展开的多项式分子项系数为 2 和-1,故 $H(z)$的部分分式展开形式为 $H(z)=\dfrac{2}{1-0.5z^{-1}}-\dfrac{1}{1-0.25z^{-1}}$。

```
%通过逆 z 变换求系统单位脉冲响应
b=[1];
a=[1 -0.75 0.125];
n=0:10;
F1=sym('2/(1-0.5*z^(-1))');
f1=iztrans(F1);
F2=sym('-1/(1-0.25*z^(-1))');
```

```
f2=iztrans(F2);
h=f1+f2
hn=impz(b, a, n);
stem(n, hn);
title('系统的单位脉冲响应');
```

程序运行结果如下：

h=2. *.5000^n-1. *.2500^n

系统单位脉冲响应的波形如图 8-7-2 所示。

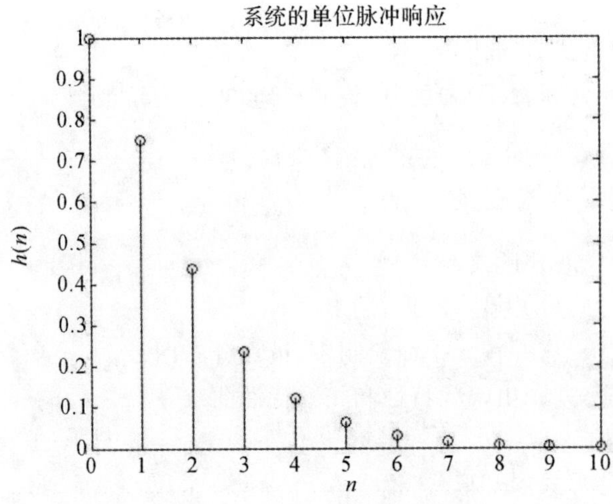

图 8-7-2 系统的单位脉冲响应

```
%求系统函数的零、极点，并画图。
b=[1];
a=[1 -0.75 0.125];
[z, p,k]=tf2zp(b, a)
zplane(b, a);
```

程序运行后，得到系统函数的零点和极点：

```
z=Empty matrix: 0-by-1
p=0.5000
  0.2500
k=1
```

系统的零、极点分布如图 8-7-3 所示。

```
%求系统的频率响应并画图
b=[1];
a=[1 -0.75 0.125];
[H,w]=freqz(b, a);
subplot(211); plot(w/pi, abs(H));
title('Magnitude response'); xlabel('\omega(rad)'); ylabel('|H(e^j^\omega)|');
```

```
subplot(212); plot(w/pi, angle(H));
title('Angle response'); xlabel('\omega(rad)'); ylabel('Angle');
```

程序运行结果如图 8-7-4 所示。

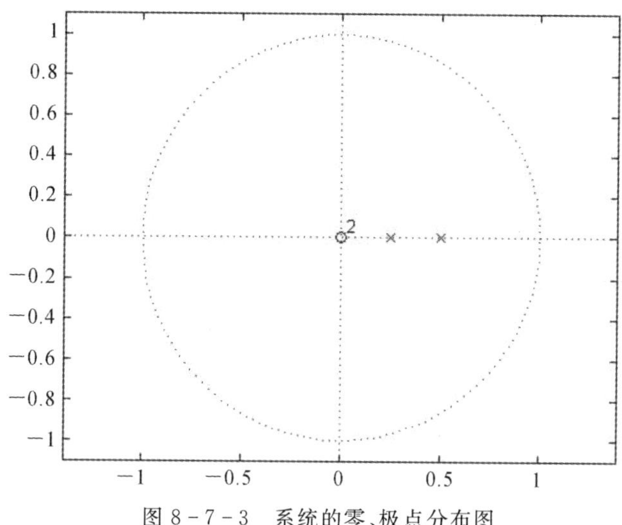

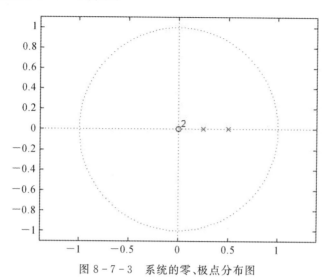

图 8-7-3　系统的零、极点分布图

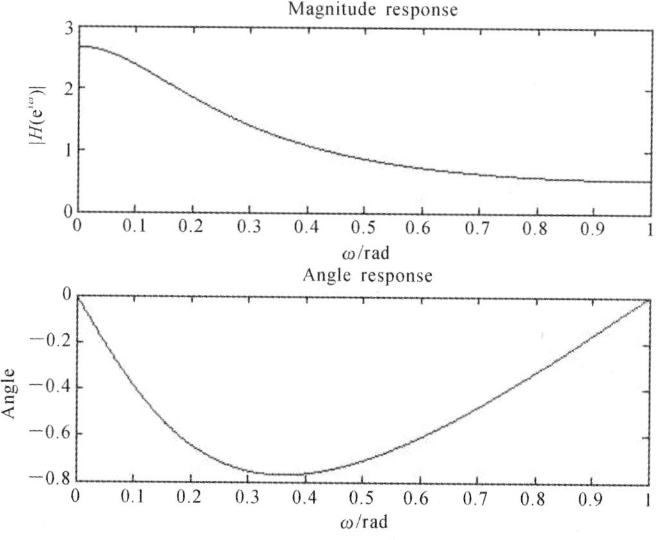

图 8-7-4　系统的幅频特性和相频特性曲线

习　题　八

8-1　求长度为 N 的斜坡序列

$$R_N(k)=\begin{cases}k, & 0\leqslant k\leqslant N-1\\ 0, & k<0, k\geqslant N\end{cases}$$

的 z 变换 $R_N(z)$，并求 $N=4$ 时的 $R_N(z)$（见图题 8-1）。

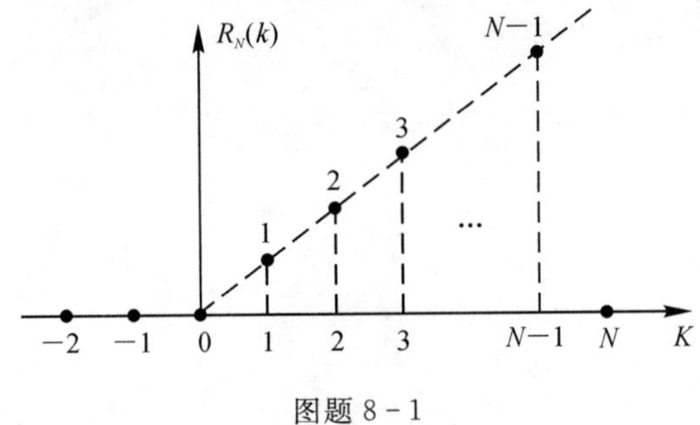

图题 8-1

8-2　求下列序列的 z 变换 $F(z)$，并标明收敛域，指出 $F(z)$ 的零点和极点：

(1) $\left(\frac{1}{2}\right)^k U(k)$；　　(2) $\left(\frac{1}{2}\right)^k U(-k)$；

(3) $\left(\frac{1}{4}\right)^k U(k)-\left(\frac{2}{3}\right)^k U(k)$；　　(4) $-\left(\frac{1}{2}\right)^k U(-k-1)$；

(5) $\left(\frac{1}{5}\right)^k U(k)-\left(\frac{1}{3}\right)^k U(-k-1)$；　　(6) $e^{jk\omega_0}U(k)$。

8-3　(1) 求 $F(z)=\dfrac{3z}{2z^2-5z+2}$ 的 $f(k)$，并说明其因果性和收敛性。(2) 求 $F(z)=\dfrac{2z^3-5z^2+z+3}{z^2-3z+2}(|z|<1)$ 的 $f(k)$，说明其因果性和收敛性。

8-4　已知序列 $f(k)$ 的 $F(z)$ 如下，求初值 $f(0)$，$f(1)$ 及终值 $f(\infty)$：

(1) $F(z)=\dfrac{z^2+z+1}{(z-1)(z+\frac{1}{2})}$，$|z|>1$；

(2) $F(z)=\dfrac{z^2}{(z-2)(z-1)}$，$|z|>2$。

8-5　已知离散因果系统的差分方程为

$$y(k)-y(k-1)-2y(k-2)=f(k)+2f(k-2)$$

系统的初始状态为 $y(-1)=2$，$y(-2)=-\frac{1}{2}$；激励 $f(k)=U(k)$。求系统的零输入响应 $y_x(k)$，零状态响应 $y_f(k)$，全响应 $y(k)$。

8-6　根据下面描述离散系统的不同形式，求出对应系统的系统函数 $H(z)$：

(1) $y(k)-2y(k-1)-5y(k-2)+6y(k-3)=f(k)$；

(2) $H(E)=\dfrac{2-E^3}{E^3-\frac{1}{2}E^2+\frac{1}{18}E}$；

(3) 单位响应 $h(k)$ 如图题 8-6(a) 所示；

(4) 信号流图如图题 8-6(b) 所示。

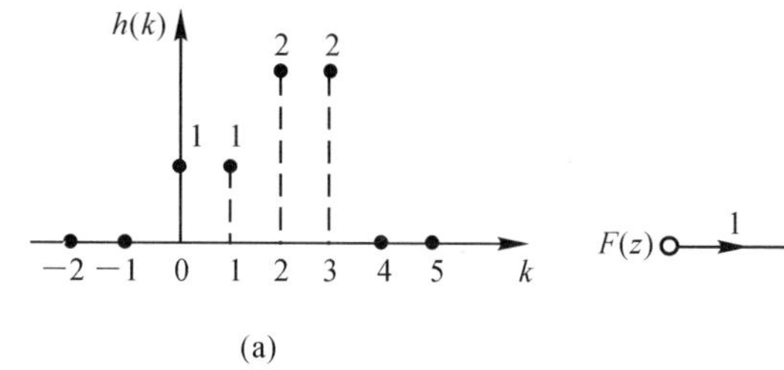

(a)

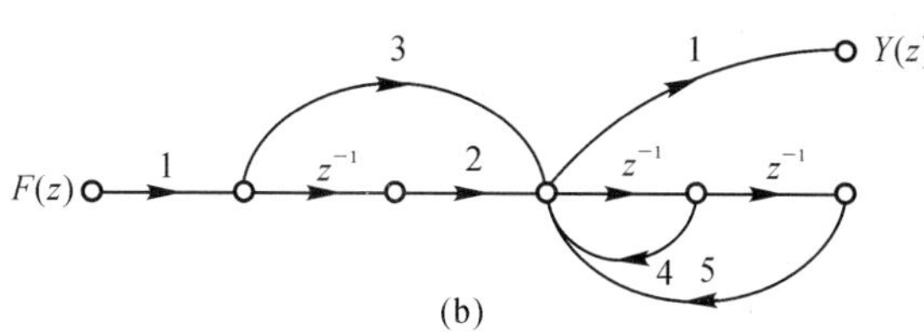

(b)

图题 8－6

8－7　已知离散系统的单位阶跃响应 $g(k)=\left[\frac{4}{3}-\frac{3}{7}(0.5)^k+\frac{2}{21}(-0.2)^k\right]U(k)$。若需获得的零状态响应为 $y(k)=\frac{10}{7}[(0.5)^k-(-0.2)^k]U(k)$。求输入 $f(k)$。

8－8　已知离散系统的差分方程为 $y(k)-\frac{1}{3}y(k-1)=f(k)$。(1) 画出系统的一种信号流图；(2) 若系统的零状态响应为 $y_f(k)=3\left[\left(\frac{1}{2}\right)^k-\left(\frac{1}{3}\right)^k\right]U(k)$，求输入 $f(k)$。

8－9　已知离散因果系统的信号流图如图题 8－9 所示。(1) 求 $H(z)=\frac{Y(z)}{F(z)}$ 及单位序列响应 $h(k)$；(2) 写出系统的差分方程；(3) 求系统的单位阶跃响应 $g(k)$。

8－10　图题 8－10 所示因果系统，$h_1(k)=U(k)$，$H_2(z)=\frac{z}{z+1}$，$H_3(z)=\frac{1}{z}$，$f(k)=U(k)-U(k-2)$。求零状态响应 $y(k)$。

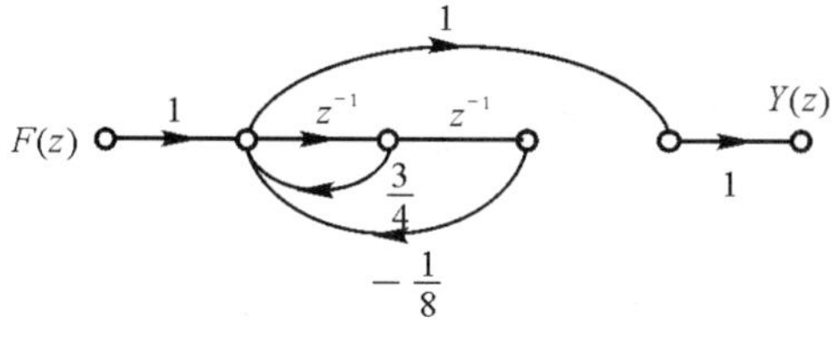

图题 8－9

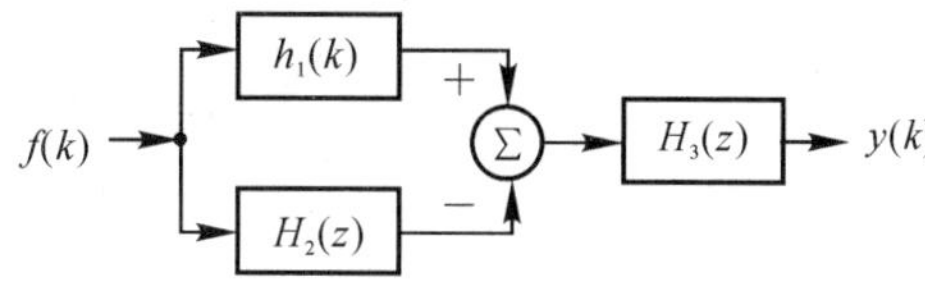

图题 8－10

8－11　图题 8－11 所示因果系统。(1) 求系统函数 $H(z)$ 和频率响应 $H(e^{j\omega})$；(2) 写出系统的差分方程；(3) 求激励 $f(k)=U(k)+\cos\pi k$ 的稳态响应 $y(k)$。

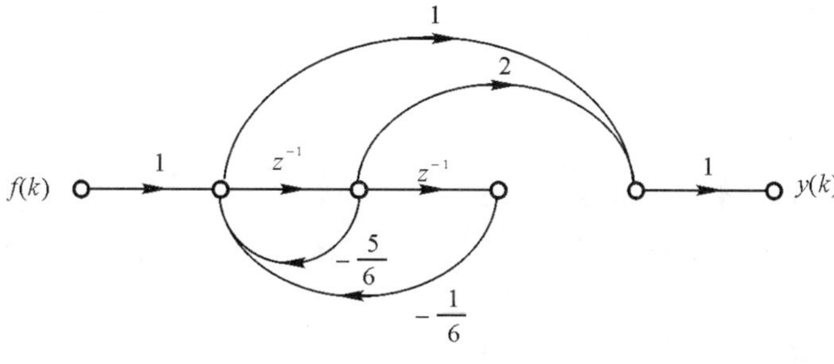

图题 8－11

8-12　图题 8-12 所示因果离散系统。

(1) 写出系统的差分方程；

(2) 若 $f(k)=U(k)+\left[\cos\frac{\pi}{3}k+\cos\pi k\right]U(k)$，求系统的稳态响应 $y(k)$。

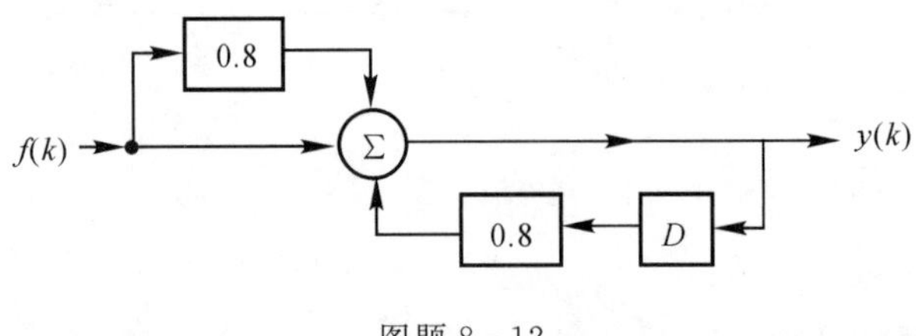

图题 8-12

8-13　已知离散因果系统的单位序列响应为 $h(k)=0.5^k[U(k)+U(k-1)]$。

(1) 写出系统的差分方程；

(2) 画出系统的一种时域模拟图；

(3) 若激励 $f(k)=e^{j\omega k}$，$0<k<\infty$，求零状态响应 $y(k)$；

(4) 若激励 $f(k)=\cos\left(\frac{\pi}{2}k+45°\right)U(k)$，求正弦稳态响应 $y_s(k)$。

8-14　图题 8-14 所示为非递推型滤波器，抽样间隔 $T=0.001$ s。今为了提供直流增益为 1 和在$\omega=\frac{\pi}{2}\times10^3$ 与 $\pi\times10^3$ rad/s 两频率时的增益为零，试确定系数 a_0，a_1，a_2，a_3，并求此滤波器的系统函数 $H(z)$ 及其模频特性。

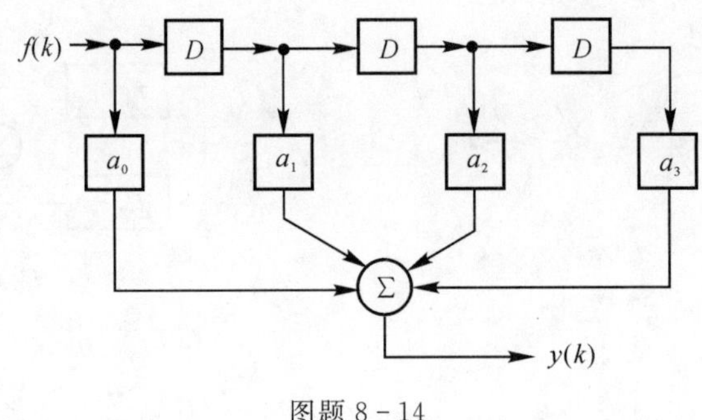

图题 8-14

8-15　已知离散因果系统系统函数 $H(z)$ 的零、极点分布如图题 8-15 所示，$\lim\limits_{k\to\infty}h(k)=\frac{1}{3}$，系统的初始条件为 $y(0)=2$，$y(1)=1$。

(1) 求 $H(z)$ 及零输入响应 $y_x(k)$；

(2) 若 $f(k)=(-3)^kU(k)$，求零状态响应 $y_f(k)$。

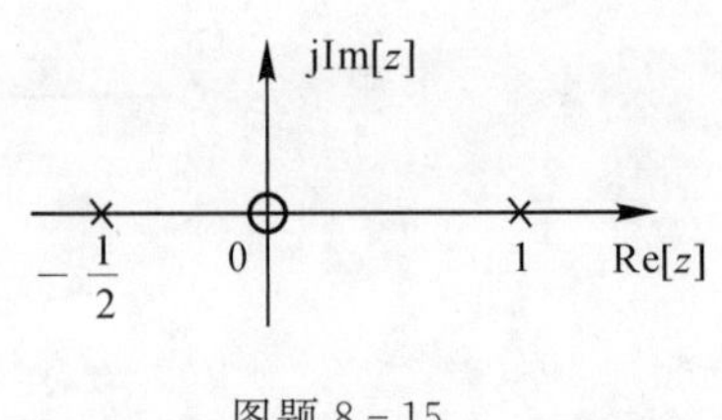

图题 8-15

8-16　图题 8-16 所示离散因果系统。

(1) 求 $H(z)$，并画出零、极点图及收敛域；(2) 写出系统的差分方程；(3) 求 $h(k)$；(4) 判断系统的稳定性；(5) 已知系

统的零状态响应为 $y_{f}(k)=\left[\frac{7}{8}\left(\frac{1}{2}\right)^{k}-\frac{7}{120}\left(-\frac{1}{2}\right)^{k}-\frac{9}{10}\left(\frac{1}{3}\right)^{k}+\frac{5}{6}\right]U(k)$，求激励 $f(k)$。

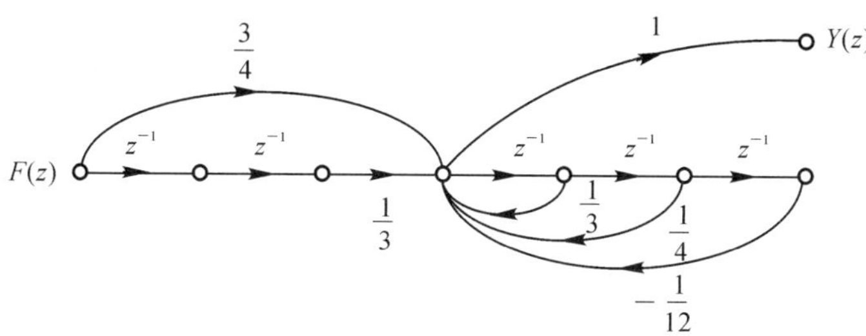

图题 8 - 16

8 - 17　线性时不变因果系统，已知激励 $f(k)=(0.5)^{k}U(k)$ 时，响应 $y(k)=\delta(k)+a(0.25)^{k}U(k)$；激励 $f(k)=(-2)^{k},k\in\mathbf{Z}$ 时，响应 $y(k)=0$。(1) 求 a 的值；(2) 求 $f(k)=(1)^{k},k\in\mathbf{Z}$ 时的响应 $y(k)$。

8 - 18　图题 8 - 18 所示为线性时不变系统。(1) 求 $H(z)=\frac{Y(z)}{F(z)}$ 及其收敛域；(2) 求单位序列响应 $h(k)$；(3) 若激励 $f(k)=(-1)^{k},k\in\mathbf{Z}$，求响应 $y(k)$；(4) 若 $f(k)=(-1)^{k}U(k)$，求响应 $y(k)$；(5) 若响应 $y(k)=\left[\left(\frac{1}{3}\right)^{k}+\left(-\frac{2}{3}\right)^{k}\right]U(k)$，求激励 $f(k)$。

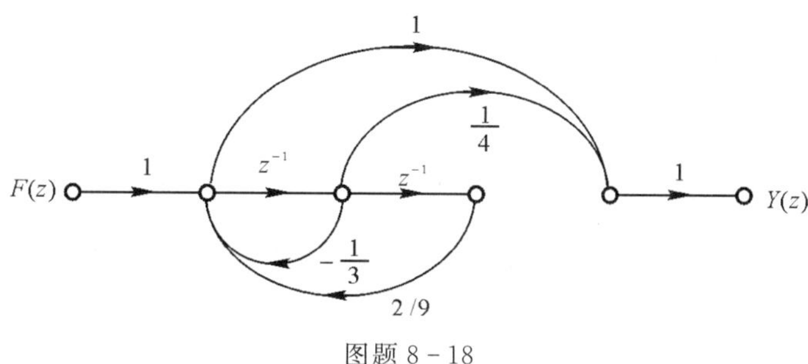

图题 8 - 18

8 - 19　已知线性时不变系统的差分方程为 $y(k)+\frac{3}{4}y(k-1)+\frac{1}{8}y(k-2)=f(k)-\frac{1}{2}f(k-1)$。求系统的单位序列响应 $h(k)$，并说明其因果性与稳定性，画出系统的两种信号流图。

8 - 20　线性时不变因果系统函数 $H(z)$ 的零、极点分布如图题 8 - 20 所示，已知系统单位序列响应 $h(k)$ 的初值 $h(0)=1$。(1) 求 $H(z)$ 和 $h(k)$；(2) 写出系统的差分方程；(3) 若系统的响应 $y(k)=\left(-\frac{1}{2}\right)^{k}U(k)$，求激励 $f(k)$；(4) 若系统为稳定系统，求其 $h(k)$。

8 - 21　线性时不变系统，在激励 $f(k)$ 作用下，其响应为 $y(k)=-2U(-k-1)+0.5^{k}U(k)$，其中 $f(k)=0,k\geqslant 0$，其 z 变换 $F(z)=\frac{1-\frac{2}{3}z^{-1}}{1-z^{-1}}$。(1) 求系统函数 $H(z)$，画出其零、

极点图；(2) 求系统的单位序列响应 $h(k)$，判断系统的因果性和稳定性；(3) 若 $f(k)=\left(\frac{1}{3}\right)U(k)$，求响应 $y(k)$；(4) 若 $f(k)=(-1)^k, k\in\mathbf{Z}$，求响应 $y(k)$。

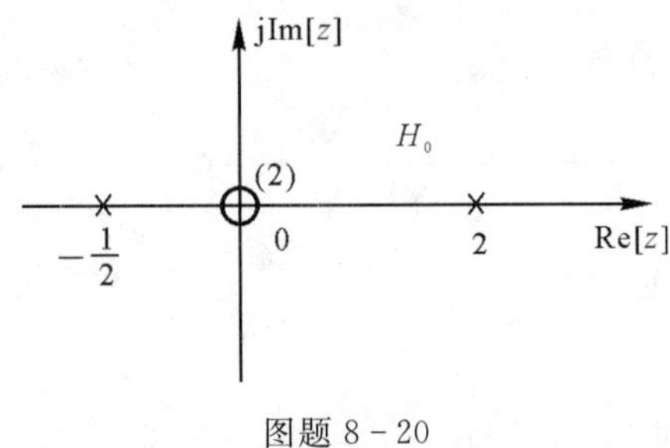

图题 8-20

8-22 线性时不变因果系统如图题 8-22 所示。求 $H(z)=\dfrac{Y(z)}{F(z)}$，判断系统是否稳定。

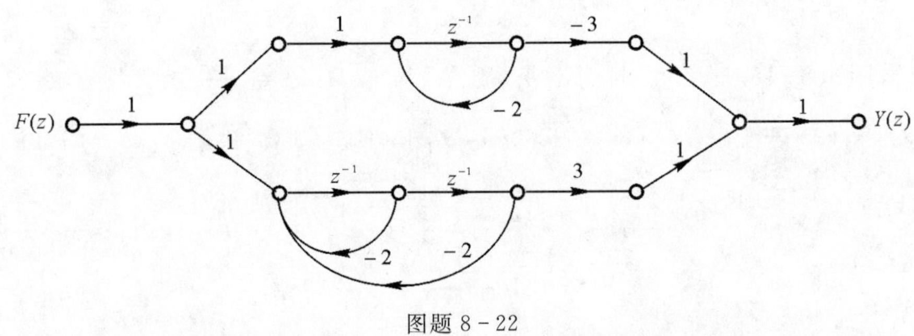

图题 8-22

8-23 图题 8-23 所示系统。(1) 求 $H(z)=\dfrac{Y(z)}{F(z)}$；(2) 若系统为因果系统，求其收敛域，说明系统是否稳定；(3) 若系统为双边非因果系统，求其收敛域，说明系统是否稳定；(4) 若系统为反因果系统，求其收敛域，说明系统是否稳定；(5) 当系统为稳定系统时，求 $f(k)=(-1)^k+U(k)+5\cos\pi k$ 时的响应 $y(k)$。

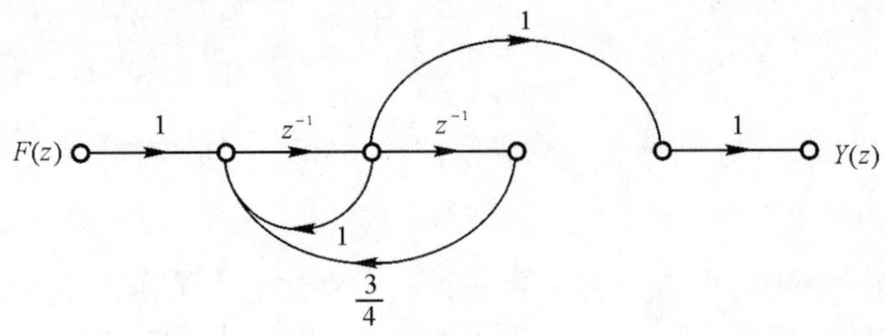

图题 8-23

第九章　状态变量法

内容提要

本章讲述状态变量法的基本理论、方法与应用：状态变量法的基本概念与定义；连续系统与离散系统状态变量的选择；连续系统与离散系统状态方程与输出方程的列写；连续系统与离散系统状态方程与输出方程的求解方法(变换域解法与时域解法)；根据状态方程判断连续系统与离散系统的稳定性。

前面各章分析系统的方法称为输入输出法，亦称外部分析法。这种系统分析方法是基础，且简单、常用，是本课程的重点。输入输出法关注的是系统的输入 $f(\cdot)$ 与输出 $y(\cdot)$ 之间的关系，采用的数学模型是联系输入 $f(\cdot)$ 与输出 $y(\cdot)$ 的高阶微(差)分方程，分析过程中着重运用频率响应特性，特别是系统函数 $H(\cdot)$，在求系统的零状态响应、稳态响应、分析系统的时域特性、频域特性、因果性、稳定性时起着关键的桥梁与纽带作用。但是，这种方法也存在一定的局限性，它只能研究系统的外部特征，而未能揭示系统的内部特性，也不便于有效地处理多输入、多输出系统。

随着科学技术的发展，各种系统的功能不断完善，组成也日趋复杂。一方面，在实际中，除了分析、设计常见的线性、时不变、单输入、单输出的系统外，还往往要遇到多输入、多输出系统，非线性系统，时变系统。另一方面，现代控制理论要求人们对所控制的系统不再只满足于研究系统输出量的变化，而同时需要研究系统内部一些变量的变化规律，设计系统的结构和控制系统的参数，以达到最优控制的目的。在复杂系统问题的分析、研究中，有时需要对系统内部诸多变量进行观察、测量、控制，此时系统外部描述法难以完成此重任，需要有一种有效地描述系统内部状态的方法。本章将要讨论的系统的状态变量分析法正是能够解决上述新问题的系统内部描述法。

系统的状态变量分析法与系统的输入输出描述法相比较具有以下特点：

(1) 引入能够表征系统内部特性的一组状态变量，以状态变量的一阶微(差)分方程组作为描述系统的数学模型，即系统的状态方程，能够分析研究系统内部的诸如系统的可观测性、可控性等性能。

(2) 通过状态变量与系统输入的关系，还可得到系统输出与状态变量及输入的代数方程关系，即系统的输出方程，同样亦能分析系统的外部特性。

(3) 一阶微(差)分方程组或多输入多输出的输出方程(代数方程组)可方便地写为矩阵形式，易于应用MATLAB软件工具在计算机上运行计算，快速得到分析结果(数值解或打印曲线等)。

(4) 在附加相应条件下,状态变量分析法容易推广应用于时变系统和非线性系统。

本章只讨论线性时不变系统状态变量分析法最基本的概念与分析过程,为读者今后更深入地学习研究复杂系统的状态变量分析打下基础。

9.1 状态变量法的基本概念与定义

一、系统的状态

这里先给系统的状态下一个定义:系统在 t_0 时刻的状态是指一组最少数目的数据,知道这组数据并连同 $t \geqslant t_0$ 的输入 $f(t)$,足以确定 $t \geqslant t_0$ 任意时刻的输出 $y(t)$,这里最少数目的数据,就称为系统在 t_0 时刻的状态,例如,一个 n 阶连续系统 t 时刻的 n 个数据和 $t \geqslant t_0$ 时系统的 m 个输入分别为

$$\left.\begin{array}{l} t_0: n\text{ 个数据}\{x_1(t_0), x_2(t_0), \cdots, x_n(t_0)\} \\ t \geqslant t_0: m\text{ 个输入}\{f_1(t), f_2(t), \cdots, f_m(t)\} \end{array}\right\} \xrightarrow[t \geqslant t_0\text{ 时的输出}]{\text{足以确定}} \{y_1(t), y_2(t), \cdots, y_r(t)\}$$

上式中,$y_1(t) \sim y_r(t)$ 为系统的 r 个输出;$x_1(t_0) \sim x_n(t_0)$ 这 n 个数据是该系统 t_0 时刻的状态。这 n 个数据是最少的一组数据,就是说这 n 个数据中少了任何一个数据(不完备),就不能确定 $t \geqslant t_0$ 时系统的输出。关于系统状态的概念,还应明确的是:系统的状态与系统储能元件上的储能相联系,无记忆即没有储能元件的系统无所谓状态,换句话说,状态概念对记忆系统或者说储能系统才是有意义的。这里,以读者在电路分析课程中已经熟悉的储能电路元件电容、电感上的电压、电流关系为例,联系上述状态、输入、输出加以对照比较,以加深读者对状态概念的理解。

参看图 9-1-1 中电容:$u_C(t_0)$ 是电容在 t_0 时刻的状态,$i_S(t)$ 是电容的输入,$u_C(t)$ 是电容的输出。若知 $u_C(t_0)$ 以及 $t \geqslant t_0$ 时的 $i_S(t)$,就可完全确定 $t \geqslant t_0$ 时的输出 $u_C(t)$。再看图 9-1-1 中电感:$i_L(t_0)$ 是电感在 t_0 时刻的状态,$u_S(t)$ 是电感的输入,$i_L(t)$ 是电感的输出。若知 $i_L(t_0)$ 以及 $t \geqslant t_0$ 的输入 $u_S(t)$,就可完全确定 $t \geqslant t_0$ 时的输出 $i_L(t)$。

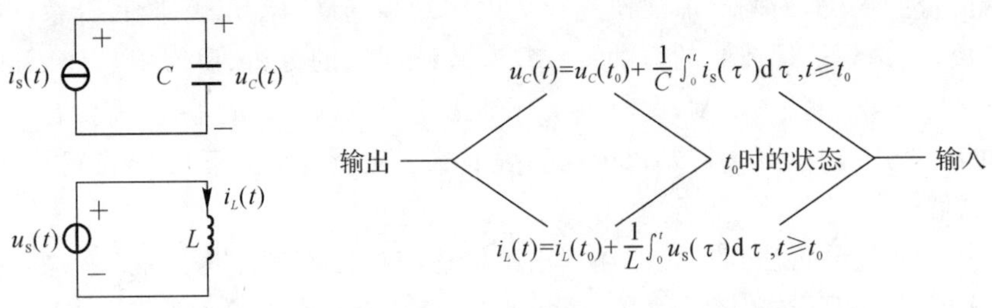

图 9-1-1 由 L,C 上电压、电流关系看“状态”

二、状态变量

对于动态系统(记忆系统),在任意时刻 t,都能与激励一起用一组代数方程,确定系统全部响应的一组独立完备的变量,称为系统的状态变量。例如图 9-1-2 所示电路中的电感电流 $x_1(t)$ 和电容电压 $x_2(t)$,即为该电路的一组独立完备的状态变量。因为若取电压 $y_1(t)$,

$y_2(t)$ 作为响应，且当 $x_1(t)$，$x_2(t)$ 为已知时，即可得

$$\left.\begin{aligned} y_1(t) &= [f_1(t) - x_1(t)]R_1 = -R_1 x_1(t) + R_1 f_1(t) \\ y_2(t) &= x_2(t) - f_2(t) \end{aligned}\right\} \tag{9-1-1}$$

可见，$x_1(t)$，$x_2(t)$ 符合状态变量的定义，所以它们是一组独立完备的状态变量。式(9-1-1)称为该电路的输出方程。其特点是：每一个响应变量 $y_1(t)$，$y_2(t)$，都是等于激励 $f_1(t)$，$f_2(t)$ 与状态变量 $x_1(t)$，$x_2(t)$ 的线性组合，即响应与激励、状态变量之间是线性代数方程组的关系。

状态变量完整、深刻地描述了系统的状态特性，反映了系统的全部信息。

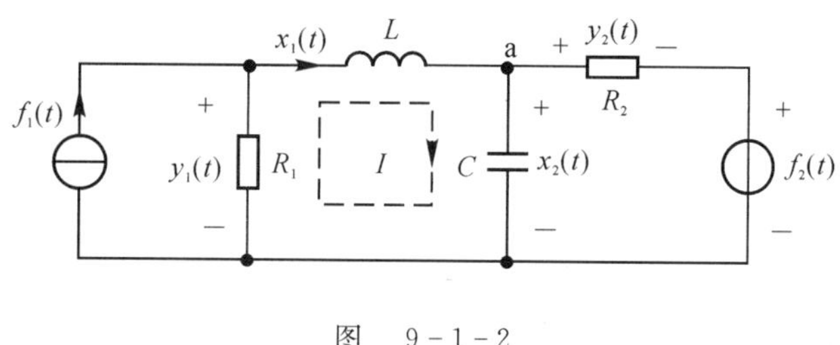

图　9-1-2

三、状态向量

若系统是 n 阶的，则将有 n 个状态变量，如图 9-1-3 所示。将 n 阶系统中的 n 个状态变量 $x_1(t)$，$x_2(t)$，…，$x_n(t)$，排成一个 $n \times 1$ 阶的列矩阵 $\boldsymbol{x}(t)$，即

$$\boldsymbol{x}(t) = \begin{bmatrix} x_1(t) \\ x_2(t) \\ \vdots \\ x_n(t) \end{bmatrix} = [x_1(t) \quad x_2(t) \quad \cdots \quad x_n(t)]^{\mathrm{T}}$$

则此列矩阵 $\boldsymbol{x}(t)$ 即称为 n 维状态向量，简称状态向量。

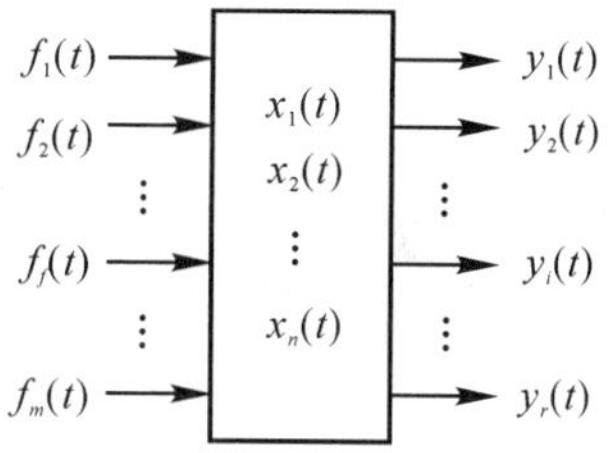

图　9-1-3

四、初始状态

状态变量在 $t=0^-$ 时刻的值称为系统的初始状态或起始状态。即

$$\boldsymbol{x}(0^-) = [x_1(0^-) \quad x_2(0^-) \quad \cdots \quad x_n(0^-)]^{\mathrm{T}}$$

$\boldsymbol{x}(0^-)$ 也称为初始状态向量或起始状态向量。

五、状态方程

用来从已知的激励与初始状态 $\boldsymbol{x}(0^-)$，求状态向量 $\boldsymbol{x}(t)$ 的一阶向量微分方程，称为状态方程。状态方程描述了系统的激励与状态变量之间的关系。例如图 9-1-2 所示电路，对回路 I 可列出 KVL 方程为

$$L\frac{\mathrm{d}x_1(t)}{\mathrm{d}t} = y_1(t) - x_2(t) = -R_1 x_1(t) - x_2(t) + R_1 f_1(t)$$

对节点 a 可列出 KCL 方程为

$$C\frac{\mathrm{d}x_2(t)}{\mathrm{d}t}=x_1(t)-\frac{1}{R_2}y_2(t)=x_1(t)-\frac{1}{R_2}x_2(t)+\frac{1}{R_2}f_2(t)$$

即

$$\left.\begin{aligned}\frac{\mathrm{d}x_1(t)}{\mathrm{d}t}&=-\frac{R_1}{L}x_1(t)-\frac{1}{L}x_2(t)+\frac{R_1}{L}f_1(t)\\ \frac{\mathrm{d}x_2(t)}{\mathrm{d}t}&=\frac{1}{C}x_1(t)-\frac{1}{R_2C}x_2(t)+\frac{1}{R_2C}f_2(t)\end{aligned}\right\}\qquad(9-1-2)$$

式(9-1-2)即为该电路的状态方程。其特点是：每个方程等号的左端都是一个状态变量的一阶导数，而等号的右端则为各状态变量与各激励的线性组合。将式(9-1-2)写成矩阵形式即为

$$\begin{bmatrix}\dot{x}_1(t)\\ \dot{x}_2(t)\end{bmatrix}=\begin{bmatrix}-\frac{R_1}{L} & -\frac{1}{L}\\ \frac{1}{C} & -\frac{1}{R_2C}\end{bmatrix}\begin{bmatrix}x_1(t)\\ x_2(t)\end{bmatrix}+\begin{bmatrix}\frac{R_1}{L} & 0\\ 0 & \frac{1}{R_2C}\end{bmatrix}\begin{bmatrix}f_1(t)\\ f_2(t)\end{bmatrix}$$

再简写成一阶向量微分方程的形式为

$$\dot{\boldsymbol{x}}(t)=\boldsymbol{A}\boldsymbol{x}(t)+\boldsymbol{B}\boldsymbol{f}(t)\qquad(9-1-3)$$

式中，$\dot{\boldsymbol{x}}(t)=[\dot{x}_1(t)\quad \dot{x}_2(t)]^{\mathrm{T}}$ 为二维列向量；$\boldsymbol{x}(t)=[x_1(t)\quad x_2(t)]^{\mathrm{T}}$ 为二维状态向量；$\boldsymbol{f}(t)=[f_1(t)\quad f_2(t)]^{\mathrm{T}}$ 为二维激励列向量。

$$\boldsymbol{A}=\begin{bmatrix}-\frac{R_1}{L} & -\frac{1}{L}\\ \frac{1}{C} & -\frac{1}{R_2C}\end{bmatrix},\qquad \boldsymbol{B}=\begin{bmatrix}\frac{R_1}{L} & 0\\ 0 & \frac{1}{R_2C}\end{bmatrix}$$

$\boldsymbol{A}$ 与 $\boldsymbol{B}$ 均为由电路(系统)结构与参数值决定的系数矩阵，$\boldsymbol{A}$ 常称为系统矩阵；$\boldsymbol{B}$ 常称为控制矩阵。

推广之，若系统有 n 个状态变量(即系统为 n 阶的)，有 m 个激励，如图 9-1-3 所示，则式(9-1-3)中的 $\dot{\boldsymbol{x}}(t)$，$\boldsymbol{x}(t)$ 即为 n 维列向量，$\boldsymbol{f}(t)$ 即为 m 维列向量；$\boldsymbol{A}$ 即为 $n\times n$ 阶方阵；$\boldsymbol{B}$ 即为 $n\times m$ 阶矩阵。

式(9-1-3)称为矩阵形式的状态方程，可见为一阶向量形式的微分方程。今若激励向量 $\boldsymbol{f}(t)$ 和初始状态 $\boldsymbol{x}(0^-)$ 为已知，则求解该方程即可得状态向量 $\boldsymbol{x}(t)$。

六、输出方程

用来从已知的激励和状态向量 $\boldsymbol{x}(t)$ 求响应的向量代数方程，称为输出方程。输出方程描述了系统的响应与激励和状态变量之间的关系。

将式(9-1-1)写成矩阵形式为

$$\begin{bmatrix}y_1(t)\\ y_2(t)\end{bmatrix}=\begin{bmatrix}-R_1 & 0\\ 0 & 1\end{bmatrix}\begin{bmatrix}x_1(t)\\ x_2(t)\end{bmatrix}+\begin{bmatrix}R_1 & 0\\ 0 & -1\end{bmatrix}\begin{bmatrix}f_1(t)\\ f_2(t)\end{bmatrix}$$

再写成一般形式为

$$\boldsymbol{y}(t)=\boldsymbol{C}\boldsymbol{x}(t)+\boldsymbol{D}\boldsymbol{f}(t)\qquad(9-1-4)$$

式中，$\boldsymbol{y}(t)=[y_1(t)\quad y_2(t)]^{\mathrm{T}}$ 为二维响应列向量。

$$\boldsymbol{C}=\begin{bmatrix}-R_1 & 0\\ 0 & 1\end{bmatrix},\qquad \boldsymbol{D}=\begin{bmatrix}R_1 & 0\\ 0 & -1\end{bmatrix}$$

$\boldsymbol{C}$ 与 $\boldsymbol{D}$ 均为由电路(系统)结构与参数值决定的系数矩阵。$\boldsymbol{C}$ 常称为输出矩阵。

推广之，若系统有 n 个状态变量(即系统为 n 阶的)，有 m 个激励、r 个响应，如图 9-1-3 所示，则 $\boldsymbol{C}$ 即为 $r \times n$ 阶矩阵，$\boldsymbol{D}$ 即为 $r \times m$ 阶矩阵。

式(9-1-4)称为矩阵形式的输出方程，可见为一矩阵代数方程。若系统的激励向量 $\boldsymbol{f}(t)$ 和状态向量 $\boldsymbol{x}(t)$ 已知，代入此式，即可求得响应向量 $\boldsymbol{y}(t)$。

式(9-1-3)的状态方程与式(9-1-4)的输出方程，共同构成了描述系统特性的完整方程(即数学模型)，统称为系统方程。

七、状态变量法

以系统的状态方程与输出方程为研究对象，对系统特性进行系统分析的方法，称为状态变量法。其一般步骤如下：

(1) 选择系统的状态变量。

(2) 列写系统的状态方程。

(3) 求解状态方程，以得到状态向量 $\boldsymbol{x}(t)$。

(4) 列写系统的输出方程。

(5) 将第(3)步求得的状态向量 $\boldsymbol{x}(t)$ 及已知的激励向量 $\boldsymbol{f}(t)$，代入第(4)步所列出的输出方程中，即得所求响应向量 $\boldsymbol{y}(t)$。

现将状态变量法的基本概念与定义汇总于表 9-1-1 中，以便复习和记忆。

表 9-1-1　状态变量法的基本概念与定义

概念	定义
状态变量	对于动态系统，在任意时刻 t，都能与激励一起用一组代数方程，确定系统全部响应的一组独立完备的变量，称为系统的状态变量
状态向量	由 n 阶系统中的 n 个状态变量排成的 $n \times 1$ 阶列矩阵 $\boldsymbol{x}(t)$，称为 n 维状态向量，简称状态向量
初始状态	由 $t=0^-$ 时刻状态变量的值构成的列向量，称为系统的初始状态向量 $\boldsymbol{x}(0^-)$，简称初始状态
状态空间	状态向量 $\boldsymbol{x}(t)$ 所在的空间，或者由 n 维基底构成的空间
状态轨迹	在状态空间中，状态向量末端点随时间变化而描绘出的路径，称为状态轨迹
状态方程	用来从激励向量 $\boldsymbol{f}(t)$ 和初始状态 $\boldsymbol{x}(0^-)$，求解状态向量 $\boldsymbol{x}(t)$ 的一阶向量微分方程，称为系统的状态方程 $\begin{cases}\dot{\boldsymbol{x}}(t)=\boldsymbol{A}\boldsymbol{x}(t)+\boldsymbol{B}\boldsymbol{f}(t)\\ \boldsymbol{x}(0^-)\end{cases}$
输出方程	用来从已知的激励向量 $\boldsymbol{f}(t)$ 与状态向量 $\boldsymbol{x}(t)$，求解系统响应 $\boldsymbol{y}(t)$ 的向量代数方程，称为系统的输出方程　$\boldsymbol{y}(t)=\boldsymbol{C}\boldsymbol{x}(t)+\boldsymbol{D}\boldsymbol{f}(t)$
状态变量法	以状态变量为独立完备变量，以状态方程与输出方程为研究对象，而对系统进行系统分析的方法，称为状态变量法

9.2　连续系统状态方程与输出方程的列写

用状态变量法对系统进行研究，同样首先要建立系统的数学模型——状态方程与输出方程。由于系统状态变量的选取不是唯一的，因而系统的状态方程与输出方程的具体形式也将不是唯一的，但这不影响对系统特性分析所得结果的同一性。下面将逐一介绍在不同情况下，系统状态方程与输出方程的列写方法。

一、由电路图列写

电路状态方程的列写首先遇到的问题是如何选择状态变量。这里明确，一般建议选独立电容上的电压变量、独立电感上的电流变量作为状态变量，这只是一个“好建议”，并非“死规定”，并不与状态变量的选取不唯一相矛盾。一方面，这样建议，主要考虑独立电容电压 $u_C(t)$、独立电感电流 $i_L(t)$ 直接反映这两种动态元件上的储能；另一方面，因 $i_C(t)=C\dfrac{\mathrm{d}u_C(t)}{\mathrm{d}t}$，$u_L(t)=L\dfrac{\mathrm{d}i_L(t)}{\mathrm{d}t}$，即状态变量的一阶微分函数仍是电流或电压，使于应用 KCL、KVL 建立变量间的直接关系，容易得到欲列写的状态方程与输出方程。

由电路图列写状态方程的一般步骤如下：

(1) 选取电路中所有独立电容电压和独立电感电流作为状态变量。

(2) 为保证所列写出的状态方程等号左端只为一个状态变量的一阶导数，必须对每一个独立电容列写出只含此独立电容电压一阶导数在内的节点 KCL 方程；对每一个独立电感列写出只含此独立电感电流一阶导数在内的回路 KVL 方程。

(3) 若在第(2) 步所列出的方程中含有非状态变量，则应再利用适当的节点 KCL 方程和回路 KVL 方程，将非状态变量也用激励和状态变量表示出来，从而将非状态变量消去，然后整理成式(9-1-3) 所示的矩阵标准形式。

例 9-2-1 图 9-2-1 所示电路，以 $x_1(t)$，$x_2(t)$ 为状态变量，列写电路的状态方程；以 $y_1(t)$，$y_2(t)$ 为响应，列写电路的输出方程。

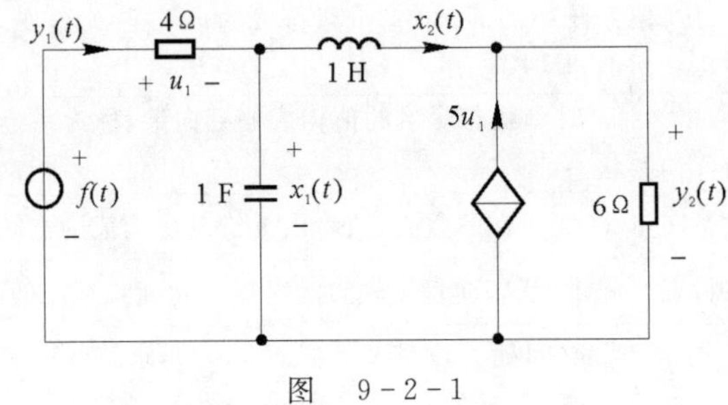

图 9-2-1

解 (1) 列写状态方程

$$\dot{x}_1(t)=\frac{f(t)-x_1(t)}{4}-x_2(t)=-\frac{1}{4}x_1(t)-x_2(t)+\frac{1}{4}f(t)$$

$$\dot{x}_2(t)=x_1(t)-6[x_2(t)+5u_1]=x_1(t)-6x_2(t)-30u_1=$$
$$x_1(t)-6x_2(t)-30[f(t)-x_1(t)]=31x_1(t)-6x_2(t)-30f(t)$$

故得
$$\begin{bmatrix}\dot{x}_1\\ \dot{x}_2\end{bmatrix}=\begin{bmatrix}-\dfrac{1}{4} & -1\\ 31 & -6\end{bmatrix}\begin{bmatrix}x_1(t)\\ x_2(t)\end{bmatrix}+\begin{bmatrix}\dfrac{1}{4}\\ -30\end{bmatrix}[f(t)]$$

(2) 列写输出方程

$$y_1(t)=\frac{f(t)-x_1(t)}{4}=-\frac{1}{4}x_1(t)+\frac{1}{4}f(t)$$

$$y_2(t)=6[x_2(t)+5u_1]=6x_2(t)+30u_1=6x_2(t)+30[f(t)-x_1(t)]=$$
$$-30x_1(t)+6x_2(t)+30f(t)$$

故得
$$\begin{bmatrix}y_1(t)\\y_2(t)\end{bmatrix}=\begin{bmatrix}-\dfrac{1}{4} & 0\\ -30 & 6\end{bmatrix}\begin{bmatrix}x_1(t)\\x_2(t)\end{bmatrix}+\begin{bmatrix}\dfrac{1}{4}\\30\end{bmatrix}[f(t)]$$

例 9-2-2 列写图 9-2-2 所示电路的状态方程。若以电压 $y_1(t)$,电流 $y_2(t)$ 为响应,列写输出方程。

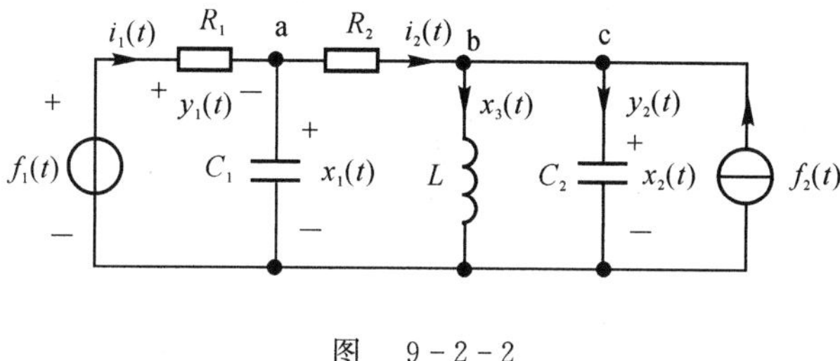

图 9-2-2

解 (1) 列写状态方程。选两个独立电容电压 $x_1(t)$, $x_2(t)$ 和一个电感电流 $x_3(t)$ 作为状态变量。对只连接一个独立电容 C_1 的节点 a 和只连接一个独立电容 C_2 的节点 c,分别列写出 KCL 方程并消去非状态变量,即

$$C_1\frac{dx_1(t)}{dt}=i_1(t)-i_2(t)=\frac{f_1(t)-x_1(t)}{R_1}-\frac{x_1(t)-x_2(t)}{R_2}=$$
$$-(\frac{1}{R_1}+\frac{1}{R_2})x_1(t)+\frac{1}{R_2}x_2(t)+\frac{1}{R_1}f_1(t)$$

$$C_2\frac{dx_2(t)}{dt}=-x_3(t)+i_2(t)+f_2(t)=-x_3(t)+\frac{x_1(t)-x_2(t)}{R_2}+f_2(t)=$$
$$\frac{1}{R_2}x_1(t)-\frac{1}{R_2}x_2(t)-x_3(t)+f_2(t)$$

对只含一个独立电感 L 的回路 bcdeb 列 KVL 方程为

$$L\frac{dx_3(t)}{dt}=x_2(t)$$

将以上三式整理即得矩阵形式的状态方程为

$$\begin{bmatrix}\dot{x}_1(t)\\\dot{x}_2(t)\\\dot{x}_3(t)\end{bmatrix}=\begin{bmatrix}-\left(\dfrac{1}{R_1C_1}+\dfrac{1}{R_2C_1}\right) & \dfrac{1}{R_2C_1} & 0\\ \dfrac{1}{R_2C_2} & -\dfrac{1}{R_2C_2} & -\dfrac{1}{C_2}\\ 0 & \dfrac{1}{L} & 0\end{bmatrix}\begin{bmatrix}x_1(t)\\x_2(t)\\x_3(t)\end{bmatrix}+\begin{bmatrix}\dfrac{1}{R_1C_1} & 0\\ 0 & \dfrac{1}{C_2}\\ 0 & 0\end{bmatrix}\begin{bmatrix}f_1(t)\\f_2(t)\end{bmatrix}$$

(2) 列写输出方程:

$$y_1(t)=-x_1(t)+f_1(t)$$
$$y_2(t)=C_2\frac{dx_2(t)}{dt}=\frac{1}{R_2}x_1(t)-\frac{1}{R_2}x_2(t)-x_3(t)+f_2(t)$$

写成矩阵形式为

$$\begin{bmatrix} y_1(t) \\ y_2(t) \end{bmatrix} = \begin{bmatrix} -1 & 0 & 0 \\ \dfrac{1}{R_2} & -\dfrac{1}{R_2} & -1 \end{bmatrix} \begin{bmatrix} x_1(t) \\ x_2(t) \\ x_3(t) \end{bmatrix} + \begin{bmatrix} 1 & 0 \\ 0 & 1 \end{bmatrix} \begin{bmatrix} f_1(t) \\ f_2(t) \end{bmatrix}$$

例 9-2-3 图 9-2-3(a) 所示电路，以 $x_1(t)$ 和 $x_2(t)$ 为状态变量，列写矩阵形式的状态方程；以 $y_1(t)$ 和 $y_2(t)$ 为响应，列写矩阵形式的输出方程。

解 (1) 将图 9-2-3(a) 电路等效变换为图 9-2-3(b) 电路，于是有

$$0.2\dot{x}_1(t) = -x_2(t) + f_2(t)$$

即

$$\dot{x}_1(t) = -5x_2(t) + 5f_2(t)$$

$$0.5\dot{x}_2(t) = 1i_1(t) + x_1(t) = x_1(t) + \frac{1}{2}f_1(t) + 0.2\dot{x}_1(t) - f_2(t) =$$

$$x_1(t) - x_2(t) + f_2(t) + \frac{1}{2}f_1(t) - f_2(t) = x_1(t) - x_2(t) + \frac{1}{2}f_1(t)$$

即

$$\dot{x}_2(t) = 2x_1(t) - 2x_2(t) + f_1(t)$$

故得矩阵形式的状态方程为

$$\begin{bmatrix} \dot{x}_1(t) \\ \dot{x}_2(t) \end{bmatrix} = \begin{bmatrix} 0 & -5 \\ 2 & -2 \end{bmatrix} \begin{bmatrix} x_1(t) \\ x_2(t) \end{bmatrix} + \begin{bmatrix} 0 & 5 \\ 1 & 0 \end{bmatrix} \begin{bmatrix} f_1(t) \\ f_2(t) \end{bmatrix}$$

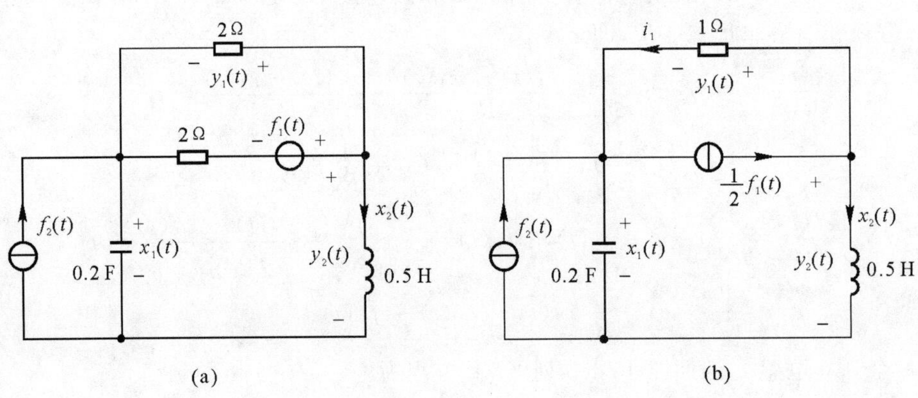

图 9-2-3

(2) $y_1(t) = 0.5\dot{x}_2(t) - x_1(t) = x_1(t) - x_2(t) + \frac{1}{2}f_1(t) - x_1(t) = -x_2(t) + \frac{1}{2}f_1(t)$

$$y_2(t) = 0.5\dot{x}_2(t) = x_1(t) - x_2(t) + \frac{1}{2}f_1(t)$$

故得矩阵形式的输出方程为

$$\begin{bmatrix} y_1(t) \\ y_2(t) \end{bmatrix} = \begin{bmatrix} 0 & -1 \\ 1 & -1 \end{bmatrix} \begin{bmatrix} x_1(t) \\ x_2(t) \end{bmatrix} + \begin{bmatrix} \dfrac{1}{2} & 0 \\ \dfrac{1}{2} & 0 \end{bmatrix} \begin{bmatrix} f_1(t) \\ f_2(t) \end{bmatrix}$$

二、单输入-单输出系统状态方程与输出方程的列写

图 9-2-4 所示为一单输入-单输出系统，$f(t)$ 为激励，$y(t)$ 为响应。设系统为三阶的，即 $n=3$(这不影响所得结论的普遍性)。该系统的微分方程(取 $m=n$)为

$$(p^3+a_2p^2+a_1p+a_0)y(t)=(b_3p^3+b_2p^2+b_1p+b_0)f(t) \qquad (9-2-1a)$$

其系统函数为

$$H(s)=\frac{Y(s)}{F(s)}=\frac{b_3s^3+b_2s^2+b_1s+b_0}{s^3+a_2s^2+a_1s+a_0} \qquad (9-2-1b)$$

设 $H(s)$ 的分子与分母无公因式相消，则可根据系统的微分方程或 $H(s)$，画出其模拟图或信号流图，然后选取每一个积分器的输出变量作为状态变量，即可列出系统的状态方程与输出方程。由于系统的模拟图或信号流图有三种形式：直接型，并联型，级联型，因而所列出的状态方程与输出方程也将有所不同。下面一一叙述之。

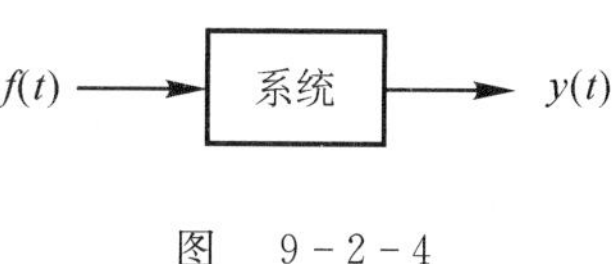

图　9-2-4

1. 直接模拟——相变量法

与式(9-2-1)相对应的直接型模拟图和信号流图如图 9-2-5(a)(b) 所示。选取每一个积分器的输出变量 $x_1(t)$，$x_2(t)$，$x_3(t)$ 作为状态变量，于是可列出系统的状态方程为

$$\dot{x}_1(t)=x_2(t)$$

$$\dot{x}_2(t)=x_3(t)$$

$$\dot{x}_3(t)=-a_0x_1(t)-a_1x_2(t)-a_2x_3(t)+f(t)$$

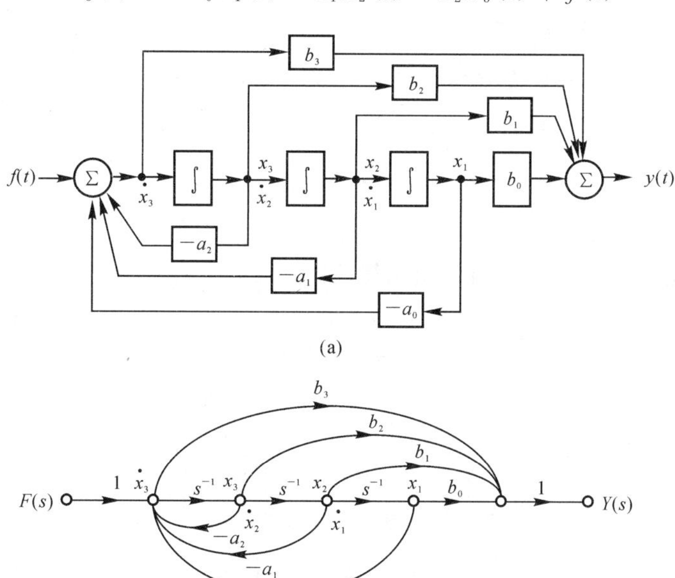

图　9-2-5

(a) 直接型的模拟图；(b) 直接型的信号流图

写成矩阵形式为

$$\begin{bmatrix}\dot{x}_1(t)\\ \dot{x}_2(t)\\ \dot{x}_3(t)\end{bmatrix}=\begin{bmatrix}0 & 1 & 0\\ 0 & 0 & 1\\ -a_0 & -a_1 & -a_2\end{bmatrix}\begin{bmatrix}x_1(t)\\ x_2(t)\\ x_3(t)\end{bmatrix}+\begin{bmatrix}0\\ 0\\ 1\end{bmatrix}[f(t)] \qquad (9-2-2)$$

这种形式的状态方程常称为可控标准型或能控标准型。又由于在相位上 $x_3(t)$，$x_2(t)$，$x_1(t)$

依次相差(超前)90°,故称 $x_1(t)$, $x_2(t)$, $x_3(t)$ 为相位变量(简称相变量)。由此建立状态方程与输出方程的方法,称为相位变量法,简称相变量法。

系统的输出方程为

$$y(t)=b_0x_1(t)+b_1x_2(t)+b_2x_3(t)+b_3\dot{x}_3(t)=$$
$$b_0x_1(t)+b_1x_2(t)+b_2x_3(t)+b_3[-a_0x_1(t)-a_1x_1(t)-a_2x_3(t)+f(t)]=$$
$$(b_0-b_3a_0)x_1(t)+(b_1-b_3a_1)x_2(t)+(b_2-b_3a_2)x_3(t)+b_3f(t)$$

写成矩阵形式为

$$[y(t)]=[b_0-b_3a_0 \quad b_1-b_3a_1 \quad b_2-b_3a_2]\begin{bmatrix}x_1(t)\\x_2(t)\\x_3(t)\end{bmatrix}+[b_3][f(t)] \tag{9-2-3}$$

故得矩阵 $\boldsymbol{A}$, $\boldsymbol{B}$, $\boldsymbol{C}$, $\boldsymbol{D}$ 为

$$\boldsymbol{A}=\begin{bmatrix}0 & 1 & 0\\0 & 0 & 1\\-a_0 & -a_1 & -a_2\end{bmatrix},\quad \boldsymbol{B}=\begin{bmatrix}0\\0\\1\end{bmatrix},\quad \boldsymbol{C}=[b_0-b_3a_0 \quad b_1-b_3a_1 \quad b_2-b_3a_2],\quad \boldsymbol{D}=[b_3]$$

式(9-2-2)和式(9-2-3)的列写规律及矩阵 $\boldsymbol{A},\boldsymbol{B},\boldsymbol{C},\boldsymbol{D}$ 的特点是显而易见的,无须赘述。

2. 并联模拟——对角线变量法

设式(9-2-1b)所示 $H(s)$ 的极点为单阶极点 p_1, p_2, p_3,则可将 $H(s)$ 展开为部分分式,即

$$H(s)=b_3+\frac{K_1}{s-p_1}+\frac{K_2}{s-p_2}+\frac{K_3}{s-p_3} \tag{9-2-4}$$

式中,K_1, K_2, K_3 为部分分式的待定系数,是可以求得的。与式(9-2-4)相对应的并联型模拟图与信号流图如图 9-2-6 所示。选取每一个积分器的输出变量 $x_1(t)$, $x_2(t)$, $x_3(t)$ 作为状态变量(称为对角线变量),于是可列出系统的状态方程为

$$\left.\begin{aligned}\dot{x}_1(t)&=p_1x_1(t)+f(t)\\\dot{x}_2(t)&=p_2x_2(t)+f(t)\\\dot{x}_3(t)&=p_3x_3(t)+f(t)\end{aligned}\right\}$$

写成矩阵形式为

$$\begin{bmatrix}\dot{x}_1(t)\\\dot{x}_2(t)\\\dot{x}_3(t)\end{bmatrix}=\begin{bmatrix}p_1 & 0 & 0\\0 & p_2 & 0\\0 & 0 & p_3\end{bmatrix}\begin{bmatrix}x_1(t)\\x_2(t)\\x_3(t)\end{bmatrix}+\begin{bmatrix}1\\1\\1\end{bmatrix}f(t)$$

系统的输出方程为

$$y(t)=K_1x_1(t)+K_2x_2(t)+K_3x_3(t)+b_3f(t)$$

写成矩阵形式为

$$[y(t)]=[K_1 \quad K_2 \quad K_3]\begin{bmatrix}x_1(t)\\x_2(t)\\x_3(t)\end{bmatrix}+[b_3][f(t)]$$

故得矩阵 $\boldsymbol{A}$, $\boldsymbol{B}$, $\boldsymbol{C}$, $\boldsymbol{D}$ 为

$$\boldsymbol{A}=\begin{bmatrix}p_1 & 0 & 0\\0 & p_2 & 0\\0 & 0 & p_3\end{bmatrix},\quad \boldsymbol{B}=\begin{bmatrix}1\\1\\1\end{bmatrix},\quad \boldsymbol{C}=[K_1 \quad K_2 \quad K_3],\quad \boldsymbol{D}=[b_3]$$

由以上的结果可以看出，在并联模拟（即取对角线变量）时，系统矩阵 **A** 为一对角阵，其对角线上的元素即为系统函数 $H(s)$ 的极点；控制矩阵 **B** 则为元素值均为 1 的列矩阵；输出矩阵 **C** 则为行矩阵，其元素值从左到右，依次为 $H(s)$ 的部分分式的系数。

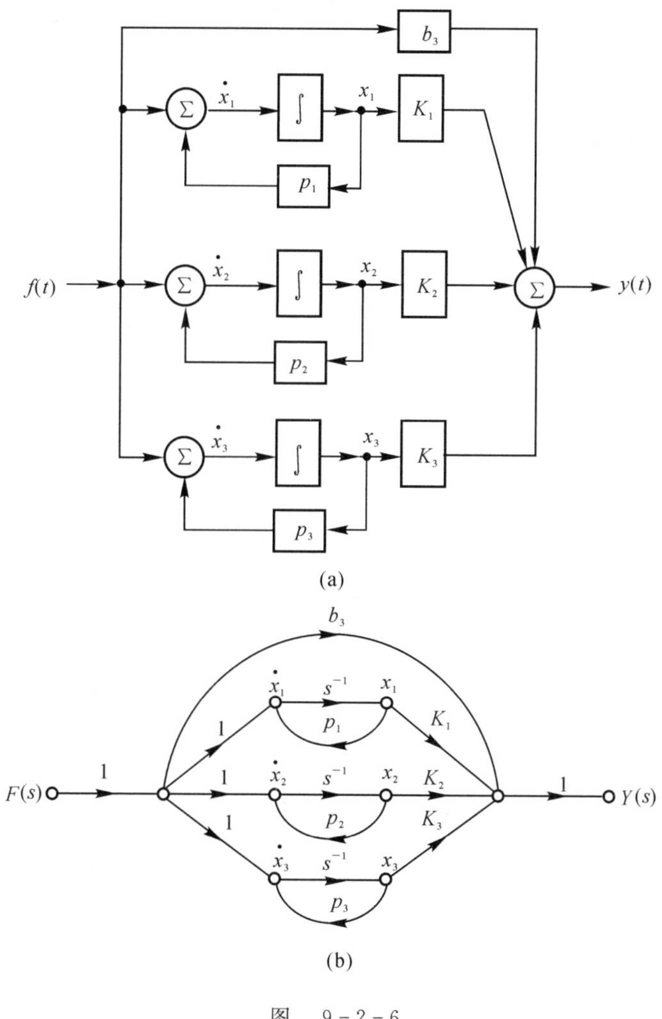

图　9-2-6

(a) 并联型的模拟图；(b) 并联型的信号流图

3. 级联模拟

设系统函数为

$$H(s)=\frac{2s+8}{s^3+6s^2+11s+6}=\frac{2(s+4)}{(s+1)(s+2)(s+3)}=\frac{2}{s+1}\,\frac{s+4}{s+2}\,\frac{1}{s+3}$$

于是可画出其级联型模拟图与信号流图，如图 9-2-7 所示。选取每一个积分器的输出变量 $x_1(t)$，$x_2(t)$，$x_3(t)$ 作为状态变量，于是可列出系统的状态方程为

$$\dot{x}_1(t)=-3x_1(t)+4x_2(t)+\dot{x}_2(t)=-3x_1(t)+4x_2(t)+[2x_3(t)-2x_2(t)]=$$

$$-3x_1(t)+2x_2(t)+2x_3(t)$$

$$\dot{x}_2(t)=-2x_2(t)+2x_3(t)$$

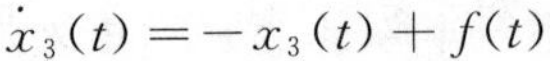

$$\dot{x}_3(t) = -x_3(t) + f(t)$$

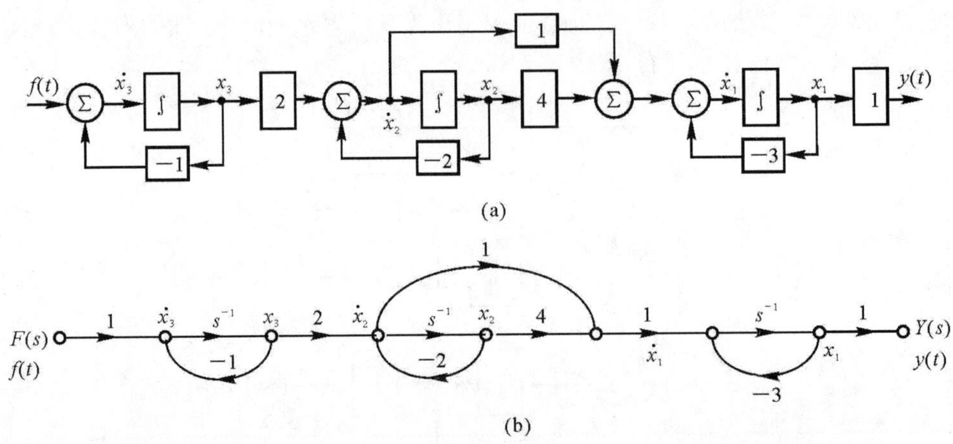

图 9-2-7

(a) 级联型模拟图；(b) 级联型信号流图

写成矩阵形式为

$$\begin{bmatrix} \dot{x}_1(t) \\ \dot{x}_2(t) \\ \dot{x}_3(t) \end{bmatrix} = \begin{bmatrix} -3 & 2 & 2 \\ 0 & -2 & 2 \\ 0 & 0 & -1 \end{bmatrix} \begin{bmatrix} x_1(t) \\ x_2(t) \\ x_3(t) \end{bmatrix} + \begin{bmatrix} 0 \\ 0 \\ 1 \end{bmatrix} [f(t)]$$

系统的输出方程为

$$y(t) = x_1(t)$$

写成矩阵形式为

$$[y(t)] = [1 \quad 0 \quad 0] \begin{bmatrix} x_1(t) \\ x_2(t) \\ x_3(t) \end{bmatrix} + [0][f(t)]$$

故得矩阵 $\boldsymbol{A}$，$\boldsymbol{B}$，$\boldsymbol{C}$，$\boldsymbol{D}$ 为

$$\boldsymbol{A} = \begin{bmatrix} -3 & 2 & 2 \\ 0 & -2 & 2 \\ 0 & 0 & -1 \end{bmatrix}, \quad \boldsymbol{B} = \begin{bmatrix} 0 \\ 0 \\ 1 \end{bmatrix}, \quad \boldsymbol{C} = [1 \quad 0 \quad 0], \quad \boldsymbol{D} = \boldsymbol{0}$$

可见级联模拟时，系统矩阵 $\boldsymbol{A}$ 为一上三角矩阵，其对角线上的元素即为 $H(s)$ 的极点，且其排列顺序正好与各子系统级联的顺序相反。矩阵 $\boldsymbol{B}$，$\boldsymbol{C}$，$\boldsymbol{D}$ 的特点与规律显而易见，不需赘述。

最后需要指出，即使对同一系统，由于其模拟图（或信号流图）不是唯一的，因而其状态变量的选取也将不是唯一的，故其状态方程与输出方程以及矩阵 $\boldsymbol{A}$，$\boldsymbol{B}$，$\boldsymbol{C}$，$\boldsymbol{D}$ 等，都会互不相同，但这不影响对系统特性分析所得结果的同一性。

4. 由框图列写状态方程与输出方程

由系统的框图列写状态方程与输出方程，一般是选取一阶子系统的输出信号作为状态变量。

例 9-2-4 列写图 9-2-8 所示系统的状态方程与输出方程。

解 选 $X_1(s)$，$X_2(s)$，$X_3(s)$ 为状态变量，则有

$$W(s) = X_3(s) + F(s)$$

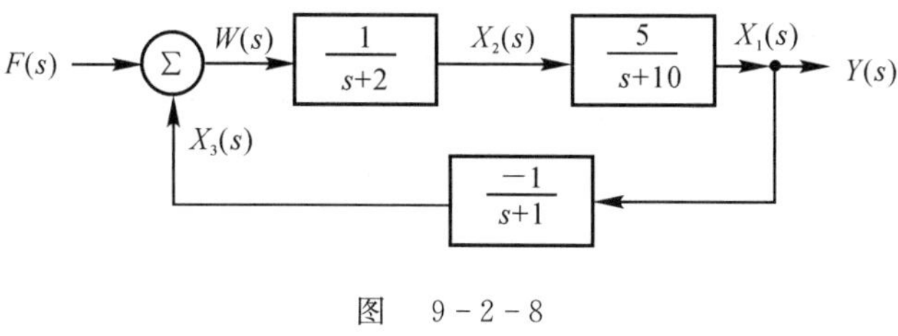

图　9-2-8

即
$$w(t)=x_3(t)+f(t)$$

又
$$X_2(s)=\frac{1}{s+2}W(s)$$

即
$$sX_2(s)=-2X_2(s)+W(s)$$

故
$$\dot{x}_2(t)=-2x_2(t)+w(t)=-2x_2(t)+x_3(t)+f(t)$$

又
$$X_1(s)=\frac{5}{s+10}X_2(s)$$

即
$$sX_1(s)=-10X_1(s)+5X_2(s)$$

故
$$\dot{x}_1(t)=-10x_1(t)+5x_2(t)$$

又
$$X_3(s)=\frac{-1}{s+1}X_1(s)$$

即
$$sX_3(s)=-X_1(s)-X_3(s)$$

故
$$\dot{x}_3(t)=-x_1(t)-x_3(t)$$

故得状态方程为

$$\begin{bmatrix}\dot{x}_1(t)\\\dot{x}_2(t)\\\dot{x}_3(t)\end{bmatrix}=\begin{bmatrix}-10&5&0\\0&-2&1\\-1&0&-1\end{bmatrix}\begin{bmatrix}x_1(t)\\x_2(t)\\x_3(t)\end{bmatrix}+\begin{bmatrix}0\\1\\0\end{bmatrix}[f(t)]$$

系统的输出方程为

$$y(t)=x_1(t)$$

写成矩阵形式为

$$[y(t)]=[1\quad 0\quad 0]\begin{bmatrix}x_1(t)\\x_2(t)\\x_3(t)\end{bmatrix}+[0][f(t)]$$

5. 从系统的微分方程列写状态方程与输出方程

设已知系统的微分方程为

$$y'''(t)+5y''(t)+7y'(t)+3y(t)=f(t)$$

取状态变量为

$$x_1(t)=y(t)$$
$$x_2(t)=y'(t)=\dot{x}_1(t)$$
$$x_3(t)=y''(t)=\dot{x}_2(t)$$

故
$$\dot{x}_3(t)=y'''(t)$$

代入原方程有

$$\dot{x}_3(t)+5\dot{x}_2(t)+7\dot{x}_1(t)+3x_1(t)=f(t)$$

即
$$\dot{x}_3(t)=-3x_1(t)-7x_2(t)-5x_3(t)+f(t)$$

故得系统的状态方程为

$$\dot{x}_1(t)=x_2(t)$$
$$\dot{x}_2(t)=x_3(t)$$
$$\dot{x}_3(t)=-3x_1(t)-7x_2(t)-5x_3(t)+f(t)$$

其矩阵形式为

$$\begin{bmatrix}\dot{x}_1(t)\\\dot{x}_2(t)\\\dot{x}_3(t)\end{bmatrix}=\begin{bmatrix}0&1&0\\0&0&1\\-3&-7&-5\end{bmatrix}\begin{bmatrix}x_1(t)\\x_2(t)\\x_3(t)\end{bmatrix}+\begin{bmatrix}0\\0\\1\end{bmatrix}[f(t)]$$

系统的输出方程为

$$y(t)=x_1(t)$$

即
$$[y(t)]=[1\quad 0\quad 0]\begin{bmatrix}x_1(t)\\x_2(t)\\x_3(t)\end{bmatrix}+[0][f(t)]$$

故有

$$\boldsymbol{A}=\begin{bmatrix}0&1&0\\0&0&1\\-3&-7&-5\end{bmatrix},\quad \boldsymbol{B}=\begin{bmatrix}0\\0\\1\end{bmatrix},\quad \boldsymbol{C}=[1\quad 0\quad 0],\quad \boldsymbol{D}=[0]$$

三、多输入-多输出系统状态方程与输出方程的列写

图 9-2-9 所示为具有两个输入 $f_1(t)$，$f_2(t)$ 和两个输出 $y_1(t)$，$y_2(t)$ 的多输入-多输出系统。选取每个积分器的输出变量为状态变量，则有

$$\dot{x}_1(t)=-2x_1(t)+2f_1(t)+3f_2(t)$$
$$\dot{x}_2(t)=-3x_2(t)-2f_1(t)+3f_2(t)$$

故得矩阵形式的状态方程为

$$\begin{bmatrix}\dot{x}_1(t)\\\dot{x}_2(t)\end{bmatrix}=\begin{bmatrix}-2&0\\0&-3\end{bmatrix}\begin{bmatrix}x_1(t)\\x_2(t)\end{bmatrix}+\begin{bmatrix}2&3\\-2&3\end{bmatrix}\begin{bmatrix}f_1(t)\\f_2(t)\end{bmatrix}$$

系统的输出方程为

$$y_1(t)=4x_1(t)$$
$$y_2(t)=y_1(t)+8x_2(t)=4x_1(t)+8x_2(t)$$

写成矩阵形式为

$$\begin{bmatrix}y_1(t)\\y_2(t)\end{bmatrix}=\begin{bmatrix}4&0\\4&8\end{bmatrix}\begin{bmatrix}x_1(t)\\x_2(t)\end{bmatrix}+\begin{bmatrix}0&0\\0&0\end{bmatrix}\begin{bmatrix}f_1(t)\\f_2(t)\end{bmatrix}$$

故得系统的系数矩阵为

$$\boldsymbol{A}=\begin{bmatrix}-2&0\\0&-3\end{bmatrix},\quad \boldsymbol{B}=\begin{bmatrix}2&3\\-2&3\end{bmatrix},\quad \boldsymbol{C}=\begin{bmatrix}4&0\\4&8\end{bmatrix},\quad \boldsymbol{D}=\begin{bmatrix}0&0\\0&0\end{bmatrix}$$

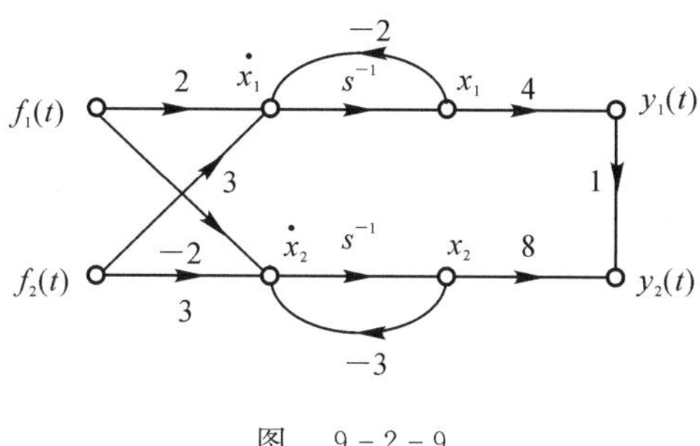

图　9-2-9

现将状态方程与输出方程的列写汇总于表 9-2-1 中，以便复习。

表 9-2-1　系统状态方程与输出方程列写

连续系统	从电路图列写	取独立电感电流和独立电容电压作为状态变量
	从模拟图或信号流图列写	取积分器的输出信号作为状态变量
	从系统框图列写	取一阶子系统的输出信号作为状态变量
	从系统微分方程列写	取 $y(t),y'(t),y''(t),\cdots$ 作为状态变量
	状态方程的矩阵形式	$\dot{\boldsymbol{x}}(t)=\boldsymbol{Ax}(t)+\boldsymbol{Bf}(t)$
	输出方程的矩阵形式	$\boldsymbol{y}(t)=\boldsymbol{Cx}(t)+\boldsymbol{Df}(t)$
离散系统	从模拟图或信号流图列写	以单位延迟器输出信号作为状态变量
	从系统的框图列写	取一阶子系统的输出信号作为状态变量
	状态方程的矩阵形式	$\boldsymbol{x}(k+1)=\boldsymbol{Ax}(k)+\boldsymbol{Bf}(k)$
	输出方程的矩阵形式	$\boldsymbol{y}(k)=\boldsymbol{Cx}(k)+\boldsymbol{Df}(k)$

注：(1) 离散系统状态方程与输出方程列写，见 9.5 节。

(2) 系统的状态变量个数与系统的阶数相匹配。也就是说，n 阶系统应有 n 个状态变量，而系统的阶数与系统中所含独立的储能元件相关联，也就是说，系统含独立储能元件的个数即是系统的阶数。若为电路(系统)，它所包含的独立电容、电感的个数即是电路(系统)的阶数；而对于模拟图组成的连续系统来说，图中的积分器属记忆元件，是体现储能的元件，模拟图中包含的独立积分器的个数即是这类系统的阶数；对于模拟图组成的离散系统，图中的单位延迟器属记忆元件，是体现储能的元件，所以这类模拟图中包含的独立单位延迟器的个数即是该类离散系统的阶数。

思考题

1. 对于“状态、状态变量只对记忆系统或者说储能系统有意义”这句话，你是如何理解的？

2. 若以 $i_C(t),u_L(t)$ 为状态变量，你能列写出图 9-2-1 所示电路的另一种形式的状态方程吗？过程简便否？清楚为何建议选独立电容电压、独立电感电流作状态变量的理由了吧！

3. “由电路列写状态方程时，建议选独立电容电压、独立电感电流作为状态变量；由模拟图列写状态方程时，建议选积分器的输出作为状态变量。”这与书中说的“状态变量的选择并不是唯一的”是否矛盾？

9.3　连续系统状态方程与输出方程的 s 域解法

一、状态方程的 s 域解法

对式(9-1-3)求拉普拉斯变换得

$$s\boldsymbol{X}(s)-\boldsymbol{x}(0^-)=\boldsymbol{AX}(s)+\boldsymbol{BF}(s)$$

即

$$\{s\boldsymbol{I}-\boldsymbol{A}\}\boldsymbol{X}(s)=\boldsymbol{x}(0^-)+\boldsymbol{BF}(s)$$

式中，$\boldsymbol{X}(s)=\mathscr{L}[\boldsymbol{x}(t)]$，$\boldsymbol{F}(s)=\mathscr{L}[\boldsymbol{f}(t)]$，$\boldsymbol{x}(0^-)$ 为初始状态向量，$\boldsymbol{I}$ 为与 $\boldsymbol{A}$ 同阶的单位矩阵。对上式等号两端同时左乘以矩阵$(s\boldsymbol{I}-\boldsymbol{A})^{-1}$，即得

$$\boldsymbol{X}(s)=(s\boldsymbol{I}-\boldsymbol{A})^{-1}\boldsymbol{x}(0^-)+(s\boldsymbol{I}-\boldsymbol{A})^{-1}\boldsymbol{BF}(s)=\underbrace{\boldsymbol{\Phi}(s)\boldsymbol{x}(0^-)}_{\text{零输入解}}+\underbrace{\boldsymbol{\Phi}(s)\boldsymbol{BF}(s)}_{\text{零状态解}} \tag{9-3-1a}$$

或

$$\boldsymbol{X}(s)=\boldsymbol{X}_{\mathrm{x}}(s)+\boldsymbol{X}_{\mathrm{f}}(s) \tag{9-3-1b}$$

式中，$\boldsymbol{\Phi}(s)=(s\boldsymbol{I}-\boldsymbol{A})^{-1}$ 称为状态预解矩阵，为 $n\times n$ 阶，即与 $\boldsymbol{A}$ 同阶；

$\boldsymbol{X}_{\mathrm{x}}(s)=\boldsymbol{\Phi}(s)\boldsymbol{x}(0^-)$ 称为状态向量 $\boldsymbol{x}(t)$ 的 s 域零输入解；

$\boldsymbol{X}_{\mathrm{f}}(s)=\boldsymbol{\Phi}(s)\boldsymbol{BF}(s)$ 称为状态向量 $\boldsymbol{x}(t)$ 的 s 域零状态解。

对式(9-3-1)进行拉普拉斯反变换，即得状态向量的时域解为

$$\boldsymbol{x}(t)=\boldsymbol{\varphi}(t)\boldsymbol{x}(0^-)+\mathscr{L}^{-1}\{\boldsymbol{\Phi}(s)\boldsymbol{BF}(s)\} \tag{9-3-2}$$

式中，$\boldsymbol{\varphi}(t)=\mathscr{L}^{-1}[\boldsymbol{\Phi}(s)]$ 称为状态转移矩阵。

$\boldsymbol{\varphi}(t)$ 与 $\boldsymbol{\Phi}(s)$ 为一对拉普拉斯变换对。即

$$\boldsymbol{\varphi}(t)\longleftrightarrow\boldsymbol{\Phi}(s)$$

二、输出方程的 s 域解法与转移函数矩阵 H(s)

对式(9-1-4)求拉普拉斯变换并将式(9-3-1a)代入，即得响应向量 $\boldsymbol{y}(t)$ 的 s 域解为

$$\boldsymbol{Y}(s)=\boldsymbol{CX}(s)+\boldsymbol{DF}(s)=\boldsymbol{C\Phi}(s)\boldsymbol{x}(0^-)+\{\boldsymbol{C\Phi}(s)\boldsymbol{B}+\boldsymbol{D}\}\boldsymbol{F}(s)=$$
$$\underbrace{\boldsymbol{C\Phi}(s)\boldsymbol{x}(0^-)}_{\text{零输入响应}}+\underbrace{\boldsymbol{H}(s)\boldsymbol{F}(s)}_{\text{零状态响应}} \tag{9-3-3a}$$

或

$$\boldsymbol{Y}(s)=\boldsymbol{Y}_{\mathrm{x}}(s)+\boldsymbol{Y}_{\mathrm{f}}(s) \tag{9-3-3b}$$

式(9-3-3a)中

$$\boldsymbol{H}(s)=\boldsymbol{C\Phi}(s)\boldsymbol{B}+\boldsymbol{D} \tag{9-3-4}$$

称为系统的转移函转矩阵，其阶数为 $r\times m$ 阶，即与 $\boldsymbol{D}$ 同阶；

$$\boldsymbol{Y}_{\mathrm{x}}(s)=\boldsymbol{C\Phi}(s)\boldsymbol{x}(0^-) \tag{9-3-5}$$

称为响应向量 $\boldsymbol{y}(t)$ 的 s 域零输入响应；

$$\boldsymbol{Y}_{\mathrm{f}}(s)=\boldsymbol{H}(s)\boldsymbol{F}(s) \tag{9-3-6}$$

称为响应向量 $\boldsymbol{y}(t)$ 的 s 域零状态响应。

对式(9-3-3a)进行拉普拉斯反变换，即得响应向量的时域解为

$$\boldsymbol{y}(t)=\underbrace{\boldsymbol{C\varphi}(t)\boldsymbol{x}(0^-)}_{\text{零输入响应}}+\underbrace{\mathscr{L}^{-1}[\boldsymbol{H}(s)\boldsymbol{F}(s)]}_{\text{零状态响应}} \tag{9-3-7}$$

或是对式(9－3－5)和式(9－3－6)进行拉普拉斯反变换,即得零输入响应向量与零状态响应向量分别为

$$\boldsymbol{y}_{\mathrm{x}}(t)=\boldsymbol{C}\boldsymbol{\varphi}(t)\boldsymbol{x}(0^{-}),\quad \boldsymbol{y}_{\mathrm{f}}(t)=\mathscr{L}^{-1}[\boldsymbol{H}(s)\boldsymbol{F}(s)]$$

三、转移函数矩阵 $\boldsymbol{H}(s)$ 的物理意义

图 9－3－1(a) 所示为具有 m 个激励、r 个响应的多输入-多输出零状态系统。今

$$\boldsymbol{H}(s)=\begin{bmatrix} H_{11}(s) & H_{12}(s) & \cdots & H_{1m}(s) \\ H_{21}(s) & H_{22}(s) & \cdots & H_{2m}(s) \\ \vdots & \vdots & & \vdots \\ H_{r1}(s) & H_{r2}(s) & \cdots & H_{rm}(s) \end{bmatrix}_{r\times m\text{阶}}$$

式中,$H_{ij}(s)=\dfrac{Y_i(s)}{F_j(s)}(i=1,\ 2,\ \cdots,\ r;\ j=1,\ 2,\ \cdots,\ m)$ 为在激励 $f_j(t)$ 单独作用时,联系响应 $y_i(t)$ 与激励 $f_j(t)$ 的转移函数,如图 9－3－1(b) 所示。

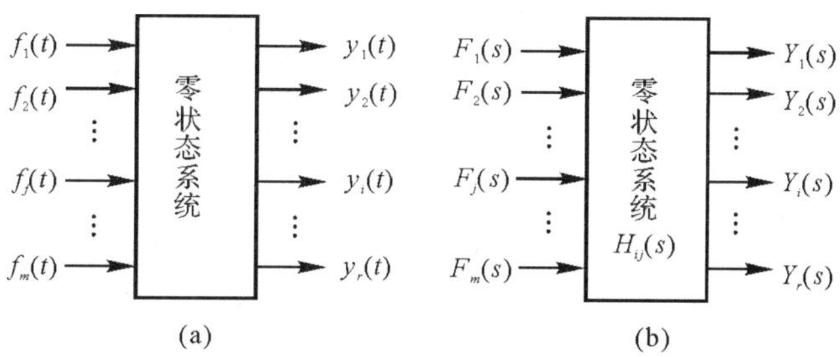

图　9－3－1

四、矩阵 $\boldsymbol{A}$ 的特征值与系统的自然频率

将式(9－3－4) 加以改写,即

$$\boldsymbol{H}(s)=\boldsymbol{C}(s\boldsymbol{I}-\boldsymbol{A})^{-1}\boldsymbol{B}+\boldsymbol{D}=\frac{\boldsymbol{C}\mathrm{adj}(s\boldsymbol{I}-\boldsymbol{A})}{|s\boldsymbol{I}-\boldsymbol{A}|}\boldsymbol{B}+\boldsymbol{D}=\frac{\boldsymbol{C}\mathrm{adj}(s\boldsymbol{I}-\boldsymbol{A})\boldsymbol{B}+|s\boldsymbol{I}-\boldsymbol{A}|\boldsymbol{D}}{|s\boldsymbol{I}-\boldsymbol{A}|} \tag{9-3-8}$$

式中,adj*$(s\boldsymbol{I}-\boldsymbol{A})$ 为矩阵$(s\boldsymbol{I}-\boldsymbol{A})$ 的伴随矩阵;矩阵$(s\boldsymbol{I}-\boldsymbol{A})$ 称为矩阵 $\boldsymbol{A}$ 的特征矩阵;行列式 $|s\boldsymbol{I}-\boldsymbol{A}|$ 的展开式称为矩阵 $\boldsymbol{A}$ 的特征多项式;$|s\boldsymbol{I}-\boldsymbol{A}|=0$ 称为矩阵 $\boldsymbol{A}$ 的特征方程(即系统的特征方程)。特征方程的根即为矩阵 $\boldsymbol{A}$ 的特征值,亦即 $\boldsymbol{H}(s)$ 中每一个元素 $H_{ij}(s)$ 的极点,也称为系统的自然频率或固有频率,也称为矩阵 $\boldsymbol{A}$ 的特征根。

例 9－3－1　已知系统的状态方程与输出方程为

$$\begin{bmatrix}\dot{x}_1(t)\\ \dot{x}_2(t)\end{bmatrix}=\begin{bmatrix}-1 & 0\\ 1 & -3\end{bmatrix}\begin{bmatrix}x_1(t)\\ x_2(t)\end{bmatrix}+\begin{bmatrix}1\\ 0\end{bmatrix}[f(t)]$$

$$[y(t)]=\begin{bmatrix}-\frac{1}{2} & 1\end{bmatrix}\begin{bmatrix}x_1(t)\\ x_2(t)\end{bmatrix}+[1][f(t)]$$

---

* 注:adj——adjoint matrix,伴随矩阵。

系统的激励 $f(t)=U(t)$，初始状态 $\begin{bmatrix}x_1(0^-)\\x_2(0^-)\end{bmatrix}=\begin{bmatrix}1\\2\end{bmatrix}$。(1) 求 $\boldsymbol{\varphi}(t)$；(2) 求 $\boldsymbol{x}(t)$；(3) 求 $\boldsymbol{H}(s)$；(4) 求全响应 $\boldsymbol{y}(t)$。

解 (1) $\boldsymbol{\Phi}(s)=(s\boldsymbol{I}-\boldsymbol{A})^{-1}=\left\{s\begin{bmatrix}1&0\\0&1\end{bmatrix}-\begin{bmatrix}-1&0\\1&-3\end{bmatrix}\right\}^{-1}=$

$$\begin{bmatrix}s+1&0\\-1&s+3\end{bmatrix}^{-1}=\frac{1}{(s+1)(s+3)}\begin{bmatrix}s+3&0\\1&s+1\end{bmatrix}=$$

$$\begin{bmatrix}\dfrac{1}{s+1}&0\\\dfrac{1}{(s+1)(s+3)}&\dfrac{1}{s+3}\end{bmatrix}=\begin{bmatrix}\dfrac{1}{s+1}&0\\\dfrac{\frac{1}{2}}{s+1}-\dfrac{\frac{1}{2}}{s+3}&\dfrac{1}{s+3}\end{bmatrix}$$

故得
$$\boldsymbol{\varphi}(t)=\begin{bmatrix}e^{-t}&0\\\frac{1}{2}(e^{-t}-e^{-3t})&e^{-3t}\end{bmatrix}$$

(2) $\boldsymbol{x}(t)=\boldsymbol{\varphi}(t)\boldsymbol{x}(0^-)+\mathscr{L}^{-1}[\boldsymbol{\Phi}(s)BF(s)]=$

$$\begin{bmatrix}e^{-t}&0\\\frac{1}{2}(e^{-t}-e^{-3t})&e^{-3t}\end{bmatrix}\begin{bmatrix}1\\2\end{bmatrix}+\mathscr{L}^{-1}\left\{\begin{bmatrix}\dfrac{1}{s+1}&0\\\dfrac{\frac{1}{2}}{s+1}-\dfrac{\frac{1}{2}}{s+3}&\dfrac{1}{s+3}\end{bmatrix}\begin{bmatrix}1\\0\end{bmatrix}\frac{1}{s}\right\}=$$

$$\begin{bmatrix}e^{-t}\\\frac{1}{2}(e^{-t}+3e^{-3t})\end{bmatrix}+\mathscr{L}^{-1}\begin{bmatrix}\dfrac{1}{s}-\dfrac{1}{s+1}\\\dfrac{1}{6}(\dfrac{2}{s}-\dfrac{3}{s+1}+\dfrac{1}{s+3})\end{bmatrix}=$$

$$\begin{bmatrix}e^{-t}\\\frac{1}{2}(e^{-t}+3e^{-3t})\end{bmatrix}+\begin{bmatrix}1-e^{-t}\\\frac{1}{6}(2-3e^{-t}+e^{-3t})\end{bmatrix}=\begin{bmatrix}1\\\frac{1}{3}(1+5e^{-3t})\end{bmatrix}U(t)$$

(3) $\boldsymbol{H}(s)=\boldsymbol{C}\boldsymbol{\Phi}(s)\boldsymbol{B}+\boldsymbol{D}=1-\dfrac{\frac{1}{2}}{s+3}$

(4) $\boldsymbol{F}(s)=\mathscr{L}[U(t)]=\dfrac{1}{s}$

$$\boldsymbol{y}(t)=\boldsymbol{C}\boldsymbol{\varphi}(t)\boldsymbol{x}(0^-)+\mathscr{L}^{-1}[\boldsymbol{H}(s)\boldsymbol{F}(s)]=$$

$$\Big[\underbrace{\frac{3}{2}e^{-3t}}_{\text{零输入响应}}+\underbrace{\frac{1}{6}(5+e^{-3t})}_{\text{零状态响应}}\Big]U(t)=\frac{5}{6}(1+2e^{-3t})U(t)$$

例 9-3-2 求下列各矩阵 $\boldsymbol{A}$ 的特征值(即系统的自然频率)：

(1) $\boldsymbol{A}=\begin{bmatrix}0&2\\-1&-2\end{bmatrix}$；(2) $\boldsymbol{A}=\begin{bmatrix}-2&0&0\\0&-1&0\\0&0&-3\end{bmatrix}$；(3) $\boldsymbol{A}=\begin{bmatrix}0&1&0\\0&0&1\\0&-2&-3\end{bmatrix}$。

解 (1) $|s\boldsymbol{I}-\boldsymbol{A}|=\left|s\begin{bmatrix}1&0\\0&1\end{bmatrix}-\begin{bmatrix}0&2\\-1&-2\end{bmatrix}\right|=$

$$s^2+2s+2=(s+1-\mathrm{j}1)(s+1+\mathrm{j}1)=0$$

故得特征值(系统的自然频率)为 $p_1=-1+\mathrm{j}1$，$p_2=-1-\mathrm{j}1=\overset{*}{p}_1$。

$$(2)\ |s\boldsymbol{I}-\boldsymbol{A}|=\left|s\begin{bmatrix}1&0&0\\0&1&0\\0&0&1\end{bmatrix}-\begin{bmatrix}-2&0&0\\0&-1&0\\0&0&-3\end{bmatrix}\right|=(s+2)(s+1)(s+3)=0$$

故得特征值(系统的自然频率)为 $p_1=-2$，$p_2=-1$，$p_3=-3$。可见,当 $\boldsymbol{A}$ 为对角阵时,其对角线上的元素值即为 $\boldsymbol{A}$ 的特征值。

$$(3)\ |s\boldsymbol{I}-\boldsymbol{A}|=\left|s\begin{bmatrix}1&0&0\\0&1&0\\0&0&1\end{bmatrix}-\begin{bmatrix}0&1&0\\0&0&1\\0&-2&-3\end{bmatrix}\right|=s(s+1)(s+2)=0$$

故得特征值(系统的自然频率)为 $p_1=0$，$p_2=-1$，$p_3=-2$。

例 9-3-3　求图 9-3-2 所示电路的自然频率。

解　以 $x_1(t)$，$x_2(t)$ 为状态变量,可列出状态方程为

$$\begin{bmatrix}\dot{x}_1(t)\\\dot{x}_2(t)\end{bmatrix}=\begin{bmatrix}-\frac{7}{2}&\frac{3}{2}\\\frac{1}{2}&-\frac{5}{2}\end{bmatrix}\begin{bmatrix}x_1(t)\\x_2(t)\end{bmatrix}+\begin{bmatrix}2\\0\end{bmatrix}[f(t)]$$

故

$$|s\boldsymbol{I}-\boldsymbol{A}|=\left|s\begin{bmatrix}1&0\\0&1\end{bmatrix}-\begin{bmatrix}-\frac{7}{2}&\frac{3}{2}\\\frac{1}{2}&-\frac{5}{2}\end{bmatrix}\right|=(s+2)(s+4)=0$$

故得电路的自然频率为 $p_1=-2$，$p_2=-4$。

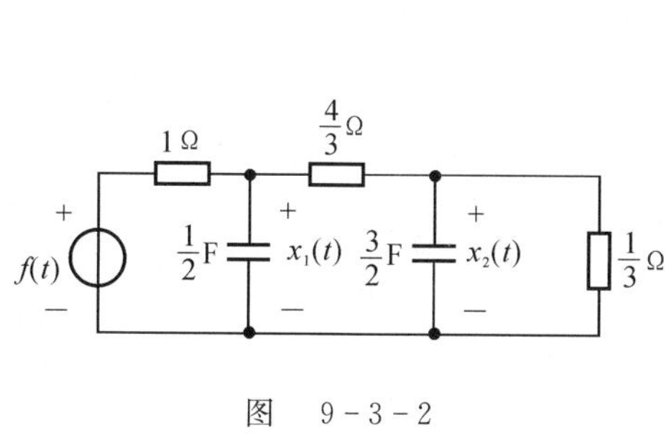

图　9-3-2

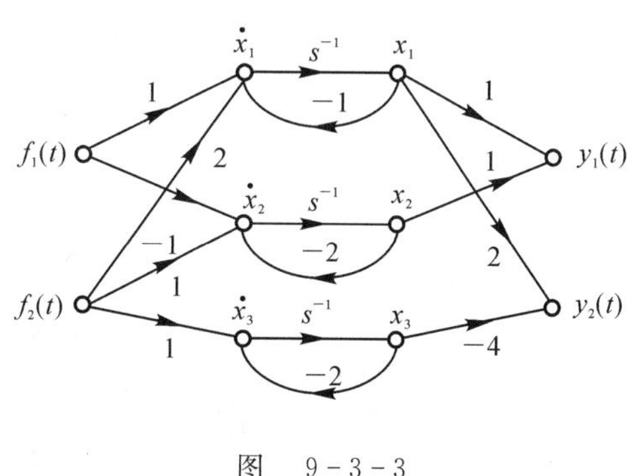

图　9-3-3

例 9-3-4　图 9-3-3 所示系统。(1) 列写系统的状态方程与输出方程;(2) 求系统的转移函数矩阵 $\boldsymbol{H}(s)$;(3) 求系统的微分方程。

解　(1) 选每一个积分器的输出信号 $x_1(t)$，$x_2(t)$，$x_3(t)$ 作为状态变量,则可列出状态方程为

$$\dot{x}_1(t)=-x_1(t)+f_1(t)+2f_2(t)$$
$$\dot{x}_2(t)=-2x_2(t)-f_1(t)+f_2(t)$$
$$\dot{x}_3(t)=-2x_3(t)+f_2(t)$$

即

$$\begin{bmatrix}\dot{x}_1(t)\\ \dot{x}_2(t)\\ \dot{x}_3(t)\end{bmatrix}=\begin{bmatrix}-1 & 0 & 0\\ 0 & -2 & 0\\ 0 & 0 & -2\end{bmatrix}\begin{bmatrix}x_1(t)\\ x_2(t)\\ x_3(t)\end{bmatrix}+\begin{bmatrix}1 & 2\\ -1 & 1\\ 0 & 1\end{bmatrix}\begin{bmatrix}f_1(t)\\ f_2(t)\end{bmatrix}$$

系统的输出方程为

$$y_1(t)=x_1(t)+x_2(t)$$

$$y_2(t)=2x_1(t)-4x_3(t)$$

即

$$\begin{bmatrix}y_1(t)\\ y_2(t)\end{bmatrix}=\begin{bmatrix}1 & 1 & 0\\ 2 & 0 & -4\end{bmatrix}\begin{bmatrix}x_1(t)\\ x_2(t)\\ x_3(t)\end{bmatrix}+\begin{bmatrix}0 & 0\\ 0 & 0\end{bmatrix}\begin{bmatrix}f_1(t)\\ f_2(t)\end{bmatrix}$$

(2) $\boldsymbol{H}(s)=\boldsymbol{C}(s\boldsymbol{I}-\boldsymbol{A})^{-1}\boldsymbol{B}+\boldsymbol{D}=\dfrac{1}{s^2+3s+2}\begin{bmatrix}1 & 3s+5\\ 2s+4 & 4\end{bmatrix}$

(3) $\boldsymbol{Y}(s)=\boldsymbol{H}(s)\boldsymbol{F}(s)$

即

$$\begin{bmatrix}Y_1(s)\\ Y_2(s)\end{bmatrix}=\frac{1}{s^2+3s+2}\begin{bmatrix}1 & 3s+5\\ 2s+4 & 4\end{bmatrix}\begin{bmatrix}F_1(s)\\ F_2(s)\end{bmatrix}$$

故得

$$Y_1(s)=\frac{1}{s^2+3s+2}F_1(s)+\frac{3s+5}{s^2+3s+2}F_2(s)$$

$$Y_2(s)=\frac{2s+4}{s^2+3s+2}F_1(s)+\frac{4}{s^2+3s+2}F_2(s)$$

故得系统的微分方程为

$$(p^2+3p+2)y_1(t)=f_1(t)+(3p+5)f_2(t)$$

$$(p^2+3p+2)y_2(t)=(2p+4)f_1(t)+4f_2(t)$$

例 9-3-5 已知系统的状态方程与输出方程为

$$\begin{bmatrix}\dot{x}_1(t)\\ \dot{x}_2(t)\\ \dot{x}_3(t)\end{bmatrix}=\begin{bmatrix}-1 & 0 & 0\\ 0 & -2 & 0\\ 0 & 0 & -3\end{bmatrix}\begin{bmatrix}x_1(t)\\ x_2(t)\\ x_3(t)\end{bmatrix}+\begin{bmatrix}0\\ 1\\ 1\end{bmatrix}[f(t)]$$

$$[y(t)]=[1\quad 1\quad 0]\begin{bmatrix}x_1(t)\\ x_2(t)\\ x_3(t)\end{bmatrix}+[0][f(t)]$$

(1) 画出系统的信号流图;(2) 求 $\boldsymbol{H}(s)$ 与 $\boldsymbol{h}(t)$;(3) 已知系统的初始状态为

$$\begin{bmatrix}x_1(0^-)\\ x_2(0^-)\\ x_3(0^-)\end{bmatrix}=\begin{bmatrix}1\\ 1\\ 1\end{bmatrix}$$

求系统的零输入响应 $y_x(t)$。

解 (1) 为了清晰地画出系统的信号流图,可将所给出的状态方程与输出方程改写成线性代数方程组的形式,即

$$\begin{cases}\dot{x}_1(t)=-x_1(t)\\ \dot{x}_2(t)=-2x_2(t)+f(t)\\ \dot{x}_3(t)=-3x_3(t)+f(t)\end{cases}$$

$$y(t)=x_1(t)+x_2(t)$$

于是，根据以上四式即可画出与之对应的信号流图，如图 9-3-4 所示。

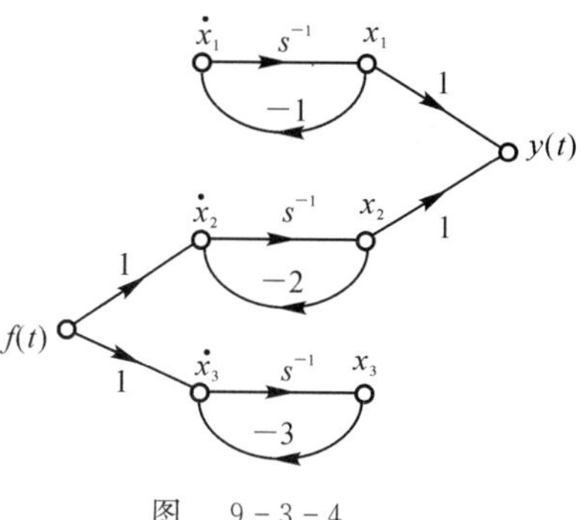

图　9-3-4

(2) $H(s)=\dfrac{Y(s)}{F(s)}=\boldsymbol{C}(s\boldsymbol{I}-\boldsymbol{A})^{-1}\boldsymbol{B}+\boldsymbol{D}=\dfrac{1}{s+2}$

得

$$h(t)=\mathrm{e}^{-2t}U(t)$$

(3) $Y_{\mathrm{x}}(s)=\boldsymbol{C}(s\boldsymbol{I}-\boldsymbol{A})^{-1}\boldsymbol{x}(0^-)=\dfrac{1}{s+1}+\dfrac{1}{s+2}$

得

$$y_{\mathrm{x}}(t)=\mathrm{e}^{-t}+\mathrm{e}^{-2t}\qquad t\geqslant 0$$

或

$$y_{\mathrm{x}}(t)=(\mathrm{e}^{-t}+\mathrm{e}^{-2t})U(t)$$

9.4　连续系统状态方程与输出方程的时域解法

一、状态方程的时域解法

给式(9-1-3)的等号两端同时左乘以 $\mathrm{e}^{-\boldsymbol{A}t}$，即

$$\mathrm{e}^{-\boldsymbol{A}t}\dot{\boldsymbol{x}}(t)=\mathrm{e}^{-\boldsymbol{A}t}\boldsymbol{A}\boldsymbol{x}(t)+\mathrm{e}^{-\boldsymbol{A}t}\boldsymbol{B}\boldsymbol{f}(t)$$

$$\mathrm{e}^{-\boldsymbol{A}t}\dot{\boldsymbol{x}}(t)-\mathrm{e}^{-\boldsymbol{A}t}\boldsymbol{A}\boldsymbol{x}(t)=\mathrm{e}^{-\boldsymbol{A}t}\boldsymbol{B}\boldsymbol{f}(t)$$

$$\frac{\mathrm{d}}{\mathrm{d}t}[\mathrm{e}^{-\boldsymbol{A}t}\boldsymbol{x}(t)]=\mathrm{e}^{-\boldsymbol{A}t}\boldsymbol{B}\boldsymbol{f}(t)$$

对上式等号两端同时积分，即

$$\int_{0^-}^{t}\frac{\mathrm{d}}{\mathrm{d}\tau}[\mathrm{e}^{-\boldsymbol{A}\tau}\boldsymbol{x}(\tau)]\mathrm{d}\tau=\int_{0^-}^{t}\mathrm{e}^{-\boldsymbol{A}\tau}\boldsymbol{B}\boldsymbol{f}(\tau)\mathrm{d}\tau$$

故有

$$\mathrm{e}^{-\boldsymbol{A}\tau}\boldsymbol{x}(\tau)\Big|_{0^-}^{t}=\int_{0^-}^{t}\mathrm{e}^{-\boldsymbol{A}\tau}\boldsymbol{B}\boldsymbol{f}(\tau)\mathrm{d}\tau$$

$$\mathrm{e}^{-\boldsymbol{A}t}\boldsymbol{x}(t)-\boldsymbol{x}(0^-)=\int_{0^-}^{t}\mathrm{e}^{-\boldsymbol{A}\tau}\boldsymbol{B}\boldsymbol{f}(\tau)\mathrm{d}\tau$$

$$\mathrm{e}^{-\boldsymbol{A}t}\boldsymbol{x}(t)=\boldsymbol{x}(0^-)+\int_{0^-}^{t}\mathrm{e}^{-\boldsymbol{A}\tau}\boldsymbol{B}\boldsymbol{f}(\tau)\mathrm{d}\tau$$

给上式等号两端同时左乘以矩阵指数函数 $\mathrm{e}^{\boldsymbol{A}t}$，即得状态向量的时域解为

$$\boldsymbol{x}(t)=\mathrm{e}^{\boldsymbol{A}t}\boldsymbol{x}(0^-)+\int_{0^-}^{t}\mathrm{e}^{\boldsymbol{A}(t-\tau)}\boldsymbol{B}\boldsymbol{f}(\tau)\mathrm{d}\tau=\underbrace{\mathrm{e}^{\boldsymbol{A}t}\boldsymbol{x}(0^-)}_{\text{零输入解}}+\underbrace{\mathrm{e}^{\boldsymbol{A}t}\boldsymbol{B}*\boldsymbol{f}(t)}_{\text{零状态解}}\qquad(9-4-1)$$

式中，符号“ * ”表示卷积。

式(9-4-1)具有明确的物理意义，即系统在任意时刻 t 的状态 $\boldsymbol{x}(t)$ 是由两部分组成：一部分是初始状态 $\boldsymbol{x}(0^-)$ 转移到 t 时刻的分量 $\mathrm{e}^{\boldsymbol{A}t}\boldsymbol{x}(0^-)$，故称 $\mathrm{e}^{\boldsymbol{A}t}$ 为状态转移矩阵；另一部分是由激励 $\boldsymbol{f}(t)$ 引起的分量 $\mathrm{e}^{\boldsymbol{A}t}\boldsymbol{B}*\boldsymbol{f}(t)$。这就是说，给系统施以激励 $\boldsymbol{f}(t)$，在 $\boldsymbol{f}(t)$ 的作用下，通过状态

转移矩阵 e^{At}（注意，e^{At} 描述的仅是系统本身的特性），即可将系统从初始状态 $\boldsymbol{x}(0^-)$ 转移到任意时刻 t 的状态 $\boldsymbol{x}(t)$。深刻理解 e^{At} 的物理意义，对于研究系统的可控性问题会有裨益。

二、矩阵函数的卷积与 e^{At} 的求解

从式(9-4-1)中看出，欲求得状态向量 $\boldsymbol{x}(t)$，一是必须知道 e^{At}，二是必须进行矩阵卷积的运算。下面分别介绍。

设有两个矩阵函数为

$$\boldsymbol{f}(t)=\begin{bmatrix} f_{11}(t) & f_{12}(t) \\ f_{21}(t) & f_{22}(t) \end{bmatrix},\quad \boldsymbol{g}(t)=\begin{bmatrix} g_{11}(t) \\ g_{21}(t) \end{bmatrix}$$

则求这两者卷积的运算规则，与两矩阵的乘法运算规则完全相同。即

$$\boldsymbol{f}(t)*\boldsymbol{g}(t)=\begin{bmatrix} f_{11}(t) & f_{12}(t) \\ f_{21}(t) & f_{22}(t) \end{bmatrix}*\begin{bmatrix} g_{11}(t) \\ g_{21}(t) \end{bmatrix}=\begin{bmatrix} f_{11}(t)*g_{11}(t)+f_{12}(t)*g_{21}(t) \\ f_{21}(t)*g_{11}(t)+f_{22}(t)*g_{21}(t) \end{bmatrix}$$

欲求得 e^{At}，可将式(9-4-1)与式(9-3-2)加以比较，即可看出有

$$e^{At}=\boldsymbol{\varphi}(t)=\mathscr{L}^{-1}[\boldsymbol{\Phi}(s)]=\mathscr{L}^{-1}(s\boldsymbol{I}-\boldsymbol{A})^{-1} \tag{9-4-2}$$

同时又可得

$$\boldsymbol{\Phi}(s)=\mathscr{L}[e^{At}] \tag{9-4-3}$$

即 $\boldsymbol{\Phi}(s)$ 与 $e^{A(t)}=\boldsymbol{\varphi}(t)$ 为一对拉普拉斯变换对。即有

$$e^{At}=\boldsymbol{\varphi}(t)\longleftrightarrow\boldsymbol{\Phi}(s)$$

三、输出方程的时域解与单位冲激响应矩阵 $\boldsymbol{h}(t)$

将式(9-4-1)代入式(9-1-4)，即得响应向量的时域解为

$$\boldsymbol{y}(t)=\boldsymbol{C}\{e^{At}\boldsymbol{x}(0^-)+e^{At}\boldsymbol{B}*\boldsymbol{f}(t)\}+\boldsymbol{D}\boldsymbol{f}(t) \tag{9-4-4}$$

因有 $\delta(t)*f(t)=f(t)$，仿此，引入一个 $m\times m$（m 为系统激励的个数）阶的单位冲激激励对角矩阵 $\boldsymbol{\delta}(t)$，即

$$\boldsymbol{\delta}(t)=\begin{bmatrix} \delta(t) & & & & 0 \\ & \ddots & & & \\ & & \delta(t) & & \\ & & & \ddots & \\ 0 & & & & \delta(t) \end{bmatrix}_{m\times m\text{阶}}$$

则有 $\boldsymbol{\delta}(t)*\boldsymbol{f}(t)=\boldsymbol{f}(t)$。于是可将式(9-4-4)改写为

$$\begin{aligned}\boldsymbol{y}(t)&=\boldsymbol{C}e^{At}\boldsymbol{x}(0^-)+\boldsymbol{C}e^{At}\boldsymbol{B}*\boldsymbol{f}(t)+\boldsymbol{D}\boldsymbol{\delta}(t)*\boldsymbol{f}(t)=\\&\boldsymbol{C}e^{At}\boldsymbol{x}(0^-)+\{\boldsymbol{C}e^{At}\boldsymbol{B}+\boldsymbol{D}\boldsymbol{\delta}(t)\}*\boldsymbol{f}(t)=\underbrace{\boldsymbol{C}e^{At}\boldsymbol{x}(0^-)}_{\text{零输入响应}}+\underbrace{\boldsymbol{h}(t)*\boldsymbol{f}(t)}_{\text{零状态响应}}\end{aligned}$$

式中

$$\boldsymbol{h}(t)=\boldsymbol{C}e^{At}\boldsymbol{B}+\boldsymbol{D}\boldsymbol{\delta}(t)=\boldsymbol{C}\boldsymbol{\varphi}(t)\boldsymbol{B}+\boldsymbol{D}\boldsymbol{\delta}(t) \tag{9-4-5}$$

称为系统的单位冲激响应矩阵，为 $r\times m$ 阶，即与 $\boldsymbol{D}$ 同阶。

将式(9-4-5)进行拉普拉斯变换得

$$\mathscr{L}[\boldsymbol{h}(t)]=\boldsymbol{H}(s)=\boldsymbol{C}\boldsymbol{\Phi}(s)\boldsymbol{B}+\boldsymbol{D} \tag{9-4-6}$$

可见 $\boldsymbol{h}(t)$ 与 $\boldsymbol{H}(s)$ 为一对拉普拉斯变换对。故又得

$$\boldsymbol{h}(t)=\mathscr{L}^{-1}[\boldsymbol{H}(s)]$$

即有

$$\boldsymbol{h}(t)\longleftrightarrow\boldsymbol{H}(s)$$

例 9-4-1　用时域法求解例 9-3-1。

解　(1) 求 $\boldsymbol{x}(t)$：零输入解为

$$\mathrm{e}^{\boldsymbol{A}t}\boldsymbol{x}(0^-)=\boldsymbol{\varphi}(t)\boldsymbol{x}(0^-)=\begin{bmatrix}\mathrm{e}^{-t} & 0\\ \frac{1}{2}(\mathrm{e}^{-t}-\mathrm{e}^{-3t}) & \mathrm{e}^{-3t}\end{bmatrix}\begin{bmatrix}1\\2\end{bmatrix}=\begin{bmatrix}\mathrm{e}^{-t}\\ \frac{1}{2}(\mathrm{e}^{-t}+3\mathrm{e}^{-3t})\end{bmatrix}U(t)$$

零状态解为

$$\boldsymbol{\varphi}(t)\boldsymbol{B}*\boldsymbol{f}(t)=\begin{bmatrix}\mathrm{e}^{-t} & 0\\ \frac{1}{2}(\mathrm{e}^{-t}-\mathrm{e}^{-3t}) & \mathrm{e}^{-3t}\end{bmatrix}\begin{bmatrix}1\\0\end{bmatrix}*U(t)=\begin{bmatrix}1-\mathrm{e}^{-t}\\ \frac{1}{6}(2-3\mathrm{e}^{-t}+\mathrm{e}^{-3t})\end{bmatrix}U(t)$$

故

$$\boldsymbol{x}(t)=\text{零输入解}+\text{零状态解}=\boldsymbol{\varphi}(t)\boldsymbol{x}(0^-)+\boldsymbol{\varphi}(t)\boldsymbol{B}*\boldsymbol{f}(t)=$$

$$\begin{bmatrix}U(t)\\ \frac{1}{3}(1+5\mathrm{e}^{-3t})U(t)\end{bmatrix}=\begin{bmatrix}1\\ \frac{1}{3}(1+5\mathrm{e}^{-3t})\end{bmatrix}U(t)$$

(2) 求 $\boldsymbol{y}(t)$：零输入响应为

$$\boldsymbol{C\varphi}(t)\boldsymbol{x}(0^-)=\frac{3}{2}\mathrm{e}^{-3t},\quad t\geqslant 0$$

单位冲激响应矩阵为

$$\boldsymbol{h}(t)=\mathscr{L}^{-1}[\boldsymbol{H}(s)]=\mathscr{L}^{-1}\left[1-\frac{1}{2}\,\frac{1}{s+3}\right]=\delta(t)-\frac{1}{2}\mathrm{e}^{-3t}U(t)$$

零状态响应为

$$\boldsymbol{h}(t)*\boldsymbol{f}(t)=\left[\delta(t)-\frac{1}{2}\mathrm{e}^{-3t}U(t)\right]*U(t)=\frac{1}{6}(5+\mathrm{e}^{-3t})U(t)$$

全响应为

$$\boldsymbol{y}(t)=\text{零输入响应}+\text{零状态响应}=$$

$$\boldsymbol{C\varphi}(t)\boldsymbol{x}(0^-)+\boldsymbol{h}(t)*\boldsymbol{f}(t)=\frac{5}{6}(1+2\mathrm{e}^{-3t})U(t)$$

例 9-4-2　图 9-4-1 所示系统。(1) 列写系统的状态方程与输出方程；(2) 求系统的微分方程；(3) 当激励 $f(t)=U(t)$ 时，已知系统的全响应为 $y(t)=\left(\frac{1}{3}+\frac{1}{2}\mathrm{e}^{-t}-\frac{5}{6}\mathrm{e}^{-3t}\right)U(t)$，求系统的初始状态 $\begin{bmatrix}x_1(0^-)\\x_2(0^-)\end{bmatrix}$。

解　(1) 选积分器的输出变量 $x_1(t)$，$x_2(t)$ 作为状态变量，则可列出状态方程为

$$\dot{x}_1(t)=-4x_1(t)+x_2(t)+f(t)$$

$$\dot{x}_2(t)=-3x_1(t)+f(t)$$

即

$$\begin{bmatrix}\dot{x}_1(t)\\ \dot{x}_2(t)\end{bmatrix}=\begin{bmatrix}-4 & 1\\ -3 & 0\end{bmatrix}\begin{bmatrix}x_1(t)\\ x_2(t)\end{bmatrix}+\begin{bmatrix}1\\1\end{bmatrix}[f(t)]$$

输出方程为

$$[y(t)]=x_1(t)=[1\quad 0]\begin{bmatrix}x_1(t)\\x_2(t)\end{bmatrix}+[0][f(t)]$$

得各系数矩阵为

$$\boldsymbol{A}=\begin{bmatrix}-4 & 1\\-3 & 0\end{bmatrix},\quad \boldsymbol{B}=\begin{bmatrix}1\\1\end{bmatrix},\quad \boldsymbol{C}=[1\quad 0],\quad \boldsymbol{D}=\boldsymbol{0}$$

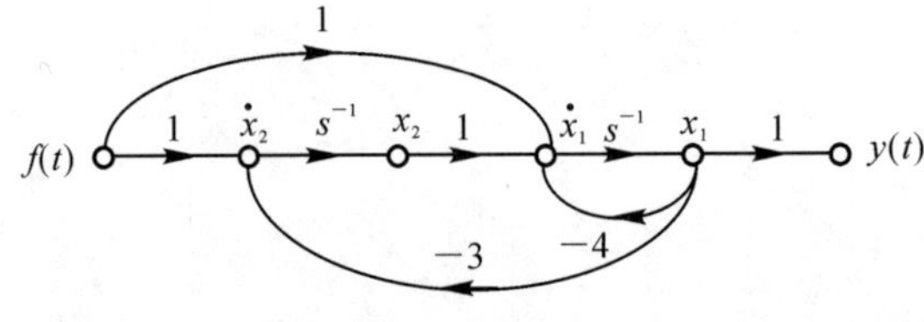

图 9-4-1

(2) $\boldsymbol{\Phi}(s)=[s\boldsymbol{I}-\boldsymbol{A}]^{-1}=\dfrac{1}{s^2+4s+3}\begin{bmatrix}s & 1\\-3 & s+4\end{bmatrix}$

$$\boldsymbol{H}(s)=\boldsymbol{C\Phi}(s)\boldsymbol{B}+\boldsymbol{D}=\frac{s+1}{s^2+4s+3}$$

系统的微分方程为

$$y''(t)+4y'(t)+3y(t)=f'(t)+f(t)$$

(3) $F(s)=\mathscr{L}[f(t)]=\mathscr{L}[U(t)]=\dfrac{1}{s}$

零状态响应的像函数为

$$Y_{\mathrm{f}}(s)=H(s)F(s)=\frac{s+1}{s^2+4s+3}\,\frac{1}{s}=$$

$$\frac{s+1}{(s+1)(s+3)}\,\frac{1}{s}=\frac{1}{s(s+3)}=\frac{1}{3}\,\frac{1}{s}-\frac{1}{3}\,\frac{1}{s+3}$$

故得零状态响应为

$$y_{\mathrm{f}}(t)=\frac{1}{3}(1-\mathrm{e}^{-3t})U(t)$$

进而得零输入响应为

$$y_{\mathrm{x}}(t)=y(t)-y_{\mathrm{f}}(t)=\left(\frac{1}{2}\mathrm{e}^{-t}-\frac{1}{2}\mathrm{e}^{-3t}\right)U(t)$$

又 $$y_{\mathrm{x}}'(t)=\left(-\frac{1}{2}\mathrm{e}^{-t}+\frac{3}{2}\mathrm{e}^{-3t}\right)U(t)$$

故 $$y_{\mathrm{x}}(0^+)=0$$

$$y_{\mathrm{x}}'(0^+)=1$$

又因有 $$\boldsymbol{y}_{\mathrm{x}}(t)=\boldsymbol{C}\mathrm{e}^{\boldsymbol{A}t}\boldsymbol{x}(0^-)=\boldsymbol{C}\mathrm{e}^{\boldsymbol{A}t}\boldsymbol{x}(0^+)$$

故 $$\boldsymbol{y}_{\mathrm{x}}'(t)=\boldsymbol{CA}\mathrm{e}^{\boldsymbol{A}t}\boldsymbol{x}(0^+)$$

$$\boldsymbol{y}_{\mathrm{x}}(0^+)=\boldsymbol{Cx}(0^+)=[1\quad 0]\begin{bmatrix}x_1(0^+)\\x_2(0^+)\end{bmatrix}=x_1(0^+)=0$$

$$\boldsymbol{y}_x'(0^+)=\boldsymbol{CAx}(0^+)$$

即

$$y_x(0^+)=\begin{bmatrix}1 & 0\end{bmatrix}\begin{bmatrix}x_1(0^+)\\x_2(0^+)\end{bmatrix}=x_1(0^+)=0$$

$$y_x'(0^+)=\begin{bmatrix}1 & 0\end{bmatrix}\begin{bmatrix}-4 & 1\\-3 & 0\end{bmatrix}\begin{bmatrix}x_1(0^+)\\x_2(0^+)\end{bmatrix}=\begin{bmatrix}-4 & 1\end{bmatrix}\begin{bmatrix}x_1(0^+)\\x_2(0^+)\end{bmatrix}=-4x_1(0^+)+x_2(0^+)=1$$

联立求解得 $x_1(0^+)=x_1(0^-)=0$，$x_2(0^+)=x_2(0^-)=1$。故得初始状态为

$$\begin{bmatrix}x_1(0^-)\\x_2(0^-)\end{bmatrix}=\begin{bmatrix}0\\1\end{bmatrix}$$

9.5　离散系统状态变量分析

一、状态方程与输出方程的列写

用状态变量法分析离散系统，与连续系统的情况一样，也是先要建立系统的数学模型——状态方程与输出方程。在离散系统中，状态方程与输出方程的矩阵标准形式为

$$\boldsymbol{x}(k+1)=\boldsymbol{Ax}(k)+\boldsymbol{Bf}(k) \tag{9-5-1}$$

$$\boldsymbol{y}(k)=\boldsymbol{Cx}(k)+\boldsymbol{Df}(k) \tag{9-5-2}$$

式中，$\boldsymbol{x}(k)$ 为状态向量($n\times1$ 阶)；$\boldsymbol{f}(k)$ 为激励向量($m\times1$ 阶)；$\boldsymbol{y}(k)$ 为响应向量($r\times1$ 阶)；$\boldsymbol{x}(k+1)$ 为状态向量 $\boldsymbol{x}(k)$ 经过序号增 1 移序后的向量，相当于连续系统中的 $\dot{\boldsymbol{x}}(t)$；$\boldsymbol{A}$，$\boldsymbol{B}$，$\boldsymbol{C}$，$\boldsymbol{D}$ 为系统的各系数矩阵。

对于离散系统，不管是单输入-单输出系统，还是多输入-多输出系统，其状态方程与输出方程建立的方法以及方程的形式，都与连续系统完全相同，不需再赘述。在离散系统中，状态变量的选取也不是唯一的，但一般都是选取单位延时器的输出变量作为状态变量，相当于连续系统中选取积分器的输出变量作为状态变量一样。下面用实例说明离散系统状态方程与输出方程的列写方法。

例 9-5-1　图 9-5-1 所示为具有两个输入、两个输出的多输入-多输出二阶离散系统。试列写出状态方程与输出方程。

解　选每个单位延时器的输出变量 $x_1(k)$，$x_2(k)$ 为状态变量，则可列出状态方程为

$$x_1(k+1)=ax_1(k)+f_1(k)$$

$$x_2(k+1)=bx_2(k)+f_2(k)$$

即

$$\begin{bmatrix}x_1(k+1)\\x_2(k+1)\end{bmatrix}=\begin{bmatrix}a & 0\\0 & b\end{bmatrix}\begin{bmatrix}x_1(k)\\x_2(k)\end{bmatrix}+\begin{bmatrix}1 & 0\\0 & 1\end{bmatrix}\begin{bmatrix}f_1(k)\\f_2(k)\end{bmatrix}$$

系统的输出方程为

$$y_1(k)=x_1(k)+x_2(k)$$

$$y_2(k)=x_2(k)+f_1(k)$$

即

$$\begin{bmatrix}y_1(k)\\y_2(k)\end{bmatrix}=\begin{bmatrix}1 & 1\\0 & 1\end{bmatrix}\begin{bmatrix}x_1(k)\\x_2(k)\end{bmatrix}+\begin{bmatrix}0 & 0\\1 & 0\end{bmatrix}\begin{bmatrix}f_1(k)\\f_2(k)\end{bmatrix}$$

故得各系数矩阵为

$$\boldsymbol{A}=\begin{bmatrix}a & 0\\0 & b\end{bmatrix},\quad \boldsymbol{B}=\begin{bmatrix}1 & 0\\0 & 1\end{bmatrix},\quad \boldsymbol{C}=\begin{bmatrix}1 & 1\\0 & 1\end{bmatrix},\quad \boldsymbol{D}=\begin{bmatrix}0 & 0\\1 & 0\end{bmatrix}$$

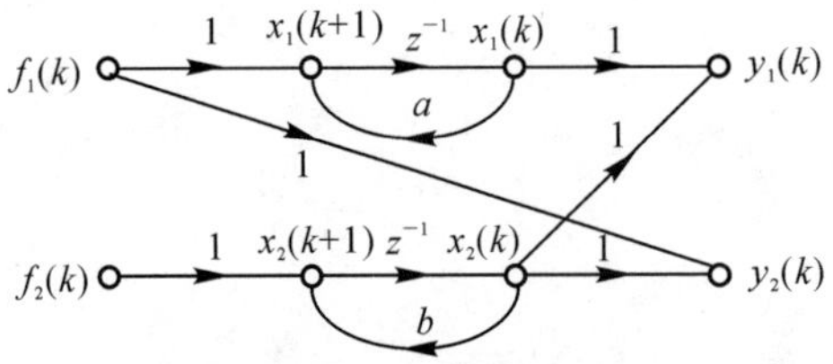

图 9-5-1

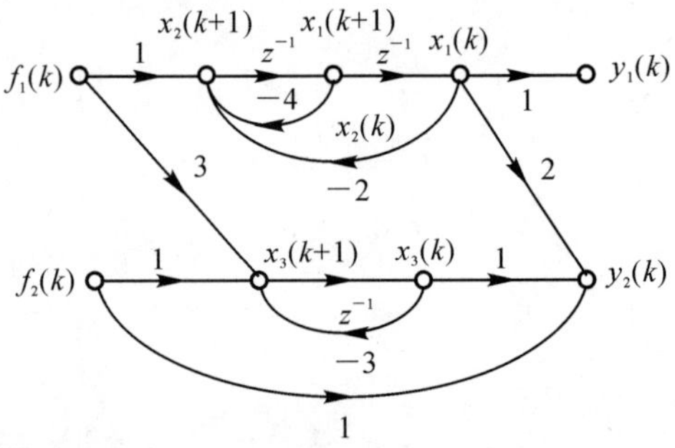

图 9-5-2

例 9-5-2 图 9-5-2 所示为具有两个输入、两个输出的三阶多输入-多输出离散系统。试列写出系统的状态方程与输出方程。

解 选每一个单位延时器的输出变量 $x_1(k)$，$x_2(k)$，$x_3(k)$ 为状态变量，则可列出状态方程为

$$\begin{aligned}x_1(k+1)&=x_2(k)\\x_2(k+1)&=-2x_1(k)-4x_2(k)+f_1(k)\\x_3(k+1)&=-3x_3(k)+3f_1(k)+f_2(k)\end{aligned}$$

即
$$\begin{bmatrix}x_1(k+1)\\x_2(k+1)\\x_3(k+1)\end{bmatrix}=\begin{bmatrix}0 & 1 & 0\\-2 & -4 & 0\\0 & 0 & -3\end{bmatrix}\begin{bmatrix}x_1(k)\\x_2(k)\\x_3(k)\end{bmatrix}+\begin{bmatrix}0 & 0\\1 & 0\\3 & 1\end{bmatrix}\begin{bmatrix}f_1(k)\\f_2(k)\end{bmatrix}$$

系统的输出方程为

$$\begin{aligned}y_1(k)&=x_1(k)\\y_2(k)&=2x_1(k)+x_3(k)+f_2(k)\end{aligned}$$

即
$$\begin{bmatrix}y_1(k)\\y_2(k)\end{bmatrix}=\begin{bmatrix}1 & 0 & 0\\2 & 0 & 1\end{bmatrix}\begin{bmatrix}x_1(k)\\x_2(k)\\x_3(k)\end{bmatrix}+\begin{bmatrix}0 & 0\\0 & 1\end{bmatrix}\begin{bmatrix}f_1(k)\\f_2(k)\end{bmatrix}$$

故得各系数矩阵为

$$\boldsymbol{A}=\begin{bmatrix}0 & 1 & 0\\-2 & -4 & 0\\0 & 0 & -3\end{bmatrix},\quad \boldsymbol{B}=\begin{bmatrix}0 & 0\\1 & 0\\3 & 1\end{bmatrix},\quad \boldsymbol{C}=\begin{bmatrix}1 & 0 & 0\\2 & 0 & 1\end{bmatrix},\quad \boldsymbol{D}=\begin{bmatrix}0 & 0\\0 & 1\end{bmatrix}$$

二、状态方程与输出方程的 z 域解法

1. 状态方程的 z 域解

对式(9-5-1)求 z 变换得

$$z\boldsymbol{X}(z)-z\boldsymbol{x}(0)=\boldsymbol{AX}(z)+\boldsymbol{BF}(z)$$

即
$$(z\boldsymbol{I}-\boldsymbol{A})\boldsymbol{X}(z)=z\boldsymbol{x}(0)+\boldsymbol{BF}(z)$$

式中，$\boldsymbol{X}(z)=\mathscr{Z}[\boldsymbol{x}(k)]$；$\boldsymbol{F}(z)=\mathscr{Z}[\boldsymbol{f}(k)]$；$\boldsymbol{x}(0)$ 为初始状态向量；$\boldsymbol{I}$ 为与 $\boldsymbol{A}$ 同阶的单位矩阵。对上式等号两端同时左乘以矩阵 $(z\boldsymbol{I}-\boldsymbol{A})^{-1}$，即有

$$\boldsymbol{X}(z)=(z\boldsymbol{I}-\boldsymbol{A})^{-1}z\boldsymbol{x}(0)+(z\boldsymbol{I}-\boldsymbol{A})^{-1}\boldsymbol{BF}(z)=\underbrace{\boldsymbol{\Phi}(z)\boldsymbol{x}(0)}_{z\text{域零输入解}}+\underbrace{(z\boldsymbol{I}-\boldsymbol{A})^{-1}\boldsymbol{BF}(z)}_{z\text{域零状态解}} \tag{9-5-3}$$

式中

$$\boldsymbol{\Phi}(z)=(z\boldsymbol{I}-\boldsymbol{A})^{-1}z \tag{9-5-4}$$

称为状态预解矩阵，为 $n\times n$ 阶，即与 $\boldsymbol{A}$ 同阶。

对式(9－5－3)进行 z 反变换即得状态向量的时域解为

$$\boldsymbol{x}(k)=\underbrace{\boldsymbol{\varphi}(k)\boldsymbol{x}(0)}_{\text{时域零输入解}}+\underbrace{\mathscr{Z}^{-1}\{(z\boldsymbol{I}-\boldsymbol{A})^{-1}\boldsymbol{BF}(z)\}}_{\text{时域零状态解}} \tag{9-5-5}$$

式中

$$\boldsymbol{\varphi}(k)=\mathscr{Z}^{-1}[\boldsymbol{\Phi}(z)]=\mathscr{Z}^{-1}\{(z\boldsymbol{I}-\boldsymbol{A})^{-1}z\}$$

称为状态转移矩阵。$\boldsymbol{\varphi}(k)$ 与 $\boldsymbol{\Phi}(z)$ 为一对 z 变换对，即 $\boldsymbol{\Phi}(z)=\mathscr{Z}[\boldsymbol{\varphi}(k)]$，即有

$$\boldsymbol{\varphi}(k)\longleftrightarrow\boldsymbol{\Phi}(z)$$

2. 输出方程的 z 域解与转移函数矩阵 $\boldsymbol{H}(z)$

对式(9－5－2)求 z 变换并将式(9－5－3)代入，即得响应向量 $\boldsymbol{y}(k)$ 的 z 域解。即

$$\boldsymbol{Y}(z)=\boldsymbol{CX}(z)+\boldsymbol{DF}(z) \tag{9-5-6a}$$

即

$$\boldsymbol{Y}(z)=\boldsymbol{C\Phi}(z)\boldsymbol{x}(0)+\{\boldsymbol{C}(z\boldsymbol{I}-\boldsymbol{A})^{-1}\boldsymbol{B}+\boldsymbol{D}\}\boldsymbol{F}(z)=\underbrace{\boldsymbol{C\Phi}(z)\boldsymbol{x}(0)}_{z\text{域零输入响应}}+\underbrace{\boldsymbol{H}(z)\boldsymbol{F}(z)}_{z\text{域零状态响应}} \tag{9-5-6b}$$

式中

$$\boldsymbol{H}(z)=\boldsymbol{C}(z\boldsymbol{I}-\boldsymbol{A})^{-1}\boldsymbol{B}+\boldsymbol{D} \tag{9-5-7}$$

称为 z 域转移函数矩阵，其物理意义与连续系统的 $\boldsymbol{H}(s)$ 相同。

对式(9－5－6)进行 z 反变换，即得响应向量的时域解为

$$\boldsymbol{y}(k)=\underbrace{\boldsymbol{C\varphi}(k)\boldsymbol{x}(0)}_{\text{时域零输入响应}}+\underbrace{\mathscr{Z}^{-1}[\boldsymbol{H}(z)\boldsymbol{F}(z)]}_{\text{时域零状态响应}} \tag{9-5-8}$$

三、矩阵 A 的特征值与系统的自然频率

与连续系统一样，矩阵 $(z\boldsymbol{I}-\boldsymbol{A})$ 称为矩阵 $\boldsymbol{A}$ 的特征矩阵；行列式 $|z\boldsymbol{I}-\boldsymbol{A}|$ 的展开式称为矩阵 $\boldsymbol{A}$ 的特征多项式；$|z\boldsymbol{I}-\boldsymbol{A}|=0$ 称为矩阵 $\boldsymbol{A}$ 的特征方程，即系统的特征方程，其根即为矩阵 $\boldsymbol{A}$ 的特征值，亦即 $\boldsymbol{H}(z)$ 中每一个元素 $H_{ij}(z)$ 的极点，也称为系统的自然频率或固有频率，也称为矩阵 $\boldsymbol{A}$ 的特征根。

四、状态方程与输出方程的时域解法

1. 状态方程的时域解

离散系统的状态方程为一阶向量差分方程，因此在时域中可用迭代法(即递推法)求解。设系统的初始状态为 $\boldsymbol{x}(0)$，则由式(9－5－1)有

当 $k=0$ 时：$\boldsymbol{x}(1)=\boldsymbol{Ax}(0)+\boldsymbol{Bf}(0)$

当 $k=1$ 时：$\boldsymbol{x}(2)=\boldsymbol{Ax}(1)+\boldsymbol{Bf}(1)=\boldsymbol{A}^2\boldsymbol{x}(0)+\boldsymbol{ABf}(0)+\boldsymbol{Bf}(1)$

当 $k=2$ 时：$\boldsymbol{x}(3)=\boldsymbol{Ax}(2)+\boldsymbol{Bf}(2)=\boldsymbol{A}^3\boldsymbol{x}(0)+\boldsymbol{A}^2\boldsymbol{Bf}(0)+\boldsymbol{ABf}(1)+\boldsymbol{Bf}(2)$

$$\vdots$$

故得

$$\boldsymbol{x}(k)=\boldsymbol{A}^{k}\boldsymbol{x}(0)+\boldsymbol{A}^{k-1}\boldsymbol{B}\boldsymbol{f}(0)+\boldsymbol{A}^{k-2}\boldsymbol{B}\boldsymbol{f}(1)+\cdots+\boldsymbol{A}\boldsymbol{B}\boldsymbol{f}(k-2)+\boldsymbol{B}\boldsymbol{f}(k-1)=$$

$$\boldsymbol{A}^{k}\boldsymbol{x}(0)+\sum_{j=0}^{k-1}\boldsymbol{A}^{k-1-j}\boldsymbol{B}\boldsymbol{f}(j) \tag{9-5-9a}$$

或

$$\boldsymbol{x}(k)=\underbrace{\boldsymbol{A}^{k}\boldsymbol{x}(0)}_{\text{时域零输入解}}+\underbrace{\boldsymbol{A}^{k-1}\boldsymbol{B}*\boldsymbol{f}(k)}_{\text{时域零状态解}},\quad k\geqslant 1 \tag{9-5-9b}$$

式中，$\boldsymbol{A}^{k}$ 称为离散系统的状态转移矩阵。它描述了系统本身的特性，决定了系统的自由运动情况。

式(9-5-9)与式(9-4-1)具有相同的物理意义。即系统在任意时刻 k 的状态 $\boldsymbol{x}(k)$ 是由两部分组成：一部分是初始状态 $\boldsymbol{x}(0)$ 经转移后到达 k 时刻形成的分量 $\boldsymbol{A}^{k}\boldsymbol{x}(0)$，故称 $\boldsymbol{A}^{k}$ 为状态转移矩阵；另一部分是 $(k-1)$ 时刻以前的激励引起的分量 $\boldsymbol{A}^{k-1}\boldsymbol{B}*\boldsymbol{f}(k)$。这就是说，给系统施以激励 $\boldsymbol{f}(k)$，在 $\boldsymbol{f}(k)$ 的作用下，通过状态转移矩阵 $\boldsymbol{A}^{k}$，即可将系统从初始状态 $\boldsymbol{x}(0)$ 转移到任意时刻 k 的状态 $\boldsymbol{x}(k)$。

由式(9-5-9)看出，欲求得状态向量 $\boldsymbol{x}(k)$，关键是要求得 $\boldsymbol{A}^{k}$。将式(9-5-9)与式(9-5-5)加以比较，即可看出有

$$\boldsymbol{A}^{k}=\boldsymbol{\varphi}(k)=\mathscr{Z}^{-1}\left[(z\boldsymbol{I}-\boldsymbol{A})^{-1}z\right] \tag{9-5-10}$$

同时又可得

$$\boldsymbol{\Phi}(z)=\mathscr{Z}[\boldsymbol{A}^{k}]$$

即 $\boldsymbol{\Phi}(z)$ 与 $\boldsymbol{A}^{k}$ 为一对 z 变换对，即有 $\boldsymbol{A}^{k}\leftrightarrow\boldsymbol{\Phi}(z)$。

2. 输出方程的时域解与单位响应矩阵 $\boldsymbol{h}(k)$

将式(9-5-9b)代入式(9-5-2)即得响应向量的时域解为

$$\boldsymbol{y}(k)=\boldsymbol{C}\boldsymbol{A}^{k}\boldsymbol{x}(0)+\boldsymbol{C}\boldsymbol{A}^{k-1}\boldsymbol{B}*\boldsymbol{f}(k)+\boldsymbol{D}\boldsymbol{f}(k) \tag{9-5-11a}$$

或

$$\begin{aligned}\boldsymbol{y}(k)=&\boldsymbol{C}\boldsymbol{A}^{k}\boldsymbol{x}(0)+\boldsymbol{C}\boldsymbol{A}^{k-1}\boldsymbol{B}*\boldsymbol{f}(k)+\boldsymbol{D}\boldsymbol{\delta}(k)*\boldsymbol{f}(k)=\\&\boldsymbol{C}\boldsymbol{\varphi}(k)\boldsymbol{x}(0)+\boldsymbol{C}\boldsymbol{\varphi}(k-1)\boldsymbol{B}*\boldsymbol{f}(k)+\boldsymbol{D}\boldsymbol{\delta}(k)*\boldsymbol{f}(k)=\\&\boldsymbol{C}\boldsymbol{\varphi}(k)\boldsymbol{x}(0)+\{\boldsymbol{C}\boldsymbol{\varphi}(k-1)\boldsymbol{B}+\boldsymbol{D}\boldsymbol{\delta}(k)\}*\boldsymbol{f}(k)=\\&\underbrace{\boldsymbol{C}\boldsymbol{\varphi}(k)\boldsymbol{x}(0)}_{\text{零输入响应}}+\underbrace{\boldsymbol{h}(k)*\boldsymbol{f}(k)}_{\text{零状态响应}}\end{aligned} \tag{9-5-11b}$$

式中

$$\boldsymbol{h}(k)=\boldsymbol{C}\boldsymbol{\varphi}(k-1)\boldsymbol{B}+\boldsymbol{D}\boldsymbol{\delta}(k)=\boldsymbol{C}\boldsymbol{A}^{k-1}\boldsymbol{B}+\boldsymbol{D}\boldsymbol{\delta}(k) \tag{9-5-12}$$

称为系统的单位冲激响应矩阵；式中的 $\boldsymbol{\delta}(k)$ 为系统的单位激励对角矩阵($m\times m$ 阶)，即

$$\boldsymbol{\delta}(k)=\begin{bmatrix}\delta(k) & & & & 0\\ & \ddots & & & \\ & & \delta(k) & & \\ & & & \ddots & \\ 0 & & & & \delta(k)\end{bmatrix}_{m\times m\text{阶}}$$

将式(9-5-12)进行 z 变换得

$$\mathscr{Z}[\boldsymbol{h}(k)]=\boldsymbol{C}z^{-1}\boldsymbol{\Phi}(z)\boldsymbol{B}+\boldsymbol{D}=\boldsymbol{C}(z\boldsymbol{I}-\boldsymbol{A})^{-1}\boldsymbol{B}+\boldsymbol{D}=\boldsymbol{H}(z) \tag{9-5-13}$$

即 $\boldsymbol{h}(k)$ 与 $\boldsymbol{H}(z)$ 为一对 z 变换对。即有

$$\boldsymbol{h}(k)\longleftrightarrow\boldsymbol{H}(z)$$

例 9-5-3　离散系统的状态方程与输出方程为

$$\begin{bmatrix} x_1(k+1) \\ x_2(k+1) \end{bmatrix} = \begin{bmatrix} 0 & 1 \\ 3 & 2 \end{bmatrix} \begin{bmatrix} x_1(k) \\ x_2(k) \end{bmatrix} + \begin{bmatrix} 0 \\ 1 \end{bmatrix} [f(k)]$$

$$[y(k)] = [3 \quad 3] \begin{bmatrix} x_1(k) \\ x_2(k) \end{bmatrix} + [1][f(k)]$$

已知 $f(k)=\delta(k)$，$\boldsymbol{x}(0)=\begin{bmatrix} x_1(0) \\ x_2(0) \end{bmatrix}=\begin{bmatrix} 1 \\ 0 \end{bmatrix}$。求全响应 $y(k)$。

解　用两种方法求解。

（1）z 域法：

$$(z\boldsymbol{I}-\boldsymbol{A})^{-1}=\frac{1}{(z+1)(z-3)}\begin{bmatrix} z-2 & 1 \\ 3 & z \end{bmatrix}$$

$$\boldsymbol{\Phi}(z)=(z\boldsymbol{I}-\boldsymbol{A})^{-1}z=\frac{z}{(z+1)(z-3)}\begin{bmatrix} z-2 & 1 \\ 3 & z \end{bmatrix}$$

又

$$\boldsymbol{F}(z)=\mathscr{Z}[\delta(k)]=1$$

代入式(9-5-3)有

$$\boldsymbol{X}(z)=\boldsymbol{\Phi}(z)\boldsymbol{x}(0)+(z\boldsymbol{I}-\boldsymbol{A})^{-1}\boldsymbol{B}\boldsymbol{F}(z)=$$

$$\frac{z}{(z+1)(z-3)}\begin{bmatrix} z-2 & 1 \\ 3 & z \end{bmatrix}\begin{bmatrix} 1 \\ 0 \end{bmatrix}+\frac{1}{(z+1)(z-3)}\begin{bmatrix} z-2 & 1 \\ 3 & z \end{bmatrix}\begin{bmatrix} 0 \\ 1 \end{bmatrix}=$$

$$\frac{1}{(z+1)(z-3)}\begin{bmatrix} z^2-2z+1 \\ 4z \end{bmatrix}$$

再代入式(9-5-6a)得

$$\boldsymbol{Y}(z)=\boldsymbol{C}\boldsymbol{X}(z)+\boldsymbol{D}\boldsymbol{F}(z)=$$

$$[3 \quad 3]\frac{1}{(z+1)(z-3)}\begin{bmatrix} z^2-2z+1 \\ 4z \end{bmatrix}+1\times 1=\frac{4z}{z-3}$$

经反变换得

$$y(k)=4(3)^k U(k)$$

（2）时域法：

$$\boldsymbol{A}^k=\mathscr{Z}^{-1}[\boldsymbol{\Phi}(z)]=\mathscr{Z}^{-1}\begin{bmatrix} \dfrac{\frac{3}{4}z}{z+1}+\dfrac{\frac{1}{4}z}{z-3} & \dfrac{-\frac{1}{4}z}{z+1}+\dfrac{\frac{1}{4}z}{z-3} \\ \dfrac{-\frac{3}{4}z}{z+1}+\dfrac{\frac{3}{4}z}{z-3} & \dfrac{\frac{1}{4}z}{z+1}+\dfrac{\frac{3}{4}z}{z-3} \end{bmatrix}=$$

$$\frac{1}{4}\begin{bmatrix} 3(-1)^k+(3)^k & -(-1)^k+(3)^k \\ -3(-1)^k+3(3)^k & (-1)^k+3(3)^k \end{bmatrix}$$

将 $\boldsymbol{A}^k$ 代入式(9-5-9b)，得

$$\boldsymbol{x}(k)=\boldsymbol{A}^k\boldsymbol{x}(0)+\boldsymbol{A}^{k-1}\boldsymbol{B}*\boldsymbol{f}(k)=$$

$$\frac{1}{4}\begin{bmatrix} 3(-1)^k+(3)^k & -(-1)^k+(3)^k \\ -3(-1)^k+3(3)^k & (-1)^k+3(3)^k \end{bmatrix}\begin{bmatrix} 1 \\ 0 \end{bmatrix}+$$

$$\frac{1}{4}\begin{bmatrix} 3(-1)^{k-1}+(3)^{k-1} & -(-1)^{k-1}+(3)^{k-1} \\ -3(-1)^{k-1}+3(3)^{k-1} & (-1)^{k-1}+3(3)^{k-1} \end{bmatrix}\begin{bmatrix} 0 \\ 1 \end{bmatrix}*\delta(k)=$$

$$\frac{1}{4}\begin{bmatrix}3(-1)^k+(3)^k\\-3(-1)^k+3(3)^k\end{bmatrix}+\frac{1}{4}\begin{bmatrix}-(-1)^{k-1}+(3)^k\\(-1)^{k-1}+3(3)^{k-1}\end{bmatrix}=$$

$$\begin{bmatrix}(-1)^k+3^{k-1}\\(-1)^{k-1}+3^k\end{bmatrix},\quad k\geqslant 1$$

注意：上述结果对 $k=0$ 无意义。

求全响应 $y(k)$。当 $k=0$ 时，有

$$y(0)=[3\quad 3]\begin{bmatrix}x_1(0)\\x_2(0)\end{bmatrix}+f(0)=[3\quad 3]\begin{bmatrix}1\\0\end{bmatrix}+1=4$$

当 $k\geqslant 1$ 时，将上述的 $\boldsymbol{x}(k)$ 代入式(9-5-2)，即得

$$\boldsymbol{y}(k)=\boldsymbol{C}\boldsymbol{x}(k)+\boldsymbol{D}\boldsymbol{f}(k)=[3\quad 3]\begin{bmatrix}(-1)^k+(3)^{k-1}\\(-1)^{k-1}+3^k\end{bmatrix}+\delta(k)=4(3)^k,\quad k\geqslant 1$$

将上述两种情况合并写成

$$y(k)=4(3)^kU(k)$$

或
$$y(k)=4(3)^k,\quad k=0,1,2,3,\cdots$$

例 9-5-4 图 9-5-3 所示离散系统，以 $x_1(k)$，$x_2(k)$ 为状态变量，$y(k)$ 为输出。(1) 列写系统的状态方程与输出方程；(2) 求系统的差分方程；(3) 已知响应的初始值 $y(0)=2$，$y(1)=3$，激励的初始值 $f(0)=1$，求状态变量的初始值 $x_1(0)$，$x_2(0)$。

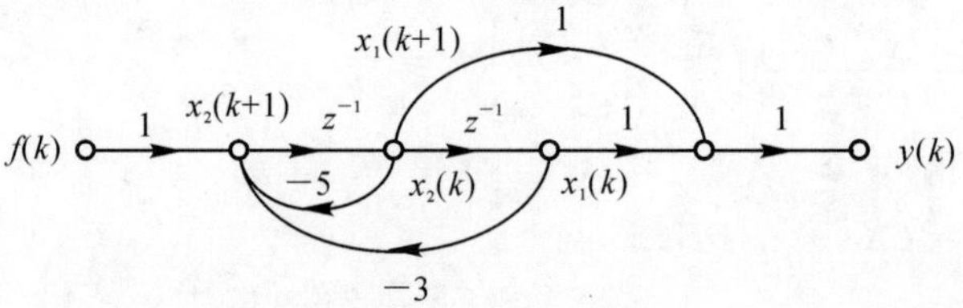

图 9-5-3

解 (1)
$$\begin{cases}x_1(k+1)=x_2(k)\\x_2(k+1)=-3x_1(k)-5x_2(k)+f(k)\end{cases}$$

$$y(k)=x_1(k)+x_2(k)$$

即
$$\begin{bmatrix}x_1(k+1)\\x_2(k+1)\end{bmatrix}=\begin{bmatrix}0&1\\-3&-5\end{bmatrix}\begin{bmatrix}x_1(k)\\x_2(k)\end{bmatrix}+\begin{bmatrix}0\\1\end{bmatrix}[f(k)]$$

$$[y(k)]=[1\quad 1]\begin{bmatrix}x_1(k)\\x_2(k)\end{bmatrix}+[0][f(k)]$$

(2) 由状态方程与输出方程求系统的差分方程有两种方法：z 域法与时域法。

z 域法：

$$\boldsymbol{H}(z)=\boldsymbol{C}(z\boldsymbol{I}-\boldsymbol{A})^{-1}\boldsymbol{B}+\boldsymbol{D}=$$

$$[1\quad 1]\left\{z\begin{bmatrix}1&0\\0&1\end{bmatrix}-\begin{bmatrix}0&1\\-3&-5\end{bmatrix}\right\}^{-1}\begin{bmatrix}0\\1\end{bmatrix}+0=\frac{z+1}{z^2+5z+3}$$

故得系统的差分方程为

$$y(k+2)+5y(k+1)+3y(k)=f(k+1)+f(k)$$

或

$$y(k)+5y(k-1)+3y(k-2)=f(k-1)+f(k-2)$$

时域法：由于所给系统有两个延时器，故系统一定是二阶的。

因有
$$y(k)=x_1(k)+x_2(k) \quad ①$$

故有

$$\begin{aligned} y(k+1)=x_1(k+1)+x_2(k+1)= \\ x_2(k)+[-3x_1(k)-5x_2(k)+f(k)]= \\ -3x_1(k)-4x_2(k)+f(k) \end{aligned} \quad ②$$

$$\begin{aligned} y(k+2)= -3x_1(k+1)-4x_2(k+1)+f(k+1)= \\ 12x_1(k)+17x_2(k)+f(k+1)-4f(k) \end{aligned} \quad ③$$

于是得二阶差分方程为

$$\begin{aligned} & y(k+2)+a_1y(k+1)+a_0y(k)= \\ & \quad 12x_1(k)+17x_2(k)+f(k+1)-4f(k)-3a_1x_1(k) \\ & -4a_1x_2(k)+a_1f(k)+a_0x_1(k)+a_0x_2(k)= \\ & \quad (12-3a_1+a_0)x_1(k)+(17-4a_1+a_0)x_2(k)+ \\ & \quad f(k+1)+(a_1-4)f(k) \end{aligned}$$

由上式可见，欲使上式成为差分方程，就必须有

$$12-3a_1+a_0=0$$

$$17-4a_1+a_0=0$$

联立求解得 $a_0=3$，$a_1=5$。代入上式即得系统的差分方程为

$$y(k+2)+5y(k+1)+3y(k)=f(k+1)+f(k)$$

与 z 域法得到的结果完全相同。

(3) 取 $k=0$，由上面的式 ① 和式 ② 得

$$\begin{aligned} y(0)=x_1(0)+x_2(0)=2 \\ y(1)=-3x_1(0)-4x_2(0)+f(0) \end{aligned} \quad ④$$

即
$$-3x_1(0)-4x_2(0)+1=3 \quad ⑤$$

式 ④ 和式 ⑤ 联立求解得 $x_1(0)=10$，$x_2(0)=-8$。

例 9-5-5　已知离散系统的状态方程与输出方程为

$$\begin{bmatrix} x_1(k+1) \\ x_2(k+1) \end{bmatrix}=\begin{bmatrix} 0 & 1 \\ a & b \end{bmatrix}\begin{bmatrix} x_1(k) \\ x_2(k) \end{bmatrix}+\begin{bmatrix} 0 \\ 0 \end{bmatrix}[f(k)]$$

$$[y(k)]=[3 \quad 1]\begin{bmatrix} x_1(k) \\ x_2(k) \end{bmatrix}+[0][f(k)]$$

当 $k\geqslant 0$ 时，激励 $f(k)=0$，响应 $y(k)=(-1)^kU(k)+3(3)^kU(k)$。(1) 求常数 a，b 的值；(2) 求状态向量 $\boldsymbol{x}(k)$。

解　(1) 由于 $k\geqslant 0$ 时，$f(k)=0$，故所给 $y(k)=(-1)^kU(k)+3(3)^kU(k)$ 必为零输入响应。由题知 -1 和 3 是矩阵 $\boldsymbol{A}$ 的两个特征根，故有

$$|\,z\boldsymbol{I}-\boldsymbol{A}\,|=\left|z\begin{bmatrix} 1 & 0 \\ 0 & 1 \end{bmatrix}-\begin{bmatrix} 0 & 1 \\ a & b \end{bmatrix}\right|=z(z-b)-a=z^2-bz-a=0$$

将 -1 和 3 代入此式有 $\begin{cases}1+b-a=0\\9-3b-a=0\end{cases}$，解得 $a=3, b=2$。故

$$\mathbf{A}=\begin{bmatrix}0 & 1\\3 & 2\end{bmatrix},\quad \mathbf{CA}=[3\quad 1]\begin{bmatrix}0 & 1\\3 & 2\end{bmatrix}=[3\quad 5]$$

(2) 由于 $k\geqslant 0$ 时，$f(k)=0$，故向应

$$y(k)=(-1)^kU(k)+3(3)^kU(k)$$

必为系统的零输入响应，故有

$$\begin{cases}y(0)=1+3=4\\y(1)=-1+3\times 3=8\end{cases}$$

又因有

$$y(k)=\mathbf{CA}^k\mathbf{x}(0)$$

故

$$y(0)=\mathbf{Cx}(0)=[3\quad 1]\mathbf{x}(0)$$

$$y(1)=\mathbf{CAx}(0)=[3\quad 5]\mathbf{x}(0)$$

即

$$\begin{bmatrix}\mathbf{C}\\\mathbf{CA}\end{bmatrix}\mathbf{x}(0)=\begin{bmatrix}y(0)\\y(1)\end{bmatrix}$$

即

$$\begin{bmatrix}3 & 1\\3 & 5\end{bmatrix}\begin{bmatrix}x_1(0)\\x_2(0)\end{bmatrix}=\begin{bmatrix}4\\8\end{bmatrix}$$

解得

$$\mathbf{x}(0)=\begin{bmatrix}x_1(0)\\x_2(0)\end{bmatrix}=\begin{bmatrix}3 & 1\\3 & 5\end{bmatrix}^{-1}\begin{bmatrix}4\\8\end{bmatrix}=\begin{bmatrix}1\\1\end{bmatrix}$$

又

$$[z\mathbf{I}-\mathbf{A}]^{-1}=\frac{1}{(z-3)(z+1)}\begin{bmatrix}z-2 & 1\\3 & z\end{bmatrix}$$

$$[z\mathbf{I}-\mathbf{A}]^{-1}z\mathbf{x}(0)=\frac{1}{(z-3)(z+1)}\begin{bmatrix}z-1\\z+3\end{bmatrix}$$

故根据式(9-5-9b)，得状态向量为

$$\mathbf{x}(k)=\mathscr{Z}^{-1}\{[z\mathbf{I}-\mathbf{A}]^{-1}z\}\mathbf{x}(0)=\begin{bmatrix}\frac{1}{2}(-1)^k+\frac{1}{3}(3)^k\\-\frac{1}{2}(-1)^k+\frac{3}{2}(3)^k\end{bmatrix}U(k)$$

例 9-5-6　图 9-5-4(a) 所示离散因果系统。(1) 以 $x_1(k), x_2(k), x_3(k)$ 为状态变量，列写系统的状态方程；以 $y(k)$ 为响应，列写系统的输出方程；(2) 求 $H(z)=\dfrac{Y(z)}{F(z)}$ 和单位序列响应 $h(k)$；(3) 求系统的状态转移矩阵 $\mathbf{A}^k$；(4) 画出 $H(z)$ 的零、极点图；(5) 写出系统的差分方程。

解　(1)

$$x_1(k+1)=x_2(k)$$

$$x_2(k+1)=x_3(k)$$

$$x_3(k+1)=f(k)$$

即

$$\begin{bmatrix}x_1(k+1)\\x_2(k+1)\\x_3(k+1)\end{bmatrix}=\begin{bmatrix}0 & 1 & 0\\0 & 0 & 1\\0 & 0 & 0\end{bmatrix}\begin{bmatrix}x_1(k)\\x_2(k)\\x_3(k)\end{bmatrix}+\begin{bmatrix}0\\0\\1\end{bmatrix}[f(k)]$$

$$y(k)=0.5x_1(k)+x_2(k)+2x_3(k)$$

$$[y(k)]=[0.5\quad 1\quad 2]\begin{bmatrix}x_1(k)\\x_2(k)\\x_3(k)\end{bmatrix}+[0][f(k)]$$

(2)
$$H(z)=2z^{-1}+z^{-2}+0.5z^{-3}=\frac{2z^2+z+0.5}{z^3},\quad |z|>0$$

$$h(k)=2\delta(k-1)+\delta(k-2)+0.5\delta(k-3)$$

(3)
$$\boldsymbol{\Phi}(z)=[z\boldsymbol{I}-\boldsymbol{A}]^{-1}z=\begin{bmatrix}1 & z^{-1} & z^{-2}\\0 & 1 & z^{-1}\\0 & 0 & 1\end{bmatrix}$$

$$\boldsymbol{A}^k=\mathscr{Z}^{-1}[\boldsymbol{\Phi}(z)]=\begin{bmatrix}\delta(k) & \delta(k-1) & \delta(k-2)\\0 & \delta(k) & \delta(k-1)\\0 & 0 & \delta(k)\end{bmatrix}$$

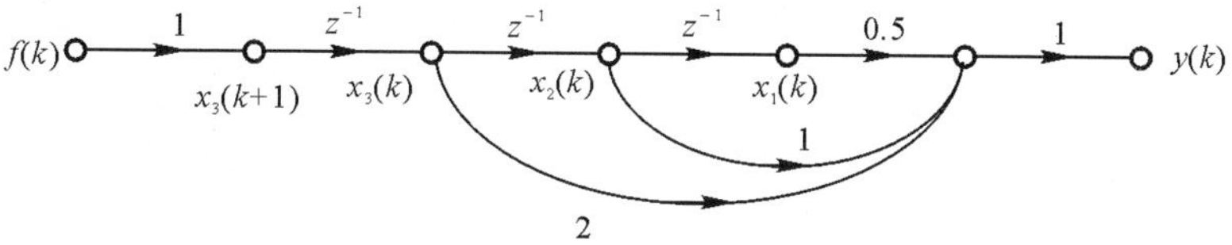

(a)

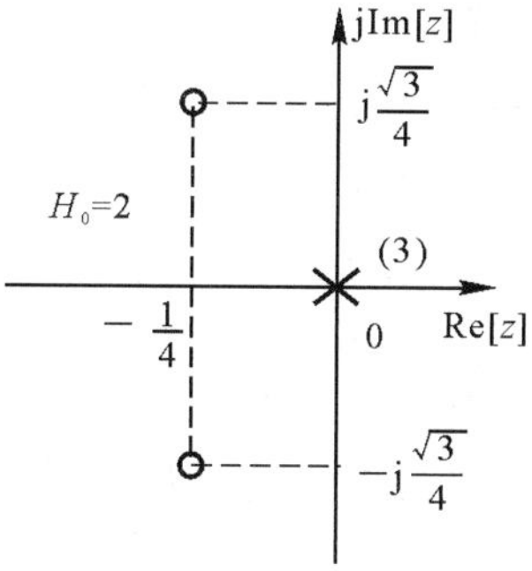

(b)

图　9-5-4

(4)$H(z)$ 的零、极点图如图 9-5-4(b) 所示。有 3 个极点，$p_1=p_2=p_3=0$；有两个零点：$z_1=-\frac{1}{4}+\mathrm{j}\frac{\sqrt{3}}{4}$，$z_2=-\frac{1}{4}-\mathrm{j}\frac{\sqrt{3}}{4}$；$H_0=2$。

(5) 系统的差分方程为

$$y(k+3)=2f(k+2)+f(k+1)+0.5f(k)$$

或
$$y(k)=2f(k-1)+f(k-2)+0.5f(k-3)$$

现将连续系统与离散系统状态方程与输出方程的求解汇总于表 9-5-1 中，以便复习和查用。

表 9-5-1　状态方程与输出方程的求解

			变换域解的一般表达式	时域解的一般表达式
变换域解	连续系统	状态方程的解	$\boldsymbol{X}(s)=\boldsymbol{\Phi}(s)\boldsymbol{x}(0^-)+\boldsymbol{\Phi}(s)\boldsymbol{BF}(s)$ $\boldsymbol{\Phi}(s)=[s\boldsymbol{I}-\boldsymbol{A}]^{-1}$	$\boldsymbol{x}(t)=\boldsymbol{\varphi}(t)=\mathscr{L}^{-1}[\Phi(s)]=$ $\boldsymbol{\varphi}(t)\boldsymbol{x}(0^-)+\mathscr{L}^{-1}[\boldsymbol{\Phi}(s)\boldsymbol{BF}(s)]$
		输出方程的解	$\boldsymbol{Y}(s)=\boldsymbol{C\Phi}(s)\boldsymbol{x}(0^-)+\boldsymbol{H}(s)\boldsymbol{F}(s)$ $\boldsymbol{H}(s)=\boldsymbol{C\Phi}(s)\boldsymbol{B}+\boldsymbol{D}$	$\boldsymbol{y}(t)=\boldsymbol{C\varphi}(t)\boldsymbol{x}(0^-)+\mathscr{L}^{-1}[\boldsymbol{H}(s)\boldsymbol{F}(s)]$ $\boldsymbol{\varphi}(t)=\mathscr{L}^{-1}[\boldsymbol{\Phi}(s)]$
	离散系统	状态方程的解	$\boldsymbol{X}(z)=\boldsymbol{\Phi}(z)\boldsymbol{x}(0)+z^{-1}\boldsymbol{\Phi}(z)\boldsymbol{BF}(z)$ $\boldsymbol{\Phi}(z)=[z\boldsymbol{I}-\boldsymbol{A}]^{-1}z$	$\boldsymbol{x}(k)=\boldsymbol{\varphi}(k)\boldsymbol{x}(0)+\mathscr{Z}^{-1}[z^{-1}\boldsymbol{\Phi}(z)\boldsymbol{BF}(z)]$ $\boldsymbol{\varphi}(k)=\mathscr{Z}^{-1}[\boldsymbol{\Phi}(z)]$
		输出方程的解	$\boldsymbol{Y}(z)=\boldsymbol{C\Phi}(z)\boldsymbol{x}(0)+\boldsymbol{H}(z)\boldsymbol{F}(z)$ $\boldsymbol{H}(z)=\boldsymbol{C}[z\boldsymbol{I}-\boldsymbol{A}]^{-1}\boldsymbol{B}+\boldsymbol{D}$	$\boldsymbol{y}(k)=\boldsymbol{C\varphi}(k)\boldsymbol{x}(0^-)+\mathscr{Z}^{-1}[\boldsymbol{H}(z)\boldsymbol{F}(z)]$ $\boldsymbol{\varphi}(k)=\mathscr{Z}^{-1}[\boldsymbol{\Phi}(z)]$
时域解	连续系统	状态方程的时域解		$\boldsymbol{x}(t)=\boldsymbol{\varphi}(t)\boldsymbol{x}(0^-)+\boldsymbol{\varphi}(t)\boldsymbol{B}*\boldsymbol{f}(t)$
		输出方程的时域解		$\boldsymbol{y}(t)=\boldsymbol{C\varphi}(t)\boldsymbol{x}(0^-)+\boldsymbol{h}(t)*\boldsymbol{f}(t)$
		单位冲激响应矩阵		$\boldsymbol{h}(t)=\mathscr{L}^{-1}[\boldsymbol{H}(s)]=\boldsymbol{C\varphi}(t)\boldsymbol{B}+\boldsymbol{D\delta}(t)$
	离散系统	状态方程的时域解		$\boldsymbol{x}(k)=\boldsymbol{\varphi}(k)\boldsymbol{x}(0)+\boldsymbol{\varphi}(k-1)\boldsymbol{B}*\boldsymbol{f}(k)$
		输出方程的时域解		$\boldsymbol{y}(k)=\boldsymbol{C\varphi}(k)\boldsymbol{x}(0)+\boldsymbol{h}(k)*\boldsymbol{f}(k)$
		单位序列响应矩阵		$\boldsymbol{h}(k)=\mathscr{Z}^{-1}[\boldsymbol{H}(z)]=$ $\boldsymbol{C\varphi}(k-1)\boldsymbol{B}+\boldsymbol{D\delta}(k)$
自然频率	$\lvert s\boldsymbol{I}-\boldsymbol{A}\rvert=0$ 的根或 $\lvert z\boldsymbol{I}-\boldsymbol{A}\rvert=0$ 的根			

思考题

1.“对于一个内部结构连接、元件参数确定的系统，描述它的输入输出方程、系统函数唯一而状态变量选择、状态方程形式、模拟图的形式不唯一。”你同意这种观点吗？为什么？

2.离散系统列写的状态方程常用状态变量的一阶前向差分方程组，可不可以用状态变量的一阶后向差分方程组呢？为什么？

*9.6　由状态方程判断系统的稳定性

一、连续系统

由式(9-3-8)可知，欲使连续系统稳定，必须使 $\boldsymbol{H}(s)$ 的极点，即特征方程 $\lvert s\boldsymbol{I}-\boldsymbol{A}\rvert=0$ 的根，亦即矩阵 $\boldsymbol{A}$ 的特征值，全部位于 s 平面的左半开平面上。

例 9-6-1　图 9-6-1 所示系统，欲使系统稳定，试确定 K 的取值范围。

解　选每个积分器的输出变量 $x_1(t)$，$x_2(t)$，$x_3(t)$ 为状态变量，则可列出状态方程为

$$\dot{x}_1(t)=x_2(t)$$

$$\dot{x}_2(t)=-x_2(t)+K[-x_1(t)-x_3(t)+f_2(t)]=$$
$$-Kx_1(t)-x_2(t)-Kx_3(t)+Kf_2(t)$$

$$\dot{x}_3(t) = -3x_3(t) - [x_2(t) + x_3(t)] + f_1(t) = \\ -x_2(t) - 4x_3(t) + f_1(t)$$

即

$$\begin{bmatrix} \dot{x}_1(t) \\ \dot{x}_2(t) \\ \dot{x}_3(t) \end{bmatrix} = \begin{bmatrix} 0 & 1 & 0 \\ -K & -1 & -K \\ 0 & -1 & -4 \end{bmatrix} \begin{bmatrix} x_1(t) \\ x_2(t) \\ x_3(t) \end{bmatrix} + \begin{bmatrix} 0 & 0 \\ 0 & K \\ 1 & 0 \end{bmatrix} \begin{bmatrix} f_1(t) \\ f_2(t) \end{bmatrix}$$

系统矩阵为

$$\boldsymbol{A} = \begin{bmatrix} 0 & 1 & 0 \\ -K & -1 & -K \\ 0 & -1 & -4 \end{bmatrix}$$

系统的特征多项式为

$$|s\boldsymbol{I} - \boldsymbol{A}| = s^3 + 5s^2 + 4s + 4K$$

可见，欲使系统稳定，其必要条件是 $K > 0$。下面再排出罗斯阵列：

$$\begin{array}{ccc} s^3 & 1 & 4 \\ s^2 & 5 & 4K \\ s^1 & -\dfrac{4K-20}{5} & 0 \\ s^0 & 4K & 0 \end{array}$$

可见，欲使系统为稳定系统，必须有

$$4K - 20 < 0$$

$$4K > 0$$

故得

$$0 < K < 5$$

即 K 的值在大于 0 小于 5 的范围内，系统就是稳定的。

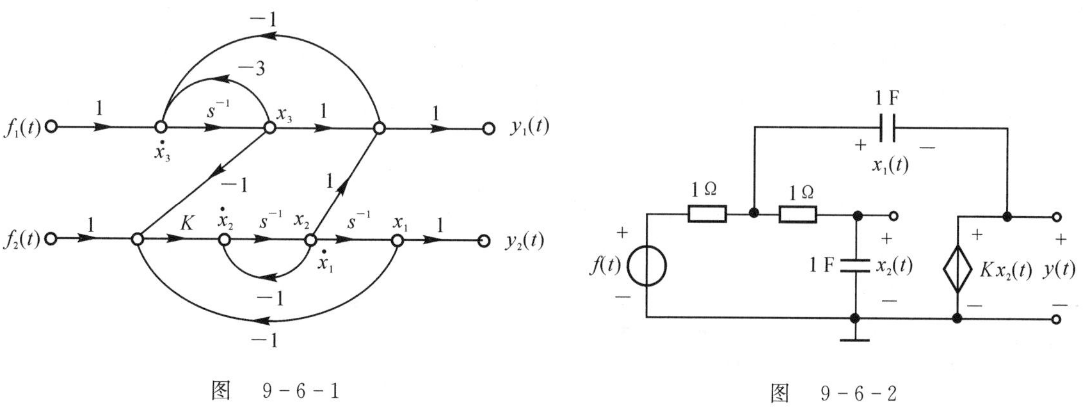

图　9-6-1　　　　　图　9-6-2

例 9-6-2　图 9-6-2 所示电路。(1) 欲使电路稳定，求 K 的取值范围；(2) 欲使电路为临界稳定，求 K 的值，并求此时的单位冲激响应 $h(t)$。

解　(1) 选 $x_1(t)$，$x_2(t)$ 为状态变量，则可列出状态方程为

$$\dot{x}_2(t) = \frac{x_1(t) + Kx_2(t) - x_2(t)}{1} = x_1(t) + (K-1)x_2(t)$$

$$\dot{x}_1(t) = \frac{f(t) - x_1(t) - Kx_2(t)}{1} - \dot{x}(t) =$$

$$-2x_1(t)+(-2K+1)x_2(t)+f(t)$$

故得状态方程为

$$\begin{bmatrix}\dot{x}_1(t)\\ \dot{x}_2(t)\end{bmatrix}=\begin{bmatrix}-2 & -2K+1\\ 1 & K-1\end{bmatrix}\begin{bmatrix}x_1(t)\\ x_2(t)\end{bmatrix}+\begin{bmatrix}1\\ 0\end{bmatrix}[f(t)]$$

输出方程为

$$[y(t)]=Kx_2(t)=[0\quad K]\begin{bmatrix}x_1(t)\\ x_2(t)\end{bmatrix}+[0][f(t)]$$

电路的特征多项式为

$$|s\boldsymbol{I}-\boldsymbol{A}|=s^2+(3-K)s+1$$

可见，欲使电路稳定，必须 $3-K>0$，即 $K<3$。

(2) 欲使电路为临界稳定，则必须 $K=3$。此时电路的自然频率可用如下方法求得：将 $K=3$ 代入上式有 s^2+1，令

$$s^2+1=0$$

得自然频率为 $p_1=\mathrm{j}1$，$p_2=-\mathrm{j}1$。

(3) 当 $K=3$ 时，电路的系数矩阵为

$$\boldsymbol{A}=\begin{bmatrix}-2 & -5\\ 1 & 2\end{bmatrix},\quad \boldsymbol{B}=\begin{bmatrix}1\\ 0\end{bmatrix},\quad \boldsymbol{C}=[0\quad 3],\quad \boldsymbol{D}=\boldsymbol{0}$$

$$\boldsymbol{\Phi}(s)=(s\boldsymbol{I}-\boldsymbol{A})^{-1}=\frac{1}{s^2+1}\begin{bmatrix}s-2 & -5\\ 1 & s+2\end{bmatrix}$$

$$\boldsymbol{H}(s)=\boldsymbol{C}\boldsymbol{\Phi}(s)\boldsymbol{B}+\boldsymbol{D}=3\,\frac{1}{s^2+1}$$

得

$$h(t)=3\sin tU(t)$$

二、离散系统

欲使离散系统稳定，必须使 $\boldsymbol{H}(z)$ 的极点，即特征方程 $|z\boldsymbol{I}-\boldsymbol{A}|=0$ 的根，亦即矩阵 $\boldsymbol{A}$ 的特征值，全部位于 z 平面的单位圆内部。

例 9-6-3 欲使图 9-6-3 所示离散系统稳定，试确定 K 的取值范围。

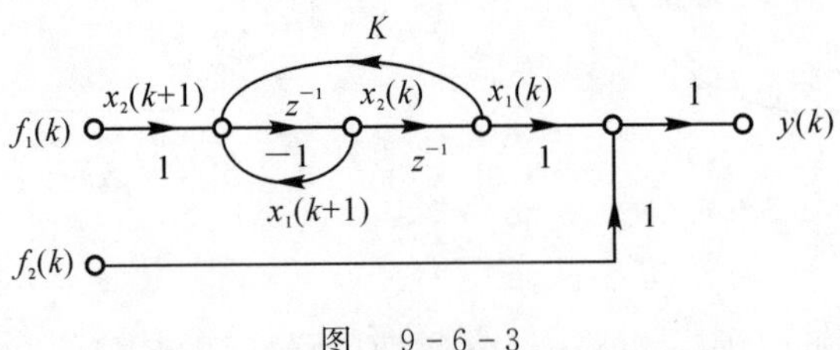

图 9-6-3

解 选每个单位延时器的输出变量 $x_1(k)$，$x_2(k)$ 为状态变量，于是可列出状态方程为

$$x_1(k+1)=x_2(k)$$

$$x_2(k+1)=Kx_1(k)-x_2(k)+f_1(k)$$

即

$$\begin{bmatrix}x_1(k+1)\\ x_2(k+1)\end{bmatrix}=\begin{bmatrix}0 & 1\\ K & -1\end{bmatrix}\begin{bmatrix}x_1(k)\\ x_2(k)\end{bmatrix}+\begin{bmatrix}0 & 0\\ 1 & 0\end{bmatrix}\begin{bmatrix}f_1(k)\\ f_2(k)\end{bmatrix}$$

系统矩阵为
$$A=\begin{bmatrix}0 & 1\\ K & -1\end{bmatrix}$$
系统的特征方程为
$$D(z)=|zI-A|=z^2+z-K=0$$
为使系统稳定，必须使特征根位于 z 平面的单位圆内部，即必须有
$$D(1)=1+1-K>0$$
$$(-1)^2D(-1)=1-1-K>0$$
$$1>|-K|$$
联立求解得上述三个不等式的交集为
$$-1<K<0$$

习　题　九

9-1　图题 9-1 所示电路，已知 $x_1(t)$ 与 $x_2(t)$ 为状态变量，试证明以下各对变量是否都可以作为状态变量。(1) $i_L(t)$，$u_L(t)$；(2) $i_C(t)$，$u_C(t)$；(3) $u_{R1}(t)$，$u_L(t)$；(4) $i_C(t)$，$u_L(t)$；(5) $i_C(t)$，$u_{R3}(t)$；(6) $i_{R1}(t)$，$i_{R2}(t)$。

9-2　图题 9-2 所示电路，以 $x_1(t)$，$x_2(t)$，$x_3(t)$ 为状态变量，试列写电路的状态方程，并写成矩阵形式。

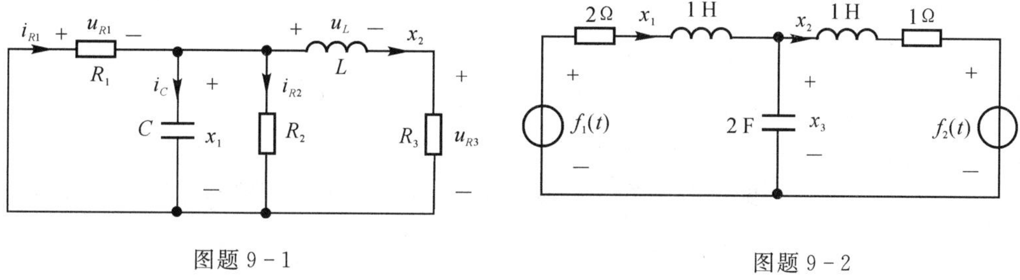

图题 9-1　　　　图题 9-2

9-3　图题 9-3 所示电路，以 $x_1(t)$，$x_2(t)$，$x_3(t)$ 为状态变量，以 $y_1(t)$，$y_2(t)$ 为响应变量，试列写电路的状态方程与输出方程。

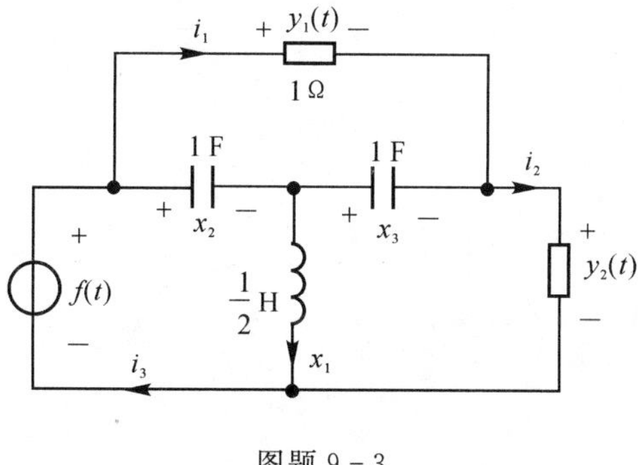

图题 9-3

9-4　已知系统的微分方程为

$$y'''(t)+5y''(t)+7y'(t)+3y(t)=f(t)$$

试列写系统的状态方程与输出方程，并写出矩阵 $\boldsymbol{A},\boldsymbol{B},\boldsymbol{C},\boldsymbol{D}$。

9-5　图题9-5所示系统，以积分器的输出信号为状态变量，试列写系统的状态方程与输出方程。

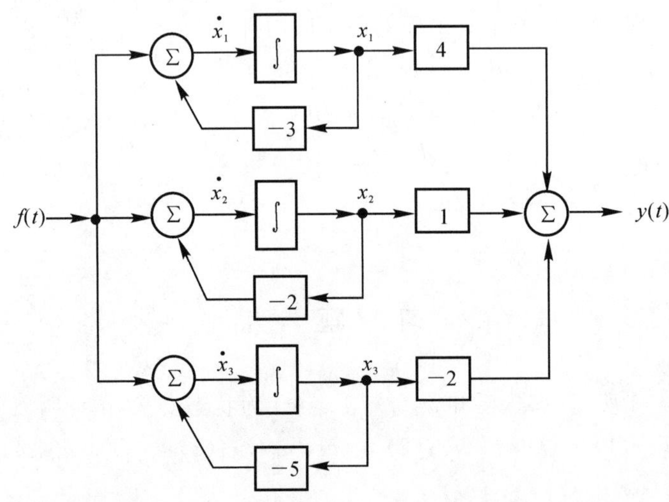

图题 9-5

9-6　已知系统的微分方程为

$$y'''(t)+7y''(t)+10y'(t)=5f'(t)+5f(t)$$

(1) 画出直接形式、级联形式、并联形式的信号流图；

(2) 列写出与上述各种形式相对应的状态方程与输出方程。

9-7　已知离散系统的框图如图题 9-7 所示，试列写出系统的状态方程与输出方程。

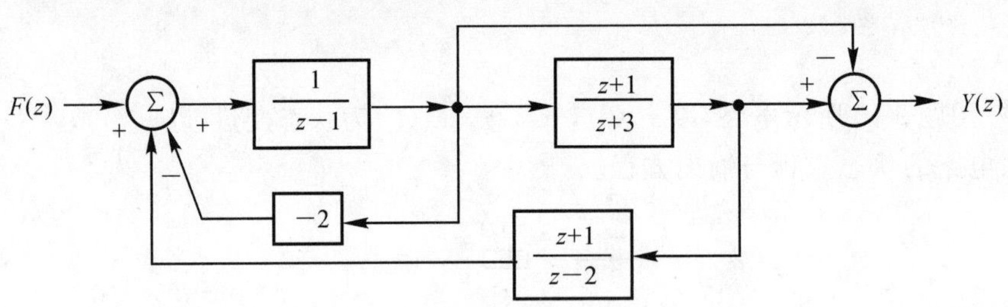

图题 9-7

9-8　离散系统的时域模拟图如图题 9-8 所示，以单位延时器的输出信号 $x_1(k)$，$x_2(k)$ 为状态变量，列写系统的状态方程与输出方程。

9-9　已知离散系统的差分方程为

$$y(k)+3y(k-1)+2y(k-2)+y(k-3)=f(k-1)+2f(k-2)+3f(k-3)$$

(1) 画出系统直接形式的信号流图；

(2) 以单位延时器的输出信号 $x_1(k)$，$x_2(k)$，$x_3(k)$ 为状态变量，列写出系统的状态方程与输出方程。

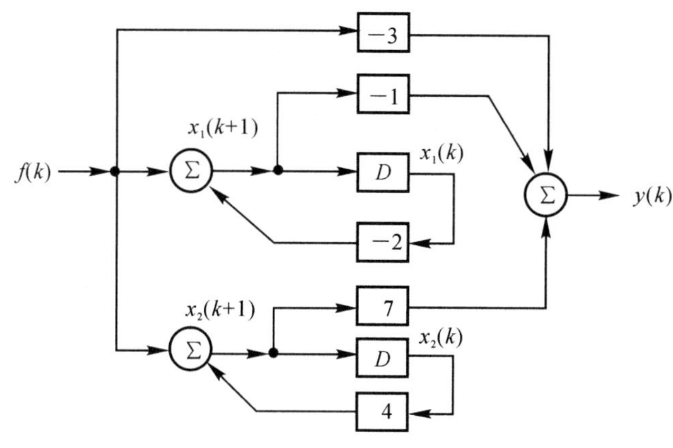

图题 9－8

9－10　已知系统的状态转移矩阵为

$$\boldsymbol{\varphi}(t)=\begin{bmatrix}e^{-t}(\cos t+\sin t) & -2e^{-t}\sin t\\ e^{-t}\sin t & e^{-t}(\cos t-\sin t)\end{bmatrix}U(t)$$

求系统矩阵 $\boldsymbol{A}$。

9－11　已知系统的状态方程为

$$\begin{bmatrix}\dot{x}_1(t)\\ \dot{x}_2(t)\end{bmatrix}=\begin{bmatrix}-1 & 1\\ 0 & -2\end{bmatrix}\begin{bmatrix}x_1(t)\\ x_2(t)\end{bmatrix}+\begin{bmatrix}1\\ -1\end{bmatrix}[f(t)]$$

激励 $f(t)=e^{-t}U(t)$，初始状态为 $\begin{bmatrix}x_1(0^-)\\ x_2(0^-)\end{bmatrix}=\begin{bmatrix}1\\ 2\end{bmatrix}$。(1) 求系统的状态转移矩阵 $\boldsymbol{\varphi}(t)$；(2) 求状态向量 $\boldsymbol{x}(t)=\begin{bmatrix}x_1(t)\\ x_2(t)\end{bmatrix}$。

9－12　已知系统的状态转移矩阵为

$$\boldsymbol{\varphi}(t)=\begin{bmatrix}2e^{-t}-e^{-2t} & -2e^{-t}+2e^{-2t}\\ e^{-t}-e^{-2t} & -e^{-t}+2e^{-2t}\end{bmatrix}U(t)$$

当激励 $f(t)=\delta(t)$ 时的零状态解与零状态响应分别为

$$\begin{bmatrix}x_1(t)\\ x_2(t)\end{bmatrix}=\begin{bmatrix}12e^{-t}-12e^{-2t}\\ 6e^{-t}-12e^{-2t}\end{bmatrix}U(t)$$

$$y(t)=\delta(t)+(6e^{-t}-12e^{-2t})U(t)$$

求系统的系数矩阵 $\boldsymbol{A},\boldsymbol{B},\boldsymbol{C},\boldsymbol{D}$。

9－13　已知系统的信号流图如图题 9－13 所示。

(1) 以积分器的输出信号 $x_1(t)$，$x_2(t)$ 为状态变量，列写系统的状态方程与输出方程；

(2) 求系统函数矩阵 $\boldsymbol{H}(s)$；

(3) 求单位冲激响应矩阵 $\boldsymbol{h}(t)$。

9－14　已知离散系统的状态方程与输出方程为

$$\begin{bmatrix}x_1(k+1)\\ x_2(k+1)\end{bmatrix}=\begin{bmatrix}0 & 1\\ -6 & 5\end{bmatrix}\begin{bmatrix}x_1(k)\\ x_2(k)\end{bmatrix}+\begin{bmatrix}0\\ 1\end{bmatrix}[f(k)]$$

$$\begin{bmatrix} y_1(k) \\ y_2(k) \end{bmatrix} = \begin{bmatrix} 1 & 1 \\ 2 & -1 \end{bmatrix} \begin{bmatrix} x_1(k) \\ x_2(k) \end{bmatrix}$$

系统的初始状态为 $\begin{bmatrix} x_1(0) \\ x_2(0) \end{bmatrix} = \begin{bmatrix} 1 \\ 2 \end{bmatrix}$。(1) 求状态转移矩阵 $\boldsymbol{\Phi}(k) = \boldsymbol{A}^k$；(2) 求激励 $f(k)=0$ 时的状态向量 $\boldsymbol{x}(k)$ 和响应向量 $\boldsymbol{y}(k)$。

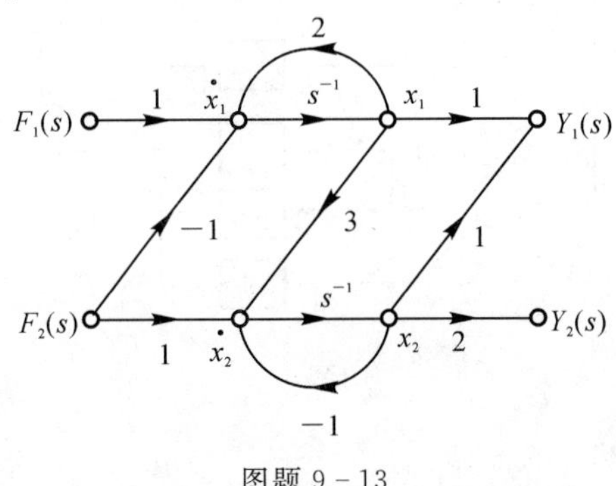

图题 9-13

9-15　已知系统的状态方程与输出方程为

$$\begin{bmatrix} \dot{x}_1(t) \\ \dot{x}_2(t) \end{bmatrix} = \begin{bmatrix} -1 & 2 \\ -1 & -4 \end{bmatrix} \begin{bmatrix} x_1(t) \\ x_2(t) \end{bmatrix} + \begin{bmatrix} 0 \\ 1 \end{bmatrix} [f(t)]$$

$$[y(t)] = [1 \quad 1] \begin{bmatrix} x_1(t) \\ x_2(t) \end{bmatrix} + [1][f(t)]$$

今选新的状态向量 $\boldsymbol{w}(t) = \begin{bmatrix} w_1(t) \\ w_2(t) \end{bmatrix}$，它与原状态向量 $\boldsymbol{x}(t)$ 的关系为

$$\boldsymbol{x}(t) = \begin{bmatrix} 2 & -1 \\ -1 & 1 \end{bmatrix} \boldsymbol{w}(t)$$

(1) 求关于 $\boldsymbol{w}(t)$ 的状态方程与输出方程；(2) 已知系统的初始状态为 $\boldsymbol{x}(0^-) = \begin{bmatrix} x_1(0^-) \\ x_2(0^-) \end{bmatrix} = \begin{bmatrix} 3 \\ 2 \end{bmatrix}$，激励 $f(t)=\delta(t)$，求两种状态变量下的响应 $y(t)$。

9-16　已知离散系统的模拟图如图题 9-16 所示。

(1) 求激励 $f(k)=\delta(k)$ 时的状态向量 $\boldsymbol{x}(k)$；

(2) 求系统的差分方程。

9-17　已知系统的信号流图如图题 9-17 所示。

(1) 以积分器的输出信号 $x_1(t)$，$x_2(t)$ 为状态变量，列写系统的状态方程与输出方程；

(2) 求系统的微分方程；

(3) 已知激励 $f(t)=U(t)$ 时的全响应为 $y(t)=\left(\frac{1}{3}+\frac{1}{2}\mathrm{e}^{-t}-\frac{5}{6}\mathrm{e}^{-3t}\right)U(t)$，求系统的零输入响应 $y_x(t)$ 与初始状态 $\boldsymbol{x}(0^-)$；

(4) 求系统的单位冲激响应 $h(t)$。

9-18　已知系统的信号流图如图题 9-18 所示。试求 K 满足什么条件时系统为稳定。

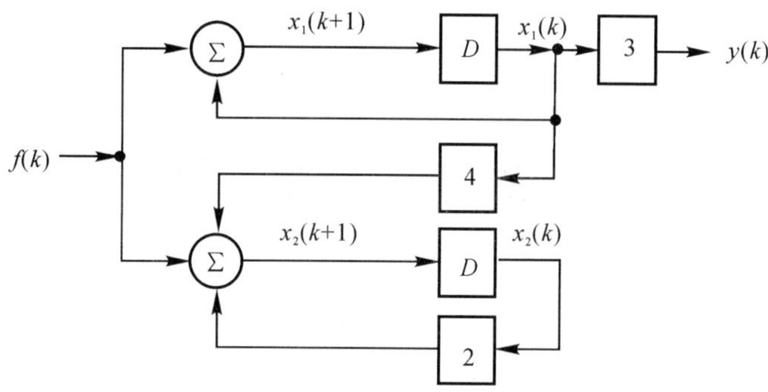

图题 9 - 16

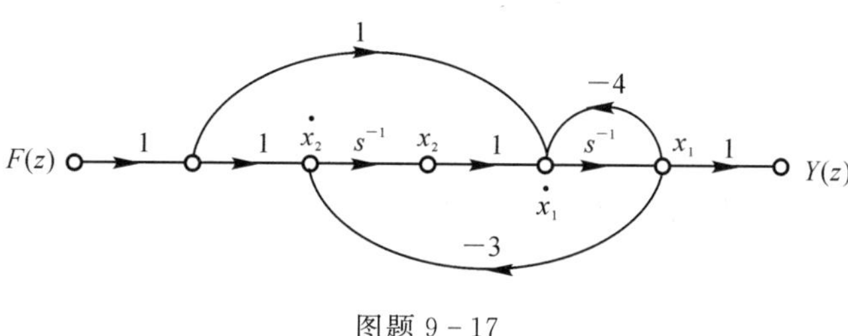

图题 9 - 17

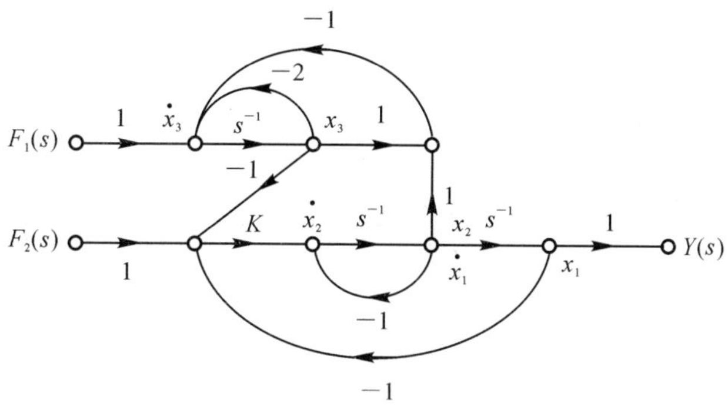

图题 9 - 18

9 - 19　图题 9 - 19 所示电路，激励 $f(t)=U(t)$ (V)。求电路的单位阶跃响应 $y(t)$。

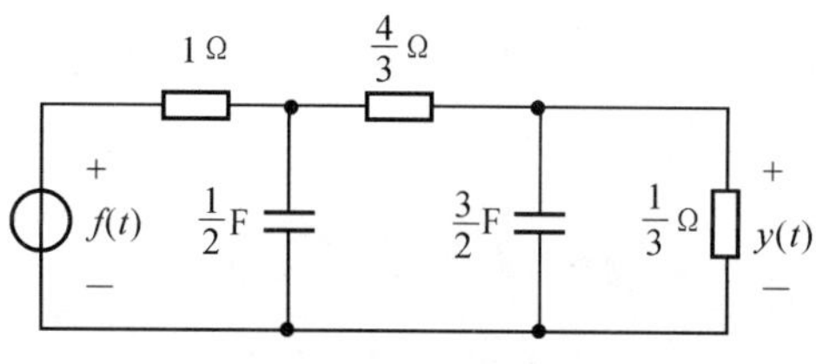

图题 9 - 19

附　　录

习题参考答案

习题一

1-2　(1)$t>-1$；　(2)$t>-2$；　(3)$t>9$

1-3　$f_1(t)=\begin{cases}\frac{1}{2}(t+2)=\frac{1}{2}t+1, & -2\leqslant t\leqslant 0\\ \frac{1}{2}(-t+2)=-\frac{1}{2}t+1, & 0\leqslant t\leqslant 2\end{cases}$

$f_2(t)=U(t)+U(t-1)+U(t-2)$

$f_3(t)=-\sin\frac{\pi}{2}t[U(t+2)-U(t-2)]$

$f_4(t)=U(t+2)-2U(t+1)+3U(t-1)-4U(t-2)+2U(t-3)$

1-5　(1) 是，$T=\frac{2\pi}{3}$ s　　(2) 是，$T=\pi$ s　　(3) 不是

1-6　(1) $\frac{1}{2}U\left(t-\frac{1}{2}\right)$　　(2) $\frac{\sqrt{2}}{2}\delta'(t)$　　(3) -1

1-7　(1) $\cos\omega$　　(2) 0　　(3) e^{-2t_0}

1-8　(a) $f_1'(t)=2U(t+1)-3U(t)+U(t-2)$

(b) $f_2'(t)=U(t+1)-2U(t-1)+3U(t-2)-U(t-3)$

(c) $f_3'(t)=-\sin\frac{\pi}{2}t[U(t)-U(t-5)]+\delta(t)$

1-11　$y_1(t)=2$；　$y_2(t)=2U(t-1)$；　$y_3(t)=2U(-t+1)$；　$y_4(t)=2U(t-3)$；　$y_5(t)=2U(-t+3)$

1-13　$f_0(t)=U(-t-1)-U(t-1)$

1-15　$y_2(t)=2[U(t+1)-2U(t-1)+U(t-3)]$

$y_3(t)=2\delta(t+1)-\delta(t)-\delta(t-1)+\delta(t-2)$

1-16　$y(t)=U(t)-U(t-1)-U(t-2)+U(t-3)$

1-18　$y(t)=(t-1)U(t-1)-(t-3)U(t-3)$

1-19　$y(t)=(-e^{-t}+3\cos\pi t)U(t)$

1-20　$(8-5e^{-5t})U(t)$ A

习题二

2-1　$H(p)=\dfrac{3}{p^2+4p+4}$　$\dfrac{d^2}{dt^2}u_2(t)+4\dfrac{d}{dt}u_2(t)+4u_2(t)=3f(t)$

2-2　$H(p)=\dfrac{10p+10}{p^2+11p+30}$　$\dfrac{d^2}{dt^2}i(t)+11\dfrac{d}{dt}i(t)+30i(t)=10\dfrac{d}{dt}f(t)+10f(t)$

2-3　$i(t)=5e^{-t}-3e^{-2t}$ A，$t\geqslant 0$

$u_C(t)=-5e^{-t}+6e^{-2t}$ V，$t\geqslant 0$

2-4　(1) $u_C(t)=8e^{-2t}-2e^{-8t}$ V，$t\geqslant 0$

$i(t)=4e^{-2t}-4e^{-8t}$ A，$t\geqslant 0$

(2) $R=2\ \Omega$

2-5　$u_C(t)=\left(-\dfrac{1}{3}e^{-t}+\dfrac{4}{3}e^{-4t}\right)U(t)$ (V)　$i(t)=\left(\dfrac{4}{3}e^{-t}-\dfrac{4}{3}e^{-4t}\right)U(t)$ (A)

$g(t)=\left(1-\dfrac{4}{3}e^{-t}+\dfrac{1}{3}e^{-4t}\right)U(t)$ (A)

2-6　$h(t)=\delta(t)-\delta(t-2)$

$y(t)=[U(t-2)-U(t-4)]-[U(t-6)-U(t-8)]$

2-7　(1) $(t-1)[U(t-1)-U(t-3)]$

(2) $\delta(t)$

2-8　(1) $y_1(t)=1+(1-e^{-t})U(t)=\begin{cases}1, & t<0\\ 2-e^{-t}, & t\geqslant 0\end{cases}$

(2) $y_2(t)=[1-\cos(t-1)]U(t-1)$

2-9　(1)$h(t)=e^{-(t-2)}U(t-2)$

(2)$y(t)=[1-e^{-(t-1)}]U(t-1)-[1-e^{-(t-4)}]U(t-4)$

(3)$y(t)=[1-e^{-(t-1)}]U(t-1)-[1-e^{-(t-4)}]U(t-4)-[1-e^{-(t-2)}]U(t-2)+$
$[1-e^{-(t-5)}]U(t-5)$

2-11　$h(t)=(0.25e^{-t}+1.75e^{-5t})U(t)$

2-12　(1) $y(t)=(1-e^{-t})U(t)$

(2) $y_1(t)=\begin{cases}e^{t}, & t<0\\ 1, & t\geqslant 0\end{cases}$；　$y_2(t)=(1-e^{-t})U(t)$

(3) 非因果系统;因果系统

2-13　$h(t)=(5\sin\omega t+\omega\cos\omega t)U(t)$

2-14　(1) $h(t)=(e^{-t}-e^{-2t})U(t)$　(2) $y(t)=(-e^{-t}+e^{-2t}+te^{-t})U(t)$

2-15　(1) $h(t)=U(t)-\delta(t-1)$　(2) $y(t)=-(1-e^{-t})U(t)-e^{-(t-1)}U(t-1)$

2-16　$h(t)=\delta'(t)+\delta(t)+e^{-2t}U(t)$　$y(t)=\left(1-\dfrac{1}{2}e^{-2t}\right)U(t)+\delta(t)$

2-17　$h(t)=\cos tU(t)$　$y(t)=\sin t[U(t)-U(t-6\pi)]$

2-18　$g(t)=(e^{-t}-e^{-4t})U(t)$

$y(t)=(e^{-t}-e^{-4t})U(t)-2[e^{-(t-2)}-e^{-4(t-2)}]U(t-2)+7[e^{-4(t-4)}-e^{-(t-4)}]U(t-4)$

2-19　$y_x(t)=2e^{-2t}U(t)$　$y(t)=2\delta(t)$

2-20　$h(t)=e^{-(t-1)}U(-t+3)$

2-21　$h(t)=(e^{-t}+e^{-3t}-2e^{-4t})U(t)$

习题三

3-1　$T=24\ \text{s}$，$\Omega=\frac{\pi}{12}\ \frac{\text{rad}}{\text{s}}$

3-2　$\dot{A}_n=\frac{-1}{\text{j}n\pi}\ (n\neq 0)$，　$f(t)=\frac{1}{2}-\frac{1}{\pi}\sum_{n=1}^{\infty}\frac{1}{n}\sin n\Omega t$

3-3　$\dot{A}_n=-\frac{4E}{\pi(4n^2-1)}$，　$f(t)=\sum_{n=-\infty}^{\infty}-\frac{2E}{\pi(4n^2-1)}e^{\text{j}2n\pi t}$

3-4　(A)(C),31

3-6　$F(\text{j}\omega)=\text{j}\omega A\tau^2\text{Sa}^2\left(\frac{\omega\tau}{2}\right)$

3-7　$F(\text{j}\omega)=\pi\delta(\omega)+\frac{\text{Sa}\left(\frac{\omega}{2}\right)}{\text{j}\omega}$，　$F(\text{j}\omega)=4\cos 2\omega\text{Sa}(\omega)$

3-9　(1)1；　(2)$2\pi\delta(t-4)$；　(3)$\text{sgn}(t)$

3-10　(1) $\text{j}\frac{1}{2}F'\left(\text{j}\frac{\omega}{2}\right)$　　(2) $\text{j}F'(\text{j}\omega)-2F(\text{j}\omega)$

(3) $\text{j}\frac{1}{2}F'\left(-\text{j}\frac{\omega}{2}\right)-F\left(-\text{j}\frac{\omega}{2}\right)$　　(4) $-[\omega F'(\text{j}\omega)+F(\text{j}\omega)]$

(5) $F(-\text{j}\omega)e^{-\text{j}\omega}$　　(6) $-\text{j}F'(-\text{j}\omega)e^{-\text{j}\omega}$

(7) $\frac{1}{2}F\left(\text{j}\frac{\omega}{2}\right)e^{-\text{j}\frac{5}{2}\omega}$　　(8) $\pi\text{j}\delta'(\omega)-\frac{1}{\omega^2}$

3-11　$F(\text{j}\omega)=\frac{E\Omega}{\Omega^2-\omega^2}(1+e^{-\text{j}\frac{T}{2}\omega})$，　$F(\text{j}\omega)=3\pi\delta(\omega)+\frac{1}{\text{j}\omega}\text{Sa}\left(\frac{\omega}{2}\right)e^{-\text{j}\frac{1}{2}\omega}$

3-12　(1) $-\text{j}\,\text{sgn}(\omega)$　　(2) $\omega\,\text{sgn}(\omega)$　　(3) $2\pi\text{j}^n\delta^{(n)}(\omega)$

3-13　(1)$f(t)=\delta(t+3)+\delta(t-3)$　　(2)$f(t)=\frac{1}{\pi}\text{Sa}(t-1)e^{\text{j}(t-1)}$

(3)$f(t)=\delta(t)+\frac{1}{\text{j}\pi t}e^{\text{j}t}$　　(4)$f(t)=\frac{1}{2}G_6(t)e^{-\text{j}2t}$

3-14　$X(\text{j}\omega)=2a(\omega+\omega_0)\cos(\omega+\omega_0)+2a(\omega-\omega_0)\cos(\omega-\omega_0)$

3-15　$f(t)=-\frac{6}{\pi}\text{Sa}\left[3\left(t-\frac{3}{2}\right)\right]$

$t=\frac{k\pi}{3}+\frac{3}{2}$，　$k\neq 0$

3-16　(1) $f(t)=-\delta'(t)$　　(2) $f(t)=-\frac{1}{2}t\,\text{sgn}(t)$

(3) $f(t)=\frac{1}{2\pi}e^{\text{j}2t}$　　(4) $f(t)=\delta(t-1)+\delta(t+1)$

(5) $f(t)=\frac{1}{2\pi(a+\text{j}t)}$，　$-\infty<t<\infty$

(6) $f(t)=3-e^{2t}U(-t)-e^{-3t}U(t)$

3-17　$f(t)=\frac{A\omega_0}{\pi}\mathrm{Sa}[\omega_0(t-t_0)]$

3-18　$g(t)=\frac{1}{2}e^{-2t}U(t)$

3-19　$Y(\mathrm{j}\omega)=\frac{1}{2\pi}[\delta(\omega)+2F_1(\mathrm{j}\omega)+F_1(\mathrm{j}\omega)*F_1(\mathrm{j}\omega)]$

3-20　(1) $\frac{\pi}{a}$；　(2) $\frac{2\pi}{3a}$；　(3) $\frac{\pi}{2a^3}$

3-21　4π；　$\frac{10}{\pi}$

3-22　(1)12，6π，48J；　(2)0

习题四

4-1　$H(\mathrm{j}\omega)=\frac{1}{(\mathrm{j}\omega)^2LC+\mathrm{j}\omega\frac{L}{R}+1}$

4-2　1，2，π

4-3　(1) $(-e^{-2t}+2e^{-3t})U(t)$；　(2) $\left(\frac{1}{2}e^{-t}-e^{-2t}+\frac{1}{2}e^{-3t}\right)U(t)$

4-5　(1) $H(\mathrm{j}\omega)=\frac{\mathrm{j}3\omega+4}{\mathrm{j}\omega+1}$；　(2) $h(t)=\left(\frac{17}{9}e^{-10t}+\frac{1}{9}e^{-t}\right)U(t)$

4-6　(a) $h(t)=\frac{A}{\pi t}(\cos\omega_c t-1)$；　(b) $h(t)=A\delta(t-\sqrt{3})-\frac{\omega_c}{\pi}\mathrm{Sa}[\omega_c(t-\sqrt{3})]$

4-7　(1) $H(\mathrm{j}\omega)=-\mathrm{j}\,\mathrm{sgn}(\omega)$；　(4) $y(t)=2+10\cos\left(10t-\frac{\pi}{4}\right)+5\cos\left(20t-\frac{3\pi}{4}\right)$

4-8　$y(t)=2+\frac{4}{\pi}\sin\left(\frac{\pi}{2}t\right)$，　$t\in\mathbf{R}$

4-10　(1) $H(\mathrm{j}\omega)=\pi-H_1(\mathrm{j}\omega)$；　(2) $y(t)=\frac{\pi}{2}\sin\pi t+\pi\cos3\pi t$

4-11　$y(t)=50\cos(\omega_0-\omega_m)t$，　$t\in\mathbf{R}$

4-12　$y(t)=\frac{\sin t}{2\pi t}\cos1\,000t$，　$t\in\mathbf{R}$

4-13　$y(t)=2+2\cos\left(5t-\frac{\pi}{2}\right)$，　$t\in\mathbf{R}$

4-15　$y(t)=1-\frac{\sin2\pi t}{\pi}$，　$t\in\mathbf{R}$

$Y(\mathrm{j}\omega)=2\pi\delta(\omega)-\mathrm{j}\delta(\omega+2\pi)+\mathrm{j}\delta(\omega-2\pi)$

4-16　$y(t)=\frac{1}{2\pi}\mathrm{Sa}(t)$，　$t\in\mathbf{R}$

4-17　$Y(\mathrm{j}\omega)=H(\mathrm{j}\omega)G_{2\omega_C}(\omega)$

4-18　$y(t)=2\pi\sin\pi t+\frac{3\pi}{2}\cos3\pi t$，　$t\in\mathbf{R}$

4-19 (1) $h_2(t)=\delta'(t)+\delta(t)$

(2) $te^{-2t}U(t)$

4-20 (1) $f_N=\frac{100}{\pi}$ Hz， $T_N=\frac{\pi}{100}$ s

(2) $f_N=63.66$ Hz， $T_N=15.7$ ms

(3) $f_N=159.15$ Hz， $T_N=6.28$ ms

4-21 $T_N=\frac{1}{3\,000}$ s

4-22 (1) 2 000 Hz，5×10^{-4} s；(2) 4 000 Hz，2.5×10^{-4} s；(3) 4 000 Hz，2.5×10^{-4} s；

(4) 6 000 Hz，$\frac{1}{6}\times10^{-3}$ s；(5) 2 000 Hz，5×10^{-4} s；(6) 4 000 Hz，2.5×10^{-4} s

习题五

5-1 (1) $F(s)=\frac{\alpha}{s(s+\alpha)}$　(2) $F(s)=\frac{s\sin\psi+\omega\cos\psi}{s^2+\omega^2}$

(3) $F(s)=\frac{s}{(s+\alpha)^2}$　(4) $F(s)=\frac{1}{s(s+\alpha)}$

(5) $F(s)=\frac{2}{s^3}$　(6) $F(s)=\frac{3s^2+2s+1}{s^2}$

(7) $F(s)=\frac{s^2-\omega^2}{(s^2+\omega^2)^2}$　(8) $F(s)=\frac{\alpha^2}{s^2(s+\alpha)}$

5-2 (1) $f(t)=\left(\frac{3}{8}+\frac{1}{4}e^{-2t}+\frac{3}{8}e^{-4t}\right)U(t)$

(2) $f(t)=\left(\frac{12}{5}e^{-2t}-\frac{34}{9}e^{-3t}+\frac{152}{45}e^{-12t}\right)U(t)$

(3) $f(t)=2\delta(t)+(2e^{-t}+e^{-2t})U(t)$

(4) $f(t)=\delta(t)+(e^{-t}-4e^{-2t})U(t)$

5-3 (1) $f(t)=\delta'(t)+(2e^{-2t}-4e^{-4t})U(t)$

(2) $f(t)=\left(\frac{1}{2}t^2+2t+3\right)e^{-t}U(t)+(t-3)U(t)$

5-4 (1) $f(t)=e^t\sin 2tU(t)+\frac{1}{2}e^t\sin 2(t-1)U(t-1)$

(2) $f(t)=\sum_{k=0}^{\infty}U(t-k)$， $k\in\mathbf{N}$

(3) $f(t)=tU(t)-2(t-1)U(t-1)+(t-2)U(t-2)$

5-5 $f(t)=[e^{-3t}+(3-2t)e^{-2t}]U(t)$

5-6 (1) 终值不存在，$f(0^+)=1$　(2) $f(\infty)=0$，$f(0^+)=0$

(3) $f(\infty)=\frac{1}{2}$，$f(0^+)=0$　(4) 终值不存在，$f(0^+)=0$

5-7 $u(t)=\left(\frac{3}{2}-\frac{5}{2}e^{-2t}\right)U(t)$ (V)

5-8 $u(t)=\sin 2tU(t)$ (V)

5-9　$u(t)=(1+t)\mathrm{e}^{-t}U(t)$ (V)

5-10　$u(t)=0$

5-11　$u(t)=(-3\mathrm{e}^{-t}+18\mathrm{e}^{-6t})U(t)$ (V)

5-12　$u_2(t)=0.4\mathrm{e}^{-0.2t}U(t)$ (V)

5-13　$i_1(t)=i_2(t)=\dfrac{5}{2}\mathrm{e}^{-t}U(t)$ (A)

5-14　$u_x(t)=(8t+6)\mathrm{e}^{-2t}U(t)$ (V)

$u_f(t)=[3-(6t+3)\mathrm{e}^{-2t}]U(t)$ (V)

$u(t)=[3+(2t+3)\mathrm{e}^{-2t}]U(t)$ (V)

5-15　$u(t)=-2t\mathrm{e}^{-t}U(t)$ (V)

5-16　$y_f(t)=(3\mathrm{e}^{-t}-4\mathrm{e}^{-2t}+\mathrm{e}^{-3t})U(t)$

$y_x(t)=(11\mathrm{e}^{-2t}-8\mathrm{e}^{-3t})U(t)$

$y(t)=(3\mathrm{e}^{-t}+7\mathrm{e}^{-2t}-7\mathrm{e}^{-3t})U(t)$

5-17　(1) $F(s)=1$，$\sigma>-\infty$；　(2)$F(s)=\dfrac{1}{s}$，$\sigma<0$

(3)$F(s)=\dfrac{-1}{s-4}+\dfrac{1}{s-3}$，$3<\sigma<4$　(4)$F(s)=\dfrac{1}{s-3}+\dfrac{1}{s-1}$，$1<\sigma<3$

(5)$F(s)=\dfrac{4}{s^2+2}$，$\sigma<0$

5-18　(1)$f(t)=\mathrm{e}^{7t}U(-t)+\mathrm{e}^{5t}U(t)$

(2)$f(t)=-\mathrm{e}^{5t}U(-t)+\mathrm{e}^{3t}U(t)$

(3)$f(t)=\mathrm{e}^{-2t}U(-t)+2\mathrm{e}^{-3t}U(t)-\mathrm{e}^{-4t}U(t)$

(4) $f(t)=U(t)+2\mathrm{e}^{t}U(t)+3\mathrm{e}^{-2t}U(t)$,

$f(t)=U(t)-2\mathrm{e}^{t}U(-t)+3\mathrm{e}^{-2t}U(t)$,

$f(t)=-U(-t)-2\mathrm{e}^{t}U(-t)+3\mathrm{e}^{-2t}U(t)$,

$f(t)=-U(-t)-2\mathrm{e}^{t}U(-t)-3\mathrm{e}^{-2t}U(-t)$

习题六

6-1　$H(s)=\dfrac{2s^2+2s+1}{s^2+s+1}$；　$H(s)=\dfrac{s^2+2s}{s^2+5s+3}$

6-2　$h(t)=\delta(t)-\mathrm{e}^{-t}U(t)$，$y_x(t)=2\mathrm{e}^{-t}U(t)$,

$y(t)=U(t)-\mathrm{e}^{-t}U(t)-U(t-1)+2\mathrm{e}^{-t}U(t)$

6-3　(1) $h(t)=\delta(t)-2\mathrm{e}^{-2t}(\cos t-2\sin t)U(t)$

(2) $y(t)=\delta(t)-2\mathrm{e}^{-t}\cos 2tU(t)$

(3) $y(t)=(1-2\mathrm{e}^{-t}\sin 2t)U(t)$

6-4　$H(s)=\dfrac{2s+3}{s^2+11s+10}$，$h(t)=\left(\dfrac{1}{9}\mathrm{e}^{-t}+\dfrac{17}{9}\mathrm{e}^{-10t}\right)U(t)$

$H(\mathrm{j}\omega)=\dfrac{3+\mathrm{j}2\omega}{10-\omega^2+\mathrm{j}11\omega}$

6-5　(1) $h(t)=t\mathrm{e}^{-t}U(t)$　(2) $u(0^-)=0$　$i(0^-)=1$ A

(3) $u(0^-)=1\ \text{V}$， $i(0^-)=0$

6-6 (1) $H(s)=\dfrac{s^2+\dfrac{1}{C}}{s^2+\dfrac{2}{C}s+\dfrac{1}{C}}$

(2) $u_2(t)=\left[\dfrac{2}{5}\left(\dfrac{8}{5}-t\right)\mathrm{e}^{-t}+\dfrac{3}{5}\cos(2t+53.1^\circ)\right]U(t)$ (V)

(3) $C=0.25\ \text{F}$

$u_2(t)=[1.077\mathrm{e}^{-(4+2\sqrt{3})t}-0.077\mathrm{e}^{-(4-2\sqrt{3})t}]U(t)$ (V)

6-7 (1) $y(t)=\mathrm{e}^{t}U(t)+\mathrm{e}^{2t}U(-t)$

(2) $y(t)=\left(\mathrm{e}^{-t}-\dfrac{1}{3}\mathrm{e}^{-2t}\right)U(t)+\dfrac{2}{3}\mathrm{e}^{t}U(-t)$

6-8 (1) $y''(t)+5y'(t)+6y(t)=f'(t)+5f(t)$

(3) $y_{\mathrm{f}}(t)=(2\mathrm{e}^{-t}-3\mathrm{e}^{-2t}+\mathrm{e}^{-3t})U(t)$， $y_{\mathrm{x}}(t)=(7\mathrm{e}^{-2t}-5\mathrm{e}^{-3t})U(t)$

$y(t)=(4\mathrm{e}^{-2t}-4\mathrm{e}^{-3t})U(t)+2\mathrm{e}^{-t}U(t)$

6-9 (1) $H(s)=\dfrac{s}{s^3+3s^2+s-2}$

6-10 (1) $a=4$，$b=2$； (2) $b>-2$； (3) $g(t)=(\mathrm{e}^{-2t}-\mathrm{e}^{-3t})U(t)$

6-11 (1) $H(s)=\dfrac{Ks}{s^2+(4-K)s+4}$； (2) $K\leqslant 4$ (3) $h(t)=4\cos 2tU(t)$

6-12 $H(s)=\dfrac{20(s-2)}{(s+4)(s^2+4s+8)}$，$y(t)=5+3\sqrt{5}\cos(2t-108^\circ)$，$t\in\mathbf{R}$

6-13 (1) $H(s)=\dfrac{s+3}{(s+1)(s+3)}=\dfrac{s+3}{s^2+4s+3}$， $h(t)=\mathrm{e}^{-t}U(t)$

(2) $y''(t)+4y'(t)+3y(t)=f'(t)+3f(t)$

6-14 $h_2(t)=tU(t)$

6-15 $H(s)=\dfrac{3s^4+16s^2+27s+12}{s^4+5s^3+8s^2+4s}$

6-16 $h(t)=\mathrm{e}^{-t}(2\cos 100t-0.02\sin 100t)U(t)$，

$y(t)=\cos 100t+\dfrac{1}{2}\cos 99t+\dfrac{1}{2}\cos 101t$，$t\in\mathbf{R}$

6-17 $y(t)=7.2\cos(2t-146.3^\circ)U(t)$

6-18 (1) 为稳定系统

(2) $H(s)=\dfrac{s+1}{s^2+100^2}$

(5) $y(t)=(10^{-4}-10^{-4}\cos 100t+10^{-2}\sin 100t)U(t)$

6-19 (1) $H(s)=\dfrac{10s+10}{s^3+s^2+(10K+10)s+10}$

(2) $K>0$

(3) $\pm\mathrm{j}\sqrt{10}$ rad/s

6-20 (1) $H(s)=\dfrac{1}{(s+2)(s-3)}$， $\sigma>3$； $h(t)=\left(-\dfrac{1}{5}\mathrm{e}^{-2t}+\dfrac{1}{5}\mathrm{e}^{3t}\right)U(t)$，不稳定

(2) $H(s)=-\dfrac{\frac{1}{5}}{s+2}+\dfrac{\frac{1}{5}}{s-3}$，　$-2<\sigma<3$

$h(t)=-\dfrac{1}{5}e^{-2t}U(t)-\dfrac{1}{5}e^{3t}U(-t)$，非因果

6-21　(1) $H(s)=\dfrac{(s+1)(s-2)}{(s+2)(s+3)}$，$\sigma>-2$，稳定

(2) $y(t)=\left(-\dfrac{1}{3}-2e^{-2t}+\dfrac{10}{3}e^{-3t}\right)U(t)$

(3) $H_1(s)=\dfrac{(s+2)(s+3)}{(s+1)(s-2)}$，不存在因果、稳定的逆系统

6-22　(1) $H(s)=\dfrac{1}{s^2-s-2}$

(3) $h(t)=-\dfrac{1}{3}e^{-t}U(t)-\dfrac{1}{3}e^{2t}U(-t)$，$-1<\sigma<2$，系统稳定，但非因果

$h(t)=\left(-\dfrac{1}{3}e^{-t}+\dfrac{1}{3}e^{2t}\right)U(t)$，$\sigma>2$，系统是因果的，但不稳定

$h(t)=\left(\dfrac{1}{3}e^{-t}-\dfrac{1}{3}e^{2t}\right)U(t)$，$\sigma<-1$，系统不稳定且非因果

6-23　(1) $H(s)=\dfrac{s-1}{(s+1)(s+3)}=\dfrac{-15}{s+1}+\dfrac{30}{s+3}$

(2) $\sigma>-1$ 时，$h(t)=(-15e^{-t}+30e^{-3t})U(t)$，因果，稳定

$-3<\sigma<-1$ 时，$h(t)=15e^{-t}U(-t)+30e^{-3t}U(t)$，非因果，非稳定

$\sigma<-3$ 时，$h(t)=(15e^{-t}-30e^{-3t})U(-t)$，非因果，非稳定

(3) $H_1(s)=\dfrac{(s+1)(s+3)}{15(s-1)}$，不可能为因果、稳定系统，但可以是反因果、稳定系统

6-24　(1) $H_1(s)=\dfrac{(s+2)(s+1)}{(s+3)(s+4)(s+5)}$，　$H_2(s)=\dfrac{s-1}{s+1}$

(2) $G_1(s)=\dfrac{(s+3)(s+4)(s+5)}{(s+2)(s+1)}$，因果，稳定

$G_2(s)=\dfrac{s+1}{s-1}$，因果，不稳定

(3) 不可能存在因果、稳定的逆系统

(4) $f(t)=\delta(t)-2e^{-2t}U(t)+10e^{t}U(t)$

6-25　(1) $f(t)=\left(\dfrac{1}{3}e^{-2t}+\dfrac{2}{3}e^{t}\right)U(t)$，$\sigma>1$

$f(t)=\dfrac{1}{3}e^{-2t}U(t)-\dfrac{2}{3}e^{t}U(-t)$，$-2<\sigma<1$

$f(t)=\left(-\dfrac{1}{3}e^{-2t}-\dfrac{2}{3}e^{t}\right)U(-t)$，$\sigma<-2$

(2) $f(t)=\dfrac{1}{3}e^{-2t}U(t)-\dfrac{2}{3}e^{t}U(-t)$

(3) $H_1(s)=\dfrac{s+1}{s-1}=1+\dfrac{2}{s-1}$，$\sigma<1$

$h_1(t)=\delta(t)-2e^{t}U(-t)$

6-26　(1) $H(s)=\dfrac{2}{s^2+(2K+2)s+2}$；　　(2) $K>-1$

习题七

7-1　12×10^4 个

7-2　$f(k)=(k^2-2)U(k)$

$f(k)=-2\delta(k)-\delta(k-1)+2\delta(k-2)+7\delta(k-3)+14\delta(k-4)+23\delta(k-5)+\cdots$

7-3　(1) 是，$N=14$；　　(2) 不是；　　(3) 不是

7-4　(1) $\Delta^2 y(k)=2$

(2) $\Delta y(k)=f(k+1)$

(3) $\Delta[y(k-1)]=\Delta y(k-1)=\delta(k)$

$\nabla[y(k-1)]=\nabla y(k-1)=\delta(k-1)$

7-5　$\Delta f(k)=\delta(k+3)-3\delta(k+2)+2\delta(k+1)+\delta(k)+\delta(k-1)+\delta(k-2)-2\delta(k-3)-\delta(k-4)$

$\Delta f(k+1)=\delta(k+4)-3\delta(k+3)+2\delta(k+2)+\delta(k+1)+\delta(k)+\delta(k-1)-2\delta(k-2)-\delta(k-3)$

$\Delta^2 f(k)=\delta(k+4)-4\delta(k+3)+5\delta(k+2)-\delta(k+1)+0\delta(k)+0\delta(k-1)-3\delta(k-2)+\delta(k-3)+\delta(k-4)$

7-6　$y(k)=\delta(k+3)+3\delta(k+2)+5\delta(k+1)+6\delta(k)+5\delta(k-1)+3\delta(k-2)+\delta(k-3)$

7-7　(1) $(k+1)U(k)$

(2) $\dfrac{4}{3}[1-(0.25)^{k+1}]U(k)$

(3) $\dfrac{1}{2}[(5)^{k+1}-(3)^{k+1}]U(k)$

(4) $U(k)+U(k-1)+U(k-2)$

7-8　(1) $y(k)=(1-k)(-1)^kU(k)$

(2) $y(k)=[(-1-k)2^k+3^k]U(k)$

7-9　$h(k)=\left[3\left(\dfrac{1}{2}\right)^k-2\left(\dfrac{1}{3}\right)^k\right]U(k)-\left[3\left(\dfrac{1}{2}\right)^{k-2}-2\left(\dfrac{1}{3}\right)^{k-2}\right]U(k-2)$

7-10　$y(k)=\left[\dfrac{1}{2}-3(2)^k+\dfrac{7}{2}(3)^k\right]U(k)$

7-11　(1) $y(k+1)-1.05y(k)=U(k)$

(2) 13.206 8 万元

7-12　$y(k)=\dfrac{2}{3}(-1)^k-(-2)^k+\dfrac{1}{3}(2)^k,\quad k\geqslant 0$

7-13　(1) $y_x(k)=\left[4\left(\dfrac{1}{2}\right)^k-3\left(\dfrac{1}{3}\right)^k\right]U(k)$

$$y_f(k)=\left[18\left(\frac{1}{2}\right)^k-15\left(\frac{1}{3}\right)^k-3\right]U(k)$$

$$y(k)=\left[22\left(\frac{1}{2}\right)^k-18\left(\frac{1}{3}\right)^k-3\right]U(k)$$

(2) 稳定

7-14 $y_f(k)=\left[\frac{9}{2}(-3)^k-4(-2)^k+\frac{1}{2}(-1)^k\right]U(k)$

$y(k)+3y(k-1)+2y(k-2)=f(k)$

7-15 (1) $y(k)-7y(k-1)+10y(k-2)=$

$14f(k)-85f(k-1)+111f(k-2)$

(2) $y(k)=2\{[2^k+3(5)^k+10]U(k)-[2^{k-10}+3(5)^{k-10}+10]U(k-10)\}$

7-17 (a) $y(k+1)+\frac{1}{5}y(k)=f(k+1)$

$y(k)+\frac{1}{5}y(k-1)=f(k)$

(b) $y(k+2)+5y(k+1)+6y(k)=f(k+2)$

$y(k)+5y(k-1)+6y(k-2)=f(k)$

7-18 $y(k)=2f(k-1)+f(k-2)+0.5f(k-3)$

$h(k)=2\delta(k-1)+\delta(k-2)+0.5\delta(k-3)$

7-19 $h(k)=[-3(2)^k+4(3)^k]U(k)$

习题八

8-1 $R_N(z)=\dfrac{z-z^{-N+1}+Nz^{-N+1}-Nz^{-N+2}}{(z-1)^2}$

$R_4(z)=\dfrac{z^2+2z+3}{z^3}$

8-2 (1) $F(z)=\dfrac{z}{z-\frac{1}{2}}$,极点 $p_1=\frac{1}{2}$,零点 $z_1=0$

(2) $F(z)=\dfrac{1}{1-2z}$,极点 $p_1=\frac{1}{2}$,无零点

(3) $F(z)=\dfrac{-5z}{12\left(z-\frac{1}{4}\right)\left(z-\frac{2}{3}\right)}$,极点 $p_1=\frac{1}{4}$, $p_2=\frac{2}{3}$,零点 $z_1=0$

(4) $F(z)=\dfrac{2z}{2z-1}$,极点 $p_1=\frac{1}{2}$,零点 $z_1=0$

(5) $F(z)=\dfrac{z}{z-\frac{1}{5}}-\dfrac{3z}{3z-1}$,极点 $p_1=\frac{1}{5}$, $p_2=\frac{1}{3}$,零点 $z_1=0$

(6) $F(z)=\dfrac{z}{z-e^{j\omega_0}}$,极点 $p_1=e^{j\omega_0}$,零点 $z_1=0$

8-3 (1) $|z|>2$, $f(k)=\left[(2)^k-\left(\frac{1}{2}\right)^k\right]U(k)$

$\frac{1}{2}<|z|<2$，$f(k)=-\left(\frac{1}{2}\right)^k U(k)-(2)^k U(-k-1)$

$|z|<\frac{1}{2}$，$f(k)=\left[-(2)^k+\left(\frac{1}{2}\right)^k\right]U(-k-1)$

(2) $f(k)=2\delta(k+1)+1.5\delta(k)+[(1)^k-0.5(2)^k]U(-k-1)$

8-4 (1) $f(0)=1$，$f(1)=\frac{3}{2}$，$f(\infty)=2$

(2) $f(0)=1$，$f(1)=3$，终值不存在

8-5 $y_x(k)=[2(2)^k-(-1)^k]U(k+2)$

$y_f(k)=\left[2(2)^k+\frac{1}{2}(-1)^k-\frac{3}{2}(1)^k\right]U(k)$

$y(k)=[2(2)^k-(-1)^k]U(k+2)+\left[2(2)^k+\frac{1}{2}(-1)^k-\frac{3}{2}(1)^k\right]U(k)$

8-6 (1) $H(z)=\frac{z^3}{z^3-2z^2-5z+6}$　(2) $H(z)=\frac{2-z^3}{z^3-\frac{1}{2}z^2+\frac{1}{18}z}$

(3) $H(z)=\frac{z^4+z^2-2}{z^3(z-1)}$　(4) $H(z)=\frac{3z^2+2z}{z^2-4z-5}$

8-7 $f(k)=(0.2)^{k-1}U(k-1)$

8-8 $f(k)=\frac{1}{2}\left(\frac{1}{2}\right)^{k-1}U(k-1)$

8-9 (1) $H(z)=\frac{z^2}{z^2-\frac{3}{4}z+\frac{1}{8}}$

$h(k)=\left[2\left(\frac{1}{2}\right)^k-\left(\frac{1}{4}\right)^k\right]U(k)$

(2) $y(k)-\frac{3}{4}y(k-1)+\frac{1}{8}y(k-2)=f(k)$

(3) $g(k)=\left[-2\left(\frac{1}{2}\right)^k+\frac{1}{3}\left(\frac{1}{4}\right)^k+\frac{8}{3}(1)^k\right]U(k)$

8-10 $y(k)=2U(k-2)$

8-11 (1) $H(z)=\frac{z^2+2z}{z^2+\frac{5}{6}z+\frac{1}{6}}$，$|z|>\frac{1}{3}$，$H(e^{j\omega})=\frac{1+2e^{-j\omega}}{1+\frac{5}{6}e^{-j\omega}+\frac{1}{6}e^{-j2\omega}}$

(2) $y(k)+\frac{5}{6}y(k-1)+\frac{1}{6}y(k-2)=f(k)+2f(k-1)$

(3) $y(k)=\left[\frac{5}{2}\left(-\frac{1}{3}\right)^k-3\left(-\frac{1}{2}\right)^k+\frac{3}{2}(1)^k\right]U(k)+3\cos(\pi k+180^\circ)$

8-12 (1) $y(k)-0.8y(k-1)=0.2f(k)$

(2) $y(k)=1+0.22\cos\left(\frac{\pi}{3}k-49.1^\circ\right)+0.11\cos\pi k$

8-13 (1) $y(k+1)-0.5y(k)=f(k+1)+0.5f(k)$

(3) $y(k)=\frac{1+0.5e^{-j\omega}}{1-0.5e^{-j\omega}}e^{j\omega k}$

(4) $y_s(k)=\cos\left(\frac{\pi}{2}k-8.13°\right)$

8-14　$a_0=a_1=a_2=a_3=\frac{1}{4}$

$$H(z)=\frac{z^3+z^2+z+1}{4z^3}$$

8-15　(1) $H(z)=\frac{\frac{1}{2}z}{z^2-\frac{1}{2}z-\frac{1}{2}}$

$$y_x(k)=\left[\frac{2}{3}\left(-\frac{1}{2}\right)^k+\frac{4}{3}(1)^k\right]U(k)$$

(2) $y_f(k)=\left[-\frac{3}{20}(-3)^k+\frac{1}{15}\left(-\frac{1}{2}\right)^k+\frac{1}{12}(1)^k\right]U(k)$

8-16　(1) $H(z)=\frac{3\left(\frac{1}{2}+\frac{1}{3}z^{-1}\right)\left(\frac{1}{2}-\frac{1}{3}z^{-1}\right)}{\left(1-\frac{1}{2}z^{-1}\right)\left(1+\frac{1}{2}z^{-1}\right)\left(1-\frac{1}{3}z^{-1}\right)}$，　$|z|>\frac{1}{3}$

(2) $y(k)-\frac{1}{3}y(k-1)-\frac{1}{4}y(k-2)+\frac{1}{12}y(k-3)=\frac{3}{4}f(k)-\frac{1}{3}f(k-2)$

(3) $h(k)=\left[\frac{9}{5}\left(\frac{1}{3}\right)^k-\frac{7}{8}\left(\frac{1}{2}\right)^k-\frac{7}{40}\left(-\frac{1}{2}\right)^k\right]U(k)$

(4) 稳定系统

(5) $f(k)=U(k)$

8-17　(1) $a=-1.125$；　　(2) $y(k)=0.25(1)^k$，$k\in\mathbf{Z}$

8-18　(1) $H(z)=\frac{z^2+\frac{1}{4}z}{z^2+\frac{1}{3}z-\frac{2}{9}}$，$|z|>\frac{2}{3}$

(2) $h(k)=\left[\frac{7}{12}\left(\frac{1}{3}\right)^k+\frac{5}{12}\left(-\frac{2}{3}\right)^k\right]U(k)$

(3) $y(k)=\frac{27}{16}(-1)^k$，$k\in\mathbf{Z}$

(4) $y(k)=\left[\frac{7}{48}\left(\frac{1}{3}\right)^k-\frac{5}{6}\left(-\frac{2}{3}\right)^k+\frac{27}{16}(-1)^k\right]U(k)$

(5) $f(k)=2\left(-\frac{1}{4}\right)^kU(k)+\frac{1}{3}\left(-\frac{1}{4}\right)^kU(k-1)$

8-19　$|z|>\frac{1}{2}$，$h(k)=\left[-3\left(-\frac{1}{4}\right)^k+4\left(-\frac{1}{2}\right)^k\right]U(k)$

$\frac{1}{4}<|z|<\frac{1}{2}$，$h(k)=-3\left(-\frac{1}{4}\right)^kU(k)-4\left(-\frac{1}{2}\right)^kU(-k-1)$

$|z|<\frac{1}{4}$，$h(k)=\left[3\left(-\frac{1}{4}\right)^k-4\left(-\frac{1}{2}\right)^k\right]U(-k-1)$

8-20　(1) $H(z)=\frac{z^2}{\left(z+\frac{1}{2}\right)(z-2)}$，$|z|>2$

$$h(k)=\left[\frac{1}{5}\left(-\frac{1}{2}\right)^{k}+\frac{4}{5}(2)^{k}\right]U(k)$$

(2) $y(k+2)-\frac{3}{2}y(k+1)-y(k)=f(k+2)$

(3) $f(k)=\delta(k)-2\delta(k-1)$

(4) $h(k)=\frac{1}{5}\left(-\frac{1}{2}\right)^{k}U(k)-\frac{4}{5}(2)^{k}U(-k-1)$

8-21 (1) $H(z)=\dfrac{2z^{2}}{(z-0.5)\left(z-\frac{2}{3}\right)}$

(2) $h(k)=-8\left(\frac{2}{3}\right)^{k}U(-k-1)-6(0.5)^{k}U(k)$

(3) $y(k)=\left[16\left(\frac{2}{3}\right)^{k}+4\left(\frac{1}{3}\right)^{k}-18(0.5)^{k}\right]U(k)$

(4) $y(k)=0.8(-1)^{k},\ k\in\mathbf{Z}$

8-22 $H(z)=\dfrac{3z}{z^{3}+4z^{2}+6z+4}$，不稳定

8-23 (1) $H(z)=\dfrac{z}{z^{2}-z-\frac{3}{4}}$

(2) $|z|>\frac{3}{2}$，$h(k)=\left[-\frac{1}{2}\left(-\frac{1}{2}\right)^{k}+\frac{1}{2}\left(\frac{3}{2}\right)^{k}\right]U(k)$，不稳定

(3) $\frac{1}{2}<|z|<\frac{3}{2}$，$h(k)=-\frac{1}{2}\left(-\frac{1}{2}\right)^{k}U(k)-\frac{1}{2}\left(\frac{3}{2}\right)U(-k-1)$，稳定

(4) $|z|<\frac{1}{2}$，$h(k)=\left[\frac{1}{2}\left(-\frac{1}{2}\right)^{k}-\frac{1}{2}\left(\frac{3}{2}\right)^{k}U(-k-1)\right]$，不稳定

(5) $y(k)=-0.8(-1)^{k}+\left[-\frac{1}{6}\left(-\frac{1}{2}\right)^{k}-\frac{4}{3}(1)^{k}\right]U(k)+4\cos(\pi k+180^{\circ})$

习题九

9-1 前(5)对可以，第(6)对不能。

9-2 $$\begin{bmatrix}\dot{x}_1(t)\\ \dot{x}_2(t)\\ \dot{x}_3(t)\end{bmatrix}=\begin{bmatrix}-2 & 0 & 1\\ 0 & -2 & 1\\ \frac{1}{2} & -\frac{1}{2} & 0\end{bmatrix}\begin{bmatrix}x_1(t)\\ x_2(t)\\ x_3(t)\end{bmatrix}+\begin{bmatrix}1 & 0\\ 0 & -1\\ 0 & 0\end{bmatrix}\begin{bmatrix}f_1(t)\\ f_2(t)\end{bmatrix}$$

9-3 $$\begin{bmatrix}\dot{x}_1(t)\\ \dot{x}_2(t)\\ \dot{x}_3(t)\end{bmatrix}=\begin{bmatrix}0 & -2 & 0\\ 1 & -2 & -2\\ 0 & -2 & -2\end{bmatrix}\begin{bmatrix}x_1(t)\\ x_2(t)\\ x_3(t)\end{bmatrix}+\begin{bmatrix}2\\ 1\\ 1\end{bmatrix}[f(t)]$$

$$\begin{bmatrix}y_1(t)\\ y_2(t)\end{bmatrix}=\begin{bmatrix}0 & 1 & 1\\ 0 & -1 & -1\end{bmatrix}\begin{bmatrix}x_1(t)\\ x_2(t)\\ x_3(t)\end{bmatrix}+\begin{bmatrix}0\\ 1\end{bmatrix}[f(t)]$$

9 - 4
$$\begin{bmatrix}\dot{x}_1(t)\\\dot{x}_2(t)\\\dot{x}_3(t)\end{bmatrix}=\begin{bmatrix}0&1&0\\0&0&1\\-3&-7&-5\end{bmatrix}\begin{bmatrix}x_1(t)\\x_2(t)\\x_3(t)\end{bmatrix}+\begin{bmatrix}0\\0\\1\end{bmatrix}[f(t)]$$

$$[y(t)]=[1\quad 0\quad 0]\begin{bmatrix}x_1(t)\\x_2(t)\\x_3(t)\end{bmatrix}+[0][f(t)]$$

9 - 5
$$\begin{bmatrix}\dot{x}_1(t)\\\dot{x}_2(t)\\\dot{x}_3(t)\end{bmatrix}=\begin{bmatrix}-3&0&0\\0&-2&0\\0&0&-5\end{bmatrix}\begin{bmatrix}x_1(t)\\x_2(t)\\x_3(t)\end{bmatrix}+\begin{bmatrix}1\\1\\1\end{bmatrix}[f(t)]$$

$$[y(t)]=[4\quad 1\quad -2]\begin{bmatrix}x_1(t)\\x_2(t)\\x_3(t)\end{bmatrix}$$

9 - 6　直接形式：

$$\begin{bmatrix}\dot{x}_1(t)\\\dot{x}_2(t)\\\dot{x}_3(t)\end{bmatrix}=\begin{bmatrix}0&1&0\\0&0&1\\0&-10&-7\end{bmatrix}\begin{bmatrix}x_1(t)\\x_2(t)\\x_3(t)\end{bmatrix}+\begin{bmatrix}0\\0\\1\end{bmatrix}[f(t)]$$

$$[y(t)]=[5\quad 5\quad 0]\begin{bmatrix}x_1(t)\\x_2(t)\\x_3(t)\end{bmatrix}$$

级联形式：

$$\begin{bmatrix}\dot{x}_1(t)\\\dot{x}_2(t)\\\dot{x}_3(t)\end{bmatrix}=\begin{bmatrix}-5&-1&1\\0&-2&1\\0&0&0\end{bmatrix}\begin{bmatrix}x_1(t)\\x_2(t)\\x_3(t)\end{bmatrix}+\begin{bmatrix}0\\0\\5\end{bmatrix}[f(t)]$$

$$[y(t)]=[1\quad 0\quad 0]\begin{bmatrix}x_1(t)\\x_2(t)\\x_3(t)\end{bmatrix}$$

并联形式：

$$\begin{bmatrix}\dot{x}_1(t)\\\dot{x}_2(t)\\\dot{x}_3(t)\end{bmatrix}=\begin{bmatrix}0&0&0\\0&-2&0\\0&0&-5\end{bmatrix}\begin{bmatrix}x_1(t)\\x_2(t)\\x_3(t)\end{bmatrix}+\begin{bmatrix}1\\1\\1\end{bmatrix}[f(t)]$$

$$[y(t)]=\begin{bmatrix}\frac{1}{2}&\frac{5}{6}&-\frac{4}{3}\end{bmatrix}\begin{bmatrix}x_1(t)\\x_2(t)\\x_3(t)\end{bmatrix}$$

9 - 7
$$\begin{bmatrix}x_1(k+1)\\x_2(k+1)\\x_3(k+1)\end{bmatrix}=\begin{bmatrix}-3&0&-1\\0&-1&-1\\-2&0&1\end{bmatrix}\begin{bmatrix}x_1(k)\\x_2(k)\\x_3(k)\end{bmatrix}+\begin{bmatrix}1\\1\\1\end{bmatrix}[f(k)]$$

$$[y(k)]=[1 \quad 0 \quad -1]\begin{bmatrix}x_1(k)\\x_2(k)\\x_3(k)\end{bmatrix}$$

9-8 $$\begin{bmatrix}x_1(k+1)\\x_2(k+1)\end{bmatrix}=\begin{bmatrix}-2 & 0\\0 & 4\end{bmatrix}\begin{bmatrix}x_1(k)\\x_2(k)\end{bmatrix}+\begin{bmatrix}1\\1\end{bmatrix}[f(k)]$$

$$[y(k)]=[2 \quad 28]\begin{bmatrix}x_1(k)\\x_2(k)\end{bmatrix}+[3][f(k)]$$

9-9 $$\begin{bmatrix}x_1(k+1)\\x_2(k+1)\\x_3(k+1)\end{bmatrix}=\begin{bmatrix}0 & 1 & 0\\0 & 0 & 1\\-1 & -2 & -3\end{bmatrix}\begin{bmatrix}x_1(k)\\x_2(k)\\x_3(k)\end{bmatrix}+\begin{bmatrix}0\\0\\1\end{bmatrix}[f(k)]$$

$$[y(k)]=[3 \quad 2 \quad 1]\begin{bmatrix}x_1(k)\\x_2(k)\\x_3(k)\end{bmatrix}+[0][f(k)]$$

9-10 $$\boldsymbol{A}=\begin{bmatrix}0 & -2\\1 & -2\end{bmatrix}$$

9-11 $$\boldsymbol{\varphi}(t)=\begin{bmatrix}e^{-t} & e^{-t}-e^{-2t}\\0 & e^{-2t}\end{bmatrix}U(t), \qquad \boldsymbol{x}(t)=\begin{bmatrix}4e^{-t}-3e^{-2t}\\-e^{-t}+e^{-2t}\end{bmatrix}U(t)$$

9-12 $$\boldsymbol{A}=\begin{bmatrix}0 & -2\\1 & -3\end{bmatrix}, \qquad \boldsymbol{B}=\begin{bmatrix}0\\-6\end{bmatrix}, \qquad \boldsymbol{C}=[0 \quad 1], \qquad \boldsymbol{D}=[1]$$

9-13 $$\begin{bmatrix}\dot{x}_1(t)\\\dot{x}_2(t)\end{bmatrix}=\begin{bmatrix}2 & 0\\3 & -1\end{bmatrix}\begin{bmatrix}x_1(t)\\x_2(t)\end{bmatrix}+\begin{bmatrix}1 & -1\\0 & 1\end{bmatrix}\begin{bmatrix}f_1(t)\\f_2(t)\end{bmatrix}$$

$$\begin{bmatrix}y_1(t)\\y_2(t)\end{bmatrix}=\begin{bmatrix}1 & 1\\0 & 2\end{bmatrix}\begin{bmatrix}x_1(t)\\x_2(t)\end{bmatrix}+\begin{bmatrix}0 & 0\\0 & 0\end{bmatrix}\begin{bmatrix}f_1(t)\\f_2(t)\end{bmatrix}$$

$$\boldsymbol{H}(s)=\begin{bmatrix}\dfrac{2}{s-2}+\dfrac{-1}{s+1} & \dfrac{2}{s+1}+\dfrac{-2}{s-2}\\[2ex]\dfrac{2}{s-2}+\dfrac{-2}{s+1} & \dfrac{4}{s+1}+\dfrac{-2}{s-2}\end{bmatrix}$$

$$\boldsymbol{h}(t)=\begin{bmatrix}2e^{2t}-e^{-t} & 2e^{-t}-2e^{2t}\\2e^{2t}-2e^{-t} & 4e^{-t}-2e^{2t}\end{bmatrix}U(t)$$

9-14 $$\boldsymbol{\varphi}(k)=\begin{bmatrix}3(2)^k-2(3)^k & -(2)^k+(3)^k\\6(2)^k-6(3)^k & -2(2)^k+3(3)^k\end{bmatrix}U(k)$$

$$\boldsymbol{x}(k)=\begin{bmatrix}2^k\\2(2)^k\end{bmatrix}U(k)$$

$$\boldsymbol{y}(k)=\begin{bmatrix}3(2)^k\\0\end{bmatrix}U(k)$$

9-15 (1) $$\begin{bmatrix}\dot{w}_1(t)\\\dot{w}_2(t)\end{bmatrix}=\begin{bmatrix}-2 & 0\\0 & -3\end{bmatrix}\begin{bmatrix}w_1(t)\\w_2(t)\end{bmatrix}+\begin{bmatrix}1\\2\end{bmatrix}[f(t)]$$

$$[y(t)]=[1 \quad 0]\begin{bmatrix}w_1(t)\\w_2(t)\end{bmatrix}+[1][f(t)]$$

(2) $\boldsymbol{y}(t)=6\mathrm{e}^{-2t}U(t)+\delta(t)$

9-16　$\boldsymbol{x}(k)=\begin{bmatrix}1\\-[4-5(2)^{k-1}]\end{bmatrix}U(k-1)$　　$y(k+1)-y(k)=3f(k)$

9-17　(1) $\begin{bmatrix}\dot{x}_1(t)\\\dot{x}_2(t)\end{bmatrix}=\begin{bmatrix}-4 & 1\\-3 & 0\end{bmatrix}\begin{bmatrix}x_1(t)\\x_2(t)\end{bmatrix}+\begin{bmatrix}1\\1\end{bmatrix}[f(t)]$

$y(t)=[1\quad 0]\begin{bmatrix}x_1(t)\\x_2(t)\end{bmatrix}+[0][f(t)]$

(2) $y''(t)+4y'(t)+3y(t)=f'(t)+f(t)$

(3) $y_{\mathrm{x}}(t)=\left(\frac{1}{2}\mathrm{e}^{-t}-\frac{1}{2}\mathrm{e}^{-3t}\right)U(t)$

$\boldsymbol{x}(0^-)=\begin{bmatrix}0\\1\end{bmatrix}$

(4) $h(t)=\mathrm{e}^{-3t}U(t)$

9-18　$0<K<4$

9-19　$y(t)=\left(\frac{1}{8}-\frac{1}{4}\mathrm{e}^{-2t}+\frac{1}{8}\mathrm{e}^{-4t}\right)U(t)$ (V)

参考文献

[1] 郑君里,应启衍,杨为理.信号与系统[M].3 版.北京:高等教育出版社,2011.

[2] 吴大正.信号与线性系统分析[M].4 版.北京:高等教育出版社,2006.

[3] KAMEN E W, HECK B S. Fundamentals of Signals and Systems Using the Web and MATLAB[M]. Second Edition.北京:科学出版社,2002.

[4] 段哲民,范世贵.信号与系统[M].2 版.西安:西北工业大学出版社,2005.

[5] 范世贵,李辉,冯晓毅.信号与系统导教·导学·导考[M].2 版.西安:西北工业大学出版社,2007.

[6] 张永瑞.信号与系统:精编版[M].西安:西安电子科技大学出版社,2014.

[7] 范世贵.教育理念与实践[M].西安:西北工业大学出版社,2013.

[8] 高西全,丁玉美.数字信号处理[M].4 版.西安:西安电子科技大学出版社,2016.

[9] 陈生潭,郭宝龙,李学武,等.信号与系统[M].3 版.西安:西安电子科技大学出版社,2008.

[10] 唐向宏,岳恒立,郑雷峰.计算机仿真技术:基于 MATLAB 的电子信息类课程[M].3 版.北京:电子工业出版社,2013.

[11] 米特拉.数字信号处理实验指导书:MATLAB 版[M].孙洪,余翔宇,译.北京:电子工业出版社,2013.

[12] 徐亚宁,唐璐丹,王旬,等.信号与系统分析实验指导书:MATLAB 版[M].西安:西安电子科技大学出版社,2012.

[13] 承江红,谢陈跃.信号与系统仿真及实验指导[M].北京:北京理工大学出版社,2011.